CÁLCULO AVANÇADO
Wilfred Kaplan

Blucher

WILFRED KAPLAN

Prof. do Departamento de Matemática
da Universidade de Michigan (EUA)

CÁLCULO AVANÇADO

VOLUME II

Coordenação: Prof.ª Elza F. Gomide, Assistente — Doutor
do Instituto de Matemática e Estatística da
Universidade de São Paulo

Tradução: Frederic Tsu

Título original
ADVANCED CALCULUS
A edição em língua inglesa foi publicada
pela ADDISON-WESLEY PUBLISHING CO., INC.
© 1959/71 by Addison-Wesley Publishing Co., Inc.

Cálculo avançado
© 1972 Editora Edgard Blücher Ltda.
14ª reimpressão – 2017

Blucher

Rua Pedroso Alvarenga, 1245, 4º andar
04531-934 – São Paulo – SP – Brasil
Tel.: 55 11 3078-5366
contato@blucher.com.br
www.blucher.com.br

É proibida a reprodução total ou parcial
por quaisquer meios, sem autorização
escrita da Editora.

Todos os direitos reservados pela Editora
Edgard Blücher Ltda.

FICHA CATALOGRÁFICA

	Kaplan, Wilfred,
K26c	Cálculo avançado/ Wilfred
	Kaplan; Coordenação, Elza Gomide;
v.1-2	tradução,Frederic Tsu. – São Paulo:
	Blucher, 1972.
	2v. ilust.

Título original: Advanced Calculus

Bibliografia.
ISBN 978-85-212-0049-9

1. Cálculo I. Título

72-0130   CDD-517

Índices para catálogo sistemático:
1. Cálculo: Matemática   517

ÍNDICE

Capítulo 6. SÉRIES INFINITAS

6-1. Introdução ... 341
6-2. Seqüências infinitas ... 342
6-3. Limite superior e limite inferior ... 345
6-4. Propriedades adicionais de seqüências ... 347
6-5. Séries infinitas ... 350
6-6. Critérios de convergência e divergência ... 352
6-7. Exemplos de aplicações de critérios de convergência e divergência ... 360
*6-8. Critério da razão e critério da raiz generalizados ... 365
*6-9. Cálculos de séries — estimativa de erro ... 368
6-10. Operações sobre séries ... 374
6-11. Seqüências e séries de funções ... 380
6-12. Convergência uniforme ... 381
6-13. O critério M de Weierstrass para convergência uniforme ... 386
6-14. Propriedades de séries e seqüências uniformemente convergentes ... 389
6-15. Séries de potências ... 393
6-16. Séries de Taylor e de Maclaurin ... 399
6-17. A fórmula de Taylor com resto ... 402
6-18. Outras operações sobre séries de potências ... 405
*6-19. Seqüências e séries de números complexos ... 409
*6-20. Seqüências e séries de funções de várias variáveis ... 414
*6-21. A fórmula de Taylor para funções de várias variáveis ... 417
*6-22. Integrais impróprias *versus* séries infinitas ... 419
*6-23. Integrais impróprias dependendo de um parâmetro — convergência uniforme ... 425
*6-24. Transformação de Laplace. A função Γ e a função B ... 427

Capítulo 7. SÉRIES DE FOURIER E FUNÇÕES ORTOGONAIS

7-1. Séries trigonométricas ... 435
7-2. Séries de Fourier ... 436
7-3. Convergência de séries de Fourier ... 438
7-4. Exemplos — minimizar o erro quadrático ... 440
7-5. Generalizações; séries de Fourier de cossenos; séries de Fourier de senos ... 448
7-6. Observações sobre as aplicações das séries de Fourier ... 454
7-7. O teorema de unicidade ... 456

7-8. Demonstração do teorema fundamental para funções que são contínuas, periódicas e muito lisas por partes 459

7-9. Demonstração do teorema fundamental 460

7-10. Funções ortogonais 465

*7-11. Séries de Fourier de funções ortogonais. Completividade 469

*7-12. Condições suficientes para completividade 471

*7-13. Integração e diferenciação de séries de Fourier 474

*7-14. Séries de Fourier-Legendre 477

*7-15. Séries de Fourier-Bessel 481

*7-16. Sistemas ortogonais de funções de várias variáveis 485

*7-17. Forma complexa das séries de Fourier. Integral de Fourier 486

Capítulo 8. EQUAÇÕES DIFERENCIAIS ORDINÁRIAS

8-1. Equações diferenciais 489

8-2. Soluções 489

8-3. Os problemas básicos. Teorema fundamental 490

8-4. Equações de primeira ordem e primeiro grau 493

8-5. A equação geral exata 496

8-6. Equações lineares de primeira ordem 499

8-7. Propriedades das soluções da equação linear 503

8-8. Processos gráficos e numéricos para a equação de primeira ordem 508

8-9. Equações diferenciais lineares de ordem arbitrária 511

8-10. Equações diferenciais lineares a coeficientes constantes. Caso homogêneo 513

8-11. Equações diferenciais lineares, caso não-homogêneo 518

8-12. Sistemas de equações lineares a coeficientes constantes .. 522

8-13. Aplicações das equações diferenciais lineares 529

8-14. Solução de equações diferenciais por séries de Taylor 533

Capítulo 9. FUNÇÕES DE UMA VARIÁVEL COMPLEXA

9-1. Introdução 541

9-2. O sistema dos números complexos 542

9-3. Forma polar dos números complexos 544

9-4. A função exponencial 547

9-5. Seqüências e séries de números complexos 548

9-6. Funções de uma variável complexa 551

9-7. Limites e continuidade 552

9-8. Seqüências e séries de funções....................... 555

9-9. Derivadas e diferenciais............................. 559

9-10. Integrais 564

9-11. Funções analíticas. Equação de Cauchy-Riemann 569

9-12. Integrais de funções analíticas. Teorema da integral de Cauchy 575

*9-13. Mudança de variável em integrais complexas 579

9-14. Funções analíticas elementares 581

*9-15. Funções inversas 586

9-16. A função $\log z$ 588

9-17. As funções a^z, z^a, $\mathrm{sen}^{-1} z$, $\cos^{-1} z$ 591

9-18. Séries de potências como funções analíticas 594

9-19. Teorema de Cauchy em abertos multiplamente conexos .. 599

9-20. Fórmula integral de Cauchy 600

9-21. Expansão em série de potências de uma função analítica geral 602

9-22. Propriedades das partes real e imaginária das funções analíticas. Fórmula integral de Poisson 608

9-23. Séries de potências com expoentes positivos e negativos – – desenvolvimento de Laurent 616

9-24. Singularidades isoladas de uma função analítica. Zeros e pólos 619

9-25. O ∞ complexo 621

9-26. Resíduos 628

9-27. Resíduo no infinito................................. 634

*9-28. Resíduos logarítmicos – o princípio do argumento 636

9-29. Aplicação dos resíduos ao cálculo de integrais reais 642

9-30. Representação conforme 647

9-31. Exemplos de representação conforme................. 650

9-32. Aplicações da representação conforme. O problema de Dirichlet · 660

9-33. Problema de Dirichlet para o semiplano 661

9-34. Aplicação conforme em hidrodinâmica 669

9-35. Aplicações da representação conforme na teoria da elasticidade 672

9-36. Outras aplicações da representação conforme 674

9-37. Fórmulas gerais para aplicações biunívocas. Transformação de Schwarz-Christoffel 675

9-38. Prolongamento analítico 681

9-39. Superfícies de Riemann 684

Capítulo 10. EQUAÇÕES DIFERENCIAIS PARCIAIS

10-1. Introdução 687

10-2. Revisão da equação para vibrações forçadas de uma mola 688

10-3. Caso de duas partículas 690

10-4. Caso de N partículas............................... 696

10-5. Meio contínuo. Equação diferencial parcial fundamental 703

10-6. Classificação das equações diferenciais parciais. Problemas básicos 705

10-7. A equação de ondas em uma dimensão. Movimento harmônico 707

10-8. Propriedades das soluções da equação de onda 710

10-9. A equação do calor em dimensão um. Decréscimo exponencial 714

10-10. Propriedades das soluções da equação do calor 716

10-11. Equilíbrio e aproximação ao equilíbrio 717

10-12. Movimento forçado 720

10-13. Equações com coeficientes variáveis. Problemas de valor de fronteira de Sturm-Liouville 725

10-14. Equações em duas e três dimensões. Separação de variáveis 727

10-15. Regiões não-limitadas. Espectro contínuo 730

10-16. Métodos numéricos 733

10-17. Métodos variacionais 735

10-18. Equações diferenciais parciais e equações integrais...... 738

Índice alfabético 743

capítulo 6
SÉRIES INFINITAS

6-1. INTRODUÇÃO. Uma série infinita é um símbolo de soma da forma

$$a_1 + a_2 + \cdots + a_n + \cdots$$

constituída por infinitos termos. Tais séries nos são familiares, mesmo nas operações numéricas mais elementares. Por exemplo, escrevemos

$$\frac{1}{3} = 0,33333\ldots;$$

isso equivale a dizer que

$$\frac{1}{3} = \frac{3}{10} + \frac{3}{100} + \frac{3}{1\,000} + \frac{3}{10\,000} + \frac{3}{100\,000} + \cdots$$

Evidentemente não vamos interpretar isso como um problema comum de adição, cuja execução levaria uma eternidade. Em vez disso, dizemos, por exemplo, que

$$\frac{1}{3} = 0,33333,$$

com uma *aproximação muito boa*. "Arredondamos" após um certo número de casas decimais e usamos o *número racional* resultante

$$0,33333 = \frac{33333}{100000}$$

como aproximação suficientemente boa para o número $\frac{1}{3}$.

O procedimento acima aplica-se à série geral $a_1 + a_2 + \cdots + a_n + \cdots$ Para calculá-la, arredondamos após k termos e substituímos a série por uma soma finita

$$a_1 + a_2 + \cdots + a_k.$$

Contudo o procedimento de arredondamento deve ser justificado: devemos nos assegurar de que, se tomarmos mais de k termos, não afetaremos o resultado de modo importante. No caso da série

$$1 + 1 + \cdots + 1 + \cdots$$

tal justificação é impossível, pois um termo produz a soma 1, dois termos a soma 2, três termos a soma 3, etc., e não há arredondamento que sirva. Tal série é um exemplo de *série divergente*.

341

Cálculo Avançado

Por outro lado, não há aparentemente nenhum perigo em arredondarmos a série

$$1 + \frac{1}{4} + \frac{1}{9} + \frac{1}{16} + \cdots + \frac{1}{n^2} + \cdots$$

Por exemplo, para os k primeiros termos, temos as somas:

$$1, \quad 1 + \frac{1}{4} = \frac{5}{4}, \quad 1 + \frac{1}{4} + \frac{1}{9} = \frac{49}{36}, \quad 1 + \frac{1}{4} + \frac{1}{9} + \frac{1}{16} = \frac{205}{144}, \cdots$$

As somas não parecem variar muito e nos arriscaríamos a dizer que a soma de 50 termos não iria diferir da soma de 4 termos por mais de, digamos, 1/4. Embora tais situações possam ser enganadoras (mais tarde veremos como), nosso palpite, neste caso, está correto. Esta série é um exemplo de *série convergente*.

Pretendemos neste capítulo sistematizar o procedimento esboçado acima e formular critérios que ajudam a decidir em que condições o arredondamento é permitido (caso convergente) ou não (caso divergente). Como mostra o exemplo da expansão decimal de 1/3, a noção de séries infinitas situa-se bem no centro do conceito de números reais. Assim sendo, uma teoria completa de séries pediria uma análise profunda do sistema dos números reais. Não tencionamos fazer isso aqui, de sorte que algumas regras terão de ser justificadas de maneira intuitiva. Para um tratamento detalhado, indicamos o livro de G. H. Hardy, *Pure Mathematics*, 9.ª ed. (Cambridge: Cambridge University Press, 1947), e o de K. Knopp, *Theory and Application of Infinite Series* (Glasgow: Blackie and Son, 1928).

Em face do grande número de teoremas que aparece neste capítulo, numeraremos os teoremas em seqüência de 1 a 58.

6-2. SEQÜÊNCIAS INFINITAS. Se a cada inteiro positivo n é associado um número s_n, diz-se que os números s_n formam uma *seqüência infinita*. Ordenam-se os números segundo seus índices:

$$s_1, s_2, s_3, \ldots, s_n, s_{n+1}, \ldots$$

Exemplos de seqüências são:

$$\frac{1}{2}, \quad \frac{1}{4}, \cdots, \quad \frac{1}{2^n}, \cdots; \tag{6-1}$$

$$2, \quad \left(\frac{3}{2}\right)^2, \quad \left(\frac{4}{3}\right)^2, \cdots, \quad \left(\frac{n+1}{n}\right)^n, \cdots; \tag{6-2}$$

$$1, \quad 1 + \frac{1}{2}, \quad 1 + \frac{1}{2} + \frac{1}{3}, \cdot \quad 1 + \frac{1}{2} + \frac{1}{3} + \cdots + \frac{1}{n}, \cdots \tag{6-3}$$

Suas regras de formação são:

$$s_n = \frac{1}{2^n}, \quad s_n = \left(\frac{n+1}{n}\right)^n, \quad s_n = 1 + \frac{1}{2} + \frac{1}{3} + \cdots + \frac{1}{n}\cdot$$

342

Às vezes, é conveniente numerar os elementos da seqüência a partir de 0, de 2, ou de algum outro inteiro.

Diz-se que uma seqüência s_n *converge* para o número s, ou que tem *limite* s, e escreve-se

$$\lim_{n \to \infty} s_n = s, \qquad (6\text{-}4)$$

se, para cada número $\varepsilon > 0$, é possível encontrar um número N tal que

$$|s_n - s| < \varepsilon \quad \text{para} \quad n > N. \qquad (6\text{-}5)$$

A Fig. 6-1(a) ilustra essa condição. Se s_n não converge, diz-se que ela *diverge*.

Uma seqüência s_n pode ser vista como uma função $s(n)$ da variável *inteira* n. Com isso, a definição de limite (6-4), (6-5) é formalmente a mesma que aquela dada no caso de uma função $f(x)$ de variável real x [Eq. (0-71), Sec. 0-6.]

Demonstra-se que as seqüências (6-1) e (6-2) convergem,

$$\lim_{n \to \infty} \frac{1}{2^n} = 0, \quad \lim_{n \to \infty} \left(\frac{n+1}{n}\right)^n = e,$$

enquanto (6-3) diverge.

a. convergente
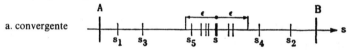

b. convergente
monótona
crescente
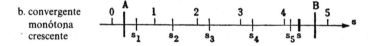

c. convergente
monótona
decrescente
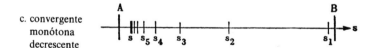

d. divergente
monótona
crescente

e. divergente
limitada
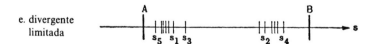

f. divergente
não-limitada
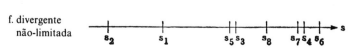

Figura 6-1. Tipos de seqüências

Diz-se que uma seqüência s_n é *monótona crescente* se $s_1 \le s_2 \le \cdots \le$ $\le s_n \le s_{n+1} \le \cdots$; as Figs. 6-1(b) e (d) exemplificam isso. Como estamos permitindo igualdade entre termos, talvez seja melhor dizer que essas seqüências são *monótonas não-decrescentes*. Analogamente, diz-se que uma seqüência s_n é *monótona decrescente* (ou *monótona não-crescente*) se $s_n \ge s_{n+1}$ para todo n [Fig. 6-1(c).]

Diz-se que uma seqüência s_n é *limitada* se existem dois números A, B tais que $A \le s_n \le B$, para todo n. Todas as seqüências sugeridas na Fig. 6-1 são limitadas, salvo as de (d) e (f).

Teorema 1. *Toda seqüência monótona limitada converge.*

Seja s_n uma seqüência monótona crescente, como na Fig. 6-1(b). Na figura, os números s_n deslocam-se à direita à medida que n cresce, mas não superam B; isso sugere que eles devem acumular-se em algum número s à esquerda de B ou em B. Podemos determinar a expansão decimal de s da maneira seguinte: seja k_1 o maior inteiro tal que $s_n \ge k_1$ para n suficientemente grande; na Fig. 6-1(b), $k_1 = 4$. Seja k_2 o maior inteiro entre 0 e 9 (inclusive) tal que

$$s_n \ge k_1 + \frac{k_2}{10}$$

para n suficientemente grande; na Fig. 6-1(b), $k_2 = 3$. Seja k_3 o maior inteiro entre 0 e 9 tal que

$$s_n \ge k_1 + \frac{k_2}{10} + \frac{k_3}{100}$$

para n suficientemente grande. Procedendo dessa maneira, obtemos a expansão decimal completa do limite s:

$$s = k_1 + \frac{k_2}{10} + \frac{k_3}{100} + \frac{k_4}{1\,000} + \cdots$$

Se $s = 4\frac{1}{3}$, teríamos

$$s = 4 + \frac{3}{10} + \frac{3}{100} + \frac{3}{1\,000} + \cdots$$

Examinando de perto esse raciocínio, pode-se ver que, efetivamente, o número s está determinado de modo preciso, como número real, e que a diferença $s - s_n$ pode tornar-se tão pequena quanto se queira tomando-se n suficientemente grande. É assim que se prova o Teorema 1, segundo a linha deste esboço.

Se uma seqüência s_n é monótona crescente, então podem acontecer somente duas coisas: ou a seqüência é limitada e tem um limite, ou a seqüência não é limitada. Neste último caso, para um n suficientemente grande, a seqüência toma valores maiores que qualquer número K dado:

$$s_n > K, \quad \text{para} \quad n > N; \qquad (6\text{-}6)$$

Séries Infinitas

um outro modo de dizer isso é

$$\lim_{n \to \infty} s_n = \infty, \qquad (6\text{-}7)$$

ou que "s_n diverge para ∞". Um exemplo disso é a seqüência: $s_n = n$; ver a Fig. 6-1(d). Pode acontecer que $\lim s_n = \infty$ sem que s_n seja uma seqüência monótona; por exemplo, $s_n = n + (-1)^n$.

Analogamente, define-se

$$\lim_{n \to \infty} s_n = -\infty, \qquad (6\text{-}8)$$

se, para todo número K, é possível encontrar um N tal que

$$s_n < K \qquad \text{para} \qquad n > N. \qquad (6\text{-}9)$$

Toda seqüência monótona decrescente ou é limitada ou diverge para $-\infty$.

Teorema 2. *Toda seqüência não-limitada diverge.*

Demonstração. Suponhamos por absurdo que a seqüência não-limitada s_n convirja para s; então

$$s - \varepsilon < s_n < s + \varepsilon$$

para $n > N$. Assim sendo, todos os s_n, salvo um número finito deles, pertencem ao intervalo entre $s - \varepsilon$ e $s + \varepsilon$, e a seqüência é necessariamente limitada, o que contraria a hipótese.

6-3. LIMITE SUPERIOR E LIMITE INFERIOR. Resta-nos examinar as seqüências s_n que são limitadas, mas não monótonas. Elas podem convergir, como a da Fig. 6-1(a), assim como podem divergir, como mostra o seguinte exemplo:

$$1, -1, 1, -1, \ldots, (-1)^{n+1}, \ldots$$

Esse exemplo sugere também o modo pelo qual uma seqüência limitada geral pode divergir, a saber, oscilando entre vários valores. No exemplo dado, a seqüência oscila entre 1 e -1. A seqüência

$$1, 0, -1, 0, 1, 0, -1, 0, 1, \ldots$$

oscila entre três valores: 0, 1, -1; a oscilação sugere funções trigonométricas. Com efeito, o termo geral dessa seqüência pode ser escrito sob a forma

$$s_n = \operatorname{sen}\left(\frac{1}{2} n\pi\right).$$

No caso geral, a seqüência limitada pode deslocar-se para cá e para lá dentro de seu intervalo, aproximando-se arbitrariamente de vários valores (mesmo todos) do intervalo; ela diverge não porque lhe falta um valor limite, mas por-

345

Cálculo Avançado

que há um excesso de tais valores; mais especificamente, há mais de um valor-limite.

No caso de tais seqüências limitadas, são do maior interesse o maior e o menor valor de limite, que são chamados *limite superior* e *limite inferior* da seqüência s_n. Define-se o limite superior como

$$\overline{\lim_{n \to \infty}} \, s_n = k$$

se, para todo ε positivo, temos

$$|s_n - k| < \varepsilon$$

para infinitos valores de n e se nenhum número maior que k goza dessa propriedade. Define-se o limite inferior de modo análogo:

$$\underline{\lim_{n \to \infty}} \, s_n = h$$

se, para todo ε positivo, temos

$$|s_n - h| < \varepsilon$$

para infinitos valores de n e se nenhum número menor que h goza dessa propriedade. Teorema: *toda seqüência limitada possui um limite superior e um limite inferior;* a demonstração é análoga à do Teorema 1.

Exemplos:

$$\overline{\lim_{n \to \infty}} \, (-1)^n = 1, \qquad \underline{\lim_{n \to \infty}} \, (-1)^n = -1,$$

$$\overline{\lim_{n \to \infty}} \, \text{sen} \left(\tfrac{1}{3} n\pi\right) = \tfrac{1}{2}\sqrt{3}, \qquad \underline{\lim_{n \to \infty}} \, \text{sen} \left(\tfrac{1}{3} n\pi\right) = -\tfrac{1}{2}\sqrt{3},$$

$$\overline{\lim_{n \to \infty}} \, (-1)^n (1 + 1/n) = 1, \qquad \underline{\lim_{n \to \infty}} \, (-1)^n (1 + 1/n) = -1,$$

$$\overline{\lim_{n \to \infty}} \, \text{sen} \, n = 1, \qquad \underline{\lim_{n \to \infty}} \, \text{sen} \, n = -1.$$

Convém verificar esses resultados por meio de representações gráficas das seqüências, como as da Fig. 6-1. As demonstrações não são difíceis, salvo nos dois últimos casos, que são bastante sutis.

As definições de limite superior e limite inferior podem ser generalizadas para seqüências não-limitadas. Nesse caso, ∞ e $-\infty$ devem ser considerados como possíveis "valores de limite"; assim sendo, ∞ é um valor de limite se, para todo número K, vale $s_n > K$ para infinitos n; $-\infty$ é um valor de limite se, para todo número K, $s_n < K$ para infinitos n. Define-se então o limite superior como sendo o "maior valor de limite" e o limite inferior como sendo o "menor valor de limite".

346

Séries Infinitas

Exemplos:

$$\overline{\lim_{n \to \infty}} \, (-1)^n \, n = \infty, \quad \underline{\lim_{n \to \infty}} \, (-1)^n \, n = -\infty,$$

$$\overline{\lim_{n \to \infty}} \, n^2 \operatorname{sen}^2 \left(\tfrac{1}{2} n\pi\right) = \infty, \quad \underline{\lim_{n \to \infty}} \, n^2 \operatorname{sen}^2 \left(\tfrac{1}{2} n\pi\right) = 0.$$

Nessas condições, toda seqüência terá um limite superior e um limite inferior. Deve-se observar que, quando $\lim s_n = -\infty$, os limites superior e inferior são ambos $-\infty$. O limite inferior não pode superar o limite superior.

Teorema 3. *Se a seqüência s_n convergir para s, então*

$$\overline{\lim_{n \to \infty}} \, s_n = \underline{\lim_{n \to \infty}} \, s_n = s;$$

reciprocamente, se o limite superior e o limite inferior forem iguais e finitos, a seqüência convergirá.

A primeira parte do teorema decorre da definição de convergência, pois o limite s satisfaz a todas as condições, tanto as do limite superior como as do limite inferior. Se os limites superior e inferior forem ambos finitos e iguais a s, a seqüência será, necessariamente, limitada, pois, do contrário, o limite superior seria $+\infty$ ou o limite inferior seria $-\infty$. Se s_n não convergisse para s, então, para algum ε, haveria infinitos termos da seqüência tais que $|s_n - s| > \varepsilon$. Podemos então proceder como na demonstração do Teorema 1 para exibir um valor de limite k diferente de s. Isso contradiria o fato de s ser o maior e o menor valor de limite.

6-4. PROPRIEDADES ADICIONAIS DE SEQÜÊNCIAS. Vejamos primeiro algumas relações entre seqüências e continuidade de funções.

Teorema 4. *Seja $y = f(x)$ uma função definida para $a \leq x \leq b$. Se $f(x)$ for contínua em x_0, então*

$$\lim_{n \to \infty} f(x_n) = f(x_0)$$

para toda seqüência x_n no intervalo convergindo para x_0. Analogamente, se $f(x, y)$ for definida num domínio D e for contínua em (x_0, y_0), então

$$\lim_{n \to \infty} f(x_n, y_n) = f(x_0, y_0)$$

para todas as seqüências x_n, y_n tais que (x_n, y_n) pertencem a D, x_n converge para x_0, e y_n converge para y_0.

Demonstramos o resultado para $f(x)$, sendo análoga a prova para uma função de duas (ou mais) variáveis. Dado $\varepsilon > 0$, é possível encontrar um δ tal que $|f(x) - f(x_0)| < \varepsilon$ para $|x - x_0| < \delta$; isso é simplesmente a definição de continuidade. Podemos então escolher N de modo tal que $|x_n - x_0| < \delta$

347

Cálculo Avançado

para $n > N$, pois x_n converge para x_0. Em conseqüência, $|f(x_n) - f(x_0)| < \varepsilon$ para $n > N$; ou seja, $f(x_n)$ converge para $f(x_0)$.

Observamos que há uma recíproca do Teorema 4: se $f(x)$ possuir a propriedade de $f(x_n)$ convergir para $f(x_0)$ para toda seqüência x_n convergente para x_0, então $f(x)$ deverá ser contínua em x_0; veja-se E. W. Hobson, *Functions of a Real Variable*, 3.ª ed., Vol. 1, pág. 282 (Cambridge University Press, 1927).

Teorema 5. *Se*

$$\lim_{n \to \infty} x_n = x, \quad \lim_{n \to \infty} y_n = y,$$

então

$$\lim_{n \to \infty} (x_n \pm y_n) = x \pm y, \quad \lim_{n \to \infty} (x_n \cdot y_n) = x \cdot y, \quad \lim_{n \to \infty} \frac{x_n}{y_n} = \frac{x}{y},$$

contanto que, no último caso, não haja divisão por 0.

Demonstração. A função $f(x, y) = x + y$ é contínua para todo x e todo y. Logo, pelo Teorema 4,

$$\lim_{n \to \infty} f(x_n, y_n) = \lim_{n \to \infty} (x_n + y_n) = x + y.$$

As demais regras seguem da mesma maneira, tomando-se para $f(x, y)$ as funções $x - y$, $x \cdot y$, x/y, sucessivamente.

Teorema 6. (*Critério de Cauchy*). *Se a seqüência s_n tem a propriedade de que, para todo $\varepsilon > 0$, é possível encontrar um N tal que*

$$|s_m - s_n| < \varepsilon \quad para \quad n > N \quad e \quad m > N, \tag{6-10}$$

então s_n converge. Reciprocamente, se s_n converge, então, para todo $\varepsilon > 0$, é possível encontrar um N tal que valha (6-10).

Demonstração. Se valer a condição (6-10), então a seqüência será necessariamente limitada. Com efeito, se fixamos um ε e um N conforme a (6-10), então, para um m fixo, $m > N$, temos

$$s_m - \varepsilon < s_n < s_m + \varepsilon$$

para todo n maior que N. Logo, todos os s_n, a menos de um número finito, encontram-se nesse intervalo, de sorte que a seqüência é necessariamente limitada. Se a seqüência não convergir, então, pelo Teorema 3, o limite superior $\bar{s}$ e o limite inferior $\underline{s}$ deverão ser diferentes. Seja $\bar{s} - \underline{s} = a$. Temos então

$$|s_m - \bar{s}| < \frac{a}{3}, \quad |s_n - \underline{s}| < \frac{a}{3}$$

para infinitos m e n. Logo, $|s_m - s_n| > a/3$ para infinitos m e n, como mostra a Fig. 6-2. Tomando ε igual a $a/3$, a condição (6-10) não pode ser verificada para nenhum N. Isso é uma contradição; logo $\bar{s} = \underline{s}$ e a seqüência converge.

348

Figura 6-2

Reciprocamente, se s_n convergir para s, então, para um dado $\varepsilon > 0$, poderemos encontrar um N tal que $|s_n - s| < \frac{1}{2}\varepsilon$ para $n > N$. Logo, para $m > N$ e $n > N$, vale

$$|s_m - s_n| = |s_m - s + s - s_n| \leq |s_m - s| + |s - s_n| < \frac{1}{2}\varepsilon + \frac{1}{2}\varepsilon = \varepsilon,$$

e a condição (6-10) está satisfeita.

PROBLEMAS

1. Mostrar que as seguintes seqüências convergem e achar seus limites:

   (a) $\dfrac{(n^2 + 1)}{(n^3 + 1)}$, (b) $\dfrac{\log n}{n}$, (c) $\dfrac{n}{2^n}$, (d) $n \log \left(1 + \dfrac{1}{n}\right)$,

   (e) $s_n = 1$ para $n = 1, 2, 3, \ldots$

2. Determinar o limite superior e o limite inferior das seqüências:

   (a) $\cos n\pi$, (b) $\operatorname{sen} \frac{1}{5} n\pi$, (c) $n \operatorname{sen} \frac{1}{2} n\pi$.

3. Construir seqüências possuindo as propriedades especificadas:

   (a) $\overline{\lim_{n \to \infty}} s_n = 2$, $\underline{\lim_{n \to \infty}} s_n = 0$.

   (b) $\overline{\lim_{n \to \infty}} s_n = 0$, $\underline{\lim_{n \to \infty}} s_n = -\infty$;

   (c) $\overline{\lim_{n \to \infty}} s_n = +\infty$, $\underline{\lim_{n \to \infty}} s_n = +\infty$.

4. Mostrar que a seqüência $s_n = 1/n$ satisfaz ao critério de Cauchy.
5. Calcular e até 2 casas decimais a partir de sua definição como limite da seqüência $(1 + 1/n)^n$.
6. Calcular $\overline{\lim_{n \to \infty}} x^n$ e $\underline{\lim_{n \to \infty}} x^n$.
7. O número π pode ser definido como sendo o limite, quando $n \to \infty$, da área de um polígono regular de 2^n lados inscrito num círculo de raio 1. Mostrar que a seqüência é monótona e usá-la para calcular π, aproximadamente.

RESPOSTAS

1. (a) 0, (b) 0, (c) 0, (d) 1, (e) 1.   2. (a) 1, −1, (b) 0,951, −0,951, (c) ∞, −∞.

6. O limite superior é ∞ para $|x| > 1$, 1 para $x = \pm 1$ e 0 para $|x| < 1$; o limite inferior é $-\infty$ para $x < -1$, -1 para $x = -1$, 0 para $-1 < x < 1$, 1 para $x = 1$, ∞ para $x > 1$.

Cálculo Avançado

6-5. SÉRIES INFINITAS. Uma série infinita é um símbolo de soma da forma:

$$a_1 + a_2 + \cdots + a_n + \cdots \qquad (6\text{-}11)$$

dos termos de uma seqüência a_n. A série pode ser abreviada usando-se o símbolo Σ:

$$a_1 + a_2 + \cdots + a_n + \cdots = \sum_{n=1}^{\infty} a_n, \qquad (6\text{-}12)$$

e a notação Σ deve ser adotada, salvo para séries muito simples.

A cada série infinita $\Sigma\, a_n$ está associada a *seqüência das somas parciais* S_n:

$$S_n = a_1 + a_2 + \cdots + a_n = \sum_{j=1}^{n} a_j. \qquad (6\text{-}13)$$

(Observemos que o índice j na soma acima é um índice *auxiliar*, de sorte que o resultado não depende de j. Por conseqüência, $\sum_{j=1}^{n} a_j = \sum_{m=1}^{n} a_m$. O uso desse índice lembra o uso da variável auxiliar de integração numa integral definida). Portanto

$$S_1 = a_1, \quad S_2 = a_1 + a_2, \ldots, S_n = a_1 + \cdots + a_n.$$

Definição. A série infinita $\sum_{n=1}^{\infty} a_n$ será *convergente* se a seqüência das somas parciais for convergente; a série será *divergente* se a seqüência das somas parciais for divergente. Se a série for convergente e a seqüência das somas parciais S_n convergir para S, então S será chamada a *soma* da série, escrevendo-se

$$\sum_{n=1}^{\infty} a_n = S. \qquad (6\text{-}14)$$

Portanto, por definição,

$$\sum_{n=1}^{\infty} a_n = \lim_{n \to \infty} \sum_{j=1}^{n} a_j,$$

contanto que o limite exista.

Se $\lim S_n = +\infty$ ou $\lim S_n = -\infty$, diz-se que a série $\Sigma\, a_n$ é *propriamente divergente*. Do Teorema 1 da Sec. 6-2 concluímos o seguinte:

Teorema 7. *Se $a_n \geq 0$ para $n = 1, 2, \ldots$, então a série $\sum_{n=1}^{\infty} a_n$ ou é convergente ou é propriamente divergente.*

Assim, como $a_n \geq 0$, temos

$$S_1 = a_1 \leq S_2 = a_1 + a_2 \leq S_3 = a_1 + a_2 + a_3 \leq \ldots;$$

350

ou seja, os termos S_n formam uma seqüência monótona crescente. Se essa seqüência for limitada, ela convergirá (Teorema 1); se ela não for limitada, então, necessariamente, lim $S_n = \infty$, de modo que a série será propriamente divergente.

Exemplo 1. A série

$$\frac{1}{2} + \frac{3}{4} + \frac{7}{8} + \cdots + \frac{2^n - 1}{2^n} + \cdots$$

é propriamente divergente, pois cada termo é pelo menos igual a 1/2 e, conseqüentemente,

$$S_n \geq \frac{1}{2} + \frac{1}{2} + \cdots + \frac{1}{2} = n \cdot \frac{1}{2}.$$

A seqüência S_n é monótona mas não é limitada, e lim $S_n = \infty$.
Deve-se observar que os *termos* da série formam uma seqüência convergente, pois

$$\lim_{n \to \infty} \left(\frac{2^n - 1}{2^n} \right) = \lim_{n \to \infty} \left(1 - \frac{1}{2^n} \right) = 1.$$

Desse fato não segue a convergência da série. De modo geral, devem-se distinguir as noções de série, seqüência dos termos de uma série, e a seqüência das somas parciais de uma série. A série é simplesmente um outro modo de descrever-se a seqüência das somas parciais; os termos da série descrevem as variações entre uma soma parcial e a soma seguinte. A Fig. 6-3 ilustra a distinção.

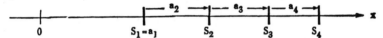

Figura 6-3. A série Σa_n e a seqüência S_n das somas parciais

Exemplo 2. A série

$$\frac{1}{2} + \frac{1}{4} + \frac{1}{8} + \cdots + \frac{1}{2^n} + \cdots$$

é convergente. Aqui, as *somas parciais* formam a seqüência

$$\frac{1}{2}, \frac{3}{4}, \frac{7}{8}, \ldots, \frac{2^n - 1}{2^n}, \ldots$$

que, como vimos acima, converge para 1. Portanto

$$\sum_{n=1}^{\infty} \frac{1}{2^n} = 1.$$

Do Teorema 5 da Sec. 6-4 deduzimos uma regra para a soma e a subtração de séries convergentes; e ainda uma regra para a multiplicação por uma constante:

Cálculo Avançado

Teorema 8. *Se* $\sum_{n=1}^{\infty} a_n$ *e* $\sum_{n=1}^{\infty} b_n$ *são convergente com somas A e B respectivamente, e k é uma constante, então*

$$\sum_{n=1}^{\infty} (a_n + b_n) = A + B, \qquad \sum_{n=1}^{\infty} (a_n - b_n) = A - B,$$

$$\sum_{n=1}^{\infty} (ka_n) = k \sum_{n=1}^{\infty} a_n = kA,$$

(6-15)

pois se introduzimos as somas parciais:

$$A_n = a_1 + \cdots + a_n, \quad B_n = b_1 + \cdots + b_n, \quad S_n = (a_1 + b_1) + \cdots + (a_n + b_n),$$

então $S_n = A_n + B_n$. Como A_n converge para A e B_n converge para B, S_n converge para $A + B$. Vale um raciocínio análogo para as séries $\Sigma (a_n - b_n)$, Σka_n.

O critério de Cauchy (Teorema 6 acima) também pode ser interpretado em termos de séries:

Teorema 9. *A série* $\sum_{n=1}^{\infty} a_n$ *é convergente se, e somente se, para todo* $\varepsilon > 0$, *é possível encontrar um N tal que*

$$|a_{n+1} + a_{n+2} + \cdots + a_m| < \varepsilon \quad para \quad m > n > N.$$

(6-16)

Esse é simplesmente um outro modo de escrever a condição (6-10). Com efeito, quando $m > n$, tem-se

$$S_m - S_n = (a_1 + a_2 + \cdots + a_m) - (a_1 + \cdots + a_n) = a_{n+1} + \cdots + a_m.$$

6-6. CRITÉRIOS DE CONVERGÊNCIA E DIVERGÊNCIA. Um ponto de importância capital é a formulação de regras ou "critérios" que nos permitam decidir da convergência ou divergência de uma dada série. O problema é semelhante e, na verdade, intimamente relacionado ao problema de integrais impróprias. Essa relação tornar-se-á clara mais adiante.

Algumas observações preliminares serão úteis. A convergência ou divergência de uma série não será afetada se modificarmos um número *finito* de termos da série; por exemplo, os primeiros dez termos podem ser substituídos por zeros sem que isso afete a convergência, embora a soma venha a ser naturalmente alterada se a série convergir. Os termos da série podem ser todos multiplicados pela mesma constante não nula k, sem que a convergência ou divergência seja afetada, pois as somas parciais S_n convergem ou divergem dependendo de kS_n convergir ou divergir. Em particular, todos os termos podem ser multiplicados por -1 sem que isso afete a convergência; contudo outras mudanças de sinal podem alterar completamente o caráter da série.

As operações de *agrupamento de termos* e de *rearranjo* dos termos de uma série pedem um cuidado considerável. Elas serão discutidas rapidamente abaixo.

352

Séries Infinitas

Teorema 10. (*Critério do termo geral*). *Se não tivermos*

$$\lim_{n \to \infty} a_n = 0,$$

então $\sum_{n=1}^{\infty} a_n$ *divergirá*.

Demonstração. Se a série convergir para S, então

$$\lim_{n \to \infty} a_n = \lim_{n \to \infty} (S_{n+1} - S_n) = \lim_{n \to \infty} S_{n+1} - \lim_{n \to \infty} S_n = S - S = 0.$$

Logo, se a_n não convergir para 0, a série não poderá convergir. Assinalamos que esse critério só pode ser usado para provar divergências. Se $\lim_{n \to \infty} a_n = 0$, a série $\Sigma\, a_n$ poderá convergir ou divergir. Deve-se observar também que, para mostrar que a_n não converge para 0, não é preciso mostrar que a_n converge para um outro número, pois se chegará à mesma conclusão se for possível mostrar que a seqüência a_n diverge.

Exemplo 1. $\sum_{n=1}^{\infty} (-1)^n$. Aqui, $a_n = \pm\, 1$; portanto, a_n diverge e a série diverge.

Exemplo 2. $\sum_{n=1}^{\infty} n$. $\lim_{n \to \infty} a_n = \lim_{n \to \infty} n = \infty$. A série diverge.

Exemplo 3. $\sum_{n=1}^{\infty} \dfrac{3n-1}{4n+5}$. $\lim_{n \to \infty} a_n = \dfrac{3}{4}$. A série diverge.

Exemplo 4. $\sum_{n=1}^{\infty} \dfrac{1}{n}$. $\lim_{n \to \infty} a_n = 0$. O teste não revela nada. A série é a série *harmônica* e veremos que ela diverge.

Exemplo 5. $\sum_{n=1}^{\infty} \dfrac{1}{2^n}$. $\lim_{n \to \infty} a_n = 0$. O teste não revela nada. A série converge para 1, como vimos na Sec. 6-5.

Se uma série $\Sigma\, a_n$ for tal que $\Sigma\, |a_n|$ é convergente, então a série $\Sigma\, a_n$ será chamada *absolutamente convergente*.

Teorema 11. (*Teorema da convergência absoluta*). *Se* $\sum_{n=1}^{\infty} |a_n|$ *convergir, então* $\sum_{n=1}^{\infty} a_n$ *convergirá; em outras palavras, toda série absolutamente convergente é convergente*.

Demonstração. O teorema é conseqüência do critério de Cauchy (Teorema 9, da Sec. 6-5), pois

$$|a_{n+1} + \cdots + a_m| \leqq |a_{n+1}| + |a_{n+2}| + \cdots + |a_m|.$$

353

Cálculo Avançado

Se $\sum_{n=1}^{\infty} |a_n|$ convergir, então a soma no segundo membro será menor que ε quando $n > N$, para uma escolha conveniente de N; logo, a soma no primeiro membro será menor que ε para $n > N$, e a série a_n convergirá.

Podemos interpretar esse teorema como afirmando que a introdução de sinais negativos para diversos termos de uma série a termos positivos tende a *ajudar* a convergência; se a série inicial divergir, a introdução de um número suficiente de sinais negativos poderá fazer que ela convirja; se a série original convergir, a introdução de sinais negativos poderá acelerar a convergência.

Exemplo 6. $\sum_{n=0}^{\infty} \frac{(-1)^n}{2^n} = 1 - \frac{1}{2} + \frac{1}{4} \cdots$ Dado que a série $\sum_{n=1}^{\infty} \frac{1}{2^n}$ converge, essa série converge.

Exemplo 7. $\sum_{n=1}^{\infty} (-1)^n$. A série dos valores absolutos é $1 + 1 + 1 + \cdots +$ $+ 1 + \cdots$. Essa série diverge, de sorte que o Teorema II não é de nenhum auxílio. Contudo o termo geral não converge para 0, de modo que a série diverge.

Exemplo 8. $\sum_{n=1}^{\infty} \frac{(-1)^n}{-n} = 1 - \frac{1}{2} + \frac{1}{3} - \frac{1}{4} + \cdots$. A série dos valores absolutos é a série harmônica do Ex. 4. Embora a série harmônica divirja, veremos que essa série *converge*.

Uma série Σa_n que converge, mas que não é absolutamente convergente, é chamada *condicionalmente convergente*. Uma tal série converge porque sinais negativos foram convenientemente introduzidos. Um exemplo é a série do Ex. 8.

Teorema 12. (*Critério de comparação para convergência*). *Se* $|a_n| \leqq b_n$ *para* $n = 1, 2, \ldots e \sum_{n=1}^{\infty} b_n$ *convergir, então* $\sum_{n=1}^{\infty} a_n$ *é absolutamente convergente.*

Demonstração. Pelo Teorema 7, a série $\Sigma |a_n|$ ou é convergente ou é propriamente divergente. Se ela fosse propriamente divergente, então

$$\lim_{n \to \infty} \sum_{j=1}^{n} |a_j| = \infty;$$

como $b_n \geqq |a_n|$, teríamos então

$$\lim_{n \to \infty} \sum_{j=1}^{n} b_j = \infty,$$

de modo que Σb_n divergiria, o que estaria em contradição com a hipótese. Logo $\Sigma |a_n|$ converge e Σa_n é absolutamente convergente.

354

Séries Infinitas

Exemplo 9. $\displaystyle\sum_{n=1}^{\infty} \frac{1}{n2^n} \cdot$ Como

$$\left| \frac{1}{n2^n} \right| = \frac{1}{n2^n} \leqq \frac{1}{2^n}$$

e a série $\Sigma\, 1/2^n$ converge, a série dada converge.

Teorema 13. (*Critério de comparação para divergência*). *Se* $a_n \geqq b_n \geqq 0$ *para* $n = 1, 2, \ldots$ *e* $\displaystyle\sum_{n=1}^{\infty} b_n$ *divergir, então* $\displaystyle\sum_{n=1}^{\infty} a_n$ *divergirá.*

Demonstração. Se $\Sigma\, a_n$ fosse convergente, então, em virtude do Teorema 12, $\Sigma\, b_n = \Sigma\, |b_n|$ também seria convergente. Logo, $\Sigma\, a_n$ diverge.

Devemos observar que o critério do Teorema 13 é aplicado tão-somente a séries com termos positivos.

Exemplo 10. $\displaystyle\sum_{n=1}^{\infty} \frac{n-1}{n^2} \cdot$ É evidente que os termos são próximos dos termos da série harmônica divergente $\displaystyle\sum_{n=1}^{\infty} \frac{1}{n} \cdot$ Contudo a desigualdade

$$\frac{n-1}{n^2} > \frac{1}{n}$$

é falsa, pois ela é equivalente à afirmação: $n^2 - n > n^2$. Por outro lado, temos

$$\frac{n-1}{n^2} > \frac{1}{2n}$$

para $n > 2$, pois isso equivale à desigualdade: $2n^2 - 2n > n^2$, ou à desigualdade $n > 2$. O fator constante $1/2$ e o fato de a condição não ser válida para $n < 3$ não têm efeito nenhum sobre a convergência ou divergência. Logo, o Teorema 13 pode ser usado e concluímos que a série diverge.

Insistimos que nada se pode concluir a respeito da série $\Sigma\, a_n$ a partir da desigualdade: $|a_n| \leqq |b_n|$, onde $\Sigma\, b_n$ *diverge;* tampouco nada se pode inferir da desigualdade: $a_n \geqq b_n > 0$, quando $\Sigma\, b_n$ *converge.*

Teorema 14. (*Critério da integral*). *Seja* $y = f(x)$ *uma função que satisfaz às seguintes condições:*

(a) $f(x)$ *é definida e contínua para* $c \leqq x < \infty$;

(b) $f(x)$ *é decrescente para* x *crescente, e* $\displaystyle\lim_{x \to \infty} f(x) = 0$;

(c) $f(n) = a_n$.

Então a série $\displaystyle\sum_{n=1}^{\infty} a_n$ *converge ou diverge conforme a integral imprópria* $\displaystyle\int_c^{\infty} f(x)\, dx$ *converge ou diverge.*

355

Demonstração. Suponhamos que a integral imprópria convirja. As hipóteses (b) e (c) implicam que $a_n > 0$ para n suficientemente grande. Logo, pelo Teorema 7 da Sec. 6-5, a série $\Sigma\, a_n$ deve ou convergir ou divergir propriamente. Seja m um inteiro tal que $m > c$. Então, dado que $f(x)$ é decrescente, temos

$$\int_n^{n+1} f(x)\, dx \geq f(n+1) = a_{n+1}, \quad \text{para} \quad n \geq m,$$

como mostra a Fig. 6-4. Logo,

$$0 < a_{m+1} + \cdots + a_{m+p} \leq \int_m^{m+p} f(x)\, dx \leq \int_m^{\infty} f(x)\, dx,$$

e é impossível que a série $\Sigma\, a_n$ seja propriamente divergente; logo, a série deve ser convergente.

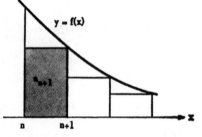

Figura 6-4. Prova do critério da integral para convergência

Deixamos como exercício a prova no caso divergente (Prob. 10 abaixo).

Teorema 15. *A série harmônica de ordem p,*

$$\sum_{n=1}^{\infty} \frac{1}{n^p} = 1 + \frac{1}{2^p} + \frac{1}{3^p} + \cdots$$

converge se $p > 1$ e diverge se $p \leq 1$.

Demonstração. O termo geral não converge para 0 quando $p \leq 0$; portanto, para $p \leq 0$, a série certamente diverge. Para $p > 0$, o critério da integral pode ser usado, tomando-se $f(x) = 1/x^p$. Seja agora $p \neq 1$. Temos:

$$\int_1^{\infty} \frac{1}{x^p}\, dx = \lim_{b \to \infty} \int_1^b \frac{1}{x^p}\, dx = \lim_{b \to \infty} \left[\frac{1}{p-1} \left(1 - \frac{1}{b^{p-1}} \right) \right]$$

Esse limite existe e é igual a $1/(p-1)$ para $p > 1$. Para $p < 1$, a integral diverge e, para $p = 1$,

$$\int_1^{\infty} \frac{1}{x}\, dx = \lim_{b \to \infty} \log b = \infty,$$

de sorte que há novamente divergência. Com isso, o teorema está estabelecido.

Séries Infinitas

Quando $p = 1$, obtemos a série divergente

$$1 + \frac{1}{2} + \cdots + \frac{1}{n} + \cdots,$$

comumente chamada de *série harmônica;* sua relação com a harmonia (ou seja, música) será vista quando abordarmos as séries de Fourier, no capítulo seguinte. Para valores gerais (mesmo complexos) de p, a série define uma função $\zeta(p)$, a *função zeta de Riemann.*

Teorema 16. *A série geométrica*

$$a + ar + ar^2 + \cdots + ar^n + \cdots = \sum_{n=0}^{\infty} ar^n \quad (a \neq 0)$$

converge se $-1 < r < 1$:

$$\sum_{n=1}^{\infty} ar^n = \frac{a}{1-r}, \quad -1 < r < 1, \tag{6-17}$$

e diverge se $|r| \geq 1$.

Demonstração. Como vimos na Sec. 0-3 [Eq. (0-29)], a n-ésima soma parcial da série geométrica é

$$S_n = a \frac{1 - r^n}{1 - r}$$

para $r \neq 1$. Se $-1 < r < 1$, r^n converge para 0; nesse caso, S_n converge para $a/(1 - r)$. Se $|r| \geq 1$, o termo geral da série não converge para 0, de sorte que a série diverge.

Teorema 17. (*Critério da razão*). *Se* $a_n \neq 0$ *para* $n = 1, 2, \ldots$ *e*

$$\lim_{n \to \infty} \left| \frac{a_{n+1}}{a_n} \right| = L,$$

então

se $L < 1$, $\sum_{n=1}^{\infty} a_n$ *é absolutamente convergente;*

se $L = 1$, *nada se conclui;*

se $L > 1$, $\sum_{n=1}^{\infty} a_n$ *é divergente.*

Demonstração. Suponhamos primeiro que $L < 1$. Seja $r = L + (1 - L)/2 = (1 + L)/2$, de sorte que $L < r < 1$. Seja $b_n = |a_{n+1}/a_n|$. Por hipótese, b_n converge para L, de modo que temos $0 < b_n < r$ para $n > N$ e uma escolha

357

Cálculo Avançado

conveniente de N. Podemos agora escrever

$$\left| a_{N+1} \right| + \left| a_{N+2} \right| + \cdots + \left| a_{N+k} \right| + \cdots$$

$$= \left| a_{N+1} \right| \left(1 + \left| \frac{a_{n+2}}{a_{N+1}} \right| + \left| \frac{a_{n+2}}{a_{N+1}} \right| \left| \frac{a_{n+3}}{a_{N+2}} \right| + \cdots \right)$$

$$= \left| a_{N+1} \right| (1 + b_{N+1} + b_{N+1}b_{N+2} + b_{N+1}b_{N+2}b_{N+3} + \cdots).$$

Como $0 < b_n < r$ para $n > N$, cada termo da série entre parênteses é inferior ao termo correspondente da série geométrica

$$\left| a_{N+1} \right| (1 + r + r^2 + r^3 + \cdots).$$

Como $r < 1$, esta última série converge (Teorema 16). Donde, pelo Teorema 12, a série $\sum\limits_{n=N+1}^{\infty} \left| a_n \right|$ converge, de modo que $\sum\limits_{n=1}^{\infty} \left| a_n \right|$ converge e $\Sigma\, a_n$ é absolutamente convergente.

Se $L > 1$, então $\left| a_{n+1}/a_n \right| \geqq 1$ para n suficientemente grande, de modo que $\left| a_n \right| \leqq \left| a_{n+1} \right| \leqq \left| a_{n+2} \right| \leqq \cdots$ Como os termos são crescentes em valor absoluto (e nenhum deles é 0), torna-se impossível que a_n convirja para 0. Conseqüentemente, a série diverge.

Se $L = 1$, a série pode convergir ou divergir. Um exemplo disso é a série harmônica de ordem p. Pois

$$\lim_{n\to\infty} \frac{n^p}{(n+1)^p} = \lim_{n\to\infty} \left(\frac{n}{n+1} \right)^p = 1.$$

o limite do quociente é 1; no entanto a série converge quando $p > 1$ e diverge quando $p \leqq 1$ (Teorema 15).

Teorema 18. (*Critério para séries alternadas*). *A série alternada*

$$a_1 - a_2 + a_3 - a_4 + \cdots = \sum_{n=1}^{\infty} (-1)^{n+1}a_n, \quad a_n > 0$$

converge se forem satisfeitas as duas condições seguintes:

(a) *seus têrmos são decrescentes em valor absoluto:*

$$a_{n+1} \leqq a_n \quad para \quad n = 1, 2, \ldots,$$

(b) $\lim\limits_{n\to\infty} a_n = 0.$

Demonstração. Seja $S_n = a_1 - a_2 + a_3 - a_4 + \cdots + a_n$. Então $S_1 = a_1$, $S_2 = a_1 - a_2 < S_1$, $S_3 = S_2 + a_3 > S_2$, $S_3 = S_1 - (a_2 - a_3) < S_1$, de sorte que $S_2 < S_3 < S_1$. Raciocinando desse modo, concluímos que

$$S_1 > S_3 > S_5 > S_7 > \cdots > S_6 > S_4 > S_2$$

como mostra a Fig. 6-5. Portanto as somas parciais ímpares formam uma seqüência limitada, monótona decrescente, e as somas parciais pares formam

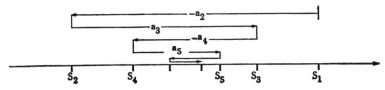

Figura 6-5. Série alternada

uma seqüência limitada, monótona crescente. Em virtude do Teorema 1 da Sec. 6-2, ambas as seqüências convergem:

Ora,
$$\lim_{n\to\infty} S_{2n+1} = S^*, \quad \lim_{n\to\infty} S_{2n} = S^{**}.$$

$$\lim_{n\to\infty} a_{2n+1} = \lim_{n\to\infty} (S_{2n+1} - S_{2n}) = S^* - S^{**}.$$

Pela condição (b), esse limite é 0, de modo que $S^* = S^{**}$. Segue-se que a série converge para S^*.

Teorema 19. (*Critério da raiz*). *Dada uma série* $\sum_{n=1}^{\infty} a_n$, *seja*

Então
$$\lim_{n\to\infty} \sqrt[n]{|a_n|} = R.$$

se $R < 1$, a série é absolutamente convergente;
se $R > 1$, a série diverge;
se $R = 1$, nada se conclui.

Demonstração. Se $R < 1$, então, como na demonstração do critério da razão, podemos escolher r e N de modo tal que $r < 1$ e

Disso resulta que
$$\sqrt[n]{|a_n|} < r \quad \text{para} \quad n > N.$$

$$|a_n| < r^n \quad \text{para} \quad n > N$$

e a série $\Sigma |a_n|$ converge por comparação com a série geométrica Σr^n. Se $R > 1$, então $\sqrt[n]{|a_n|} > 1$ para n suficientemente grande, de modo que $|a_n| > 1$ e o termo geral não pode convergir para zero. Quando $R = 1$, o critério falha, como mostra novamente a série harmônica: de fato, para $a_n = 1/n^p$, temos

$$\lim_{n\to\infty} \sqrt[n]{\frac{1}{n^p}} = \lim_{n\to\infty} \frac{1}{n^{p/n}} = \lim_{n\to\infty} \frac{1}{e^{(p/n)\log n}} = \frac{1}{e^0} = 1,$$

pois $(1/n) \log n$ converge para 0. Essas séries convergem se $p > 1$ e divergem se $p \leqq 1$; portanto o critério da raiz não fornece nenhuma informação quando $R = 1$.

Cálculo Avançado

6-7. EXEMPLOS DE APLICAÇÕES DE CRITÉRIOS DE CONVERGÊNCIA E DIVERGÊNCIA. Os resultados da seção precedente fornecem os seguintes critérios:

(a) *critério do termo geral para divergência* (Teorema 10);
(b) *critério de comparação para convergência* (Teorema 12);
(c) *critério de comparação para divergência* (Teorema 13);
(d) *critério da integral* (Teorema 14);
(e) *critério da razão* (Teorema 17);
(f) *critério para séries alternadas* (Teorema 18);
(g) *critério da raiz* (Teorema 19).

E, ainda, o teorema da convergência absoluta relaciona a convergência de uma série à convergência da série dos valores absolutos dos termos. O mais simples seria tratar isso como um princípio básico e, então, considerar (b), (c), (d), (e) e (g) como sendo critérios para séries de termos *positivos*.

Os teoremas gerais sobre seqüências e séries das Secs. 6-2 a 6-5 também podem ajudar no estudo de convergência. Em particular, podemos, em certos casos, usar diretamente a definição de convergência, isto é, mostrar que S_n converge para um determinado número S. Isso já foi feito antes para a série geométrica (Teorema 16). Eventualmente, podemos também aplicar o critério de Cauchy (Teorema 9). O Teorema 8 sugere um método de demonstração de convergência usando uma representação da série dada como a "soma" de duas séries convergentes; essa idéia também é útil para mostrar a divergência, como veremos no Ex. 12 abaixo. Com base nessas observações, estendemos a lista acima a fim de incluir os seguintes critérios:

(h) *critério da soma parcial;*
(i) *critério de Cauchy* (Teorema 9);
(j) *soma de séries* (Teorema 8).

Em geral, o problema de determinação da convergência ou divergência de uma dada série pode requerer bastante habilidade e imaginação. Um grande número de séries especiais e de classes de séries já foi estudado; portanto é importante saber usar a literatura já existente no assunto. Para isso, como ponto de partida, indica-se o livro de Knopp, citado no final deste capítulo. Alguma outra informação aparece na Sec. 6-8 abaixo e nos Caps. 7 e 9, mas isso deve ser visto somente como uma amostra de um vasto campo.

Recomendamos que o critério do termo geral (Teorema 10) seja usado primeiro; se êle não fornecer nenhuma informação, então se poderão tentar outros critérios.

Exemplo 1. $\sum_{n=1}^{\infty} \frac{(-1)^{n+1}}{n} = 1 - \frac{1}{2} + \frac{1}{3} + \cdots$ A série dos valores absolutos

é a série harmônica $\sum \frac{1}{n}$, que diverge (Teorema 15). Portanto a série não

é absolutamente convergente, e os critérios (b), (d), (e) não podem ser aplicados.

360

Como o sinal dos termos não é constante, não podemos aplicar o critério (c). O termo geral tende a 0 quando n tende ao infinito, de sorte que (a) não fornece nenhuma indicação. O critério (f) para séries alternadas pode ser aplicado, pois $1 > \dfrac{1}{2} > \dfrac{1}{3} > \cdots$ e o termo geral aproxima-se de 0. Logo, a série *converge*. Como não é absolutamente convergente, ela é *condicionalmente convergente*.

É interessante notar que a soma dessa série é $\log 2 = 0,69315\ldots$ Há métodos para o uso de (h), isto é, para mostrar que a n-ésima soma parcial tem efetivamente $\log 2$ como limite; contudo, esses métodos são complexos demais para serem descritos aqui. O critério de Cauchy também pode ser aplicado, pois demonstra-se facilmente que

$$\left| \frac{1}{n} - \frac{1}{n+1} + \frac{1}{n+2} - \cdots \pm \frac{1}{n+p} \right| < \frac{1}{n}\,(p > 0).$$

Na verdade, o critério de Cauchy também poderia ser usado na demonstração do Teorema 18 para séries alternadas; esse critério sempre pode ser aplicado quando se pode aplicar o Teorema 18 (conforme Prob. 11 abaixo).

As operações de adição e subtração, pelo menos nas suas formas mais elementares, são ineficientes no presente caso.

Exemplo 2. $\displaystyle\sum_{n=1}^{\infty} (-1)^{n+1}\,\frac{n+1}{n} \cdot$ No início, isso sugere o critério para séries alternadas. Todavia, como $(n+1)/n$ converge para 1, o termo geral não converge para 0. A série diverge.

Exemplo 3. $\displaystyle\sum_{n=1}^{\infty} \frac{n+1}{3n^2 + 5n + 2} \cdot$ O termo geral converge para 0, de modo que o critério (a) não serve. Para valores grandes de n, o termo geral é aproximadamente $n/3n^2 = 1/3n$, pois o valor dos termos de grau inferior do numerador e do denominador são desprezíveis em comparação com o valor dos termos de maior grau. Isso sugere uma comparação com $\Sigma\,(1/3n)$ para divergência. A desigualdade

$$\frac{n+1}{3n^2 + 5n + 2} > \frac{1}{3n}$$

não é correta, porém a desigualdade

$$\frac{n+1}{3n^2 + 5n + 2} > \frac{1}{4n}$$

é boa para $n > 2$. Como $\Sigma\,(1/n)$ diverge, $\Sigma\,(1/4n)$ também diverge e a série dada é divergente.

Exemplo 4. $\displaystyle\sum_{n=2}^{\infty} \frac{1}{n \log n} \cdot$ Os termos são inferiores aos da série harmônica,

Cálculo Avançado

de modo que poderíamos esperar que a série convirja. Todavia

$$\int_2^\infty \frac{dx}{x \log x} = \lim_{b \to \infty} \log \log x \Big|_2^b = \infty\,;$$

como todas as condições do critério da integral são satisfeitas, a série diverge.

Exemplo 5. $\sum_{n=1}^\infty \frac{\log n}{n}\cdot$ Aqui não há dúvida quanto à divergência, pois

$$\frac{\log n}{n} > \frac{1}{n} \quad (n \geqq 3).$$

Exemplo 6. $\sum_{n=1}^\infty \frac{\log n}{n^2}\cdot$ Esta série lembra o exemplo precedente; porém a potência superior de n influi consideravelmente. A função $\log n$ cresce muito lentamente com n; na verdade, uma análise de formas indeterminadas (Prob. 19 da Introdução) mostra que

$$\lim_{n \to \infty} \frac{\log n}{n^p} = 0$$

para $p > 0$. Segue-se então que a desigualdade

$$\frac{\log n}{n^2} - \frac{\log n}{n^{1/2}} \cdot \frac{1}{n^{3/2}} < \frac{1}{n^{3/2}}$$

é satisfeita para valores suficientemente grandes de n. Como a convergência não é afetada se desprezamos um número finito de termos, concluímos, do Teorema 15, que a série converge.

Exemplo 7. $\sum_{n=1}^\infty \frac{2^n}{n!}\cdot$ Podemos aplicar aqui o critério da razão:

$$\lim_{n \to \infty} \frac{2^{n+1}}{(n+1)!} \cdot \frac{n!}{2^n} = \lim_{n \to \infty} \frac{2}{n+1} = 0,$$

pois

$$\frac{n!}{(n+1)!} = \frac{1 \cdot 2 \cdot 3 \cdots n}{1 \cdot 2 \cdot 3 \cdots n(n+1)} = \frac{1}{n+1}\cdot$$

Logo, $L = 0$ e a série converge.

Exemplo 8. $\sum_{n=1}^\infty \frac{n^n}{n!}\cdot$ Novamente, podemos aplicar o critério da razão:

$$\lim_{n \to \infty} \frac{(n+1)^{n+1}}{(n+1)!} \frac{n!}{n^n} = \lim_{n \to \infty} \frac{n+1}{n+1} \cdot \left(\frac{n+1}{n}\right)^n = \lim_{n \to \infty} \left(1 + \frac{1}{n}\right)^n\cdot$$

O limite do último membro é e [ver a Eq. (0-103)]; como $e > 1$, a série diverge.

Na verdade, podemos concluir desse resultado que

$$\lim_{n \to \infty} \frac{n^n}{n!} = \infty;$$

ou seja, o termo geral tende ao infinito quando n tende ao infinito.

Exemplo 9. $\displaystyle\sum_{n=1}^{\infty} \frac{2^n}{1 \cdot 3 \cdot 5 \cdots (2n+1)} \cdot$ Aplicamos o critério da razão:

$$\lim_{n \to \infty} \frac{2^{n+1}}{1 \cdot 3 \cdot 5 \cdots (2n+1)(2n+3)} \cdot \frac{1 \cdot 3 \cdot 5 \cdots (2n+1)}{2^n}$$

$$= \lim_{n \to \infty} \frac{2}{2n+3} = 0.$$

A série converge.

Exemplo 10. $\displaystyle\sum_{n=1}^{\infty} \log \frac{n}{n+1} \cdot$ Aqui, o procedimento mais simples é considerar a soma parcial:

$$S_n = \log \frac{1}{2} + \log \frac{2}{3}, + \cdots + \log \frac{n}{n+1}$$

$$= \log \left(\frac{1}{2} \cdot \frac{2}{3} \cdot \frac{3}{4} \cdots \frac{n}{n+1} \right) = \log \frac{1}{n+1} \cdot$$

Portanto, $\lim S_n = -\infty$ e a série diverge.

Exemplo 11. $\displaystyle\sum_{n=1}^{\infty} \frac{n^2 + 2^n}{2^n n^2} \cdot$ Podemos usar aqui o princípio da adição, pois o termo geral é

$$\frac{n^2 + 2^n}{2^n n^2} = \frac{1}{2^n} + \frac{1}{n^2} \cdot$$

Como $\Sigma(1/2^n)$ e $\Sigma(1/n^2)$ convergem, a série dada converge.

Exemplo 12. $\displaystyle\sum_{n=1}^{\infty} \left(\frac{1}{n} - \frac{1}{2^n} \right) \cdot$ Usamos aqui a inversa do princípio da adição. Se esta série convergir, então a soma

$$\sum_{n=1}^{\infty} \left(\frac{1}{n} - \frac{1}{2^n} \right) + \sum_{n=1}^{\infty} \frac{1}{2^n} = \sum_{n=1}^{\infty} \frac{1}{n}$$

terá de convergir também. Logo, a série diverge. Em geral, a "soma" de uma série convergente com uma série divergente será divergente. Todavia, a "soma" de duas séries divergentes pode ser convergente; exemplo: as duas séries divergentes

$$\sum_{n=1}^{\infty} \left(\frac{1}{n^2} + \frac{1}{n} \right), \quad \sum_{n=1}^{\infty} \left(\frac{1}{n^2} - \frac{1}{n} \right)$$

Cálculo Avançado

quando "somadas", resultam na série convergente

$$\sum_{n=1}^{\infty} \frac{2}{n^2}.$$

Exemplo 13. $\sum_{n=2}^{\infty} \frac{1}{(\log n)^n}$. O critério da raiz pode ser facilmente aplicado:

$$\sqrt[n]{|a_n|} = \frac{1}{\log n},$$

de modo que a raiz tem limite 0 e a série converge.

Exemplo 14. $\sum_{n=2}^{\infty} \left(\frac{n}{1 + n^2}\right)^n$. Novamente o critério da raiz mostra a convergência:

$$\lim_{n \to \infty} \sqrt[n]{|a_n|} = \lim_{n \to \infty} \frac{n}{1 + n^2} = 0.$$

PROBLEMAS

1. Usando o critério do termo geral, mostrar a divergência de:

(a) $\sum_{n=1}^{\infty} \text{sen}\left(\frac{n^2 \pi}{2}\right)$

(b) $\sum_{n=1}^{\infty} \frac{2^n}{n^3}$.

2. Usando o critério de comparação, mostrar a convergência de:

(a) $\sum_{n=2}^{\infty} \frac{1}{n^3 - 1}$

(b) $\sum_{n=1}^{\infty} \frac{\text{sen } n}{n^2}$.

3. Usando o critério de comparação, mostrar a divergência de:

(a) $\sum_{n=1}^{\infty} \frac{n + 5}{n^2 - 3n - 5}$

(b) $\sum_{n=2}^{\infty} \frac{1}{\sqrt{n} \log n}$.

4. Usando o critério da integral, mostrar a convergência de:

(a) $\sum_{n=1}^{\infty} \frac{1}{n^2 + 1}$

(b) $\sum_{n=2}^{\infty} \frac{1}{n \log^2 n}$.

5. Usando o critério da integral, mostrar a divergência de:

(a) $\sum_{n=1}^{\infty} \frac{n}{n^2 + 1}$

(b) $\sum_{n=10}^{\infty} \frac{1}{n \log n \log \log n}$.

6. Usando o critério da razão, determinar a convergência ou divergência de:

(a) $\sum_{n=1}^{\infty} \frac{(-1)^n}{n!}$

(b) $\sum_{n=1}^{\infty} \frac{2^n + 1}{3^n + n}$.

Séries Infinitas

7. Usando o critério para séries alternadas, mostrar a convergência de:

(a) $\displaystyle\sum_{n=2}^{\infty} \frac{(-1)^n}{\log n}$
(b) $\displaystyle\sum_{n=2}^{\infty} \frac{(-1)^n \log n}{n}$.

8. Usando o critério da raiz, mostrar a convergência de:

(a) $\displaystyle\sum_{n=1}^{\infty} \frac{1}{n^n}$
(b) $\displaystyle\sum_{n=1}^{\infty} \left(\frac{n}{n+1}\right)^{n^2}$.

9. Provar a convergência das séries abaixo, mostrando que as n-ésimas somas parciais convergem:

(a) $\displaystyle\sum_{n=1}^{\infty} \frac{1}{(n+2)(n+1)} = \sum_{n=1}^{\infty} \left(\frac{n+1}{n+2} - \frac{n}{n+1}\right),$

(b) $\displaystyle\sum_{n=1}^{\infty} \frac{1-n}{2^{n+1}} = \sum_{n=1}^{\infty} \left(\frac{n+1}{2^{n+1}} - \frac{n}{2^n}\right).$

10. Provar a validade do critério da integral (Teorema 14) para divergência.
11. Provar a validade do critério para séries alternadas (Teorema 18) aplicando o critério de Cauchy (Teorema 9).
12. Determinar se são convergentes ou divergentes:

(a) $\displaystyle\sum_{n=1}^{\infty} \frac{n+4}{2n^3 - 1}$
(f) $\displaystyle\sum_{n=1}^{\infty} \frac{(-1)^n \log n}{2n+3}$

(b) $\displaystyle\sum_{n=1}^{\infty} \frac{3n-5}{n2^n}$
(g) $\displaystyle\sum_{n=2}^{\infty} \frac{1 + \log^2 n}{n \log^2 n}$

(c) $\displaystyle\sum_{n=1}^{\infty} \frac{e^n}{n+1}$
(h) $\displaystyle\sum_{n=1}^{\infty} \frac{\cos n\pi}{n+2}$

(d) $\displaystyle\sum_{n=1}^{\infty} \frac{n^2}{n!+1}$
(i) $\displaystyle\sum_{n=1}^{\infty} \frac{\log n}{n + \log n}$

(e) $\displaystyle\sum_{n=1}^{\infty} \frac{n!}{3 \cdot 5 \cdots (2n+3)}$
(j) $\displaystyle\sum_{n=1}^{\infty} \left(\frac{n+1}{2n}\right)^n$

RESPOSTAS

12. (a) conv., (b) conv., (c) div., (d) conv., (e) conv., (f) conv., (g) div., (h) conv., (i) div., (j) conv.

*6-8. CRITÉRIO DA RAZÃO E CRITÉRIO DA RAIZ GENERALIZADOS. Pode acontecer que o quociente $|a_{n+1}/a_n|$ não tenda a um limite quando n tende ao infinito. O comportamento desse quociente pode ainda nos revelar **algo** quanto à convergência ou divergência da série.

365

Cálculo Avançado

Teorema 20. *Se $a_n \neq 0$ para $n = 1, 2, \ldots$ e existir um número r tal que $0 < $
$< r < 1$ e um inteiro N tal que*

$$\left| \frac{a_{n+1}}{a_n} \right| \leq r \quad para \quad n > N,$$

então a série $\sum\limits_{n=1}^{\infty} a_n$ será absolutamente convergente. Se, por outro lado,

$$\left| \frac{a_{n+1}}{a_n} \right| \geq 1 \quad para \quad n > N$$

então a série divergirá.

A demonstração do Teorema 20 é a mesma que a do Teorema 17, pois, naquela demonstração, não chegamos a usar a existência do limite L. No caso da convergência, foi usada apenas a existência do número r tal que

$$\left| \frac{a_{n+1}}{a_n} \right| \leq r$$

para $n > N$; no caso da divergência, usamos apenas o fato de que os termos são crescentes em valor absoluto e não podem aproximar-se de 0.

Exemplo. Consideremos a série

$$1 + \frac{1}{3} + \frac{1}{4} + \frac{1}{12} + \frac{1}{16} + \frac{1}{48} + \cdots + \frac{5-(-1)^n}{3 \cdot 2^n} + \cdots$$

formada por duas séries geométricas de razão 1/4, uma constituída pelos termos ímpares, a outra pelos termos pares. Os quocientes de dois termos consecutivos são

$$\frac{1}{3} \div 1 = \frac{1}{3}, \quad \frac{1}{4} \div \frac{1}{3} = \frac{3}{4}, \quad \frac{1}{12} \div \frac{1}{4} = \frac{1}{3}, \quad \frac{1}{16} \div \frac{1}{12} = \frac{3}{4}, \ldots$$

de modo geral, o quociente de um termo par com o termo precedente é 1/3, e o quociente de um termo ímpar com o anterior é 3/4. Os quocientes não se aproximam de nenhum limite fixo, mas são sempre menores ou iguais a $r = 3/4$. Conseqüentemente, a série converge.

É interessante observar que parte do Teorema 20 pode ser formulada em termos de limites superiores:

Teorema 20(a). *Se $a_n \neq 0$ para $n = 1, 2, \ldots$ e*

$$\varlimsup_{n \to \infty} \left| \frac{a_{n+1}}{a_n} \right| < 1,$$

então a série Σa_n converge absolutamente,

pois se o limite superior for $k < 1$, então o quociente deverá ser inferior a $k + \varepsilon$, para n suficientemente grande e para cada $\varepsilon > 0$ dado. Podemos escolher ε de modo tal que $k + \varepsilon = r < 1$ e, então, aplicar o Teorema 20.

Séries Infinitas

Observemos que nada podemos concluir das relações

$$\overline{\lim_{n \to \infty}} \left| \frac{a_{n+1}}{a_n} \right| = 1, \quad \lim_{n \to \infty} \left| \frac{a_{n+1}}{a_n} \right| = 1.$$

A condição

$$\underline{\lim_{n \to \infty}} \left| \frac{a_{n+1}}{a_n} \right| > 1$$

implica que a série diverge, mas isso não é tão preciso quanto o Teorema 20. O critério da raiz (Teorema 19) pode ser estendido da mesma maneira que o critério da razão:

Teorema 21. *Se existir um número r tal que* $0 < r < 1$ *e um inteiro N tal que*

$$\sqrt[n]{|a_n|} \leq r \quad para \quad n > N,$$

então a série $\sum_{n=1}^{\infty} a_n$ *convergirá absolutamente. Se, por outro lado,*

$$\sqrt[n]{|a_n|} \geq 1$$

para infinitos n, *então a série divergirá.*

A demonstração no caso da convergência é a mesma que a do Teorema 19. Se $\sqrt[n]{|a_n|} \geq 1$ para infinitos valores de n, então $|a_n| \geq 1$ para infinitos n, de modo que o termo geral não pode convergir para 0; logo, a série diverge.

Há uma versão desse teorema em termos de limites superiores:

Teorema 21(a). *Se*

$$\overline{\lim_{n \to \infty}} \sqrt[n]{|a_n|} < 1,$$

então a série $\sum_{n=1}^{\infty} a_n$ *é absolutamente convergente. Se*

$$\overline{\lim_{n \to \infty}} \sqrt[n]{|a_n|} > 1.$$

então a série $\sum_{n=1}^{\infty} a_n$ *diverge.*

Nada se conclui da relação

$$\overline{\lim_{n \to \infty}} \sqrt[n]{|a_n|} = 1,$$

como mostra a série harmônica.

Novamente, podemos repetir a demonstração anterior.

367

Cálculo Avançado

*6-9. CÁLCULOS DE SÉRIES – ESTIMATIVA DE ERRO. Até agora consideramos somente a questão de convergência ou divergência de séries infinitas. Mesmo que saibamos que uma determinada série converge, resta ainda o problema de achar sua soma. Em princípio, é sempre possível determinar a soma até o grau de precisão desejado somando-se um número suficiente de termos da série, ou seja, calculando-se a soma parcial S_n para um n suficientemente grande. Mas, para séries diferentes, "suficientemente grande" pode significar coisas muito diferentes. Se queremos tornar preciso o procedimento, temos de saber, para cada série, até que ponto o valor de n deve ser grande para assegurar a precisão desejada. Isso equivale a dizer que devemos determinar, para cada série, uma função $N(\varepsilon)$ tal que

$$|S_n - S| < \varepsilon \quad \text{para } n \geq N(\varepsilon);$$

em outras palavras, os primeiros $N(\varepsilon)$ termos serão suficientes para produzir a soma S procurada, com um erro inferior a ε.

Podemos enunciar isso de outra maneira, escrevendo

$$S = S_n + R_n,$$

onde R_n é o "resto". Em seguida, procuramos $N(\varepsilon)$ de modo tal que

$$|R_n| < \varepsilon \quad \text{para} \quad n \geq N(\varepsilon).$$

Veremos que, para certas séries convergentes, podemos encontrar uma *estimativa superior*, explícita e útil, para R_n; mais precisamente, podemos encontrar uma seqüência T_n convergindo para 0 tal que

$$|R_n| \leq T_n \quad (n \geq n_1).$$

Se a seqüência T_n for *monótona decrescente*, então poderemos escolher para $N(\varepsilon)$ o menor inteiro n tal que $T_n < \varepsilon$, pois, se escolhemos $N(\varepsilon)$ desse modo e $n \geq N(\varepsilon)$, então

$$|R_n| \leq T_n \leq T_{N(\varepsilon)} < \varepsilon.$$

Vamos ver agora como podemos encontrar uma tal seqüência monótona decrescente T_n quando a série converge em virtude de um dos seguintes critérios: critério da comparação, critério da integral, critério da razão, critério da raiz, e critério para séries alternadas.

Teorema 22. *Se* $|a_n| \leq b_n$ *para* $n \geq n_1$ *e* $\sum\limits_{n=1}^{\infty} b_n$ *convergir, então*

$$|R_n| \leq \sum_{m=n+1}^{\infty} b_m = T_n$$

para $n \geq n_1$ *; a seqüência* T_n *é monótona decrescente e converge para* 0.

Demonstração. Por definição

$$R_n = a_{n+1} + \cdots + a_{n+p} + \cdots = \lim_{p \to \infty} \sum_{m=n+1}^{n+p} a_m.$$

368

Séries Infinitas

Como temos, para $n \geqq n_1$,

$$|a_{n+1} + \cdots + a_{n+p}| \leqq |a_{n+1}| + \cdots + |a_{n+p}|$$

$$\leqq b_{n+1} + \cdots + b_{n+p} \leqq \sum_{m=n+1}^{\infty} b_m,$$

concluímos que

$$|R_n| = \lim_{p \to \infty} \left| \sum_{m=n+1}^{n+p} a_m \right| \leqq \sum_{m=n+1}^{\infty} b_m = T_n.$$

Como T_n é o resto, após n termos, de uma série convergente de termos positivos, ele é, necessariamente, uma seqüência monótona convergindo para 0.

O teorema pode ser enunciado do modo seguinte: se uma série convergir pelo critério de comparação, então o valor absoluto do resto será no máximo igual ao resto da série de comparação.

Exemplo 1. A série $\sum\limits_{n=1}^{\infty} \dfrac{1}{n2^n}$ pode ser comparada com a série geométrica $\Sigma (1/2^n)$. Então o resto após 5 termos é, no máximo,

$$T_5 = \frac{1}{2^6} + \frac{1}{2^7} + \cdots = \frac{1}{2^6}\left(1 + \frac{1}{2} + \cdots\right) = \frac{1}{32}.$$

De modo geral, $T_n = 2^{-n-1} + 2^{-n-2} + \cdots = 2^{-n}$. A condição: $T_n < \varepsilon$ leva-nos à desigualdade: $2^n > 1/\varepsilon$, de modo que

$$n > -(\log \varepsilon/\log 2);$$

então podemos escolher $N(\varepsilon)$ como sendo o menor inteiro n que satisfaz a esta desigualdade.

Teorema 23. *Se a série* $\sum\limits_{n=1}^{\infty} a_n$ *convergir pelo critério da integral do Teorema* 14, *com a função* $f(x)$ *decrescente para* $x \geqq c$, *então*

$$|R_n| < \int_n^{\infty} f(x)\,dx = T_n$$

para $n \geqq c$; *a seqüência* T_n *será monótona decrescente e convergirá para* 0.

Demonstração. Este teorema segue do 22, pois podemos interpretar a integral impropria como sendo uma série:

$$\int_n^{\infty} f(x)\,dx = \sum_{m=n+1}^{\infty} b_m, \qquad b_m = \int_{m-1}^{m} f(x)\,dx;$$

temos então

$$\int_n^{\infty} f(x)\,dx = \lim_{p \to \infty} \int_n^{n+p} f(x)\,dx = \lim_{p \to \infty} \sum_{m=n+1}^{n+p} b_m.$$

369

Cálculo Avançado

Como na demonstração do Teorema 14, vale

$$|a_n| < \int_{n-1}^{n} f(x)\,dx = b_n,$$

de modo que

$$|R_n| < \sum_{m=n+1}^{\infty} b_m = \int_{n}^{\infty} f(x)\,dx.$$

Exemplo 2. Para a série harmônica, de ordem $p > 1$, temos

$$0 < R_n = \sum_{m=n+1}^{\infty} \frac{1}{m^p} < \int_{n}^{\infty} \frac{1}{x^p}\,dx = \frac{1}{(p-1)n^{p-1}}.$$

Pelo Teorema 22, esse resultado pode ser usado agora para toda série cuja convergência decorre da comparação com uma série harmônica de ordem p. Se, por exemplo, $p = 6$, então $T_n = 0{,}2n^{-5}$; segue-se então que podemos escolher para $N(\varepsilon)$ o menor inteiro n tal que $n^5 > 0{,}2\varepsilon^{-1}$. Em conseqüência, 5 termos são suficientes para calcular-se a série harmônica de ordem 6 com um erro inferior a 10^{-4}:

$$\sum_{n=1}^{\infty} \frac{1}{n^6} \sim 1 + \frac{1}{2^6} + \frac{1}{3^6} + \frac{1}{4^6} + \frac{1}{5^6} = 1{,}0173.$$

Teorema 24. *Se*

$$\left| \frac{a_{n+1}}{a_n} \right| \leq r < 1$$

para $n > n_1$, de modo que a série $\Sigma\, a_n$ converge pelo critério da razão, então

$$|R_n| \leq \frac{|a_{n+1}|}{1-r} = T_n, \quad n \geq n_1; \tag{6-18}$$

a seqüência T_n é monótona decrescente e converge para 0. Se

$$\lim_{n \to \infty} \left| \frac{a_{n+1}}{a_n} \right| = L < 1,$$

então r será no mínimo igual a L. Se

$$1 > \left| \frac{a_{n+2}}{a_{n+1}} \right| \geq \left| \frac{a_{n+3}}{a_{n+2}} \right|$$

para $n \geq n_1$, então

$$|R_n| \leq \frac{|a_{n+1}^2|}{|a_{n+1}| - |a_{n+2}|} = T_n^*, \quad n \geq n_1; \tag{6-19}$$

a seqüência T_n^* é monótona decrescente e converge para 0.

370

Séries Infinitas

Demonstração. A primeira afirmação segue do Teorema 22 e do fato de que o critério da razão é uma comparação da série dada com uma série geométrica. Assim, temos, como na demonstração do Teorema 17,

$$|R_n| \leq |a_{n+1}| + |a_{n+2}| + \cdots \leq |a_{n+1}|(1 + r + \cdots) = \frac{|a_{n+1}|}{1 - r} = T_n.$$

A segunda afirmação salienta o fato de que, se o quociente usado para o critério convergir para L, então o quociente não poderá ser menor nem igual a um número r menor que L. Portanto $r \geq L$. Podemos usar $r = L$ somente quando

$$\left|\frac{a_{n+1}}{a_n}\right| \leq L$$

para $n > N$, de sorte que o limite L é atingido por *baixo*.

A terceira afirmação diz respeito ao caso em que os quocientes são constantemente *decrescentes* e portanto se aproximam de um limite L. Não podemos usar L num tal caso; contudo, sob as hipóteses feitas, podemos usar $r = |a_{n+2}/a_{n+1}|$ para $n \geq n_1$, de modo que

$$R_n \leq |a_{n+1}| \frac{1}{1 - \left|\dfrac{a_{n+2}}{a_{n+1}}\right|} = \frac{|a_{n+1}|^2}{|a_{n+1}| - |a_{n+2}|} = T_n^*.$$

Isso estabelece a fórmula (6-19).

Exemplo 3. $\displaystyle\sum_{n=1}^{\infty} \frac{n+1}{n \cdot 2^n}.$ Verifica-se que o quociente para o critério é

$$\frac{n^2 + 2n}{n^2 + 2n + 1} \cdot \frac{1}{2},$$

que converge para $\dfrac{1}{2}$, mas mantendo-se sempre inferior a $\dfrac{1}{2}$. Logo, podemos usar $r = \dfrac{1}{2}$ e temos, por exemplo,

$$R_5 = \frac{7}{6 \cdot 2^6} + \frac{8}{7 \cdot 2^7} + \cdots < \frac{7}{6 \cdot 2^6}\left(1 + \frac{1}{2} + \cdots\right) = \frac{7}{192} = 0{,}037.$$

Exemplo 4. $\displaystyle\sum_{n=1}^{\infty} \frac{n}{(n+1)2^n}.$ Neste caso, o quociente é

$$\frac{n^2 + 2n + 1}{n^2 + 2n} \cdot \frac{1}{2}.$$

Novamente, o limite é $\dfrac{1}{2}$, mas o quociente é sempre maior que $\dfrac{1}{2}$. Os quocientes sucessivos são decrescentes, pois um cálculo algébrico mostra que

$$\frac{n^2 + 2n + 1}{n^2 + 2n} \cdot \frac{1}{2} > \frac{(n+1)^2 + 2(n+1) + 1}{(n+1)^2 + 2(n+1)} \cdot \frac{1}{2}.$$

371

Cálculo Avançado

Logo, podemos aplicar a desigualdade (6-19) (para $n \geq 1$) e obtemos, por exemplo,

$$R_5 = \frac{6}{7 \cdot 2^6} + \cdots < \frac{\left(\dfrac{6}{7 \cdot 2^6}\right)^2}{\dfrac{6}{7 \cdot 2^6} - \dfrac{7}{8 \cdot 2^7}} = \frac{9}{329} = 0,027.$$

Teorema 25. *Se*

$$\sqrt[n]{|a_n|} \leq r < 1$$

para $n > n_1$, de modo que a série Σa_n converge pelo critério da raiz, então

$$|R_n| \leq \frac{r^{n+1}}{1-r} = T_n, \qquad n \geq n_1. \tag{6-20}$$

Se

$$\lim_{n \to \infty} \sqrt[n]{|a_n|} = R < 1,$$

então r será pelo menos igual a R. Se

$$1 > |a_{n+1}|^{1/(n+1)} \geq |a_{n+2}|^{1/(n+2)}$$

para $n \geq n_1$, então

$$|R_n| \leq \frac{|a_{n+1}|}{1 - |a_{n+1}|^{1/(n+1)}} = T_n^*, \qquad n \geq n_1. \tag{6-21}$$

As seqüências T_n e T_n^* são monótonas decrescentes e convergem para 0.

As demonstrações seguem de perto as do Teorema 24, pois, mais uma vez, o critério é baseado na comparação com uma série geométrica.

Exemplo 5. $\displaystyle\sum_{n=2}^{\infty} \frac{1}{(\log n)^n} \cdot$ A raiz para o critério é

$$\sqrt[n]{|a_n|} = \frac{1}{\log n}\cdot$$

Ela é decrescente e menor que 1 para $n = 3, 4, \ldots$. Assim, temos, por exemplo,

$$R_5 = \frac{1}{(\log 6)^6} + \frac{1}{(\log 7)^7} + \cdots \leq \frac{\dfrac{1}{(\log 6)^6}}{1 - \dfrac{1}{\log 6}} = 0,06\ldots$$

Teorema 26. *Se a série*

$$a_1 - a_2 + a_3 - a_4 + \cdots = \sum_{n=1}^{\infty} (-1)^{n+1} a_n, \qquad a_n > 0 \tag{6-22}$$

Séries Infinitas

convergir pelo critério para séries alternadas, então

$$0 < |R_n| < a_{n+1} = T_n.$$

Conseqüentemente, poder-se-á escolher para $N(\varepsilon)$ o menor inteiro n tal que $a_{n+1} < \varepsilon$.

O teorema pode ser enunciado em palavras do seguinte modo: quando uma série converge pelo critério para séries alternadas, o erro cometido ao se tomarem apenas os n primeiros termos é, em valor absoluto, menor que primeiro termo desprezado.

Demonstração do Teorema 26. Como vimos na demonstração do critério para séries alternadas (Teorema 18), valem as desigualdades

$$S_2 < S_4 < \cdots < S_{2n} < \cdots < S_{2n-1} < \cdots < S_3 < S_1.$$

Segue-se que a soma S é compreendida entre cada duas somas parciais consecutivas (uma ímpar, uma par):

$$S_{2n} < S < S_{2n+1}, \qquad S_{2n} < S < S_{n-1}.$$

Logo,

$$0 < R_{2n} = S - S_{2n} < S_{2n+1} - S_{2n} = a_{2n+1},$$
$$0 > R_{2n-1} = S - S_{2n-1} > S_{2n} - S_{2n-1} = -a_{2n};$$

ou seja,

$$0 < R_{2n} < a_{2n+1}, \qquad -a_{2n} < R_{2n-1} < 0.$$

Isso mostra que, para cada n, vale

$$0 < |R_n| < a_{n+1},$$

mas, na realidade, isso revela mais: R_n é positivo se n é par, e R_n é negativo se n é ímpar.

Exemplo 6. $\displaystyle\sum_{n=1}^{\infty} \frac{(-1)^{n+1}}{n}$. Aqui, as somas parciais são $S_1 = 1$, $S_2 = 1 - \frac{1}{2} = \frac{1}{2}$, $S_3 = \frac{5}{6}$, $S_4 = \frac{7}{12}, \ldots$ O teorema acima afirma que: $|R_1| < \frac{1}{2}$, $|R_2| < \frac{1}{3}$, $|R_3| < \frac{1}{4}, \ldots$ ou, mais precisamente: $-\frac{1}{2} < R_1 < 0$, $0 < R_2 < \frac{1}{3}$, $-\frac{1}{4} < R_3 < 0$. Assim, em particular, se forem usados 3 termos, a soma é compreendida entre $\frac{5}{6}$ e $\frac{5}{6} - \frac{1}{4} = \frac{7}{12}$. Se quisermos calcular a soma com um erro inferior a 10^{-2}, precisaremos de 100 termos, pois o 101.° termo $(1/101)$ é o primeiro termo menor que 10^{-2}.

PROBLEMAS

1. Determinar o número de termos suficientes para calcular-se a soma com o erro dado ε permitido e achar a soma até esse grau de precisão:

(a) $\displaystyle\sum_{n=1}^{\infty} \frac{1}{n^2}$, $\quad \varepsilon = 1$
(b) $\displaystyle\sum_{n=1}^{\infty} \frac{(-1)^{n+1}}{n^2}$, $\quad \varepsilon = 0,1$

373

Cálculo Avançado

(c) $\displaystyle\sum_{n=1}^{\infty} \frac{n}{n^3 + 5}$, $\varepsilon = 0,2$

(g) $\displaystyle\sum_{n=1}^{\infty} \frac{(-1)^{n+1}}{(2n-1)!}$, $\varepsilon = 0,001$

(d) $\displaystyle\sum_{n=1}^{\infty} \frac{1}{n^2 + 1}$, $\varepsilon = 0,5$

(h) $\displaystyle\sum_{n=2}^{\infty} \frac{(-1)^n}{n \log n}$, $\varepsilon = 0,5$

(e) $\displaystyle\sum_{n=1}^{\infty} \frac{1}{n^n}$, $\varepsilon = 0,01$

(i) $\displaystyle\sum_{n=2}^{\infty} \frac{1}{n^3 \log n}$, $\varepsilon = 0,5$

(f) $\displaystyle\sum_{n=1}^{\infty} \frac{1}{n!}$, $\varepsilon = 0,01$

(j) $\displaystyle\sum_{n=1}^{\infty} \frac{2^n}{3^n + 1}$, $\varepsilon = 0,1$.

2. Seja $\Sigma\, a_n$ a série geométrica $1 + r + r^2 + \cdots$.

(a) Determinar o número de termos necessários para calcular-se a soma com um erro inferior a 10^{-2}, quando $r = \frac{1}{2}$, $r = 0,9$, $r = 0,99$.

(b) Mostrar que, para todo ε positivo, tem-se $|R_n| < \varepsilon$ quando

$$n > \frac{\log \varepsilon(1-r)}{\log |r|}, \; -1 < r < 1,$$

e que nenhum valor inferior de n serve.

(c) Mostrar que, à medida que r aproxima-se de 1, o número de termos necessários para calcular-se a soma com um erro inferior a um ε fixo tende ao infinito.

3. Mostrar que, para $p > 0$, a soma da série $1 - 1/2^p + 1/3^p - \cdots$ é positiva.

RESPOSTAS

1. (a) 1 termo; 1; (b) 3 termos; 0,86; (c) 5 termos; 0,51; (d) 2 termos; 0,70; (e) 3 termos; 1,287; (f) 4 termos; 1,709; (g) 3 termos; 0,8417; (h) 1 termo; 0,72; (i) 1 termo; 0,18; (j) 8 termos; 1,70.

2. (a) 8 termos; 66 termos; 918 termos.

6-10. OPERAÇÕES SOBRE SÉRIES. Já vimos (Teorema 8) que séries convergentes podem ser somadas e subtraídas termo a termo:

$$\sum_{n=1}^{\infty} a_n + \sum_{n=1}^{\infty} b_n = \sum_{n=1}^{\infty} (a_n + b_n), \qquad \sum_{n=1}^{\infty} a_n - \sum_{n=1}^{\infty} b_n = \sum_{n=1}^{\infty} (a_n - b_n),$$

e que podemos multiplicar uma série convergente por uma constante:

$$k \sum_{n=1}^{\infty} a_n = \sum_{n=1}^{\infty} (k a_n).$$

Na presente seção, vamos considerar três outras operações: multiplicação, grupamento e rearranjo.

Consideremos primeiro a operação de *grupamento*, isto é, a introdução de parênteses numa série $\Sigma\, a_n$. Por exemplo, poderíamos substituir a série

Séries Infinitas

Σa_n pela série $(a_1 + a_2) + \cdots + (a_{2n-1} + a_{2n}) + \cdots$, ou seja, pela série Σb_n, onde $b_n = a_{2n-1} + a_{2n}$.

Teorema 27. *Se a série* $\displaystyle\sum_{n=1}^{\infty} a_n$ *for convergente, então a introdução de parênteses produzirá uma nova série convergente cuja soma será a mesma que a de* $\displaystyle\sum_{n=1}^{\infty} a_n$. *Se* $\displaystyle\sum_{n=1}^{\infty} a_n$ *for propriamente divergente, a introdução de parênteses produzirá uma série propriamente divergente.*

Demonstração. A introdução de parênteses tem o efeito de *omitir* certas somas parciais. Por exemplo, as somas parciais da série

$$(a_1 + a_2) + (a_3 + a_4) + (a_5 + a_6) + \cdots + (a_{2n-1} + a_{2n}) + \cdots$$

são as somas parciais $S_2, S_4, S_6, \ldots, S_{2n}, \ldots$ da série Σa_n. Se S_n convergir para S, então a nova seqüência obtida omitindo-se certas somas também deve convergir para S; se $\lim S_n = +\infty$, então a seqüência obtida omitindo-se certas somas também deve divergir para $+\infty$, donde segue o teorema.

Como uma série com termos positivos ou é convergente ou é propriamente divergente, podemos inserir parênteses sem afetar nem a sua convergência nem a sua soma. Isso pode ser aproveitado para provarmos a divergência da série harmônica, pois temos

$$\sum_{n=1}^{\infty} \frac{1}{n} = 1 + \frac{1}{2} + \left(\frac{1}{3} + \frac{1}{4}\right) + \left(\frac{1}{5} + \frac{1}{6} + \frac{1}{7} + \frac{1}{8}\right)$$

$$+ \left(\frac{1}{9} + \cdots + \frac{1}{16}\right) + \cdots + \left(\frac{1}{2^{n-1} + 1} + \cdots + \frac{1}{2^n}\right) + \cdots;$$

cada bloco contribui com pelo menos $\frac{1}{2}$, de sorte que o termo geral da série com parênteses não converge para zero.

No caso de séries divergentes com sinais variáveis, a introdução de parênteses pode, às vezes, produzir uma série convergente. Por exemplo, a série $\Sigma (-1)^{n+1}$ transforma-se em

$$(1 - 1) + (1 - 1) + \cdots + (1 - 1) + \cdots = 0,$$

quando os parênteses são introduzidos do modo indicado. Portanto, quando se testa a convergência de uma série com sinais variáveis, não se devem introduzir parênteses.

Diz-se que uma série $\displaystyle\sum_{m=1}^{\infty} b_m$ é um *rearranjo* de uma série $\displaystyle\sum_{n=1}^{\infty} a_n$ quando existe uma correspondência biunívoca entre os índices n e m tal que $a_n = b_m$ para índices correspondentes. Por exemplo, as séries

$$1 + \tfrac{1}{3} + \tfrac{1}{2} + \tfrac{1}{5} + \tfrac{1}{4} + \tfrac{1}{7} + \tfrac{1}{6} + \cdots,$$
$$1 + \tfrac{1}{2} + \tfrac{1}{3} + \tfrac{1}{4} + \tfrac{1}{5} + \tfrac{1}{6} + \tfrac{1}{7} + \cdots$$

375

Cálculo Avançado

são rearranjos uma da outra. A série

$$1 + \tfrac{1}{2} + \tfrac{1}{4} + \tfrac{1}{3} + \tfrac{1}{6} + \tfrac{1}{8} + \tfrac{1}{5} + \tfrac{1}{10} + \tfrac{1}{12} + \tfrac{1}{7} + \cdots$$

também é um rearranjo da série harmônica.

Teorema 28. *Se* $\sum\limits_{n=1}^{\infty} a_n$ *é absolutamente convergente e* $\sum\limits_{m=1}^{\infty} b_m$ *é um rearranjo de* $\sum\limits_{n=1}^{\infty} a_n$, *então* $\sum\limits_{m=1}^{\infty} b_m$ *é absolutamente convergente e sua soma é a mesma que a soma de* $\sum\limits_{n=1}^{\infty} a_n$.

Demonstração. Temos claramente

$$\sum_{m=1}^{N} |b_m| \leqq \sum_{n=1}^{\infty} |a_n|,$$

já que cada b_m é igual a um a_n para um n apropriado e não há dois m que correspondem a um mesmo n. Logo, a série $\sum\limits_{m=1}^{\infty} |b_m|$ converge, de modo que Σb_m é absolutamente convergente. Sejam S_n e S respectivamente a n-ésima soma parcial e a soma de Σa_n; sejam S'_m e S' as quantidades correspondentes de Σb_m. Para um dado ε positivo, escolhamos um N suficientemente grande para que

$$|S_n - S| < \tfrac{1}{2}\varepsilon \quad \text{e} \quad |a_{n+1}| + \cdots + |a_{n+p}| < \tfrac{1}{2}\varepsilon$$

para $n > N$ e $p \geqq 1$; sempre podemos achar um tal N pois Σa_n converge para S e vale o critério de Cauchy para $\Sigma |a_n|$. Para um m suficientemente grande, S'_m será uma soma de termos que inclui todos os termos $a_1, \ldots, a_n$ e talvez até mais:

$$S'_m = S_n + a_{k_1} + \cdots + a_{k_s},$$

onde $k_1, \ldots, k_s$ são todos maiores que n. Seja $k_0 = n + p_0$ o maior desses índices. Nessas condições,

$$|S'_m - S_n| \leqq |a_{k_1}| + \cdots + |a_{k_s}| \leqq |a_{n+1}| + \cdots + |a_{n+p_0}| < \tfrac{1}{2}\varepsilon.$$

Então

$$|S'_m - S| = |S'_m - S_n + S_n - S| \leqq |S'_m - S_n| + |S_n - S| \leqq \tfrac{1}{2}\varepsilon + \tfrac{1}{2}\varepsilon = \varepsilon.$$

Segue-se que S'_m converge para S, de modo que $S' = S$, como afirmamos.

O teorema precedente é importante quando relacionado com a *multiplicação* de séries. Se multiplicamos duas séries como em álgebra:

$$(a_1 + a_2 + a_3 + \cdots + a_n + \cdots)(b_1 + b_2 + \cdots + b_n + \cdots) =$$
$$= a_1 b_1 + a_1 b_2 + \cdots + a_2 b_1 + a_2 b_2 + \cdots,$$

obtemos uma coleção de termos da forma $a_n b_m$ sem nenhuma ordem especial. Veremos que, quando Σa_n e Σb_m são absolutamente convergentes, os produtos

376

Séries Infinitas

$a_n b_m$ podem ser redistribuídos para formarem uma série infinita absolutamente convergente. Segue, do Teorema 28, que o mesmo resultado é obtido para qualquer arranjo dos produtos, e que a soma obtida é sempre a mesma. Dos vários arranjos possíveis, o seguinte, conhecido como o *produto de Cauchy*, é o mais comum:

$$a_1 b_1 + a_1 b_2 + a_2 b_1 + a_1 b_3 + a_2 b_2 + a_3 b_1 + \cdots$$

A Fig. 6-6 ilustra isso. Se os índices das séries Σa_n e Σb_m começarem de $n = 0$ e $m = 0$, o produto de Cauchy das séries será escrito como

$$a_0 b_0 + a_0 b_1 + a_1 b_0 + a_0 b_2 + a_1 b_1 + a_2 b_0 + \cdots$$

Essa série é sugerida pela multiplicação de duas séries de potências (que serão vistas mais adiante):

$$(a_0 + a_1 x + a_2 x^2 + \cdots + a_n x^n + \cdots)(b_0 + b_1 x + b_2 x^2 + \cdots + b_m x^m + \cdots)$$
$$= a_0 b_0 + x(a_0 b_1 + a_1 b_0) + x^2(a_0 b_2 + a_1 b_1 + a_2 b_0) + \cdots,$$

sendo reunidos os termos de mesmo grau em x.

Teorema 29. *Se as séries* $\sum\limits_{n=1}^{\infty} a_n$ *e* $\sum\limits_{m=1}^{\infty} b_m$ *forem absolutamente convergentes, então os produtos* $a_n b_m$ *podem ser ordenados para formarem uma série absolutamente convergente* $\sum\limits_{i=1}^{\infty} c_i$, *e tem-se*

$$\sum_{n=1}^{\infty} a_n \cdot \sum_{m=1}^{\infty} b_m = \sum_{i=1}^{\infty} c_i. \tag{6-23}$$

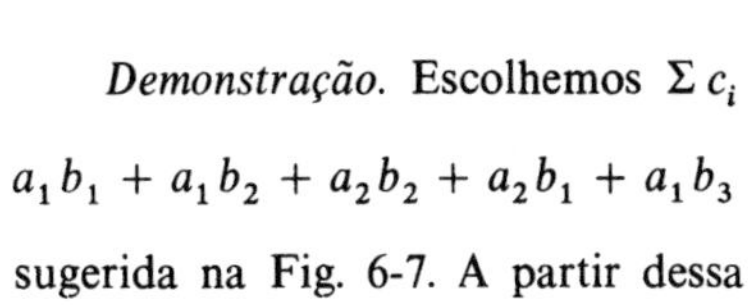

Figura 6-6. O produto de Cauchy para séries

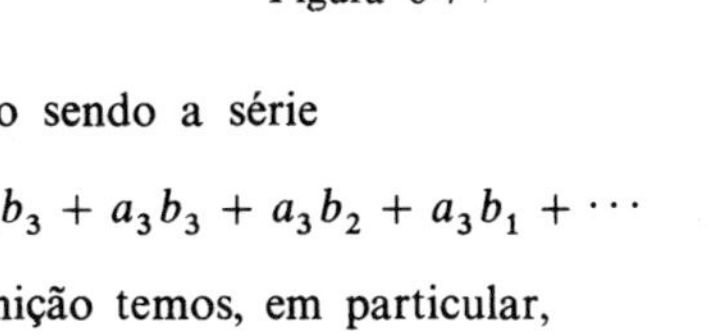

Figura 6-7

Demonstração. Escolhemos Σc_i como sendo a série

$$a_1 b_1 + a_1 b_2 + a_2 b_2 + a_2 b_1 + a_1 b_3 + a_2 b_3 + a_3 b_3 + a_3 b_2 + a_3 b_1 + \cdots$$

sugerida na Fig. 6-7. A partir dessa definição temos, em particular,

$$c_1 = a_1 b_1, \quad c_1 + c_2 + c_3 + c_4 = (a_1 + a_2)(b_1 + b_2), \ldots$$

e, de modo geral,

$$c_1 + (c_2 + c_3 + c_4) + \cdots + (\cdots + c_{n^2}) = (a_1 + \cdots + a_n)(b_1 + \cdots + b_n).$$

Analogamente,

$$|c_1| + (|c_2| + |c_3| + |c_4|) + \cdots + (\cdots + |c_{n^2}|)$$
$$= (|a_1| + \cdots + |a_n|)(|b_1| + \cdots + |b_n|).$$

377

Cálculo Avançado

Como as séries $\Sigma\,|a_n|$ e $\Sigma\,|b_m|$ convergem, esta última equação mostra que o membro esquerdo aproxima-se de um limite quando $n \to \infty$; omitindo os parênteses, concluímos, em virtude do Teorema 27, que $\Sigma\,|c_n|$ converge, de sorte que $\Sigma\,c_n$ é absolutamente convergente. A equação precedente mostra então que

$$\sum_{i=1}^{\infty} c_i = \lim_{n \to \infty} [c_1 + (\cdots) + \cdots + (\cdots + c_{n^2})] = \sum_{n=1}^{\infty} a_n \cdot \sum_{m=1}^{\infty} b_m,$$

sendo a introdução de parênteses justificada pelo Teorema 27. Com isso está provado o teorema.

Em virtude do Teorema 28, podemos usar agora qualquer arranjo que quisermos para os c, em particular o do produto de Cauchy. Podemos também *agrupar* os termos do modo sugerido pela multiplicação de séries de potências acima:

$$\left(\sum_{n=0}^{\infty} a_n\right)\left(\sum_{m=0}^{\infty} b_m\right) = a_0 b_0 + (a_0 b_1 + a_1 b_0) + (a_0 b_2 + a_1 b_1 + a_2 b_0)$$

$$+ \cdots + (a_0 b_n + a_1 b_{n-1} + \cdots + a_{n-1} b_1 + a_n b_0) + \cdots$$

A introdução de parênteses está justificada pelo Teorema 27.

Se as séries $\Sigma\,a_n$ e $\Sigma\,b_n$ convergirem, mas não forem ambas absolutamente convergentes, poderemos, não obstante, formar o produto de Cauchy $\Sigma\,c_n$ das séries, onde $c_n = a_0 b_n + a_1 b_{n-1} + \cdots + a_{n-1} b_1 + a_n b_0$. Demonstra-se que, se a série $\Sigma\,c_n$ convergir, então teremos sempre

$$\sum_{n=0}^{\infty} a_n \cdot \sum_{n=0}^{\infty} b_n = \sum_{n=0}^{\infty} c_n. \tag{6-24}$$

Além disso, se uma das duas séries $\Sigma\,a_n$, $\Sigma\,b_n$ convergir absolutamente, então $\Sigma\,c_n$ deverá convergir. Para demonstrações, veja-se K. Knopp, *Infinite Series*, pág. 321 (Londres: Blackie, 1928).

PROBLEMAS

1. Com base nas relações (demonstradas no capítulo que segue):

$$\sum_{n=1}^{\infty} \frac{1}{n^2} = \frac{\pi^2}{6}, \qquad \sum_{n=1}^{\infty} \frac{1}{n^4} = \frac{\pi^4}{90}, \qquad \sum_{n=1}^{\infty} \frac{1}{n^6} = \frac{\pi^6}{945},$$

calcular as séries:

(a) $\displaystyle\sum_{n=1}^{\infty} \frac{6}{n^2}$ (c) $\displaystyle\sum_{n=1}^{\infty} \frac{2n^2 - 3}{n^4}$ (e) $\displaystyle\sum_{n=3}^{\infty} \frac{n^4 - 1}{n^6}$

(b) $\displaystyle\sum_{n=1}^{\infty} \frac{n^2 + 1}{n^4}$ (d) $\displaystyle\sum_{n=1}^{\infty} \frac{9 + 3n^2 + 5n^4}{n^6}$ (f) $\displaystyle\sum_{n=2}^{\infty} \frac{n^2 + 1}{(n^2 - 1)^2}.$

Séries Infinitas

2. Verificar as seguintes relações:

(a) $\displaystyle\sum_{n=1}^{\infty} \frac{1}{n^3} = \sum_{n=2}^{\infty} \frac{1}{(n-1)^3}$;

(b) $\displaystyle\sum_{n=1}^{\infty} [f(n + 1) - f(n)] = \lim_{n\to\infty} f(n) - f(1)$, se existir o limite;

(c) $\displaystyle\sum_{n=2}^{\infty} [f(n + 1) - f(n - 1)] = \lim_{n\to\infty} [f(n) + f(n + 1)] - f(1) - f(2)$, se existir
o limite.

3. Usando $f(n) = 1/n$ e $f(n) = 1/n^2$ em 2(b) e 2(c), mostrar que

(a) $\displaystyle\sum_{n=1}^{\infty} \frac{2n + 1}{n^2(n + 1)^2} = 1$

(c) $\displaystyle\sum_{n=2}^{\infty} \frac{1}{n^2 - 1} = \frac{3}{4}$

(b) $\displaystyle\sum_{n=1}^{\infty} \frac{1}{n(n + 1)} = 1$

(d) $\displaystyle\sum_{n=2}^{\infty} \frac{4n}{(n^2 - 1)^2} = \frac{5}{4}$.

4. A partir da relação

$$\frac{1}{1-r} = 1 + r + \cdots + r^n + \cdots = \sum_{n=0}^{\infty} r^n, \quad -1 < r < 1,$$

provar que:

(a) $\displaystyle\frac{1}{(1 - r)^2} = 1 + 2r + 3r^2 + \cdots + (n + 1)r^n + \cdots, \quad -1 < r < 1$;

(b) $\displaystyle\frac{1}{(1 - r)^3} = 1 + 3r + \cdots + \frac{(n + 2)(n + 1)r^n}{2} + \cdots \quad -1 < r < 1.$

5. Demonstrar a fórmula binomial geral para expoentes negativos:

$$(1 - r)^{-k} = 1 + kr + \frac{k(k + 1)}{1 \cdot 2} r^2 + \cdots + \frac{k(k + 1) \cdots (k + n - 1)}{1 \cdot 2 \cdots n} r^n + \cdots,$$

$$-1 < r < 1, \quad k = 1, 2, \ldots$$

6. Supondo (isso será provado posteriormente) que sen x e cos x possam
ser representados, para todo x, pelas séries absolutamente convergentes:

$$\text{sen } x = x - \frac{x^3}{3!} + \frac{x^5}{5!} - \cdots + (-1)^{n+1} \frac{x^{2n-1}}{(2n-1)!} + \cdots,$$

$$\cos x = 1 - \frac{x^2}{2!} + \frac{x^4}{4!} - \cdots + (-1)^n \frac{x^{2n}}{(2n)!} + \cdots,$$

verificar a identidade:

$$2 \text{ sen } x \cos x = \text{sen } 2x$$

por meio de séries.

379

Cálculo Avançado

RESPOSTAS

1. (a) π^2,   (b) $\dfrac{\pi^2}{6} + \dfrac{\pi^4}{90}$,   (c) $\dfrac{\pi^2}{3} - \dfrac{\pi^4}{30}$,   (d) $\dfrac{5\pi^2}{6} + \dfrac{\pi^4}{30} + \dfrac{\pi^6}{105}$,

(e) $\dfrac{\pi^2}{6} - \dfrac{\pi^6}{945} - \dfrac{15}{64}$,   (f) $\dfrac{\pi^2}{6} - \dfrac{5}{8}$.

6-11. SEQÜÊNCIAS E SÉRIES DE FUNÇÕES. Se a cada inteiro positivo n for associada uma função $f_n(x)$, diz-se que as funções $f_n(x)$ formam uma *seqüência de funções*. Em geral, vamos supor que as funções sejam todas definidas sobre um mesmo intervalo (eventualmente infinito) do eixo x.

Para cada x do intervalo, a seqüência $f_n(x)$ pode convergir ou divergir. Dada uma seqüência, a questão de interesse mais imediato é a determinação dos valores de x para os quais ela converge. Por exemplo, a seqüência $f_n(x) = x^n/2^n$ converge se $-2 < x \leqq 2$ e diverge nos demais casos.

Valem observações análogas para séries infinitas cujos termos são funções:

$$u_1(x) + u_2(x) + \cdots + u_n(x) + \cdots = \sum_{n=1}^{\infty} u_n(x).$$

A n-ésima soma parcial de uma tal série é, em si, uma função de x:

$$S_n = S_n(x) = u_1(x) + \cdots u_n(x).$$

A convergência da série é, por definição, equivalente à convergência da seqüência das somas parciais; se $S_n(x)$ converge para $S(x)$ para determinados valores de x, então

$$\sum_{n=1}^{\infty} u_n(x) = S(x)$$

para esse conjunto de valores de x.

Já encontramos exemplos disso antes: a série $\sum\limits_{n=1}^{\infty} 1/n^p$, onde os termos são funções de p, e a série geométrica $\sum\limits_{n=0}^{\infty} r^n$, onde os termos são funções de r. A primeira converge se $p > 1$, a segunda se $|r| < 1$. Outros exemplos são:

$$\sum_{n=0}^{\infty} \frac{x^n}{n!}, \qquad \sum_{n=1}^{\infty} \frac{x^n}{n^2}, \qquad \sum_{n=1}^{\infty} \frac{\cos nx}{n^2};$$

demonstra-se que essas séries convergem, respectivamente, para todo x, para $|x| \leqq 1$, e para todo x.

Os critérios de convergência de uma série de funções são os mesmos que aqueles para séries de constantes, pois, para cada escolha particular de x (ou seja lá qual for o nome da variável independente), a série $\Sigma u_n(x)$ não é senão uma série de constantes. Assim sendo, quando x percorre um intervalo o pro-

380

Séries Infinitas

blema de convergência, no fundo, consiste em discutir a convergência de várias (na verdade, de infinitas) séries. Poderíamos, evidentemente, testar em separado diversos valores de x; mas certamente tal processo é pouco recomendável, embora seja, talvez, inevitável em alguma aplicação particular. Veremos que, para muitas séries, podemos determinar com uma só análise todos os valores de x para os quais a série é convergente.

Os resultados para séries de potências serão enunciados mais adiante. Em muitos casos, basta o critério da razão para achar a resposta; por exemplo, para a série

$$\sum_{n=0}^{\infty} \frac{x^n}{n!},$$

que representa e^x, temos

$$\lim_{n \to \infty} \left| \frac{a_{n+1}}{a_n} \right| = \lim_{n \to \infty} \left(\frac{|x^{n+1}|}{(n+1)!} \cdot \frac{n!}{|x^n|} \right) = \lim_{n \to \infty} \frac{|x|}{n+1}.$$

Como esse limite é 0 para qualquer x, a série converge para todo x.

6-12. **CONVERGÊNCIA UNIFORME.** Embora seja possível provar que uma série $\Sigma u_n(x)$ converge para todo x de um certo conjunto, temos ainda que responder à seguinte pergunta: a rapidez de convergência é a mesma em todo ponto x do domínio de x? Verifica-se que essa questão é importante tanto nas aplicações práticas como na teoria fundamental. A aplicação prática é a seguinte: suponhamos que uma série convirja para uma função $f(x)$, para $a < x < b$. Se a função $f(x)$ for complicada e as funções $u_n(x)$ forem simples, seria consideràvelmente melhor se pudéssemos substituir $f(x)$ por uma soma parcial $S_n(x) = u_1(x) + \cdots + u_n(x)$; por exemplo, se as funções $u_n(x)$ forem da forma $c_n x^n$, estaremos substituindo $f(x)$ por um *polinômio*. Isso equivale a "arredondar" a série de funções, do mesmo modo que arredondamos a expansão decimal de 1/3 na Sec. 6-1. Esse procedimento será justificável se o erro cometido for inferior a um ε anteriormente dado, isto é, se $|f(x) - S_n(x)| < \varepsilon$ para $a < < x < b$. Mas, como veremos, por maior que seja o n escolhido, poderá acontecer que o erro $|f(x) - S_n(x)|$ seja superior a ε para algum x do intervalo $a < < x < b$. Isso não contraria o fato de a série convergir para cada x; o motivo é que o número de termos necessários para reduzir o erro para menos de ε varia de x em x de maneira tal que não exista nenhum n que sirva para o intervalo todo. Quando isso acontece, o arredondamento sobre todo o intervalo $a < x < b$ não pode ser feito. Por outro lado, pode ocorrer que, escolhido um ε qualquer, seja possível obter um N tal que, para todo $n \geq N$, $|S_n(x) - f(x)| < \varepsilon$ para todo x do intervalo $a < x < b$; nessas condições, a série é chamada *uniformemente convergente* no intervalo $a < x < b$. Uma série uniformemente convergente pode ser arredondada com qualquer precisão desejada:

Definição. *A série $\sum_{n=1}^{\infty} u_n(x)$ convergirá uniformemente para $S(x)$, para um conjunto E de valores de x, se, para cada $\varepsilon > 0$ dado, for possível determinar*

381

Cálculo Avançado

um N tal que

$$|S_n(x) - S(x)| < \varepsilon$$

para $n \geq N$ *e para todo* x *de* E.

A idéia essencial é que um N poderá ser encontrado tão logo se conheça ε (ou o número de casas decimais desejado), sem levar em conta qual dos x do conjunto E será usado. O conjunto E deve, evidentemente, ser um conjunto de valores de x para os quais a série converge, mas não é preciso que E contenha todos esses valores. Em muitos casos, demonstra-se que podemos garantir ser a convergência uniforme somente se restringirmos nossa atenção a uma parte do domínio onde se verifica a convergência. No pior dos casos, podemos nos limitar a um número finito de valores de x para os quais a convergência é *necessariamente* uniforme.

A definição de convergência uniforme foi dada acima em termos de *séries;* ela também pode ser dada para *seqüências:* a seqüência $f_n(x)$ *converge uniformemente* para $f(x)$, para um conjunto E de valores de x, se, para cada $\varepsilon > 0$, é possível determinar um N tal que

$$|f_n(x) - f(x)| < \varepsilon$$

para todo $n \geq N$ e todo x em E. Assim, a convergência uniforme da série $\Sigma\, u_n(x)$ equivale à convergência uniforme da seqüência de suas somas parciais $S_n(x)$. [Na realidade, seqüências e séries são simplesmente dois modos diferentes de descrever-se um mesmo processo de limite; toda série pode ser interpretada em termos de suas somas parciais e toda seqüência pode ser vista como a das somas parciais de uma série, a saber, da série $S_1 + (S_2 - S_1) + \cdots + (S_n - S_{n-1}) + \cdots]$

O caso mais comum de convergência uniforme é aquele onde as funções $u_n(x)$ são contínuas num intervalo fechado $a \leq x \leq b$ e a série $\Sigma\, u_n(x)$ converge nesse intervalo para uma função contínua $f(x)$. [Veremos mais adiante, no Teorema 31 da Sec. 6-14, que a convergência uniforme da série garante que $f(x)$ é contínua.] Num tal caso, o erro absoluto $|R_n(x)|$ proveniente da substituição de $f(x)$ pela soma parcial $S_n(x)$,

$$|R_n(x)| = |f(x) - S_n(x)|, \tag{6-25}$$

é contínua para $a \leq x \leq b$ e tem um máximo $\bar{R}_n$ bem determinado nesse intervalo:

$$\bar{R}_n = \max_{a \leq x \leq b} |f(x) - S_n(x)|; \tag{6-26}$$

$\bar{R}_n$ é simplesmente o maior erro absoluto possível nesse intervalo. A convergência uniforme de uma série em $a \leq x \leq b$ é então equivalente à condição:

$$\lim_{n \to \infty} \bar{R}_n = 0; \tag{6-27}$$

em outras palavras, *uma série é uniformemente convergente em* $a \leq x \leq b$ *se, e somente se, o erro máximo tende a 0 quando* $n \longrightarrow \infty$ (ver a Fig. 6-8). Essa nova

382

Figura 6-8. Convergência uniforme

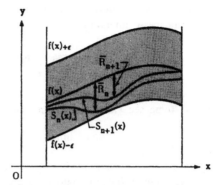

condição é simplesmente uma outra formulação da definição dada, para o caso considerado, pois a convergência de $\bar{R}_n$ para 0 equivale à condição: $\bar{R}_n < \varepsilon$ para $n \geqq N(\varepsilon)$ e, portanto, à condição: $|f(x) - S_n(x)| < \varepsilon$ para $n \geqq N(\varepsilon)$.

Podemos dar uma formulação análoga para o caso geral (onde, por exemplo, não se requer que E seja um intervalo fechado). Definimos $\bar{R}_n$ simplesmente como sendo o *supremo* de $|f(x) - S_n(x)|$ para x em E, isto é, como sendo o menor número K tal que $|f(x) - S_n(x)| \leqq K$ para todo x em E; a existência de um tal número é estabelecida como no caso do limite superior de uma seqüência (Sec. 6-3). Êsse número é o máximo de $|f(x) - S_n(x)|$, caso exista, quando x percorre o conjunto E; a função, entretanto, mesmo que contínua, não precisa possuir um máximo (por exemplo, quando E é um intervalo aberto, conforme a Sec. 2-15). Como no caso de limites superiores, o supremo pode ser $+\infty$.

Assim, a convergência uniforme de $\Sigma u_n(x)$ para $f(x)$ no conjunto E é equivalente à condição: $\bar{R}_n \to 0$ quando $n \to \infty$, isto é, à condição:

$$\lim_{n \to \infty} \sup_{x \in E} |f(x) - S_n(x)| = 0, \qquad (6\text{-}27')$$

onde "sup" significa "supremo".

Exemplo 1. A série geométrica $\sum_{n=0}^{\infty} x^n$. A série converge em $-1 < x < 1$. A n-ésima soma parcial é

$$S_n(x) = 1 + x + \cdots + x^{n-1} = \frac{1 - x^n}{1 - x}$$

e a soma é

$$S(x) = \frac{1}{1-x};$$

o gráfico dessas funções está na Fig. 6-9. O resto $R_n(x) = S(x) - S_n(x)$ satisfaz à equação:

$$|R_n(x)| = \frac{|x^n|}{|1 - x|}.$$

Cálculo Avançado

Primeiro, consideramos um intervalo fechado: $-\frac{1}{2} \leqq x \leqq \frac{1}{2}$. A convergência é uniforme nesse intervalo. Achamos

$$\bar{R}_n = \max_{-\frac{1}{2} \leqq x \leqq \frac{1}{2}} |R_n(x)| = \frac{(\frac{1}{2})^n}{1 - \frac{1}{2}} = \frac{1}{2^{n-1}},$$

pois, quando $x = \frac{1}{2}$, o numerador $|x^n|$ atinge seu valor máximo e o denominador $|1 - x|$ toma seu valor mínimo no intervalo. Donde

$$\lim_{n \to \infty} \bar{R}_n = \lim_{n \to \infty} \frac{1}{2^{n-1}} = 0;$$

o erro absoluto máximo tende a 0 quando $n \to \infty$ e a convergência é uniforme. Vale um raciocínio análogo para cada intervalo fechado da forma $-a \leqq \leqq x \leqq a(0 < a < 1)$ dentro do intervalo de convergência. O pior erro absoluto é cometido em $x = a$ e seu valor é $\bar{R}_n = a^n/(1 - a)$; esse valor tehde para 0 quando $n \to \infty$, de sorte que a convergência é uniforme no intervalo.

Poderíamos esperar disso que a convergência fosse uniforme em todo o intervalo *aberto* $-1 < x < 1$. Entretanto isso não se verifica. Com efeito, para cada n, o erro absoluto $|R_n(x)|$ não é limitado para $-1 < x < 1$, visto que

$$\lim_{x \to 1-} |R_n(x)| = \lim_{x \to 1-} \left| \frac{x^n}{1 - x} \right| = \infty.$$

O supremo $\bar{R}_n$ é sempre $+\infty$! Percebemos os detalhes da dificuldade quando procuramos o número de termos necessários para calcular a soma com um erro absoluto inferior a $\varepsilon = 10^{-2}$, por exemplo. Para $x = 0$, só precisamos de um termo; para $x = \frac{1}{2}$, devemos ter

$$\frac{(1/2)^n}{1/2} < 10^{-2} \quad \text{ou} \quad 2^{n-1} > 100;$$

donde n deve ser maior ou igual a 8. Para $x = 9/10$, devemos ter

$$\frac{(9/10)^n}{1/10} < 10^{-2} \quad \text{ou} \quad (9/10)^n < 10^{-3};$$

donde $n > 65$, como mostra um cálculo com logaritmos. À medida que x se aproxima de 1, precisamos cada vez mais de termos; é fácil verificar que, quando $x \to 1$, o número de termos necessários $\to \infty$ (ver o Prob. 2 da Sec. 6-9).

Em vista dessa discussão, a dificuldade parece surgir do fato de a soma $S(x) = 1/(1 - x)$ tender ao infinito quando x se aproxima de 1. Contudo a convergência não é uniforme no intervalo $-1 < x \leqq 0$, pois o erro absoluto $|R_n(x)|$ nesse intervalo está compreendido entre 0 e $\frac{1}{2}$; tal fato está sugerido graficamente pela Fig. 6-9, podendo ser rigorosamente demonstrado por cálculo. Como $|R_n(x)| \to \frac{1}{2}$ quando $x \to -1$, o supremo $\bar{R}_n$ é sempre $\frac{1}{2}$; esse valor não é o erro máximo, uma vez que $x = -1$ está excluído do intervalo em questão. Segue-se que $\bar{R}_n$ não pode convergir para 0 quando $n \to \infty$ e a convergência

384

Figura 6-9. Seqüência de somas parciais da série geométrica

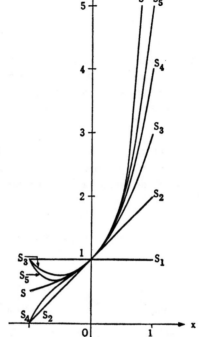

não é uniforme para $-1 < x \leq 0$. Novamente, podemos verificar que o número de termos necessários para calcular $S(x)$ com um erro inferior a $\varepsilon = 10^{-2}$ aumenta infinitamente quando $x \rightarrow -1$.

Exemplo 2. A *seqüência* $f_n(x) = x^n$ converge para 0 em $-1 < x < 1$, e para 1 se $x = 1$; ela diverge para todos demais valores de x. A convergência em

Figura 6-10. A seqüência $f_n(x) = x^n$

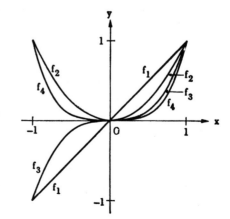

385

Cálculo Avançado

$-1 < x < 1$ não é uniforme. No intervalo $0 \leqq x < 1$, o erro é precisamente x^n; para que esse valor seja inferior a ε, devemos ter

$$x^n < \varepsilon \quad \text{ou} \quad n > \frac{\log \varepsilon}{\log x}.$$

À medida que x aproxima-se de 1, o valor de n aproxima-se de $+\infty$. Para $x = 1$, o erro é sempre 0. Na Fig. 6-10, vemos alguns elementos consecutivos da seqüência $f_n(x)$. Visto que os piores erros ocorrem em $x = \pm 1$, poderemos obter uma convergência uniforme se restringirmos x como no exemplo precedente para $-1/2 \leqq x \leqq 1/2$.

6-13. O CRITÉRIO M DE WEIERSTRASS PARA CONVERGÊNCIA UNIFORME.
O critério abaixo é adequado para o estudo de convergência uniforme de muitas séries conhecidas.

Teorema 30. (*Critério M de Weierstrass*). *Seja* $\sum_{n=1}^{\infty} u_n(x)$ *uma série de funções definidas todas para um conjunto E de valores de x. Se existir uma série de constantes convergente,* $\sum_{n=1}^{\infty} M_n$, *tal que*

$$\left| u_n(x) \right| \leqq M_n \quad \text{para todo } x \text{ de } E,$$

então a série $\sum_{n=1}^{\infty} u_n(x)$ *convergirá absolutamente para cada x de E e será uniformemente convergente em E.*

Demonstração. O critério M de Weierstrass é antes de mais nada um critério de *comparação*. Para cada x fixo, cada termo da série $\Sigma \left| u_n(x) \right|$ é inferior ou igual ao termo geral M_n da série ΣM_n. Logo, pelo critério de comparação (Teorema 12 da Sec. 6-6), a série $\Sigma u_n(x)$ é absolutamente convergente.

Mas a série ΣM_n de comparação é a *mesma* para todo x do domínio em questão. É disso que segue a convergência uniforme. Pois, se $R_n = S - S_n(x)$ é o resto da série $\Sigma u_n(x)$ após n termos, então temos, como no Teorema 22 da Sec. 6-9,

$$\left| R_n(x) \right| = \left| u_{n+1}(x) + u_{n+2}(x) + \cdots \right| \leqq \left| u_{n+1}(x) \right|$$
$$+ \left| u_{n+2}(x) \right| + \cdots \leqq M_{n+1} + M_{n+2} + \cdots$$

Em outras palavras, se T_n indica o resto da série convergente ΣM_n após n termos,

$$T_n = M_{n+1} + M_{n+2} + \cdots,$$

então

$$\left| R_n(x) \right| \leqq T_n.$$

Como ΣM_n é uma série de constantes, então, para cada $\varepsilon > 0$ dado, é possível determinar um N tal que $T_n < \varepsilon$ para $n \geqq N$; para esse mesmo N temos

$$\left| R_n(x) \right| \leqq T_n < \varepsilon \quad \text{para} \quad n \geqq N.$$

386

Séries Infinitas

Como N não depende de x, mas somente de ε, segue-se que a convergência é uniforme. Ao mesmo tempo, demonstramos que T_n serve como estimativa superior do erro cometido ao se usarem somente n termos da série $\Sigma\, u_n(x)$, independentemente do valor de x. Evidentemente, o erro varia de um x para outro, mas a estimativa superior é a mesma para todo x.

Exemplo 1. $\displaystyle\sum_{n=1}^{\infty} \frac{x^n}{n^2}$. Aqui, temos, pelo critério da razão,

$$\lim_{n\to\infty} \left| \frac{a_{n+1}}{a_n} \right| = \lim_{n\to\infty} \left| \frac{x^{n+1}}{(n+1)^2} \cdot \frac{n^2}{x^n} \right| = \lim_{n\to\infty} |x| \cdot \frac{n^2}{(n+1)^2} = |x|.$$

Logo, a série converge se $|x| < 1$ e diverge se $|x| > 1$. Se $x = \pm 1$, a série converge por comparação com a série harmônica de ordem 2:

$$\left| \frac{(\pm 1)^n}{n^2} \right| \le \frac{1}{n^2}.$$

Portanto a série converge em $-1 \le x \le 1$. A convergência é uniforme nesse intervalo, pois vale

$$\left| \frac{x^n}{n^2} \right| \le M_n = \frac{1}{n^2}$$

para todo x do intervalo e porque a série $\Sigma\, M_n$ é convergente.

Exemplo 2. $\displaystyle\sum_{n=1}^{\infty} \frac{\cos nx}{2^n}$. Esta série converge uniformemente para todo x, pois vale

$$\left| \frac{\cos nx}{2^n} \right| \le \frac{1}{2^n} = M_n$$

para todo x e porque a série $\Sigma\, (1/2^n)$ é convergente.

Exemplo 3. $\displaystyle\sum_{n=1}^{\infty} \frac{x^n}{n}$. Como no Ex. 1, o critério da razão mostra que a série converge em $-1 < x < 1$ e diverge se $|x| > 1$. Se $x = 1$, a série é a série harmônica divergente; se $x = -1$, a série é uma série alternada convergente. Poderíamos tentar provar que a convergência é uniforme em $0 \le x < 1$ usando a desigualdade

$$\left| \frac{x^n}{n} \right| \le x^n, \quad 0 \le x < 1$$

e o fato de ser a série $\displaystyle\sum_{n=1}^{\infty} x^n$ convergente. Porém tal raciocínio é errôneo, pois a série $\Sigma\, x^n$ de comparação *depende de* x e não é uma série de constantes, como se requer no Teorema 30. Na verdade, a série não é uniformemente convergente em $0 \le x < 1$.

387

Cálculo Avançado

PROBLEMAS

1. Determinar os valores de x para os quais as séries abaixo são convergentes:

(a) $\displaystyle\sum_{n=1}^{\infty} \frac{x^n}{2n^2 - n}$

(f) $\displaystyle\sum_{n=1}^{\infty} \frac{2^n \operatorname{sen}^n x}{n^2}$

(b) $\displaystyle\sum_{n=1}^{\infty} \frac{nx^n}{2^n}$

(g) $\displaystyle\sum_{n=1}^{\infty} \frac{(x-1)^n}{n^2}$

(c) $\displaystyle\sum_{n=1}^{\infty} \frac{1}{nx^{2n}}$

(h) $\displaystyle\sum_{n=1}^{\infty} \frac{1}{x^n \log(n+1)}$

(d) $\displaystyle\sum_{n=0}^{\infty} \frac{1}{2^{nx}}$

(i) $\displaystyle\sum_{n=1}^{\infty} \frac{(x-2)^{3n}}{n!}$

(e) $\displaystyle\sum_{n=1}^{\infty} \frac{x^n}{(1-x)^n}$

(j) $\displaystyle\sum_{n=2}^{\infty} \frac{x^n}{(\log n)^n}$.

2. Provar que cada uma das séries abaixo é convergente nos intervalos de x indicados:

(a) $\displaystyle\sum_{n=1}^{\infty} \frac{x^n}{n^3}, \quad -1 \leqq x \leqq 1$

(e) $\displaystyle\sum_{n=0}^{\infty} \frac{x^n}{n!}, \quad -1 \leqq x \leqq 1$

(b) $\displaystyle\sum_{n=1}^{\infty} \frac{(\operatorname{tgh} x)^n}{n!}, \quad$ para todo x

(f) $\displaystyle\sum_{n=1}^{\infty} nx^n, \quad -\frac{1}{2} \leqq x \leqq \frac{1}{2}$

(c) $\displaystyle\sum_{n=1}^{\infty} \frac{\operatorname{sen} nx}{n^2 + 1}, \quad$ para todo x

(g) $\displaystyle\sum_{n=1}^{\infty} nx^n, \quad -0,9 \leqq x \leqq 0,9$

(d) $\displaystyle\sum_{n=1}^{\infty} \frac{e^{nx}}{2^n}, \quad x \leqq \log\frac{3}{2}$

(h) $\displaystyle\sum_{n=1}^{\infty} nx^n, \quad -a \leqq x \leqq a, \quad a < 1.$

3. Provar que: se $\displaystyle\sum_{n=1}^{\infty} u_n(x)$ é uniformemente convergente em $a \leqq x \leqq b$, então a série é uniformemente convergente em todo subintervalo do intervalo $a \leqq x \leqq b$. De modo mais geral, se uma série é uniformemente convergente num dado conjunto E de valores de x, então ela é uniformemente convergente em todo subconjunto E_1 de E.

4. Provar que: se $\displaystyle\sum_{n=1}^{\infty} v_n(x)$ é uniformemente convergente num conjunto E de valores de x e $|u_n(x)| \leqq v_n(x)$ para todo x em E, então $\displaystyle\sum_{n=1}^{\infty} u_n(x)$ é uniformemente convergente para todo x em E.

5. Provar que: se $0 < u_n(x) < 1/n$ e $u_{n+1}(x) \leqq u_n(x)$ para $a \leqq x \leqq b$, então a série $\displaystyle\sum_{n=1}^{\infty} (-1)^n u_n(x)$ é uniformemente convergente em $a \leqq x \leqq b$.

388

Séries Infinitas

6. Provar que: se a série $\sum\limits_{n=1}^{\infty} M_n$ de constantes M_n é convergente e $|f_{n+1}(x) - f_n(x)| \leq M_n$ para todo x em E, então a *seqüência* $f_n(x)$ é uniformemente convergente para todo x em E.

7. Provar que as seqüências abaixo são uniformemente convergentes nos intervalos x indicados (conforme o Prob. 6):

(a) $\dfrac{n+x}{n}$, $\quad 0 \leq x \leq 1$

(c) $\dfrac{\log(1+nx)}{n}$, $\quad 1 \leq x \leq 2$

(b) $\dfrac{x^n}{n!}$, $\quad -1 \leq x \leq 1$

(d) $\dfrac{n}{e^{nx^2}}$, $\quad \frac{1}{2} \leq x \leq 1$.

RESPOSTAS

1. (a) $|x| \leq 1$, (b) $|x| < 2$, (c) $x > 1$ e $x < -1$, (d) $x > 0$, (e) $x < \frac{1}{2}$, (f) $|x - n\pi| \leq$ $\leq \pi/6 (n = 0, \pm 1, \pm 2, \ldots)$, (g) $0 \leq x \leq 2$, (h) $x > 1$ e $x \leq -1$, (i) para todo x, (j) para todo x.

6-14. PROPRIEDADES DE SÉRIES E SEQÜÊNCIAS UNIFORME-MENTE CONVERGENTES. Seja $\Sigma\, u_n(x)$ uma série de funções, cada uma das quais é definida para $a \leq x \leq b$. Suponhamos ainda que essa série convirja para uma soma $f(x)$ no intervalo $a \leq x \leq b$, de modo que temos

$$f(x) = \sum_{n=1}^{\infty} u_n(x), \quad a \leq x \leq b.$$

Podemos então perguntar, por exemplo: se cada função $u_n(x)$ é contínua, a soma $f(x)$ é contínua? Os teoremas que seguem trazem respostas a tais perguntas.

Teorema 31. A soma de uma série uniformemente convergente de funções contínuas é contínua; em outras palavras, se cada $u_n(x)$ é contínua em $a \leq$ $\leq x \leq b$, então $f(x) = \sum\limits_{n=1}^{\infty} u_n(x)$ é contínua, contanto que a série convirja uniformemente em $a \leq x \leq b$.

Demonstração. Dados x_0, com $a \leq x_0 \leq b$, e $\varepsilon > 0$, procuramos um δ tal que

$$|f(x) - f(x_0)| < \varepsilon \quad \text{quando} \quad |x - x_0| < \delta,$$

e estando x no intervalo dado. Escolhemos um N suficientemente grande para que

$$|S_n(x) - f(x)| < \tfrac{1}{3}\varepsilon, \quad a \leq x \leq b, \quad n \geq N, \tag{6-28}$$

onde $S_n(x) = u_1(x) + \cdots + u_n(x)$; isso pode ser feito, pois a série é uniformemente convergente. A função $S_N(x)$, sendo a soma de um número *finito* de funções contínuas, é contínua. Portanto podemos escolher um δ tal que

$$|S_N(x) - S_N(x_0)| < \tfrac{1}{3}\varepsilon \quad \text{para} \quad |x - x_0| < \delta. \tag{6-29}$$

389

Cálculo Avançado

Por (6-28), temos

$$|S_N(x)-f(x)| < \tfrac{1}{3}\varepsilon, \qquad |S_N(x_0)-f(x_0)| < \tfrac{1}{3}\varepsilon. \qquad (6\text{-}30)$$

Logo, usando (6-29) e (6-30),

$$|f(x)-f(x_0)| = |f(x)-S_N(x)+S_N(x)-S_N(x_0)+S_N(x_0)-f(x_0)|$$
$$\leqq |f(x)-S_N(x)| + |S_N(x)-S_N(x_0)| + |S_N(x_0)-f(x_0)|$$
$$< \tfrac{1}{3}\varepsilon + \tfrac{1}{3}\varepsilon + \tfrac{1}{3}\varepsilon = \varepsilon, \quad \text{para} \quad |x-x_0| < \delta.$$

Fica assim provada a continuidade.

Observação 1. Sozinha, a propriedade de convergência para uma série de funções contínuas não garante a continuidade da soma. Vemos isso neste exemplo:

$$f(x) = x + \sum_{n=2}^{\infty} (x^n - x^{n-1}), \qquad 0 \leqq x \leqq 1.$$

As somas parciais formam aqui a seqüência $S_n(x) = x^n$, cujo gráfico está na Fig. 6-10. Como vimos na Sec. 6-12, essa seqüência não converge uniformemente. A soma da série é 0 para $0 \leqq x < 1$ e é 1 para $x = 1$; há uma descontinuidade por salto em $x = 1$.

Observação 2. O Teorema 31 pode ser interpretado em termos de seqüências da seguinte maneira: se $S_n(x)$ é uma seqüência de funções, todas contínuas em $a \leqq x \leqq b$, e, se essa seqüência converge uniformemente para $f(x)$ em $a \leqq \leqq x \leqq b$, então $f(x)$ é contínua em $a \leqq x \leqq b$; além disso, se $a \leqq x_0 \leqq b$, então

$$\lim_{x \to x_0} \left[\lim_{n \to \infty} S_n(x) \right] = \lim_{n \to \infty} \left[\lim_{x \to x_0} S_n(x) \right]. \qquad (6\text{-}31)$$

O primeiro membro é precisamente $\lim\limits_{x \to x_0} f(x)$ e, pela continuidade de $S_n(x)$, o segundo membro é $\lim\limits_{n \to \infty} S_n(x_0) = f(x_0)$; a Eq. (6-31) diz simplesmente que

$$\lim_{x \to x_0} f(x) = f(x_0),$$

ou seja, que $f(x)$ é contínua em x_0. Da Eq. (6-31) concluímos que *a convergência uniforme permite-nos permutar dois processos de limites.*

Teorema 32. *Uma série de funções contínuas uniformemente convergente é integrável termo a termo; isto é, se cada $u_n(x)$ é contínua em $a \leqq x \leqq b$ e $\sum\limits_{n=1}^{\infty} u_n(x)$ converge uniformemente para $f(x)$ em $a \leqq x \leqq b$, então*

$$\int_a^b f(x)\,dx = \int_a^b u_1(x)\,dx + \int_a^b u_2(x)\,dx + \cdots + \int_a^b u_n(x)\,dx + \cdots \qquad (6\text{-}32)$$

Demonstração. Seja, como na demonstração acima, $S_n(x)$ a n-ésima soma parcial da série $\Sigma\, u_n(x)$. Então

$$\int_a^b S_n(x)\,dx = \int_a^b u_1(x)\,dx + \cdots + \int_a^b u_n(x)\,dx.$$

Para estabelecer a Eq. (6-32), precisamos mostrar que a seqüência $\displaystyle\int_a^b S_n(x)\,dx$ converge para $\displaystyle\int_a^b f(x)\,dx$, ou seja, que, para cada $\varepsilon > 0$ dado, é possível encontrar um N tal que

$$\left| \int_a^b f(x)\,dx - \int_a^b S_n(x)\,dx \right| < \varepsilon, \quad n \geq N.$$

Para mostrar isso, escolhemos um N suficientemente grande para que

$$\left| f(x) - S_n(x) \right| < \frac{\varepsilon}{b-a}, \quad n \geq N, \quad a \leq x \leq b;$$

tal escolha é possível por causa da convergência uniforme. Donde, usando o teorema da estimativa de erro (Sec. 4-2), temos

$$\left| \int_a^b f(x)\,dx - \int_a^b S_n(x)\,dx \right| = \left| \int_a^b [f(x) - S_n(x)]\,dx \right|$$

$$\leq \frac{\varepsilon}{b-a} \cdot (b-a) = \varepsilon, \quad n \geq N.$$

Fica assim demonstrado o Teorema 32.

Observação 3. Como na Obs. 2, o teorema pode ser enunciado em termos de seqüências e troca de processos de limites.

Exemplo. Vimos, na Sec. 6-12 que a série $\displaystyle\sum_{n=0}^{\infty} x^n$ converge uniformemente para $1/(1-x)$ em cada intervalo $-a \leq x \leq a$, onde $a < 1$. Ao integrarmos a equação

$$\frac{1}{1-x} = 1 + x + \cdots + x^n + \cdots$$

de 0 a x_1, obtemos

$$\int_0^{x_1} \frac{1}{1-x}\,dx = \log\frac{1}{1-x_1} = x_1 + \frac{1}{2}x_1^2 + \cdots + \frac{x_1^{n+1}}{n+1} + \cdots$$

Como isso vale para todo x_1 entre -1 e 1 (salvo nas extremidades), podemos escrever

$$\log\frac{1}{1-x} = x + \frac{1}{2}x^2 + \cdots + \frac{x^{n+1}}{n+1} + \cdots, \quad -1 < x < 1. \qquad (6\text{-}33)$$

O mesmo raciocínio pode ser descrito em termos de integrais *indefinidas*, e temos

$$\int \frac{1}{1-x}\,dx = \int (1 + x + x^2 + \cdots + x^n + \cdots)\,dx + c, \quad -1 < x < 1;$$

$$\log\frac{1}{1-x} = x + \frac{1}{2}x^2 + \frac{1}{3}x^3 + \cdots + \frac{x^{n+1}}{n+1} + \cdots + c.$$

391

Cálculo Avançado

Naturalmente, a constante c não é mais arbitrária; tomando $x = 0$, concluímos que $c = 0$ e obtemos novamente a Eq. (6-33).

Teorema 33. *Pode-se derivar uma série convergente termo a termo, contanto que as funções da série possuam derivadas contínuas e que a série das derivadas seja uniformemente convergente; em outras palavras, se $u'_n(x) = du_n/dx$ é contínua em $a \le x \le b$, se a série $\sum\limits_{n=1}^{\infty} u_n(x)$ converge em $a \le x \le b$ para $f(x)$, e se a série $\sum\limits_{n=1}^{\infty} u'_n(x)$ converge uniformemente em $a \le x \le b$, então*

$$f'(x) = \sum_{n=1}^{\infty} u'_n(x), \qquad a \le x \le b. \tag{6-34}$$

Subentende-se que as derivadas em a e b são, respectivamente, a derivada à direita e a derivada à esquerda.

Demonstração do Teorema 33. Seja $g(x)$ a soma da série das derivadas:

$$g(x) = \sum_{n=1}^{\infty} u'_n(x), \qquad a \le x \le b.$$

Então, pelo Teorema 31, $g(x)$ é contínua e, pelo Teorema 32,

$$\int_a^{x_1} g(x)\, dx = \sum_{n=1}^{\infty} \int_a^{x_1} u'_n(x)\, dx, \qquad a \le x_1 \le b.$$

Donde

$$\int_a^{x_1} g(x)\, dx = \sum_{n=1}^{\infty} \left[u_n(x_1) - u_n(a) \right]$$

$$= \sum_{n=1}^{\infty} u_n(x_1) - \sum_{n=1}^{\infty} u_n(a).$$

Logo,

$$\int_a^{x_1} g(x)\, dx = f(x_1) - f(a).$$

Se derivamos ambos os membros em relação a x_1, o teorema fundamental do cálculo (Sec. 4-3) garante que

$$g(x_1) = f'(x_1), \qquad a \le x_1 \le b.$$

Em outros termos,

$$f'(x) = g(x) = \sum_{n=1}^{\infty} u'_n(x), \qquad a \le x \le b.$$

Séries Infinitas

Teorema 34. *Se* $\sum_{n=1}^{\infty} u_n(x)$ *e* $\sum_{n=1}^{\infty} v_n(x)$ *são uniformemente convergentes em* $a \leqq x \leqq b$ *e se* $h(x)$ *é contínua em* $a \leqq x \leqq b$, *então as séries*

$$\sum_{n=1}^{\infty} [u_n(x) + v_n(x)], \quad \sum_{n=1}^{\infty} [u_n(x) - v_n(x)], \quad \sum_{n=1}^{\infty} [h(x)u_n(x)]$$

são uniformemente convergentes em $a \leqq x \leqq b$.

Demonstração. Sejam $f(x)$ e $g(x)$ as somas de $\sum u_n(x)$ e $\sum v_n(x)$, respectivamente; sejam $S_n(x)$ e $Q_n(x)$ as somas parciais correspondentes. A n-ésima soma parcial de $\sum (u_n + v_n)$ é $S_n + Q_n$. Dado um $\varepsilon > 0$, escolhamos um N de modo tal que

$$\left| S_n(x) - f(x) \right| < \tfrac{1}{2}\varepsilon, \quad \left| Q_n(x) - g(x) \right| < \tfrac{1}{2}\varepsilon,$$

para $n \geqq N$ e $a \leqq x \leqq b$. Então

$$\left| \{S_n(x) + Q_n(x)\} - \{f(x) + g(x)\} \right|$$
$$\leqq \left| S_n(x) - f(x) \right| + \left| Q_n(x) - g(x) \right| < \tfrac{1}{2}\varepsilon + \tfrac{1}{2}\varepsilon = \varepsilon.$$

Portanto $\sum (u_n + v_n)$ converge uniformemente para $f(x) + g(x)$. Vale uma prova análoga para a diferença.

Como $h(x)$ é contínua em $a \leqq x \leqq b$, ela é necessariamente limitada: $\left| h(x) \right| \leqq M$ para $a \leqq x \leqq b$. Donde, fixado um N como acima,

$$\left| h(x)S_n(x) - h(x)f(x) \right| = \left| h(x) \right| \left| S_n(x) - f(x) \right| < M \cdot \tfrac{1}{2}\varepsilon < M\varepsilon$$

para $n \geqq N$. Isso mostra que a série $\sum h(x)u_n$ converge uniformemente para $h(x)f(x)$. Observe-se que, na realidade, só precisamos que $h(x)$ seja *limitada*.

6-15. SÉRIES DE POTÊNCIAS. Por uma *série de potência* de x entende-se uma série da forma

$$\sum_{n=0}^{\infty} c_n x^n = c_0 + c_1 x + \cdots + c_n x^n + \cdots, \qquad (6\text{-}35)$$

onde $c_0, c_1, \ldots, c_n, \ldots$ são constantes. Por uma série de potências de $(x - a)$ entende-se uma série da forma

$$\sum_{n=0}^{\infty} c'_n (x - a)^n = c_0 + c_1(x - a) + \cdots + c_n(x - a)^n + \cdots \qquad (6\text{-}36)$$

Por uma série de potências *negativas* de x entende-se uma série como

$$\sum_{n=0}^{\infty} \frac{c_n}{x^n} = c_0 + \frac{c_1}{x} + \cdots + \frac{c_n}{x^n} + \cdots \qquad (6\text{-}37)$$

A expressão "série de potências", sem outra especificação, refere-se em geral ao caso (6-36), do qual a série (6-35) é caso particular ($a = 0$). Mediante a subs-

393

tituição $t = x - a$ ou $t = 1/x$, podemos reduzir uma série da forma (6-36) ou da forma (6-37) à forma (6-35).

A série de potências (6-36) converge quando $x = a$. Pode acontecer que seja esse o único valor de x para o qual a série converge. Quando há outros valores de x que tornam a série convergente, veremos que eles formam um intervalo, o "intervalo de convergência", cujo ponto médio é $x = a$. A Fig. 6-11 ilustra isso. O intervalo pode ser infinito. O teorema fundamental que segue resume essas propriedades.

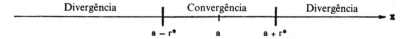

Figura 6-11. Intervalo de convergência de uma série de potências

Teorema 35. *Toda série de potências*

$$c_0 + c_1(x-a) + \cdots + c_n(x-a)^n + \cdots$$

tem um "raio de convergência" r^* tal que a série converge absolutamente quando $|x-a| < r^*$ e diverge quando $|x-a| > r^*$.

O número r^* pode ser 0 (no qual caso a série converge somente quando $x = a$), um número positivo, ou ∞ (no qual caso a série converge para todo x).

Se r^* não for nulo e r_1 for tal que $0 < r_1 < r^*$, então a série convergirá uniformemente em $|x-a| \leq r_1$.

O número r^* pode ser determinado do seguinte modo:

$$r^* = \lim_{n \to \infty} \left| \frac{c_n}{c_{n+1}} \right|, \quad \text{desde que o limite exista,} \qquad (6\text{-}38)$$

ou

$$r^* = \lim_{n \to \infty} \frac{1}{\sqrt[n]{|c_n|}}, \quad \text{desde que o limite exista,} \qquad (6\text{-}39)$$

e, em todos os casos, pela fórmula:

$$r^* = \frac{1}{\overline{\lim_{n \to \infty}} \sqrt[n]{|c_n|}}. \qquad (6\text{-}40)$$

Demonstração. Consideremos primeiro o caso no qual o limite (6-38) existe, pois ele sugere de imediato o caso geral. Aplicando o critério da razão à série dada, temos:

$$\lim_{n \to \infty} \left| \frac{a_{n+1}}{a_n} \right| = \lim_{n \to \infty} \left| \frac{c_{n+1}(x-a)^{n+1}}{c_n(x-a)^n} \right| = \lim_{n \to \infty} \left| \frac{c_{n+1}}{c_n} \right| \cdot |x-a|$$

$$= \frac{|x-a|}{\lim_{n \to \infty} \left| \frac{c_n}{c_{n+1}} \right|} = \frac{|x-a|}{r^*}.$$

Séries Infinitas

A série converge absolutamente quando

$$\frac{|x-a|}{r^*} < 1, \quad \text{isto é,} \quad |x-a| < r^*$$

e diverge quando

$$\frac{|x-a|}{r^*} > 1, \quad \text{isto é,} \quad |x-a| > r^*.$$

Se $r^* = 0$, o critério mostra que a série diverge, salvo se $x = a$. Se $r^* = \infty$, de modo que

$$\lim_{n \to \infty} \left| \frac{c_{n+1}}{c_n} \right| = 0,$$

o critério mostra que a série converge absolutamente para todo x.

Quando existe o limite (6-39), procedemos de modo análogo usando o critério da raiz. Esse caso está incluído na fórmula final (6-40), que segue imediatamente do Teorema 21(a) da Sec. 6-8, pois

$$\overline{\lim_{n \to \infty}} \sqrt[n]{|a_n|} = \overline{\lim_{n \to \infty}} (\sqrt{|c_n|} \cdot |x-a|) = (\overline{\lim_{n \to \infty}} \sqrt{|c_n|}) \cdot |x-a|.$$

A série converge absolutamente quando o limite superior é menor que 1, isto é, quando

$$|x-a| < \frac{1}{\overline{\lim_{n \to \infty}} \sqrt{|c_n|}} = r^*,$$

e diverge se $|x-a| > r^*$.

Portanto, qualquer que seja o método de determinação, existe um número $r^*, 0 \leq r^* \leq \infty$, com as propriedades descritas. Resta provar que, se $0 < r_1 < r^*$, a série converge uniformemente em $|x-a| \leq r_1$. Isso segue do critério M, tomando-se $M_n = |c_n| r_1^n$, pois

$$\sum_{n=0}^{\infty} M_n = \sum_{n=0}^{\infty} |c_n| \, |x_1-a|^n, \quad x_1 = a + r_1,$$

e essa série converge, visto que $|x_1-a| = r_1 < r^*$. Se $|x-a| \leq r_1$, então

$$|c_n| \, |x-a|^n \leq |c_n| r_1^n = M_n,$$

de sorte que a convergência é uniforme. Já mencionamos a idéia principal desta demonstração na Sec. 6-12: a rapidez de convergência para uma série de potências é menor na vizinhança dos *extremos* do intervalo de convergência.

Destacamos ainda que, quando r^* é um número positivo finito, a série pode convergir ou divergir em cada um dos valores extremos $x = a + r^*$, $x = a - r^*$. Esses valores devem ser estudados separadamente, para cada série.

395

Cálculo Avançado

Exemplo 1. $\displaystyle\sum_{n=1}^{\infty} \frac{x^n}{n^2}$. Neste caso, $c_n = 1/n^2$ e, usando (6-38), temos

$$r^* = \lim_{n \to \infty} \frac{(n+1)^2}{n^2} = 1;$$

analogamente, de (6-39) e usando o Teorema 4 da Sec. 6-4, obtemos

$$r^* = \lim_{n \to \infty} \sqrt[n]{n^2} = \lim_{n \to \infty} n^{2/n} = \lim_{n \to \infty} e^{(2/n)\log n} = e^{\lim_{n \to \infty} (2/n)\log n} = e^0 = 1.$$

Logo, a série converge absolutamente em $-1 < x < 1$ e diverge se $|x| > 1$. Se $x = \pm 1$, a série converge absolutamente, pois

$$\left| \frac{(\pm 1)^n}{n^2} \right| = \frac{1}{n^2}.$$

Na verdade, a série converge absoluta e uniformemente em $-1 \leqq x \leqq 1$, pois vale, nesse intervalo,

$$\left| \frac{x^n}{n^2} \right| \leqq \frac{1}{n^2} = M_n.$$

Exemplo 2. $\displaystyle\sum_{n=1}^{\infty} \frac{x^n}{n}$. Aplicando a fórmula da razão ou da raiz como no Ex. 1, obtemos $r^* = 1$. Logo, a série converge absolutamente se $|x| < 1$ e diverge se $|x| > 1$. Se $x = 1$, temos a série harmônica, que diverge; se $x = -1$, a série converge condicionalmente, pelo critério para séries alternadas. Portanto a série converge em $-1 \leqq x < 1$, e diverge nos demais casos.

Observemos que o Ex. 2 é obtido do Ex. 1 mediante, essencialmente, derivação termo a termo:

$$\sum_{n=1}^{\infty} \frac{d}{dx}\left(\frac{x^n}{n^2} \right) = \sum_{n=1}^{\infty} \frac{nx^{n-1}}{n^2} = \sum_{n=1}^{\infty} \frac{x^{n-1}}{n};$$

falta apenas multiplicar por um fator x. Portanto a derivação termo a termo tem como efeito multiplicar cada termo por n (abaixando, ao mesmo tempo, o grau de x^n de 1). Isso não pode afetar o raio de convergência, pois

$$\lim_{n \to \infty} \sqrt[n]{n} = \lim_{n \to \infty} n^{1/n} = \lim_{n \to \infty} e^{(1/n)\log n} = 1.$$

Porém, tal procedimento reduz a velocidade de convergência nas extremidades do intervalo, como vimos no exemplo acima. Derivando a série do Ex. 2, obtemos a série geométrica:

$$\sum_{n=1}^{\infty} \frac{nx^{n-1}}{n} = \sum_{n=1}^{\infty} x^{n-1} = \sum_{n=0}^{\infty} x^n = 1 + x + x^2 + \cdots,$$

que converge em $-1 < x < 1$ e diverge nas extremidades do intervalo.

396

Séries Infinitas

Teorema 36. *Uma série de potências representa uma função contínua no intervalo de convergência; ou seja, se r^* é o raio, então*

$$f(x) = \sum_{n=0}^{\infty} c_n(x - a)^n$$

é contínua em $a - r^* < x < a + r^*$.

Demonstração. Em virtude do Teorema 35, a série converge uniformemente em $a - r_1 \leqq x \leqq a + r_1$, com $r_1 < r^*$. Cada termo $c_n(x - a)^n$ da série é contínuo para todo x; logo, pelo Teorema 31, $f(x)$ é contínua no intervalo $a - r_1 \leqq x \leqq \leqq a + r_1$. Isso vale para todo r_1 compreendido entre 0 e r^*. Conseqüentemente, $f(x)$ é contínua no intervalo $a - r^* < x < a + r^*$.

Observação. Se a série convergir numa extremidade do intervalo, então $f(x)$ é contínua nessa extremidade. Para uma demonstração desse fato, ver: K. Knopp, *Infinite Series*, pág. 177 (Londres: Blackie, 1928).

Teorema 37. *Pode-se integrar uma série de potências termo a termo dentro do intervalo de convergência; ou seja, se*

$$f(x) = \sum_{n=0}^{\infty} c_n(x - a)^n, \qquad a - r^* < x < a + r^*,$$

então, vale, para $a - r^* < x_1 < x_2 < a + r^*$.

$$\int_{x_1}^{x} f(x)\, dx = \sum_{n=0}^{\infty} c_n \int_{x_1}^{x_2} (x - a)^n\, dx = \sum_{n=0}^{\infty} c_n \frac{(x_2 - a)^{n+1} - (x_1 - a)^{n+1}}{n + 1}$$

ou, em termos integrais indefinidas,

$$\int f(x)\, dx = \sum_{n=0}^{\infty} c_n \frac{(x - a)^{n+1}}{n + 1} + C, \qquad a - r^* < x < a + r^*.$$

Demonstração. Em virtude do Teorema 35, a série converge uniformemente em cada intervalo $a - r_1 \leqq x \leqq a + r_1$. Ela é, portanto, uniformemente convergente em cada intervalo $x_1 \leqq x \leqq x_2$, pois esse intervalo está contido no intervalo acima, para uma escolha conveniente de r_1. Podemos agora aplicar o Teorema 32 para justificar a integração termo a termo. A integral indefinida pode ser vista como sendo um caso especial do que precede, pois, se $x_1 = a$, então

$$\int_{a}^{x_2} f(x)\, dx = \sum_{n=0}^{\infty} c_n \frac{(x_2 - a)^{n+1}}{n + 1}.$$

Essa equação define uma função $F(x_2)$:

$$F(x_2) = \int_{a}^{x_2} f(x)\, dx;$$

397

Cálculo Avançado

aplicando o teorema fundamental de cálculo, temos

$$\frac{dF(x_2)}{dx_2} = f(x_2),$$

ou seja,

$$\frac{dF(x)}{dx} = f(x), \quad F(x) = \sum_{n=0}^{\infty} c_n \frac{(x-a)^{n+1}}{n+1},$$

ou

$$\int f(x)\, dx = \sum_{n=0}^{\infty} c_n \frac{(x-a)^{n+1}}{n+1} + C.$$

Como x_2 é um número qualquer do intervalo $a - r^* < x < a + r^*$, esta última equação é válida para todo x desse intervalo.

Teorema 38. *Pode-se derivar uma série de potências termo a termo dentro do intervalo de convergência; ou seja, se*

$$f(x) = \sum_{n=0}^{\infty} c_n(x-a)^n, \quad a - r^* < x < a + r^*,$$

então

$$f'(x) = \sum_{n=1}^{\infty} nc_n(x-a)^{n-1}, \quad a - r^* < x < a + r^*.$$

Demonstração. O coeficiente geral da série derivada é nc_n [ou, mais precisamente, $(n + 1)c_{n+1}$]. Como vimos no Ex. 2, o fator adicional n não afeta o limite superior da raiz n-ésima. Então, *a série derivada possui o mesmo raio de convergência r^*;* logo, essa série é uniformemente convergente em cada intervalo $a - r_1 \leqq x \leqq a + r_1$, onde $r_1 < r^*$. Donde, pelo Teorema 33,

$$f'(x) = \sum_{n=1}^{\infty} nc_n(x-a)^{n-1}$$

para todo x num tal intervalo. Como todo x em que $a - r^* < x < a + r^*$ pertence a algum intervalo $a - r_1 \leqq x \leqq a + r_1(r_1 < r^*)$, segue-se que o resultado vale para todo x dentro do intervalo de convergência.

Aplicação. Da relação

$$\frac{1}{1-x} = 1 + x + \cdots + x^n + \cdots = \sum_{n=0}^{\infty} x^n, \quad -1 < x < 1,$$

obtemos, por derivação, as relações

$$\frac{1}{(1-x)^2} = 1 + 2x + \cdots + nx^{n-1} + \cdots = \sum_{n=0}^{\infty} (n+1)x^n, \quad -1 < x < 1,$$

$$\frac{2}{(1-x)^3} = 2 + 6x^2 + \cdots + n(n-1)x^{n-2} + \cdots = \sum_{n=0}^{\infty} (n+2)(n+1)x^n, -1 < x < 1.$$

Séries Infinitas

O caso geral pode ser escrito como

$$\frac{1}{(1-x)^k} = (1-x)^{-k} = 1 + \frac{kx}{1} + \frac{k(k+1)}{1\cdot 2}x^2$$
$$+ \cdots + \frac{k(k+1)\cdots(k+n-1)}{1\cdot 2\cdots n}x^n + \cdots,$$

$$-1 < x < 1, \quad k = 1, 2, 3, \ldots \qquad (6\text{-}41)$$

Essa relação chama-se o *teorema binomial para expoentes inteiros negativos*. Veremos que a Eq. (6-41) vale, na verdade, para todo número real k.

6-16. SÉRIES DE TAYLOR E DE MACLAURIN. Seja $f(x)$ a soma de uma série de potências cujo intervalo de convergência é $a - r^* < x < a + r^*$ ($r^* > 0$):

$$f(x) = \sum_{n=0}^{\infty} c_n(x-a)^n, \quad a - r^* < x < a + r^*. \qquad (6\text{-}42)$$

Essa série denomina-se a *série de Taylor de* $f(x)$ *em* $x = a$ se os coeficientes c_n forem dados pela regra:

$$c_0 = f(a), \quad c_1 = \frac{f'(a)}{1!}, \quad c_2 = \frac{f''(a)}{2!}, \ldots, \quad c_n = \frac{f^{(n)}(a)}{n!}, \ldots;$$

temos então:

$$f(x) = f(a) + \frac{f'(a)}{1!}(x-a) + \cdots + \frac{f^{(n)}(a)}{n!}(x-a)^n + \cdots. \qquad (6\text{-}43)$$

Teorema 39. *Toda série de potências com raio de convergência não-nulo é a série de Taylor de sua soma.*

Demonstração. Seja $f(x)$ dada por (6-42). Então, por derivação e pelo Teorema 38, temos

$$f(x) = c_0 + c_1(x-a) + \cdots + c_n(x-a)^n + \cdots,$$
$$f'(x) = c_1 + 2c_2(x-a) + \cdots + n\cdot c_n(x-a)^{n-1} + \cdots,$$
$$f''(x) = 2c_2 + 6c_3(x-a) + \cdots + n(n-1)\cdot c_n(x-a)^{n-2} + \cdots,$$
$$\cdots\cdots\cdots,$$
$$f^{(n)}(x) = n(n-1)(n-2)\cdots 2\cdot 1\cdot c_n$$
$$+ (n+1)n(n-1)\cdots 2\cdot c_{n+1}(x-a) + \cdots$$
$$\cdots\cdots\cdots\cdots$$

Todas essas séries convergem em $a - r^* < x < a + r^*$. Tomando agora $x = a$, obtemos

$$f(a) = c_0, \quad f'(a) = c_1, \quad f''(a) = 2c_2, \ldots, \quad f^{(n)}(a) = n!\,c_n, \ldots,$$

donde resulta que $c_0 = f(a)$ e

$$c_n = \frac{f^{(n)}(a)}{n!}, \quad n = 1, 2, \ldots,$$

como queríamos.

399

Cálculo Avançado

Quando $a = 0$, a expressão (6-43) para a série de Taylor de $f(x)$ toma a forma

$$f(x) = f(0) + \frac{f'(0)}{1!} x + \frac{f''(0)}{2!} x^2 + \cdots + \frac{f^{(n)}(0)x^n}{n!} + \cdots \qquad (6\text{-}44)$$

Essa série chama-se a *série de Maclaurin* de $f(x)$. Por diversos motivos, sua manipulação é mais simples. A substituição $t = x - a$ reduz a série de Taylor geral à forma de uma série de Maclaurin.

Teorema 40. *Se duas séries de potências*

$$\sum_{n=0}^{\infty} c_n(x-a)^n, \quad \sum_{n=0}^{\infty} C_n(x-a)^n$$

possuírem raios de convergência não-nulos e tiverem somas iguais nos pontos onde ambas convergem, então as séries serão idênticas; isto é, teremos

$$c_n = C_n, \quad n = 0, 1, 2, \ldots$$

Demonstração. Sejam r^* e R^* os respectivos raios de convergência, com $0 < r^* \le R^*$. Então, por hipótese,

$$\sum_{n=0}^{\infty} c_n(x-a)^n = \sum_{n=0}^{\infty} C_n(x-a)^n = f(x), \quad a - r^* < x < a + r^*.$$

Segue-se, pelo teorema anterior, que $c_0 = C_0 = f(a)$ e

$$c_n = C_n = \frac{f^{(n)}(a)}{n!}, \quad n = 1, 2, \ldots$$

Assim, os coeficientes são iguais para cada valor de n.

Corolário. *Se uma série de potências tiver um raio de convergência não-nulo e uma soma identicamente nula, então todos os coeficientes da série serão nulos.*

PROBLEMAS

1. (a) Determinar a série de Maclaurin

$$\log \frac{1}{1-x} = x + \frac{1}{2}x^2 + \cdots + \frac{x^n}{n} + \cdots, \quad -1 < x < 1$$

mediante integração da série associada à função $1/(1-x)$. Verificar que vale a relação (6-43).

(b) Mostrar que a série converge para $x = -1$ e provar (com base no comentário que precede o Teorema 37) que

$$\log 2 = \sum_{n=1}^{\infty} \frac{(-1)^{n+1}}{n}.$$

2. Provar a fórmula (6-41) por indução.

3. (a) Expandir $1/x$ numa série de Taylor em torno de $x = 1$. [*Sugestão:* escrever $1/[1 - (1-x)] = 1/(1-r)$ e empregar a série geométrica.]

400

Séries Infinitas

(b) Expandir $1/(x + 2)$ numa série de Maclaurin. [*Sugestão:* escrever $1/(x + 2) = 1/\{2[1 - (-\frac{1}{2}x)]\} = \frac{1}{2}\{1/(1 - r)\}$.]

(c) Expandir $1/(3x + 5)$ numa série de Maclaurin.

(d) Expandir $1/(3x + 5)$ numa série de Taylor em torno de $x = 1$. [*Sugestão:* escrever $1/(3x + 5) = 1/[3(x - 1) + 8] = \frac{1}{8}/[1 + \frac{3}{8}(x - 1)]$.]

(e) Expandir $1/(ax + b)$ numa série de Taylor em torno de $x = c$, sendo $ac + b \neq 0$ e $a \neq 0$.

(f) Expandir $1/(1 - x^2)$ numa série de Maclaurin.

(g) Expandir $1/[(x - 2)(x - 3)]$ numa série de Maclaurin. [*Sugestão:* escrever $1/[(x - 2)(x - 3)] = A/(x - 2) + B/(x - 3)$.]

(h) Expandir $1/x^2$ numa série de Taylor em torno de $x = 1$. [*Sugestão:* $1/x^2 = 1/[1 - (1 - x)]^2 = 1/(1 - r)^2$ e usar a relação (6-41).]

(i) Expandir $1/(3x + 5)^2$ numa série de Taylor em torno de $x = 1$.

(j) Expandir $1/(ax + b)^k$ numa série de Taylor em tôrno de $x = c$, sendo $ac + b \neq 0$, $a \neq 0$, e $k = 1, 2, \ldots$

4. Seja $f(x) = \displaystyle\sum_{n=1}^{\infty} \frac{x^n}{n^n}$.

(a) Mostrar que $f(x)$ está definida para todo x.

(b) Calcular (aproximadamente, se for preciso): $f(0), f(1), f'(0), f'(1), f''(0)$.

(c) Determinar as séries de Maclaurin de $f'(x), f''(x)$.

5. Seja $y = f(x)$ uma função (caso exista) tal que $f(x)$ está definida para todo x, $f(x)$ possui uma série de Maclaurin válida para todo x, $f(0) = 1$, e $dy/dx = y$ para todo x. Mostrar que temos, necessariamente,

$$f(x) = 1 + x + x^2/2! + \cdots + x^n/n! + \cdots$$

e que essa função satisfaz a todas as condições colocadas. [Veremos oportunamente que $f(x) = e^x$.]

RESPOSTAS

3. (a) $\displaystyle\sum_{n=0}^{\infty} (-1)^n(x - 1)^n$, $\quad 0 < x < 2$; $\qquad$ (b) $\displaystyle\sum_{n=0}^{\infty} (-1)^n \frac{x^n}{2^{n+1}}$, $\quad -2 < x < 2$;

(c) $\displaystyle\sum_{n=0}^{\infty} \frac{(-1)^n 3^n}{5^{n+1}} x^n$, $\quad -\frac{5}{3} < x < \frac{5}{3}$; $\qquad$ (d) $\displaystyle\sum_{n=0}^{\infty} \frac{(-1)^n 3^n}{8^{n+1}} (x - 1)^n$, $\quad -\frac{5}{3} < x < \frac{11}{3}$;

(e) $\displaystyle\sum_{n=0}^{\infty} \frac{(-1)^n a^n}{(ac + b)^{n+1}} (x - c)^n$, $\quad c - \left|\frac{ac + b}{a}\right| < x < c + \left|\frac{ac + b}{a}\right|$;

(f) $\displaystyle\sum_{n=0}^{\infty} x^{2n}$, $\quad -1 < x < 1$; $\qquad$ (g) $\displaystyle\sum_{n=0}^{\infty} \left(\frac{1}{2^{n+1}} - \frac{1}{3^{n+1}}\right) x^n$, $\quad -2 < x < 2$

401

Cálculo Avançado

(h) $\sum_{n=0}^{\infty} (-1)^n (n + 1)(x - 1)^n$, $0 < x < 2$;

(i) $\sum_{n=0}^{\infty} \frac{(-1)^n 3^n (n + 1)}{8^{n+2}} (x - 1)^n$,

$-\frac{5}{3} < x < \frac{11}{3}$;

(j) $\frac{1}{(ac + b)^k} + \sum_{n=1}^{\infty} (-1)^n \frac{k(k + 1) \cdots (k + n - 1)}{1 \cdot 2 \cdots n} \frac{a^n (x - c)^n}{(ac + b)^{n+k}}$,

$c - \left| \frac{ac + b}{a} \right| < x < c + \left| \frac{ac + b}{a} \right|$.

4. (b) $f(0) = 0$, $f(1) = 1,29$, $f'(0) = 1$, $f'(1) = 1,63$, $f''(0) = \frac{1}{2}$;

(c) $f'(x) = \sum_{n=0}^{\infty} \frac{x^n}{(n + 1)^n}$, $f''(x) = \sum_{n=0}^{\infty} \frac{n + 1}{(n + 2)^{n+1}} x^n$.

6-17. A FÓRMULA DE TAYLOR COM RESTO. A discussão acima concentrou-se mais em séries de potências que nas funções que elas representam. A posição inversa é, também, de grande importância, e a primeira pergunta que se coloca é esta: dada uma função $f(x)$, com $a < x < b$, pode essa função ser representada por uma série de potências nesse intervalo? Quando $f(x)$ é suscetível de tal representação, diz-se que $f(x)$ é *analítica* no intervalo dado. De modo mais geral, $f(x)$ é chamada analítica em $a < x < b$ se, para cada x_0 desse intervalo, $f(x)$ pode ser representada por uma série de potências em algum intervalo $x_0 - \delta < x_0 < x_0 + \delta$. A maior parte das funções familiares (polinômios, funções racionais, e^x, sen x, cos x, log x, $\sqrt{x}$), e as funções construídas a partir delas por operações algébricas e substituições são analíticas em todo intervalo onde a função examinada é contínua. As exceções não são muito difíceis de reconhecer. Por exemplo, $\sqrt{x^2} = |x|$ é contínua para todo x, mas possui uma derivada descontínua em $x = 0$. Então a função não pode ser analítica num intervalo contendo esse valor. A função $f(x) = e^{-1/x^2}$ é definida e contínua para todo x diferente de 0. Se definirmos $f(0)$ como sendo 0, a função é contínua para todo x e pode-se, de verdade, mostrar que ela possui derivadas de todas as ordens, para todo x (Prob. 5 abaixo). Todavia a função não é analítica em qualquer intervalo contendo $x = 0$. Por exemplo, mostra-se que, para essa função, $f(0) = 0$, $f'(0) = 0, \ldots, f^{(n)}(0) = 0, \ldots$, de tal sorte que a série de Maclaurin seria identicamente nula. A série converge, mas não representa a função.

É possível desenvolver facilmente uma teoria satisfatória de funções analíticas usando-se variáveis complexas. Para maiores informações, consultar o Cap. 9. Contudo o teorema que segue é bastante útil para estabelecer a analiticidade de uma função, sem apelo para números complexos.

Teorema 41. (*Fórmula de Taylor com resto*). *Seja $f(x)$ uma função definida e contínua em $a - r_0 < x < a + r_0$, possuindo nesse intervalo derivadas contínuas até a ordem $(n + 1)$. Então, para todo x desse intervalo, exceto $x = a$, vale*

$$f(x) = f(a) + \frac{f'(a)}{1}(x - a) + \cdots + \frac{f^{(n)}(a)}{n!}(x - a)^n + \frac{f^{(n+1)}(x_1)}{(n + 1)!}(x - a)^{n+1}$$

para algum x_1 tal que $a < x_1 < x$ ou (se $x < a$) $x < x_1 < a$.

402

Séries Infinitas

Deve-se observar que, para $n = 0$, o teorema reduz-se ao teorema da média (Sec. 0-8): $f(x) = f(a) + f'(x_1)(x-a)$. Para um n geral, o teorema fornece uma expansão idêntica à série de Taylor até o termo em $(x-a)^n$, sendo o restante da série substituído por um único termo.

Vamos provar o teorema para $n = 1$, deixando o caso geral como exercício (Prob. 3 abaixo). Seja x_2 um número fixo do intervalo dado, com $x_2 \neq a$, e seja

$$F(x) = f(x_2) - f(x) - (x_2 - x)f'(x) - \left(\frac{x_2 - x}{x_2 - a}\right)^2 [f(x_2) - f(a) - (x_2 - a)f'(a)].$$

Então, F é definida e contínua para todo x no intervalo dado e $F(a) = 0$, $F(x_2) = 0$. Então, pelo teorema da média, $F'(x_1) = 0$ para algum x_1 entre a e x_2. Mas um cálculo mostra que

$$F'(x) = \frac{2(x_2 - x)}{(x_2 - a)^2} \{f(x_2) - f(a) - (x_2 - a)f'(a) - \tfrac{1}{2}f''(x)(x_2 - a)^2\}.$$

Assim sendo, a equação $F'(x_1) = 0$ se escreve

$$f(x_2) = f(a) + (x_2 - a)f'(a) + \tfrac{1}{2}f''(x_1)(x_2 - a)^2.$$

Substituindo agora x_2 por uma variável x, chegamos ao resultado desejado:

$$f(x) = f(a) + (x - a)f'(a) + \tfrac{1}{2}f''(x_1)(x - a)^2.$$

Consideremos agora uma função $f(x)$ possuindo derivadas de todas as ordens no intervalo dado, de sorte que podemos formar todos os termos da série de Taylor (hipotética) de f em tôrno de $x = a$. Embora essa série possa não convergir, salvo para $x = a$, e, mesmo que ela convirja, possa não ter $f(x)$ como soma, podemos, não obstante, escrever para cada n:

$$f(x) = f(a) + \frac{f'(a)}{1!}(x - a) + \cdots + \frac{f^{(n)}(a)}{n!}(x - a)^n + R_n,$$

onde R_n é o resto:

$$R_n = \frac{f^{(n+1)}(x_1)}{(n + 1)!}(x - a)^{n+1} \tag{6-45}$$

Como x_1 não é dado explicitamente, não se pode calcular o resto de modo explícito. Contudo, freqüentemente, pode-se usar a Eq. (6-45) para obter uma *estimativa superior* para $|R_n|$. A partir dessa estimativa, podemos mostrar que

$$\lim_{n \to \infty} R_n = 0$$

para todo x do intervalo escolhido. Feito isso, concluímos que

$$f(x) = f(a) + \frac{f'(a)}{1}(x - a) + \cdots + \frac{f^{(n)}(a)}{n!}(x - a)^n + \cdots,$$

403

Cálculo Avançado

ou seja, que $f(x)$ é representada por uma série de Taylor no intervalo dado e é analítica; ao mesmo tempo, demonstramos que a série é convergente.

Exemplo. Seja $f(x) = e^x$. Então, para $a = 0$ e $x > 0$, temos

$$R_n = \frac{e^{x_1} x^{n+1}}{(n+1)!}, \quad 0 < x_1 < x.$$

Donde

$$0 < R_n < \frac{e^x x^{n+1}}{(n+1)!}.$$

Isso implica que R_n é inferior ao n-ésimo termo da série

$$\sum_{n=1}^{\infty} \frac{e^x x^{n+1}}{(n+1)!},$$

que, pelo critério da razão, é convergente para todo x. Assim sendo, temos

$$\lim_{n \to \infty} \frac{e^x x^{n+1}}{(n+1)!} = 0$$

e, conseqüentemente, $\lim R_n = 0$. Vale um argumento semelhante para $x < 0$. Concluímos, então, que e^x pode ser representado por uma série de Taylor:

$$e^x = 1 + \frac{x}{1!} + \frac{x^2}{2!} + \cdots + \frac{x^n}{n!} + \cdots = \sum_{n=0}^{\infty} \frac{x^n}{n!}, \quad \text{para todo } x. \quad (6\text{-}46)$$

(Lembramos que $0! = 1$, por definição.)

De modo análogo, pode-se provar que são válidas as seguintes expansões:

$$\operatorname{sen} x = \frac{x}{1!} - \frac{x^3}{3!} + \frac{x^5}{5!} + \cdots + \frac{(-1)^{n+1} x^{2n-1}}{(2n-1)!} + \cdots, \quad \text{para todo } x \quad (6\text{-}47)$$

$$\cos x = 1 - \frac{x^2}{2!} + \frac{x^4}{4!} + \cdots + \frac{(-1)^n x^{2n}}{(2n)!} + \cdots, \quad \text{para todo } x; \quad (6\text{-}48)$$

$$(1 + x)^m = 1 + \frac{m}{1!} x + \frac{m(m-1)}{2!} x^2 + \cdots + \frac{m(m-1) \cdots (m-n+1)}{n!} x^n + \cdots,$$

$$-1 < x < 1, \quad \text{para todo número real } m. \quad (6\text{-}49)$$

Muitas outras expansões podem ser obtidas mediante substituições e combinações oportunas. A série (6-49) transforma-se na série geométrica tomando-se $m = -1$ e substituindo-se x por $-x$. Essa série pode ser usada, como indicado no Prob. 3 da Sec. 6-16, para obterem-se expansões de outras funções racionais. Em seguida, chega-se a novos resultados mediante derivação e substituição.

Exemplo 1. Quando $m = -1$ e x é substituído por x^2, a Eq. (6-49) é escrita

$$\frac{1}{1 + x^2} = 1 - x^2 + \cdots + (-1)^n x^{2n} + \cdots, \quad -1 < x < 1. \quad (6\text{-}50)$$

404

Séries Infinitas

Integrando, obtemos

$$\operatorname{arc\,tg} x = x - \tfrac{1}{3}x^3 + \cdots + \frac{(-1)^n x^{2n+1}}{2n+1} + \cdots, \qquad -1 < x < 1. \qquad (6\text{-}51)$$

Exemplo 2. Sendo $\cosh x = \tfrac{1}{2}(e^x + e^{-x})$, temos

$$\cosh x = \frac{1}{2}\left[\left(1 + \frac{x}{1!} + \frac{x^2}{2!} + \cdots + \frac{x^n}{n!} + \cdots\right)\right.$$
$$\left. + \left(1 - \frac{x}{1!} + \frac{x^2}{2!} + \cdots + \frac{(-1)^n x^n}{n!} + \cdots\right)\right] \qquad (6\text{-}52)$$
$$= 1 + \frac{x^2}{2!} + \cdots + \frac{x^{2n}}{(2n)!} + \cdots, \qquad -\infty < x < \infty.$$

Exemplo 3. Visto que $\operatorname{sen} x \cos x = \tfrac{1}{2}\operatorname{sen} 2x$, temos

$$\operatorname{sen} x \cos x = \frac{1}{2}\left\{\frac{2x}{1!} - \frac{2^3 x^3}{3!} + \cdots + \frac{(-1)^{n-1} 2^{2n-1} x^{2n-1}}{(2n-1)!} + \cdots\right\},$$
$$-\infty < x < \infty. \qquad (6\text{-}53)$$

Observação. Como a fórmula do resto fornece um método de estimativa para R_n, podemos usá-la para determinar o erro cometido no cálculo da soma de uma série de potências. Por exemplo, se $f(x)$ for analítica num intervalo dado e, se nesse intervalo, valer

$$\left|f^{(n+1)}(x)\right| \le M_{n+1}$$

para uma certa constante M_{n+1}, teremos então,

$$|R_n| \le \frac{M_{n+1}|x-a|^{n+1}}{(n+1)!}. \qquad (6\text{-}54)$$

Essa fórmula pode ser acrescentada às desenvolvidas na Sec. 6-9.

Conforme mostra o Teorema 41, não é preciso que a função $f(x)$ seja analítica para se poder aplicar a fórmula do resto; só se requer que $f(x)$ possua derivadas contínuas até a ordem $(n+1)$. Na verdade, é preciso apenas que a derivada de ordem $(n+1)$ *exista* entre a e x, sendo dispensável sua continuidade. Assim, em princípio, podemos usar a fórmula como método de determinação de uma $f(x)$ não-analítica por meio de uma série *finita*, sendo a estimativa do resto determinada por (6-54).

6-18. OUTRAS OPERAÇÕES SOBRE SÉRIES DE POTÊNCIAS. Os teoremas seguintes descrevem quatro outras operações que nos permitirão obter outras séries de Taylor.

Teorema 42. *Podem-se multiplicar duas séries de potências convergentes uma pela outra; em outras palavras, se*

$$f(x) = \sum_{n=0}^{\infty} c_n(x-a)^n, \qquad F(x) = \sum_{n=0}^{\infty} C_n(x-a)^n$$

405

Cálculo Avançado

são séries de potências com raios de convergência r_0^* e r_1^*, respectivamente, com $0 < r_0^* \leq r_1^*$, então

$$f(x)F(x) = \sum_{n=0}^{\infty} k_n(x-a)^n, \qquad a - r_0^* < x < a + r_0^*$$

onde

$$k_n = c_0 C_n + c_1 C_{n-1} + c_2 C_{n-2} + \cdots + c_{n-1} C_1 + c_n C_0.$$

Esse resultado não é senão uma aplicação da regra do produto de Cauchy (Sec. 6-10) às séries absolutamente convergentes de $f(x)$ e $F(x)$.

Teorema 43. *Podem-se dividir duas séries de potências convergentes uma pela outra, contanto que não haja divisão por zero; em outras palavras, se $f(x)$ e $F(x)$ são dadas como no Teorema 42 e se $F(a) = C_0 \neq 0$, então*

$$\frac{f(x)}{F(x)} = \sum_{n=0}^{\infty} p_n(x-a)^n, \qquad a - r_2^* < x < a + r_2^*$$

para algum número positivo r_2^*, sendo que os coeficientes p_n satisfazem às equações

$$c_n = p_0 C_n + p_1 C_{n-1} + \cdots + p_{n-1} C_1 + p_n C_0. \qquad (6\text{-}55)$$

A regra (6-55) diz que, se multiplicamos a série $\sum p_n(x-a)^n$ pela série $\sum C_n(x-a)^n$, obtemos a série $\sum c_n(x-a)^n$. A demonstração do teorema e uma determinação mais precisa de r_2^* pedem uma análise com variáveis complexas; isso será visto no Cap. 9. Observa-se que as Eqs. (6-55) são equações implícitas para os coeficientes p_n:

$$c_0 = p_0 C_0, \qquad c_1 = p_0 C_1 + p_1 C_0, \ldots$$

Uma vez resolvidas, essas equações fornecem tantos coeficientes quanto se queira:

$$p_0 = \frac{c_0}{C_0}, \qquad p_1 = \frac{c_1 C_0 - c_0 C_1}{C_0^2}, \ldots;$$

em geral, será difícil obter uma fórmula para o coeficiente geral p_n.

Teorema 44. *Pode-se substituir a variável x numa série de Taylor em torno de $x = a$ por uma série de Taylor com termo constante a; em outras palavras, se*

$$f(x) = \sum_{n=0}^{\infty} c_n(x-a)^n, \qquad g(x) = a + \sum_{n=1}^{\infty} d_n(x-b)^n,$$

possuírem raios de convergência não-nulos r_0^* e r_1^*, respectivamente, e se $|g(x) - a| < r_0^*$ para $|x - b| < r_2$, com $r_2 \leq r_1^*$, então

$$f[g(x)] = \sum_{n=0}^{\infty} c_n \left\{ \sum_{m=1}^{\infty} d_m(x-b)^m \right\}^n = \sum_{n=0}^{\infty} q_n(x-b)^n, \qquad |x-b| < r_2,$$

onde os coeficientes q_n são obtidos agrupando-se os termos de mesmo grau.

Séries Infinitas

Um exemplo esclarecerá o uso da regra de formação dos coeficientes:

$$e^{\operatorname{sen} x} = \sum_{n=0}^{\infty} \frac{(\operatorname{sen} x)^n}{n!} = \sum_{n=0}^{\infty} \frac{1}{n!} \left(x - \frac{x^3}{3!} + \frac{x^5}{5!} \cdots \right)^n$$

$$= 1 + \left(x - \frac{x^3}{3!} + \cdots \right) + \frac{1}{2!} \left(x - \frac{x^3}{3!} + \cdots \right)^2$$

$$+ \frac{1}{3!} \left(x - \frac{x^3}{3!} + \cdots \right)^3 + \cdots$$

$$= 1 + x + \frac{x^2}{2!} + x^3 \left(-\frac{1}{3!} + \frac{1}{3!} \right) + \cdots$$

Para esse caso, $r_2 = \infty$.

O modo mais simples de provar o teorema é usar variáveis complexas; não vamos fazer isso aqui. O teorema é um caso particular de um teorema de Weierstrass sobre séries duplas que o aluno encontrará no texto *Infinite Series* de K. Knopp (Londres: Blackie, 1928), na página 430.

Teorema 45. *Pode-se inverter uma série de potências, contanto que o termo do primeiro grau seja diferente de zero; isto é, se*

$$y = f(x) = \sum_{n=0}^{\infty} c_n (x - a)^n, \qquad |x - a| < r_0,$$

e $c_1 \neq 0$, *então existe uma função inversa*

$$x = g(y) = a + \sum_{n=1}^{\infty} b_n (y - c_0)^n, \qquad |y - c_0| < r_1, \ r_1 > 0.$$

Os coeficientes b_n *são determinados a partir da identidade*

$$x - a \equiv \sum_{n=1}^{\infty} b_n \left[\sum_{m=1}^{\infty} c_m (x - a)^m \right]^n.$$

Novamente, um exemplo tornará claro o método de determinação dos coeficientes. Consideremos a série (6-51):

$$\operatorname{arc\,tg} x = x - \tfrac{1}{3} x^3 + \cdots;$$

podemos tentar achar uma série para $x = \operatorname{tg} y$:

$$x \equiv \sum_{n=1}^{\infty} b_n y^n = \sum_{n=1}^{\infty} b_n (x - \tfrac{1}{3} x^3 + \cdots)^n,$$

$$x \equiv b_1 (x - \tfrac{1}{3} x^3 + \cdots) + b_2 (x - \tfrac{1}{3} x^3 + \cdots)^2 + b_3 (x - \tfrac{1}{3} x^3 + \cdots)^3 + \cdots$$

$$\equiv b_1 x + b_2 x^2 + x^3 (-\tfrac{1}{3} b_1 + b_3) + \cdots$$

Logo,

$$b_1 = 1, \qquad b_2 = 0, \qquad b_3 - \tfrac{1}{3} b_1 = 0, \ldots,$$

407

Cálculo Avançado

de sorte que

$$x = \operatorname{tg} y = y + \tfrac{1}{3} y^3 + \cdots$$

Quanto à demonstração do teorema, ver a pág. 184 do livro de Knopp acima mencionado.

O último teorema e o Teorema 43 da divisão sugerem um princípio rico em aplicações: a fim de determinar uma função satisfazendo a uma dada condição, imponha-se que a função possa ser expressa por uma série de potências e, então, procurem-se determinar os coeficientes dessa série de modo tal que seja satisfeita a condição dada. Se for possível encontrar uma tal série, pode-se então examinar a convergência da série e averiguar se, de fato, ela define uma função que satisfaz à condição dada.

PROBLEMAS

1. Obter as seguintes expansões em séries de Taylor:

(a) $\operatorname{senh} x = \sum\limits_{n=1}^{\infty} \dfrac{x^{2n-1}}{(2n-1)!}$, para todo x,

(b) $\cos^2 x = 1 + \sum\limits_{n=1}^{\infty} \dfrac{(-1)^n 2^{2n-1} x^{2n}}{(2n)!}$, para todo x;

(c) $\operatorname{sen}^2 x = \sum\limits_{n=1}^{\infty} \dfrac{(-1)^{n+1} 2^{2n-1} x^{2n}}{(2n)!}$, para todo x;

(d) $\log x = \sum\limits_{n=1}^{\infty} \dfrac{(-1)^{n+1} (x-1)^n}{n}$, $|x-1| < 1$;

(e) $\sqrt{1-x} = 1 - \dfrac{x}{2} - \dfrac{1}{2^2 2!} x^2 - \dfrac{1 \cdot 3}{2^3 3!} x^3 - \cdots$, $|x| < 1$;

(f) $\dfrac{1}{\sqrt{1-x^2}} = 1 + \dfrac{x^2}{2} + \dfrac{1 \cdot 3}{2^2 2!} x^4 + \dfrac{1 \cdot 3 \cdot 5}{2^3 3!} x^6 + \cdots$, $|x| < 1$;

(g) $\operatorname{arc\,sen} x = x + \dfrac{x^3}{2 \cdot 3} + \dfrac{1 \cdot 3}{2^2 \cdot 2!} \dfrac{x^5}{5} + \dfrac{1 \cdot 3 \cdot 5}{2^3 \cdot 3!} \dfrac{x^7}{7} + \cdots$, $|x| < 1$.

2. Achar os três primeiros termos não-nulos destas séries de Taylor:

(a) $e^x \operatorname{sen} x$ em torno de $x = 0$ (f) $e^{\operatorname{tg} x}$ em torno de $x = 0$

(b) $\operatorname{tg} x$ em torno de $x = 0$ (g) $y = \operatorname{senh}^{-1} x$ em torno de $x = 0$

(c) $\log^2(1 + x)$ em torno de $x = 0$ (h) $y = \operatorname{tgh} x$ em torno de $x = 0$

(d) $\log(1 - x^2)$ em torno de $x = 0$ (i) $y = \operatorname{tgh}^{-1} x$ em torno de $x = 0$

(e) $x^3 + 3x + 1$ em torno de $x = 2$ (j) $y = \log \sec x$ em torno de $x = 0$.

3. Provar a fórmula do resto de Taylor (Teorema 41) para um n qualquer.
   [*Sugestão*: substituir a função $F(x)$ pela função $G(x) - [(x_2 - x)/(x_2 - a)]^n G(a)$, onde

$$G(x) = f(x_2) - f(x) - (x_2 - x) f'(x) - \cdots - \dfrac{(x_2 - x)^{n-1}}{(n-1)!} f^{(n-1)}(x).]$$

Séries Infinitas

4. Calcular as integrais até três casas decimais:

(a) $\displaystyle\int_0^1 e^{-x^2}\,dx,$ (b) $\displaystyle\int_0^{0,5} \frac{dx}{\sqrt{1+x^4}}.$

5. Seja $f(x)$ uma função dada por

$$f(x) = \begin{cases} e^{-1/x^2} & \text{se } x \neq 0, \\ 0 & \text{se } x = 0. \end{cases}$$

(a) Mostrar que $f(x)$ é contínua para todo x.

(b) Mostrar que $f'(x)$ é contínua para $x \neq 0$ e que

$$\lim_{x\to 0} f'(x) = f'(0) = 0,$$

de modo que $f'(x)$ é contínua para todo x.

(c) Provar que $f^{(n)}(x)$ é contínua para todo x e que $f^{(n)}(0) = 0$.

(d) Traçar o gráfico da função $f(x)$.

6. Usar a fórmula do resto para avaliar o erro nos seguintes cálculos:

(a) $e = 1 + 1 + \dfrac{1}{2!} + \dfrac{1}{3!} + \dfrac{1}{4!} + \dfrac{1}{5!}$ [supõe-se conhecido $e < 3$];

(b) $\operatorname{sen} 1 = 1 - \dfrac{1}{3!} + \dfrac{1}{5!}$;

(c) $\log \dfrac{3}{2} = \dfrac{1}{2} - \dfrac{1}{2\cdot 2^2} + \dfrac{1}{3\cdot 2^3}.$

7. Seja $f(x)$ uma função que satisfaz às condições do Teorema 41. Suponhamos que $f'(a) = f''(a) = \cdots f^{(n)}(a) = 0$, mas que $f^{(n+1)}(a) \neq 0$. Mostrar que $f(x)$ possui um ponto de máximo, mínimo, ou de inflexão horizontal em $x = a$ conforme a função $f^{(n+1)}(a)(x-a)^{n+1}$ possua um ponto de máximo, mínimo ou de inflexão em $x = a$. (Isso permite uma outra demonstração da regra deduzida na Sec. 2-15.)

RESPOSTAS

2. (a) $x + x^2 + \frac{1}{3}x^3$;   (b) $x + \frac{1}{3}x^3 + \frac{2}{15}x^5$;   (c) $x^2 - x^3 + \frac{11}{12}x^4$;

(d) $-x^2 - \frac{1}{2}x^4 - \frac{1}{3}x^6$;   (e) $15 + 15(x-2) + 6(x-2)^2$;   (f) $1 + x + \frac{1}{2}x^2$;

(g) $x - \frac{1}{6}x^3 + \frac{3}{40}x^5$;   (h) $x - \frac{1}{3}x^3 + \frac{2}{15}x^5$;   (i) $x + \frac{1}{3}x^3 + \frac{1}{5}x^5$;

(j) $\frac{1}{2}x^2 + \frac{1}{12}x^4 + \frac{1}{45}x^6$.

4. (a) 0,747;   (b) 0,497.

*6-19. SEQÜÊNCIAS E SÉRIES DE NÚMEROS COMPLEXOS. As propriedades elementares dos números complexos foram discutidas na Sec. 0-2 da Introdução. Lembramos que, dado um número complexo $z = x + iy$, o *valor absoluto* de z é:

$$|z| = \sqrt{x^2 + y^2}$$

409

Cálculo Avançado

e que $|z|$ representa a distância de z à origem do plano xy. Sendo a adição ou subtração de números complexos feita como uma operação com vetores, podemos, em particular, encarar $|z_1 - z_2|$ como sendo a *distância* de z_1 a z_2. A Fig. 6-12 ilustra essa idéia.

Definem-se seqüências de números complexos do mesmo modo que seqüências de números reais. Por exemplo,

$$z_n = i^n, \quad z_n = \frac{n(1-i)}{1+n^2}, \quad z_n = \left(1 + \frac{i}{n}\right)^n.$$

Diz-se que uma seqüência z_n *converge para* z_0, e se escreverá

$$\lim_{n \to \infty} z_n = z_0$$

se, dado $\varepsilon > 0$, for possível determinar um inteiro N tal que

$$|z_n - z_0| < \varepsilon \quad \text{para} \quad n > N.$$

Essa definição lembra a dada no caso real. A desigualdade afirma que z_n está a uma distância de z_0 inferior a ε, ou seja, que z_n acha-se dentro do círculo de centro z_0 e de raio ε (Fig. 6-13). Se uma seqüência z_n não converge, diz-se que ela *diverge*.

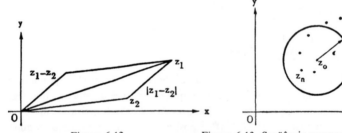

Figura 6-12.   Figura 6-13. Seqüência convergindo para z_0

Teorema 46. *Seja* $z_n = x_n + iy_n (n = 1, 2, \ldots)$ *uma seqüência de números complexos. Se essa seqüência convergir para* $z_0 = x_0 + iy_0$, *então*

$$\lim_{n \to \infty} x_n = x_0, \quad \lim_{n \to \infty} y_n = y_0.$$

Reciprocamente, se x_n *convergir para* x_0 *e* y_n *para* y_0, *então*

$$\lim_{n \to \infty} z_n = \lim_{n \to \infty} (x_n + iy_n) = x_0 + iy_0.$$

Esse teorema mostra que o estudo da convergência de seqüências de números complexos pode reduzir-se ao estudo de convergência de seqüências reais, examinando-se simplesmente as partes real e imaginária.

Para demonstrar o teorema, observamos que, se $|z_n - z_0| < \varepsilon$, então (x_n, y_n) acha-se dentro do círculo de centro (x_0, y_0) e raio ε, de sorte que temos, necessariamente,

$$|x_n - x_0| < \varepsilon \quad \text{e} \quad |y_n - y_0| < \varepsilon.$$

410

Séries Infinitas

Assim, a convergência de z_n para z_0 implica a convergência de x_n para x_0 e de y_n para y_0. Reciprocamente, se x_n convergir para x_0 e y_n convergir para y_0, então, para um ε dado, poderemos escolher um N suficientemente grande para que

$$|x_n - x_0| < \tfrac{1}{2}\varepsilon, \quad |y_n - y_0| < \tfrac{1}{2}\varepsilon \quad \text{para} \quad n > N.$$

Essas desigualdades obrigam (x_n, y_n) a pertencer a um *quadrado* de centro (x_0, y_0) e de lado igual a ε; então (x_n, y_n) deve pertencer a um *círculo* de centro (x_0, y_0) e raio ε, de modo que $|z_n - z_0| < \varepsilon$ para $n > N$. Conseqüentemente, z_n deve convergir para z_0.

Teorema 47. (*Critério de Cauchy*). *Uma seqüência z_n de números complexos converge se, e somente se, para cada $\varepsilon > 0$, é possível encontrar um N tal que*

$$|z_m - z_n| < \varepsilon \quad \text{para} \quad m > N \quad \text{e} \quad n > N.$$

A demonstração é feita reduzindo-se a convergência de z_n à convergência das duas seqüências reais x_n e y_n e, em seguida, aplicando-se o critério de Cauchy (Teorema 6) às seqüências reais.

Uma *série infinita* de números complexos é definida como no caso real:

$$\sum_{n=1}^{\infty} z_n = z_1 + z_2 + \cdots + z_n + \cdots$$

Diz-se que a série converge ou diverge conforme as somas parciais gerais

$$S_n = z_1 + \cdots + z_n$$

formam uma seqüência convergente ou divergente. Isso posto, a *soma* da série é o limite

$$S = \lim_{n \to \infty} S_n = \lim_{n \to \infty} \sum_{m=1}^{n} z_m,$$

quando tal limite existe.

Com base no Teorema 46, podemos de imediato enunciar o Teorema 48.

Teorema 48. *Se $z_n = x_n + iy_n$, então a série*

$$\sum_{n=1}^{\infty} z_n = \sum_{n=1}^{\infty} (x_n + iy_n)$$

converge e tem como soma $S = A + Bi$ se, e somente se,

$$\sum_{n=1}^{\infty} x_n = A, \quad \sum_{n=1}^{\infty} y_n = B.$$

Vemos assim que a convergência de séries de números complexos também se reduz à convergência de séries de números reais. Há um outro modo de chegar-se a esse resultado:

Teorema 49. *Se $\sum_{n=1}^{\infty} |z_n|$ convergir, então $\sum_{n=1}^{\infty} z_n$ convergirá.*

411

Cálculo Avançado

Em outras palavras; se uma série complexa for *absolutamente conver-gente*, então ela será convergente. A demonstração é a mesma que a apresentada para o teorema correspondente no caso real (Teorema 11, Sec. 6-6). Com base nos Teoremas 48 e 49, podemos agora estabelecer critérios de convergência e divergência de séries de números complexos. Em particular, valem as seguintes regras:

o critério do termo geral (Teorema 10);
o critério de Cauchy (Teorema 9);
o critério de comparação para convergência (Teorema 12);
o critério da razão (Teoremas 17 e 20);
o critério da raiz [Teoremas 19, 21, 21(a)].

Também são válidas para séries complexas as regras de adição e subtração de séries convergentes (Teorema 8) e a regra de multiplicação (Teorema 29). As estimativas do resto (Teoremas 22, 23, 24, 25) também podem ser usadas para séries complexas.

Exemplo 1. A série

$$1 + \frac{i}{2!} + \cdots + \frac{i^n}{n!} + \cdots = \sum_{n=0}^{\infty} \frac{i^n}{n!}$$

é absolutamente convergente, pois a série dos valores absolutos é a série real

$$\sum_{n=0}^{\infty} \frac{1}{n!}$$

que é convergente (em virtude do critério da razão, por exemplo).

Exemplo 2. A série

$$\frac{i}{1} + \frac{i^2}{2} + \frac{i^3}{3} + \cdots + \frac{i^n}{n} + \cdots = \sum_{n=1}^{\infty} \frac{i^n}{n}$$

não é absolutamente convergente, pois $\Sigma\, 1/n$ diverge. Contudo a série das partes reais é

$$0 - \tfrac{1}{2} + 0 + \tfrac{1}{4} + 0 - \tfrac{1}{6} + \cdots$$

e a série das partes imaginárias é

$$1 + 0 - \tfrac{1}{3} + 0 + \tfrac{1}{5} + \cdots$$

Desprezando os 0, temos duas séries alternadas convergentes. Logo, $\Sigma\, i^n/n$ converge.

A teoria geral das funções de uma variável complexa será desenvolvida no Cap. 9. Vamos aqui considerar rapidamente as funções z^n, onde n é um inteiro positivo ou nulo, e a *série de potências* correspondente:

$$\sum_{n=0}^{\infty} c_n z^n = c_0 + c_1 z + c_2 z^2 + \cdots + c_n z^n + \cdots \tag{6-56}$$

412

Como cada termo está definido para todo z, a série pode convergir para algum z ou para todo z. Como no caso de números reais, o teorema fundamental (Teorema 35) pode ser enunciado e provado para números complexos; conclui-se então que toda série de potências (6-56) possui um raio de convergência r^* tal que a série converge quando $|z| < r^*$ e diverge quando $|z| > r^*$. A terminologia "raio de convergência" está agora justificada, pois a série de potências (6-56) converge dentro do círculo de centro na origem e de raio r^* (Fig. 6-14).

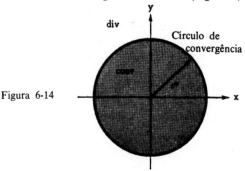

Figura 6-14

É particularmente interessante observar que as séries de potências (6-46), (6-47), (6-48) de e^x, sen x e cos x ainda convergem quando se substitui x por um número complexo arbitrário z, pois, assim, podemos usar as equações

$$e^z = 1 + z + \cdots + \frac{z^n}{n!} + \cdots, \qquad (6\text{-}57)$$

$$\text{sen } z = z - \frac{z^3}{3!} + \cdots + (-1)^{n-1}\frac{z^{2n-1}}{(2n-1)!} + \cdots, \qquad (6\text{-}58)$$

$$\cos z = 1 - \frac{z^2}{2!} + \cdots + (-1)^n \frac{z^{2n}}{(2n)!} + \cdots \qquad (6\text{-}59)$$

para *definir* essas funções no caso complexo. A partir dessas séries, deduzimos a *identidade de Euler* (Prob. 4 abaixo),

$$e^{iy} = \cos y + i \text{ sen } y, \qquad (6\text{-}60)$$

ou a relação mais geral,

$$e^{x+iy} = e^x(\cos y + i \text{ sen } y). \qquad (6\text{-}61)$$

Esta última também pode ser usada como *definição* de e^z, para z complexo, sendo então a expressão de série de potências uma conseqüência dessa definição. O Cap. 9 tratará esta idéia.

PROBLEMAS

1. Calcular os limites:

(a) $\lim\limits_{n\to\infty} \dfrac{i^n}{n}$,   (b) $\lim\limits_{n\to\infty} \dfrac{(1+i)n^3 - 2in + 3}{in^3 - 1}$.

Cálculo Avançado

2. Testar as séries abaixo para convergência absoluta e convergência:

(a) $\left(\dfrac{1+i}{2}\right) + \left(\dfrac{1+i}{2}\right)^2 + \cdots + \left(\dfrac{1+i}{2}\right)^n + \cdots;$

(b) $\displaystyle\sum_{n=1}^{\infty} ni^n$ (c) $\displaystyle\sum_{n=1}^{\infty} \dfrac{ni^n}{n^2+1}$ (d) $\displaystyle\sum_{n=1}^{\infty} \dfrac{1}{(n+i)^2}.$

3. Provar que as séries (6-57), (6-58) e (6-59) convergem para todo z.

4. (a) Estabelecer a identidade de Euler (6-60) a partir da definição de e^z, $\cos z$, $\operatorname{sen} z$ por séries. (b) Estabelecer a relação (6-61) a partir da definição de e^z, $\cos z$, $\operatorname{sen} z$ por séries.

5. Usando as expressões de séries (6-57), (6-58), (6-59), provar as identidades:

(a) $\cos z = \dfrac{e^{iz} + e^{-iz}}{2}$

(b) $\operatorname{sen} z = \dfrac{e^{iz} - e^{-iz}}{2i}$

(c) $e^{z_1 + z_2} = e^{z_1} \cdot e^{z_2}$

(d) $\operatorname{sen}(-z) = -\operatorname{sen} z$

(e) $\cos(-z) = \cos z$

(f) $\operatorname{sen}^2 z + \cos^2 z = 1$

(g) $\cos 2z = \cos^2 z - \operatorname{sen}^2 z$

(h) $\operatorname{sen} 2z = 2 \operatorname{sen} z \cos z$

6. Mostrar que as séries abaixo convergem quando $|z| < 1$ e divergem quando $|z| > 1$;

(a) $z + \dfrac{z^2}{2} + \cdots + \dfrac{z^n}{n} + \cdots;$ (b) $1 + z + z^2 + \cdots + z^n + \cdots$

RESPOSTAS

1. (a) 0,   (b) $1 - i$.

2. (a) absolutamente convergente; (b) divergente; (c) convergente, mas não absolutamente; (d) absolutamente convergente.

*6-20. SEQÜÊNCIAS E SÉRIES DE FUNÇÕES DE VÁRIAS VARIÁVEIS. As noções de seqüências e séries de funções generalizam-se de imediato em funções de várias variáveis. Assim,

$$\sum_{n=1}^{\infty} (xy)^n = xy + x^2 y^2 + \cdots + x^n y^n + \cdots \tag{6-62}$$

é uma série de funções nas duas variáveis x e y. A noção de convergência uniforme também se estende de imediato, assim como o critério M e as propriedades descritas na Sec. 6-14.

Podemos, em particular, considerar as *séries de potências* com várias variáveis. No caso de duas variáveis x, y, uma tal série de potências é da forma

$$\sum_{n=0}^{\infty} f_n(x, y) = f_0(x, y) + f_1(x, y) + \cdots + f_n(x, y) + \cdots, \tag{6-63}$$

onde

$$f_n(x, y) = c_{n,0}x^n + c_{n,1}x^{n-1}y + \cdots + c_{n,n-1}xy^{n-1} + c_{n,n}y^n, \tag{6-64}$$

414

sendo cada $c_{i,j}$ uma constante. Com isso, f_n é um *polinômio homogêneo de grau n*, em x e y. Um exemplo disso é a série (6-62), onde $f_{2n} = x^n y^n$ e $f_0 = 0, f_1 = f_3 = \cdots = 0$. Essa série também é um exemplo de como os valores (x, y), para os quais uma série de potência em x e y converge, formam um conjunto mais complicado que o intervalo de convergência de séries com uma só variável x. A série (6-62) converge quando $|xy| < 1$; a Fig. 6-15 descreve essa região. Em geral, a região de convergência pode ser bastante complicada.

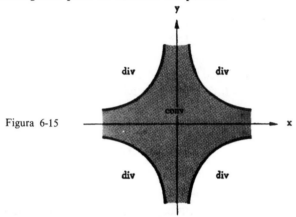

Figura 6-15

Se for possível representar uma função $F(x, y)$ por uma série de potências do tipo (6-63) numa vizinhança da origem

$$F(x, y) = c_{0,0} + (c_{1,0}x + c_{1,1}y) + (c_{2,0}x^2 + c_{2,1}xy + c_{2,2}y^2) + \cdots,$$

então, derivando termo a termo (o que pode ser justificado), obtemos

$$F(0, 0) = c_{0,0}, \quad \frac{\partial F}{\partial x}(0, 0) = c_{1,0},$$

$$\frac{\partial F}{\partial y}(0, 0) = c_{1,1}, \quad \frac{1}{2!} \frac{\partial^2 F}{\partial x^2} = c_{2,0},$$

$$\frac{2}{2!} \frac{\partial^2 F}{\partial x \, \partial y} = c_{2,1}, \quad \frac{1}{2!} \frac{\partial^2 F}{\partial y^2} = c_{2,2}.$$

De um modo geral, obtemos

$$f_n(x, y) = \frac{1}{n!} \left(\frac{\partial^n F}{\partial x^n} x^n + n \frac{\partial^n F}{\partial x^{n-1} \partial y} x^{n-1} y + \frac{n(n-1)}{2!} \frac{\partial^n F}{\partial x^{n-2} \partial y^2} x^{n-2} y^2 + \cdots \right.$$

$$\left. + \frac{n(n-1) \cdots (n-k+1)}{k!} \frac{\partial^n F}{\partial x^{n-k} \partial y^k} x^{n-k} y^k + \cdots + \frac{\partial^n F}{\partial y^n} y^n \right), \quad (6\text{-}65)$$

sendo que todas as derivadas são calculadas em $(0, 0)$. Uma série $\Sigma f_n(x, y)$, na qual as f_n são dadas por (6-65), é conhecida como série de Taylor em x e y, torno de $(0, 0)$, e a função $F(x, y)$ que ela representa é chamada de *analítica*

415

Cálculo Avançado

na região correspondente. A expansão em torno de um ponto genérico (x_1, y_1) é obtida por uma translação da origem:

$$F(x, y) = F(x_1, y_1) + \left[\frac{\partial F}{\partial x}(x - x_1) + \frac{\partial F}{\partial y}(y - y_1) \right]$$

$$+ \frac{1}{2!} \left[\frac{\partial^2 F}{\partial x^2}(x - x_1)^2 + 2 \frac{\partial^2 F}{\partial x \, \partial y}(x - x_1)(y - y_1) + \frac{\partial^2 F}{\partial y^2}(y - y_1)^2 \right]$$

$$+ \cdots + \frac{1}{n!} \left[\frac{\partial^n F}{\partial x^n}(x - x_1)^n + \cdots \right] + \cdots, \tag{6-66}$$

sendo todas as derivadas calculadas em (x_1, y_1).

O termo geral da série (6-66) pode ser interpretado em termos de uma *diferencial $d^n F$ de ordem n* da função $F(x, y)$:

$$d^n F = \frac{\partial^n F}{\partial x^n}(x - x_1)^n + \cdots$$

$$= \sum_{r=0}^{n} C_r^n \frac{\partial^n F}{\partial x^r \, \partial y^{n-r}}(x_1, y_1)(x - x_1)^r(y - y_1)^{n-r},$$

onde os números C_r^n são os coeficientes binomiais [conforme a Eq. (0-31)]. A fim de indicar que $d^n F$ depende de x_1, y_1, e das diferenças $x - x_1, y - y_1$, escrevemos

$$d^n F = d^n F(x_1, y_1; \quad x - x_1, y - y_1).$$

Quando $n = 1$ e $x - x_1 = dx$, $y - y_1 = dy$, temos

$$d^1 F(x_1, y_1; dx, dy) = \frac{\partial F}{\partial x} dx + \frac{\partial F}{\partial y} dy = dF,$$

que é a expressão já conhecida da diferencial primeira. Posto isso, a série (6-66) pode ser colocada sob forma mais concisa:

$$F(x, y) = F(x_1, y_1) + dF(x_1, y_1; x - x_1, y - y_1)$$

$$+ \frac{1}{2!} d^2 F(x_1, y_1; x - x_1, y - y_1) + \cdots$$

$$+ \frac{1}{n!} d^n F(x_1, y_1; x - x_1, y - y_1) + \cdots \tag{6-66'}$$

A teoria das funções analíticas de várias variáveis desenvolve-se melhor com o auxílio, novamente, de números complexos. Como no caso de uma variável, as funções familiares são "em geral" analíticas. Temos, por exemplo,

$$e^x \operatorname{sen} y = y + xy + \frac{3x^2 y - y^3}{6} + \cdots$$

sendo a série convergente para todo x e todo y.

416

O estudo intensivo das funções analíticas de várias variáveis é de data recente, e a maioria dos livros sobre o assunto são muito avançados. O livro *Foundations of Potential Theory* de O. D. Kellogg (Berlim: Springer, 1929) apresenta um tratamento rápido nas páginas 135-140. Um tratamento mais completo aparece no livro *Theory of Functions Two Complex Variables* de A. R. Forsyth (Cambridge: Cambridge University Press, 1941).

*6-21. A FÓRMULA DE TAYLOR PARA FUNÇÕES DE VÁRIAS VARIÁVEIS. Há uma fórmula de Taylor com resto para funções de várias variáveis:

$$F(x, y) = F(x_1, y_1) + dF(x_1, y_1; x-x_1, y-y_1)$$

$$+ \cdots + \frac{1}{n!} d^n F(x_1, y_1; x-x_1, y-y_1)$$

$$+ \frac{1}{(n+1)!} d^{n+1} F(x^*, y^*; x-x_1, y-y_1); \qquad (6\text{-}67)$$

$$x^* = x_1 + t^*(x-x_1), \quad y^* = y_1 + t^*(y-y_1), \quad 0 < t^* < 1.$$

O ponto (x^*, y^*) acha-se entre (x_1, y_1) e (x, y), sobre o segmento ligando esses pontos (Fig. 6-16). Para $n = 1$, a fórmula é escrita

$$F(x, y) = F(x_1, y_1) + (x - x_1)F_x(x^*, y^*) + (y - y_1)F_y(x^*, y^*). \qquad (6\text{-}68)$$

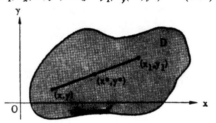

Figura 6-16. Fórmula de Taylor para $F(x, y)$

Essa relação é conhecida como o *teorema da média* para funções de duas variáveis. Para estabelecer (6-68), escrevemos:

$$\phi(t) = F[x_1 + t(x-x_1), y_1 + t(y-y_1)], \quad 0 \leq t \leq 1.$$

Assim, x e y são vistos como fixos e ϕ depende ùnicamente de t. Então, pelo teorema da média para ϕ, temos

$$\phi(1) = \phi(0) + \phi'(t^*), \quad 0 < t^* < 1.$$

Mas $\phi(1) = F(x, y)$, $\phi(0) = F(x_1, y_1)$ e

$$\phi'(t) = (x-x_1)F_x[x_1 + t(x-x_1), y_1 + t(y-y_1)]$$
$$+ (y-y_1)F_y[x + t(x-x_1), y_1 + t(y-y_1)].$$

Substituindo t por t^*, obtemos a relação (6-68). A fórmula geral (6-67) é estabelecida da mesma maneira, a partir da fórmula de Taylor para ϕ:

$$\phi(1) = \phi(0) + \phi'(0) + \cdots + \frac{\phi^{(n)}(0)}{n!} + \frac{\phi^{(n+1)}(t^*)}{(n+1)!},$$

Cálculo Avançado

onde $0 < t^* < 1$, pois demonstra-se por indução que

$$\phi^{(n)}(t) = d^n F[x_1 + t(x - x_1), \ y_1 + t(y - y_1); \ x - x_1, \ y - y_1]; \qquad (6\text{-}69)$$

essa fórmula será válida se $F(x, y)$ possuir derivadas contínuas até a ordem $n + 1$ num domínio D contendo o segmento que une (x, y) a (x_1, y_1).

A série de Taylor ou a fórmula de Taylor podem ser usadas para estudar-se a natureza de uma função na vizinhança de um ponto particular. Como observamos anteriormente, os termos lineares dão origem a dF, a melhor "aproximação linear" para $F(x, y) - F(x_1, y_1)$. Se $dF = 0$, os termos do segundo grau $d^2 F/2!$ ganham importância. Em particular, se a expressão do segundo grau

$$d^2 F = A(x - x_1)^2 + 2B(x - x_1)(y - y_1) + C(y - y_1)^2$$

for positiva, salvo para $x = x_1$, $y = y_1$, então $F(x, y)$ atinge um mínimo em (x_1, y_1). Prosseguindo nessa linha, redescobrimos os critérios de máximos e mínimos expostos na Sec. 2-15.

PROBLEMAS

1. Expandir as seguintes funções em séries de potências especificando suas regiões de convergência:

   (a) $e^{x^2 - y^2}$,   (b) $\operatorname{sen}(xy)$,   (c) $\dfrac{1}{1 - x - y}$,   (d) $\dfrac{1}{1 - x - y - z}$.

2. Provar a Eq. (6-69) por indução.

3. Mostrar que, se uma série de potências

   $$c_{0,0} + (c_{1,0}x + c_{1,1}y) + (c_{2,0}x^2 + c_{2,1}xy + c_{2,2}y^2) + \cdots$$

   convergir em (x_0, y_0), então ela convergirá em todo ponto $(\lambda x_0, \lambda y_0)$, com $|\lambda| < 1$.

4. Calcular $\displaystyle\int_0^1 \int_0^1 \operatorname{sen}(xy) \, dx \, dy$ usando séries de potências.

RESPOSTAS

1. (a) $1 + (x^2 - y^2) + \dfrac{1}{2!}(x^4 - 2x^2 y^2 + y^4) + \cdots + \dfrac{1}{n!}(x^2 - y^2)^n + \cdots$,

   para todo (x, y);   (b) $xy - \dfrac{1}{3!}x^3 y^3 + \cdots + (-1)^{n-1}\dfrac{(xy)^{2n-1}}{(2n-1)!} + \cdots$, para todo (x, y);

   (c) $1 + (x + y) + (x^2 + 2xy + y^2) + \cdots + (x + y)^n + \cdots$, $-1 < x + y < 1$;

   (d) $1 + (x + y + z) + (x + y + z)^2 + \cdots + (x + y + z)^n + \cdots$, $-1 < x + y + z < 1$.

4. 0,240 (3 algarismos significativos).

*6-22. INTEGRAIS IMPRÓPRIAS *VERSUS* SÉRIES INFINITAS. Na Sec. 4-5, discutimos integrais impróprias e certos critérios de convergência e divergência foram enunciados sem demonstração. Vamos ver agora que há uma forte analogia entre integrais impróprias e séries infinitas; uma indicação dessa relação foi dada no critério da integral do Teorema 14 deste capítulo. Uma vez exposta essa analogia, torna-se tarefa fácil estabelecer diversos critérios de convergência e divergência de integrais impróprias, incluindo aqueles da Sec. 4-5.

Consideremos primeiro, como exemplo, a integral

$$\int_1^\infty \frac{dx}{x}.$$

Ela será convergente se existir o limite

$$\lim_{b \to \infty} \int_1^b \frac{dx}{x},$$

porém, como a função integrada $1/x$ é *positiva*, a integral de 1 até b deve ser *crescente* quando b cresce. Segue-se que ou o limite acima é $+\infty$ (isto é, não há limite) e a integral diverge, ou o limite é um número finito I. A fim de decidir qual dos dois casos se verifica, basta, evidentemente, deixar b tender a ∞ assumindo valores inteiros n, ou seja, considerar o limite da seqüência:

$$\lim_{n \to \infty} \int_1^n \frac{dx}{x} \quad (n = 1, 2, \ldots).$$

Mas podemos escrever

$$\int_1^n \frac{dx}{x} = \int_1^2 \frac{dx}{x} + \int_2^3 \frac{dx}{x} + \cdots + \int_{n-1}^n \frac{dx}{x}.$$

Em outras palavras, a integral existe precisamente quando a série

$$\sum_{n=1}^\infty \int_n^{n+1} \frac{dx}{x} = \sum_{n=1}^\infty a_n$$

converge e ambas assumem o mesmo valor. A Fig. 6-17 sugere tal condição. Nesse caso particular,

$$a_n = \int_n^{n+1} \frac{dx}{x} = \log \frac{n+1}{n}$$

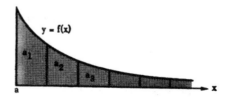

Figura 6-17. Integral imprópria vista como uma série

Cálculo Avançado

e a série é

$$\sum_{n=1}^{\infty} \log \frac{n+1}{n}.$$

Verifica-se facilmente que tanto a série como a integral divergem.
Podemos agora formular as relações em termos gerais:

Teorema 50. *Seja* $f(x)$ *uma função contínua e suponhamos* $f(x) \geqq 0$ *para* $a \leqq x < \infty$. *Então a integral*

$$\int_a^\infty f(x)\, dx$$

converge e tem valor I se, e somente se, a série

$$\sum_{n=1}^{\infty} a_n, \quad a_n = \int_{a+n-1}^{a+n} f(x)\, dx$$

converge e tem soma I.

Se $f(x)$ mudar de sinal infinitas vezes, então a convergência da integral acarretará, certamente, a convergência da série; porém, a recíproca nem sempre vale, como mostra o exemplo (Prob. 2 abaixo):

$$\int_0^\infty \operatorname{sen} 2\pi x\, dx. \tag{6-70}$$

Nesse caso, a relação entre séries e integrais é dada pelo seguinte:

Teorema 51. *Seja* $f(x)$ *uma função contínua em* $a \leqq x < \infty$. *Suponhamos que* $f(x) \geqq 0$ *para* $a = b_0 \leqq x \leqq b_1$, $f(x) \leqq 0$ *para* $b_1 \leqq x \leqq b_2$ *e, de modo geral,* $(-1)^n f(x) \geqq 0$ *para* $b_n \leqq x \leqq b_{n+1}$, *onde* b_n *é uma seqüência monótona tal que*

$$\lim_{n\to\infty} b_n = \infty.$$

Nessas condições, a integral

$$\int_0^\infty f(x)\, dx$$

converge e tem valor I se, e somente se, a série alternada

$$\sum_{n=1}^{\infty} a_n, \quad \text{onde} \quad a_n = \int_{b_{n-1}}^{b_n} f(x)\, dx$$

converge e tem soma I.

Séries Infinitas

Demonstração. Se a integral convergir para I, então, como já visto acima,

$$\lim_{n \to \infty} \int_a^{b_n} f(x)\, dx = \lim_{n \to \infty} (a_1 + \cdots + a_n) = I,$$

de sorte que a série converge e tem soma I.

Reciprocamente, suponhamos que a série convirja para I. Seja $\varepsilon > 0$ dado e escolhamos N suficientemente grande para que

$$|a_1 + \cdots + a_n - I| < \tfrac{1}{2}\varepsilon \quad \text{e} \quad |a_n| < \tfrac{1}{2}\varepsilon, \quad \text{para} \quad n \geq N.$$

A última condição pode ser verificada pelo critério do termo geral. Se $x_1 > b_N$, então $b_n \leq x_1 \leq b_{n+1}$ para algum $n \geq N$. Donde

$$\int_a^{x_1} f(x)\, dx = \int_a^{b_n} f(x)\, dx + \int_{b_n}^{x_1} f(x)\, dx = a_1 + \cdots + a_n + \int_{b_n}^{x_1} f(x)\, dx$$

e

$$\left| \int_a^{x_1} f(x)\, dx - I \right| = \left| a_1 + \cdots + a_n - I + \int_{b_n}^{x_1} f(x)\, dx \right|$$

$$\leq |a_1 + \cdots + a_n - I| + \left| \int_{b_n}^{x_1} f(x)\, dx \right|$$

$$\leq |a_1 + \cdots + a_n - I| + \left| \int_{b_n}^{b_{n+1}} f(x)\, dx \right|;$$

a última passagem pode ser feita, já que $f(x)$ não muda de sinal entre b_n e b_{n+1}. Temos, assim,

$$\left| \int_a^{x_1} f(x)\, dx - I \right| \leq |a_1 + \cdots + a_n - I| + |a_{n+1}| < \tfrac{1}{2}\varepsilon + \tfrac{1}{2}\varepsilon = \varepsilon.$$

Segue-se, então, que

$$\lim_{x_1 \to \infty} \int_a^{x_1} f(x)\, dx = I.$$

Corolário. *Seja $f(x)$ uma função contínua em $a \leq x < \infty$; suponhamos que $f(x)$ seja decrescente quando x cresce e que $\lim_{x \to \infty} f(x) = 0$. Então as integrais*

$$\int_a^\infty f(x)\, \text{sen}\, x \, dx, \qquad \int_a^\infty f(x)\, \cos x \, dx$$

convergem.

421

Cálculo Avançado

Demonstração. Consideremos a integral com seno, análoga à integral com cosseno. Pelas hipóteses, a série alternada do Teorema 51 é, com possível exceção do primeiro termo, da forma

$$\sum_{n=k}^{\infty} a_n, \quad a_n = \int_{n\pi}^{(n+1)\pi} f(x)\,\text{sen } x\,dx.$$

Como $f(x)$ decresce quando x cresce, $|a_n|$ é decrescente; como $f(x)$ tem limite 0 quando $x \to \infty$, a_n converge para 0. Com isso, o critério para séries alternadas (Teorema 18) garante que a integral converge.

Exemplos. Em virtude do corolário, todas as três integrais que seguem convergem

$$\int_1^{\infty} \frac{\text{sen } x}{x}\,dx, \quad \int_0^{\infty} \frac{\cos x}{1+x}\,dx, \quad \int_1^{\infty} \frac{\text{sen } x}{\sqrt{x}}\,dx.$$

Teorema 52. (*Critério de Cauchy*). *Seja $f(x)$ uma função contínua em $a \leqq x < < \infty$. A integral*

$$\int_a^{\infty} f(x)\,dx$$

existe se, e somente se, para cada $\varepsilon > 0$, é possível encontrar um número B tal que

$$\left| \int_p^q f(x)\,dx \right| < \varepsilon \quad para \quad B < p < q.$$

Demonstração. Se a integral convergir para I, então, para cada $\varepsilon > 0$ dado, é possível determinar um B tal que

$$\left| \int_a^b f(x)\,dx - I \right| < \tfrac{1}{2}\varepsilon \quad para \quad b > B.$$

Logo, para $B < p < q$,

$$\left| \int_a^p f\,dx - I \right| < \tfrac{1}{2}\varepsilon, \quad \left| \int_a^q f\,dx - I \right| < \tfrac{1}{2}\varepsilon$$

e

$$\left| \int_p^q f\,dx \right| = \left| \int_a^q f\,dx - \int_a^p f\,dx \right| = \left| \int_a^q f\,dx - I + I - \int_a^p f\,dx \right|$$

$$\leqq \left| \int_a^q f\,dx - I \right| + \left| \int_a^p f\,dx - I \right| < \tfrac{1}{2}\varepsilon + \tfrac{1}{2}\varepsilon = \varepsilon.$$

Séries Infinitas

Reciprocamente, suponhamos válida a condição do teorema. Então, podemos aplicar o critério de Cauchy do Teorema 6 à seqüência

$$S_n = \int_a^n f(x)\,dx \quad (n > a),$$

e segue-se que essa seqüência converge para um número I. Seja $\varepsilon > 0$ um número dado e escolhamos um número B correspondente, conforme ao teorema; seja N um inteiro maior que B e tal que $|S_n - I| < \varepsilon$ para $n \geq N$. Então, para $x_1 > N$, temos

$$\left| \int_a^{x_1} f(x)\,dx - I \right| = \left| \int_a^N f(x)\,dx - I + \int_N^{x_1} f(x)\,dx \right|$$

$$\leq |S_N - I| + \left| \int_N^{x_1} f(x)\,dx \right|$$

$$< \varepsilon + \varepsilon = 2\varepsilon.$$

Segue-se que

$$\lim_{x_1 \to \infty} \int_a^{x_1} f(x)\,dx = I.$$

Observação. Resulta do Teorema 52 que, se $\int_a^\infty f(x)\,dx$ é uma integral convergente, vale

$$\lim_{b \to \infty} \int_b^{b+k} f(x)\,dx = 0$$

para todo k fixo. Contudo não é necessário que a própria $f(x)$ aproxime-se de 0. Esse fato é exemplificado pela integral (Prob. 1 abaixo):

$$\int_1^\infty \operatorname{sen} x^2\,dx.$$

Teorema 53. *Seja $f(x)$ uma função contínua em $a \leq x < \infty$. Se*

$$\int_a^\infty |f(x)|\,dx$$

convergir, então

$$\int_a^\infty f(x)\,dx$$

423

Cálculo Avançado

convergirá e

$$\left| \int_a^\infty f(x)\,dx \right| \leq \int_a^\infty |f(x)|\,dx. \tag{6-71}$$

Em outras palavras: uma integral imprópria *absolutamente convergente* é convergente.

Demonstração. Como $|f|$ é uma função contínua de f, $|f(x)|$ é uma função contínua de uma função contínua; logo, $|f(x)|$ é contínua. Mas

$$\left| \int_p^q f(x)\,dx \right| \leq \int_p^q |f(x)|\,dx.$$

Logo, se vale o critério de Cauchy para a integral de $|f|$, o mesmo critério deve valer para a integral da própria f; assim, a convergência de $\int |f|\,dx$ implica a convergência de $\int f\,dx$. Além disso,

$$\left| \int_a^b f(x)\,dx \right| \leq \int_a^b |f(x)|\,dx \leq \int_a^\infty |f(x)|\,dx.$$

Essas desigualdades valem para todo b; donde, no limite, vale

$$\left| \int_a^\infty f(x)\,dx \right| \leq \int_a^\infty |f(x)|\,dx.$$

Teorema 54. (*Critério de comparação*). *Sejam $f(x)$ e $g(x)$ duas funções contínuas em $a \leq x < \infty$. Se $0 \leq |f(x)| \leq g(x)$ e*

$$\int_a^\infty g(x)\,dx$$

convergir, então

$$\int_a^\infty f(x)\,dx$$

será absolutamente convergente. Se $0 \leq g(x) \leq f(x)$ e

$$\int_a^\infty g(x)\,dx$$

divergir, então

$$\int_a^\infty f(x)\,dx$$

divergirá.

Séries Infinitas

A demonstração é análoga àquela apresentada para séries, não sendo necessário repeti-la.

A discussão, até agora, limitou-se a integrais de a até ∞. Vale uma discussão análoga para integrais de a até b, impróprias num dos extremos. Assim, a convergência de integrais do tipo

$$\int_0^1 f(x)\,dx,$$

onde $f(x)$ não é limitada numa vizinhança de 0 e é contínua em $0 < x \leq 1$, está relacionada à convergência da série

$$\sum_{n=1}^{\infty} a_n, \quad \text{com} \quad a_n = \int_{b_{n+1}}^{b_n} f(x)\,dx,$$

sendo b_n uma seqüência monótona convergente para 0.

*6-23. INTEGRAIS IMPRÓPRIAS DEPENDENDO DE UM PARÂMETRO – CONVERGÊNCIA UNIFORME. De um modo natural, a contrapartida de uma série de funções

$$\sum_{n=1}^{\infty} f_n(x)$$

é uma integral imprópria

$$\int_a^{\infty} f(t, x)\,dt;$$

assim, a variável t desempenha o papel do índice n. Tanto a série como a integral, quando convergentes, definem uma função $F(x)$. Em face da estreita relação entre séries e integrais impróprias vista na seção precedente, é de se esperar que a discussão a respeito de funções definidas por integrais siga de perto as discussões das Secs. 6-11 a 6-14 a respeito de funções definidas por séries.

Dir-se-á, por definição, que a integral imprópria *converge uniformemente* a $F(x)$, para um dado conjunto de valores de x, se, dado $\varepsilon > 0$, for possível determinar um número B, independente de x, tal que

$$\left| \int_a^b f(t, x)\,dt - F(x) \right| < \varepsilon \quad \text{para} \quad b > B.$$

Teorema 55. (*Critério M para integrais*). *Seja* $M(t)$ *uma função contínua em* $a \leq t < \infty$; *seja* $f(t, x)$ *uma função contínua em* t, *com* $a \leq t < \infty$, *para cada* x *de um conjunto* E. *Se*

$$\left| f(t, x) \right| \leq M(t)$$

425

Cálculo Avançado

para x em E e se

$$\int_a^\infty M(t)\, dt$$

convergir, então

$$\int_a^\infty f(t, x)\, dt$$

será uniforme e absolutamente convergente para x em E.

Teorema 56. *Se $f(t, x)$ for contínua em t e em x para $a \leqq t < \infty, c \leqq x \leqq \leqq d$, e*

$$\int_a^\infty f(t, x)\, dt$$

for uniformemente convergente em $c \leqq x \leqq d$, então a função $F(x)$ definida por essa integral será contínua em $c \leqq x \leqq d$.

Teorema 57. *Se $f(t, x)$ for contínua em t e em x para $a \leqq t < \infty, c \leqq x \leqq \leqq d$, e*

$$\int_a^\infty f(t, x)\, dt$$

convergir uniformemente para $F(x)$ em $c \leqq x \leqq d$, então

$$\int_c^d F(x)\, dx = \int_a^\infty \int_c^d f(t, x)\, dx\, dt.$$

Teorema 58. *Se $f(t, x)$ for contínua em t e em x e possuir uma derivada $\partial f/\partial x$ contínua em t e em x, com $a \leqq t < \infty$ e $c \leqq x \leqq d$, e se as integrais*

$$\int_a^\infty f(t, x)\, dt, \qquad \int_a^\infty \frac{\partial f}{\partial x}(t, x)\, dt$$

convergirem, a segunda uniformemente para $c \leqq x \leqq d$, então

$$F(x) = \int_a^\infty f(t, x)\, dt$$

possuirá uma derivada contínua em $c \leqq x \leqq d$, e

$$F'(x) = \int_a^\infty \frac{\partial f}{\partial x}(t, x)\, dt.$$

Esses teoremas são demonstrados exatamente como no caso de séries.

426

Exemplo. A integral

$$\int_0^\infty e^{-xt^2}\, dt \qquad (6\text{-}72)$$

é uniformemente convergente para $x \geqq 1$, pois temos

$$0 \leqq e^{-xt^2} \leqq e^{-t^2} = M(t) \qquad \text{para} \quad x \geqq 1$$

e a integral

$$\int_0^\infty e^{-t^2}\, dt$$

existe, por comparação com

$$\int_0^\infty e^{-t}\, dt.$$

Então, a integral (6-72) define uma função $F(x)$. O Teorema 56 mostra que $F(x)$ é contínua para $x \geqq 1$. A integral

$$\int_0^\infty \frac{\partial}{\partial x}(e^{-xt^2})\, dt = -\int_0^\infty t^2 e^{-xt^2}\, dt$$

é também uniformemente convergente, pois

$$0 \leqq t^2 e^{-xt^2} \leqq t^2 e^{-t^2} < e^{-t}$$

para $x \geqq 1$ e para t suficientemente grande. Donde

$$\frac{d}{dx}\int_0^\infty e^{-xt^2}\, dt = -\int_0^\infty t^2 e^{-xt^2}\, dt, \qquad x \geqq 1.$$

Como na seção anterior, a teoria pode ser estendida a integrais impróprias sobre um intervalo finito, sem profunda alteração.

*6-24. TRANSFORMAÇÃO DE LAPLACE. A FUNÇÃO Γ E A FUNÇÃO B. Em vista da analogia entre séries infinitas e integrais impróprias, é natural, dada uma série de potências, procurar uma integral imprópria que lhe corresponda. Escrevendo a série de potências sob a forma

$$\sum_{n=0}^\infty a(n)x^n, \qquad (6\text{-}73)$$

então, a integral imprópria que lhe corresponde naturalmente é

$$\int_0^\infty a(t)x^t\, dt. \qquad (6\text{-}74)$$

427

Cálculo Avançado

A menos de uma pequena diferença de notação, (6-74) é a *transformada de Laplace* da função $a(t)$. Mais precisamente, a transformada de Laplace de $a(t)$ é a integral

$$\int_0^\infty a(t)e^{-st}\,dt;\qquad(6\text{-}75)$$

a integral (6-75) é obtida da integral (6-74) substituindo-se x por e^{-s}. Da mesma forma que (6-73) define uma função $F(x)$ no intervalo de convergência, a integral (6-75) define uma função $f(s)$, para aqueles valores de s tais que a integral é convergente:

$$f(s) = \int_0^\infty a(t)e^{-st}\,dt.\qquad(6\text{-}76)$$

Na verdade, demonstra-se que a integral (6-74) tem um "raio de convergência" r^* tal que (6-74) converge em $0 \leqq x < r^*$; é preciso nos restringirmos aos valores positivos de x, visto que x^t será imaginário quando x for negativo e $t = \frac{1}{2}, \frac{1}{4}$, etc. Disso resulta que a integral (6-76) converge e define uma função $f(s)$ para s tal que $0 < e^{-s} < r^*$, isto é, para $s > \log\,(1/r^*)$.

As integrais da forma (6-75) têm se mostrado muito úteis na teoria das equações diferenciais ordinárias e parciais. A integral pode ser vista como um "operador" que transforma a função $a(t)$ na função $f(s)$. Isso explica a palavra "transformada" usada acima, assim como o emprego da expressão "método de operadores" no contexto das equações diferenciais. Para maiores informações no assunto, o leitor pode consultar os livros de Churchill, de van der Pol e Bremmer, e de Widder que figuram na lista de referências do final deste capítulo.

Uma transformada de Laplace particularmente importante é

$$\int_0^\infty t^k e^{-st}\,dt,\qquad(6\text{-}77)$$

onde $a(t) = t^k$; o parâmetro k deve ser maior que -1, a fim de impedir que a integral divirja em $t = 0$. Feita essa restrição sobre k, a integral converge se $s > 0$ (Prob. 1 abaixo). Quando k é um inteiro positivo ou nulo, a integral pode ser facilmente calculada:

$$\int_0^\infty e^{-st}\,dt = \frac{1}{s},\qquad \int_0^\infty t e^{-st}\,dt = \frac{1}{s^2},\cdots(s > 0).$$

De um modo geral, uma integração por partes (Prob. 11 abaixo) mostra que, se $s > 0$, temos

$$\int_0^\infty t^k e^{-st}\,dt = \frac{k}{s}\int_0^\infty t^{k-1}e^{-st}\,dt,\qquad(6\text{-}78)$$

428

Séries Infinitas

donde, por indução, concluímos que, para $s > 0$,

$$\int_0^\infty t^k e^{-st} \, dt = \frac{k}{s} \frac{k-1}{s} \cdots \frac{1}{s} \frac{1}{s} = \frac{k!}{s^{k+1}}. \tag{6-79}$$

Para $s = 1$, a fórmula (6-79) é escrita

$$k! = \int_0^\infty t^k e^{-t} \, dt. \tag{6-80}$$

Isso sugere um método de generalização do fatorial, ou seja, poderíamos usar (6-80) para definir $k!$ para um número real k arbitrário maior que -1. Costuma-se designar esse fatorial generalizado por $\Gamma(k + 1)$; assim sendo, a Função Gama $\Gamma(k)$ é definida pela equação

$$\Gamma(k) = \int_0^\infty t^{k-1} e^{-t} \, dt, \quad k > 0; \tag{6-81}$$

quando k é um inteiro positivo ou nulo, temos

$$\Gamma(k + 1) = k! = \begin{cases} 1 \cdot 2 \cdots k, & k > 0, \\ 1, & k = 0. \end{cases} \tag{6-82}$$

A integral geral (6-77) pode ser expressa em termos da Função Gama (Prob. 12 abaixo):

$$\int_0^\infty t^k e^{-st} \, dt = \frac{\Gamma(k + 1)}{s^{k+1}} \quad (s > 0). \tag{6-83}$$

Com isso, a Eq. (6-78) afirma que

$$\frac{\Gamma(k + 1)}{s^{k+1}} = \frac{k}{s} \frac{\Gamma(k)}{s^k};$$

ou seja,

$$\Gamma(k + 1) = k\Gamma(k). \tag{6-84}$$

Essa é a *equação funcional da Função Gama*. A equação funcional pode ser usada para definir $\Gamma(k)$, para k negativo; assim escrevemos

$$\Gamma(\tfrac{1}{2}) = (-\tfrac{1}{2}) \, \Gamma(-\tfrac{1}{2}), \ \Gamma(-\tfrac{1}{2}) = (-\tfrac{3}{2}) \, \Gamma(-\tfrac{3}{2}), \ldots$$

para definir $\Gamma(-\tfrac{1}{2})$, $\Gamma(-\tfrac{3}{2}), \ldots$ em termos do valor conhecido de $\Gamma(-\tfrac{1}{2})$. Esse processo falha somente quando $k = -1, -2, \ldots$ Na verdade, demonstra–se (Prob. 11 abaixo) que

$$\lim_{k \to 0+} \Gamma(k) = +\infty,$$

429

e, se a Função Gama é estendida para valores negativos não-inteiros de k, como fizemos acima, então

$$\lim_{k \to -n} |\Gamma(k)| = +\infty$$

para todo inteiro negativo $-n$. Tais propriedades estão indicadas na Fig. 6-18.

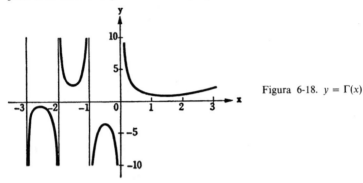

Figura 6-18. $y = \Gamma(x)$

Outras propriedades importantes da Função Gama são:

$$\frac{1}{\Gamma(k)} = ke^{\gamma k} \lim_{n \to \infty} \left[(1+k)\left(1+\frac{k}{2}\right) \cdots \left(1+\frac{k}{n}\right) e^{-k-\frac{k}{2}-\cdots-\frac{k}{n}} \right]; \quad (6\text{-}85)$$

aqui, γ é a constante de Euler-Mascheroni (Prob. 13 abaixo):

$$\gamma = 1 + \sum_{n=2}^{\infty} \left(\frac{1}{n} + \log \frac{n-1}{n} \right) = 0{,}5772\ldots; \quad (6\text{-}86)$$

$$\Gamma(k) = k^{k-1/2} e^{-k} \sqrt{2\pi}\, e^{\theta(k)/12k}, k > 0. \quad (6\text{-}87)$$

onde $\theta(k)$ denota uma função de k tal que $0 < \theta(k) < 1$. As demonstrações de (6-85) e (6-87), assim como outras propriedades da função Gama, aparecem no Capítulo XII do livro de Whittaker e Watson citado no final deste capítulo. A partir de (6-87) podemos provar (Prob. 14 abaixo) que

$$\lim_{k \to \infty} \frac{\Gamma(k+1)}{k^{k+1/2} \sqrt{2\pi}\, e^{-k}} = 1. \quad (6\text{-}88)$$

Quando k é um inteiro, essa equação nos dá a *aproximação de Stirling* para $k!$:

$$k! \sim k^{k+1/2} \sqrt{2\pi}\, e^{-k}. \quad (6\text{-}89)$$

Para $k = 10$, o primeiro membro é $3{,}629 \times 10^6$, enquanto que o segundo membro é $3{,}600 \times 10^6$.

Define-se a Função Beta, $B(p, q)$, pela equação

$$B(p,q) = \int_0^1 x^{p-1}(1-x)^{q-1}\, dx \quad (p > 0, q > 0). \quad (6\text{-}90)$$

Séries Infinitas

Ela pode ser expressa em termos da Função Gama (Prob. 15 abaixo):

$$B(p, q) = \frac{\Gamma(p)\,\Gamma(q)}{\Gamma(p + q)}.$$ (6-91)

PROBLEMAS

1. Dizer se são convergentes ou divergentes as seguintes integrais impróprias:

(a) $\int_1^\infty \frac{e^{\operatorname{sen} x}}{x}\, dx,$ (b) $\int_2^\infty \frac{dx}{(\log x)^x},$ (c) $\int_1^\infty \frac{dx}{x^x},$

(d) $\int_0^\infty t^k e^{-st}\, dt,$ $k > -1,$ (e) $\int_1^\infty \operatorname{sen} x^2\, dx.$ (*Sugestão:* tomar $u = x^2$.)

2. Provar que, sendo $f(x) = \operatorname{sen} 2\pi x$, então a série

$$\sum_{n=1}^\infty \int_{n-1}^n f(x)\, dx$$

converge, mas a integral $\int_0^\infty f(x)$ diverge.

3. Provar o *critério da razão para integrais*: se $f(x)$ for contínua em $a \leqq x < \infty$ e

$$\lim_{x \to \infty} \left| \frac{f(x + 1)}{f(x)} \right| = k < 1,$$

então $\int_a^\infty f(x)\, dx$ será absolutamente convergente.

4. Aplicando o critério da razão do Prob. 3, provar que são convergentes as integrais:

(a) $\int_1^\infty \frac{x^2}{e^x}\, dx,$ (b) $\int_1^\infty \frac{1}{x^x}\, dx.$

5. Provar o *critério da raiz para integrais*: se $f(x)$ for contínua em $a \leqq x < \infty$ e

$$\lim_{x \to \infty} |f(x)|^{1/x} = k < 1,$$

então $\int_a^\infty f(x)\, dx$ será absolutamente convergente.

6. Aplicando o critério da raiz do Prob. 5, provar que são convergentes as integrais:

(a) $\int_a^\infty e^{-x^2}\, dx,$ (b) $\int_2^\infty \frac{dx}{(\log x)^x}.$

431

Cálculo Avançado

7. Mostrar que as seguintes integrais são uniformemente convergentes em $0 \leqq x \leqq 1$:

(a) $\displaystyle\int_1^\infty \frac{dt}{(x^2 + t^2)^{5/2}}$ (b) $\displaystyle\int_1^\infty \frac{\operatorname{sen} t}{x^2 + t^2}\, dt.$

8. (a) Provar que, para todo $x_1 > 0$, a integral

$$\int_0^\infty t^n e^{-xt^2}\, dt, \quad n > 0$$

é uniformemente convergente para $x \geqq x_1$.

(b) Sabendo que (Prob. 1 após a Sec. 4-11)

$$\int_0^\infty e^{-x^2}\, dx = \tfrac{1}{2}\sqrt{\pi},$$

mostrar que

$$\int_0^\infty e^{-xt^2}\, dt = \frac{1}{2}\sqrt{\frac{\pi}{x}}, \quad x > 0.$$

(c) Usando os resultados dos itens (a) e (b) e o Teorema 58, mostrar que, para $n = 1, 2, \ldots$, e $x > 0$, vale

$$\int_0^\infty t^{2n} e^{-xt^2}\, dt = \tfrac{1}{2}\int_0^\infty t^{n-1/2} e^{-xt}\, dt = \tfrac{1}{2}\Gamma(n + \tfrac{1}{2})x^{-n-1/2} = \frac{\sqrt{\pi}}{2}\frac{1 \cdot 3 \cdot 5 \cdots (2n-1)}{2^n x^{n+1/2}}.$$

9. (a) Provar que, se $n > 0$, as integrais

$$\int_0^\infty t^n e^{-t^2} \cos(tx)\, dt, \quad \int_0^\infty t^n e^{-t^2} \operatorname{sen}(tx)\, dt$$

são uniformemente convergentes para todo x.

(b) Seja

$$F(x) = \int_0^\infty e^{-t^2} \cos(tx)\, dt.$$

Usando integração por partes (cf. Prob. 10) mostrar que $F'(x) = -\tfrac{1}{2}x F(x)$. Deduzir disso que $d \log F(x) = -\tfrac{1}{2}x\, dx$, e que, portanto, $F(x) = ce^{-x^2/4}$. Fazendo $x = 0$, usar o Prob. 8 para calcular c e, com isso, provar que

$$F(x) = \tfrac{1}{2}\sqrt{\pi}e^{-x^2/4}$$

Séries Infinitas

10. (a) Demonstrar que, se $u(x)$, $u'(x)$, $v(x)$, $v'(x)$ são contínuas em $a \leqq x < \infty$ e se $\lim_{x \to \infty} [u(x)v(x)]$ existir, então

$$\int_a^\infty u(x)v'(x)\,dx = \lim_{x \to \infty} [u(x)v(x)] - u(a)v(a) - \int_a^\infty u'(x)v(x)\,dx;$$

isso significa que, se uma das duas integrais convergir, então a outra também convergirá, valendo a equação acima.

(b) Usando os resultados da parte (a), mostrar como se estabelece a Eq. (6-78).

(c) Provar a equação de Abel:

$$\sum_{k=1}^n u_k(v_{k+1} - v_k) = u_n v_{n+1} - u_1 v_1 - \sum_{k=1}^{n-1} v_{k+1}(u_{k+1} - u_k)$$

A partir dessa equação, estabelecer o correspondente da parte (a) para séries infinitas:

$$\sum_{k=1}^\infty u_k(v_{k+1} - v_k) = \lim_{n \to \infty} (u_n v_{n+1}) - u_1 v_1 - \sum_{k=1}^\infty v_{k+1}(u_{k+1} - u_k);$$

esse resultado mostra que, quando $\lim_{n \to \infty} (u_n v_{n+1})$ existe, a convergência de uma das duas séries implica na convergência da outra e na validade da equação. Essa "integração por partes" para séries fornece-nos critérios de convergência valiosos; conforme o Cap. X do livro de Knopp da lista de referências.

11. (a) Provar, a partir da Eq. (6-81), que $\Gamma(k)$ é contínua e positiva para $k > 0$.

(b) Provar a partir da Eq. (6-84) que

$$\lim_{k \to 0+} \Gamma(k) = +\infty.$$

(c) Provar que, se for usada a Eq. (6-84) para se definir $\Gamma(k)$ quando k é negativo, mas não inteiro, então

$$\lim_{k \to -n} |\Gamma(k)| = +\infty \quad \text{para} \quad n = 0, 1, 2, \ldots$$

12. Demonstrar a Eq. (6-83).

13. (a) Usando o critério da integral, provar que a série (6-86) que define γ converge.

(b) Usando o Teorema 23, provar que $\gamma = 0,6$, com uma casa decimal.

14. De (6-87) provar (6-88).

15. Demonstrar a identidade (6-91). [*Sugestão:* mostrar que

$$\Gamma(p) = 2 \int_0^\infty x^{2p-1} e^{-x^2}\,dx, \qquad \Gamma(q) = 2 \int_0^\infty y^{2q-1} e^{-y^2}\,dy$$

433

Cálculo Avançado

e que, portanto, como no Prob. 1 após a Sec. 4-11, vale

$$\Gamma(p)\Gamma(q) = 4 \int_0^{\frac{1}{2}\pi} \int_0^\infty \operatorname{sen}^{2p-1}\theta \cos^{2q-1}\theta \, r^{2p+2q-1} e^{-r^2} \, dr \, d\theta$$

$$= (2 \int_0^\infty r^{2p+2q-1} e^{-r^2} \, dr)(2 \int_0^{\frac{1}{2}\pi} \operatorname{sen}^{2p-1}\theta \cos^{2q-1}\theta \, d\theta).$$

O primeiro fator do membro à direita é $\Gamma(p + q)$; o segundo reduz-se a $B(p, q)$ quando se toma $x = \operatorname{sen}^2\theta$.]

16. Verificar que as funções $f(s)$ abaixo são transformadas de Laplace das funções $a(t)$ dadas:

(a) $f(s) = \dfrac{1}{s-k}, \quad s > k; \quad a(t) = e^{kt};$

(b) $f(s) = \dfrac{k}{s^2 + k^2}, \quad s > 0; \quad a(t) = \operatorname{sen} kt;$

(c) $f(s) = \dfrac{1}{s^k}, \quad s > 0, \quad k > 0; \quad a(t) = \dfrac{t^{k-1}}{\Gamma(k)};$

(d) $f(s) = \displaystyle\sum_{k=1}^\infty \dfrac{b_k}{s^k}, \quad s > s_1; \quad a(t) = \sum_{k=0}^\infty \dfrac{1}{k!} b_{k+1} t^k.$

RESPOSTAS

1. (a) divergente, (b) convergente, (c) convergente, (d) convergente se $s > 0$, (e) convergente.

REFERÊNCIAS

Churchill, R. V., *Modern Operational Mathematics in Engineering*. New York: McGraw-Hill, 1944.

Courant, Richard J., *Differential and Integral Calculus*, traduzido para o inglês por E. J. McShane, 2 vols. New York: Interscience, 1947.

Franklin, Philip, *A Treatise on Advanced Calculus*. New York: John Wiley and Sons, Inc., 1940.

Hardy, G. H., *Pure Mathematics*, 9.ª ed. Cambridge: Cambridge University Press, 1947.

Knopp, K., *Theory and Application of Infinite Series*, traduzido para o inglês por R. C. Young. Glasgow: Blackie and Son, 1928.

Pol, B. van der e Bremmer, H., *Operational Calculus*. Cambridge: Cambridge University Press, 1950.

Whittaker, E. T., e Watson, G. N., *Modern Analysis*, 4.ª ed. Cambridge: Cambridge University Press, 1940.

Widder, D. V., *The Laplace Transform*. Princeton: Princeton University Press, 1941.

capítulo 7
SÉRIES DE FOURIER E FUNÇÕES ORTOGONAIS

7-1. SÉRIES TRIGONOMÉTRICAS. Uma série trigonométrica é uma série da forma

$$\tfrac{1}{2}a_0 + a_1 \cos x + b_1 \operatorname{sen} x + \cdots + a_n \cos nx + b_n \operatorname{sen} nx + \cdots, \quad (7\text{-}1)$$

onde os coeficientes a_n e b_n são constantes. Se essas constantes satisfazem a certas condições, que serão enunciadas na Sec. 7-2, então a série é chamada uma série de Fourier. Quase todas as séries trigonométricas que aparecem em problemas físicos são séries de Fourier.

Cada termo em (7-1) tem a propriedade de repetir-se em intervalos de 2π:

$$\cos(x + 2\pi) = \cos x, \quad \operatorname{sen}(x + 2\pi) = \operatorname{sen} x, \ldots,$$
$$\cos[n(x + 2\pi)] = \cos(nx + 2n\pi) = \cos nx, \ldots$$

Segue-se que, se (7-1) converge para todo x, então sua soma $f(x)$ também deve ter essa propriedade:

$$f(x + 2\pi) = f(x). \quad (7\text{-}2)$$

Dizemos: f tem período 2π. De um modo geral uma função $f(x)$ tal que

$$f(x + p) = f(x) \quad (p \neq 0) \quad (7\text{-}3)$$

para todo x é dita *periódica* com *período p*. Deve-se notar que $\cos 2x$, tem, além do período 2π, o período π e, de maneira genérica, $\cos nx$ e $\operatorname{sen} nx$ têm período $2\pi/n$. No entanto 2π é o único desses períodos que é compartilhado por todos os termos da série.

Se $f(x)$ tem período p, então a substituição:

$$x = p\frac{t}{2\pi} \quad (7\text{-}4)$$

transforma $f(x)$ numa função de t que tem período 2π, pois, quando t aumenta de 2π, x aumenta de p.

Uma função $f(x)$ com período 2π está exemplificada na Fig. 7-1. Tais funções periódicas aparecem em uma grande variedade de problemas físicos: vibrações de uma corda, movimento dos planetas ao redor do Sol, rotação da

Figura 7-1. Função com período 2π

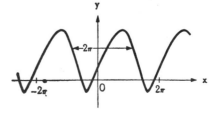

Cálculo Avançado

Terra em torno de seu eixo, movimento de um pêndulo, marés e movimentos ondulatórios em geral, vibrações de uma corda de violino, de uma coluna de ar (por exemplo, numa flauta), e sons musicais em geral. A teoria moderna da luz é baseada na "mecânica ondulatória", com vibrações periódicas como característica; o espectro de uma molécula é simplesmente uma representação das diferentes vibrações que têm lugar simultaneamente nela. Circuitos elétricos envolvem muitas variáveis periódicas; por exemplo, a corrente alternada. O fato de uma viagem ao redor do globo envolver uma variação total de longitude de $360°$ é uma expressão do fato de serem as coordenadas cartesianas de posição no globo funções periódicas da longitude, com período de $360°$; muitos outros exemplos de tais funções periódicas de coordenadas angulares podem ser dados.

Pode-se mostrar agora que *toda* função periódica de x satisfazendo a certas condições muito gerais pode ser representada na forma (7-1), isto é, como uma série trigonométrica. Esse teorema matemático é um reflexo de uma experiência física ilustrada da maneira mais vívida no caso do *som*, por exemplo, o de uma corda de violino. O termo $\frac{1}{2} a_0$ representa a posição neutra, os termos $a_1 \cos x + b_1 \sen x$ o tom fundamental, os termos $a_2 \cos 2x + b_2 \sen 2x$ o primeiro harmônico (a oitava), e assim por diante. A variável x deve ser pensada aqui como *tempo* e a função $f(x)$ como o deslocamento de um instrumento, tal como uma agulha de vitrola, que está registrando o som, ou de um ponto da corda. Assim, o som musical ouvido é uma combinação de vibrações harmônicas simples: os termos $(a_n \cos nx + b_n \sen nx)$. Cada tal par pode ser escrito na forma

$$A_n \sen (nx + \alpha),$$

onde

$$A_n = \sqrt{a_n^2 + b_n^2}, \qquad a_n = A_n \sen \alpha, \qquad b_n = A_n \cos \alpha.$$

A "amplitude" A_{n+1} mede a importância do n-ésimo harmônico no som total. As diferenças nos timbres dos diferentes instrumentos musicais são devidas principalmente a diferenças nos pesos A_n dos harmônicos.

7-2. SÉRIES DE FOURIER. Suponhamos agora que uma função periódica $f(x)$ seja a soma de uma série trigonométrica (7-1), isto é, que

$$f(x) = \frac{a_0}{2} + \sum_{n=1}^{\infty} (a_n \cos nx + b_n \sen nx). \tag{7-5}$$

Qual é a relação entre os coeficientes a_n e b_n e a função $f(x)$? Para responder a isso, multiplicamos $f(x)$ por $\cos mx$ e integramos de $-\pi$ a π:

$$\int_{-\pi}^{\pi} f(x) \cos mx \, dx$$

$$= \int_{-\pi}^{\pi} \left[\frac{a_0}{2} \cos mx + \sum_{n=1}^{\infty} (a_n \cos nx \cos mx + b_n \sen nx \cos mx) \right] dx.$$

436

Séries de Fourier e Funções Ortogonais

Se for válida a integração termo a termo, acharemos

$$\int_{-\pi}^{\pi} f(x)\cos mx\,dx = \frac{a_0}{2}\int_{-\pi}^{\pi}\cos mx\,dx +$$

$$+ \sum_{n=1}^{\infty}\left\{ a_n \int_{-\pi}^{\pi}\cos nx\cos mx\,dx + b_n \int_{-\pi}^{\pi}\operatorname{sen} nx\cos mx\,dx\right\}. \qquad (7\text{-}6)$$

As integrais do segundo membro são facilmente calculáveis com ajuda das identidades para $\cos x \cos y$ e $\operatorname{sen} x \cos y$ de (0-81). Acha-se

$$\int_{-\pi}^{\pi}\cos nx\cos mx\,dx = \begin{cases} 0, n \neq m \\ \pi, n = m \end{cases}$$

$$\int_{-\pi}^{\pi}\operatorname{sen} nx\cos mx\,dx = 0. \qquad (7\text{-}7)$$

Portanto, se $m = 0$, todos os termos no segundo membro de (7-6) são 0, exceto o primeiro, e achamos

$$\int_{-\pi}^{\pi} f(x)\,dx = \pi a_0. \qquad (7\text{-}8')$$

Para qualquer inteiro m, só o termo em a_m dá um resultado diferente de 0. Logo

$$\int_{-\pi}^{\pi} f(x)\cos mx\,dx = \pi a_m \quad (m = 1, 2, \ldots) \qquad (7\text{-}8'')$$

Multiplicando $f(x)$ por $\operatorname{sen} mx$ e procedendo do mesmo modo, achamos

$$\int_{-\pi}^{\pi} f(x)\operatorname{sen} mx\,\,dx = \pi b_m \quad (m = 1, 2, \ldots) \qquad (7\text{-}8''')$$

Das três últimas fórmulas concluímos que

$$a_n = \frac{1}{\pi}\int_{-\pi}^{\pi} f(x)\cos nx\,dx \quad (n = 0, 1, 2, \ldots),$$

$$b_n = \frac{1}{\pi}\int_{-\pi}^{\pi} f(x)\operatorname{sen} nx\,dx \quad (n = 1, 2, \ldots). \qquad (7\text{-}9)$$

Essa é a regra fundamental para os coeficientes numa série de Fourier. Sem nos preocuparmos com a validade dos passos que levaram a (7-9), *definimos* uma série de Fourier como sendo uma série trigonométrica

$$\tfrac{1}{2}a_0 + a_1\cos x + b_1\operatorname{sen} x + \ldots + a_n\cos nx + b_n\operatorname{sen} nx + \ldots \qquad (7\text{-}10)$$

437

Cálculo Avançado

em que os coeficientes a_n, b_n são calculados a partir de uma função $f(x)$ por (7-9); a série é então chamada a *série de Fourier* de $f(x)$. Com relação a $f(x)$ supomos apenas que as integrais **em (7-9)** existem; para isso basta que $f(x)$ seja contínua a menos de um **número** finito **de** saltos entre $-\pi$ e π.

Não usamos **parênteses na definição** geral (7-10). É usual agrupar os termos como em (7-5). No entanto a série será sempre entendida na forma não-agrupada (7-10). Lembramos que *inserir* parênteses numa série convergente é sempre permissível (Teorema 27, Sec. 6-10).

Teorema 1. *Toda série trigonométrica uniformemente convergente é uma série de Fourier. Mais precisamente, se a série (7-10) converge uniformemente a $f(x)$ para todo x, então $f(x)$ é contínua para todo x, $f(x)$ tem período 2π, e a série (7-10) é a série de Fourier de $f(x)$.*

Demonstração Como a série converge uniformemente para todo x, sua soma $f(x)$ é contínua para todo x (Teorema 31, Sec. 6-14). A série permanece uniformemente convergente se todos os seus termos são multiplicados por cos mx ou por sen mx (Teorema 34, Sec. 6-14). Portanto a integração termo a termo da Eq. (7-6) é justificada (Teorema 32, Sec. 6-14); (7-9) segue agora como conseqüência do que precede, de modo que a série é a série de Fourier de $f(x)$. A periodicidade de $f(x)$ é uma conseqüência da periodicidade dos termos da série, como se observou na Sec. 7-1.

Corolário. *Se duas séries trigonométricas convergem uniformemente para todo x e têm a mesma soma para todo x:*

$$\tfrac{1}{2}a_0 + \sum_{n=1}^{\infty} (a_n \cos nx + b_n \operatorname{sen} nx) \equiv \tfrac{1}{2}a_0' + \sum_{n=1}^{\infty} (a_n' \cos nx + b_n' \operatorname{sen} nx),$$

então as séries são idênticas: $a_0 = a_0'$, $a_n = a_n'$, $b_n = b_n'$ para $n = 1, 2, \ldots$ Em particular, se uma série trigonométrica converge uniformemente a 0 para todo x, então todos os coeficientes são 0.

Demonstração. Denotemos por $f(x)$ a soma de ambas as séries. Então, pelo Teorema 1,

$$a_n = a_n' = \frac{1}{\pi} \int_{-\pi}^{\pi} f(x) \cos nx \, dx \quad (n = 0, 1, 2, \ldots)$$

e, analogamente, $b_n = b_n'$ para todo n. Se $f(x) \equiv 0$, então todos os coeficientes são 0.

7-3. CONVERGÊNCIA DE SÉRIES DE FOURIER. Enquanto é a série de Fourier de $f(x)$ bem definida para $f(x)$ simplesmente "contínua por partes", é demais esperar que a série vá convergir para $f(x)$ sob condições tão gerais. No entanto verifica-se que pouco mais é necessário para garantir convergência a $f(x)$. Em particular, se f é periódica com período 2π e tem derivadas primeira e segunda contínuas para todo x, então a série de Fourier de $f(x)$ converge uniformemente para $f(x)$ para todo x. Esse resultado é por si só notável, quando se pensa que a expansão de f em série de potências convergente exige derivadas contínuas de todas as ordens — mais a condição de o resto R_n da fórmula de Taylor tender a 0. Pode-se ir mais longe e garantir a convergência uniforme da série de Fourier de $f(x)$ quando $f(x)$ tem "cantos", isto é, pontos em que $f'(x)$ tem uma descontinuidade de salto, $f(x)$ tendo derivadas primeira e segunda contínuas entre esses cantos; isso está ilustrado na Fig. 7-2. Na verdade, pode-se estender o conceito de canto para incluir descontinuidade de salto de $f(x)$, conforme está ilustrado na Fig. 7-3; não se pode esperar convergência da série a

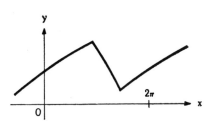

Figura 7-2. Função contínua muito lisa por partes

Figura 7-3. Função muito lisa por partes com descontinuidades de salto

$f(x)$ nos pontos de descontinuidade, onde $f(x)$ pode até ser definida ambiguamente. Entretanto a série de Fourier decide as coisas para nós do modo mais razoável: ela converge para a *média entre os limites à esquerda e à direita*, isto é, para o número

$$\tfrac{1}{2}[\lim_{x \to x_1 -} f(x) + \lim_{x \to x_1 +} f(x)]$$

na descontinuidade x_1. Não se pode esperar que a série seja uniformemente convergente numa vizinhança da descontinuidade (conforme Sec. 6-14), mas será uniformemente convergente em todo intervalo fechado que não contenha descontinuidade.

Enquanto até agora consideramos apenas funções periódicas $f(x)$ (com período 2π), deve-se observar que as fórmulas básicas para os coeficientes (7-9) usam *apenas os valores de $f(x)$ entre $-\pi$ e π*. Portanto, se $f(x)$ for dada apenas nesse intervalo, e for, por exemplo, contínua, então a série de Fourier correspondente poderá ser formada e nós a chamaremos ainda de série de Fourier de $f(x)$. Se a série converge a $f(x)$ entre $-\pi$ e π, então fora desse intervalo convergirá a uma função $F(x)$ que é a "extensão periódica de $f(x)$"; isso está ilustrado na Fig. 7-4. Deve-se observar que, a menos que $f(\pi) = f(-\pi)$, o processo de

Figura 7-4. Extensão periódica de uma função definida entre $-\pi$ e π

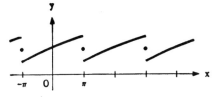

Cálculo Avançado

extensão introduzirá descontinuidades de salto em $x = \pi$ e $x = -\pi$. Nesses pontos, a série convergirá a um número médio entre os dois "valores" de $F(x)$.

Chamamos uma função $f(x)$, definida para $a \le x \le b$, de *contínua por partes* nesse intervalo, se o intervalo pode ser subdividido em um número finito de subintervalos dentro dos quais $f(x)$ é contínua e tem limites finitos nas extremidades do subintervalo. Assim, no interior do i-ésimo subintervalo a função $f(x)$ coincide com uma função $f_i(x)$ que é contínua no subintervalo *fechado*; se, além disso, as funções $f_i(x)$ têm derivadas primeiras contínuas, dizemos que $f(x)$ é *lisa por partes*; se, além disso, as funções $f_i(x)$ têm derivadas segundas contínuas, dizemos que $f(x)$ é *muito lisa por partes*.

Teorema fundamental. Seja $f(x)$ muito lisa por partes no intervalo $-\pi \le x \le \pi$. Então a série de Fourier de $f(x)$,

$$\frac{a_0}{2} + \sum_{n=1}^{\infty} (a_n \cos nx + b_n \operatorname{sen} nx),$$

$$a_n = \frac{1}{\pi} \int_{-\pi}^{\pi} f(x) \cos nx \, dx, \qquad b_n = \frac{1}{\pi} \int_{-\pi}^{\pi} f(x) \operatorname{sen} nx \, dx,$$

converge a $f(x)$ em todo ponto interior em que $f(x)$ seja contínua, a

$$\tfrac{1}{2}\left[\lim_{x \to x_1-} f(x) + \lim_{x \to x_1+} f(x) \right]$$

em todo ponto de descontinuidade interior ao intervalo, e a

$$\tfrac{1}{2}\left[\lim_{x \to \pi-} f(x) + \lim_{x \to -\pi+} f(x) \right]$$

em $x = \pm\, \pi$. A convergência é uniforme em todo intervalo fechado que não contenha descontinuidades.

Esse teorema é suficiente para a maior parte das aplicações. As hipóteses podem ser enfraquecidas, sendo a expressão "muito lisa" substituída por "lisa"; na verdade, basta que $f(x)$ possa ser expressa como diferença de duas funções, ambas crescentes quando x cresce. Para extensões a esses casos, indicamos ao leitor os livros de Jackson e Zygmund mencionados no final do capítulo. A prova do teorema fundamental será dada na Sec. 7-9.

7-4. EXEMPLOS – MINIMIZAR O ERRO QUADRÁTICO.

Consideraremos agora vários exemplos que tornarão mais clara a relação entre $f(x)$ e sua série de Fourier.

Exemplo 1. Seja $f(x)$ com valor -1 para $-\pi \le x \le \pi$ e o valor $+1$ para $0 \le x \le \pi$. A extensão periódica de $f(x)$ dá então a "onda quadrática" da Fig. 7-5. Tem-se

$$a_n = -\frac{1}{\pi} \int_{-\pi}^{0} \cos nx \, dx + \frac{1}{\pi} \int_{0}^{\pi} \cos nx \, dx = 0, \qquad n = 0, 1, 2, \ldots,$$

440

$$b_n = -\frac{1}{\pi} \int_{-\pi}^{0} \operatorname{sen} nx\, dx + \frac{1}{\pi} \int_{0}^{\pi} \operatorname{sen} nx\, dx = \begin{cases} 0, & n = 2, 4, \ldots \\ \dfrac{4}{n\pi}, & n = 1, 3, 5, \ldots \end{cases}$$

Logo para $0 < |x| < \pi$

$$f(x) = \frac{4}{\pi} \operatorname{sen} x + \frac{4}{3\pi} \operatorname{sen} 3x + \cdots = \frac{4}{\pi} \sum_{n=1}^{\infty} \frac{\operatorname{sen}(2n-1)x}{2n-1}.$$

A figura mostra as três primeiras somas parciais,

$$S_1 = \frac{4}{\pi} \operatorname{sen} x, \quad S_2 = S_1 + \frac{4}{3\pi} \operatorname{sen} 3x, \quad S_3 = S_2 + \frac{4}{5\pi} \operatorname{sen} 5x,$$

desta série. Se estudarmos cuidadosamente os gráficos ficará claro que $f(x)$ está sendo aproximada como limite. Para $x = 0$, cada soma parcial vale 0, de modo que a série de fato converge para o valor médio no salto; há uma situação semelhante para $x = \pm\pi$. No entanto deve-se observar que a aproximação de $f(x)$ através de cada soma parcial é pior nas vizinhanças imediatas à esquerda e à direita dos pontos de salto.

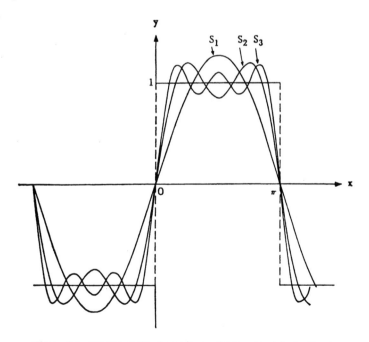

Figura 7-5. Representação de onda quadrada por série de Fourier

Exemplo 2. Seja $f(x) = \frac{1}{2}\pi + x$ para $-\pi \leqq x \leqq 0$ e $f(x) = \frac{1}{2}\pi - x$ para $0 \leqq x \leqq \pi$. A extensão periódica de $f(x)$ é a "onda triangular" da Fig. 7-6.

Cálculo Avançado

Neste exemplo, a função estendida é contínua para todo x. Temos

$$a_n = \frac{1}{\pi} \int_{-\pi}^{0} \left(\frac{\pi}{2} + x\right) \cos nx \, dx + \frac{1}{\pi} \int_{0}^{\pi} \left(\frac{\pi}{2} - x\right) \cos nx \, dx$$

$$= \frac{1}{\pi} \left[\left(\frac{\pi}{2} + x\right) \frac{\operatorname{sen} nx}{n} \bigg|_{-\pi}^{0} - \frac{1}{n} \int_{-\pi}^{0} \operatorname{sen} nx \, dx + \cdots \right]$$

$$= \frac{1}{\pi} \left[\frac{1}{n^2} (1 - \cos n\pi) + \frac{1}{n^2} (1 - \cos n\pi) \right] = \frac{2}{n^2 \pi} (1 - \cos n\pi)$$

para $n = 1, 2, \ldots$ Para $n = 0$, é necessário um cálculo separado:

$$a_0 = \frac{1}{\pi} \int_{-\pi}^{0} \left(\frac{\pi}{2} + x\right) dx + \frac{1}{\pi} \int_{0}^{\pi} \left(\frac{\pi}{2} - x\right) dx = 0.$$

O cálculo dos b_n é semelhante ao dos a_n e achamos $b_n = 0$ para $n = 1, 2, \ldots$
Logo

$$f(x) = \frac{4}{\pi} \cos x + \frac{4}{9\pi} \cos 3x + \cdots = \frac{4}{\pi} \sum_{n=1}^{\infty} \frac{\cos(2n-1)x}{(2n-1)^2}.$$

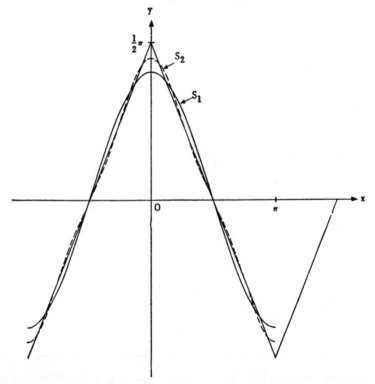

Figura 7-6. Representação de onda triangular por série de Fourier

Séries de Fourier e Funções Ortogonais

As duas primeiras somas parciais são representadas na Fig. 7-6. Como não há saltos, devemos esperar convergência em toda parte. Deve-se, no entanto, observar que, nos cantos (onde $f'(x)$ tem um salto), a convergência é mais fraca que no resto.

Até agora procedemos de maneira formal, calculando coeficientes e verificando graficamente que a série converge para a função. Agora examinaremos esses processos com mais cuidado.

O termo constante $a_0/2$ da série é dado pela fórmula

$$\frac{a_0}{2} = \frac{1}{2\pi} \int_{-\pi}^{\pi} f(x)\, dx$$

O segundo membro é simplesmente a *média* de $f(x)$ no intervalo $-\pi \leqq x \leqq \pi$ (Sec. 4-2). Pode-se escrever também

$$\int_{-\pi}^{\pi} \left[f(x) - \frac{a_0}{2} \right] dx = 0.$$

Em palavras: a reta $y = \frac{1}{2}a_0$ é tal que *a área entre essa reta e a curva* $y = f(x)$, *acima da reta, é igual à área entre a reta e a curva* $y = f(x)$, *abaixo da reta*. Assim, a reta $y = \frac{1}{2}a_0$ é uma espécie de reta de simetria para o gráfico de $y = f(x)$.

De qualquer desses pontos de vista, é claro que nos dois exemplos considerados devemos ter $\frac{1}{2}a_0 = 0$; a média de $f(x)$ é 0 e há tanta área acima como abaixo do eixo x.

Um outro ponto de vista ainda dá a mesma fórmula para $\frac{1}{2}a_0$. Definimos o *erro quadrático* total de uma função $g(x)$ em relação a $f(x)$ como a integral

$$E = \int_{-\pi}^{\pi} [f(x) - g(x)]^2\, dx. \qquad (7\text{-}11)$$

Esse êrro é 0 quando $g = f$ (ou quando $g = f$ exceto num número finito de pontos), e sempre não-negativo. Procuramos agora uma função constante $y = g_0$ tal que esse erro seja o menor possível. Em outras palavras, queremos aproximar $y = f(x)$ o melhor possível, em termos de mínimo erro quadrático, por uma constante g_0. O erro é agora

$$E(g_0) = \int_{-\pi}^{\pi} [f(x) - g_0]^2\, dx = \int_{-\pi}^{\pi} [f(x)]^2\, dx - 2g_0 \int_{-\pi}^{\pi} f(x)\, dx + g_0^2 \cdot 2\pi$$

$$= A - 2Bg_0 + 2\pi g_0^2,$$

onde A e B são constantes. Assim $E(g_0)$ é uma função quadrática de g_0, tendo um mínimo quando $dE/dg_0 = 0$:

$$-2B + 4\pi g_0 = 0.$$

443

Cálculo Avançado

Portanto o erro é mínimo quando

$$g_0 = \frac{B}{2\pi} = \frac{1}{2\pi} \int_{-\pi}^{\pi} f(x)\,dx = \frac{a_0}{2}.$$

Logo a função constante $y = \frac{1}{2}a_0$ é a melhor aproximação constante, no sentido do erro quadrático mínimo, da função $f(x)$.

Esse último ponto de vista vale para os coeficientes da soma parcial geral:

Teorema 2. *Seja $f(x)$ contínua por partes para $-\pi \leqq x \leqq \pi$. Os coeficientes da soma parcial*

$$\tfrac{1}{2}a_0 + a_1 \cos x + b_1 \operatorname{sen} x + \cdots + a_n \cos nx + b_n \operatorname{sen} nx$$

da série de Fourier de $f(x)$ são exatamente aqueles entre os coeficientes da função

$$g_n(x) = p_0 + p_1 \cos x + q_1 \operatorname{sen} x + \cdots + p_n \cos nx + q_n \operatorname{sen} nx$$

que tornam mínimo o erro quadrático

$$\int_{-\pi}^{\pi} [f(x) - g_n(x)]^2\,dx$$

Além disso, o erro quadrático mínimo E_n satisfaz à equação:

$$E_n = \int_{-\pi}^{\pi} [f(x)]^2\,dx - \pi[\tfrac{1}{2}a_0^2 + \sum_{k=1}^{n} (a_k^2 + b_k^2)]. \tag{7-12}$$

Deixamos a prova para o Prob. 7 abaixo.

Corolário. *Se $f(x)$ é contínua por partes para $-\pi \leqq x \leqq \pi$ e $a_0, a_1, \ldots,$ $b_1, b_2, \ldots$ são os coeficientes de Fourier de $f(x)$, então*

$$\frac{1}{2}a_0^2 + \sum_{k=1}^{n} (a_k^2 + b_k^2) \leqq \frac{1}{\pi} \int_{-\pi}^{\pi} [f(x)]^2\,dx, \tag{7-13}$$

de modo que a série $\sum_{n=1}^{\infty} (a_n^2 + b_n^2)$ converge. Além disso,

$$\lim_{n \to \infty} a_n = 0, \quad \lim_{n \to \infty} b_n = 0. \tag{7-14}$$

Demonstração. Como o erro quadrático $\int (f - g)^2\,dx$ é sempre positivo ou zero, o erro quadrático mínimo E_n é sempre positivo ou zero. Portanto (7-13) segue de (7-12). Pelo Teorema 7 da Sec. 6-5, a série $\Sigma(a_n^2 + b_n^2)$ ou converge ou diverge propriamente; por causa de (7-13), a série não pode ser propriamente divergente: logo, a série converge; (7-14) resulta então do fato de o n-ésimo termo da série convergir a zero.

444

Mostraremos, na Sec. 7-12, que E_n pode ser tornado tão pequeno quanto se queira pela escolha de um n suficientemente grande, isto é, a seqüência E_n converge a 0. A relação (7-13) é a *desigualdade de Bessel*.

O Teorema 2 pode ser usado para obter uma avaliação *gráfica* dos coeficientes de Fourier. Assim, para a função do Ex. 1, primeiro escolhe-se o termo constante $\frac{1}{2}a_0$ que melhor se adapta; é, evidentemente, 0. Tenta-se então adicionar uma função $p_1 \cos x + p_2 \sen x$ que torne o erro quadrático o menor possível. É evidente que se obtém a melhor aproximação tomando só um termo em seno. A própria função sen x serve bem, embora os erros sejam grandes perto de $\pm \pi$ e 0. Para reduzir esses erros, vamos *alto* em $\frac{1}{2}\pi$, tomando, digamos, 1,3 sen x. Novos erros são introduzidos perto de $\frac{1}{2}\pi$, mas o erro quadrático total será menor. Se subtrairmos 1,3 sen x de $f(x)$ graficamente, obteremos a função da Fig. 7-7. Para eliminar esse erro, é claro que precisamos de uma

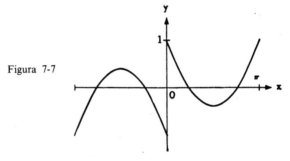

Figura 7-7

função p_6 sen $3x$. Novamente vamos alto demais, e avaliamos $p_6 = 0{,}4$. Subtraímos 0,4 sen $3x$ da função representada em 7-7 e assim por diante. Obtemos então a função

$$f(x) = 1{,}3 \sen x + 0{,}4 \sen 3x.$$

Isso concorda, até o número de algarismos significativos calculados, com os dois primeiros termos da série de Fourier

$$\frac{4}{\pi} \sen x + \frac{4}{3\pi} \sen 3x + \cdots$$

obtidos acima.

Recomendamos que os problemas abaixo sejam primeiro resolvidos grosseiramente desse modo. Assim, pode-se obter uma boa percepção da estrutura das séries. Ao construir dessa forma as séries, é melhor pensar no par $a_n \cos nx + b_n \sen nx$ na forma "amplitude-fase"

$$a_n \cos nx + b_n \sen nx = A_n \sen(nx + \alpha), \qquad (7\text{-}15)$$

indicada no final da Sec. 7-1. O ângulo de fase determina de fato quanto a curva $y = \sen nx$ deve ser empurrada para a esquerda ou para a direita a fim de combinar com a oscilação dada; a amplitude A_n apenas ajusta a escala vertical.

445

Cálculo Avançado

Deve-se observar que o processo de decompor um fenômeno periódico em suas componentes harmônicas simples é usado numa grande variedade de experiências comuns. O ruído dominante de um carro antigo corresponde a uma componente de alta freqüência (n grande) com grande amplitude; nós, automaticamente, separamos esse ruído de uma vibração de baixa freqüência. Num sentido menos preciso, uma grande flutuação diária das condições atmosféricas também corresponde a uma componente de alta freqüência com grande amplitude; as mudanças sazonais são de baixa freqüência e bem menos incômodas.

PROBLEMAS

1. Ache a série de Fourier de cada uma das seguintes funções:

(a) $f(x) = 0$, $-\pi \leq x < 0$; $f(x) = 1$, $0 \leq x \leq \pi$;

(b) $f(x) = 0$, $-\pi \leq x < 0$; $f(x) = x$, $0 \leq x \leq \pi$;

(c) $f(x) = -x$, $-\pi \leq x \leq 0$; $f(x) = x$, $0 \leq x \leq \pi$;

(d) $f(x) = x^2$, $-\pi \leq x \leq \pi$;

(e) $F(x) = -\dfrac{1}{2} - \dfrac{x}{2\pi}$, $-\pi \leq x < 0$; $F(x) = \dfrac{1}{2} - \dfrac{x}{2\pi}$, $0 < x \leq \pi$; $F(0) = 0$;

(f) $G(x) = \dfrac{\pi}{2} - \dfrac{x}{2} - \dfrac{x^2}{4\pi}$, $-\pi \leq x \leq 0$; $G(x) = \dfrac{\pi}{2} + \dfrac{x}{2} - \dfrac{x^2}{4\pi}$, $0 \leq x \leq \pi$.

(Sugerimos que se faça o gráfico das primeiras somas parciais e compará-lo com o da função em cada caso.)

2. Resulta do teorema fundamental da Sec. 7-3 que, se $f(x)$ é definida entre 0 e 2π e é muito lisa por partes nesse intervalo, então $f(x)$ pode ser representada por uma série da forma (7-1) nesse intervalo.

(a) Mostre que os coeficientes a_n e b_n são dados pelas fórmulas

$$a_n = \frac{1}{\pi} \int_0^{2\pi} f(x) \cos nx \, dx, \qquad b_n = \frac{1}{\pi} \int_0^{2\pi} f(x) \operatorname{sen} nx \, dx.$$

(b) Estender esse resultado a uma função definida entre $x = c$ e $x = c + 2\pi$, onde c é qualquer constante.

3. Usando os resultados do Prob. 2(a) ache a série de Fourier das seguintes funções:

       (a) $f(x) = x$, $0 \leq x \leq 2\pi$;   (b) $f(x) = |\cos x|$, $0 \leq x \leq 2\pi$.

4. Determine quais das seguintes funções são periódicas e ache o menor período para aquelas que são:

(a) $\operatorname{sen} 5x$;   (b) $\cos \dfrac{x}{3}$;   (c) $\operatorname{sen} \pi x$;   (d) $x \operatorname{sen} x$;   (e) $\operatorname{sen} 3x + \operatorname{sen} 5x$;

(f) $\operatorname{sen} \dfrac{x}{3} + \operatorname{sen} \dfrac{x}{5}$;   (g) $\operatorname{sen} x + \operatorname{sen} \pi x$.

446

Séries de Fourier e Funções Ortogonais

5. O resultado do Prob. 1(a) implica que, para $0 < x < \pi$,

$$1 = \frac{1}{2} + \frac{2}{\pi}\left(\operatorname{sen} x + \frac{\operatorname{sen} 3x}{3} + \cdots\right).$$

Use $x = \frac{1}{2}\pi$ nessa equação para mostrar que

$$\frac{\pi}{4} = 1 - \frac{1}{3} + \frac{1}{5} - \frac{1}{7} + \cdots$$

6. Use o método do Prob. 5 para obter, sem ajuda das séries achadas nos Probs. 1 e 3, as relações

(a) $\dfrac{\pi}{\sqrt{8}} = 1 + \dfrac{1}{3} - \dfrac{1}{5} - \dfrac{1}{7} + \dfrac{1}{9} + \dfrac{1}{11} - \dfrac{1}{13} - \dfrac{1}{15} + \cdots$;

(b) $\dfrac{\pi^2}{8} = \dfrac{1}{1^2} + \dfrac{1}{3^2} + \dfrac{1}{5^2} + \cdots + \dfrac{1}{(2n-1)^2} + \cdots$;

(c) $\dfrac{\pi^2}{12} = 1 - \dfrac{1}{2^2} + \dfrac{1}{3^2} - \dfrac{1}{4^2} + \cdots$;

(d) $\dfrac{\pi^2}{6} = \dfrac{1}{1^2} + \dfrac{1}{2^2} + \dfrac{1}{3^2} + \dfrac{1}{4^2} + \cdots$

7. Prove o Teorema 2. [*Sugestão*: mostre que

$$\int (f - g)^2\, dx = \int f^2\, dx + (2\pi p_0^2 - 2p_0 \int f\, dx)$$

$$+ (\pi p_1^2 - 2p_1 \int f \cos nx\, dx) + \cdots + (\pi q_n^2 - 2q_n \int f \operatorname{sen} nx\, dx);$$

portanto, se $p_0, p_1, \ldots, q_n$ forem escolhidos para dar a cada termo no segundo membro seu menor valor, o erro será minimizado.]

8. (a) Prove as identidades trigonométricas:

$$\operatorname{sen}^3 x = \tfrac{3}{4}\operatorname{sen} x - \tfrac{1}{4}\operatorname{sen} 3x, \qquad \cos^3 x = \tfrac{3}{4}\cos x + \tfrac{1}{4}\cos 3x.$$

(b) Obtenha expressões análogas para $\operatorname{sen}^n x$ e $\cos^n x$. [*Sugestão*: use as identidades: $\operatorname{sen} x = \tfrac{1}{2}(e^{ix} - e^{-ix})/i, \quad \cos x = \tfrac{1}{2}(e^{ix} + e^{-ix})$.]

(c) Mostre que as identidades das partes (a) e (b) podem ser interpretadas como expansões em séries de Fourier.

RESPOSTAS

1. (a) $\dfrac{1}{2} + \dfrac{2}{\pi}\left(\operatorname{sen} x + \dfrac{\operatorname{sen} 3x}{3} + \dfrac{\operatorname{sen} 5x}{5} + \cdots\right)$;

(b) $\dfrac{\pi}{4} - \dfrac{2}{\pi}\displaystyle\sum_{n=1}^{\infty} \dfrac{\cos (2n-1)x}{(2n-1)^2} - \displaystyle\sum_{n=1}^{\infty} (-1)^n\, \dfrac{\operatorname{sen} nx}{n}$;

447

Cálculo Avançado

(c) $\dfrac{\pi}{2} - \dfrac{4}{\pi} \sum\limits_{n=1}^{\infty} \dfrac{\cos(2n-1)x}{(2n-1)^2}$;

(d) $\dfrac{\pi^2}{3} + 4 \sum\limits_{n=1}^{\infty} \dfrac{(-1)^n \cos nx}{n^2}$;

(e) $\dfrac{1}{\pi} \sum\limits_{n=1}^{\infty} \dfrac{\operatorname{sen} nx}{n}$;

(f) $\dfrac{2\pi}{3} - \dfrac{1}{\pi} \sum\limits_{n=1}^{\infty} \dfrac{\cos nx}{n^2}$.

3. (a) $\pi - 2 \sum\limits_{n=1}^{\infty} \dfrac{\operatorname{sen} nx}{n}$; (b) $\dfrac{2}{\pi} + \dfrac{4}{\pi} \sum\limits_{n=1}^{\infty} \dfrac{(-1)^{n+1}}{4n^2-1} \cos 2nx$.

4. (a) $\dfrac{2\pi}{5}$, (b) 6π, (c) 2, (d) não-periódica, (e) 2π, (f) 30π, (g) não-periódica.

7-5. GENERALIZAÇÕES; SÉRIES DE FOURIER DE COSSENOS; SÉRIES DE FOURIER DE SENOS.

Consideramos até agora séries de Fourier somente para funções de período 2π ou, mais restritivamente, para funções definidas entre $-\pi$ e π. Vamos agora ampliar o alcance da teoria.

Se $f(x)$ é uma função de período 2π, pode-se usar como intervalo básico qualquer intervalo $c \leqq x \leqq c + 2\pi$, isto é, qualquer intervalo de comprimento 2π. Para um tal intervalo, o mesmo raciocínio acima leva a uma série de Fourier

$$\dfrac{a_0}{2} + \sum\limits_{n=1}^{\infty} (a_n \cos nx + b_n \operatorname{sen} nx),$$

onde

$$a_n = \dfrac{1}{\pi} \int_{c}^{c+2\pi} f(x) \cos nx \, dx,$$

$$b_n = \dfrac{1}{\pi} \int_{c}^{c+2\pi} f(x) \operatorname{sen} nx \, dx. \tag{7-16}$$

Se $f(x)$ é dada para todo x, com período 2π, isso é apenas outra maneira de calcular os coeficientes a_n, b_n. Se $f(x)$ é dada apenas para $c \leqq x \leqq c + 2\pi$, a série pode ser usada para representar f; então (se convergente) ela representa a extensão periódica de f fora desse intervalo.

O intervalo $-\pi \leqq x \leqq \pi$ tem certas vantagens para utilização de propriedades de simetria. Seja $f(x)$ definida nesse intervalo e suponhamos

$$f(-x) = f(x), \quad -\pi \leqq x \leqq \pi. \tag{7-17}$$

Então f é chamada uma função par de x (no intervalo dado). Se, de outro lado,

$$f(-x) = -f(x), \quad -\pi \leqq x \leqq \pi, \tag{7-18}$$

448

Séries de Fourier e Funções Ortogonais

então f é chamada uma função *ímpar* de x. Observamos que o produto de duas funções pares ou de duas funções ímpares é par, enquanto que o produto de uma função ímpar e uma função par é ímpar. Além disso,

$$\int_{-a}^{a} f(x)\, dx = \begin{cases} 0, & f \text{ **ímpar**} \\ 2\int_{0}^{a} f(x)\, dx, & f \text{ par.} \end{cases} \tag{7-19}$$

Seja agora f par no intervalo $-\pi \leqq x \leqq \pi$. Então $f(x)\cos nx$ é par (produto de duas funções pares), enquanto que $f(x)\operatorname{sen} nx$ é ímpar (produto de função ímpar e função par). Logo, por (7-19),

$$a_n = \frac{2}{\pi}\int_{0}^{\pi} f(x)\cos nx\, dx \qquad (n = 0, 1, 2, \ldots), \tag{7-20}$$

$$b_n = 0 \qquad (n = 1, 2, \ldots).$$

Analogamente, se f é ímpar,

$$a_n = 0, \qquad b_n = \frac{2}{\pi}\int_{0}^{\pi} f(x)\operatorname{sen} nx\, dx. \tag{7-21}$$

Temos assim as expansões (para uma função muito lisa por partes):

$$f(x) = \frac{a_0}{2} + \sum_{n=1}^{\infty} a_n \cos nx \qquad (f\,\text{par}),$$

$$a_n = \frac{2}{\pi}\int_{0}^{\pi} f(x)\cos nx\, dx \tag{7-22}$$

e

$$f(x) = \sum_{n=1}^{\infty} b_n \operatorname{sen} nx \qquad (f\,\text{ímpar}),$$

$$b_n = \frac{2}{\pi}\int_{0}^{\pi} f(x)\operatorname{sen} nx\, dx. \tag{7-23}$$

Mas (7-22) só usa os valores de $f(x)$ entre $x = 0$ e $x = \pi$. Logo para toda função $f(x)$ dada somente nesse intervalo podemos formar a série (7-22). Esta é chamada a *série de Fourier de cossenos para* $f(x)$. Segue do teorema fundamental que a série será convergente para $f(x)$ para $0 \leqq x \leqq \pi$ e, fora desse intervalo, para a função periódica para que coincide com $f(x)$ para $0 \leqq x \leqq \pi$. Isso está ilustrado na Fig. 7-8.

Da mesma forma, (7-23) define a *série de Fourier de senos* para uma função $f(x)$ definida apenas entre 0 e π. Essa série representa uma função periódica ímpar que coincide com $f(x)$ para $0 < x < \pi$, como ilustrado na Fig. 7-9.

449

Cálculo Avançado

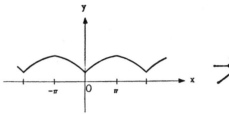

Figura 7-8. Extensão periódica par de função definida entre 0 e π

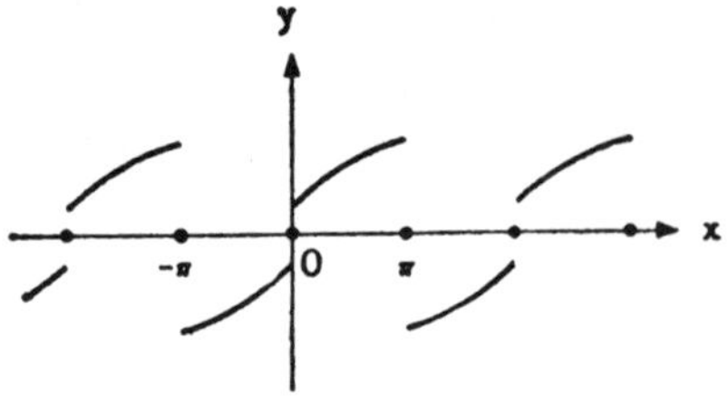

Figura 7-9. Extensão periódica ímpar de função definida entre 0 e π

Exemplo. Seja $f(x) = \pi - x$. Então podemos representar $f(x)$ por uma série de Fourier no intervalo $-\pi < x < \pi$. As fórmulas (7-9) dão

$$a_0 = \frac{1}{\pi} \int_{-\pi}^{\pi} (\pi - x) \, dx = 2\pi, \quad a_1 = a_2 = \cdots = 0$$

$$b_n = \frac{1}{\pi} \int_{-\pi}^{\pi} (\pi - x) \operatorname{sen} nx \, dx = \frac{2(-1)^n}{n}.$$

Logo temos

$$\pi - x = \pi + 2 \sum_{n=1}^{\infty} \frac{(-1)^n \operatorname{sen} nx}{n}, \quad -\pi < x < \pi. \tag{a}$$

A mesma função, $\pi - x$, pode ser representada por uma série de Fourier de cossenos no intervalo $0 \leq x \leq \pi$. As fórmulas (7-22) dão

$$a_0 = \frac{2}{\pi} \int_0^{\pi} (\pi - x) \, dx = \pi,$$

$$a_n = \frac{2}{\pi} \int_0^{\pi} (\pi - x) \cos nx \, dx = \frac{2}{\pi n^2} (1 - (-1)^n), \quad n = 1, 2, \ldots.$$

Logo, temos

$$\pi - x = \frac{\pi}{2} + \frac{2}{\pi} \sum_{n=1}^{\infty} \frac{1 - (-1)^n}{n^2} \cos nx \tag{b}$$

$$= \frac{\pi}{2} + \frac{2}{\pi} \left(2 \cos x + \frac{2 \cos 3x}{3^2} + \frac{2 \cos 5x}{5^2} + \cdots \right), \quad 0 \leq x \leq \pi.$$

Finalmente, a mesma função, $\pi - x$, pode ser representada por uma série de Fourier de senos no intervalo $0 < x < \pi$. As fórmulas (7-23) dão

$$\pi - x = 2 \sum_{n=1}^{\infty} \frac{\operatorname{sen} nx}{n}, \quad 0 < x < \pi. \tag{c}$$

A Fig. 7-10 mostra os gráficos das três funções representadas pelas séries (a), (b), (c).

450

Séries de Fourier e Funções Ortogonais

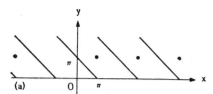

Figura 7-10. (a) Série de Fourier. (b) Série de Fourier de cossenos. (c) Série de Fourier de senos

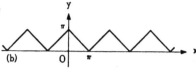

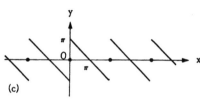

Mudança de período. Se $f(x)$ tem período p,
$$f(x + p) = f(x) \quad (p \neq 0)$$
então a substituição
$$x = \frac{p}{2\pi} t$$
transforma $f(x)$ numa função $g(t)$:
$$g(t) = f\left(\frac{p}{2\pi} t\right),$$
e $g(t)$ tem período 2π pois
$$g(t + 2\pi) = f\left[\frac{p}{2\pi}(t + 2\pi)\right] = f\left(\frac{pt}{2\pi} + p\right) = f\left(\frac{pt}{2\pi}\right) = g(t).$$

A mudança de x para t é apenas uma mudança de escala. Como g tem período 2π, temos a série de Fourier de g (suposta muito lisa por partes):

$$g(t) = \frac{a_0}{2} + \sum_{n=1}^{\infty} (a_n \cos nt + b_n \operatorname{sen} nt),$$

onde, por exemplo,

$$a_n = \frac{1}{\pi} \int_{-\pi}^{\pi} g(t) \cos nt\, dt, \quad b_n = \frac{1}{\pi} \int_{-\pi}^{\pi} g(t) \operatorname{sen} nt\, dt.$$

Se agora t for substituído por $(2\pi/p)x$, encontramos uma série de Fourier para $f(x)$:

$$f(x) = \frac{a_0}{2} + \sum_{n=1}^{\infty} \left[a_n \cos\left(n \cdot \frac{2\pi}{p} x\right) + b_n \operatorname{sen}\left(n \cdot \frac{2\pi}{p} x\right) \right]. \quad (7\text{-}24)$$

Cálculo Avançado

Os coeficientes a_n e b_n podem ser expressos diretamente em termos de $f(x)$:

$$a_n = \frac{1}{L} \int_{-L}^{L} f(x) \cos\left(n \cdot \frac{2\pi}{p} x\right) dx,$$

$$b_n = \frac{1}{L} \int_{-L}^{L} f(x) \operatorname{sen}\left(n \cdot \frac{2\pi}{p} x\right) dx,$$

(7-25)

onde $p = 2L$.

A série de Fourier de cossenos também pode ser usada aqui. Tem-se

$$f(x) = \frac{a_0}{2} + \sum_{n=1}^{\infty} a_n \cos\left(n \cdot \frac{2\pi}{p} x\right), \quad 0 \leqq x \leqq L,$$

(7-26)

onde

$$a_n = \frac{2}{L} \int_{0}^{L} f(x) \cos\left(n \cdot \frac{2\pi}{p} x\right) dx.$$

(7-27)

Analogamente, $f(x)$ tem uma série de Fourier de senos:

$$f(x) = \sum_{n=1}^{\infty} b_n \operatorname{sen}\left(n \cdot \frac{2\pi}{p} x\right), \quad 0 < x < L,$$

(7-28)

onde

$$b_n = \frac{2}{L} \int_{0}^{L} f(x) \operatorname{sen}\left(n \cdot \frac{2\pi}{p} x\right) dx.$$

(7-29)

Exemplo. Seja $f(x) = 2x + 1$. Então $f(x)$ pode ser representada por uma série de Fourier no intervalo $0 < x < 2$. Aqui $p = 2$ e $t = \pi x$, de modo que

$$f(x) = 2x + 1 = \frac{2t}{\pi} + 1 = g(t)$$

onde $g(t)$ é definida para $0 \leqq t \leqq 2\pi$. Logo $g(t)$ pode ser representada por uma série de Fourier:

$$g(t) = \frac{a_0}{2} + \sum_{n=1}^{\infty} (a_n \cos nt + b_n \operatorname{sen} nt),$$

onde

$$a_n = \frac{1}{\pi} \int_{0}^{2\pi} \left(\frac{2t}{\pi} + 1\right) \cos nt \, dt, \quad b_n = \frac{1}{\pi} \int_{0}^{2\pi} \left(\frac{2t}{\pi} + 1\right) \operatorname{sen} nt \, dt.$$

Achamos

$$a_0 = 6, \quad a_1 = a_2 = \cdots = 0, \quad b_n = -\frac{4}{n\pi},$$

de modo que

$$g(t) = 3 - \frac{4}{\pi} \sum_{n=1}^{\infty} \frac{\operatorname{sen} nt}{n}$$

452

Séries de Fourier e Funções Ortogonais

e, portanto,

$$f(x) = g(\pi x) = 3 - \frac{4}{\pi} \sum_{n=1}^{\infty} \frac{\operatorname{sen} n\pi x}{n} \cdot$$

Poderíamos usar as fórmulas (7-25) diretamente, mas a mudança para t simplifica os cálculos.

PROBLEMAS

1. Seja $f(x) = 2x + 1$.

   (a) Expandir $f(x)$ numa série de Fourier para $-\pi < x < \pi$.
   (b) Expandir $f(x)$ numa série de Fourier para $0 < x < 2\pi$.
   (c) Expandir $f(x)$ numa série de Fourier de cossenos para $0 \leqq x \leqq \pi$.
   (d) Expandir $f(x)$ numa série de Fourier de senos para $0 < x < \pi$.
   (e) Expandir $f(x)$ numa série de Fourier para $0 < x < \pi$.
   (f) Fazer o gráfico das funções representadas pelas séries das partes (a), (b), (c), (d), (e).

2. Seja $f(x) = x^2$.

   (a) Expandir $f(x)$ em série de Fourier para $\pi < x < 3\pi$.
   (b) Expandir $f(x)$ em série de Fourier para $1 < x < 2$.
   (c) Fazer o gráfico das funções representadas pelas séries das partes (a), (b).

3. Seja $f(x) = \operatorname{sen} x$.

   (a) Expandir $f(x)$ em série de Fourier para $0 \leqq x \leqq 2\pi$.
   (b) Expandir $f(x)$ em série de Fourier para $0 \leqq x \leqq \pi$.
   (c) Expandir $f(x)$ em série de Fourier de cossenos para $0 \leqq x \leqq \pi$.

4. Seja $f(x) = x$.

   (a) Expandir $f(x)$ em série de Fourier de cossenos para $0 \leqq x \leqq \pi$.
   (b) Expandir $f(x)$ em série de Fourier de senos para $0 \leqq x \leqq \pi$.
   (c) Expandir $f(x)$ em série de Fourier de cossenos para $0 \leqq x \leqq 1$.
   (d) Expandir $f(x)$ em série de Fourier de senos para $0 \leqq x < 1$.

5. Seja $f(x) = \frac{a_0}{2} + \sum_{n=1}^{\infty} (a_n \cos nx + b_n \operatorname{sen} nx)$, onde a série converge uniformemente para todo x. Diga quais as conclusões que se podem tirar quanto aos coeficientes a_n, b_n a partir de cada uma das seguintes propriedades de $f(x)$

   (a) $f(-x) = f(x)$
   (e) $f(-x) = f(x) = f\left(\dfrac{\pi}{2} - x\right)$

   (b) $f(-x) = -f(x)$
   (f) $f(\pi - x) = -f(x)$

   (c) $f(\pi - x) = f(x)$
   (g) $f(\pi + x) = f(x)$

   (d) $f\left(\dfrac{\pi}{2} - x\right) = f(x)$
   (h) $f\left(\dfrac{\pi}{2} + x\right) = f(x)$

453

Cálculo Avançado

(i) $f\left(\dfrac{\pi}{3} + x\right) = f(x)$ (j) $f(x) = f(2x)$

[*Sugestão*: use o Corolário do Teorema 1.]

RESPOSTAS

1. (a) $1 - 4 \displaystyle\sum_{n=1}^{\infty} \dfrac{(-1)^n}{n} \operatorname{sen} nx$;   (b) $1 + 2\pi - 4 \displaystyle\sum_{n=1}^{\infty} \dfrac{\operatorname{sen} nx}{n}$;

   (c) $1 + \pi - \dfrac{8}{\pi} \displaystyle\sum_{n=1}^{\infty} \dfrac{\cos(2n-1)x}{(2n-1)^2}$;   (d) $\dfrac{2}{\pi} \displaystyle\sum_{n=1}^{\infty} \dfrac{1 - (-1)^n(2\pi + 1)}{n} \operatorname{sen} nx$;

   (e) $\pi + 1 - 2 \displaystyle\sum_{n=1}^{\infty} \dfrac{\operatorname{sen} 2nx}{n}$.

2. (a) $\dfrac{13\pi^2}{3} + 4 \displaystyle\sum_{n=1}^{\infty} \dfrac{(-1)^n}{n^2} \cos nx - 8\pi \displaystyle\sum_{n=1}^{\infty} \dfrac{(-1)^n}{n} \operatorname{sen} nx$;

   (b) $\dfrac{7}{3} + \dfrac{1}{\pi^2} \displaystyle\sum_{n=1}^{\infty} \dfrac{\cos 2n\pi x}{n^2} - \dfrac{3}{\pi} \displaystyle\sum_{n=1}^{\infty} \dfrac{\operatorname{sen} 2n\pi x}{n}$.

3. (a) $\operatorname{sen} x$;   (b) e (c): $\dfrac{2}{\pi} - \dfrac{4}{\pi} \displaystyle\sum_{n=1}^{\infty} \dfrac{\cos 2nx}{4n^2 - 1}$.

4. (a) $\dfrac{\pi}{2} - \dfrac{4}{\pi} \displaystyle\sum_{n=1}^{\infty} \dfrac{\cos(2n-1)x}{(2n-1)^2}$;   (b) $-2 \displaystyle\sum_{n=1}^{\infty} (-1)^n \dfrac{\operatorname{sen} nx}{n}$;

   (c) $\dfrac{1}{2} - \dfrac{2}{\pi^2} \displaystyle\sum_{n=1}^{\infty} \dfrac{\cos(2n-1)\pi x}{(2n-1)^2}$;   (d) $-\dfrac{2}{\pi} \displaystyle\sum_{n=1}^{\infty} (-1)^n \dfrac{\operatorname{sen} n\pi x}{n}$.

5. (a) $b_n = 0$;   (b) $a_n = 0$;   (c) $a_{2n+1} = 0$, $b_{2n} = 0$;
   (d) $a_{4n+2} = 0$, $b_{4n} = 0$, $a_{4n+1} = b_{4n+1}$, $a_{4n+3} = -b_{4n+3}$
   (e) $b_n = 0$; $a_n = 0$ exceto para $n = 0, 4, 8, \ldots, 4k, \ldots$;
   (f) $a_{2n} = 0$; $b_{2n+1} = 0$;   (g) $a_{2n+1} = 0$, $b_{2n+1} = 0$;
   (h) $a_n = 0$ e $b_n = 0$ exceto para $n = 0, 4, 8, \ldots, 4k, \ldots$;
   (i) $a_n = 0$ e $b_n = 0$ exceto para $n = 0, 6, 12, \ldots, 6k, \ldots$;
   (j) $a_n = 0$ e $b_n = 0$ para $n = 1, 2, \ldots$

7-6. OBSERVAÇÕES SOBRE AS APLICAÇÕES DAS SÉRIES DE FOURIER. O campo natural de aplicações das séries de Fourier é a fenômenos periódicos, como se indicou na Sec. 7-1. O fato de uma função periódica poder ser decomposta em suas componentes harmônicas simples $A_n \operatorname{sen}(nt + \alpha_n)$ é de significado físico fundamental. Para todos os problemas "lineares", essa resolução permite reduzir o problema ao problema mais simples de uma única vibração harmônica simples e depois construir o caso geral por adição (superposição) de simples.

Séries de Fourier e Funções Ortogonais

A aplicação concreta das séries de Fourier a tais problemas toma duas formas fundamentais: uma função periódica $f(t)$ pode ser dada em forma gráfica ou tabelada; uma compreensão melhor do mecanismo físico que levou a tal função exige uma "análise harmônica" de $f(t)$, ou seja, representação de $f(t)$ como série de Fourier. Segundo, sabe-se que a função $f(t)$ é periódica e sabe-se que ela satisfaz a uma relação, por exemplo a uma equação diferencial; deseja-se determinar $f(t)$ como uma série de Fourier com base nessa informação.

O primeiro problema é, pois, de *interpretação* de dados experimentais; o segundo é de *predição* do resultado de uma experiência, com base numa teoria matemática.

Sendo a aplicação das séries de Fourier a fenômenos periódicos fundamental, há um campo de aplicação muito mais vasto. Como se mostrou acima, uma função "arbitrária" $f(x)$, dada para $a \leqq x \leqq b$, tem uma representação como série de Fourier sobre esse intervalo. Assim, em qualquer problema relativo a uma função num intervalo pode ser vantajoso representar a função pela série correspondente. Isso permite uma enorme variedade de aplicações. Como antes, as aplicações tomam, em geral, a forma ou de interpretação de certos dados, ou de predição funções que satisfaçam às condições dadas.

Neste livro, aplicações particulares serão consideradas nos capítulos sobre equações diferenciais ordinárias e parciais. Nos problemas que seguem são dadas várias ilustrações da forma das soluções de tais equações diferenciais.

PROBLEMAS

1. Mostre que a equação diferencial linear

$$\frac{d^2 y}{dt^2} + 4 \frac{dy}{dt} + y = p \cos \omega t + q \operatorname{sen} \omega t$$

é satisfeita por

$$y = A \cos \omega t + B \operatorname{sen} \omega t,$$

onde

$$A = \frac{p(1 - \omega^2) - 4\omega q}{(1 - \omega^2)^2 + 16\omega^2}, \quad B = \frac{4\omega p + q(1 - \omega^2)}{(1 - \omega^2)^2 + 16\omega^2},$$

e determine uma solução, em forma de série, da equação

$$\frac{d^2 y}{dt^2} + 4 \frac{dy}{dt} + y = f(t) = \sum_{n=1}^{\infty} (a_n \cos nt + b_n \operatorname{sen} nt).$$

2. Admitindo a validade das derivações necessárias termo a termo de séries, mostre que a função

$$f(x, t) = \sum_{n=1}^{\infty} \left[A_n \cos nct + B_n \operatorname{sen} nct \right] \operatorname{sen} nx,$$

455

Cálculo Avançado

onde os A_n e B_n são constantes, satisfaz à equação diferencial parcial

$$\frac{\partial^2 f}{\partial t^2} = c^2 \frac{\partial^2 f}{\partial x^2}.$$

A equação diferencial é a da corda vibrante e a série representa a solução geral quando as extremidades são fixas, a uma distância π uma da outra.

3. Admitindo a validade das derivações necessárias termo a termo de séries, mostre que a função

$$f(r, \theta) = A_0 + \sum_{n=1}^{\infty} (A_n r^n \cos n\theta + B_n r^n \operatorname{sen} n\theta)$$

satisfaz à equação de Laplace em coordenadas polares:

$$\frac{\partial^2 f}{\partial r^2} + \frac{1}{r^2} \frac{\partial^2 f}{\partial \theta^2} + \frac{1}{r} \frac{\partial f}{\partial r} = 0.$$

Como se mostrou na Sec. 5-15, essa equação descreve distribuições de temperatura em equilíbrio, potenciais eletrostáticos, e potenciais de velocidade. Toda função f que é harmônica num disco $r < R$ pode ser representada por uma tal série, como se verá no Cap. 9.

7-7. O TEOREMA DE UNICIDADE. Se duas funções $f(x)$ e $f_1(x)$ têm o mesmo conjunto de coeficientes de Fourier,

$$\int_{-\pi}^{\pi} f(x) \cos nx \, dx = \int_{-\pi}^{\pi} f_1(x) \cos nx \, dx, \qquad (n = 0, 1, 2, \ldots),$$

$$\int_{-\pi}^{\pi} f(x) \operatorname{sen} nx \, dx = \int_{-\pi}^{\pi} f_1(x) \operatorname{sen} nx \, dx, \qquad (n = 1, 2, \ldots),$$

(7-30)

são elas necessariamente idênticas? Em outras palavras, uma função é *univocamente determinada* por seus coeficientes de Fourier? A resposta é afirmativa:

Teorema 3 (*Teorema da unicidade*). *Sejam* $f(x)$ *e* $f_1(x)$ *contínuas por partes no intervalo* $-\pi \leqq x \leqq \pi$ *e satisfazendo a* (7-30), *de modo que as duas funções têm os mesmos coeficientes de Fourier. Então* $f(x) = f_1(x)$, *exceto talvez nos pontos de descontinuidade.*

Demonstração. Seja $h(x) = f(x) - f_1(x)$. Então $h(x)$ é contínua por partes e, de (7-30) segue imediatamente que todos os coeficientes de Fourier de $h(x)$ são 0. Mostramos então que $h(x) = 0$ exceto talvez nos pontos de descontinuidade.

Suponhamos $h(x_0) \neq 0$ num ponto de continuidade x_0, por exemplo, $h(x_0) = 2c > 0$. Então, pela continuidade, $h(x) > c$ para $|x - x_0| < \delta$ e δ suficientemente pequeno. (Conforme Prob. 7 em seguida à Sec. 2-4).

Agora obtemos uma contradição mostrando que existe um "polinômio trigonométrico"

$$P(x) = p_0 + p_1 \cos x + p_2 \operatorname{sen} x + \cdots + p_{2k-1} \cos kx + p_{2k} \operatorname{sen} kx$$

456

que representa uma "pulsação" em x_0 de amplitude arbitrariamente grande e largura arbitrariamente pequena. Isso está representado na Fig. 7-11. Se tal pulsação puder ser construída, obteremos uma contradição. De um lado

$$\int_{-\pi}^{\pi} h(x)P(x)\,dx = p_0 \int_{-\pi}^{\pi} h(x)\,dx + p_1 \int_{-\pi}^{\pi} h(x)\cos x\,dx + \cdots = 0.$$

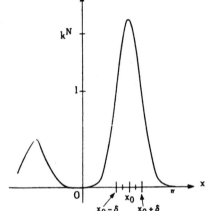

Figura 7-11. Função de pulsação

De outro lado, a maior parte da integral $\int h(x)P(x)\,dx$ está concentrada no intervalo em que ocorre a pulsação; aqui, $h(x)$ é positiva e $P(x)$ é positiva e grande. Portanto a integral é positiva e não pode ser 0. Para precisar isso, tomamos

$$P(x) = [\psi(x)]^N, \quad \psi(x) = 1 + \cos(x - x_0) - \cos\delta$$

para um conveniente inteiro positivo N. Como as funções $\operatorname{sen}^n x$ e $\cos^n x$ podem ser expressas como polinômios trigonométricos (Prob. 8 da Sec. 7-4), a função $P(x)$ é um polinômio trigonométrico. Seja

$$k = \psi\left(x_0 + \frac{\delta}{2}\right) = 1 + \cos\frac{\delta}{2} - \cos\delta.$$

Então $k > 1$ e $P \geqq k^N$ para $|x - x_0| \leqq \frac{1}{2}\delta$. Como ψ é positiva (maior que 1) para $\frac{1}{2}\delta \leqq |x - x_0| < \delta$, P é positiva aí. De outro lado, $|\psi(x)| < 1$ para $-\pi \leqq x < x_0 - \delta$ e para $x_0 + \delta < x \leqq \pi$, de modo que $|P| < 1$ aí. Agora, sendo a função $h(x)$ contínua por partes, ela é limitada por uma constante M para $-\pi \leqq x \leqq \pi$: $|h(x)| \leqq M$. Resulta, das propriedades de $P(x)$ mencionadas, que $P(x)h(x) > -M$ para $-\pi \leqq x \leqq x_0 - \frac{1}{2}\delta$ e para $x_0 + \frac{1}{2}\delta \leqq x \leqq \pi$ enquanto $P(x)h(x) \geqq ck^N$ para $x_0 - \frac{1}{2}\delta \leqq x \leqq x_0 + \frac{1}{2}\delta$. Portanto, pela regra (4-18) da

Cálculo Avançado

Sec. 4-2,

$$\int_{-\pi}^{\pi} P(x)h(x)\,dx = \int_{-\pi}^{x_0-(1/2)\delta} P(x)h(x)\,dx + \int_{x_0+(1/2)\delta}^{\pi} P(x)h(x)\,dx +$$

$$+ \int_{x_0-(1/2)\delta}^{x_0+(1/2)\delta} P(x)h(x)\,dx > -M\,(2\pi-\delta) + ck^N\delta.$$

Como $k^N \longrightarrow +\infty$ quando $N \longrightarrow \infty$, o segundo membro da desigualdade é certamente positivo quando N é suficientemente grande. Portanto o primeiro membro é positivo para uma escolha adequada de N. Isso contradiz o fato que o primeiro membro é 0. Logo $h(x) = f(x) - f_1(x) = 0$ onde $f(x)$ e $f_1(x)$ sejam contínuas.

Observação. O teorema da unicidade pode ser olhado de outra maneira, ou seja, como uma asserção de que o sistema de funções

$$1, \quad \cos x, \quad \text{sen } x, \ldots, \quad \cos nx, \quad \text{sen } nx, \ldots$$

é "suficientemente grande"; isto é, existem suficientes funções nesse sistema para construir séries para todas as funções periódicas consideradas. Deve-se observar que a omissão de *qualquer uma* das funções do sistema destruiria essa propriedade. Assim, se omitíssemos $\cos x$, ainda poderíamos formar uma série

$$\tfrac{1}{2}a_0 + b_1 \text{ sen } x + a_2 \cos 2x + b_2 \text{ sen } 2x + \cdots$$

como antes. Mas existem funções periódicas muito lisas cujas "séries de Fourier" nessa forma deficiente nunca poderiam convergir para a função, ou seja, todas as funções $A \cos x$ para A constante. Pois cada tal função teria todos os coeficientes iguais a zero:

$$\int_{-\pi}^{\pi} A \cos x\,dx = 0, \qquad \int_{-\pi}^{\pi} A \cos x \text{ sen } x\,dx = 0, \ldots$$

A série reduz-se a 0 e não pode representar a função. A essência da prova da unicidade é a demonstração de que existem *suficientes* funções no sistema de senos e cossenos para construir uma pulsação $P(x)$.

Teorema 4. Suponhamos a função $f(x)$ contínua para $-\pi \leqq x \leqq \pi$ e suponhamos que a série de Fourier de $f(x)$ convirja uniformemente nesse intervalo. Então a série converge a $f(x)$ para $-\pi \leqq x \leqq \pi$.

Demonstração. Denotemos por $f_1(x)$ a soma da série de Fourier de $f(x)$:

$$f_1(x) = \tfrac{1}{2}a_0 + \sum_{n=1}^{\infty} (a_n \cos nx + b_n \text{ sen } nx).$$

Como a série converge uniformemente, resulta, do Teorema 1, que $f_1(x)$ é contínua e que a_n e b_n são os coeficientes de Fourier de $f_1(x)$. Mas a série foi

Séries de Fourier e Funções Ortogonais

dada como a série de Fourier de $f(x)$. Logo $f(x)$ e $f_1(x)$ têm os mesmos coeficientes de Fourier e, pelo Teorema 3, $f(x) \equiv f_1(x)$; isto é, $f(x)$ é a soma de sua série de Fourier para $-\pi \leqq x \leqq \pi$.

7-8. DEMONSTRAÇÃO DO TEOREMA FUNDAMENTAL PARA FUNÇÕES QUE SÃO CONTÍNUAS, PERIÓDICAS E MUITO LISAS POR PARTES.

Teorema 5. *Seja $f(x)$ contínua e muito lisa por partes para todo x e suponhamos que $f(x)$ tenha período 2π. Então a série de Fourier de $f(x)$ converge uniformemente a $f(x)$ para todo x.*

Demonstração. Suponhamos primeiro que $f(x)$ tenha derivadas primeira e segunda contínuas para todo x. Temos (para $n \neq 0$)

$$a_n = \frac{1}{\pi} \int_{-\pi}^{\pi} f(x) \cos nx \, dx = \left. \frac{f(x)\,\mathrm{sen}\,nx}{n\pi} \right|_{-\pi}^{\pi} - \frac{1}{n\pi} \int_{-\pi}^{\pi} f'(x)\,\mathrm{sen}\,nx \, dx$$

por integração por partes. O primeiro termo no segundo membro é zero. Uma segunda integração por partes dá

$$a_n = \left. \frac{f'(x) \cos nx}{n^2 \pi} \right|_{-\pi}^{\pi} - \frac{1}{n^2\pi} \int_{-\pi}^{\pi} f''(x) \cos nx \, dx = -\frac{1}{n^2\pi} \int_{-\pi}^{\pi} f''(x) \cos nx \, dx,$$

o primeiro termo sendo zero por causa da periodicidade de $f'(x)$. A função $f''(x)$ é contínua no intervalo $-\pi \leqq x \leqq \pi$ e portanto $|f''(x)| \leqq M$ para uma constante conveniente M. **Resulta** que

$$|a_n| = \left| \frac{1}{n^2\pi} \int_{-\pi}^{\pi} f''(x) \cos nx \, dx \right| \leqq \frac{2M}{n^2} \quad (n = 1, 2, \ldots).$$

Da mesma maneira provamos que $|b_n| \leqq 2M/n^2$ para todo n. Logo cada termo da série de Fourier de $f(x)$ é majorado em valor absoluto pelo termo correspondente da série convergente

$$\tfrac{1}{2}|a_0| + \frac{2M}{1} + \frac{2M}{1} + \frac{2M}{2^2} + \frac{2M}{2^2} + \cdots$$

Por aplicação do critério M de Weierstrass (Sec. 6-13) segue-se que a série de Fourier converge uniformemente para todo x. Pelo Teorema 4, a soma é $f(x)$.

Consideramos agora o caso de uma função $f(x)$ que é periódica, contínua e muito lisa por partes. O único ponto que exige reexame é a prova de que $|a_n| \leqq 2Mn^{-2}$ e que $|b_n| \leqq 2Mn^{-2}$. A integração por partes deve ser efetuada separadamente em cada intervalo em que $f''(x)$ é contínua. Somando os resultados obtém-se, por exemplo, para b_n,

$$b_n = \left[\left. \frac{-f(x) \cos nx}{n\pi} \right|_{-\pi}^{x_1} + \left. \frac{-f(x) \cos nx}{n\pi} \right|_{x_1}^{x_2} + \cdots \right]$$

$$+ \left[\left. \frac{f'(x)\,\mathrm{sen}\,nx}{n^2\pi} \right|_{-\pi}^{x_1^-} + \cdots \left. \right|_{x_1^+}^{x_2} + \cdots \right]_{x_1^-} - \frac{1}{n^2\pi} \int_{-\pi}^{\pi} f''(x)\,\mathrm{sen}\,nx \, dx.$$

459

As integrais são tecnicamente impróprias, mas existem como tais. Como f é contínua e periódica, os termos no primeiro colchete têm por soma

$$\left. \frac{-f(x)\cos nx}{n\pi} \right|_{-\pi}^{\pi} = 0.$$

As funções $f'(x)$ e $f''(x)$ são limitadas em cada subintervalo. Logo, existe uma constante M tal que $|f'(x)| \leq M$ e $|f''(x)| \leq M$ em toda parte. Se existem k subintervalos concluiremos que

$$|b_n| \leq \frac{2kM}{n^2\pi} + \frac{2M}{n^2} = \frac{M_1}{n^2}.$$

Um resultado análogo vale para a_n. Logo a série de Fourier de uma função periódica, contínua, muito lisa por partes converge uniformemente para a função para todo x.

7-9. DEMONSTRAÇÃO DO TEOREMA FUNDAMENTAL. Antes de passar ao caso geral de função com descontinuidades de salto, consideremos um exemplo ilustrando o resultado obtido. Seja

$$G(x) = \frac{\pi}{2} - \frac{x}{2} - \frac{x^2}{4\pi}, \quad -\pi \leq x \leq 0$$

$$G(x) = \frac{\pi}{2} + \frac{x}{2} - \frac{x^2}{4\pi}, \quad 0 \leq x \leq \pi,$$

e seja G repetida periodicamente fora desse intervalo como se vê na Fig. 7-12.

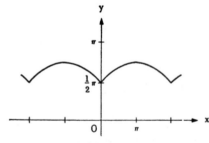

Figura 7-12. Função auxiliar $G(x)$

A função resultante $G(x)$ é contínua para todo x e é lisa por partes. Sua série de Fourier pelo Prob. 1(f) da Sec. 7-4 é a série

$$\frac{2\pi}{3} - \frac{1}{\pi} \sum_{n=1}^{\infty} \frac{\cos nx}{n^2}.$$

Logo $|a_n| \leq Mn^{-2}$ como se afirmou, com $M = 1/\pi$; os b_n são 0. Pelo Teorema 5, essa série converge uniformemente a $G(x)$.

Perguntamos agora: a derivação termo a termo da série é permissível? Em outras palavras, vale

$$G'(x) = \frac{1}{\pi} \sum_{n=1}^{\infty} \frac{\operatorname{sen} nx}{n} \qquad (7\text{-}31)$$

onde $G'(x)$ esteja definida? Pelo Teorema 33 da Sec. 6-14, isso é verdade se x está num intervalo em que a série derivada converge uniformemente. No Prob. 4 abaixo mostra-se que a série $\Sigma(\operatorname{sen} nx/n)$ converge uniformemente para $a \leqq x \leqq \pi$, desde que $a > 0$. Portanto (7-31) é *verdadeira em* $-\pi \leqq x \leqq \pi$, *exceto para* $x = 0$. Agora, seja $F(x)$ a função periódica de período 2π tal que $F(0) = 0$ e

$$F(x) = G'(x) = \begin{cases} -1/2 - (x/2\pi), & -\pi \leqq x < 0, \\ 1/2 - x/2\pi, & 0 < x \leqq \pi. \end{cases}$$

A função $F(x)$ está representada na Fig. 7-13. Provamos acima que

$$F(x) = \frac{1}{\pi} \sum_{n=1}^{\infty} \frac{\operatorname{sen} nx}{n}$$

para todo x, a convergência sendo uniforme para $0 < a \leqq |x| \leqq \pi$. A série à direita foi calculada como a série de Fourier de $F(x)$ no Prob. 1(e) que segue a Sec. 7-4. Portanto $F(x)$ é representada por sua série de Fourier para todo x. O fato notável desse resultado é que $F(x)$ tem um salto de $-\frac{1}{2}$ a $\frac{1}{2}$ em $x = 0$. A série converge ao valor médio $F(0) = 0$. Portanto verificamos um caso especial do seguinte teorema:

Teorema 6. *Seja $f(x)$ definida e muito lisa por partes para $-\pi \leqq x \leqq \pi$ e seja $f(x)$ definida fora desse intervalo de tal modo que $f(x)$ tenha período 2π. Então a série de Fourier de $f(x)$ converge uniformemente a $f(x)$ em todo intervalo fechado que não contenha descontinuidade de $f(x)$. Em cada descontinuidade x_0, a série converge a*

$$\tfrac{1}{2}[\lim_{x \to x_0+} f(x) + \lim_{x \to x_0-} f(x)].$$

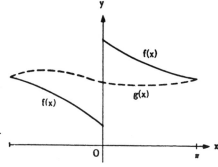

Figura 7-13. Remoção de descontinuidade de salto

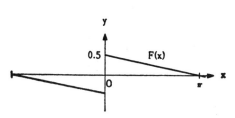

Cálculo Avançado

Demonstração. Por conveniência, redefinimos $f(x)$ em cada descontinuidade como sendo a média dos limites à esquerda e à direita. Suponhamos, por exemplo, que a única descontinuidade seja em $x = 0$ (e pontos $2k\pi$, $k = \pm 1$, $\pm 2, \ldots$), como na Fig. 7-13. Seja

$$\lim_{x \to 0+} f(x) - \lim_{x \to 0-} f(x) = s,$$

de modo que s é exatamente o "salto". Então passamos a eliminar a descontinuidade subtraindo de $f(x)$ a função $sF(x)$, onde $F(x)$ é a função definida acima. Como $sF(x)$ tem também o salto s em $x = 0$ (e $x = 2k\pi$), $g(x) = f(x) - sF(x)$ tem salto 0 em $x = 0$ e é contínua para todo x, pois

$$\lim_{x \to 0-} g(x) = \lim_{x \to 0-} f(x) - s \lim_{x \to 0-} F(x) = [f(0) - \tfrac{1}{2}s] + \tfrac{1}{2}s = f(0) = g(0),$$

e o mesmo vale para o limite à direita. Como $F(x)$ é linear por partes, $g(x)$ é contínua e muito lisa por partes para todo x, e tem período 2π. Logo, pelo Teorema 5, $g(x)$ é representável por uma série de Fourier uniformemente convergente para todo x:

$$g(x) = \tfrac{1}{2}A_0 + \sum_{n=1}^{\infty} (A_n \cos nx + B_n \operatorname{sen} nx)$$

Portanto

$$f(x) = g(x) + sF(x) = \frac{1}{2}A_0 + \sum_{n=1}^{\infty} (A_n \cos nx + B_n \operatorname{sen} nx) + \frac{s}{\pi} \sum_{n=1}^{\infty} \frac{\operatorname{sen} nx}{n}$$

$$= \frac{1}{2}A_0 + \sum_{n=1}^{\infty} \left[A_n \cos nx + \left(B_n + \frac{s}{n\pi} \right) \operatorname{sen} nx \right],$$

de modo que $f(x)$ é representada por uma série trigonométrica para todo x. A série é a série de Fourier de $f(x)$, pois

$$b_n = \frac{1}{\pi} \int_{-\pi}^{\pi} f(x) \operatorname{sen} nx \, dx = \frac{1}{\pi} \int_{-\pi}^{\pi} [g(x) + sF(x)] \operatorname{sen} nx \, dx$$

$$= \frac{1}{\pi} \int_{-\pi}^{\pi} g(x) \operatorname{sen} nx \, dx + \frac{s}{\pi} \int_{-\pi}^{\pi} F(x) \operatorname{sen} nx \, dx = B_n + \frac{s}{n\pi}$$

e, analogamente, $a_n = A_n$. Portanto a série de Fourier de $f(x)$ converge a $f(x)$ para todo x. Em $x = 0$, a série converge a $f(0)$, que havia sido definido como média entre os limites à esquerda e à direita em $x = 0$. Como a série para $g(x)$ é uniformemente convergente para todo x, enquanto que a série para $F(x)$ converge uniformemente em todo intervalo fechado não contendo $x = 0$ (ou $x = 2k\pi$), a série de Fourier de $f(x)$ converge uniformemente em cada tal intervalo.

O teorema está agora provado para o caso de uma descontinuidade de salto. Se há várias, nos pontos $x_1, x_2, \ldots$, nós simplesmente as removemos

462

Séries de Fourier e Funções Ortogonais

subtraindo de $f(x)$ a função

$$s_1 F(x - x_1) + s_2 F(x - x_2) + \cdots$$

A função resultante $g(x)$ é novamente contínua e muito lisa por partes de modo que vale a mesma conclusão. Logo, o teorema está provado em toda generalidade.

Observações. A prova que acabamos de dar usa o *princípio de superposição*: a série de Fourier de uma combinação linear de duas funções é a mesma combinação linear das duas séries correspondentes. Isso pode ser muito útil para sistematizar a computação de séries de Fourier. Ilustrações são dadas no Prob. 1 abaixo.

A idéia de subtrair a série correspondente a uma descontinuidade de salto tem também um significado prático. Se uma função $f(x)$ é definida por sua série de Fourier, mas não é explicitamente conhecida, pode-se, é claro, usar a série para tabular a função. Se $f(x)$ tem uma descontinuidade de salto, a convergência não será boa perto da descontinuidade; isso aparecerá pela presença de termos tendo coeficientes tendendo a 0 como $1/n$. Se a descontinuidade x_1 e o salto s_1 são conhecidos, como ocorre freqüentemente, pode-se subtrair a correspondente função $s_1 F(x - x_1)$ como acima; a nova série convergirá muito mais rápido.

A mesma idéia pode ser aplicada a funções $f(x)$ que são contínuas, mas, para as quais, $f'(x)$ tem uma descontinuidade de salto s_1 em x_1. Subtrai-se então de f a função $s_1 G(x - x_1)$, pois essa função contínua tem como derivada exatamente a função $s_1 F(x - x_1)$, com salto s_1 em x_1. Integrando $G(x) - 2\pi/3$ obtém-se uma função periódica contínua com um salto na segunda derivada em $x = 0$. Continuando assim, obtemos uma função de salto para cada derivada; cada uma pode ser usada para remover termos correspondentes, que convergem lentamente, da série de Fourier.

PROBLEMAS

1. Sejam $f_1(x)$ e $f_2(x)$ definidas pelas equações:

$$f_1(x) = 0, \quad -\pi \leqq x < 0; \quad f_1(x) = 1, \quad 0 \leqq x \leqq \pi;$$
$$f_2(x) = 0, \quad -\pi \leqq x < 0; \quad f_2(x) = x, \quad 0 \leqq x < \pi.$$

Então $f_1(x)$ e $f_2(x)$ podem ser representadas por séries de Fourier:

$$f_1(x) = \frac{1}{2} + \frac{2}{\pi} \sum_{n=1}^{\infty} \frac{\operatorname{sen}(2n-1)x}{2n-1}, \quad 0 < |x| < \pi;$$

$$f_2(x) = \frac{\pi}{4} - \frac{2}{\pi} \sum_{n=1}^{\infty} \frac{\cos(2n-1)x}{(2n-1)^2} - \sum_{n=1}^{\infty} (-1)^n \frac{\operatorname{sen} nx}{n}, \quad -\pi < x < \pi.$$

463

Cálculo Avançado

Sem mais integrações, ache a série de Fourier das seguintes funções:

(a) $f_3(x) = 1$, $\quad -\pi \leqq x < 0$; $\quad f_3(x) = 0$, $\quad 0 \leqq x \leqq \pi$;

(b) $f_4(x) = x$, $\quad -\pi \leqq x \leqq 0$; $\quad f_4(x) = 0$, $\quad 0 \leqq x \leqq \pi$;

(c) $f_5(x) = 1$, $\quad -\pi \leqq x < 0$; $\quad f_5(x) = x$, $\quad 0 \leqq x \leqq \pi$;

(d) $f_6(x) = 2$, $\quad -\pi \leqq x < 0$; $\quad f_6(x) = 0$, $\quad 0 \leqq x \leqq \pi$;

(e) $f_7(x) = 2$, $\quad -\pi \leqq x < 0$; $\quad f_7(x) = 3$, $\quad 0 \leqq x \leqq \pi$;

(f) $f_8(x) = 1$, $\quad -\pi \leqq x \leqq 0$; $\quad f_8(x) = 1 + 2x$, $\quad 0 \leqq x \leqq \pi$;

(g) $f_9(x) = a + bx$, $\quad -\pi \leqq x < 0$; $\quad f_9(x) = c + dx$, $\quad 0 \leqq x \leqq \pi$.

2. Seja $f(x) = \dfrac{a_0}{2} + \displaystyle\sum_{n=1}^{\infty} (a_n \cos nx + b_n \,\text{sen}\, nx)$, $-\pi \leqq x \leqq \pi$. Elevando ao quadrado essa série e integrando (supondo que as operações são válidas) mostre que

$$\frac{1}{\pi} \int_{-\pi}^{\pi} [f(x)]^2 \, dx = \frac{a_0^2}{2} + \sum_{n=1}^{\infty} (a_n^2 + b_n^2).$$

[Essa relação, conhecida como *equação de Parseval*, pode ser justificada para a função $f(x)$ mais geral considerada acima. Ver Secs. 7-11 e 7-12.]

3. Use o resultado do Prob. 2 e as séries de Fourier encontradas em problemas anteriores para provar as fórmulas:

(a) $\dfrac{\pi^2}{8} = \dfrac{1}{1^2} + \dfrac{1}{3^2} + \cdots + \dfrac{1}{(2n-1)^2} + \cdots$,

(b) $\dfrac{\pi^2}{6} = \dfrac{1}{1^2} + \dfrac{1}{2^2} + \cdots + \dfrac{1}{n^2} + \cdots$,

(c) $\dfrac{\pi^4}{90} = \dfrac{1}{1^4} + \dfrac{1}{2^4} + \cdots + \dfrac{1}{n^4} + \cdots$,

(d) $\dfrac{\pi^6}{945} = \dfrac{1}{1^6} + \dfrac{1}{2^6} + \cdots + \dfrac{1}{n^6} + \cdots$

4. Prove que a série

$$\sum_{n=1}^{\infty} \frac{\text{sen}\, nx}{n} = \text{sen}\, x + \frac{\text{sen}\, 2x}{2} \cdots + \frac{\text{sen}\, nx}{n} + \cdots$$

converge uniformemente em cada intervalo $-\pi \leqq x \leqq a$, $a \leqq x \leqq \pi$, desde que $a > 0$. Isso pode ser verificado pelo seguinte processo:

(a) Seja $p_n(x) = \text{sen}\, x + \cdots + \text{sen}\, nx$. Prove a identidade:

$$p_n(x) = \frac{\cos \frac{1}{2}x - \cos (n + \frac{1}{2})x}{2 \,\text{sen}\, \frac{1}{2}x},$$

$(x \neq 0, \ x \neq \pm 2\pi, \ldots)$. [*Sugestão*: multiplique $p_n(x)$ por $\text{sen}\, \frac{1}{2}x$ e aplique a identidade (0-81) para $\text{sen}\, x \,\text{sen}\, y$ a cada termo do resultado.]

464

(b) Mostre que, se $a > 0$ e $a \leqq |x| \leqq \pi$, então $|p_n(x)| \leqq 1/\text{sen } \frac{1}{2}a$.

(c) Mostre que a n-ésima soma parcial $S_n(x)$ da série

$$\text{sen } x + \frac{\text{sen } 2x}{2} + \cdots + \frac{\text{sen } nx}{n} + \cdots$$

pode ser escrita como segue:

$$S_n(x) = \frac{p_1(x)}{1 \cdot 2} + \frac{p_2(x)}{2 \cdot 3} + \cdots + \frac{p_{n-1}(x)}{n(n-1)} + \frac{p_n(x)}{n}.$$

[Sugestão: escreva sen $x = p_1$, sen $2x = p_2 - p_1$, etc.]

(d) Mostre que a série $\sum\limits_{n=1}^{\infty} \dfrac{\text{sen } nx}{n}$ é uniformemente convergente para

$|a| \leqq x \leqq \pi$, onde $a > 0$. [Sugestão: por (c),

$$S_n(x) = S_n^*(x) + \frac{p_n(x)}{n}.$$

Logo, a convergência uniforme das seqüências S_n^* e p_n/n implica na convergência uniforme de $S_n(x)$. A seqüência S_n converge uniformemente, pois é a n-ésima soma parcial da série

$$\sum_{n=1}^{\infty} \frac{p_n(x)}{n(n+1)},$$

que converge uniformemente, por causa de (b), pelo critério M. A seqüência p_n/n converge uniformemente a 0 por (b).]

7-10. FUNÇÕES ORTOGONAIS. Quando se revê a teoria da expansão de uma função em série de Fourier, como foi exposta nas seções precedentes deste capítulo, é natural perguntar por que as funções trigonométricas sen nx e cos nx desempenham papel tão especial, e se tais funções podem ser substituídas por outras. Se estamos interessados apenas em funções periódicas, não há realmente uma alternativa natural. No entanto, se estamos tratando da representação de uma função num intervalo dado, dispomos, como veremos, de uma grande variedade de outras séries; em particular, séries de polinômios de Legendre, funções de Bessel, polinômios de Laguerre, polinômios de Jacobi, polinômios de Hermite, e séries gerais de Sturm-Liouville.

Seja $f(x)$ dada num intervalo $a \leqq x \leqq b$, intervalo que ficará fixado em tudo o que segue. Sejam $\phi_1(x)$, $\phi_2(x)$, ..., $\phi_n(x)$, ... funções contínuas por partes nesse intervalo; essa seqüência substituirá o sistema de senos e cossenos. Postulamos um desenvolvimento

$$f(x) = \sum_{n=1}^{\infty} c_n \phi_n(x) \tag{7-32}$$

como no caso de séries de Fourier. Nosso passo seguinte, para as séries de Fourier, foi multiplicar ambos os membros por cos mx ou sen mx e integrar de $-\pi$ a π;

465

Cálculo Avançado

quando fizemos isso todos os termos caíram exceto o termo em a_m ou b_m, respectivamente, por causa das relações

$$\int_{-\pi}^{\pi} \cos mx \cos nx \, dx = 0, \quad m \neq n, \ldots$$

Por analogia, multiplicamos ambos os lados de (7-32) por $\phi_m(x)$ e integramos termo a termo

$$\int_a^b f(x)\phi_m(x) \, dx = \sum_{n=1}^{\infty} c_n \int_a^b \phi_m(x)\phi_n(x) \, dx. \tag{7-33}$$

Para obter um resultado análogo ao das séries de Fourier, devemos postular que

$$\int_a^b \phi_m(x)\phi_n(x) \, dx = 0, \quad m \neq n \tag{7-34}$$

A série no segundo membro de (7-33) reduz-se então a um termo

$$\int_a^b f(x)\phi_m(x) \, dx = c_m \int_a^b [\phi_m(x)]^2 \, dx. \tag{7-35}$$

A integral à direita é uma certa constante

$$\int_a^b [\phi_m(x)]^2 = B_m. \tag{7-36}$$

A constante B_m será positiva a menos que $\phi_m(x) \equiv 0$ (exceto num número finito de pontos); para evitar esse caso trivial, supomos que nenhum B_m seja 0. Então

$$c_m = \frac{1}{B_m} \int_a^b f(x)\phi_m(x) \, dx. \tag{7-37}$$

Assim, com as simples condições (7-34) e (7-36), temos uma regra para formar uma série semelhante à série de Fourier e podemos esperar que teoremas de convergência análogos possam ser provados.

Resumimos agora as hipóteses em definições formais:

Definições. Duas funções $p(x)$, $q(x)$, que são contínuas por partes para $a \leq x \leq b$, são *ortogonais* nesse intervalo se

$$\int_a^b p(x)q(x) \, dx = 0. \tag{7-38}$$

Um sistema de funções $\{\phi_n(x)\}$, $(n = 1, 2, \ldots)$ é chamado um *sistema ortogonal* no intervalo $a \leq x \leq b$ se ϕ_n e ϕ_m são ortogonais para cada par de índices distintos m, n,

$$\int_a^b \phi_m(x)\phi_n(x) \, dx = 0 \quad (m \neq n), \tag{7-39}$$

e nenhuma $\phi_n(x)$ é identicamente 0 exceto num número finito **de pontos.**

466

Séries de Fourier e Funções Ortogonais

Exemplo. O sistema trigonométrico no intervalo $-\pi \leqq x \leqq \pi$:

$$1, \cos x, \operatorname{sen} x, \ldots, \cos nx \operatorname{sen} nx, \ldots$$

é um sistema ortogonal no intervalo $-\pi \leqq x \leqq \pi$. A função ϕ_1 é a constante 1, ϕ_2 é a função $\cos x, \ldots$

Se $f(x)$ é contínua por partes no intervalo $a \leqq x \leqq b$ e $\{\phi_n(x)\}$ é um sistema ortogonal nesse intervalo, então a série

$$\sum_{n=1}^{\infty} c_n \phi_n(x), \tag{7-40}$$

onde

$$c_n = \frac{1}{B_n} \int_a^b f(x)\phi_n(x)\, dx, \qquad B_n = \int_a^b [\phi_n(x)]^2 \, dx, \tag{7-41}$$

chama-se *série de Fourier de f com relação ao sistema* $\{\phi_n(x)\}$. Os números c_1, $c_2, \ldots$ chamam-se coeficientes de Fourier de $f(x)$ com relação ao sistema $\{\phi_n(x)\}$.

As fórmulas precedentes poderão ser simplificadas se supusermos que a constante B_n é sempre 1, isto é, que

$$\int_a^b [\phi_n(x)]^2 \, dx = 1 \qquad (n = 1, 2, \ldots).$$

Isso pode ser sempre conseguido dividindo-se as $\phi_n(x)$ por constantes apropriadas. Quando a condição $B_n = 1$ está satisfeita para todo n, o sistema de funções $\phi_n(x)$ é dito *normalizado*. Um sistema que é normalizado e ortogonal é chamado *ortonormal*. Isso é exemplificado pelas funções:

$$\frac{1}{\sqrt{2\pi}}, \quad \frac{\cos x}{\sqrt{\pi}}, \quad \frac{\operatorname{sen} x}{\sqrt{\pi}}, \ldots, \quad \frac{\cos nx}{\sqrt{\pi}}, \quad \frac{\operatorname{sen} nx}{\sqrt{\pi}}, \ldots$$

Ao passo que a teoria geral é mais simples para sistemas normalizados, as vantagens nas aplicações são pequenas, e não usaremos a normalização no que segue.

As operações em sistemas ortogonais são muito semelhantes às operações com vetores. De fato, podemos considerar as funções contínuas por partes para $a \leqq x \leqq b$ como um *espaço vetorial*, como na Sec. 3-9. A soma ou diferença de duas tais funções $f(x)$, $g(x)$ é de novo contínua por partes, como também o produto cf de $f(x)$ por uma constante ou *função escalar* c. A Eq. (7-38) sugere uma definição do *produto interior* (ou produto escalar):

$$(f, g) = \int_a^b f(x)g(x)\, dx. \tag{7-42}$$

Pode-se então definir uma *norma* (ou valor absoluto):

$$\|f\| = \sqrt{(f,f)} = \left\{ \int_a^b [f(x)]^2 \, dx \right\}^{\frac{1}{2}}. \tag{7-43}$$

467

Cálculo Avançado

A função 0^* é uma função que é 0 exceto num número finito de pontos; nessa teoria, consideramos duas funções que diferem apenas num número finito de pontos como sendo a mesma função. Agora é um exercício simples verificar que todos os axiomas de um espaço vetorial Euclidiano, exceto aquele que se refere à dimensão, então satisfeitos. Por comodidade, reenunciamos os axiomas aqui [conforme (3-77) na Sec. 3-9]:

$$\begin{array}{ll}
\text{I. } f + g = g + f & \text{II. } (f + g) + h = f + (g + h) \\
\text{III. } c(f + g) = cf + cg & \text{IV. } (c_1 + c_2)f = c_1 f + c_2 f \\
\text{V. } (c_1 c_2)f = c_1(c_2 f) & \text{VI. } 1 \cdot f = f \\
\text{VII. } 0 \cdot f = 0^* & \text{VIII. } (f, g) = (g, f) \\
\text{IX. } (f + g, h) = (f, h) + (g, h) & \text{X. } (cf, g) = c(f, g) \\
\text{XI. } (f, f) \geqq 0 & \text{XII. } (f, f) = 0 \text{ se, e só se, } f = 0^*.
\end{array}$$

(7-44)

A prova fica como exercício (Prob. 3 abaixo).

Dizemos que k funções $f_1, f_2, \ldots, f_k$ são *linearmente independentes* se os únicos escalares $c_1, \ldots, c_n$ para os quais

$$c_1 f_1 + \cdots + c_k f_k = 0^* \tag{7-45}$$

são os números $0, \ldots, 0$. Em lugar do Teorema 1 da Sec. 3-9, temos agora o teorema que, para todo inteiro n, existem n funções linearmente independentes. Por exemplo, as funções sen x, sen $2x, \ldots$, sen nx são linearmente independentes para $-\pi \leqq x \leqq \pi$.

O Teorema 2 da Sec. 3-9 é conseqüência só dos axiomas (7-44). Logo, vale para funções:

Teorema 7. *Sejam* $f(x)$ *e* $g(x)$ *contínuas por partes para* $a \leqq x \leqq b$. *Então*

$$|(f, g)| \leqq \|f\| \cdot \|g\|. \tag{7-46}$$

A igualdade vale se, e somente se, f *e* g *são linearmente dependentes. Além disso,*

$$\|f + g\| \leqq \|f\| + \|g\|; \tag{7-47}$$

a igualdade vale se, e somente se, $f = cg$ *ou* $g = cf$, *onde* c *é uma constante positiva ou zero.*

A relação (7-46) é a *desigualdade de Schwarz*. Se usamos as definições (7-42) e (7-43), (7-46) pode ser escrita como segue:

$$\left[\int_a^b f(x)g(x)\,dx \right]^2 \leqq \int_a^b [f(x)]^2\,dx \cdot \int_a^b [g(x)]^2\,dx. \tag{7-48}$$

A relação (7-47) é a *desigualdade de Minkowski*. Em forma explícita, diz:

$$\left\{ \int_a^b [f(x) + g(x)]^2\,dx \right\}^{\frac{1}{2}} \leqq \left\{ \int_a^b [f(x)]^2\,dx \right\}^{\frac{1}{2}} + \left\{ \int_a^b [g(x)]^2\,dx \right\}^{\frac{1}{2}}. \tag{7-49}$$

468

Séries de Fourier e Funções Ortogonais

*7-11. SÉRIES DE FOURIER DE FUNÇÕES ORTOGONAIS. COMPLETIVIDADE. A definição de funções ortogonais pode ser reenunciada em termos de produtos interiores: $f(x)$ é ortogonal a $g(x)$ se $(f, g) = 0$. Um sistema ortogonal é um sistema $\{\phi_n(x)\}$ $(n = 1, 2, \ldots)$ de funções todas contínuas por partes para $a \leq x \leq b$ e tais que

$$(\phi_m, \phi_n) = 0, \quad m \neq n; \quad (\phi_n, \phi_n) = ||\phi_n||^2 = B_n > 0. \tag{7-50}$$

O sistema é *ortonormal* se (7-50) vale e $||\phi_n|| = 1$ para $n = 1, 2, \ldots$, de modo que as ϕ_n são "vetores unitários".

A série de Fourier de $f(x)$ com relação ao sistema ortogonal $\{\phi_n(x)\}$ é a série

$$\sum_{n=1}^{\infty} c_n \phi_n(x), \quad c_n = (f, \phi_n)/||\phi_n||^2. \tag{7-51}$$

Se o sistema é ortonormal, a série fica

$$\sum_{n=1}^{\infty} c_n \phi_n(x), \quad c_n = (f, \phi_n), \tag{7-52}$$

que é análoga às expressões

$$v = v_x \mathbf{i} + v_y \mathbf{j} + v_z \mathbf{k}, \quad v_x = v \cdot \mathbf{i}, \ldots,$$
$$v = v_1 \mathbf{e}_1 + \cdots + v_n \mathbf{e}_n, \quad v_j = v \cdot \mathbf{e}_j$$

para um vetor em termos de vetores de base no espaço tridimensional e no espaço n-dimensional. No entanto, como (7-51) é uma série infinita, surgem complicações devido a questões de convergência.

Teorema 8. *Seja* $\{\phi_n(x)\}$ *um sistema ortogonal de funções contínuas no intervalo* $a \leq x \leq b$. *Se a série* $\sum_{n=1}^{\infty} c_n \phi_n(x)$ *converge uniformemente a* $f(x)$ *em* $a \leq x \leq b$ *então*

$$c_n = (f, \phi_n)/||\phi_n||^2, \tag{7-53}$$

de modo que a série é a série de Fourier de $f(x)$ *com relação a* $\{\phi_n(x)\}$. *Se o sistema é ortonormal, então* $c_n = (f, \phi_n)$.

Demonstração. Como na prova do Teorema 1 da Sec. 7-2, sabemos que $f(x)$ é contínua. Então

$$(f, \phi_m) = (c_1 \phi_1 + \cdots + c_n \phi_n + \cdots, \phi_m) = (c_1 \phi_1, \phi_m) + \cdots + (c_n \phi_n, \phi_m) + \cdots$$
$$= c_1(\phi_1, \phi_m) + \cdots + c_n(\phi_n, \phi_m) + \cdots = c_m(\phi_m, \phi_m) = c_m ||\phi_m||^2,$$

de modo que (7-53) vale. As operações com a série são justificadas pela convergência uniforme. Se o sistema é ortonormal, então $||\phi_n|| = 1$, de modo que $c_n = (f, \phi_n)$.

Corolário. *Se, sob as hipóteses do Teorema 8,*

$$\sum_{n=1}^{\infty} c_n \phi_n(x) \equiv \sum_{n=1}^{\infty} c'_n \phi_n(x), \quad a \leq x \leq b,$$

e ambas as séries convergem uniformemente no intervalo, então $c_n = c'_n$ *para* $n = 1, 2, \ldots$

469

Cálculo Avançado

Teorema 9. *Seja $\{\phi_n(x)\}$ um sistema ortogonal para o intervalo $a \leqq x \leqq b$ e seja $f(x)$ contínua por partes em $a \leqq x \leqq b$. Para cada n, os coeficientes $c_1, \ldots, c_n$ da série de Fourier de f com relação a $\{\phi_n(x)\}$ são as constantes que dão ao erro quadrático $\|f-g\|^2$ o valor mínimo, quando g percorre todas as combinações lineares $p_1\phi_1(x) + \cdots + p_n\phi_n(x)$. O valor mínimo do erro é*

$$E_n = \|f-(c_1\phi_1 + \cdots + c_n\phi_n)\|^2 = \|f\|^2 - c_1^2\|\phi_1\|^2 - \cdots - c_n^2\|\phi_n\|^2. \quad (7\text{-}54)$$

Corolário. *Sob as hipóteses do Teorema 9, temos*

$$c_1^2\|\phi_1\|^2 + \cdots + c_n^2\|\phi_n\|^2 \leqq \|f\|^2, \quad (7\text{-}55)$$

de modo que a série $\Sigma c_k^2\|\phi_k\|^2$ converge. Além disso,

$$\lim_{k \to \infty} c_k\|\phi_k\| = 0. \quad (7\text{-}56)$$

As provas ficam como exercício (Probs. 5, 6, 7 abaixo); (7-55) é a *desigualdade de Bessel*.

Uma questão crucial é saber se podemos afirmar que E_n converge a 0 quando $n \to \infty$. Isso equivale a perguntar se $f(x)$ pode ser aproximada, no sentido do erro quadrático mínimo, tão bem quanto se queira, por uma combinação linear de um número finito de funções $\phi_n(x)$. Se isso ocorre, o sistema $\{\phi_n(x)\}$ é chamado completo.

Definição. Um sistema ortogonal $\{\phi_n(x)\}$ para o intervalo $a \leqq x \leqq b$ chama-se *completo* se, para toda função contínua por partes $f(x)$ no intervalo $a \leqq x \leqq b$, o erro mínimo quadrático $E_n = \|f-(c_1\phi_1 + \cdots + c_n\phi_n)\|^2$ converge a zero quando n tende a infinito.

Se o sistema é completo, então o Teorema 9 mostra que

$$\|f\|^2 = c_1^2\|\phi_1\|^2 + \cdots + c_n^2\|\phi_n\|^2 + \cdots \quad (7\text{-}57)$$

Essa é a *equação de Parseval*. Reciprocamente, se a equação de Parseval vale para toda função f contínua por partes, então E_n deve tender a 0 e o sistema $\{\phi_n(x)\}$ é completo. Portanto *a validade da equação de Parseval é equivalente à completividade*. Se o sistema $\{\phi_n(x)\}$ é ortonormal, a equação de Parseval fica

$$\|f\|^2 = c_1^2 + \cdots + c_n^2 + \cdots$$

Isso é análogo às relações para vetores

$$|v|^2 = v_x^2 + v_y^2 + v_z^2, \quad |v|^2 = v_1^2 + \cdots + v_n^2.$$

Se o sistema ortogonal $\{\phi_n(x)\}$ é completo, então o erro quadrático E_n converge a 0. Isso não implica na convergência da série de Fourier $\Sigma c_n\phi_n(x)$ a $f(x)$ embora as somas parciais sucessivas se aproximem de $f(x)$ no sentido do erro quadrático. Descrevemos a situação dizendo que a série *converge em média* a $f(x)$, e escrevemos

$$\underset{n \to \infty}{\text{L.e.m.}} \, [c_1\phi_1(x) + \cdots + c_n\phi_n(x)] = f(x),$$

470

Séries de Fourier e Funções Ortogonais

onde "L.e.m." significa "limite em média". Em geral, se temos funções $f(x)$ e $f_n(x)$ $(n = 1, 2, \ldots)$, todas contínuas por partes em $a \leq x \leq b$, escrevemos

$$\underset{n \to \infty}{\text{L.e.m.}} \ f_n(x) = f(x) \tag{7-58}$$

se a seqüência $\|f_n(x) - f(x)\|$ converge a 0, isto é, se

$$\lim_{n \to \infty} \int_a^b [f(x) - f_n(x)]^2 \, dx = 0.$$

Observação. Pode-se provar as seguintes afirmações: (a) se $f_n(x)$ converge uniformemente a $f(x)$ em $a \leq x \leq b$, então $f_n(x)$ também converge em média a $f(x)$, desde que tôdas as funções sejam contínuas por partes; (b) se $f_n(x)$ converge em média a $f(x)$, $f_n(x)$ pode não convergir uniformemente a $f(x)$; na verdade, a seqüência $f_n(x)$ pode não convergir em $a \leq x \leq b$; (c) se $f_n(x)$ converge a $f(x)$ $a \leq x \leq b$, mas não uniformemente, $f_n(x)$ pode não convergir em média a $f(x)$. Para as demonstrações, ver Prob. 9 abaixo.

Definição. Um sistema ortogonal $\{\phi_n(x)\}$ para o intervalo $a \leq x \leq b$ tem a *propriedade da unicidade* se toda função contínua por partes $f(x)$ para $a \leq x \leq b$ é univocamente determinada por seus coeficientes de Fourier com relação a $\{\phi_n(x)\}$; isto é, se $f(x)$ e $g(x)$ são contínuas por partes para $a \leq x \leq b$ e $(f, \phi_n) = (g, \phi_n)$ para todo n, então $f(x) - g(x) = 0*$. Isso equivale a afirmar que $h(x) = 0*$ é a única função contínua por partes ortogonal a todas as funções $\phi_n(x)$; o sistema de funções ortogonais portanto não pode ser ampliado.

Teorema 10. Seja $\{\phi_n(x)\}$ um sistema completo de funções ortogonais para o intervalo $a \leq x \leq b$. Então $\{\phi_n(x)\}$ tem a propriedade da unicidade.

A demonstração fica como exercício (Prob. 8 abaixo). Poder-se-ia esperar que valesse a recíproca, isto é, que a propriedade da unicidade implicasse na completividade. No entanto podem ser dados exemplos em contrário. O Teorema 12 dará mais informação sobre isso.

Teorema 11. Seja $\{\phi_n(x)\}$ um sistema ortogonal de funções contínuas para o intervalo $a \leq x \leq b$ e suponhamos que tenha a propriedade da unicidade. Seja $f(x)$ contínua em $a \leq x \leq b$ e suponhamos que a série de Fourier de $f(x)$ com relação a $\{\phi_n(x)\}$ convirja uniformemente em $a \leq x \leq b$. Então a série de Fourier converge a $f(x)$.

A demonstração fica como exercício (Prob. 10 abaixo).

7-12. CONDIÇÕES SUFICIENTES PARA COMPLETIVIDADE

Teorema 12. Seja $\{\phi_n(x)\}$ um sistema ortogonal de funções contínuas para o intervalo $a \leq x \leq b$. Suponhamos que valem estas duas propriedades: (a) $\{\phi_n(x)\}$ tem a propriedade da unicidade; (b) para algum inteiro k, a série de Fourier de $g(x)$ com relação a $\{\phi_n(x)\}$ é uniformemente convergente para

471

Cálculo Avançado

toda $g(x)$ com derivadas contínuas até ordem k em $a \leq x \leq b$ e tal que $g(a) = g'(a) = \cdots = g^{(k)}(a) = 0$, $g(b) = g'(b) = \cdots = g^k(b) = 0$. Então o sistema $\{\phi_n(x)\}$ é completo.

Demonstração. Seja $f(x)$ contínua por partes em $a \leq x \leq b$. Devemos mostrar que dado $\varepsilon > 0$ pode-se achar uma combinação linear $c_1\phi_1(x) + \cdots + c_n\phi_n(x) = \psi(x)$ tal que $\|f - \psi\| < \varepsilon$.

Por simplicidade, supomos que o inteiro k da hipótese (b) é 2, pois esse caso é típico.

A construção da função $\psi(x)$ é feita em várias etapas. Primeiro determinamos uma função contínua $F(x)$ tal que $\|F - f\| < \frac{1}{4}\varepsilon$ e $F(x) \equiv 0$ se $a \leq x \leq a + \delta$ ou $b - \delta \leq x \leq b$ com uma conveniente escolha de δ. Isso encontra-se sugerido graficamente na Fig. 7-14. Denotamos por $f_1(x)$ a função contínua por partes

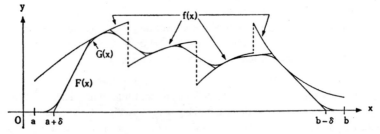

Figura 7-14. Aproximação da função $f(x)$ contínua por partes por uma função contínua $F(x)$ e uma função lisa $G(x)$

que coincide com $f(x)$, exceto para $a \leq x \leq a + 2\delta$ e para $b - 2\delta \leq x \leq b$, onde $f_1(x)$ é identicamente zero. Agora, traçamos segmentos formando pontes sobre os saltos de $f_1(x)$. Em cada salto, o segmento une $[x_0 - \delta, f_1(x_0 - \delta)]$ com $[x_0 + \delta, f_1(x_0 + \delta)]$. A função $F(x)$ portanto coincide com $f_1(x)$ exceto entre $x_0 - \delta$ e $x_0 + \delta$, onde seu gráfico é um segmento. Então $F(x)$ é contínua e $\|F - f\|^2$ é soma de um número finito K de integrais da forma

$$\int_{x_0 - \delta}^{x_0 + \delta} [F(x) - f(x)]^2 \, dx$$

mais duas integrais de $[f(x)]^2$ de a a $a + \delta$ e de $b - \delta$ a b, onde $F \equiv 0$. Como $f(x)$ é contínua por partes, $|f(x)| \leq M$ para alguma constante M. Por construção, $|F(x)| \leq M$ também. Logo $|F(x) - f(x)| \leq 2M$ para todo x e

$$\int_{x_0 - \delta}^{x_0 + \delta} [F(x) - f(x)]^2 \, dx \leq 4M^2 \cdot 2\delta.$$

Somando as expressões para os K saltos e para as pontas achamos

$$\|F - f\|^2 \leq K \cdot 4M^2 \cdot 2\delta + 2M^2 \cdot \delta$$

Quando $\delta \to 0$, a expressão à direita se avizinha de zero. Portanto, para δ suficientemente pequeno, $\|F - f\| < \frac{1}{4}\varepsilon$.

Séries de Fourier e Funções Ortogonais

Em seguida, escolhemos uma função $G(x)$ com primeira derivada contínua em $a \leqq x \leqq b$, tal que $\|G - F\| < \frac{1}{4}\varepsilon$ e $G(x) \equiv 0$ para $a \leqq x \leqq a + \frac{1}{2}\delta$ e para $b - \frac{1}{2}\delta \leqq x \leqq b$. Para isso, definimos $F(x)$ como sendo identicamente nula fora do intervalo $a \leqq x \leqq b$ e pomos

$$G(x_1) = \frac{1}{h} \int_{x_1 - h}^{x_1 + h} F(x)\,dx, \quad 0 < h < \frac{1}{2}\delta.$$

A constante h será fixada abaixo. A função $G(x)$ é então definida para todo x e $G(x) \equiv 0$ para $x \leqq a + \frac{1}{2}\delta$ e $x \geqq b - \frac{1}{2}\delta$ como se queria. Pelo teorema fundamental do cálculo [Secs. 4-3 e 4-12],

$$G'(x_1) = \frac{1}{h} \left[F(x_1 + h) - F(x_1 - h) \right].$$

Portanto $G(x)$ tem uma derivada contínua para todo x. Ora,

$$G(x_1) - F(x_1) = \frac{1}{2h} \int_{x_1 - h}^{x_1 + h} F(x)\,dx - F(x_1) = \frac{1}{2h} \int_{x_1 - h}^{x_1 + h} \left[F(x) - F(x_1) \right] dx$$

e portanto

$$\left[G(x_1) - F(x_1) \right]^2 = \frac{1}{4h^2} \left\{ \int_{x_1 - h}^{x_1 + h} \left[F(x) - F(x_1) \right] dx \right\}^2.$$

Aplicamos a desigualdade de Schwarz (7-48) à integral à direita, com $f(x)$ substituída por $F(x) - F(x_1)$ e $g(x)$ por 1. Então

$$\left[G(x_1) - F(x_1) \right]^2 \leqq \frac{2h}{4h^2} \int_{x_1 - h}^{x_1 + h} \left[F(x) - F(x_1) \right]^2 dx,$$

e

$$\|G - F\|^2 = \int_a^b \left[G(x_1) - F(x_1) \right]^2 dx_1 \leqq \frac{1}{2h} \int_a^b \int_{x_1 - h}^{x_1 + h} \left[F(x) - F(x_1) \right]^2 dx\,dx_1.$$

Se pusermos $x_1 = u$, $x = u - v$ na integral dupla à direita, ela ficará (conforme a Sec. 4-8)

$$\frac{1}{2h} \int_{-h}^{h} \int_a^b \left[F(u - v) - F(u) \right]^2 du\,dv,$$

pois a região de integração no plano uv é o retângulo $a \leqq u \leqq b$, $-h \leqq v \leqq h$. Se denotarmos por $H(v)$ a integral de dentro, $H(v)$ será uma função contínua de v (Sec. 4-6) e $H(0) = 0$. Agora

$$\|G - F\|^2 \leqq \frac{1}{2h} \int_{-h}^{h} H(v)\,dv = H(v^*) \cdot \frac{2h}{2h} = H(v^*),$$

onde $-h < v^* < h$, pelo teorema da média. Quando $h \to 0$, $H(v^*)$ tende a zero; logo $\|G - F\| < \frac{1}{4}\varepsilon$ se h for suficientemente pequeno.

473

Cálculo Avançado

Em seguida, construímos uma função $g(x)$ tal que $\|g-G\| < \frac{1}{4}\varepsilon$, onde g tem derivadas primeira e segunda contínuas e $g(x) \equiv 0$ para $a \leqq x \leqq a + \frac{1}{4}\delta$ e $b - \frac{1}{4}\delta \leqq x \leqq b$. Basta repetir o processo de tomar médias acima:

$$g(x_1) = \frac{1}{2p} \int_{x_1-p}^{x_1+p} G(x)\,dx, \quad 0 < p < \tfrac{1}{4}\delta.$$

Os outros passos podem ser repetidos e a desigualdade desejada é obtida com uma escolha conveniente de p. Como

$$g'(x_1) = \frac{1}{2p} \left[G(x_1 + p) - G(x_1 - p) \right]$$

e G tem derivada contínua, $g(x)$ tem derivadas primeira e segunda contínuas para todo x.

Finalmente, construímos uma combinação linear $\psi(x) = c_1\phi_1(x) + \cdots + c_n\phi_n$ tal que $\|g - \psi\| < \frac{1}{4}\varepsilon$. Como $g(x)$ satisfaz a todas as condições da hipótese (b) do teorema, a série de Fourier de $g(x)$ é uniformemente convergente. Por (a) e pelo Teorema 11, a série converge a $g(x)$. Pela observação que precede o Teorema 10, as somas parciais dessa série também convergem em média a $g(x)$. Portanto, uma soma parcial $S_n(x) = \psi(x)$ pode ser escolhida de modo que $\|g - \psi\| < \frac{1}{4}\varepsilon$.

A função $\psi(x)$ é precisamente a combinação linear procurada, pois, por (7-47),

$$\begin{aligned}
\|f - \psi\| &= \|f - F + F - G + G - g + g - \psi\| \\
&\leqq \|f - F\| + \|F - G\| + \|G - g\| + \|g - \psi\| \\
&< \tfrac{1}{4}\varepsilon + \tfrac{1}{4}\varepsilon + \tfrac{1}{4}\varepsilon + \tfrac{1}{4}\varepsilon = \varepsilon.
\end{aligned}$$

Observação. A demonstração acima mostra que a hipótese (a) pode ser omitida, se, em (b), substituirmos "uniformemente convergente" por "convergente em média a $g(x)$".

Teorema 13. *O sistema trigonométrico*: $1, \cos x, \operatorname{sen} x, \ldots, \cos nx, \operatorname{sen} nx, \ldots$ *é completo no intervalo* $-\pi \leqq x \leqq \pi$.

Demonstração. As hipóteses (a) e (b) do Teorema 12 são satisfeitas em vista dos Teoremas 3 e 5 acima. Logo o sistema é completo.

*7-13. INTEGRAÇÃO E DIFERENCIAÇÃO DE SÉRIES DE FOURIER.

Teorema 14. *Um sistema ortogonal* $\{\phi_n(x)\}$, *para o intervalo* $a \leqq x \leqq b$ *é completo se, e só se, para duas funções quaisquer* $f(x)$ *e* $g(x)$ *contínuas por partes para* $a \leqq x \leqq b$, *temos*

$$(f, g) = \int_a^b f(x)g(x)\,dx = \sum_{n=1}^{\infty} c_n c_n' \|\phi_n\|^2, \tag{7-59}$$

onde c_n, c_n' *são os coeficientes de Fourier de* $f(x)$ *e* $g(x)$, *respectivamente, com relação a* $\{\phi_n(x)\}$.

Séries de Fourier e Funções Ortogonais

Observação. A equação (7-59) chama-se a *segunda forma da equação de Parseval*. Quando o sistema é ortonormal, ela se reduz à equação

$$(f, g) = c_1 c_1' + \cdots + c_n c_n' + \cdots, \quad c_n = (f, \phi_n), \quad c_n' = (g, \phi_n),$$

que é análoga à equação

$$\mathbf{u} \cdot \mathbf{v} = u_x v_x + u_y v_y + u_z v_z, \quad \mathbf{u} \cdot \mathbf{v} = u_1 v_1 + \cdots + u_n v_n$$

para vetores.

Demonstração do Teorema 14. Se vale (7-59), então, tomando $g = f$, obtém-se a equação de Parseval (7-57); logo o sistema é completo. Reciprocamente, seja $\{\phi_n(x)\}$ completo. Então a identidade algébrica: $AB = \frac{1}{4}\{(A + B)^2 - (A - B)^2\}$ dá a equação

$$(f, g) = \frac{1}{4} \int_a^b (f + g)^2 \, dx - \frac{1}{4} \int_a^b (f - g)^2 \, dx.$$

Agora a equação de Parseval para $f + g$ e $f - g$ dá

$$(f, g) = \frac{1}{4} \sum_{n=1}^{\infty} (c_n + c_n')^2 \|\phi_n\|^2 - \frac{1}{4} \sum_{n=1}^{\infty} (c_n - c_n')^2 \|\phi_n\|^2.$$

Somando as duas séries, obtemos (7-59).

Teorema 15. *Seja $\{\phi_n(x)\}$ um sistema ortonormal completo para o intervalo $a \leq x \leq b$. Seja $f(x)$ contínua por partes para $a \leq x \leq b$, e seja $g(x)$ contínua por partes para $x_1 \leq x \leq x_2$, onde $a \leq x_1 < x_2 \leq b$. Seja $\Sigma c_n \phi_n(x)$ a série de Fourier de $f(x)$ com relação a $\{\phi_n(x)\}$. Então*

$$\int_{x_1}^{x_2} f(x) g(x) \, dx = \sum_{n=1}^{\infty} c_n \int_{x_1}^{x_2} g(x) \phi_n(x) \, dx. \tag{7-60}$$

Observação. O teorema afirma que a integral no primeiro membro pode ser calculada por integração termo a termo da série $\Sigma c_n g(x) \phi_n(x)$. Isso é notável, pois não há hipótese de convergência — muito menos de convergência uniforme — da série antes da integração.

Demonstração do Teorema 15. Estendemos a definição de $g(x)$ a todo intervalo $a \leq x \leq b$ pondo $g(x) \equiv 0$ para $a \leq x \leq x_1$ e para $x_2 \leq x \leq b$. Então a equação de Parseval (7-59) dá

$$\int_a^b f(x) g(x) \, dx = \int_{x_1}^{x_2} f(x) g(x) \, dx = \sum_{n=1}^{\infty} c_n c_n' \|\phi_n\|^2,$$

$$\|\phi_n\|^2 c_n' = (g, \phi_n) = \int_a^b g(x) \phi_n(x) \, dx = \int_{x_1}^{x_2} g(x) \phi_n(x) \, dx,$$

de modo que a Eq. (7-60) vale. Escolhendo $g(x) \equiv 1$, para $x_1 \leq x \leq x_2$, obtemos o resultado seguinte:

475

Cálculo Avançado

Corolário. *Sob as hipóteses do Teorema* 15,

$$\int_{x_1}^{x_2} f(x)\,dx = \sum_{n=1}^{\infty} c_n \int_{x_1}^{x_2} \phi_n(x)\,dx; \qquad (7\text{-}61)$$

ou seja, é permissível a integração termo a termo de toda série de Fourier com relação a um sistema ortogonal completo $\{\phi_n(x)\}$.

Embora a integração termo a termo não cause dificuldades, a derivação termo a termo exige grande cuidado. Por exemplo, a série $\operatorname{sen} x + \cdots + (\operatorname{sen} nx/n) + \cdots$ converge para todo x, mas a série derivada $\cos x + \cdots + \cos nx + \cdots$ diverge. A diferenciação *multiplica* o n-ésimo termo por n, o que interfere com a convergência; a integração *divide* o n-ésimo termo por n, o que ajuda a convergência. A regra mais segura para seguir é a do Teorema 33 da Sec. 6-14: vale a derivação termo a termo *se a série derivada converge uniformemente no intervalo considerado*.

PROBLEMAS

1. Seja $\phi_n(x) = \operatorname{sen} nx \ (n = 1, 2, \ldots)$.

   (a) Mostre que as funções $\phi_n(x)$ formam um sistema ortogonal no intervalo $0 \leq x \leq \pi$.

   (b) Mostre que as funções $\phi_n(x)$ tem a propriedade da unicidade. [*Sugestão*: seja $f(x)$ uma função ortogonal a todas as ϕ_n. Seja $F(x)$ a função ímpar que coincide com $f(x)$ para $0 < x \leq \pi$. Mostre que todos os coeficientes de Fourier de $F(x)$ são 0.]

   (c) Mostre que a série de Fourier de senos de $f(x)$ é uniformemente convergente para toda $f(x)$ tendo derivadas primeira e segunda contínuas para $0 \leq x \leq \pi$ e tal que $f(0) = f(\pi) = 0$.

   (d) Mostre que $\{\phi_n(x)\}$ é um sistema completo para o intervalo $0 \leq x \leq \pi$.

2. Repita os passos (a), (b), (c), (d) do Prob. 1 para as funções $\phi_n(x) = \cos nx$ $(n = 0, 1, 2 \ldots)$. Mostre que a condição $f(0) = f(\pi) = 0$ não é necessária em (c).

3. Prove a validade de (7-44) para funções $f(x)$, $g(x)$ que são contínuas por partes para $a \leq x \leq b$.

4. Verifique que a desigualdade de Schwarz (7-48) e a desigualdade de Minkowski (7-49) valem para $f(x) = x$ e $g(x) = e^x$ no intervalo $0 \leq x \leq 1$.

5. Prove o Corolário do Teorema 8 [ver a demonstração do Corolário do Teorema 1, Sec. 7-2].

6. Prove o Teorema 9 [conforme Prob. 7 em seguida à Sec. 7-4].

7. Prove o Corolário do Teorema 9 [conforme a prova do Corolário do Teorema 2, Sec. 7-4].

8. Prove o Teorema 10. [*Sugestão*: mostre pela equação de Parseval (7-57) que, se $(h, \phi_n) = 0$ para todo n, então $\|h\| = 0$.]

476

Séries de Fourier e Funções Ortogonais

9. (a) Suponhamos as funções $f_n(x)$ contínuas para $a \leq x \leq b$ e suponhamos que a seqüência $f_n(x)$ converge uniformemente a $f(x)$ em $a \leq x \leq b$. Prove que $\underset{n \to \infty}{\text{L.e.m.}} f_n(x) = f(x)$.

(b) Prove que a seqüência $\cos^n x$ converge a 0 em média, para $0 \leq x \leq \pi$, mas não converge para $x = \pi$. Prove que a seqüência converge para $0 \leq x \leq \frac{1}{2}\pi$, mas não uniformemente.

(c) Seja $f_n(x) = 0$ para $0 \leq x \leq 1/n$, $= n$ para $1/n \leq x \leq 2/n$, $= 0$ para $2/n \leq x \leq 1$. Mostre que a seqüência converge para 0 em $0 \leq x \leq 1$, mas não uniformemente e que a seqüência não converge, em média, a 0.

10. Prove o Teorema 11 [conforme a demonstração do Teorema 4 da Sec. 7-7].

*7-14. SÉRIE DE FOURIER-LEGENDRE. Até agora só consideramos três exemplos de sistemas ortogonais: o sistema trigonométrico, o sistema de Fourier de cossenos, o sistema de Fourier de senos. Nesta seção damos um quarto exemplo, o dos polinômios de Legendre; na seção seguinte outros exemplos serão considerados.

Os polinômios de Legendre $P_n(x)$ $(n = 0, 1, 2, \ldots)$ podem ser definidos pela fórmula de Rodrigues

$$P_0(x) = 1, \quad P_n(x) = \frac{1}{2^n n!} \frac{d^n}{dx^n}(x^2 - 1)^n \quad (n = 1, 2, \ldots). \tag{7-62}$$

Assim,

$$P_1(x) = \frac{1}{2} \frac{d}{dx}(x^2 - 1) = x,$$

$$P_2(x) = \frac{1}{8} \frac{d^2}{dx^2}(x^4 - 2x^2 + 1) = \frac{3}{2}x^2 - \frac{1}{2},$$

$$P_3(x) = \frac{5}{2}x^3 - \frac{3}{2}x, \quad P_4(x) = \frac{35}{8}x^4 - \frac{15}{4}x^2 + \frac{3}{8}, \cdots$$

Teorema 16. *$P_n(x)$ é um polinômio de grau n. $P_n(x)$ será uma função ímpar ou uma função par conforme n seja par ou ímpar. Para $n = 1, 2, \ldots$, valem as identidades.*

$$\text{(a)} \quad P_n'(x) = xP_{n-1}'(x) + nP_{n-1}(x),$$

$$\text{(b)} \quad P_n(x) = xP_{n-1}(x) + \frac{x^2 - 1}{n} P_{n-1}'(x). \tag{7-63}$$

Demonstração. As afirmações quanto ao grau e quanto a ser par ou ímpar podem ser verificadas pela definição. Para provar a identidade (a), fazemos $u = x^2 - 1$. Então

$$P_n'(x) = \frac{1}{2^n n!} \frac{d^{n+1}}{dx^{n+1}} u^n = \frac{1}{2^n n!} \frac{d^n}{dx^n}(2nxu^{n-1})$$

$$= \frac{1}{2^{n-1}(n-1)!}\left(x \frac{d^n}{dx^n} u^{n-1} + n \frac{d^{n-1}}{dx^{n-1}} u^{n-1}\right) = xP_{n-1}' + nP_{n-1},$$

pela regra de Leibnitz para $(u \cdot v)^{(n)}$ [Eq. (0-94), Sec. 0-8]. Para provar a identidade

477

Cálculo Avançado

(b), escrevemos $P_n(x)$ de dois modos diferentes

$$P_n = \frac{1}{2^n n!} \frac{d^n}{dx^n} (u \cdot u^{n-1})$$

$$= \frac{1}{2^n n!} \left[u \frac{d^n}{dx^n} u^{n-1} + 2xn \frac{d^{n-1}}{dx^{n-1}} u^{n-1} + n(n-1) \frac{d^{n-2}}{dx^{n-2}} u^{n-1} \right];$$

$$P_n = \frac{1}{2^n n!} \frac{d^{n-1}}{dx^{n-1}} (2nxu^{n-1})$$

$$= \frac{1}{2^{n-1}(n-1)!} \left[x \frac{d^{n-1}}{dx^{n-1}} u^{n-1} + (n-1) \frac{d^{n-2}}{dx^{n-2}} u^{n-1} \right].$$

Se subtrairmos a segunda equação de duas vezes a primeira, obteremos (b).

Veremos que as identidades (a) e (b) mais o fato que $P_0(x) = 1$ bastam para provar todas as outras propriedades que precisamos, sem usar mais a definição (7-62).

Teorema 17. *Os polinômios de Legendre satisfazem às seguintes identidades e relações:*

(c) $P'_{n+1}(x) - P'_{n-1}(x) = (2n + 1) P_n(x)$ $\quad (n \geqq 1)$

(d) $\dfrac{d}{dx} \left[(1 - x^2) P'_n(x) \right] + n(n + 1) P_n(x) = 0$

(e) $P_{n+1}(x) = \dfrac{(2n + 1)x P_n(x) - n P_{n-1}(x)}{n + 1}$ $\quad (n \geqq 1)$

(f) $P_n(1) = 1, \quad P_n(-1) = (-1)^n$

(g) $\dfrac{1 - x^2}{n^2} P'^2_n + P^2_n = \dfrac{1 - x^2}{n^2} P'^2_{n-1} + P^2_{n-1}$ $\quad (n \geqq 1)$

(h) $\dfrac{1 - x^2}{n^2} P'^2_n + P^2_n \leqq 1$ $\quad (n \geqq 1, |x| \leqq 1)$

(i) $|P_n(x)| \leqq 1$ $\quad (|x| \leqq 1)$

(j) $\displaystyle \int_{-1}^{1} P_n(x) P_m(x)\, dx = 0$ $\quad (n \neq m)$

(k) $\displaystyle \int_{-1}^{1} [P_n(x)]^2\, dx = \dfrac{2}{2n + 1}$

(l) x^n pode ser expressa como combinação linear de $P_0(x), \ldots, P_n(x)$.

$$(7\text{-}64)$$

As demonstrações ficam como exercícios (Probs. 2 a 9 abaixo). A identidade (d) é a *equação diferencial* satisfeita por cada $P_n(x)$; sua importância será vista no Cap. 10. A identidade (e) é conhecida como *fórmula de recorrência* para polinômios de Legendre. Exprime cada polinômio em termos dos dois elementos precedentes da seqüência; portanto, sabendo que $P_0 = 1$ e $P_1 = x$, podemos determinar sucessivamente $P_2, P_3, \ldots$ só usando (e). Em vista de (j) e (k) podemos afirmar:

478

Séries de Fourier e Funções Ortogonais

Teorema 18. *Os polinômios de Legendre $P_n(x)$ $(n = 0, 1, 2...)$ formam um sistema ortogonal para o intervalo $-1 \leq x \leq 1$ e*

$$\| P_n(x) \|^2 = \frac{2}{2n + 1}. \tag{7-65}$$

Portanto podemos formar a série de Fourier de uma função arbitrária $f(x)$, contínua por partes em $-1 \leq x \leq 1$, com relação ao sistema $\{P_n(x)\}$:

$$\sum_{n=0}^{\infty} c_n P_n(x), \qquad c_n = \frac{(f, P_n)}{\|P_n\|^2} = \frac{2n + 1}{2} \int_{-1}^{1} f(x) P_n(x)\, dx. \tag{7-66}$$

Veremos que essa série "de Fourier-Legendre" comporta-se essencialmente do mesmo modo que as séries de Fourier trigonométricas.

Teorema 19. *O sistema de polinômios de Legendre no intervalo $-1 \leq x \leq 1$ tem a propriedade de unicidade.*

A prova do Teorema 3 (Sec. 7-7) pode ser repetida com ligeiras modificações. Por (l) acima, todo polinômio em x pode ser expresso como combinação linear finita de polinômios de Legendre; logo basta construir uma função-pulsação $P(x)$ polinomial. Vê-se imediatamente que o polinômio

$$P(x) = \left[1 - \tfrac{1}{2}(x - x_0)^2 + \tfrac{1}{2}\delta^2 \right]^N$$

tem as mesmas propriedades que a função $P(x)$ usada na Sec. 7-7, de modo que a prova pode ser completada do mesmo modo.

Teorema 20. *Se $f(x)$ é muito lisa para $-1 \leq x \leq 1$, então a série de Fourier-Legendre de $f(x)$ converge uniformemente para $-1 \leq x \leq 1$.*

Demonstração. Usando (c) e integração por partes, obtemos

$$c_n = \frac{2n + 1}{2} \int_{-1}^{1} f(x) P_n(x)\, dx = \tfrac{1}{2} \int_{-1}^{1} f(x) \left(P'_{n+1} - P'_{n-1} \right) dx$$

$$= \tfrac{1}{2} \left[f(x) \{ P_{n+1}(x) - P_{n-1}(x) \} \right] \Big|_{-1}^{1} - \tfrac{1}{2} \int_{-1}^{1} f'(x) \left(P_{n+1} - P_{n-1} \right) dx.$$

Devido a (f), o primeiro termo é 0. Integrando por partes novamente, obtemos

$$c_n = \tfrac{1}{2} \int_{-1}^{1} f''(x) \left[\frac{P_{n+2} - P_n}{2n + 3} - \frac{P_n - P_{n-2}}{2n - 1} \right] dx$$

$$= \frac{1}{4n + 6} (f'', P_{n+2}) - \frac{1}{4n + 6} (f'', P_n) - \frac{1}{4n - 2} (f'', P_n) + \frac{1}{4n - 2} (f'', P_{n-2}).$$

479

Portanto, como $4n - 2$ é o menor denominador,

$$|c_n| \leq \frac{1}{4n-2} \left[|(f'', P_n + 2)| + 2|(f'', P_n)| + |(f'', P_{n-2})| \right]$$

$$\leq \frac{1}{4n-2} \left(\|f''\| \cdot \|P_{n+2}\| + 2\|f''\| \cdot \|P_n\| + \|f''\| \cdot \|P_{n-2}\| \right),$$

pela desigualdade de Schwarz (7-46). Por (7-65),

$$|c_n| \leq \frac{\|f''\|}{4n-2} \left(\sqrt{\frac{2}{2n+5}} + 2\sqrt{\frac{2}{2n+1}} + \sqrt{\frac{2}{2n-3}} \right)$$

$$\leq \frac{\|f''\|}{4n-2} \frac{4\sqrt{2}}{\sqrt{2n-3}} \leq \frac{4\sqrt{2}\|f''\|}{(2n-3)^{3/2}} = M_n.$$

Por (i), pode-se aplicar o critério M de Weierstrass à série de Fourier-Legendre de $f(x)$:

$$|c_n P_n(x)| \leq M_n = \text{const. vezes } (2n-3)^{-3/2}$$

A série ΣM_n converge pelo critério da integral. Logo a série de Fourier-Legendre converge uniformemente para $-1 \leq x \leq 1$.

Corolário. *Se $f(x)$ é muito lisa em $-1 \leq x \leq 1$, então a série de Fourier--Legendre de $f(x)$ converge uniformemente a $f(x)$ em $-1 \leq x \leq 1$.*
Isso é conseqüência dos Teoremas 11, 19 e 20.

Observação. Nenhuma condição de periodicidade ou outra em $x = \pm 1$ é imposta a $f(x)$, como no teorema análogo (Teorema 5) para séries trigonométricas. Isso por causa da simetria dos polinômios de Legendre, semelhante às das funções $\cos nx$ (Prob. 2 seguinte à Sec. 7-13).

Teorema 21. *Os polinômios de Legendre formam um sistema ortogonal completo para o intervalo $-1 \leq x \leq 1$.*

Isso resulta imediatamente dos teoremas precedentes, em vista do Teorema geral da Sec. 7-12.

Observação. Dada uma seqüência $f_n(x)$ de funções contínuas em $a \leq x \leq b$ tal que toda família finita de funções nunca dependa linearmente, podemos construir combinações lineares: $\phi_1 = f_1$, $\phi_2 = a_1 f_1 + a_2 f_2, \ldots$, tal que as funções $\{\phi_n(x)\}$ formem um sistema ortogonal no intervalo $a \leq x \leq b$. Isso é feito com o *processo de ortogonalização de Gram-Schmidt*, descrito na Sec. 3-9. Se escolhemos a seqüência $f_n(x)$ como sendo $1, x, x^2, \ldots$ e o intervalo como sendo $-1 \leq x \leq 1$, as funções $\phi_n(x)$ resultam ser constantes vezes os polinômios de Legendre.

O caso de uma função $f(x)$ que é muito lisa por partes é tratado como para séries de Fourier estudando uma particular função de salto $s(x)$. Não tratamos aqui dos detalhes, apenas damos o resultado: *tal como a série de Fourier, a série de Fourier-Legendre converge uniformemente para a função em todo intervalo fechado que não contem descontinuidades e converge em cada descontinuidade de salto ao valor médio*

$$\tfrac{1}{2}[\lim_{x \to x_1-} f(x) + \lim_{x \to x_1+} f(x)].$$

Deve-se salientar que não há comportamento especial nos pontos $x = \pm 1$; aqui, a série converge para a função (desde que a função permaneça contínua). Para um tratamento mais completo, o leitor pode consultar o livro de Jackson, referido no final do capítulo.

*7-15. SÉRIES DE FOURIER-BESSEL. Considramos primeiro um caso particular dentre as funções de Bessel.

A função de Bessel de primeira espécie de ordem 0 é definida pela equação

$$J_0(x) = 1 - \frac{x^2}{2^2} + \frac{x^4}{2^4(2!)^2} + \cdots + (-1)^n \frac{x^{2n}}{2^{2n}(n!)^2} + \cdots \qquad (7\text{-}67)$$

O critério da razão mostra que essa série converge para todo valor de x. Essa série lembra a de $\cos x$ e, como o gráfico da Fig. 7-15 mostra, $J_0(x)$ de fato se

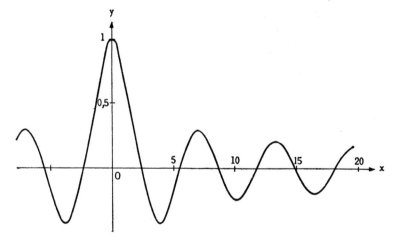

Figura 7-15. A função de Bessel $J_0(x)$

parece com uma função trigonométrica. *Em particular, $J_0(x)$ tem infinitas raízes.* As raízes serão denotadas, em ordem crescente, por $\lambda_1, \lambda_2, \ldots, \lambda_k, \ldots$ Pode-se mostrar que, quando k cresce, essas raízes têm um espaçamento cada vez mais próximo de π, que é o caso das raízes $\sen x$ e $\cos x$.

A função $J_0(x)$ desvia-se do modelo das funções trigonométricas porque

$$\lim_{x \to \infty} J_0(x) = 0.$$

Cálculo Avançado

A oscilação representada por $J_0(x)$ é "amortecida". A taxa de amortecimento aparece na seguinte "fórmula assintótica":

$$J_0(x) = \sqrt{\frac{2}{\pi x}} \operatorname{sen}\left(x + \frac{\pi}{4}\right) + \frac{r(x)}{x^{3/2}}, \quad x > 0, \qquad (7\text{-}68)$$

onde $r(x)$ é limitada:

$$|r(x)| < K. \qquad (7\text{-}69)$$

Em outras palavras, a função

$$\sqrt{\frac{\pi x}{2}} J_0(x)$$

difere da função $\operatorname{sen}(x + \frac{1}{4}\pi)$ por uma quantidade $r(x)/x$ que se avizinha de zero quando x tende a infinito.

Por causa da ortogonalidade das funções trigonométricas, não é surpreendente que exista uma correspondente relação de ortogonalidade para as funções $\sqrt{x}\, J_0(\lambda_n x)$:

$$\int_0^1 \left[\sqrt{x}\, J_0(\lambda_n x) \cdot \sqrt{x}\, J_0(\lambda_m x)\right] dx = 0, \quad n \neq m. \qquad (7\text{-}70)$$

Em vista da condição (7-70), diz-se freqüentemente que as funções $J_0(\lambda_n x)$ são *ortogonais com relação ao fator peso* $\rho(x) = x$:

$$\int_0^1 J_0(\lambda_n x) J_0(\lambda_m x) \rho(x)\, dx = 0, \quad n \neq m, \quad \rho(x) = x.$$

As funções $\sqrt{x}\, J_0(\lambda_n x)$ podem agora ser tomadas como base de séries de Bessel-Fourier. Por simplicidade, escrevemos a função a ser expandida como $\sqrt{x}\, f(x)$, de modo que a série para $f(x)$ é

$$\sum_{n=1}^{\infty} c_n J_0(\lambda_n x).$$

Como se pode mostrar que

$$B_n = \int_0^1 x[J_0(\lambda_n x)]^2\, dx = \tfrac{1}{2}[J_0'(\lambda_n)]^2,$$

a série para $f(x)$ é dada por

$$\sum_{n=1}^{\infty} c_n J_0(\lambda_n x), \quad c_n = \frac{2}{[J_0'(\lambda_n)]^2} \int_0^1 x f(x) J_0(\lambda_n x)\, dx. \qquad (7\text{-}71)$$

Essa série é usualmente chamada a série de Fourier-Bessel de ordem 0 de $f(x)$.

482

Séries de Fourier e Funções Ortogonais

Devido à íntima relação entre as funções $\sqrt{x}\,J_0(\lambda_n x)$ e as funções trigonométricas, é natural esperar teoremas de convergência análogos aos das séries de Fourier. Pode-se de fato mostrar que o sistema $\{\sqrt{x}\,J_0(\lambda_n x)\}$ é *completo* para o intervalo $0 \leqq x \leqq 1$. Logo, pelo Teorema 11 da Sec. 7-11, a série de Fourier-Bessel de $f(x)$ converge a $f(x)$ sempre que a série é uniformemente convergente. Pode-se mostrar que a série é uniformemente convergente se $f(x)$ tem, por exemplo, uma derivada segunda contínua e $f(1) = 0$. Essa estranha exigência em $x = 1$ é devida ao fato de que, quando $x = 1$, toda função $J_0(\lambda_n x)$ é 0. Se $f(x)$ é muito lisa por partes, uma análise de funções de salto mostra outra vez que a série é uniformemente convergente a $f(x)$, exceto perto dos pontos de descontinuidade, onde a série converge à média entre os limites à esquerda e à direita.

Para detalhes da teoria de tais expansões, o leitor poderá consultar o Cap. XVIII do tratado de Watson mencionado na lista no final do capítulo.

A *função de Bessel de primeira espécie e ordem m* geral é denotada por $J_m(x)$ e definida por

$$J_m(x) = \sum_{n=0}^{\infty} \frac{(-1)^n x^{m+2n}}{2^{m+2n} n!\, \Gamma(m+n+1)}. \qquad (7\text{-}72)$$

A função $\Gamma(x)$ foi definida para todo x exceto $0, -1, -2, -3, \ldots$ na Sec. 6-24. A definição (7-72), portanto, falha se m é um inteiro negativo. No entanto, poderá ser usada para esses valores se interpretarmos $1/\Gamma(k)$ como sendo 0 para $k = 0, -1, -2, \ldots$

Agora, seja m fixado, $m \geqq 0$, e denotemos por $\lambda_{m1}, \lambda_{m2}, \ldots, \lambda_{mn}, \ldots$ as raízes positivas de $J_m(x)$. É possível mostrar que essas raízes podem ser enumeradas, numa seqüência crescente, como para $J_0(x)$, e que as funções $\phi_n(x) = \sqrt{x}\,J_m(\lambda_{mn}x)$ formam um sistema ortogonal completo para o intervalo $0 \leqq x \leqq 1$. A correspondente "série de Fourier-Bessel de ordem m" é uniformemente convergente para toda função $\sqrt{x}\,f(x)$ tal que $f(x)$ tem derivada segunda contínua no intervalo e $f(1) = 0$. Para demonstração, citamos novamente o tratado de Watson.

Tabelas e gráficos dos polinômios de Legendre como das funções de Bessel existem. O *Tables of Functions* de E. Jahnke e F. Emde (New York: Stechert, 1938) fornece tais dados e também um conveniente sumário das propriedades das funções.

Mencionamos a seguir vários outros importantes sistemas de funções ortogonais sem os discutir.

Os polinômios de Jacobi. Para cada $\alpha > -1$, $\beta > -1$, o sistema de polinômios $\{P_n^{(\alpha,\,\beta)}(x)\}$ ($n = 0, 1, 2, \ldots$) é definido pelas equações

$$P_n^{(\alpha,\,\beta)}(x) = \frac{(-1)^n}{2^n n!}(1-x)^{-\alpha}(1+x)^{-\beta}\frac{d^n}{dx^n}\left[(1-x)^{\alpha+n}(1+x)^{\beta+n}\right]. \qquad (7\text{-}73)$$

As funções $\phi_n(x) = (1-x)^{(1/2)\alpha}(1+x)^{(1/2)\beta}P_n^{(\alpha,\,\beta)}(x)$ formam um sistema ortogonal completo no intervalo $-1 \leqq x \leqq 1$. Quando $\alpha = \beta = 0$, as funções $\phi_n(x)$ reduzem-se a polinômios de Legendre.

483

Cálculo Avançado

Polinômios de Hermite. O sistema de polinômios $\{H_n(x)\}$ é definido pelas equações

$$H_n(x) = (-1)^n e^{1/2 x^2} \frac{d^n}{dx^n} e^{-1/2 x^2} \quad (n = 0, 1, 2, \ldots). \tag{7-74}$$

São ortogonais sobre *o intervalo infinito* $-\infty < x < \infty$ com relação à função peso $e^{-1/2 x^2}$

Polinômios de Laguerre. Para cada $\alpha > -1$, o sistema de polinômios $\{L_n^{(\alpha)}(x)\}$ é definido pelas equações:

$$L_n^{(\alpha)}(x) = (-1)^n x^{-\alpha} e^x \frac{d^n}{dx^n} (x^{\alpha+n} e^{-x}) \quad (n = 0, 1, \ldots). \tag{7-75}$$

São ortogonais sobre *o intervalo infinito* $0 \leqq x < \infty$ com relação à função peso $x^\alpha e^{-x}$.

Quanto ao significado de intervalos infinitos e maiores informações sobre essas funções, recomendamos o livro de Jackson citado no final do capítulo.

Todas essas funções surgem de modo natural em problemas físicos. Isso será ilustrado no Cap. 10, onde mostraremos que cada problema, de uma grande classe de problemas físicos, automaticamente fornece um sistema completo de funções ortogonais.

PROBLEMAS

1. Fazer o gráfico de $P_0(x)$, $P_1(x)$, $\ldots$, $P_4(x)$.
2. Prove as seguintes partes do Teorema 17:
   (i) parte (c); (ii) parte (d); (iii) parte (e). Cada uma pode ser deduzida só de (7-63).
3. Prove a parte (f) do Teorema 17 por indução, usando a fórmula de recorrência (e).
4. Prove a parte (g) do Teorema 17 elevando ao quadrado (a) e (b) de (7-63) e eliminando os termos em P_{n-1}, P'_{n-1} das equações obtidas.
5. Prove a parte (h) do Teorema 17. [*Sugestão*: mostre por indução que (g) dá a cadeia de desigualdade:

$$\frac{1-x^2}{n^2} P_n'^2 + P_n^2 \leqq \frac{1-x^2}{(n-1)^2} P_{n-1}'^2 + P_{n-1}^2 \leqq \cdots \leqq 1, \quad |x| \leqq 1.]$$

6. Prove a parte (i) do Teorema 17 como conseqüência de (h).
7. Prove a condição de ortogonalidade (j). {*Sugestão*: para toda função muito lisa $f(x)$ em $-1 \leqq x \leqq 1$, seja $f^*(x) = [(1-x^2)f'(x)]'$. Prove por integração por partes que $(f^*, g) - (f, g^*) = 0$. Tome $f = P_n(x)$, $g = P_m(x)$ e use a equação diferencial (d) para substituir f^* por $-n(n+1)]f$ e g^* por $-m(m+1)g$, e conclua que $(f, g) [m(m+1) - n(n+1)] = 0.$}
8. Prove a parte (k) do Teorema 17. [*Sugestão*: use a fórmula de recorrência (e) para exprimir P_n em termos de P_{n-1} e P_{n-2} e use a condição de ortogonalidade para mostrar que $(P_n, P_n) = [(2n-1)/n] (xP_n, P_{n-1})$. Aplique a

484

Séries de Fourier e Funções Ortogonais

fórmula de recorrência a xP_n e use a ortogonalidade para mostrar que $(P_n, P_n) = (P_{n-1}, P_{n-1}) [(2n-1)/(2n+1)]$. Agora prove por indução que $(P_n, P_n) = 2/(2n+1)$.]

9. Prove a parte (l) do Teorema 17 por indução, usando o fato de ser $P_n(x)$ um polinômio de grau n.

*7-16. SISTEMAS ORTOGONAIS DE FUNÇÕES DE VÁRIAS VARIÁVEIS.

A teoria das Secs. 7-10 a 7-12 pode ser generalizada com pequenas modificações para funções de várias variáveis; basta substituir o intervalo por uma região fechada e limitada R e a integral definida por uma integral múltipla sobre R. Por exemplo, em duas dimensões, o produto interior e a norma são definidas como segue:

$$(f, g) = \iint_R f(x, y)g(x, y)\, dx\, dy,$$

$$\|f\| = (f, f)^{1/2} = \left\{ \iint_R [f(x, y)]^2\, dx\, dy \right\}^{\frac{1}{2}} \tag{7-76}$$

Sistemas ortogonais são definidos como antes e pode-se considerar a série de Fourier correspondente. A discussão de descontinuidades fica mais complicada, e, para a maior parte das aplicações, é suficiente considerar funções contínuas. Os análogos dos Teoremas 7 a 11 podem então ser provados essencialmente sem alteração. A generalização do Teorema 12 pode ser provada, mas exige mais cuidado.

Correspondendo ao sistema trigonométrico, temos o seguinte sistema em duas dimensões:

$$1, \quad \operatorname{sen} x, \quad \cos x, \quad \operatorname{sen} y, \quad \cos y, \quad \operatorname{sen} x \cos y, \ldots, \quad \operatorname{sen} px \operatorname{sen} qy,$$
$$\cos px \operatorname{sen} qy, \quad \operatorname{sen} px \cos qy, \quad \cos px \cos qy, \ldots \tag{7-77}$$

Esse sistema pode ser ordenado de modo a formar um sistema $\{\phi_n(x, y)\}$ que é ortogonal e completo para o retângulo R: $-\pi \leqq x \leqq \pi$, $-\pi \leqq y \leqq \pi$ (ver Prob. 1 abaixo). Pode-se também escrever a série de Fourier como "série de Fourier dupla":

$$\sum_{q=0}^{\infty} \sum_{p=0}^{\infty} \{ a_{pq} \operatorname{sen} px \operatorname{sen} qy + b_{pq} \cos px \operatorname{sen} qy \tag{7-78}$$
$$+ c_{pq} \operatorname{sen} px \cos qy + d_{pq} \cos px \cos qy \}.$$

Isso corresponde a um reordenamento e reagrupamento especial da série; se a série é absolutamente convergente, então o raciocínio da Sec. 6-10 mostra que a série dupla tem a mesma soma que a série simples em qualquer ordem. Se $f(x, y)$ tem derivadas primeiras e segundas contínuas para todo (x, y) e é periódica nas duas variáveis,

$$f(x, y) = f(x + 2\pi, y) = f(x, y + 2\pi),$$

então um argumento análogo ao da Sec. 7-8 mostra que a série converge absoluta e uniformemente, com soma $f(x, y)$.

485

Cálculo Avançado

*7-17. FORMA COMPLEXA·DAS SÉRIES DE FOURIER. INTEGRAL DE FOURIER. Da identidade

$$e^{ix} = \cos x + i \operatorname{sen} x \quad (i = \sqrt{-1})$$

da Sec. 6-19 obtemos as relações

$$\cos x = \frac{e^{ix} + e^{-ix}}{2}, \quad \operatorname{sen} x = \frac{e^{ix} - e^{-ix}}{2i}. \tag{7-79}$$

Uma série de Fourier

$$\frac{a_0}{2} + \sum_{n=1}^{\infty} (a_n \cos nx + b_n \operatorname{sen} nx)$$

pode, pois, ser escrita na forma

$$\frac{a_0}{2} + \sum_{n=1}^{\infty} (c_n e^{inx} + d_n e^{-inx}) = \sum_{n=-\infty}^{\infty} c_n e^{inx}, \tag{7-80}$$

$$c_0 = \frac{a_0}{2}, \quad c_n = \frac{a_n - ib_n}{2}, \quad d_n = \frac{a_n + ib_n}{2} = c_{-n} \quad (n = 1, 2, \ldots).$$

O somatório de $-\infty$ a ∞ é entendido como sendo uma soma de duas séries

$$\sum_{n=-\infty}^{\infty} c_n e^{inx} = \sum_{n=0}^{\infty} c_n e^{inx} + \sum_{n=1}^{\infty} c_{-n} e^{-inx}.$$

Se ambas convergem, o resultado é claramente o mesmo que na série no primeiro membro de (7-80).

A forma (7-80) tem várias vantagens. Os coeficientes c_n podem ser definidos diretamente em termos de $f(x)$:

$$c_n = \frac{2}{2\pi} \int_{-\pi}^{\pi} f(x) e^{-inx} dx \quad (n = 0, \pm 1, \pm 2, \ldots), \tag{7-81}$$

pois a integral à direita é

$$\frac{1}{2\pi} \int_{-\pi}^{\pi} f(x) (\cos nx - i \operatorname{sen} nx) dx.$$

Quando $n = 0$, isso dá $\frac{1}{2}a_0$; quando $n > 0$, a integral é igual a $\frac{1}{2}(a_n - ib_n)$, e quando $n < 0$ vale $\frac{1}{2}(a_{-n} + ib_{-n})$. Tem-se, pois,

$$f(x) = \sum_{n=-\infty}^{\infty} c_n e^{inx}, \quad c_n = \frac{1}{2\pi} \int_{-\pi}^{\pi} f(x) e^{-inx} dx, \tag{7-82}$$

sempre que a série converge a $f(x)$.

Para o trabalho formal com séries de Fourier, e mesmo para cálculo de coeficientes, a série (7-82) oferece simplificação considerável.

486

Séries de Fourier e Funções Ortogonais

É interessante notar que, com um processo adequado de passagem ao limite, as equações (7-82) conduzem às relações

$$f(x) = \frac{1}{\sqrt{2\pi}} \int_{-\infty}^{\infty} g(t)e^{ixt}\, dt, \quad g(t) = \frac{1}{\sqrt{2\pi}} \int_{-\infty}^{\infty} f(x)e^{-ixt}\, dx. \quad (7\text{-}83)$$

Portanto, com hipóteses adequadas, uma função $f(x)$ definida para $-\infty < x < \infty$ pode ser representada como "soma contínua" de senos e cossenos ($e^{ixt} = \cos xt + i \operatorname{sen} xt$). A integral que representa $f(x)$ chama-se a *integral de Fourier* de $f(x)$. Os coeficientes de Fourier de $f(x)$ nessa representação integral são os números $g(t)$, os quais formam uma nova função. As Eqs. (7-83) mostram que a relação entre f e g é quase simétrica.

As Eqs. (7-83) podem também ser escritas em forma real como segue:

$$f(x) = \int_{0}^{\infty} \alpha(t) \cos xt\, dt + \int_{0}^{\infty} \beta(t) \operatorname{sen} xt\, dt,$$

$$\alpha(t) = \frac{1}{\pi} \int_{-\infty}^{\infty} f(x) \cos xt\, dx, \quad \beta(t) = \frac{1}{\pi} \int_{-\infty}^{\infty} f(x) \operatorname{sen} xt\, dx. \tag{7-84}$$

Isso está em analogia direta com a forma real das séries de Fourier.

A validade das fórmulas (7-83) ou das equivalentes (7-84) pode ser estabelecida se $f(x)$ é lisa por partes em todo intervalo finito e se a integral

$$\int_{-\infty}^{\infty} |f(x)|\, dx$$

converge; a integral de Fourier converge à média dos dois valores-limite de $f(x)$ nas descontinuidades de salto. Para uma prova, indicamos ao leitor a pág. 88 do livro de Churchill sobre séries de Fourier citado no final deste capítulo.

PROBLEMAS

1. (a) Prove que as funções (7-77) formam um sistema ortogonal no retângulo $R: -\pi \leqq x \leqq \pi, -\pi \leqq y \leqq \pi$.

   (b) Expandir $f(x, y) = x^2 y^2$ em série de Fourier dupla em R.

2. Represente as seguintes funções como integrais de Fourier:

   (a) $f(x) = 0,\ x < 0;\ f(x) = e^{-x},\ x \geqq 0$.
   (b) $f(x) = 0,\ x < 0;\ f(x) = 1,\ 0 \leqq x \leqq 1,\ f(x) = 0,\ x > 1$.

3. Mostre que, se f é par, então sua integral de Fourier reduz-se a

$$\int_{0}^{\infty} \alpha(t) \cos xt\, dt, \quad \alpha(t) = \frac{2}{\pi} \int_{0}^{\infty} f(x) \cos xt\, dx$$

487

Cálculo Avançado

e que, se f é ímpar, sua integral de Fourier reduz-se a

$$\int_0^\infty \beta(t) \operatorname{sen} xt\, dt, \qquad \beta(t) = \frac{2}{\pi} \int_0^\infty f(x) \operatorname{sen} xt\, dx.$$

RESPOSTAS

1. (b) $\dfrac{\pi^4}{9} + \dfrac{4\pi^2}{3} \displaystyle\sum_{n=1}^\infty (-1)^n \dfrac{\cos nx}{n^2} + \dfrac{4\pi^2}{3} \displaystyle\sum_{m=1}^\infty (-1)^m \dfrac{\cos my}{m^2}$

$$+ 16 \sum_{n=1}^\infty \sum_{m=1}^\infty (-1)^{m+n} \frac{\cos nx \cos my}{n^2 m^2}.$$

2. (a) $\dfrac{1}{\pi} \displaystyle\int_0^\infty \dfrac{\cos xt + t \operatorname{sen} xt}{1 + t^2}\, dt,$

   (b) $\dfrac{1}{\pi} \displaystyle\int_0^\infty \dfrac{\operatorname{sen} t \cos xt + (1 - \cos t) \operatorname{sen} xt}{t}\, dt.$

REFERÊNCIAS

Churchill, Ruel V., *Fourier Series and Boundary Value Problems*. New York: McGraw-Hill, 1941.

Churchill, Ruel V., *Modern Operational Mathematics in Engineering*. New York: McGraw-Hill, 1944.

Franklin, Philip, *Fourier Methods*. New York: McGraw-Hill, 1949.

Franklin, Philip, *A Treatise on Advanced Calculus*. New York: John Wiley and Sons, Inc., 1940.

Jackson, Dunham, *Fourier Series and Orthogonal Polynomials* (Carus Mathematical Monographs, n.° 6). Menasha, Wisconsin: Mathematical Association of America, 1941.

Jahnke, E., and Emde, F., *Tables of Functions*. Leipzig: B. G. Teubner, 1938.

Rogosinski, Werner, *Fourier Series* (traduzido para o inglês por H. Cohn and F. Steinhardt). New York: Chelsea Publishing Co., 1950.

Szegö, Gabor, *Orthogonal Polynomials* (American Mathematical Society Coloquium Publications, Vol. 23). New York: American Mathematical Society, 1939.

Titchmarsh, E. C., *Eigenfunction Expansions*. Oxford: Oxford University Press, 1946.

Titchmarsh, E. C., *Theory of Fourier Integrals*. Oxford: Oxford University Press, 1937.

Watson, G. N., *Theory of Bessel Functions*, 2.ª edição. New York: Macmillan, 1944.

Whittaker, E. T., e Watson, G. N., *Modern Analysis*, 4.ª edição. Cambridge: Cambridge University Press, 1940.

Wiener, Norbert, *The Fourier Integral*. Cambridge: Cambridge University Press, 1933.

Zygmund, A., *Trigonometrical Series*, Varsóvia, 1935.

capítulo 8

EQUAÇÕES DIFERENCIAIS ORDINÁRIAS

8-1. EQUAÇÕES DIFERENCIAIS. Uma equação diferencial ordinária de ordem n é uma equação da forma

$$F(x, y, y', \ldots, y^{(n)}) = 0, \tag{8-1}$$

que exprime uma relação entre x, uma função não especificada $y(x)$, e suas derivadas y', y'', ... até ordem n. Por exemplo

$$y'' + 3y' + 2y - 6e^x = 0, \tag{8-2}$$

$$(y''')^2 - 2y'y''' + (y'')^3 = 0 \tag{8-3}$$

são equações diferenciais ordinárias de ordens 2 e 3 respectivamente.

Para que a equação diferencial (8-1) tenha significado, é necessário que a função F esteja definida em algum domínio do espaço das variáveis de que depende. Neste capítulo consideraremos principalmente equações que podem ser resolvidas em relação à derivada de ordem mais alta e escritas na forma

$$y^{(n)} = F(x, y, y', \ldots, y^{(n-1)}). \tag{8-4}$$

A Eq. (8-2) pode imediatamente ser reduzida a essa forma. A Eq. (8-3) é uma equação *quadrática* em y'''; resolvendo essa equação quadrática, obtemos duas equações diferentes para y''', isto é, duas equações da forma (8-4). Dizemos: (8-3) é uma equação diferencial de *grau* 2, enquanto que (8-2) é de grau 1.

Também consideraremos sistemas de equações diferenciais (Sec. 8-12).

A expressão "ordinária" é usada aqui para ressaltar que não aparecem derivadas parciais, havendo só uma variável independente. Uma equação como

$$\frac{\partial^2 z}{\partial x^2} - \frac{\partial^2 z}{\partial y^2} = 0 \tag{8-5}$$

seria chamada *equação diferencial parcial*. O Cap. 10 trata dessas equações.

As aplicações das equações diferenciais ordinárias a problemas de física são numerosas. As equações da dinâmica são relações entre coordenadas, velocidades, acelerações, e o tempo; logo, dão equações diferenciais de segunda ordem ou sistemas de ordem maior. Circuitos elétricos obedecem a leis descritas por equações diferenciais ligando correntes e suas derivadas com relação ao tempo. Servomecanismos, ou controles, são combinações de componentes mecânicas e elétricas (e outras), e podendo ser descritos por equações diferenciais. Problemas envolvendo meios contínuos (dinâmica dos fluidos, elasticidade, condução de calor, etc.) levam a equações diferenciais *parciais*.

8-2. SOLUÇÕES. Chama-se *solução particular* de (8-1) uma função $y = f(x)$, $a < x < b$, com derivadas até ordem n no intervalo e tal que (8-1) torna-se uma identidade quando y e suas derivadas são substituídas por $f(x)$

489

Cálculo Avançado

e suas derivadas. Assim $y = e^x$ é uma solução particular de (8-2) e $y = x$ é uma solução particular de (8-3). Para a maior parte das equações diferenciais que serão consideradas aqui, provaremos que todas as soluções particulares podem ser incluídas numa fórmula:

$$y = f(x, c_1, \ldots, c_n) \tag{8-6}$$

onde $c_1, \ldots, c_n$ são constantes "arbitrárias". Assim, a cada escolha particular dos valores das c, (8-6) dá uma solução de (8-1) e todas as soluções podem ser obtidas dessa maneira. (O campo de valores das c e de x pode ter de restringir-se, em alguns casos, para evitar expressões imaginárias ou outras dificuldades.) Por exemplo, todas as soluções de (8-2) são dadas pela fórmula

$$y = c_1 e^{-x} + c_2 e^{-2x} + e^x; \tag{8-7}$$

a solução $y = e^x$ é obtida quando $c_1 = 0, c_2 = 0$. Quando se obtém uma fórmula como (8-6), fornecendo *todas* as soluções, ela se diz a *solução geral* de (8-1). Para as equações que serão consideradas aqui será provado que o *número de constantes arbitrárias é igual à ordem n*.

A presença de constantes arbitrárias não deve surpreender, pois aparecem na equação diferencial mais simples:

$$y' = F(x). \tag{8-8}$$

Todas as soluções de (8-8) são obtidas por integração:

$$y = \int F(x)\, dx + C. \tag{8-9}$$

Aqui há uma constante arbitrária: $c_1 = C$. Isso pode ser generalizado a equações de ordem mais alta, como mostra este exemplo:

$$y'' = 20\, x^3. \tag{8-10}$$

Como y'' é a derivada de y', conclui-se, integrando duas vezes seguidas, que

$$y' = 5x^4 + c_1, \quad y = x^5 + c_1 x + c_2. \tag{8-11}$$

8-3. OS PROBLEMAS BÁSICOS. TEOREMA FUNDAMENTAL. Para uma equação diferencial dada ou um sistema de equações dado, o problema fundamental é o de achar todas as soluções. Isso é uma tarefa pesada e que só pode ser completada satisfatoriamente para poucas equações diferenciais simples. Além disso, dos exemplos que serão considerados, ficará claro que o sentido de "achar as soluções" não é tão evidente como poderia parecer. Na verdade, veremos que, para um problema prático determinado, podem-se achar tantas soluções particulares quantas sejam necessárias e com a exatidão que se queira. O único obstáculo real é o *tempo*, pois cálculos longos podem ser inevitáveis. Além disso, em muitos casos práticos, não é a expressão explícita da solução geral que importa, mas sim o conhecimento de certas propriedades qualitativas

490

Equações Diferenciais Ordinárias

da família de soluções. Pode ser possível determinar tais propriedades sem resolver explìcitamente as equações diferenciais. Isso será ilustrado adiante.

Além do problema geral de achar todas as soluções, há dois problemas especiais de grande importância: o problema do *valor inicial* e o do *valor de fronteira*.

Para a Eq. (8-1) o problema com valor inicial é o seguinte: dado um valor x_0 de x e n constantes,

$$y_0, y_0', \ldots, y_0^{(n-1)},$$

procura-se uma solução, $y = f(x)$, de (8-1) tal que $y = f(x)$ seja definida num intervalo $|x - x_0| < \delta \, (\delta > 0)$ e

$$f(x_0) = y_0, \quad f'(x_0) = y_0', \ldots, f^{(n-1)}(x_0) = y_0^{(n-1)}. \tag{8-12}$$

Se x é uma variável representando o tempo e $x_0 = 0$ então (8-12) impõe n condições para a solução no instante 0, ou "condições iniciais".

Teorema Fundamental. *Seja uma equação diferencial ordinária de ordem n dada na forma*

$$y^{(n)} = F(x, y, y', \ldots, y^{(n-1)}), \tag{8-13}$$

e suponhamos a função F definida com derivadas parciais primeiras contínuas num aberto D do espaço de suas variáveis. Seja $(x_0, y_0, y_0', \ldots, y_0^{(n-1)})$ um ponto de D. Então existe uma função $y = f(x)$, $x_0 - \delta < x < x_0 + \delta \, (\delta > 0)$, que é uma solução particular de (8-13) e satisfaz às condições iniciais (8-12). Além disso, a solução é única, isto é, se $y = g(x)$ é uma segunda solução de (8-13) satisfazendo a (8-12), então $f(x) = g(x)$ em todo x onde ambas estejam definidas.

Para uma prova desse teorema (sob condições um pouco mais gerais) ver o Cap. II do livro de Goursat citado na lista de referências do final do capítulo.

Quando se conhece a solução geral, a solução do problema com valor inicial é relativamente simples. Por exemplo, da solução geral (8-7) de (8-2) obtém-se uma solução particular tal que $y = 1$ e $y' = 2$ para $x = 0$, resolvendo as equações

$$1 = c_1 + c_2 + 1, \quad 2 = -c_1 - 2c_2 + 1.$$

Assim, $c_1 = 1, c_2 = -1$ e $y = e^{-x} - e^{-2x} + e^x$ é a solução particular procurada. Em geral, o Teorema Fundamental dá uma maneira de verificar uma fórmula que se acredita fornecer a solução geral (*todas* as soluções): *se a fórmula define soluções e fornece uma solução para cada conjunto admissível de condições iniciais, então é de fato a solução geral.*

Deve-se observar que as condições iniciais (8-12) impõem n condições sobre a função $f(x)$ para um valor x_0 de x escolhido. Como a solução geral (quando pode ser encontrada) tem n constantes arbitrárias, isso nos leva a n equações simultâneas em n incógnitas, que, "em geral", têm uma, e uma só,

491

Cálculo Avançado

solução. Podem-se impor algumas das n condições num valor x_0 de x e as outras num segundo valor x_1. Então se procura uma solução particular $y = f(x)$ definida para $x_0 \leqq x \leqq x_1$ e satisfazendo às condições dadas em x_0 e x_1. Esse é o problema de *valor de fronteira* para (8-13).

Por exemplo, seja o problema o de achar uma solução $y = f(x)$ de (8-2) que satisfaça às duas condições: $f(0) = 0$, $f(1) = 0$. Somos levados a escrever as duas equações:

$$0 = c_1 + c_2 + 1, \quad 0 = c_1 e^{-1} + c_2 e^{-2} + e;$$

estas têm uma solução: $c_1 = -1 - e - e^2$, $c_2 = e + e^2$, de modo que

$$y = (-1 - e - e^2)e^{-x} + (e + e^2)e^{-2x} + e^x$$

é a solução procurada.

As condições sob as quais o problema geral de valor de fronteira tem solução são complicadas e não serão consideradas aqui.

PROBLEMAS

1. Ache a solução geral de cada uma das seguintes equações diferenciais:

(a) $\dfrac{dy}{dx} = e^{2x} - x$ (c) $\dfrac{d^3 y}{dx^3} = x$ (e) $\dfrac{d^n y}{dx^n} = 1$

(b) $\dfrac{d^2 y}{dx^2} = 0$ (d) $\dfrac{d^n y}{dx^n} = 0$ (f) $\dfrac{dy}{dx} = \dfrac{1}{x}$.

2. Ache uma solução particular satisfazendo às condições iniciais dadas para cada uma das seguintes equações diferenciais:

(a) $\dfrac{dy}{dx} = \operatorname{sen} x;$ $y = 1$ para $x = 0;$

(b) $\dfrac{d^2 y}{dx^2} = e^x;$ $y = 1$ e $y' = 0$ para $x = 1;$

(c) $\dfrac{dy}{dx} = y;$ $y = 1$ para $x = 0.$

3. Ache uma solução particular da equação diferencial satisfazendo às condições de fronteira dadas.

(a) $\dfrac{d^2 y}{dx^2} = 1;$ $y = 1$ para $x = 0;$ $y = 2$ para $x = 1;$

(b) $\dfrac{d^4 y}{dx^4} = 0;$ $y = 1$ para $x = -1$ e $x = 1;$ $y' = 0$ para $x = -1$ e $x = 1.$

4. Verifique que as seguintes são soluções particulares das equações diferenciais dadas:

492

Equações Diferenciais Ordinárias

(a) $y = \operatorname{sen} x$, para $y'' + y = 0$;

(b) $y = e^{2x}$, para $y'' - 4y = 0$;

(c) $y = c_1 \cos x + c_2 \operatorname{sen} x$ (c_1 e c_2 constantes quaisquer), para $y'' + y = 0$;

(d) $y = c_1 e^{2x} + c_2 e^{-2x}$ para $y'' - 4y = 0$.

5. Diga qual a ordem e o grau de cada uma das seguintes equações diferenciais:

(a) $\dfrac{dy}{dx} = x^2 - y^2$

(c) $\left(\dfrac{dy}{dx}\right) + x\dfrac{dy}{dx} - y^2 = 0$

(b) $\dfrac{d^2 y}{dx^2} - \left(\dfrac{dy}{dx}\right)^2 + xy = 0$

(d) $\left(\dfrac{d^2 y}{dx^2}\right)^4 - 2\dfrac{d^2 y}{dx^2} + x\dfrac{dy}{dx} = 0$

RESPOSTAS

1. (a) $\frac{1}{2}(e^{2x} - x^2) + c$,   (b) $c_1 x + c_2$,   (c) $\frac{1}{24}x^4 + c_1 x^2 + c_2 x + c_3$,

(d) $c_1 x^{n-1} + c_2 x^{n-2} + \cdots + c_{n-1} x + c_n$,   (e) $\dfrac{x^n}{n!} + c_1 x^{n-1} + \cdots + c_n$,

(f) $\log |x| + c$ $(x \neq 0)$.

2. (a) $2 - \cos x$,   (b) $e^x - ex + 1$,   (c) e^x.   3. (a) $\frac{1}{2}x^2 + x) + 1$,   (b) 1.

5. Ordem: (a) 1, (b) 2, (c) 1, (d) 2. Grau: (a) 1, (b) 1, (c) 2, (d) 4.

8-4. EQUAÇÕES DE PRIMEIRA ORDEM E PRIMEIRO GRAU. A
equação geral de primeira ordem e primeiro grau será considerada na forma

$$\frac{dy}{dx} = F(x, y), \tag{8-14}$$

ou na forma

$$dy = F(x, y)\, dx;$$

se agora multiplicamos por uma função $g(x, y)$, pode ser escrita

$$P(x, y)\, dx + Q(x, y)\, dy = 0. \tag{8-15}$$

Essa última operação pode introduzir descontinuidades que não existiam, em pontos (x, y) que são descontinuidades de $g(x, y)$, e soluções extras: curvas ao longo das quais $g(x, y) \equiv 0$.

O método básico para obter a solução geral de (8-14) é transformá-la pelos passos descritos numa equação (8-15) que tenha a forma

$$du = 0, \quad u = u(x, y). \tag{8-16}$$

As soluções de (8-16) são então dadas em forma implícita pela equação

$$u(x, y) = c, \quad c = \text{const.}, \tag{8-17}$$

isto é, pelas curvas de nível de $u(x, y)$. Uma equação (8-15) que possa ser interpretada como uma Eq. (8-16), de modo que $P\, dx + Q\, dy = du$, chama-se uma equação *exata*.

493

Cálculo Avançado

Do fato de as soluções de (8-14) serem curvas de nível de uma função $u(x, y)$, obtemos uma idéia geométrica das soluções como uma *família de curvas* no plano xy (Secs. 2-3 e 2-17). Isso está ilustrado na Fig. 8-1. O Teorema Fundamental afirma que, através de cada ponto de um aberto em que $\partial F/\partial x$ e $\partial F/\partial y$ são contínuas, passa exatamente uma tal curva.

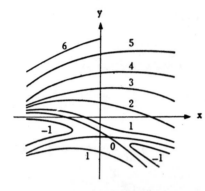

Figura 8-1. Soluções de $y' = F(x, y)$ como curvas de nível de $u = f(x, y)$

Equações com variáveis separáveis. Se a função $F(x, y)$ pode ser escrita como um produto de uma função de x por uma função de y, $F(x, y) = X(x)\, Y(y)$, então dizemos que 8-14 tem *variáveis separáveis*. Por exemplo,

$$\frac{dy}{dx} = -\frac{x}{y} \qquad (8\text{-}18)$$

é desse tipo, com $X(x) = -x$, $Y(y) = 1/y$. Multiplicando por $y\,dx$, (8-18) fica

$$x\,dx + y\,dy = 0.$$

A equação é exata pois $x\,dx + y\,dy = d(\tfrac{1}{2}x^2 + \tfrac{1}{2}y^2)$. Logo, as soluções são os círculos

$$\tfrac{1}{2}(x^2 + y^2) = \tfrac{1}{2}c, \quad \text{isto é}, \quad x^2 + y^2 = c. \qquad (8\text{-}19)$$

A Eq. (8-18) daria a y' um valor infinito ao longo do eixo dos x; admitindo isso como um caso-limite, (8-19) fornece uma solução para todo (x, y), exceto $(0, 0)$.

A equação geral com variáveis separáveis pode ser escrita na forma exata

$$P(x)\,dx + Q(y)\,dy = 0, \qquad (8\text{-}20)$$

e as soluções correspondentes são

$$\int P(x)\,dx + \int Q(y)\,dy = c. \qquad (8\text{-}21)$$

Exemplo. 1. $y' = y/x$.

Solução. $\dfrac{dy}{y} - \dfrac{dx}{x} = 0.$

$$\log y - \log x = c \quad (x > 0,\ y > 0), \quad \log \frac{y}{x} = c.$$

$$y/x = c', \quad y = c'x.$$

Aqui $c' = e^c$ é uma nova constante e $c' > 0$. No entanto as restrições $x > 0$, $y > 0$, $c' > 0$ podem ser removidas: basta que $x \neq 0$; a dificuldade pode ser evitada escrevendo-se

$$\int \frac{dy}{y} = \log|y| + \text{const.}, \quad \int \frac{dx}{x} = \log|x| + \text{const.}$$

A reta $x = 0$ pode ser vista como uma solução-limite, quando $c' = \infty$.

Exemplo 2. $y' = x\sqrt{1 - y^5}$. As soluções podem ser escritas na forma

$$\int \frac{dy}{\sqrt{1 - y^5}} = \frac{1}{2}x^2 + c \quad (y < 1).$$

A integral à esquerda define uma função de y, como se explicou na Sec. 4-3. A reta $y = 1$ é também uma solução.

Equações homogêneas. Se na equação diferencial (8-14) a função $F(x, y)$ pode ser expressa em termos da variável $v = y/x$ $[F(x, y) = G(v)]$, então a Eq. (8-14) chama-se *homogênea.* São desse tipo as seguintes equações:

$$y' = \frac{y}{x}, \quad y' = \frac{x^2 - y^2}{xy} = \frac{1 - v^2}{v}, \quad y' = \text{sen}\left(\frac{y}{x}\right) = \text{sen } v.$$

Uma equação homogênea pode ser reduzida à forma exata como segue: como $y = xv,\ dy = x\,dv + v\,dx$ e

$$x\,dv + v\,dx = dy = F(x, y)\,dx = G(v)\,dx,$$
$$\frac{dv}{v - G(v)} + \frac{dx}{x} = 0 \quad \left(v = \frac{y}{x}\right).$$

Em outras palavras, a substituição $v = y/x$ e a eliminação de y levam a uma separação de variáveis.

Exemplo 3. $y' = \dfrac{x^2 + y^2}{xy}.$

Solução.
$$y' = \frac{x}{y} + \frac{y}{x} = \frac{1}{v} + v,$$
$$x\,dv + v\,dx = dy = \left(\frac{1}{v} + v\right)dx,$$
$$v\,dv - \frac{dx}{x} = 0, \quad \frac{1}{2}v^2 - \log|x| = c,$$
$$y^2 = x^2 \log x^2 + cx^2 \quad (y \neq 0,\ x \neq 0).$$

495

Cálculo Avançado

8-5. A EQUAÇÃO GERAL EXATA. Nos exemplos considerados até agora, a exatidão e a forma de u eram óbvios. A equação

$$(3x^2 y + 2xy)\,dx + (x^3 + x^2 + 2y)\,dy = 0 \qquad (8\text{-}22)$$

é também exata, mas isso é menos evidente.

Se uma equação $P\,dx + Q\,dy = 0$ é exata, então
$$du = P(x, y)\,dx + Q(x, y)\,dy, \quad u = u(x, y).$$

Logo (Secs. 2-6 e 2-11),

$$\frac{\partial u}{\partial x} = P(x, y), \qquad \frac{\partial u}{\partial y} = Q(x, y),$$

$$\frac{\partial P}{\partial y} = \frac{\partial^2 u}{\partial y\,\partial x} = \frac{\partial^2 u}{\partial x\,\partial y} = \frac{\partial Q}{\partial x},$$

desde que P e Q tenham derivadas primeiras contínuas. Portanto, se uma equação $P\,dx + Q\,dy = 0$ é exata, então

$$\frac{\partial P}{\partial y} = \frac{\partial Q}{\partial x}. \qquad (8\text{-}23)$$

Reciprocamente, se (8-23) vale, então, com alguma restrição, $P\,dx + Q\,dy = 0$ é exata, como veremos. Portanto (8-23) é um *critério de exatidão*.

Exemplo 4. A equação diferencial (8-22). Aqui,

$$P = 3x^2 y + 2xy, \qquad Q = x^3 + x^2 + 2y;$$

$$\frac{\partial P}{\partial y} = 3x^2 + 2x, \qquad \frac{\partial Q}{\partial x} = 3x^2 + 2x.$$

O critério está verificado. Para achar a função u, escrevemos

$$\frac{\partial u}{\partial x} = 3x^2 y + 2xy,$$

$$u = x^3 y + x^2 y + C(y),$$

isto é, integramos em relação a x, mas admitimos uma "constante" arbitrária que depende de y. A condição $\partial u/\partial y = Q$ estará satisfeita se

$$x + x^2 + C'(y) = x^3 + x^2 + 2y.$$

Logo, $C'(y) = 2y$ e $C(y) = y^2$; não somamos constante a y^2, pois essa constante seria absorvida na constante final. A função u é, pois, a função $x^3 y + x^2 y + y^2$ e a Eq. (8-22) equivale à equação

$$d(x^3 + x^2 y + y^2) = 0.$$

As soluções são as curvas

$$x^3 y + x^2 y + y^2 = c.$$

496

Equações Diferenciais Ordinárias

Exemplo 5. $x\,dy + y\,dx = 0$. Por inspeção, vê-se que isso pode ser escrito $d(xy) = 0$. Logo, as soluções são as curvas $xy = c$.

Exemplo 6. $(xy\cos xy + \text{sen }xy)\,dx + (x^2\cos xy + e^y)\,dy = 0$. Esta pode ser resolvida pelo método usado no Ex. 4 ou por inspeção, mas será instrutivo usar um processo diferente. Primeiro verificamos o critério de exatidão

$$\frac{\partial P}{\partial y} = 2x\cos xy - x^2 y\,\text{sen }xy = \frac{\partial Q}{\partial x}.$$

Raciocinamos agora, como na Sec. 5-6, que a integral curvilínea $\int P\,dx + Q\,dy$ é independente do caminho e que uma função u cuja diferencial é $P\,dx + Q\,dy$ é dada por

$$\int_{(x_0,\,y_0)}^{(x,\,y)} P(x,y)\,dx + Q(x,y)\,dy,$$

onde (x_0, y_0) é um ponto fixado e a integral curvilínea é tomada sobre qualquer caminho. Se escolhemos (x_0, y_0) como sendo $(0,0)$ e o caminho como sendo a linha quebrada indo de $(0,0)$ a $(x,0)$ a (x,y), achamos

$$u = \int_{(0,\,0)}^{(x,\,0)} (xy\cos xy + \text{sen }xy)\,dx + (x^2\cos xy + e^y)\,dy$$

$$+ \int_{(x,\,0)}^{(x,\,y)} (xy\cos xy + \text{sen }xy)\,dx + (x^2\cos xy + e^y)\,dy$$

$$= x\,\text{sen }xy + e^y - 1,$$

pois $y = dy = 0$ na primeira integral, e $dx = 0$ na segunda. Portanto as soluções procuradas são as curvas

$$x\,\text{sen }xy + e^y - 1 = c.$$

Uma vez que, pela definição como integral curvilínea, $u(0,0) = 0$, a solução passando pela origem (problema com valor inicial) é

$$x\,\text{sen }xy + e^y - 1 = 0.$$

O exemplo que acabamos de considerar mostra que o problema de equações exatas é coberto completamente pela teoria das integrais curvilíneas (Cap. 5) e podemos concluir isto:

Se $P(x, y)$ e $Q(x, y)$ têm derivadas parciais primeiras contínuas num aberto simplesmente conexo, D e $\partial P/\partial y = \partial Q/\partial x$ em D, então a equação diferencial $P\,dx + Q\,dy = 0$ é exata em D e todas as soluções são dadas pela equação $u(x, y) = c$, onde

$$u = \int_{(x_0,\,y_0)}^{(x,\,y)} P\,dx + Q\,dy \tag{8-24}$$

497

Cálculo Avançado

$e\ (x_0, y_0)$ é um ponto de D. A solução que passa por (x_0, y_0) é definida pela equação

$$\int_{(x_0, y_0)}^{(x, y)} P\,dx + Q\,dy = 0. \tag{8-25}$$

Se o domínio D não é simplesmente conexo, podemos usar integrais curvilíneas para encontrar soluções da equação em toda parte simplesmente conexa de D.

Quando as variáveis são separáveis, (8-25) toma a forma

$$\int_{x_0}^{x} P(x)\,dx + \int_{y_0}^{y} Q(y)\,dy = 0. \tag{8-26}$$

Fatores integrantes. A equação diferencial

$$y\,dx - x\,dy = 0$$

não é exata. No entanto torna-se exata quando é dividida por y^2, pois

$$\frac{y\,dx - x\,dy}{y^2} = d\left(\frac{x}{y}\right).$$

Nesse caso, o fator y^{-2} é chamado um *fator integrante* para a equação diferencial dada. Onde $y \neq 0$, a equação dada equivale à equação $d(x/y) = 0$. As soluções, portanto, são dadas pelas retas $x/y = $ const.

Surge a questão de saber se é sempre possível achar um tal fator integrante. Num sentido geral, existe um fator integrante, num domínio convenientemente restrito, mas esse fato em si não ajuda a encontrar fatores integrantes para certas equações.

As diferenciais que seguem merecem ser registradas, como pistas para determinar fatores integrantes:

$$d(xy) = y\,dx + x\,dy; \tag{8-27a}$$

$$d\left(\frac{y}{x}\right) = \frac{x\,dy - y\,dx}{x^2}; \tag{8-27b}$$

$$d\,\text{arc tg}\,\frac{y}{x} = \frac{x\,dy - y\,dx}{x^2 + y^2}; \tag{8-27c}$$

$$\frac{1}{2}\,d\,\log(x^2 + y^2) = \frac{x\,dx + y\,dy}{x^2 + y^2}. \tag{8-27d}$$

Também deve-se observar que, se $df = P\,dx + Q\,dy$ então $P\,dx + Q\,dy$ permanece exata quando multiplicada por qualquer função da função f. Assim

$$2x\,dx + 2y\,dy = d(x^2 + y^2),$$

$$(x^2 + y^2)(2x\,dx + 2y\,dy) = f\,df = d\left(\frac{f^2}{2}\right) \quad (f = x^2 + y^2),$$

$$\frac{2x\,dx + 2y\,dy}{x^2 + y^2} = \frac{df}{f} = d\,\log f.$$

498

Equações Diferenciais Ordinárias

Isso explica (8-27d). Também (8-27c) é obtida de (8-27b) multiplicando por

$$\frac{x^2}{x^2 + y^2} = \frac{1}{1 + \left(\dfrac{y}{x}\right)^2} = \frac{1}{1 + f^2} \quad \left(f = \frac{y}{x}\right).$$

8-6. EQUAÇÕES LINEARES DE PRIMEIRA ORDEM. Uma equação diferencial de primeira ordem chama-se linear se pode ser escrita na forma

$$y' + p(x)y = q(x). \tag{8-28}$$

Será conveniente escolher uma função $s(x)$ tal que

$$p(x) = \frac{s'(x)}{s(x)} = \frac{d}{dx} \log s(x);$$

basta escolher

$$s(x) = e^{\int p(x)\,dx} \tag{8-29}$$

A equação diferencial (8-28) fica então

$$y' + \frac{s'(x)}{s(x)} y = q(x).$$

Se ambos os membros são multiplicados por $s(x)$, ela toma a forma

$$\frac{d}{dx} [s(x)y] = q(x)s(x),$$

de modo que a solução geral é

$$s(x)y = \int q(x)s(x)\,dx + c, \quad s(x) = e^{\int p\,dx}. \tag{8-30}$$

Mostramos na verdade que $s(x)$ é um fator integrante para a equação $dy + (py - q)\,dx = 0$. Não é necessário carregar uma constante arbitrária na integral $\int p\,dx$, pois pode ser absorvida na constante final.

Exemplo. $y' + xy = x$. Aqui, $p = x$ e $s = e^{(1/2)x^2}$. Multiplicando por s, obtém-se

$$e^{(1/2)x^2} y' + xe^{(1/2)x^2} y = xe^{(1/2)x^2},$$
$$\frac{d}{dx} (e^{(1/2)x^2} y) = xe^{(1/2)x^2}.$$

Logo,

$$e^{(1/2)x^2} y = \int xe^{(1/2)x^2}\,dx + c = e^{(1/2)x^2} + c, \quad y = 1 + ce^{(1/2)x^2}.$$

PROBLEMAS

1. Ache todas as soluções por separação de variáveis:

(a) $y' = e^{x+y}$

(b) $y' = \operatorname{sen} x \cos y$

(c) $y' = (y-1)(y-2)$

(d) $y' = y^{-2}$

Cálculo Avançado

2. Ache todas as soluções das seguintes equações homogêneas:

(a) $y' = \dfrac{x - y}{x + y}$;   (b) $xy' - y = xe^{y/x}$;

(c) $(3x^2 y + y^3)\,dx + (x^3 + 3xy^2)\,dy = 0$.

3. Verifique que as seguintes equações são exatas e ache todas as soluções:

(a) $2xy\,dx + (x^2 + 1)\,dy = 0$;

(b) $(2x + y)\,dx + (x - 2y)\,dy = 0$;

(c) $[x\cos(x + y) + \operatorname{sen}(x + y)]\,dx + x\cos(x + y)\,dy = 0$.

4. Ache os fatores integrantes de cada uma das seguintes equações diferenciais e obtenha as soluções gerais:

(a) $(x + 2y)\,dx + x\,dy = 0$;

(b) $(x + 3y)\,dx + x\,dy = 0$;

(c) $y\,dx + (y - x)\,dy = 0$;

(d) $2y^2\,dx + (2x + 3xy)\,dy = 0$;

(e) $(x^2 + y^2 + x)\,dx + y\,dy = 0$.

5. Ache a solução geral de cada uma das seguintes equações diferenciais lineares:

(a) $\dfrac{dy}{dx} + \dfrac{1}{x + 1}\,y = \operatorname{sen} x$;

(b) $(\operatorname{sen}^2 x - y)\,dx - \operatorname{tg} x\,dy = 0$;

(c) $(y^2 - 1)\,dx + (y^3 - y + 2x)\,dy = 0$;

(d) $\dfrac{dx}{dt} + x = e^{2t}$.

6. Para cada uma das seguintes equações diferenciais, determine se a equação tem variáveis separáveis, é homogênea, é linear, ou é exata; então, resolva por todos os métodos aplicáveis:

(a) $y' = \dfrac{x + 1}{y}$;   (b) $y' + y = 2x + 1$;

(c) $(2xy - y + 2x)\,dx + (x^2 - x)\,dy = 0$;

(d) $y' = \dfrac{x^2 - 1}{y^2 + 1}$;

(e) $\left(\dfrac{y}{xy + 1} + x^2\right)dx + \dfrac{x\,dy}{xy + 1} = 0$;

(f) $y\operatorname{sen}\log x\,dx - \operatorname{tg} y\,dy = 0$;

(g) $y' = \dfrac{x + \sqrt{x^2 - y^2}}{y}$;

(h) $(2x\operatorname{sen} xy + x^2 y\cos xy)\,dx + x^3\cos xy\,dy = 0$;

(i) $y' = y + e^y$;

(j) $(2x - y)\,dx + (x + 2y)\,dy = 0$.

500

Equações Diferenciais Ordinárias

7. Ache a solução particular especificada, para a equação dada:

(a) $(2x + y + 1)\,dx + (x + 3y + 2)\,dy = 0,\quad y = 0$ quando $x = 0$;

(b) $y' = \dfrac{x(y^2 + 1)}{(x-1)y^3},\quad y = 2$ quando $x = 2$;

(c) $(3xy + 2)\,dx + x^2\,dy = 0,\quad y = 1$ quando $x = 1$;

(d) $\dfrac{dx}{dt} = \dfrac{xt}{x^2 + t^2},\quad x = 1$ quando $t = 0$;

(e) $e^{-x^2}y\,dx + \left(\displaystyle\int_0^x e^{-x^2}\,dx + y\right)dy = 0,\quad y = 1$ quando $x = 1$.

8. Escolha n de modo que x^n seja um fator integrante de cada uma das seguintes equações e obtenha a solução geral:

(a) $(x + y^3)\,dx + 6xy^2\,dy = 0$; (b) $(x^2 + 2y)\,dx - x\,dy = 0$.

9. Mostre que $g(x, y)$ é um fator integrante da equação diferencial

$$P\,dx + Q\,dy = 0$$

se, e só se,

$$g\left(\frac{\partial Q}{\partial x} - \frac{\partial P}{\partial y}\right) = -Q\,\frac{\partial g}{\partial x} + P\,\frac{\partial g}{\partial y}.$$

10. Dada uma família de curvas no plano xy, uma curva para cada ponto de um aberto D, uma segunda família assim é chamada a família de *trajetórias ortogonais* da primeira família se as curvas da segunda família cortam as da primeira em ângulos retos. Assim, se $y' = F(x, y)$ é uma equação diferencial descrevendo a primeira família, então

$$y' = -\frac{1}{F(x, y)}$$

é uma equação diferencial para a segunda. Ache as trajetórias ortogonais das famílias seguintes e faça o gráfico:

(a) $x^2 + y^2 = c^2$ (c) $y^2 = 4cx$

(b) $x^2 + y^2 + cx = 0$ (d) $x^2 + y^2 + 2cy - 1 = 0$.

11. *Método de substituição.* Se novas variáveis u, v são introduzidas por equações

$$x = g(u, v),\quad y = h(u, v),$$

de modo que

$$dx = \frac{\partial g}{\partial u}\,du + \frac{\partial g}{\partial v}\,dv,\quad dy = \frac{\partial h}{\partial u}\,du + \frac{\partial h}{\partial v}\,dv,$$

a equação diferencial

$$P(x, y)\,dx + Q(x, y)\,dy = 0$$

501

Cálculo Avançado

transforma-se numa equação

$$R(u, v)\, du + S(u, v)\, du = 0.$$

Se a nova equação for exata, isto é,

$$R\, du + S\, dv = df, \quad f = f(u, v),$$

então a equação original era exata:

$$P\, dx + Q\, dy = df, \quad f = f\,[u(x, y), v(x, y)].$$

Se a nova equação é transformada a uma forma exata por um fator integrante μ, então o mesmo raciocínio mostra que μ, quando expresso em termos de x e y, deve ser um fator integrante para a equação de partida. Se as soluções da nova equação são obtidas na forma

$$\phi(u, v) = c,$$

então as soluções da equação original são as curvas

$$\phi\,[u(x, y), \ v(x, y)] = c.$$

Obtenha todas as soluções das equações seguintes com ajuda da substituição indicada:

(a) $2xy\, dx + (x^2 + 2y)\, dy = 0, \quad u = x^2, \quad v = y;$
(b) $(x^2 + y^2)(x\, dx + y\, dy) + y\, dx - x\, dy = 0, \quad x = r\cos\theta, \quad y = r\,\text{sen}\,\theta;$
(c) $(x + y - 1)\, dx + (2x + 2y + 1)\, dy = 0, \quad u = x + y, \quad v = y.$

12. Mostre que uma conveniente translação de eixos: $x = u + h,\ y = v + k$, transforma a equação

$$(ax + by + c)\, dx + (px + qy + r)\, dy = 0$$

numa equação homogênea, desde que $aq - bp \neq 0$. Mostre que, quando $aq - bp = 0$, a substituição $u = ax + by,\ v = y$ leva à separação de variáveis, a menos que $a = 0$; discuta o caso excepcional.

13. Ache todas as soluções (conforme Prob. 12):

(a) $(x + 2y - 1)\, dx + (2x - y - 7)\, dy = 0,$
(b) $(x + y + 1)\, dx + (2x + 2y - 1)\, dy = 0.$

14. Mostre que a introdução de coordenadas polares $x = r\cos\theta,\ y = r\,\text{sen}\,\theta$, leva à separação de variáveis numa equação homogênea: $y' = F(x, y)$.

RESPOSTAS

1. (a) $e^x + e^{-y} = c,$ (b) $(1 + \text{sen}\, y) = c\cos y\, e^{-\cos x},$
    (c) $y - 2 = ce^x(y - 1), \quad y = 1,$ (d) $y^3 = 3x + c.$
2. (a) $x^2 - 2xy - y^2 = c,$ (b) $e^{-y/x} + \log|x| = c,$ (c) $x^3 y + xy^3 = c.$

502

Equações Diferenciais Ordinárias

3. (a) $x^2 y + y = c$, (b) $x^2 + xy - y^2 = c$, (c) $x \operatorname{sen}(x + y) = c$.
4. (a) $x^3 + 3x^2 y = c$; (b) $x^4 + 4x^3 y = c$; (c) $x + y \log|y| = cy$
   e $y = 0$; (d) $y \log|x^2 y^3| - 2 = cy$, $x = 0$ e $y = 0$;
   (e) $2x + \log(x^2 + y^2) = c$.
5. (a) $(x + 1) y = \operatorname{sen} x - (x + 1) \cos x + c$ e $x + 1 = 0$;
   (b) $3y \operatorname{sen} x = \operatorname{sen}^3 x + c$;
   (c) $x = \dfrac{y + 1}{2(y - 1)} [4y - y^2 - \log(y + 1)^4 + c]$ e $y = \pm 1$;
   (d) $x = \frac{1}{3} e^{2t} + ce^{-t}$.
6. (a) $y^2 = (x + 1)^2 + c$; (b) $y = 2x - 1 + ce^{-x}$; (c) $x^2 y - xy + x^2 = c$;
   (d) $y^3 + 3y = x^3 - 3x + c$; (e) $(xy + 1)^3 = ce^{-x^3}$;
   (f) $\displaystyle\int \operatorname{sen} \log x \, dx - \int \dfrac{\operatorname{tg} y}{y} dy = c$; (g) $x + \sqrt{x^2 - y^2} = c$; (h) $x^2 \operatorname{sen} xy = c$;
   (i) $\displaystyle\int \dfrac{dy}{y + e^y} = x + c$; (j) $r = ce^{-\theta/2}$ (em coordenadas polares).
7. (a) $2x^2 + 2xy + 3y^2 + 2x + 4y = 0$,
   (b) $y^2 - \log(y^2 + 1) = 2x + \log(x - 1)^2 - \log 5$,
   (c) $x^3 y + x^2 = 2$, (d) $x = e^{(1/2)t^2/x^2}$,
   (e) $2y \displaystyle\int_0^x e^{-x^2} dx + y^2 = 2 \int_0^1 e^{-x^2} dx + 1$.
8. (a) $x(x + 3y^3)^2 = c$, $c \neq 0$; (b) $x^2 \log|x| - y = cx^2$, $x = 0$.
10. (a) $y \doteq cx$, $x = 0$; (b) $x^2 + y^2 + cy = 0$; (c) $2x^2 + y^2 = c^2$;
    (d) $x^2 + y^2 - cx + 1 = 0$.
11. (a) $x^2 y + y^2 = c$; (b) $x^2 + y^2 = 2 \operatorname{arc} \operatorname{tg} \dfrac{y}{x} + c$;
    (c) $x + 2y - 3 \log|x + y + 2| = c$ e $x + y = -2$.
13. (a) $x^2 + 4xy - y^2 - 2x - 14y = c$;
    (b) $x + 2y + \log|x + y| = c$ e $x + y = 0$.

8-7. PROPRIEDADES DAS SOLUÇÕES DA EQUAÇÃO LINEAR.

As equações diferenciais lineares de primeira ordem e ordens superiores são de fundamental importância para as aplicações. Na verdade, pode-se afirmar que, com poucas exceções, os únicos mecanismos que realmente são bem compreendidos são os que satisfazem a equações lineares.

A equação linear de primeira ordem pode ser usada para ilustrar muitas propriedades básicas das equações lineares. Para ressaltar o fato que a variável independente é usualmente o *tempo*, a equação será escrita na forma

$$a \frac{dx}{dt} + x = F(t). \tag{8-31}$$

No que segue, exceto quando expressamente mencionado, suporemos que a é uma *constante positiva*.

503

Caso I. $F(t) \equiv 0$. A solução geral, achada a partir de (8-30) ou por separação de variáveis, é $x = ce^{-t/a}$. Essas curvas estão traçadas para o caso $a = 1$ na Fig. 8-2. Elas ilustram um fenômeno muito comum, conhecido como *decréscimo exponencial*. Exemplos são a queda de luminosidade de uma lâmpada quando a corrente é desligada, o resfriamento de um termômetro para a temperatura do meio ambiente, a perda do rádio, e os índices de reação em várias reações químicas. Em todos esses casos, o sistema aproxima-se de um estado de equilíbrio, representado pela reta $x = 0$. A taxa segundo a qual o sistema aproxima-se do estado de equilíbrio é $|dx/dt| = |x/a|$, e é proporcional à diferença $|x|$ entre o estado atual e o estado de equilíbrio. Para $t = 0$, $x = c$, de modo que $c = x_0$, o *valor inicial* de x. Para $t = a$, $x = x_0 e^{-1}$ ou e^{-1} vezes o valor inicial; para $t = 2a$, $x = x_0 e^{-2}$ ou e^{-2} vezes o valor inicial. De um modo geral, os valores de x para tempos igualmente espaçados formam uma *progressão geométrica*, que se avizinha de 0 quando t cresce.

O número a mede a taxa dessa aproximação a 0; quanto maior a, menor a taxa. O número a tem dimensão de tempo e freqüentemente é denominado *constante de tempo* ou *tempo de solução*. Supôs-se aqui a como sendo positivo. Se for negativo, as soluções crescerão em valor absoluto quando o tempo crescer, e o sistema será *instável*. Esse caso tem aplicação em muitos problemas práticos: crescimento de população, crescimento de bactérias, de dinheiro a juros compostos, etc.

Caso II. $F(t) = K = $ constante. A solução geral é $x = K + ce^{-t/a}$. É claro que o único efeito é transladar a configuração da Fig. 8-2 na direção x, como se vê na Fig. 8-3. A solução de equilíbrio é agora a reta $x = K$.

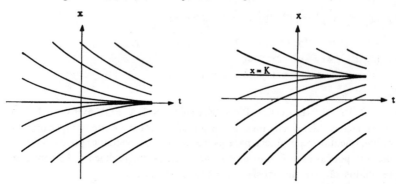

Figura 8-2. Decréscimo exponencial a 0

Figura 8-3. Aproximação exponencial a $x = K$

Caso III. $F(t)$ é uma função descontínua, constante por partes, como se vê na Fig. 8-4. Uma tal função chama-se *função-degrau*.

Suponhamos a fixo e consideremos uma solução $x = x(t)$ com $x(0) = 0$. Do ponto de vista físico (sem usar teoria da relatividade!), o mecanismo descrito por x só conhece os valores de $F(t)$ no presente e passado, não podendo

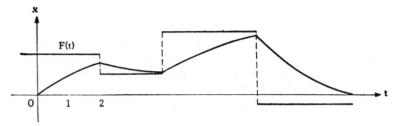

Figura 8-4. Seguimento de entrada em função-degrau

antecipar que $F(t)$ terá um salto em $t = 2$. Assim, entre $t = 0$ e $t = 2$, a solução é a mesma que no Caso II, com a constante $K = 2$. Quando t cresce de 0 a 2, x cresce, avizinhando-se da reta $x = 2$ exponencialmente. Quando $t = 2$, F salta a um novo valor 1; o mecanismo passa a aproximar-se desse valor exponencialmente. O processo repete-se nos outros intervalos.

A situação pode ser descrita da seguinte maneira. A função $F(t)$ é o que *entra, e $x(t)$ o que sai*. Se não houvesse um "mecanismo", a seria 0 e a saída seria igual à entrada. De qualquer modo, a saída $x(t)$ procura acompanhar a entrada $F(t)$. Assim, *se ignorarmos o termo em dx/dt, obteremos a solução aproximada $x = F(t)$*. O grau de aproximação depende do tamanho de a, que governa a velocidade do "acompanhamento".

Se $F(t)$ for agora substituída por uma função arbitrária, contínua ou contínua por partes, ela poderá ser aproximada com erro tão pequeno quanto se queira por uma função em degrau, e chegaremos às mesmas conclusões qualitativas.

Se a varia com o tempo, os resultados são semelhantes. A velocidade de acompanhamento varia, em vez de ser constante. Se a torna-se negativo, as soluções são instáveis e afastam-se de $F(t)$ em vez de acompanhar.

Mais informações podem ser obtidas da fórmula geral (8-30). No caso presente, com $a = $ const., a fórmula fica

$$x = e^{-t/a} \int e^{t/a} F(t)\, dt + c e^{-t/a}$$

ou, em termos da condição inicial $x(0) = x_0$,

$$x = e^{-t/a} \int e^{t/a} F(t)\, dt + x_0 e^{-t/a}. \tag{8-32}$$

Variando o valor inicial de x o segundo termo é afetado, mas não o primeiro. Se a é positivo, o segundo termo aproxima-se de zero exponencialmente sendo "transitório". Assim, para valores grandes de t, a solução, na prática, independe da condição inicial; a equação diferencial tem, nesse sentido, *uma só solução*. Pode-se descrever a situação dizendo que o mecanismo tem "memória" fraca. Para qualquer solução particular, torna-se cada vez mais difícil, à medida que o tempo passa, determinar o valor inicial x_0.

505

Cálculo Avançado

Se $F(t)$ é multiplicada por uma constante k, então a solução $x(t)$ também é, exceto pelo termo transitório, multiplicada por k. Se $F(t)$ é a soma de duas funções $F_1(t)$ e $F_2(t)$, então a solução $x(t)$ (a menos dos termos transitórios) é a soma de duas soluções $x_1(t)$ e $x_2(t)$, correspondendo a F_1 e F_2 respectivamente. Em outras palavras, a *saída depende linearmente da entrada*. Essas conclusões resultam imediatamente de (8-32).

Se $F(t)$ é harmônica simples, $F(t) = A_e \operatorname{sen} \omega t$, também o é a solução $x(t)$, a menos do termo transitório:

$$x(t) = A_s \operatorname{sen}(\omega t - \alpha) + c e^{-t/a}.$$

A freqüência ω é a mesma para entrada e saída, mas a amplitude da saída, A_s, é menor que A_e, amplitude da entrada, e há uma diferença α de fase. Isso é mostrado na Fig. 8-5. Mais precisamente, tem-se

$$A_s = \frac{A_e}{\sqrt{1 + a^2 \omega^2}}, \quad \alpha = \operatorname{arc\,tg}(a\omega), \quad 0 < \alpha < \frac{\pi}{2};$$

estas relações estão retratadas na Fig. 8-6, em que o "fator de amplificação" A_s/A_e e a diferença de fase α têm seus gráficos em função de ω. Como $A_s < A_e$, o fator de amplificação é menor que 1, de modo que há diminuição em vez de amplificação. Os resultados enunciados aqui são deduzidos de (8-32) (ver Prob. 2 abaixo).

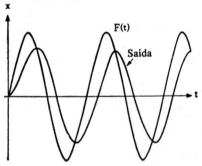

Figura 8-5. Resposta à entrada sinusoidal

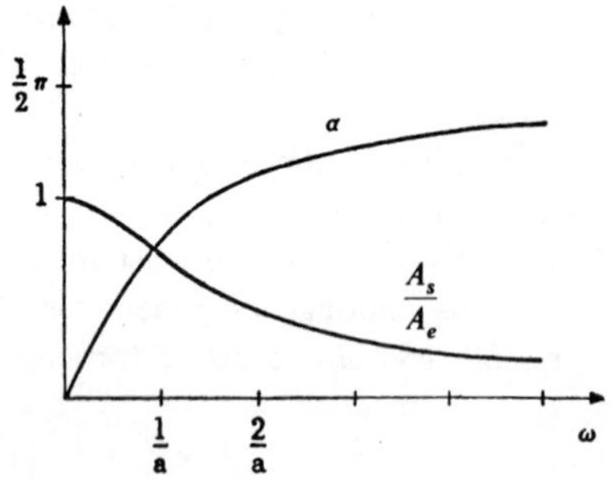

Figura 8-6. Amplificação e diferença de fase contra freqüência da entrada

Da propriedade de linearidade resulta que, se F é representada por uma série de Fourier de período $p = 2\pi/\omega$:

$$F = \tfrac{1}{2} a_0 + \sum_{n=1}^{n} \{a_n \cos(n\omega t) + b_n \operatorname{sen}(n\omega t)\},$$

o mesmo vale para $x(t)$, descontado o termo transitório:

$$x(t) = \tfrac{1}{2} \bar{a}_0 + \sum_{n=1}^{\infty} \{\bar{a}_n \cos(n\omega t) + \bar{b}_n \operatorname{sen}(n\omega t)\} + c e^{-t/a}.$$

Equações Diferenciais Ordinárias

Se a série para F é uniformemente convergente, isso resulta imediatamente de (8-32) (ver Prob. 3 abaixo); pode-se mostrar que geralmente vale mais, por exemplo, quando F é contínua. Cada termo na série para F representa uma oscilação harmônica simples de freqüência ω:

$$a_n \cos (n\omega t) + b_n \operatorname{sen} (n\omega t) = A_n^e \operatorname{sen} (n\omega t + \beta_n).$$

A esse termo corresponde o termo de mesma freqüência em $x(t)$:

$$\bar{a}_n \cos (n\omega t) + \bar{b}_n \operatorname{sen} (n\omega t) = A_n^s \operatorname{sen} (n\omega t + \beta_n - \alpha_n).$$

As amplitudes e diferenças de fase estão relacionadas como antes:

$$A_n^s = \frac{A_n^e}{\sqrt{1 + n^2 \omega^2 a^2}}, \qquad \alpha_n = \operatorname{arc\,tg}(an\omega), \qquad 0 < \alpha_n < \tfrac{1}{2}\pi. \qquad (8\text{-}33)$$

Para os termos constantes, $\omega = 0$, e verifica-se que $a_0 = \bar{a}_0$.

Por causa do termo em n^2 no denominador, os termos de ordem alta em $F(t)$ sofrem grande redução de amplitude. O mecanismo é sensível principalmente a baixas freqüências. Isso pode ser predito numa base qualitativa (Prob. 4 abaixo).

PROBLEMAS

1. Calcule e esboce a solução tal que $x = 0$ para $t = 0$, para as seguintes equações diferenciais:

(a) $\dfrac{dx}{dt} + x = 1$ (c) $\dfrac{dx}{dt} + x = \operatorname{sen} t$

(b) $10\dfrac{dx}{dt} + x = 1$ (d) $10\dfrac{dx}{dt} + x = \operatorname{sen} t.$

Compare saída com entrada em cada caso e discuta o atraso.

2. (a) Mostre que, se a é uma constante positiva, então a solução geral da equação diferencial

$$a\frac{dx}{dt} + x = A_e \operatorname{sen} \omega t$$

é dada por

$$x = A_s \operatorname{sen} (\omega t - \alpha) + c e^{-t/a},$$

onde

$$A_s = \frac{A_e}{\sqrt{1 + a^2 \omega^2}}, \qquad \operatorname{tg} \alpha = a\omega, \qquad 0 \leqq \alpha < \frac{1}{2}\pi.$$

(b) Verifique os gráficos da Fig. 8-6.

3. Ache a solução geral da equação diferencial

$$a\frac{dx}{dt} + x = \frac{1}{2} a_0 + \sum_{n=1}^{\infty} \{a_n \cos (n\omega t) + b_n \operatorname{sen} (n\omega t)\},$$

507

onde a é constante e a série de Fourier à direita é uniformemente convergente para todo t [compare com os resultados acima — em particular com (8-33)].

4. Seja $F(t)$ igual a 1 para $0 < t < b$, a -1 para $b < t < 2b$, a 1 para $2b < t < 3b$, a -1 para $3b < t < 4b$, etc., de modo que $F(t)$ é uma "onda quadrada" de período $2b$ e amplitude 1. Discuta os aspectos qualitativos das soluções da equação diferencial

$$a\frac{dx}{dt} + x = F(t)$$

e sua dependência de a e b. Em particular, mostre que a razão das amplitudes de saída e entrada decresce e avizinha-se de zero quando b decresce.

RESPOSTAS

1. (a) $1 - e^{-t}$;   (b) $1 - e^{-0,1t}$;   (c) $\frac{1}{2}(\operatorname{sen} t - \cos t + e^{-t})$;
(d) $(\operatorname{sen} t - 10 \cos t + 10 e^{-t})/101$.

8-8. PROCESSOS GRÁFICOS E NUMÉRICOS PARA A EQUAÇÃO DE PRIMEIRA ORDEM. A equação diferencial $y' = F(x, y)$ determina a inclinação da tangente à solução $y = f(x)$ no ponto (x, y). Assim, ainda que as soluções não tenham sido encontradas, podemos traçar *tangentes* às soluções. Se traçarmos segmentos de tangentes muito pequenos, obteremos um diagrama como na Fig. 8-7, para o qual a equação diferencial é $y' = -x/y$; por exemplo, em $(1, 1)$ a inclinação é -1, em $(3, 2)$ é $-3/2$, etc. Se traçarmos muitos desses segmentos, as próprias soluções começarão a surgir como curvas lisas.

O processo para traçar o diagrama pode ser abreviado traçando ao mesmo tempo os segmentos com mesma inclinação, isto é, traçamos as curvas $F(x, y) = m =$ const. para diferentes escolhas de m. Essas curvas não são as soluções; elas são chamadas *isóclinas*. As tangentes às soluções pelos pontos da isóclina $F(x, y) = m$ têm todas inclinação m. As isóclinas para a Fig. 8-7 são retas pela origem, enquanto que as soluções são círculos.

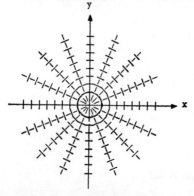

Figura 8-7. Distribuição de retas para $y' = -x/y$

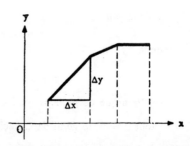

Figura 8-8. Integração passo a passo

Equações Diferenciais Ordinárias

Se procuramos só uma solução por um ponto particular (x_0, y_0) (problema com valor inicial), então não precisamos traçar todo o campo de tangentes. Traçamos um pequeno segmento por (x_0, y_0) com inclinação $F(x_0, y_0)$ e o seguimos até um ponto próximo (x_1, y_1) e traçamos um segmento com essa inclinação por (x_1, y_1) indo até um ponto próximo (x_2, y_2). Repetindo o processo, obtém-se uma poligonal, como se vê na Fig. 8-8, que é uma aproximação da solução procurada. É claro que, quanto mais curtos os segmentos usados, mais precisa será a solução. O Teorema Fundamental da Sec. 8-3 pode, na verdade, ser provado, demonstrando que uma única solução por (x_0, y_0) é obtida por passagem ao limite no processo descrito.

O trabalho numérico envolvido no cálculo da particular poligonal pode ser disposto numa tabela em quatro colunas, dando os valores de x, y, $F(x, y)$ e Δy. O acréscimo Δx é escolhido à vontade, ao passo que Δy é calculado pela fórmula

$$\Delta y = F(x, y)\,\Delta x.$$

(Na realidade é dy que está sendo calculada, e usa-se a aproximação $\Delta y \cong dy$.) O acréscimo x pode ser variado a cada passo, embora seja mais simples mantê-lo constante.

O exemplo $y' = x^2 - y^2$, com $x_0 = 1$, $y_0 = 1$, $\Delta x = 0{,}1$, está calculado na Tab. 8-1.

Tabela 8-1

x	y	$y' = x^2 - y^2$	Δy
1	1	0	0
1,1	1	0,21	0,021
1,2	1,021	0,40	0,040
1,3	1,061	...	...

O processo numérico descrito aqui é conhecido como *integração passo a passo* da equação diferencial. Deve-se notar que, para a equação diferencial $y' = F(x)$, o processo descrito é equivalente a integrar $F(x)$ por uma fórmula retangular, como na Sec. 4-2, pois o valor de y para $x = x_0 + n\,\Delta x$ na solução por (x_0, y_0) é dado exatamente por

$$y = \int_{x_0}^{x_0 + n\Delta x} F(x)\,dx + y_0\,;$$

o processo numérico acima dá

$$y = y_0 + F(x_0)\,\Delta x + F(x_0 + \Delta x)\,\Delta x + \cdots$$
$$= y_0 + \Delta x\{F(x_0) + F(x_0 + \Delta x) + \cdots + F[x_0 + (n-1)\,\Delta x]\}.$$

Essa é exatamente a soma retangular com F calculado nas extremidades esquerdas.

509

Cálculo Avançado

De um modo geral, deve-se pensar na resolução de equações diferenciais como uma espécie de processo generalizado de *integração*. Existem aparelhos mecânicos e elétricos para resolver equações diferenciais que são compostos de "integradores"; estes executam o processo acima de integração passo a passo *continuamente*, isto é, na prática, passam ao limite para $\Delta x \longrightarrow 0$.

A generalização da integração passo a passo a equações de ordem superior é indicada nos Probs. 5 e 6 abaixo. Outros processos numéricos são descritos nos livros de Bennett, Milne e Bateman, Levy e Baggott, Milne, Morris e Brown, e Scarborough, citados no final do capítulo.

PROBLEMAS

1. Para cada uma das seguintes famílias de curvas faça um esboço (isto é, esboce um certo número de curvas da família) e ache a inclinação da curva da família por um ponto arbitrário (x, y):

   (a) $y = 2x + c$
   (b) $y = x^2 + c$
   (c) $x^2 - y^2 = c$
   (d) $y = cx + 1$
   (e) $x^2 + cy = 0$
   (f) $y = ce^{-x}$.

2. Trace um certo número de tangentes para cada uma das seguintes equações diferenciais:

   (a) $y' = \dfrac{y}{x}$; (b) $y' = x - y$; (c) $y' = x + y^2$.

   Tente também esboçar algumas curvas-soluções em cada caso. Para (a) e (b) compare os resultados com as soluções gerais que são:

   (a) $y = cx$, $x \neq 0$; (b) $y = ce^{-x} + x - 1$.

3. Usando a integração passo a passo com $\Delta x = 0,1$ ache o valor de y em $x = 1,5$ sobre a solução de $y' = x - y^2$ tal que $y = 1$ quando $x = 1$. Esboce a solução obtida como poligonal.

4. Usando a integração passo a passo com $\Delta x = 0,1$ ache o valor de y para $x = 0,5$ sobre a solução de $y' = \sqrt{1 - y^2}$ tal que $y = 0$ para $x = 0$. Compare o resultado com a solução exata, que é $y = \operatorname{sen} x$.

5. As equações

$$\frac{dy}{dx} = f(x, y, z), \qquad \frac{dz}{dx} = g(x, y, z)$$

são chamadas de um *sistema de duas equações diferenciais ordinárias simultâneas*. Por solução particular de tal sistema entende-se um par de funções $y(x)$, $z(x)$ satisfazendo identicamente às equações. O Teorema Fundamental da Sec. 8-3 pode ser estendido a esse caso e, sob hipóteses apropriadas, garante a existência de uma única solução $y(x)$, $z(x)$ satisfazendo a condições iniciais dadas $y(x_0) = y_0$, $z(x_0) = z_0$. Uma solução aproximada pode ser obtida por integração passo a passo como segue. Escolhe-se Δx e calcula-se $y_1 = y_0 + \Delta y$, $z_1 = z_0 + \Delta z$ por meio de $\Delta y = f(x_0, y_0, z_0) \Delta x$,

510

$\Delta z = g(x_0, y_0, z_0)\Delta x$. Esse processo pode ser então repetido com os novos valores iniciais $x_1 = x_0 + \Delta x$, y_1, z_1. Aplique o processo descrito, com $x_0 = 0$, $y_0 = 1$, $z_0 = 0$, $\Delta x = 0,5$, às equações diferenciais

$$\frac{dy}{dx} = yz - x, \qquad \frac{dz}{dx} = x + y.$$

Calcule a solução $y(x)$, $z(x)$ até $x = 3$.

6. Uma equação de segunda ordem: $y'' = F(x, y, y')$ é equivalente a um par de equações:

$$\frac{dy}{dx} = z, \qquad \frac{dz}{dx} = F(x, y, z),$$

onde $z = y'$. Assim, pode-se aplicar o processo de integração passo a passo como no Prob. 5. Determine por esse processo a solução da equação

$$y'' = yy' + x,$$

tal que $y = 1$ e $y' = 0$ para $x = 0$. Use $\Delta x = 0,5$ e calcule a solução até $x = 3$.

RESPOSTAS

1. (a) $y' = 2$,   (b) $y' = 2x$,   (c) $y' = \dfrac{x}{y}$,   (d) $y' = \dfrac{(y-1)}{x}$,

   (e) $y' = \dfrac{2y}{x}$,   (f) $y' = -y$.

3. 1,082.   4. 0,4850.   5. $y = 27,1$, $z = 10,8$ quando $x = 3$.

6. $y = 5,00$ quando $x = 3$.

8-9. EQUAÇÕES DIFERENCIAIS LINEARES DE ORDEM ARBITRÁRIA. Uma equação diferencial linear ordinária de ordem n é uma equação diferencial da forma

$$a_0(x)y^{(n)} + a_1(x)y^{(n-1)} + \cdots + a_{n-1}(x)y' + a_n(x)y = Q(x). \tag{8-34}$$

Suporemos aqui que os coeficientes $a_0(x)$, $a_1(x), \ldots, a_n(x)$ e o segundo membro $Q(x)$ são funções definidas e contínuas num intervalo $a \leqq x \leqq b$ do eixo x e que $a_0(x) \neq 0$ nesse intervalo.

As seguintes equações são exemplos:

$$y'' + y = \operatorname{sen} 2x, \tag{a}$$

$$x^2 y''' - xy' + e^x y = \log x \, (x > 0), \tag{b}$$

$$\frac{d^5 y}{dx^5} - x\frac{d^3 y}{dx^3} + x^3\frac{dy}{dx} = 0, \tag{c}$$

$$y'' + y = 0, \tag{d}$$

$$\frac{dy}{dx} + x^2 y = e^x. \tag{e}$$

Cálculo Avançado

Se $Q(x) = 0$, a equação (8-34) é chamada *homogênea* (com relação a y e suas derivadas). Assim, nos exemplos acima, (c) e (d) são homogêneas; as demais são *não-homogêneas*.

Se $Q(x)$ for substituído por 0 numa equação geral (8-34), obtém-se uma nova equação, dita a *equação homogênea correspondente à equação diferencial dada*.

Se os coeficientes $a_0(x)$, $a_1(x), \ldots, a_n(x)$ são todos constantes, logo, independentes de x, diz-se que a Eq. (8-34) tem *coeficientes constantes*, mesmo que $Q(x)$ dependa de x. Assim, (a) e (d) têm coeficientes constantes; os demais exemplos não.

É conveniente escrever-se a Eq. (8-34) em forma "operacional":

$$\left[a_0(x) \frac{d^n}{dx^n} + \cdots + a_{n-1}(x) \frac{d}{dx} + a_n(x) \right] [y] = Q(x)$$

ou, com a abreviação,

$$L = a_0(x) \frac{d^n}{dx^n} + \cdots + a_{n-1} \frac{d}{dx} + a_n(x), \tag{8-35}$$

simplesmente como segue:

$$L[y] = Q(x).$$

Por exemplo, a equação: $xy'' + 2xy' - 3y = 5$ seria abreviada: $L[y] = 5$, $L = x(d^2/dx^2) + 2x(d/dx) - 3$.

Das regras básicas de diferenciação, concluímos que L é um *operador linear* (Sec. 3-6); isto é,

$$L[c_1 y_1(x) + c_2 y_2(x)] = c_1 L[y_1] + c_2 L[y_2], \tag{8-36}$$

onde $y_1(x)$ e $y_2(x)$ são funções tendo derivadas até ordem n para $a \leqq x \leqq b$ e c_1, c_2 são constantes. Daí resulta: *se $y_1(x)$ e $y_2(x)$ são soluções da equação homogênea $L[y] = 0$, então $c_1 y_1(x) + c_2 y_2(x)$ também é*. Logo, de soluções conhecidas $y_1(x), \ldots, y_n(x)$ da equação homogênea, podemos construir soluções $y = c_1 y_1(x) + \cdots + c_n y_n(x)$ contendo n constantes arbitrárias. Isso parece ser uma solução geral. No entanto poderia acontecer que $y_n(x)$, por exemplo, fosse uma *combinação linear* de $y_1(x), \ldots, y_{n-1}(x)$:

$$y_n(x) = k_1 y_1(x) + \cdots + k_{n-1} y_{n-1}(x), \quad a \leqq x \leqq b,$$

onde $k_1, \ldots, k_{n-1}$, são constantes. A pretensa solução geral, então, envolveria na verdade só $n - 1$ constantes:

$$y = (c_1 + c_n k_1) y_1(x) + \cdots + (c_{n-1} + c_n k_{n-1}) y_{n-1}(x)$$

e não se poderia esperar que fosse a solução geral. Para eliminar essa possibilidade, supomos que as funções $y_1(x), \ldots, y_n(x)$ são *linearmente independentes* (Secs. 1-5, 3-9, 7-10); isto é, que nenhuma delas pode ser expressa como combinação linear das demais, ou, equivalentemente, que uma identidade

$$c_1 y_1(x) + \cdots + c_n y_n(x) \equiv 0, \quad a \leqq x \leqq b,$$

512

Equações Diferenciais Ordinárias

só pode valer se as constantes $c_1, \ldots, c_n$ são todas nulas. Se isso ocorre, então $y = c_1 y_1(x) + \cdots + c_n y_n(x)$ é de fato a solução geral:

Teorema A. *Existem n soluções linearmente independentes da equação diferencial homogênea $L[y] = 0$ no intervalo dado $a \leq x \leq b$. Se $y_1(x), \ldots, y_n(x)$ são soluções linearmente independentes da equação $L[y] = 0$ para $a \leq x \leq b$, então $y = c_1 y_1(x) + \cdots + c_n y_n(x)$ é a solução geral.*

Para a demonstração, referimos o Cap. 16 do livro Agnew citado na lista de referências.

A solução geral da equação não-homogênea $L[y] = Q(x)$ pode ser construída a partir da solução geral $c_1 y_1(x) + \cdots + c_n y_n(x)$ de $L[y] = 0$ e uma solução particular $y^*(x)$ de $L[y] = Q$, ou seja, como

$$y = y^*(x) + c_1 y_1(x) + \cdots + c_n y_n(x), \qquad (8\text{-}37)$$

pois, por linearidade,

$$L[y] = L[y^* + c_1 y_1 + \cdots + c_n y_n] = L[y^*] + c_1 L[y_1] + \cdots + c_n L[y_n]$$
$$= L[y^*] + 0 = Q(x);$$

além disso, se $y(x)$ é qualquer solução de $L[y] = Q$, então $L[y - y^*] = L[y] - L[y^*] = Q - Q = 0$. Logo $y - y^*$ é uma solução da equação homogênea e y tem a forma (8-37):

Teorema B. *Existe uma solução da equação não-homogênea $L[y] = Q(x)$ **no** intervalo dado $a \leq x \leq b$. Se $y^*(x)$ é uma tal solução e $c_1 y_1(x) + \cdots + c_n y_n(x)$ é a solução geral de $L[y] = 0$, então $y = y^*(x) + c_1 y_1(x) + \cdots + c_n y_n(x)$ é a solução geral de $L[y] = Q(x)$ para $a \leq x \leq b$.*

Para uma prova da existência de uma solução particular $y^*(x)$ novamente citamos o livro de Agnew. De um modo geral, a existência de soluções é garantida pelo Teorema Fundamental da Sec. 8-3; no entanto precisamos também mostrar que cada solução é definida em todo o intervalo dado $a \leq x \leq b$.

8-10. EQUAÇÕES DIFERENCIAIS LINEARES A COEFICIENTES CONSTANTES. CASO HOMOGÊNEO.

A discussão da seção precedente nada diz sobre como achar as funções $y_1(x), \ldots, y_n(x)$ e $y^*(x)$. Para a equação linear geral, is o é bem difícil, embora as séries de potências ajudem muito; isso será discutido na Sec. 8-14.

No caso especial de *coeficientes constantes* o problema está completamente resolvido. Nesta seção damos a solução no caso homogêneo.

Seja

$$L[y] \equiv a_0 \frac{d^n y}{dx^n} + \cdots + a_{n-1} \frac{dy}{dx} + a_n y = 0, \qquad (8\text{-}38)$$

a equação diferencial dada, onde $a_0, \cdots, a_n$ são constantes e $a_0 \neq 0$. Por substituição direta temos

$$L[e^{rx}] = e^{rx}(a_0 r^n + \cdots + a_{n-1} r + a_n) = f(r)e^{rx},$$
$$f(r) = a_0 r^n + \cdots + a_{n-1} r + a_n.$$

513

Cálculo Avançado

Logo, e^{rx} será uma solução, desde que r satisfaça à equação algébrica de grau n: $f(r) = 0$. A equação $f(r) = 0$ chama-se a *equação característica* associada com (8-38). Se a equação tem n raízes reais distintas, $r_1, \ldots, r_n$, então as funções

$$y_1 = e^{r_1 x}, \quad y_2 = e^{r_2 x}, \ldots, \quad y_n = e^{r_n x}$$

são todas soluções para todo x e são linearmente independentes (conforme Prob. 3 abaixo). Logo, nesse caso,

$$y = c_1 e^{r_1 x} + \cdots + c_n e^{r_n x} \tag{8-39}$$

é a solução geral de (8-38).

Embora se prove que uma equação algébrica de grau n tem raízes (Sec. 0-3), algumas das n raízes podem ser complexas e algumas podem ser iguais. Veremos que (8-39) pode ser modificada apropriadamente para cobrir esses casos.

Por exemplo, a equação $y'' + y = 0$ tem a equação característica $r^2 + 1 = 0$, com raízes $\pm i$. Operando formalmente, obteríamos as "soluções" e^{ix} e e^{-ix}. Dessas soluções a valores complexos, podemos formar combinações lineares que são reais:

$$\cos x = \frac{e^{ix} + e^{-ix}}{2}, \quad \text{sen } x = \frac{e^{ix} - e^{-ix}}{2i}, \tag{8-40}$$

como resulta da identidade (Sec. 6-19)

$$e^{ix} = \cos x + i \text{ sen } x. \tag{8-41}$$

As funções $y_1(x) = \cos x$ e $y_2(x) = \text{sen } x$ são de fato soluções linearmente independentes da equação dada: $y'' + y = 0$, e

$$y = c_1 \cos x + c_2 \text{ sen } x$$

é a solução geral.

Uma análise semelhante aplica-se a raízes complexas em geral. Tais raízes aparecem em pares $a + bi$ (complexas conjugadas). Das duas funções

$$e^{(a \pm bi)x} = e^{ax}(\cos bx \pm i \text{ sen } bx)$$

obtemos as duas funções reais

$$e^{ax} \cos bx, \quad e^{ax} \text{ sen } bx$$

como soluções da equação diferencial.

Se a equação tem uma raiz real múltipla r, de multiplicidade k, então pode-se mostrar (Prob. 9 abaixo) que as funções $e^{rx}, xe^{rx}, \ldots, x^{k-1} e^{rx}$ são soluções. Se $a \pm bi$ é um par de raízes complexas múltiplas, então obtemos soluções $e^{ax} \cos bx, e^{ax} \text{ sen } bx, xe^{ax} \cos bx, xe^{ax} \text{ sen } bx, \ldots, x^{k-1} e^{ax} \cos bx, x^{k-1} e^{ax} \text{ sen } bx$.

Resumimos os resultados. Depois de achar as n raízes da equação característica, associa-se:

Equações Diferenciais Ordinárias

(I) a cada raiz real simples r a função e^{rx};

(II) a cada par $a \pm bi$ de raízes complexas simples as funções $e^{ax} \cos bx$, $e^{ax} \operatorname{sen} bx$;

(III) a cada raiz real r de multiplicidade k as funções $e^{rx}, xe^{rx}, \ldots, x^{k-1} e^{rx}$.

(IV) a cada par $a \pm bi$ de raízes complexas de multiplicidade k as funções $e^{ax} \cos bx$, $e^{ax} \operatorname{sen} bx$, $xe^{ax} \cos bx$, $xe^{ax} \operatorname{sen} bx, \ldots, x^{k-1} e^{ax} \cos bx$, $x^{k-1} e^{ax} \operatorname{sen} bx$.

Se as n funções $y_1(x), \ldots, y_n(x)$ assim obtidas são multiplicadas por constantes arbitrárias e somadas, a solução geral de (8-38) é obtida na forma

$$y = c_1 y_1(x) + c_2 y_2(x) + \cdots + c_n y_n(x).$$

Exemplo 1. $y'' - y = 0$. A equação característica

$$r^2 - 1 = 0$$

tem as raízes distintas 1 e -1. Logo, a solução geral é

$$y = c_1 e^x + c_2 e^{-x}.$$

Exemplo 2. $y''' - y'' + y' - y = 0$. A equação característica

$$r^3 - r^2 + r - 1 = 0$$

tem as raízes distintas 1, i, $-i$. Logo, a solução geral é

$$y = c_1 e^x + c_2 \cos x + c_3 \operatorname{sen} x.$$

Exemplo 3. $y'' + y' + y = 0$. A equação característica é

$$r^2 + r + 1 = 0,$$

com raízes $-\dfrac{1}{2} \pm \dfrac{\sqrt{3}}{2} i$. Logo, por (II) a solução geral é

$$y = e^{-(1/2)x} \left(c_1 \cos \frac{\sqrt{3}}{2} x + c_2 \operatorname{sen} \frac{\sqrt{3}}{2} x \right).$$

Exemplo 4. $\dfrac{d^6 y}{dx^6} + 8 \dfrac{d^4 y}{dx^4} + 16 \dfrac{d^2 y}{dx^2} = 0$. A equação característica é

$$r^6 + 8r^4 + 16r^2 = 0,$$

ou

$$r^2(r^2 + 4)^2 = 0.$$

As raízes são 0, 0, $\pm 2i$, $\pm 2i$. Por (III) e (IV), a solução geral é

$$y = c_1 + c_2 x + c_3 \cos 2x + c_4 \operatorname{sen} 2x + c_5 x \cos 2x + c_6 x \operatorname{sen} 2x.$$

Assim, parece que a equação linear homogênea a coeficientes constantes está completamente resolvida; uma vez que se tenha resolvido uma certa equação

515

Cálculo Avançado

algébrica, podem-se escrever todas as soluções da equação diferencial. No entanto, para a prática, isso não basta, pois a resolução de uma equação algébrica pode não ser simples. Para maiores informações sobre isso, mencionamos o livro de Willers e Scarborough, citado no fim deste capítulo.

PROBLEMAS

1. Verifique que a função $y = c_1 x^{-2} + c_2 x^{-1}$, $x > 0$, satisfaz à equação diferencial

$$x^2 y'' + 4xy' + 2y = 0$$

para toda escolha de c_1 e c_2, e que c_1 e c_2 podem ser escolhidas, de modo único, de forma que y satisfaça às condições iniciais $y = y_0$ e $y' = y_0'$ para $x = x_0 (x_0 > 0)$. Logo $y = c_1 x^{-2} + c_2 x^{-1}$ é a solução geral para $x > 0$.

2. Verifique que a função

$$y = x^2 + e^{-x}(c_1 \cos 2x + c_2 \operatorname{sen} 2x)$$

satisfaz à equação diferencial

$$y'' + 2y' + 5y = 5x^2 + 4x + 2$$

para todo x, e que c_1 e c_2 podem ser escolhidas de modo único, de forma que y satisfaça às condições iniciais $y = y_0$, $y' = y_0'$ para $x = x_0$. Logo a expressão dada é a solução geral.

3. Mostre que as funções e^x, e^{2x}, e^{3x} são linearmente independentes para todo x. [*Sugestão:* se vale uma identidade

$$c_1 e^x + c_2 e^{2x} + c_3 e^{3x} \equiv 0$$

derive duas vezes. Isso dá 3 equações para c_1, c_2, c_3 cuja única solução é $c_1 = 0, c_2 = 0, c_3 = 0$.]

4. Mostre que as funções seguintes são linearmente independentes para todo x (conforme Prob. 3):

(a) x, x^2, x^3

(b) $\operatorname{sen} x, \cos x, \operatorname{sen} 2x$

(c) $e^x, xe^x, \operatorname{senh} x$

(d) e^x, e^{-x}.

5. Determine quais dos seguintes conjuntos de funções são linearmente independentes para todo x:

(a) $\operatorname{senh} x, e^x, e^{-x}$

(b) $\cos 2x, \cos^2 x, \operatorname{sen}^2 x$

(c) $1 + x, \quad 1 + 2x, \quad x^2$

(d) $x^2 - x + 1, \quad x^2 - 1, \quad 3x^2 - x - 1$.

6. Ache a solução geral:

(a) $y'' - 4y = 0$

(b) $y'' + 4y' = 0$

(c) $y''' - 3y'' + 3y' - y = 0$

(d) $\dfrac{d^4 y}{dx^4} + y = 0$

516

Equações Diferenciais Ordinárias

(e) $\dfrac{d^5 y}{dx^5} + 2\dfrac{d^3 y}{dx^3} + \dfrac{dy}{dx} = 0$ (g) $\dfrac{d^2 x}{dt^2} + \dfrac{dx}{dt} + 7x = 0$

(f) $\dfrac{dx}{dt} + 3x = 0$ (h) $\dfrac{d^5 y}{dx^5} = 0.$

7. Ache a solução particular da equação diferencial satisfazendo à condição inicial dada para cada um dos casos seguintes:

(a) $y'' + y = 0$, $y = 1$ e $y' = 0$ para $x = 0$;

(b) $\dfrac{d^2 x}{dt^2} + \dfrac{dx}{dt} - 3x = 0$, $x = 0$ e $\dfrac{dx}{dt} = 1$ para $t = 0$.

8. Ache uma solução particular da equação satisfazendo às condições de fronteira dadas em cada um dos casos seguintes:

(a) $y'' - y' - 6y = 0$, $y = 1$ para $x = 0$, $y = 0$ para $x = 1$;

(b) $y'' + y = 0$, $y = 1$ para $x = 0$, $y = 2$ para $x = \dfrac{\pi}{2}$;

(c) $y'' + y = 0$, $y = 0$ para $x = 0$, $y = 0$ para $x = \pi$.

9. (a) Prove que, se r_1 é uma raiz dupla da equação característica $f(r) = 0$, então $xe^{r_1 x}$ é uma solução da correspondente equação diferencial linear homogênea. [*Sugestão*: se $f(r) = (r - r_1)^2(a_0 r^{n-2} + \cdots)$ então $f(r_1) = 0$ e $f'(r_1) = 0$. Agora e^{rx} pode ser considerada como função de r e x e da regra

$$\frac{\partial^2 u}{\partial r\, \partial x} = \frac{\partial^2 u}{\partial x\, \partial r}$$

para uma tal função concluímos que

$$L[xe^{rx}] = L\left[\frac{\partial}{\partial r} e^{rx}\right] = \frac{\partial}{\partial r} L[e^{rx}] = \frac{\partial}{\partial r}[f(r)e^{rx}] = f'(r)e^{rx} + xf(r)e^{rx}.$$

Agora, faça $r = r_1$.]

(b) Generalize o resultado da parte (a) para o caso de uma raiz de multiplicidade k.

RESPOSTAS

5. (a), (b), (d) são linearmente dependentes, (c) é um conjunto linearmente independente.

6. (a) $c_1 e^{2x} + c_2 e^{-2x}$; (b) $c_1 + c_2 e^{-4x}$; (c) $c_1 e^x + c_2 xe^x + c_3 x^2 e^x$;

(d) $e^{(1/2)\sqrt{2}x}[c_1 \cos(\tfrac{1}{2}\sqrt{2}x) + c_2 \operatorname{sen}(\tfrac{1}{2}\sqrt{2}x)] + e^{-(1/2)\sqrt{2}x}[c_3 \cos(\tfrac{1}{2}\sqrt{2}x) + c_4 \operatorname{sen}(\tfrac{1}{2}\sqrt{2}x)]$;

(e) $c_1 + c_2 \cos x + c_3 \operatorname{sen} x + c_4 x \cos x + c_5 x \operatorname{sen} x$; (f) $c_1 e^{-3t}$;

(g) $e^{-(1/2)t}[c_1 \cos(\tfrac{1}{2}3\sqrt{3}t) + c_2 \operatorname{sen}(\tfrac{1}{2}3\sqrt{3}t)]$; (h) $c_1 + c_2 x + c_3 x^2 + c_4 x^3 + c_5 x^4.$

517

Cálculo Avançado

7. (a) $\cos x$; (b) $\dfrac{2}{\sqrt{13}} e^{-(1/2)t} \operatorname{senh}(\tfrac{1}{2}\sqrt{13}t)$.

8. (a) $\dfrac{1}{1-e^5}(e^{3x}-e^{5-2x})$; (b) $\cos x + 2\operatorname{sen}x$; (c) $c\operatorname{sen}x$.

8-11. EQUAÇÕES DIFERENCIAIS LINEARES, CASO NÃO-HOMO-GÊNEO.

Em vista do Teorema B da Sec. 8-9, a solução de uma equação linear não-homogênea

$$L[y] = a_0(x)y^{(n)} + \cdots + a_{n-1}(x)y' + a_n(x)y = Q(x) \tag{8-42}$$

reduz-se a dois problemas distintos: (a) determinação da solução geral da equação homogênea correspondente $L[y] = 0$; (b) determinação de *uma* solução particular $y^*(x)$ da equação não-homogênea $L[y] = Q$.

A solução de (a) é da forma

$$y_c(x) = c_1 y_1(x) + \cdots + c_n y_n(x), \tag{8-43}$$

dependendo de x e n constantes arbitrárias; chamamos $y_c(x)$ de *função complementar*. Quando os coeficientes são constantes, y_c pode ser achada explicitamente pelos métodos da Sec. 8-10.

Esta seção tratará do método da *variação de parâmetros* pelo qual uma solução particular $y^*(x)$ pode ser achada, sempre que a função complementar seja conhecida. O método aplica-se pois quer os coeficientes sejam constantes quer não, sempre com a condição de podermos determinar a função complementar. Métodos para determinar essa função quando os coeficientes são variáveis serão descritos na Sec. 8-14. Outros métodos para achar $y^*(x)$ quando os coeficientes são constantes são descritos nos Probs. 5 e 6 abaixo.

Seja dada a Eq. (8-42) com função complementar $y_c(x)$ conhecida. Então procuraremos uma solução $y^*(x)$ de (8-42), da forma

$$y^*(x) = v_1(x)y_1(x) + \cdots + v_n(x)y_n(x). \tag{8-44}$$

Assim as constantes (ou "parâmetros") $c_1, \ldots, c_n$ em (8-43) foram substituídas por funções $v_1(x), \ldots, v_n(x)$. As v devem ser escolhidas de modo que (8-44) satisfaça a (8-42), isto é, *uma* condição e n funções. Assim, devemos impor mais $n-1$ condições adicionais.

Escolhemos como tais $n-1$ condições as seguintes equações:

$$y_1 v_1' + \cdots + y_n v_n' = 0, \quad y_1' v_1' + \cdots + y_n' v_n' = 0, \ldots, \tag{8-45}$$
$$y_1^{(n-2)}v_1' + \cdots + y_n^{(n-2)}v_n' = 0.$$

Elas são escolhidas de modo que *as derivadas sucessivas até ordem $n-1$ da função* (8-44) *dependam de* $v_1(x), \ldots, v_n(x)$ *e não das derivadas das* v. De fato,

$$y^{*'} = v_1 y_1' + \cdots + v_n y_n' + y_1 v_1' + \cdots + y_n v_n' = v_1 y_1' + \cdots + v_n y_n',$$

por causa da primeira das (8-45). De um modo geral,

$$y^{*(k)} = v_1 y_1^{(k)} + \cdots + v_n y_n^{(k)} \quad (k = 1, \ldots, n-1), \tag{8-46}$$
$$y^{*(n)} = v_1 y_1^{(n)} + \cdots + v_n y_n^{(n)} + y_1^{(n-1)}v_1' + \cdots + y_n^{(n-1)}v_n'. \tag{8-47}$$

518

Equações Diferenciais Ordinárias

Dessas relações, resulta que

$$L[y^*] = v_1 L[y_1] + \cdots + v_n L[y_n] + a_0(y_1^{(n-1)} v_1' + \cdots + y_n^{(n-1)} v_n') =$$
$$= a_0(y_1^{(n-1)} v_1' + \cdots + y_n^{(n-1)} v_n'),$$

pois $L[y_1] = 0, \ldots, L[y_n] = 0$. Portanto, substituindo (8-44) em (8-42), obtemos

$$a_0(y_1^{(n-1)} v_1' + \cdots + y_n^{(n-1)} v_n') = Q(x). \tag{8-48}$$

Essa é a n-ésima condição sobre as v.

Em suma, então, exigimos que as funções $v_1(x), \ldots, v_n(x)$ satisfaçam às n equações

$$\begin{aligned}
y_1 v_1' + y_2 v_2' + \cdots + y_n v_n' &= 0, \\
y_1' v_1' + y_2' v_2' + \cdots + y_n' v_n' &= 0, \\
&\cdots, \\
y_1^{(n-2)} v_1' + \cdots + y_n^{(n-2)} v_n' &= 0, \\
y_1^{(n-1)} v_1' + \cdots + y_n^{(n-1)} v_n' &= \frac{Q(x)}{a_0(x)}.
\end{aligned} \tag{8-49}$$

São essas as n equações para as derivadas $v_1', \ldots, v_n'$. Elas podem ser resolvidas por determinantes (Sec. 0-3). Assim, achamos

$$v_1' = \frac{D_1}{D}, \quad v_2' = \frac{D_2}{D}, \cdots, \quad v_n' = \frac{D_n}{D}, \tag{8-50}$$

onde

$$D = \begin{vmatrix} y_1 & y_2 & \cdot & y_n \\ y_1' & y_2' & \cdot & y_n' \\ \cdot & \cdot & \cdot & \cdot \\ y_1^{(n-1)} & y_2^{(n-1)} & \cdot & y_n^{(n-1)} \end{vmatrix}, \quad D_1 = \begin{vmatrix} 0 & y_2 & \cdot & y_n \\ 0 & y_2' & \cdot & y_n' \\ \cdot & \cdot & \cdot & \cdot \\ \dfrac{Q}{a_0} & y_2^{(n-1)} & \cdot & y_n^{(n-1)} \end{vmatrix}, \cdots \tag{8-51}$$

Conhecidas $v_1', \ldots, v_n'$, achamos $v_1, \ldots, v_n$ por integração. Substituindo em (8-44), obtemos a solução particular procurada.

Deve-se observar que o determinante D não pode ser 0, pois mostra-se que, se $D = 0$ num ponto do intervalo dado, então as funções $y_1(x), \ldots, y_n(x)$ são linearmente dependentes. Uma prova é dada nas págs. 325-327 do livro de Agnew citado no final do capítulo. O determinante D chama-se *determinante Wronskiano* das funções $y_1(x), \ldots, y_n(x)$.

Exemplo. $y''' - y'' + y' - y = x.$

Solução. A função complementar é

$$y_c(x) = c_1 e^x + c_2 \cos x + c_3 \,\text{sen}\, x.$$

Logo, procuraremos a solução particular $y^*(x)$ na forma
$$y^*(x) = v_1(x) e^x + v_2(x) \cos x + v_3(x) \,\text{sen}\, x.$$

519

Cálculo Avançado

As equações (8-49) ficam

$$e^x v_1' + \cos x\, v_2' + \mathrm{sen}\, x\, v_3' = 0,$$
$$e^x v_1' - \mathrm{sen}\, x\, v_2' + \cos x\, v_3' = 0,$$
$$e^x v_1' - \cos x\, v_2' - \mathrm{sen}\, x\, v_3' = x.$$

Resolvendo, achamos

$$v_1' = \tfrac{1}{2}x e^{-x}, \quad v_2' = \tfrac{1}{2}x\,(\mathrm{sen}\, x - \cos x), \quad v_3' = -\tfrac{1}{2}x\,(\mathrm{sen}\, x + \cos x).$$

Logo após integração (ignorando as constantes arbitrárias), achamos

$$v_1 = -\tfrac{1}{2}(x + 1)e^{-x}, \quad v_2 = -\tfrac{1}{2}[x(\mathrm{sen}\, x + \cos x) - \mathrm{sen}\, x + \cos x],$$
$$v_3 = \tfrac{1}{2}[x(\cos x - \mathrm{sen}\, x) - \mathrm{sen}\, x - \cos x].$$

Portanto

$$y^* = v_1 e^x + v_2 \cos x + v_3 \,\mathrm{sen}\, x = -x - 1.$$

A solução geral é

$$y = c_1 e^x + c_2 \cos x + c_3 \,\mathrm{sen}\, x - x - 1 = y_c(x) + y^*(x).$$

PROBLEMAS

1. Ache a solução geral pelo método da variação dos parâmetros:

   (a) $y'' - y = e^x$

   (b) $y''' - 6y'' + 11y' - 6y = e^{4x}$

   (c) $y'' + y = \mathrm{cotg}\, x.$

   (d) $y'' + 4y = \sec 2x$

   (e) $y'' - y = \log x$

2. Resolva a equação linear de primeira ordem $y' + P(x)y = Q(x)$ resolvendo primeiro a correspondente equação homogênea e depois obtendo a solução por variação dos parâmetros.

3. Verifique que $y = c_1 x + c_2 x^2$ é a solução geral da equação

$$x^2 y'' - 2xy' + 2y = 0,$$

   e ache a solução geral da equação

$$x^2 y'' - 2xy' + 2y = x^3.$$

4. Verifique que $y = c_1 e^x + c_2 x^{-1}$ é a solução geral da equação homogênea que corresponde a

$$x(x + 1)y'' + (2 - x^2)y' - (2 + x)y = (x + 1)^2$$

   e ache a solução geral.

5. *Método operacional.* Escrevemos $D = d/dx$, de modo que L pode ser escrito $L = a_0 D^n + \cdots + a_{n-1} D + a_n$, isto é, como polinômio no operador D. A *soma* e o *produto* de dois operadores L_1 e L_2 são definidos pelas equações: $(L_1 + L_2)[y] = L_1[y] + L_2[y]$, $(L_1 L_2)[y] = L_1\{L_2[y]\}$. *Se os coefici-*

Equações Diferenciais Ordinárias

entes são constantes, essas operações podem ser realizadas como para polinômios comuns. Por exemplo,

$$(2D + 1)(D - 2)[y] = (2D + 1)[y' - 2y] = 2y'' - 3y' - 2y$$
$$= (2D^2 - 3D - 2)[y].$$

A regra geral pode ser provada por indução. Para achar uma solução $y^*(x)$ da equação não-homogênea

$$2y'' - 3y' - 2y = Q(x),$$

escrevemos em forma de operador:

$$(2D + 1)(D - 2)[y] = Q(x).$$

Pomos então $(D - 2)[y] = u$, de modo que $(2D + 1)[u] = Q(x)$. Portanto, pela Sec. 8-6,

$$y = e^{2x} \int e^{-2x} u \, dx, \quad u = \tfrac{1}{2} e^{-(1/2)x} \int e^{(1/2)x} Q(x) \, dx.$$

Ache as soluções gerais das equações dadas:

(a) $D(D^2 - 9)[y] = 0$ (d) $(D - 1)^3[y] = 1$
(b) $(D^5 - D^3)[y] = 0$ (e) Prob. 1(a) acima
(c) $(D^2 - 9)[y] = 8e^x$ (f) Prob. 1(b) acima.

O uso de operadores pode ser desenvolvido numa técnica muito eficiente. Para maiores informações, ver o livro de Agnew citado no fim do capítulo.

6. *Método dos coeficientes a determinar.* Para obter uma solução $y^*(x)$ da equação

$$(D^2 + 1)[y] = e^x \tag{a}$$

podemos multiplicar ambos os lados por $D - 1$:

$$(D - 1)(D^2 + 1)[y] = (D - 1)[e^x] = 0. \tag{b}$$

O segundo membro é 0 porque e^x satisfaz à equação homogênea $(D - 1)[y] = 0$. De (b), obtemos a equação característica: $(r - 1)(r^2 + 1) = 0$. Logo, toda solução de (b) tem a forma

$$y = c_1 \cos x + c_2 \operatorname{sen} x + c_3 e^x.$$

Substituindo em (a), os dois primeiros termos dão 0, pois formam a função complementar de (a). Obtém-se uma equação para o "coeficiente a determinar" $c_3 : 2c_3 e^x = e^x$, $c_3 = \tfrac{1}{2}$. Logo, $y^* = \tfrac{1}{2} e^x$ é a solução particular procurada. O método depende de achar um operador que "anule" o segundo membro $Q(x)$. Tal operador sempre pode ser achado se Q é uma solução de uma equação homogênea a coeficientes constantes; o operador L tal que $L[Q] = 0$ é o operador procurado. Se Q é da forma $(p_0 + p_1 x + \cdots + p_k x^{k-1}) e^{ax} (A \cos bx + B \operatorname{sen} bx)$ o anulador é $L = \{(D - a)^2 + b^2\}^k$. Para

521

Cálculo Avançado

uma soma de tais termos, podemos multiplicar os operadores correspondentes. Use o método descrito para achar soluções particulares das seguintes equações:

(a) $y'' + y = \text{sen } x$ (o anulador é $D^2 + 1$);
(b) $y'' + y = e^{2x}$ (o anulador é $D - 2$);
(c) $y'' + y' - y = x^2$ (o anulador é D^3);
(d) $y'' + 2y' + y = \text{sen } 2x + e^x$;   (e) $y'' + 4y = 25xe^x$;
(f) $y''' - 2y' - 4y = e^{-x} \text{sen } x$;   (g) $y'' + 2y' + y = 6xe^{-x}$.

7. Prove, por variação de parâmetros ou pelo método do Prob. 6, que uma solução particular da equação

$$\frac{d^2 x}{dt^2} + 2h \frac{dx}{dt} + \lambda^2 x = B \text{ sen } \omega t \quad (h > 0, \ \omega > 0)$$

é dada por

$$x = \frac{B \text{ sen } (\omega t - \alpha)}{\sqrt{(\lambda^2 - \omega^2)^2 + 4\omega^2 h^2}}, \quad \text{tg } \alpha = \frac{2\omega h}{\lambda^2 - \omega^2}, \quad 0 < \alpha < \pi.$$

RESPOSTAS

1. (a) $c_1 e^x + c_2 e^{-x} + \frac{1}{2} x e^x$;
   (b) $c_1 e^x + c_2 e^{2x} + c_3 e^{3x} + \frac{1}{6} e^{4x}$;
   (c) $c_1 \cos x + c_2 \text{ sen } x - \text{sen } x - \text{sen } x \log (\text{cosec } x + \text{cotg } x)$;
   (d) $c_1 \cos 2x + c_2 \text{ sen } 2x + \frac{1}{4} \cos 2x \log |\cos 2x| + \frac{1}{2} x \text{ sen } 2x$;
   (e) $c_1 e^x + c_2 e^{-x} + \frac{1}{2} e^x \int e^{-x} \log x \, dx - \frac{1}{2} e^{-x} \int e^x \log x \, dx$.

3. $c_1 x + c_2 x^2 + \frac{1}{2} x^3$.

4. $c_1 e^x + \dfrac{c_2}{x} - \dfrac{1}{2}(x + 2)$.

5. (a) $c_1 + c_2 e^{3x} + c_3 e^{-3x}$,   (b) $c_1 + c_2 x + c_3 x^2 + c_4 e^x + c_5 e^{-x}$,   (c) $-e^x +$
   $+ c_1 e^{3x} + c_2 e^{-3x}$,   (d) $-1 + c_1 e^x + c_2 x e^x + c_3 x^2 e^x$.

6. (a) $-\frac{1}{2} x \cos x$,   (b) $\frac{1}{5} e^{2x}$,   (c) $-x^2 - 2x - 4$,
   (d) $\frac{1}{7}(4 \cos 2x + 3 \text{ sen } 2x) + \frac{1}{4} e^x$,   (e) $e^x(5x - 2)$,   (f) $\frac{1}{20} x e^{-x}(3 \cos x - \text{sen } x)$,
   (g) $x^3 e^{-x}$.

8-12. SISTEMAS DE EQUAÇÕES LINEARES A COEFICIENTES CONSTANTES.
Consideramos sistemas como os seguintes:

$$\frac{dx}{dt} = a_1 x + b_1 y + p(t),$$

$$\frac{dy}{dt} = a_2 x + b_2 y + q(t); \tag{8-52}$$

Equações Diferenciais Ordinárias

$$\frac{dx}{dt} = a_1\,x + b_1\,y + c_1\,z + p(t),$$

$$\frac{dy}{dt} = a_2\,x + b_2\,y + c_2\,z + q(t), \qquad (8\text{-}53)$$

$$\frac{dz}{dt} = a_3\,x + b_3\,y + c_3\,z + r(t).$$

Aqui, $a_1, \ldots, c_3$ são constantes. O caso geral envolveria n variáveis $x_1, \ldots, x_n$ que são funções de t:

$$\frac{dx_i}{dt} = a_{i1}x_1 + \cdots + a_{in}x_n + p_i(t) \qquad (i = 1, \ldots, n). \qquad (8\text{-}54)$$

Há sistemas mais gerais que podem ser reduzidos a essa forma (Prob. 2 abaixo). Os métodos serão ilustrados para as Eqs. (8-53). Primeiro consideramos o sistema homogêneo correspondente

$$\frac{dx}{dt} = a_1\,x + b_1\,y + c_1\,z, \qquad \frac{dy}{dt} = a_2\,x + b_2\,y + c_2\,z, \qquad \frac{dz}{dt} = a_3\,x + b_3\,y + c_3\,z. \qquad (8\text{-}55)$$

Cada solução de (8-55) é, por definição, uma *tripla* de funções $x(t)$, $y(t)$, $z(t)$, todas definidas em algum intervalo e satisfazendo às equações identicamente. Procuramos uma solução particular

$$x = Ae^{\lambda t}, \qquad y = Be^{\lambda t}, \qquad z = Ce^{\lambda t} \qquad (8\text{-}56)$$

onde A, B, C são constantes. Substituindo em (8-55) e cancelando o fator $e^{\lambda t}$, obtemos as equações

$$\begin{aligned} (a_1 - \lambda)A + b_1 B + c_1 C &= 0, \\ a_2 A + (b_2 - \lambda)B + c_2 C &= 0, \\ a_3 A + b_3 B + (c_3 - \lambda)C &= 0. \end{aligned} \qquad (8\text{-}57)$$

Essas são equações lineares homogêneas para as constantes A, B, C; elas sempre têm ao menos a solução trivial $A = 0$, $B = 0$, $C = 0$, que fornece a solução (8-56): $x \equiv 0$, $y \equiv 0$, $z \equiv 0$. As Eqs. (8-57) têm solução não-trivial se, e só se, o determinante dos coeficientes é 0 (Sec. 0-3):

$$\begin{vmatrix} a_1 - \lambda & b_1 & c_1 \\ a_2 & b_2 - \lambda & c_2 \\ a_3 & b_3 & c_3 - \lambda \end{vmatrix} = 0. \qquad (8\text{-}58)$$

A Eq. (8-58) desenvolvida fornece uma equação cúbica para λ. Essa equação chama-se *equação característica* associada com (8-55). Se λ_1 é raiz da equação característica, então podemos achar uma correspondente tripla de constantes A_1, B_1, C_1, não todas 0, satisfazendo a (8-57), com $\lambda = \lambda_1$, e

$$x = A_1 e^{\lambda_1 t}, \qquad y = B_1 e^{\lambda_1 t}, \qquad z = C_1 e^{\lambda_1 t} \qquad (8\text{-}59)$$

523

Cálculo Avançado

é uma solução de (8-55); (8-59) permanece uma solução se as três funções são multiplicadas pela mesma constante c, pois cA_1, cB_1, cC_1 também será solução de (8-57) com $\lambda = \lambda_1$. Se a equação característica tem 3 raízes distintas, λ_1, λ_2, λ_3, o processo fornece 3 triplas que são soluções particulares. As combinações lineares

$$
\begin{aligned}
x &= c_1 A_1 e^{\lambda_1 t} + c_2 A_2 e^{\lambda_2 t} + c_3 A_3 e^{\lambda_3 t}, \\
y &= c_1 B_1 e^{\lambda_1 t} + c_2 B_2 e^{\lambda_2 t} + c_3 B_3 e^{\lambda_3 t}, \\
z &= c_1 C_1 e^{\lambda_1 t} + c_2 C_2 e^{\lambda_2 t} + c_3 C_3 e^{\lambda_3 t},
\end{aligned}
\tag{8-60}
$$

fornecem mais soluções, para cada escolha das constantes c_1, c_2, c_3; isso pode ser verificado por substituição direta em (8-55). De fato, pode-se mostrar que (8-60) é a solução geral de (8-55); ver o livro de Agnew citado no fim do capítulo.

Se $\lambda = a \pm bi$ é um par de raízes complexas da equação característica, a solução (8-60) envolve exponenciais imaginárias. As soluções podem ser obtidas em forma real combinando termos conjugados como na Sec. 8-10. Se $\lambda = \lambda_1$ é uma raiz dupla, o processo fornece uma solução incompleta, só com duas constantes arbitrárias. As soluções restantes são obtidas pondo

$$
x = (A + \alpha t)e^{\lambda_1 t}, \quad y = (B + \beta t)e^{\lambda_1 t}, \quad z = (C + \gamma t)e^{\lambda_1 t} \tag{8-61}
$$

e determinando as constantes A, B, C, α, β, γ, de modo que (8-55) seja satisfeita. Para uma raiz de multiplicidade k, substitui-se as funções lineares de t por polinômios de grau $k-1$, com coeficientes a determinar.

Exemplo 1. $\dfrac{dx}{dt} = x - 2y$, $\quad \dfrac{dy}{dt} = y - 2x$.

Solução. A substituição $x = Ae^{\lambda t}$, $y = Be^{\lambda t}$ leva às equações

$$
(1 - \lambda)A - 2B = 0, \quad -2A + (1 - \lambda)B = 0. \tag{8-62}
$$

A equação característica é

$$
\begin{vmatrix} 1 - \lambda & -2 \\ -2 & 1 - \lambda \end{vmatrix} = \lambda^2 - 2\lambda - 3 = 0. \tag{8-63}
$$

As raízes são, 3 e −1. Quando $\lambda = \lambda_1 = 3$, (8-62) fica

$$
-2A - 2B = 0, \quad -2A - 2B = 0.
$$

Logo, $A = -B$; tomamos $A_1 = 1$, $B_1 = -1$. Quando $\lambda = \lambda_2 = -1$, (8-62) fica

$$
2A - 2B = 0, \quad -2A + 2B = 0.
$$

Logo, $A = B$; tomamos $A_2 = 1$, $B_2 = 1$. A solução geral é

$$
x = c_1 e^{3t} + c_2 e^{-t}, \quad y = -c_1 e^{3t} + c_2 e^{-t}.
$$

Exemplo 2. $\dfrac{dx}{dt} = y$, $\quad \dfrac{dy}{dt} = z$, $\quad \dfrac{dz}{dt} = x - y + z$.

524

Equações Diferenciais Ordinárias

Solução. A substituição $x = Ae^{\lambda t}$, $y = Be^{\lambda t}$, $z = Ce^{\lambda t}$ leva às equações

$$-\lambda A + B = 0, \quad -\lambda B + C = 0, \quad A - B + (1 - \lambda)C = 0.$$

A equação característica é

$$\begin{vmatrix} -\lambda & 1 & 0 \\ 0 & -\lambda & 1 \\ 1 & -1 & 1-\lambda \end{vmatrix} = -(\lambda^2 + 1)(\lambda - 1) = 0.$$

A raiz $\lambda_1 = 1$ fornece as equações

$$-A + B = 0, \quad -B + C = 0, \quad A - B = 0,$$

satisfeitas para $A = B = C = 1$. A raiz $\lambda_2 = i$ leva às equações

$$-iA + B = 0, \quad -iB + C = 0, \quad A - B + (1 - i)C = 0.$$

Logo, $B = iA$, $C = iB = -A$ e as equações são satisfeitas por $A = 1$, $B = i$, $C = -1$. Analogamente $\lambda_3 = -i$ dá a solução $A = 1$, $B = -i$, $C = -1$. Portanto a solução geral é

$$x = c_1 e^t + c_2 e^{it} + c_3 e^{-it}, \quad y = c_1 e^t + c_2 i e^{it} - c_3 i e^{-it},$$
$$z = c_1 e^t - c_2 e^{it} - c_3 e^{-it}$$

Se escrevermos $e^{\pm it} = \cos t + i \operatorname{sen} t$ e introduzirmos novas constantes $c_1' = c_1$, $c_2' = c_2 + c_3$, $c_3' = i(c_2 - c_3)$, as soluções tomam a forma real:

$$x = c_1' e^t + c_2' \cos t + c_3' \operatorname{sen} t,$$
$$y = c_1' e^t + c_3' \cos t - c_2' \operatorname{sen} t,$$
$$z = c_1' e^t - c_2' \cos t - c_3' \operatorname{sen} t.$$

Exemplo 3. $\dfrac{dx}{dt} = 3x + 2y$, $\quad \dfrac{dy}{dt} = -2x - y$.

Solução. A equação característica é

$$\begin{vmatrix} 3-\lambda & 2 \\ -2 & -1-\lambda \end{vmatrix} = \lambda^2 - 2\lambda + 1 = 0.$$

Aqui, temos raízes iguais: 1, 1. A substituição: $x = (A + \alpha t)e^t$, $y = (B + \beta t)e^t$ fornece as equações

$$2A + 2B - \alpha - t(2\alpha + 2\beta) = 0, \quad 2A + 2B + \beta + t(2\alpha + 2\beta) = 0.$$

Essas equações serão satisfeitas identicamente se

$$2A + 2B - \alpha = 0, \quad 2\alpha + 2\beta = 0,$$
$$2A + 2B + \beta = 0, \quad 2\alpha + 2\beta = 0.$$

Essas equações permitem exprimir α, β em termos de A e B: $\alpha = 2A + 2B = -\beta$.

525

Cálculo Avançado

Logo,

$$x = [A + t(2A + 2B)]e^t, \quad y = [B + t(-2A - 2B)]e^t,$$

em termos das duas constantes arbitrárias A e B.

Caso não-homogêneo. O método de variação de parâmetros pode ser usado, numa forma que é mais simples que para uma só equação de ordem n. Ilustramos o processo com um exemplo:

Exemplo 4. $\dfrac{dx}{dt} = x - 2y + \cos t, \quad \dfrac{dy}{dt} = y - 2x - \text{sen } t.$

Primeiro resolvemos o correspondente sistema homogêneo, como no Ex. 1 acima. Substituímos c_1, c_2 por v_1, v_2 na solução geral encontrada:

$$x = v_1 e^{3t} + v_2 e^{-t}, \quad y = -v_1 e^{3t} + v_2 e^{-t}.$$

Substituindo nas equações dadas, obtemos as relações

$$e^{3t} \frac{dv_1}{dt} + e^{-t} \frac{dv_2}{dt} = \cos t,$$

$$-e^{3t} \frac{dv_1}{dt} + e^{-t} \frac{dv_2}{dt} = -\text{sen } t.$$

Logo,

$$2 \frac{dv_1}{dt} e^{3t} = \cos t + \text{sen } t, \quad 2e^{-t} \frac{dv_2}{dt} = \cos t - \text{sen } t,$$

$$v_1 = \tfrac{1}{2} \int e^{-3t}(\cos t + \text{sen } t)\, dt = -0{,}1 e^{-3t}(\text{sen } t + 2 \cos t),$$

$$v_2 = \tfrac{1}{2} \int e^t(\cos t - \text{sen } t)\, dt = \tfrac{1}{2} e^t \cos t,$$

por (i), (j) do Prob. 31 que segue a Introdução, e

$$x = c_1 e^{3t} + c_2 e^{-t} + 0{,}1(3 \cos t - \text{sen } t),$$
$$y = -c_1 e^{3t} + c_2 e^{-t} + 0{,}1(7 \cos t + \text{sen } t).$$

Observamos que não é necessário impor outras condições a $v_1(t)$, $v_2(t)$ como foi feito no método correspondente da Sec. 8-10.

Digamos que instrumentos adequados para tratar da resolução de equações diferenciais lineares sejam os da álgebra linear, em particular, as *matrizes*, que permitem grandes simplificações.

Pode-se mostrar que, quando os coeficientes a_{ij} em (8-54) podem depender de t, a solução geral das equações homogêneas $[p_i(t) \equiv 0]$ é formada como combinação linear de soluções particulares, como em (8-60). Quando essa "função complementar" foi achada, o método de variação dos parâmetros pode ser usado para completar a solução, como no exemplo acima.

526

Equações Diferenciais Ordinárias

A idéia básica do método de variação de parâmetros pode ser estendida a equações não lineares do modo seguinte. Suponhamos que as equações não-lineares possam ser escritas na forma

$$\frac{dx_i}{dt} = F_i(x_1, \ldots, x_n, t) + G_i(x_1, \ldots, x_n, t) \quad (i = 1, \ldots, n), \qquad (8\text{-}64)$$

onde se sabe que as G_i são muito pequenas comparadas com as F_i. Suponhamos ainda que a solução geral das equações

$$\frac{dx_i}{dt} = F_i(x_1, \ldots, x_n, t) \quad (i = 1, \ldots, n) \qquad (8\text{-}65)$$

é conhecida na forma:

$$x_i = f_i(t, c_1, \ldots, c_n) \quad (i = 1, \ldots, n). \qquad (8\text{-}66)$$

Substitui-se agora as c por funções $v_1(t), \ldots, v_n(t)$, isto é, introduzem-se novas variáveis $v_1, \ldots, v_n$ pelas equações

$$x_i = f_i(t, v_1, \ldots, v_n). \qquad (8\text{-}67)$$

Podem-se, agora, transformar as Eqs. (8-64) em n equações diferenciais para $v_1, \ldots, v_n$. O fato importante é que, como as G_i são pequenas, as v serão aproximadamente constantes, tendo derivadas pequenas. Isso é muito vantajoso para um método numérico ou por séries para resolução para as v. Esse método está em uso há vários séculos para problemas de mecânica celeste (movimento da Lua, planetas, etc.). Para aplicações a problemas de engenharia ver *Introduction to Non-linear Mechanics*, por M. Kryloff e N. Bogoliuboff (Princeton: Princeton University Press, 1943).

PROBLEMAS

1. Achar as soluções gerais

(a) $\dfrac{dx}{dt} = x + 2y, \quad \dfrac{dy}{dt} = 12x - y;$

(b) $\dfrac{dx}{dt} = x + 2y, \quad \dfrac{dy}{dt} = -2x + 5y;$

(c) $\dfrac{dx}{dt} = x - 2y + t^2 + 2t, \quad \dfrac{dy}{dt} = 5x - y - 4t^2 + 2t;$

(d) $\dfrac{dx}{dt} = x - y, \quad \dfrac{dy}{dt} = y - z, \quad \dfrac{dz}{dt} = z - x;$

(e) $\dfrac{dx}{dt} = x + 2y + e^t, \quad \dfrac{dy}{dt} = -x + 4y - 2;$

(f) $\dfrac{dx}{dt} = 2x - y + 3z + t, \quad \dfrac{dy}{dt} = -x + y - z - 1, \quad \dfrac{dz}{dt} = y - z.$

527

Cálculo Avançado

2. (a) Achar a solução geral do sistema

$$\frac{d^2 x}{dt^2} = x - y, \qquad \frac{d^2 y}{dt^2} = y - x$$

resolvendo o sistema equivalente:

$$\frac{dx}{dt} = z, \qquad \frac{dy}{dt} = w, \qquad \frac{dz}{dt} = x - y, \qquad \frac{dw}{dt} = y - x.$$

(b) Achar a solução geral da equação

$$\frac{d^2 x}{dt^2} + 2\frac{dx}{dt} - 3x = 3t^2 - 4t - 2$$

resolvendo o sistema equivalente:

$$\frac{dx}{dt} = y, \qquad \frac{dy}{dt} = 3x - 2y + 3t^2 - 4t - 2.$$

Generalizando o método indicado, essencialmente todo sistema de equações diferenciais pode ser reduzido a um sistema de equações de primeira ordem:

$$\frac{dx_i}{dt} = f_i(x_1, \dots, x_n, t) \qquad (i = 1, \dots, n).$$

3. Verifique que existe uma, e uma só, solução do Ex. 1 da Sec. 8-11 correspondendo a condições iniciais dadas:

$$x(0) = x_0, \qquad y(0) = y_0$$

RESPOSTAS

1. (a) $x = c_1 e^{5t} + c_2 e^{-5t}, \qquad y = 2c_1 e^{5t} - 3c_2 e^{-5t};$
   (b) $x = c_1 e^{3t} + 2c_2 t e^{3t}, \qquad y = (c_1 + c_2)e^{3t} + 2c_2 t e^{3t};$
   (c) $x = 2c_1 \cos 3t + 2c_2 \operatorname{sen} 3t + t^2,$
   $\quad y = (c_1 - 3c_2)\cos 3t + (c_2 + 3c_1)\operatorname{sen} 3t + t^2;$
   (d) $x = c_1 + e^{at}(2c_2 \cos bt + 2c_3 \operatorname{sen} bt),$
   $\quad y = c_1 + e^{at}[(-c_2 - 2bc_3)\cos bt + (-c_3 + 2bc_2)\operatorname{sen} bt],$
   $\quad z = c_1 + e^{at}[(-c_2 + 2bc_3)\cos bt + (-c_3 - 2bc_2)\operatorname{sen} bt],$
   onde $a = \frac{3}{2}, b = \frac{1}{2}\sqrt{3};$
   (e) $x = c_1 e^{3t} + 2c_2 e^{2t} - \frac{3}{2}e^t - \frac{2}{3}, \qquad y = c_1 e^{3t} + c_2 e^{2t} - \frac{1}{2}e^t + \frac{1}{3};$
   (f) $x = c_1 e^t + c_2 e^{-t} + 4c_3 e^{2t} - 1, \qquad y = -2c_1 e^t - 3c_3 e^{2t} + \frac{1}{4} - \frac{1}{2}t,$
   $\quad z = -c_1 e^t - c_2 e^{-t} - c_3 e^{2t} + \frac{3}{4} - \frac{1}{2}t.$

2. (a) $x = c_1 + c_2 t + c_3 e^{at} + c_4 e^{-at}, \qquad y = c_1 + c_2 t - c_3 e^{at} - c_4 e^{-at}, \qquad a = \sqrt{2};$
   (b) $c_1 e^{-3t} + c_2 e^t - t^2.$

Equações Diferenciais Ordinárias

8-13. APLICAÇÕES DAS EQUAÇÕES DIFERENCIAIS LINEARES.

As aplicações que consideraremos aqui são principalmente as da equação diferencial linear de segunda ordem

$$m\frac{d^2x}{dt^2} + 2c\frac{dx}{dt} + k^2x = F(t). \quad (8\text{-}68)$$

A notação sugere um problema de mecânica. Uma partícula de massa m move-se sobre uma reta, o eixo dos x, sujeita a três forças: uma força de "atrito" $-2c(dx/dt)$, opondo-se ao movimento (se $c > 0$); uma força de "restauração" $-k^2x$; uma "força aplicada" $F(t)$. Isso está ilustrado na Fig. 8-9.

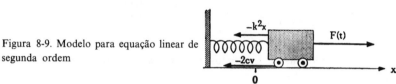

Figura 8-9. Modelo para equação linear de segunda ordem

Esse problema tem um paralelo em teoria dos circuitos elétricos, ou seja, o representado pela equação diferencial

$$L\frac{d^2i}{dt^2} + R\frac{di}{dt} + \frac{1}{C}i = F(t), \quad (8\text{-}69)$$

onde L é a indutância, R a resistência, C a capacitância, e $F(t)$ a derivada em relação ao tempo da força eletromotriz aplicada.

Suporemos m, c, k constantes e $m > 0$, $c \geqq 0$, $k > 0$. Logo, a equação característica de (8-68),

$$mr^2 + 2cr + k^2 = 0, \quad (8\text{-}70)$$

tem raízes que são ou negativas ou complexas. Se as abreviações

$$h = \frac{c}{m}, \quad \lambda = \frac{k}{\sqrt{m}} \quad (8\text{-}71)$$

são usadas, as raízes são dadas por

$$r = -h \pm \sqrt{h^2 - \lambda^2}. \quad (8\text{-}72)$$

Suponhamos primeiramente que $F(t) = 0$. Então surgem os seguintes casos, dependendo do valor de h:

Caso I. $h = 0$. $r = \pm \lambda i$.   *Movimento harmônico simples.*
Caso II. $0 < h < \lambda$. $r = -h \pm i\sqrt{\lambda^2 - h^2}$.   *Vibrações amortecidas.*
Caso III. $h = \lambda$. $r = -L, -h$.   *Amortecimento crítico.*
Caso IV. $h > \lambda$. $r = -h \pm \sqrt{h^2 - \lambda^2}$.   *Amortecimento supracrítico.*

No Caso I não há amortecimento por atrito. A massa vibra livremente segundo a equação

$$x = A \operatorname{sen}(\lambda t + \alpha), \quad (8\text{-}73)$$

529

onde A e α são constantes arbitrárias. A freqüência λ dessas vibrações é chamada a *freqüência natural* do sistema. No Caso II há amortecimento por atrito e, em conseqüência, a massa oscila, mas com amplitude que tende a zero:

$$x = Ae^{-ht}\,\text{sen}\,(\beta t + \alpha), \quad \beta = \sqrt{\lambda^2 - h^2}. \tag{8-74}$$

A freqüência dessas oscilações é menor que a freqüência natural. Nos Casos III e IV as oscilações desapareceram por atrito excessivo e, em ambos os casos, à parte um possível período inicial de crescimento, o movimento é essencialmente o de decréscimo exponencial, como descrito na Sec. 8-7:

$$\begin{aligned}
x &= c_1 e^{-ht} + c_2 t e^{-ht} \quad &&\text{[Caso III]}; \\
x &= c_1 e^{-a_1 t} + c_2 e^{-a_2 t} \quad &&\text{[Caso IV]}; \\
a_1 &= h + \sqrt{h^2 - \lambda^2}, \quad &&a_2 = h - \sqrt{h^2 - \lambda^2}.
\end{aligned} \tag{8-75}$$

Os tipos de movimentos em todos os casos são representados na Fig. 8-10.

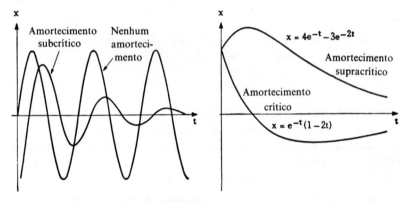

Figura 8-10. Soluções de $m\dfrac{d^2x}{dt^2} + 2c\dfrac{dx}{dt} + k^2 x = 0$

Podem ser discutidas as propriedades qualitativas das soluções quando existe uma força aplicada $F(t)$ com auxílio do ponto de vista de entrada-saída da Sec. 8-7. A entrada é definida, como no caso de primeira ordem, como a solução $x_e(t)$ obtida desprezando-se os termos em dx/dt e d^2x/dt^2. Assim,

$$\text{entrada} = x_e(t) = \frac{F(t)}{k^2}. \tag{8-76}$$

A solução verdadeira $x(t)$, obtida levando em conta os termos contendo derivadas, será chamada *saída*. Como no caso de primeira ordem, a aproximação

$$\text{entrada} = \text{saída}$$

pode ser usada; a qualidade dessa aproximação depende do tamanho de m/k^2 e c/k^2.

Suponhamos, por exemplo, que temos o Caso II para a equação homogênea, e que $F(t) = F_1$, uma constante. Então a solução geral de (8-68) é da forma

$$x = \frac{F_1}{k^2} + Ae^{-ht}\operatorname{sen}(\beta t + \alpha),$$

como na Fig. 8-11. Assim, a saída avizinha-se da entrada, oscilando cada vez menos. Se agora F é uma função em degrau, como na Fig. 8-12, a solução (saída) tenta seguir a entrada, enquanto oscila. Como a figura ilustra, após um período inicial transitório duas soluções quaisquer praticamente coincidem; nesse sentido, a saída é uma função bem definida de t.

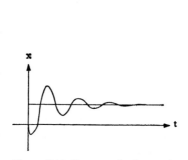

Figura 8-11. Resposta de sistema de segunda ordem à entrada constante

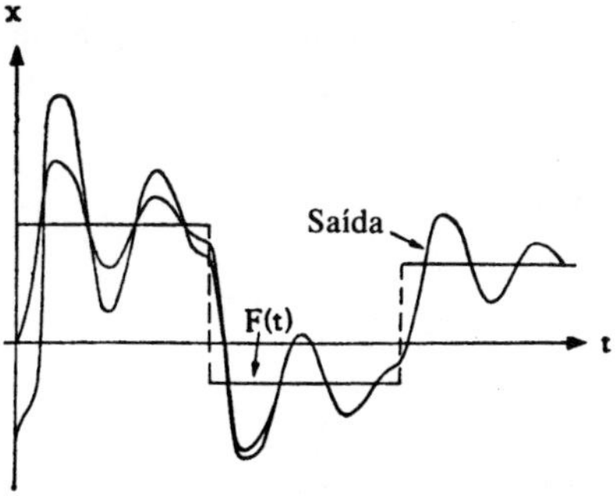

Figura 8-12. Resposta de sistema de segunda ordem à entrada função-degrau

Deve-se notar que, se F salta a um valor positivo quando a saída está crescendo e a um valor negativo quando a saída está decrescendo, então oscilações inicialmente pequenas aumentam de amplitude. Uma imagem disso é a de uma pessoa que empurra uma criança num balanço; se empurra na direção do movimento, a amplitude cresce. Esse efeito de sincronização do termo que reforça com a freqüência da resposta é conhecido como *ressonância*. Se não houvesse atrito, uma sincronização perfeita levaria a uma amplitude indo para infinito. Ora, o *trabalho* realizado pela força aplicada, de um lado, é igual à *energia* contribuída ao sistema, de outro, ao produto da componente da força na direção do movimento pela distância percorrida (Sec. 5-4). Portanto a ressonância é simplesmente o caso de uma força sempre aplicada para acrescentar energia ao sistema.

Para obter uma descrição matemática de ressonância, pode-se tomar o caso de uma função $F(t) = F_1 \operatorname{sen} \omega t$. Neste caso, a entrada é

$$x_e(t) = A_e \operatorname{sen} \omega t = \frac{F_1}{k^2}\operatorname{sen} \omega t, \qquad (8\text{-}77)$$

onde A_e é a amplitude de entrada. Verifica-se (ver Prob. 7 depois da Sec. 8-11) que a saída é

$$x_s = A_s \operatorname{sen}(\omega t - \alpha) + (\text{transitório}), \qquad (8\text{-}78)$$

onde

$$A_s = \frac{\lambda^2 A_e}{\sqrt{(\lambda^2 - \omega^2)^2 + 4\omega^2 h^2}}, \quad \operatorname{tg}\alpha = \frac{2\omega h}{\lambda^2 - \omega^2}, \quad 0 \leqq \alpha < \pi. \quad (8\text{-}79)$$

Quanto maior é h, mais forte o amortecimento e menor a razão de A_s para A_e. Para h e λ fixados a razão de A_s para A_e depende somente da razão da freqüência de entrada ω para a freqüência natural λ; na Fig. 8-13 está o gráfico dessa relação. A razão A_s/A_e, o *fator de amplificação*, é grande quando h é pequeno, com um máximo, para h fixado, numa freqüência ω dita *freqüência de ressonância*. Se $h = 0$, as fórmulas acima dão $A_s = \infty$ quando $\lambda = \omega$; esse é o caso de ressonância pura. Quando h é grande, A_s/A_e fica menor que 1; a amplitude diminui, especialmente para freqüências altas.

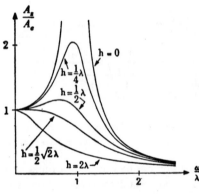

Figura 8-13. Amplificação contra freqüência da entrada para sistema de segunda ordem

O fenômeno de ressonância é familiar da experiência diária. Embora freqüentemente produza ruídos desagradáveis ou danos materiais, pode ser usado com grandes vantagens para produzir mecanismos "afinados" para responder a uma freqüência dada.

As observações feitas aqui sobre a equação de segunda ordem podem ser facilmente estendidas a equações de ordem superior ou (o que é o mesmo) sistemas de equações lineares. Isso é discutido no Cap. 10, onde se mostra que tais sistemas formam uma transição natural a equações diferenciais parciais. Para todos os sistemas, o ponto de vista de entrada e saída pode ser conservado. Enquanto o sistema é estável, isto é, enquanto todas as soluções avizinham-se de zero à medida que t cresce na ausência de termos de reforço, há essencialmente uma única saída para uma entrada dada. Além disso, há um princípio de superposição: a saída varia linearmente com a entrada. Todas as realizações desse sistema são consideradas tipos de "servomecanismos", que são projetados para reagir a uma entrada dada de um modo especificado. O analisador diferencial é um tipo particularmente flexível de servomecanismo, e pode transformar entrada em saída, segundo uma classe ampla de equações diferenciais.

Equações Diferenciais Ordinárias

PROBLEMAS

1. Ache uma solução particular e compare entrada e saída graficamente para as seguintes equações:

(a) $\dfrac{d^2 x}{dt^2} + 4x = \operatorname{sen} t$

(d) $\dfrac{d^2 x}{dt^2} + 2\dfrac{dx}{dt} + 5x = \operatorname{sen} 2t$

(b) $\dfrac{d^2 x}{dt^2} + 4x = t$

(e) $\dfrac{d^2 x}{dt^2} + 5\dfrac{dx}{dt} + 6x = \operatorname{sen} 2t$

(c) $\dfrac{d^2 x}{dt^2} + 4x = \operatorname{sen} 2t$

(f) $\dfrac{d^2 x}{dt^2} + 2\dfrac{dx}{dt} + 5x = t^3 - 3t^2 + 2t.$

2. Seja $F(t)$ uma "onda quadrada": $F(t)$ tem período $2t_1$ e $F(t) = 1$ para $0 < t < t_1$, $F(t) = -1$ para $t_1 < t < 2t_1$. Discuta a natureza da solução das equações

(a) $\dfrac{d^2 x}{dt^2} + \lambda^2 x = F(t)$

(b) $\dfrac{d^2 x}{dt^2} + 2h\dfrac{dx}{dt} + \dfrac{\pi^2}{t_1^2}x = F(t).$

3. Ache a equação do lugar geométrico dos máximos de A_s/A_e como função de ω/λ para h fixo, segundo (8-79); compare com a Fig. 8-13.

4. Discuta o sentido do atraso de fase α e analise sua dependência em relação a λ, h e ω.

8-14. SOLUÇÃO DE EQUAÇÕES DIFERENCIAIS POR SÉRIES DE TAYLOR. A série de Taylor

$$f(a) + \frac{f'(a)(x-a)}{1!} + \frac{f''(a)(x-a)^2}{2!} + \cdots + \frac{f^{(n)}(a)(x-a)^n}{n!} + \cdots$$

(Sec. 6-16) de uma função $f(x)$ pode ser formada quando todas as suas derivadas em $x = a$ são conhecidas. Se, por exemplo, f satisfaz à equação diferencial

$$y' = F(x, y) \tag{8-80}$$

com condição inicial dada $f(a) = y_0$, então a própria equação dá $y' = f'(a)$. Assim

$$f'(a) = F[a, f(a)].$$

Se F tem derivadas contínuas para os valores das variáveis envolvidas, podemos diferenciar (8-80) e obter uma fórmula para a derivada segunda:

$$y'' = \frac{\partial F}{\partial x} + \frac{\partial F}{\partial y}y', \quad \text{de modo que} \quad f''(a) = \frac{\partial F}{\partial x}[a, f(a)] + \left\{\frac{\partial F}{\partial y}[a, f(a)]\right\} f'(a).$$

Procedendo assim, obtém-se uma série de Taylor para f. O fato de que a série obtida converge num intervalo centrado em $x = a$ e representa uma solução $y = f(x)$ da equação diferencial pode ser provado com hipóteses convenientes sobre $F(x, y)$. Na maior parte das aplicações, F é uma função racional de x e y

533

Cálculo Avançado

e o método é válido, exceto se o denominador anula-se em (a, y_0). Mais geralmente, o método é valido quando F é *analítica*, isto é, pode ser expandida em série de potências de $x - a$ e $y - y_0$ numa vizinhança de (a, y_0) (Sec. 6-20). Para as demonstrações, consultar o Cap. XII do livro de Ince citado no fim deste capítulo.

Exemplo. $y' = x^2 - y^2$; $y = 1$ para $x = 0$. Aqui,

$$y'' = 2x - 2yy', \qquad y''' = 2 - 2y'^2 - 2yy'', \qquad y^{iv} = -6y'y'' - 2yy''', \dots$$

Logo, em $x = 0$, tem-se, para a solução procurada,

$$y = 1, \quad y' = -1, \quad y'' = 2, \quad y''' = -4, \quad y^{iv} = 20, \dots$$

Assim, a solução é dada por

$$y = 1 - x + x^2 - \tfrac{2}{3}x^3 + \tfrac{5}{6}x^4 + \cdots$$

Não há esperanças de obter o termo geral aqui; esse é um defeito característico do método, se aplicado a uma equação diferencial não-linear. No entanto o teorema geral acima mencionado assegura que a série converge para todo x em algum intervalo $-a < x < a$ e é uma solução. Além disso, é possível obter avaliações do intervalo de convergência e do resto após n termos. Portanto a série pode ser usada para cálculos numéricos cuidadosamente controlados.

O método aplica-se igualmente a equações de ordem superior e a sistemas de equações. Assim, para a equação

$$y'' = x + y^2$$

com condições iniciais $y = 1$ e $y' = 2$ para $x = 1$, tem-se

$$y''' = 2yy' + 1, \qquad y^{iv} = 2y'^2 + 2yy'', \dots,$$

de modo que

$$y = 1 + 2(x - 1) + (x - 1)^2 + \tfrac{5}{6}(x - 1)^3 + \tfrac{1}{2}(x - 1)^4 + \cdots$$

Para equações diferenciais lineares dispomos de outro método para obter a série e, freqüentemente, será fácil obter uma expressão para o termo geral. Esse é o método de "coeficientes a determinar". Por exemplo, seja a equação

$$y'' + xy' + y = 0$$

e procuremos uma solução em forma de série em $x = 0$:

$$y = c_0 + c_1 x + c_2 x^2 + \cdots + c_n x^n + \cdots$$

Substituindo essa série na equação e reunindo os termos segundo as potências de x, obtém-se a equação

$$(c_0 + 2c_2) + x(2c_1 + 6c_3) + x^2(3c_2 + 12c_4) + \cdots$$
$$+ {}^n[(n + 1)c_n + (n + 1)(n + 2)c_{n+2}] + \cdots = 0.$$

534

Equações Diferenciais Ordinárias

Pelo Corolário do Teorema 40 da Sec. 6-16, cada coeficiente deve ser 0. Logo, obtêm-se as equações

$$c_0 + 2c_2 = 0, \quad 2c_1 + 6c_3 = 0, \quad 3c_2 + 12c_4 = 0, \ldots,$$
$$c_n + (n + 2)c_{n+2} = 0, \ldots,$$

donde há uma *fórmula de recorrência* para os coeficientes:

$$c_{n+2} = -\frac{c_n}{n + 2}.$$

Assim,

$$c_2 = -\frac{c_0}{2}, \quad c_4 = \frac{c_0}{2 \cdot 4}, \quad c_6 = -\frac{c_0}{2 \cdot 4 \cdot 6}, \ldots,$$
$$c_3 = -\frac{c_1}{3}, \quad c_5 = \frac{c_1}{3 \cdot 5}, \quad c_7 = -\frac{c_1}{3 \cdot 5 \cdot 7}, \ldots$$

Vê-se que c_0 e c_1 são constantes arbitrárias; são, na verdade, simplesmente os valores iniciais de y e y' em $x = 0$. As soluções podem agora ser escritas na forma:

$$y = c_0 \left[1 - \frac{1}{2} x^2 + \frac{1}{2 \cdot 4} x^4 - \frac{1}{2 \cdot 4 \cdot 6} x^6 + \cdots + \frac{(-1)^n}{2 \cdot 4 \cdot 6 \cdots 2n} x^{2n} + \cdots \right]$$
$$+ c_1 \left[x - \frac{1}{3} x^3 + \frac{1}{3 \cdot 5} x^5 + \cdots + \frac{(-1)^{n+1}}{3 \cdot 5 \cdot 7 \cdots (2n-1)} x^{2n-1} + \cdots \right].$$

Uma aplicação do critério da razão mostra que a série converge para todo x. Além disso, y satisfaz à equação diferencial para todo x. Como as funções

$$y_1(x) = \sum_{n=0}^{\infty} \frac{(-1)^n x^{2n}}{2^n n!}, \quad y_2(x) = \sum_{n=1}^{\infty} \frac{(-1)^{n+1} x^{2n-1}}{1 \cdot 3 \cdots (2n-1)}$$

são claramente linearmente independentes, as funções

$$y = c_0 y_1(x) + c_1 y_2(x)$$

constituem de fato a solução geral da equação diferencial.

Esse método pode ser também usado para equações não-lineares, mas os processos algébricos usualmente são muito complicados e a probabilidade de poder-se obter o termo geral da série ou uma expressão para a solução geral é mínima.

Para muitas aplicações é importante ter uma solução em série de uma equação diferencial $y' = F(x, y)$, mesmo que a função $F(x, y)$ não seja analítica numa vizinhança do ponto considerado. O caso mais comum é aquele em que F é uma função racional cujo denominador é 0 no ponto considerado. Este é, então, um *ponto singular* da equação e não se pode dar um enunciado geral quanto a soluções em volta de um tal ponto. No entanto, em muitos

535

Cálculo Avançado

casos, é possível obter as soluções no ponto singular e vizinhanças sob a forma de uma série do tipo conveniente. Por exemplo, a série

$$y = x^m(c_0 + c_1 x + c_2 x^2 + \cdots), \tag{8-81}$$

onde m não é necessariamente positivo ou um inteiro, pode ser usada em certos casos. Em outros, a solução pode ser expressa como uma série

$$x^m \sum_{n=0}^{\infty} c_n x^{pn}, \tag{8-82}$$

onde m e p não têm restrição.

Observações semelhantes aplicam-se a equações de ordem mais alta e a sistemas de equações. Séries do tipo (8-81) são de particular importância para equações lineares. Por exemplo, a *equação diferencial de Bessel de ordem n,*

$$\frac{d^2 y}{dx^2} + \frac{1}{x}\frac{dy}{dx} + \left(1 - \frac{n^2}{x^2}\right) y = 0, \tag{8-83}$$

tem soluções dessa forma (com $m = n$). Quando $n = 0$, uma solução é a função $J_0(x)$, a função de Bessel de ordem 0, considerada na Sec. 7-15. Outros exemplos são dados nos Probls. 7 a 9 abaixo. Para equações lineares, freqüentemente é possível exprimir as soluções nas vizinhanças do ponto singular por uma série do tipo (8-82) em termos de um parâmetro t.

Para uma discussão completa desse assunto, ver os livros de Ince, Picard e Whittaker-Watson citados no fim do capítulo. Verifica-se que a teoria das funções de variável complexa é essencial para uma análise completa do problema.

PROBLEMAS

1. Calcule os quatro primeiros termos não-nulos da solução em série para as seguintes equações com condições iniciais:

(a) $y' = x^2 y^2 + 1, \quad y = 1$ para $x = 1$;
(b) $y' = \operatorname{sen}(xy) + x^2, \quad y = 3$ para $x = 0$;
(c) $y'' = x^2 - y^2, \quad y = 1$ e $y' = 0$ para $x = 0$;
(d) $y''' = xy + yy', \quad y = 0, \quad y' = 1, \quad y'' = 2$ para $x = 0$.

2. Ache a solução em geral em forma de série:

(a) $y'' + 2xy' + 4y = 0$ \qquad (b) $y'' - x^2 y = 0$.

3. Ache uma solução tal que $y = 1$ e $y' = 0$ para $x = 0$ para a equação:
$y'' + y' + xy = 0$.

4. Ache uma solução em forma de série, até termos em x^3, para o sistema

$$\frac{dy}{dx} = yz, \qquad \frac{dz}{dx} = xz + y$$

tal que $y = 1$ e $z = 0$ para $x = 0$.

536

Equações Diferenciais Ordinárias

5. Mostre que

$$J_0(x) = \sum_{n=0}^{\infty} \frac{(-1)^n x^{2n}}{4^n (n!)^2}$$

satisfaz às equações de Bessel de ordem 0 na forma

$$xy'' + y' + xy = 0$$

para todo x.

6. Determine, se possível, uma solução da equação de Bessel de ordem 1:

$$x^2 y'' + xy' + (x^2 - 1)y = 0,$$

da forma

$$y = \sum_{n=0}^{\infty} c_n x^n.$$

7. Determine, se possível, uma solução da equação de Bessel de ordem n da forma

$$y = x^m \sum_{k=0}^{\infty} c_k x^k.$$

8. (a) Determine uma solução da *equação hipergeométrica*:

$$(x^2 - x)y'' + [(\alpha + \beta + 1)x - \gamma]y' + \alpha\beta\gamma = 0 \quad (\alpha, \beta, \gamma \text{ constantes}),$$

tendo a forma dada no Prob. 7.

(b) Determine uma solução da equação hipergeométrica da forma

$$y = x^m \sum_{k=0}^{\infty} c_k x^{-k}.$$

9. (a) Ache soluções da *equação de Legendre*: $(1 - x^2)y'' - 2xy' + \alpha(\alpha + 1)y = 0$
da forma

$$y = \sum_{k=0}^{\infty} c_k x^k.$$

(b) Mostre que o *polinômio de Legendre* $P_n(x)$ (Sec. 7-14):

$$P_n(x) = \frac{1}{2^n n!} \frac{d^n}{dx^n} (x^2 - 1)^n \quad (n = 1, 2, \ldots), \quad P_n(x) = 1 \text{ para } n = 0,$$

é uma solução quando $\alpha = n$, e que toda solução polinomial é uma constante vezes um $P_n(x)$. [*Sugestão:* ponha
$$z = (x^2 - 1)^n;$$

mostre que

$$(x^2 - 1)z' = 2nxz.$$

Derive ambos os membros $n + 1$ vezes por meio da regra de Leibnitz (0-94).]

537

Cálculo Avançado

(c) Considerando o polinômio de Legendre como uma particular solução em série de potências, obtenha as fórmulas (para $n \geqq 1$):

$$P_n(x) = (-1)^{n/2} \frac{1 \cdot 3 \cdots (n-1)}{2 \cdot 4 \cdots (n)} \left[1 - \frac{(n+1)n}{2!} x^2 + \right.$$

$$+ \frac{(n+1)(n+3)n(n-2)}{4!} x^4 + \cdots +$$

$$\left. + (-1)^{n/2} \frac{(n+1)(n+3) \cdots (2n-1)n(n-2) \cdots 2}{n!} x^n \right], \quad n \text{ par;}$$

$$P_n(x) = (-1)^{(n-1)/2} \frac{1 \cdot 3 \cdots n}{2 \cdot 4 \cdots (n-1)} \left[x - \frac{(n+2)(n-1)}{3!} x^3 + \right.$$

$$+ \frac{(n+2)(n+4)(n-1)(n-3)}{5!} x^5 + \cdots +$$

$$\left. + (-1)^{(n-1)/2} \frac{(n+2)(n+4) \cdots (2n-1)(n-1)(n-3) \cdots 2}{n!} x^n \right], \quad n \text{ ímpar.}$$

RESPOSTAS

1. (a) $1 + 2(x-1) + 3(x-1)^2 + \frac{19}{3}(x-1)^3 + \cdots$;   (b) $3 + \frac{3}{2}x^2 + \frac{1}{3}x^3 - \frac{3}{4}x^4 + \cdots$;   (c) $1 - \frac{1}{2}x^2 + \frac{1}{6}x^4 - \frac{7}{360}x^6$;   (d) $x + x^2 + \frac{1}{24}x^4 + \frac{1}{15}x^5$.

2. (a) $c_0 \left[1 - 2x^2 + \frac{2^2}{1 \cdot 3} x^4 + \cdots + (-1)^n \frac{2^n x^{2n}}{1 \cdot 3 \cdots (2n-1)} + \cdots \right] +$

$$+ c_1 \left[x - \frac{2}{2} x^3 + \frac{2^2}{2 \cdot 4} x^5 + \cdots + (-1)^{n-1} \frac{2^{n-1} x^{2n-1}}{2 \cdot 4 \cdots (2n-2)} + \cdots \right];$$

(b) $c_0 \left[1 + \frac{x^4}{4 \cdot 3} + \frac{x^8}{(8 \cdot 7)(4 \cdot 3)} + \cdots + \right.$

$$\left. + \frac{x^{4n}}{(4n)(4n-1)(4n-4)(4n-5) \cdots (4 \cdot 3)} + \cdots \right]$$

$$+ c_1 \left[x + \frac{x^5}{5 \cdot 4} + \frac{x^9}{(9 \cdot 8)(5 \cdot 4)} + \cdots \right.$$

$$\left. + \frac{x^{4n+1}}{(4n+1)(4n)(4n-3)(4n-4) \cdots (5 \cdot 4)} + \cdots \right].$$

3. $1 - \frac{x^3}{6} + \frac{x^4}{24} - \frac{x^5}{120} + \frac{x^6}{144} + \cdots + c_n x^n + \cdots$, onde $c_n + (n+2)c_{n+2} + (n+3)(n+2)c_{n+3} = 0$.

4. $y = 1 + \frac{x^2}{2} + \cdots$, $z = x + \frac{x^3}{2} + \cdots$

Equações Diferenciais Ordinárias

6. $c\left[x - \dfrac{x^3}{2 \cdot 4} + \dfrac{x^5}{2 \cdot 4 \cdot 4 \cdot 6} + \cdots + (-1)^n \dfrac{x^{2n+1}}{2 \cdot 4^2 \cdot 6^2 \cdots (2n)^2(2n+2)} + \cdots\right].$

[Isto é, $2cJ_1(x)$, onde J_1 é a função de Bessel de primeira espécie de ordem 1.]

7. $cx^m \displaystyle\sum_{k=0}^{\infty} \dfrac{(-1)^k x^{2k}}{4^k k!(m+1)(m+2)\cdots(m+k)}$, onde $m = \pm n$, mas m não é um

inteiro negativo. [Para m, um inteiro positivo, e $c = \dfrac{1}{2^m m!}$, esta é $J_m(x)$, a

função de Bessel de primeira espécie e ordem m.]

8. (a)

$$cx^m\left[1 + \sum_{k=1}^{\infty} \frac{(\alpha+m)(\beta+m)(\alpha+m+1)(\beta+m+1)\cdots(\alpha+m+k-1)(\beta+m+k-1)}{(m+1)(m+\gamma)(m+2)(m+\gamma+1)\cdots(m+k)(m+\gamma+k-1)}x^k\right],$$

onde $m = 0$ (a menos que γ seja 0 ou um inteiro negativo) ou $m = 1 - \gamma$ (a menos que γ seja um inteiro positivo); a série converge para $|x| < 1$.
[Para $m = 0$, a solução é $cF(\alpha, \beta, \gamma, x)$, onde F é a *série hipergeométrica*.]

(b)

$$cx^m\left[1 + \sum_{k=1}^{\infty} \frac{(-m)(1-\gamma-m)(1-m)(2-\gamma-m)\cdots(k-1-m)(k-\gamma-m)x^{-k}}{(1-\alpha-m)(1-\beta-m)(2-\alpha-m)(2-\beta-m)\cdots(k-\alpha-m)(k-\beta-m)}\right],$$

onde $m = -\alpha$ (a menos que $\alpha - \beta$ seja um inteiro negativo) ou $m = -\beta$ (a menos que $\beta - \alpha$ seja um inteiro negativo); a série converge para $|x| > 1$.

9. (a) $c_1\left[1 + \displaystyle\sum_{n=1}^{\infty} (-1)^n x^{2n} \frac{\alpha(\alpha-2)\cdots(\alpha-2n+2)(\alpha+1)\cdots(\alpha+2n-1)}{(2n)!}\right] +$

$+ c_2\left[x + \displaystyle\sum_{n=1}^{\infty} (-1)^n x^{2n+1} \frac{(\alpha-1)(\alpha-3)\cdots(\alpha-2n+1)(\alpha+2)(\alpha+4)\cdots(\alpha+2n)}{(2n+1)!}\right].$

A série converge para $|x| < 1$ ou reduz-se a um polinômio.

REFERÊNCIAS

Agnew, Ralph P., *Differential Equations*. New York: McGraw-Hill, 1942.

Andronow, A., e Chaikin, C. E., *Theory of Oscillations*. Princeton: Princeton University Press, 1949.

Bennett. A. A., Milne, W. E., e Bateman, H., *Numerical Integration of Differential Equations*. Washington: National Research Council (Bulletin n.º 92). 1933.

Cohen, A., *Differential Equations*, 2.ª edição, Boston: Heath, 1933.

Forsyth, A. R., *Theory of Differential Equations*, Vols. 1-6. Cambridge: Cambridge University Press, 1890-1906.

Golomb, Michael, e Shanks, Merrill, *Elements of Ordinary Differential Equations*. New York: McGraw-Hill, 1950.

Goursat, Édouard, *A course in Mathematical Analysis*, Vol. II, Parte II, traduzido para o inglês por E. R. Hedrick and O. Dunkel. New York: Ginn and Co., 1917.

Ince, E. L., *Ordinary Differential Equations*. Londres: Longmans, Green, 1927.

539

Kamke, E., Differentialgleichungen, Lösungsmethoden und Lösungen, Vol. 1, 2.ª edição, Leipzig: Akademische Verlagsgesellschaft, 1943.

Kamke, E., *Differentialgleichungen reeller Functionen.* Leipzig: Akademische Verlagsgesellschaft, 1933.

Levy, H., e Baggott, E. A., *Numerical Studies in Differential Equations,* Vol. 1. Lonres: Watts and Co., 1934.

McLachlan, N. W., *Ordinary Non-linear Differential Equations in Engineering and Phisycal Sciences.* Oxford: Oxford University Press, 1950.

Milne, W. E., *Numerical Calculus.* Princeton: Princeton University Press, 1949.

Morris, M., e Brown, O. E., *Differential Equations,* edição revisada. New York: Prentice-Hall, 1942.

Picard, Emile, *Traité d'Analyse* (3 Vols.), 3.ª edição. Paris: Gauthier-Villars, 1922.

Rainville, Earl D., *Intermiate Differential Equations.* New York: John Wiley and Sons, Inc., 1943.

Scarborough, James B., *Numerical Mathematical Analysis,* 2.ª edição. Baltimore. Johns Hopkins Press, 1950.

Whittaker, E. T., e Watson, G. N., *A Course of Modern Analysis,* 4.ª edição. Cambridge: Cambridge University Press, 1940.

Willers, F. A., *Pratical Analysis,* traduzido para o inglês por R. T. Beyer. New York: Dover, 1948.

capítulo 9
FUNÇÕES DE UMA VARIÁVEL COMPLEXA

9-1. INTRODUÇÃO. Números complexos foram encontrados em vários pontos dos capítulos anteriores: como parte da *álgebra*, na Sec. 0-3; na teoria das *séries*, Sec. 6-19; em relação com *séries e integrais de Fourier*, na Sec. 7-17; e como instrumento na solução das *equações diferenciais lineares*, nas Secs. 8-10 e 8-12.

Esses exemplos são, talvez, suficientes para convencer de que números "imaginários" podem ter muita utilidade. No entanto, essa utilidade vai muito além do que sugerem esses exemplos. Não é exagero dizer que quase não há ramo da matemática pura ou aplicada onde não se tenha empregado de modo significativo as variáveis complexas.

Um exemplo típico da simplicidade e força dos métodos baseados em variáveis complexas é o problema de determinar funções *harmônicas* de duas variáveis. Observa-se que

$$(x + iy)^2 = x^2 - y^2 + i \cdot 2xy$$

tem uma *parte real* $u = x^2 - y^2$ que é harmônica, pois

$$\frac{\partial^2 u}{\partial x^2} + \frac{\partial^2 u}{\partial y^2} = 2 - 2 = 0.$$

Analogamente, a *parte imaginária* $v = 2xy$ é harmônica. Também
$$(x + iy)^3 = x^3 - 3xy^2 + i(3x^2 y - y^3)$$

tem partes real e imaginária:

$$u = x^3 - 3xy^2, \quad v = 3x^2 y - y^3$$

que são harmônicas. É natural agora conjeturar que, para todo inteiro positivo n, as partes real e imaginária de

$$(x + iy)^n$$

são harmônicas. Isso de fato é verdade. Se escrevermos: $z = x + iy$, uma afirmação análoga se aplicará a todo polinômio na variável complexa z:

$$a_0 + a_1 z + \cdots + a_{n-1} z^{n-1} + a_n z^n,$$

onde $a_0, a_1, \ldots, a_n$ são constantes complexas. Novamente uma generalização natural apresenta-se: considerar a série de potências

$$a_0 + a_1 z + \cdots + a_n z^n + \cdots = \sum_{n=0}^{\infty} a_n z^n.$$

Veremos que as partes real e imaginária de tal série, que são séries de potências em x e y, são harmônicas, desde que a série em z convirja em algum aberto.

541

Mais geralmente, podemos considerar séries da forma

$$\sum_{n=0}^{\infty} a_n(z-b)^n,$$

onde b é complexo, e vale um resultado semelhante. Isso é tudo de que necessitamos, pois *toda função harmônica* pode ser assim obtida.

Como dissemos na Sec. 5-15, toda função harmônica pode ser interpretada como potencial de um movimento fluido, como uma distribuição de temperatura em equilíbrio, como potencial eletrostático. É claro então que as variáveis complexas ajudarão a resolver problemas nesses campos. Consideraremos abaixo exemplos de tais aplicações.

Uma série de potências convergente em z ou $z-b$ define uma função a valores complexos da variável complexa z. Tais funções são o principal objeto de estudo aqui; chamam-se *funções analíticas* de z. Acontece que todas as funções elementares familiares têm extensões naturais a valores complexos da variável independente e dão origem a funções analíticas de z: e^z, $\log z$, sen z, etc. Na verdade, o estudo dessas funções como funções de uma variável complexa dá muita informação nova sobre as mesmas funções de variável real.

9-2. O SISTEMA DOS NÚMEROS COMPLEXOS. O sistema dos números complexos foi introduzido brevemente na Sec. 0-2, mas repetimos as definições básicas aqui e consideramos várias propriedades mais de perto.

Os números complexos são denotados na forma:

$$x + iy$$

onde x e y são reais. Escrevemos

$$z = x + iy$$

e representamos os números complexos no plano xy, também chamado plano dos z (Fig. 9-1). Dois números complexos são iguais se, e só se, têm mesmo x

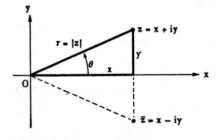

Figura. 9-1. Plano complexo

e mesmo y, isto é, por definição

$$x_1 + iy_1 = x_2 + iy_2 \quad \text{se, e só se,} \quad x_1 = x_2, \, y_1 = y_2. \tag{9-1}$$

Funções de Uma Variável Complexa

Quando $z = x + iy$, escrevemos

$x = \text{Re}(z) =$ parte real de z,
$y = \text{Im}(z) =$ parte imaginária de z, \hspace{2cm} (9-2)
$\theta = \arg z =$ argumento de z (amplitude de z),
$r = |z| =$ valor absoluto de z (módulo de z),
$x - iy = \bar{z} =$ conjugado de z.

Tudo isso está representado na Fig. 9-1. O ângulo θ é medido em radianos, e determinado a menos de múltiplos de 2π; não é definido para $x = y = 0$.

As operações de adição e multiplicação são definidas por:

$$(x_1 + iy_1) + (x_2 + iy_2) = x_1 + x_2 + i(y_1 + y_2),$$
$$(x_1 + iy_1) \cdot (x_2 + iy_2) = x_1 x_2 - y_1 y_2 + i(x_1 y_2 + x_2 y_1). \hspace{1cm} (9-3)$$

Verifica-se então

$$z_1 + z_2 = z_2 + z_1, \quad z_1 \cdot z_2 = z_2 \cdot z_1,$$
$$z_1 + (z_2 + z_3) = (z_1 + z_2) + z_3, \quad z_1 \cdot (z_2 z_3) = (z_1 z_2) \cdot z_3, \hspace{1cm} (9-4)$$
$$z_1 \cdot (z_2 + z_3) = z_1 \cdot z_2 + z_1 \cdot z_3.$$

Os números da forma $x + i \cdot 0$ são identificados aos números reais, escrevemos

$$x + i0 = x.$$

Chamamos então $z = x + i0$ de número complexo *real*. Em particular, $0 + i0 = = 0$, $1 + i0 = 1$ e vale:

$$1 \cdot z = z, \quad z + 0 = z, \quad z \cdot 0 = 0. \hspace{1cm} (9-5)$$

O número $0 + i \cdot 1$ é escrito i, por (9-3) tem a propriedade:

$$i^2 = -1. \hspace{1cm} (9-6)$$

O número complexo $z = x + iy$, por essas definições, é a soma do número real x (isto é, $x + i0$) com o produto de i pelo número real y. Isso justifica a notação $x + iy$. Os números da forma iy são ditos *imaginários puros*.

As equações

$$z_1 + z = z_2, \quad z_1 \cdot z = z_2$$

têm solução única em z, notação respectivamente

$$z = z_2 - z_1, \quad z = \frac{z_2}{z_1},$$

na segunda com a condição $z_1 \neq 0$. Vale

$$z_2 - z_1 = z_2 + (-z_1), \quad -z_1 = (-1) \cdot z_1.$$

As outras regras de operação deduzem-se destas.

543

Cálculo Avançado

A cada número complexo z podemos associar o vetor Oz, cujas componentes são x e y. A adição definida por (9-3) é a adição de vetores; isso está ilustrado na Fig. 9-2. Também está ilustrada a subtração. Daí resulta

$$|z_2 - z_1| = \text{distância de } z_1 \text{ a } z_2. \tag{9-7}$$

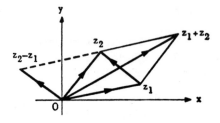

Figura 9-2. Adição e subtração de números complexos

Daí temos duas desigualdades

$$\begin{aligned}|z_1 + z_2| &\leq |z_1| + |z_2|, \\ |z_2 - z_1| &\geq ||z_2| - |z_1||.\end{aligned} \tag{9-8}$$

Essas desigualdades exprimem a propriedade triangular da distância.

As regras

$$\begin{aligned}\text{Re}(z_1 \pm z_2) &= \text{Re}(z_1) \pm \text{Re}(z_2), \\ \text{Im}(z_1 \pm z_2) &= \text{Im}(z_1) \pm \text{Im}(z_2), \\ \bar{z} &= \text{Re}(z) - i\,\text{Im}(z)\end{aligned} \tag{9-9}$$

são essencialmente reformulações das definições de adição e conjugado. Delas concluímos imediatamente

$$\overline{z_1 + z_2} = \bar{z}_1 + \bar{z}_2. \tag{9-10}$$

Também observamos que

$$z + \bar{z} = 2x = 2\,\text{Re}(z), \quad z - \bar{z} = 2iy = 2i\,\text{Im}(z) \tag{9-11}$$

e

$$z \cdot \bar{z} = x^2 + y^2 = |z|^2. \tag{9-12}$$

9-3. FORMA POLAR DOS NÚMEROS COMPLEXOS. Das propriedades das coordenadas polares obtém-se a relação

$$z = x + iy = r\cos\theta + ir\,\text{sen}\,\theta = r(\cos\theta + i\,\text{sen}\,\theta). \tag{9-13}$$

Chamamos $r(\cos\theta + i\,\text{sen}\,\theta)$ a *forma polar* de z. Esta é muito útil para analisar a multiplicação e a divisão, pois

$$\begin{aligned}z_1 \cdot z_2 &= r_1(\cos\theta_1 + i\,\text{sen}\,\theta_1) \cdot r_2(\cos\theta_2 + i\,\text{sen}\,\theta_2) \\ &= r_1 r_2[(\cos\theta_1 \cos\theta_2 - \text{sen}\,\theta_1 \text{sen}\,\theta_2) + i(\text{sen}\,\theta_1 \cos\theta_2 + \cos\theta_1 \text{sen}\,\theta_2)] \\ &= r_1 r_2[\cos(\theta_1 + \theta_2) + i\,\text{sen}\,(\theta_1 + \theta_2)].\end{aligned} \tag{9-14}$$

Temos pois as regras
$$|z_1 \cdot z_2| = |z_1| \cdot |z_2|,$$
$$\arg(z_1 \cdot z_2) = \arg z_1 + \arg z_2 \text{ (a menos de múltiplos de } 2\pi\text{).} \qquad (9\text{-}15)$$

Isso pode ser usado para a construção gráfica do produto $z_1 \cdot z_2$ como se vê na Fig. 9-3. O triângulo de vértices $0, 1, z_1$ deve ser semelhante ao triângulo de vértices $0, z_2, z_1 z_2$.

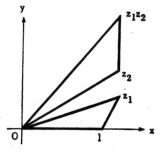

Figura 9-3. Multiplicação de números complexos

Da definição de divisão deduzimos as propriedades correspondentes a (9-15):
$$\left|\frac{z_1}{z_2}\right| = \frac{|z_1|}{|z_2|}, \qquad (9\text{-}16)$$
$$\arg\left(\frac{z_1}{z_2}\right) = \arg z_1 - \arg z_2 \text{ (a menos de múltiplos de } 2\pi\text{).}$$

Combinando com a operação de subtração, concluímos que
$$\arg\frac{z_3 - z_1}{z_2 - z_1}$$
representa o ângulo no vértice z_1, do triângulo $z_1 z_2 z_3$, como se vê na Fig. 9-4.

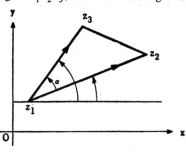

Figura 9-4. $\alpha = \arg\dfrac{z_3 - z_1}{z_2 - z_1}$

Também observamos que
$$|\bar{z}| = |z|, \quad \arg \bar{z} = -\arg z \text{ (a menos de múltiplos de } 2\pi\text{),} \qquad (9\text{-}17)$$
de onde se conclui, por (9-15) e (9-16), que
$$\overline{z_1 \cdot z_2} = \bar{z}_1 \cdot \bar{z}_2, \quad \overline{\left(\frac{z_1}{z_2}\right)} = \frac{\bar{z}_1}{\bar{z}_2}. \qquad (9\text{-}18)$$

Por aplicação repetida de (9-14) deduzimos a fórmula para a potência n-ésima de z:

$$z^n = [r(\cos\theta + i\,\text{sen}\,\theta)]^n = r^n(\cos n\theta + i\,\text{sen}\,n\theta)\quad(n = 1, 2, \ldots). \qquad (9\text{-}19)$$

Para $r = 1$, esse é o *teorema de De Moivre*:

$$(\cos\theta + i\,\text{sen}\,\theta)^n = \cos n\theta + i\,\text{sen}\,n\theta \quad (n = 1, 2, \ldots). \qquad (9\text{-}20)$$

Esse, por sua vez, leva a uma fórmula para as raízes n-ésimas de z, pois, se

$$z_1^n = z, \quad z_1 = r_1(\cos\theta_1 + i\,\text{sen}\,\theta_1),$$

então

$$r_1^n(\cos n\theta_1 + i\,\text{sen}\,n\theta_1) = r(\cos\theta + i\,\text{sen}\,\theta).$$

Logo,

$$r_1 = \sqrt[n]{r} \quad \text{(a raiz } n\text{-ésima real positiva)}$$
$$n\theta_1 = \theta + 2k\pi \quad (k = 0, \pm 1, \pm 2, \ldots).$$

Daqui se obtém somente n números complexos diferentes: ou seja, os números

$$\sqrt[n]{z} = z^{1/n} = \sqrt[n]{r}\left[\cos\left(\frac{\theta}{n} + \frac{2k\pi}{n}\right) + \right.$$
$$\left. + i\,\text{sen}\left(\frac{\theta}{n} + \frac{2k\pi}{n}\right)\right], \quad k = 0, 1, \ldots, n-1. \qquad (9\text{-}21)$$

Isso está exemplificado na Fig. 9-5 com $n = 4$.

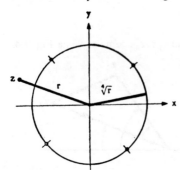

Figura 9-5. Raízes quartas de z

A propriedade (9-12), $z \cdot \bar{z} = |z|^2$, é extremamente útil. Por exemplo, ao efetuar uma divisão:

$$\frac{3-i}{5+2i} = \frac{3-i}{5+2i} \cdot \frac{5-2i}{5-2i} = \frac{13-11i}{29}.$$

Para tornar real o denominador simplesmente se multiplica numerador e denominador pelo conjugado do denominador.

Funções de Uma Variável **Complexa**

9-4. A FUNÇÃO EXPONENCIAL. Escrevemos

$$e^{x+iy} = e^x(\cos y + i \operatorname{sen} y) \qquad (9\text{-}22)$$

como definição de e^z para z complexo. Quando $y = 0$, e^z reduz-se à função familiar $\cdot e^x$. Essa função será estudada e usada amplamente nas seções seguintes. Nós a introduzimos aqui por causa da *fórmula de Euler*:

$$e^{i\theta} = \cos \theta + i \operatorname{sen} \theta, \qquad (9\text{-}23)$$

que é um caso particular de (9-22). Essa é uma abreviação muito cômoda. Podemos agora escrever:

$$z = r(\cos \theta + i \operatorname{sen} \theta) = re^{i\theta}$$

e obtemos uma maneira mais concisa de escrever z em forma polar. De (9-15) e (9-16) concluímos que

$$e^{i\theta_1} \cdot e^{i\theta_2} = e^{i(\theta_1 + \theta_2)},$$
$$\frac{e^{i\theta_2}}{e^{i\theta_1}} = e^{i(\theta_2 - \theta_1)}. \qquad (9\text{-}24)$$

Essas são propriedades familiares da função exponencial real. A operação de multiplicação agora é como segue:

$$z_1 \cdot z_2 = r_1 e^{i\theta_1} \cdot r_2 e^{i\theta_2} = r_1 r_2 e^{i(\theta_1 + \theta_2)}. \qquad (9\text{-}25)$$

Analogamente

$$\cdot z^n = (re^{i\theta})^n = r^n e^{in\theta} \qquad (n = 1, 2, \ldots). \qquad (9\text{-}26)$$

A fórmula (9-21) para $z^{1/n}$ também pode ser escrita concisamente:

$$z^{1/n} = (re^{i\theta})^{1/n} = r^{1/n} e^{i(\theta + 2k\pi/n)}, \qquad k = 0, 1, \ldots, n-1. \qquad (9\text{-}27)$$

PROBLEMAS

1. Represente graficamente os números complexos: $1, i, -1, -i, 1 + i, -1 + i, 2i,$ $\sqrt{3} - \sqrt{2}i$.

2. Reduza à forma $x + iy$:

   (a) $(2 + 3i) + (5 - 2i)$ (d) $\dfrac{i}{1 + i} + \dfrac{1 + i}{i}$

   (b) $(1 - i) \cdot (2 + i)$ (e) $(1 + i)^{10}$

   (c) $\dfrac{1 - i}{3 + i}$ (f) i^{17}

3. Prove que $|1 - z| = |1 - \bar{z}|$. Interprete geometricamente.

4. Prove que, se $|a| = 1$ e $|b| \neq 1$, então

$$\left| \frac{a - b}{1 - \bar{b}a} \right| = 1.$$

[*Sugestão:* ponha $z = (a - b)/(1 - \bar{b}a)$. Mostre que $z \cdot \bar{z} = 1$ e use $z \cdot \bar{z} = |z|^2$.]

547

Cálculo Avançado

5. Calcule as seguintes raízes:

   (a) $\sqrt{i}$, (b) $\sqrt[3]{1}$, (c) $\sqrt[3]{-1+i}$, (d) $\sqrt[4]{-1}$, (e) $\sqrt[5]{-32}$.

6. Resolva as equações:

   (a) $z^2 + 3 = 0$ (c) $z^8 - 2z^4 + 1 = 0$
   (b) $z^4 + 16 = 0$ (d) $z^3 + z^2 + z + 1 = 0$ [*Sugestão:* multiplique
                                                           por $z - 1$.]

7. Prove as identidades

$$\cos 3\theta = \cos^3 \theta - 3 \cos \theta \,\text{sen}^2 \theta, \quad \text{sen}\, 3\theta = 3 \cos^2 \theta \,\text{sen}\, \theta - \text{sen}^3 \theta.$$

   [*Sugestão:* use (9-20).]

8. Faça o gráfico dos seguintes lugares geométricos:

   (a) $|z| = 1$ (f) $|z| \leq 1$ (k) $|z - 2| = |z - 2i|$
   (b) $\arg z = \pi/4$ (g) $|z - 1| = 1$ (l) $|z - 2| = 2|z - 2i|$
   (c) $\text{Re}(z) = 1$ (h) $|z - 1| < 2$ (m) $|z - 1| + |z + 1| = 3$
   (d) $\text{Im}(z) = -1$ (i) $|z - 1| \leq 1$ (n) $|z - 1| - |z + 1| = 1$
   (e) $|z| < 1$ (j) $|z - 1| \geq 1$ (o) $\text{Re}(z - 1) = |z|$
   (p) $z \cdot \overline{z} + (1 + i)z + (1 - i)\overline{z} + 1 = 0$
   (q) $\text{Re}(z) > 0$
   (r) $0 < \text{Im}(z) < 2\pi$.

9. (a) Prove as propriedades 9-4.

   (b) Prove que

$$(re^{i\theta})^n = r^n e^{in\theta}$$

   também vale para $n = -1, -2, \ldots$ se definimos z^{-n} como $1/z^n \, (z \neq 0)$.

RESPOSTAS

2. (a) $7 + i$,   (b) $3 - i$,   (c) $\frac{1}{5} - \frac{2}{5}i$,   (d) $\frac{3}{2} - \frac{1}{2}i$,   (e) $32i$,   (f) i.

5. (a) $\pm \dfrac{\sqrt{2}}{2}(1 + i)$,   (b) 1, $-\dfrac{1}{2} \pm \dfrac{\sqrt{3}}{2}i$,   (c) $\sqrt[6]{2}\left(\cos \dfrac{k\pi}{12} + i \,\text{sen}\, \dfrac{k\pi}{12}\right)$,

   $k = 3, 11, 19$, (d) $\pm \dfrac{\sqrt{2}}{2}(1 + i)$, $\pm \dfrac{\sqrt{2}}{2}(1 - i)$, (e) $2\left(\cos \dfrac{k\pi}{5} + i \,\text{sen}\, \dfrac{k\pi}{5}\right)$,

   $k = 1, 3, 5, 7, 9$.

6. (a) $\pm \sqrt{3}i$,   (b) $\pm \sqrt{2}(1 + i)$, $\pm \sqrt{2}(1 - i)$,   (c) $1, 1, i, i, -1, -1,$
   $-i, -i$,   (d) $-1, \pm i$.

9-5. SEQÜÊNCIAS E SÉRIES DE NÚMEROS COMPLEXOS. Êste tópico foi estudado na Sec. 6-19. Aqui recordamos brevemente os fatos essenciais e introduzimos um novo conceito, o de *limite infinito*.

548

Se a cada inteiro $n = 1, 2, \ldots$ associarmos um número complexo z_n, então estará definida uma seqüência de números complexos. Dizemos que a seqüência *converge* ao *limite* z_0:

$$\lim_{n \to \infty} z_n = z_0 \qquad (9\text{-}28)$$

se, para cada ε positivo, pode-se escolher N tal que $|z_n - z_0| < \varepsilon$ para $n > N$. Se a seqüência não converge, dizemos que *diverge*.

Teorema 1. *A seqüência z_n converge a z_0 se e, só se, $\mathrm{Re}(z_n)$ converge a $\mathrm{Re}(z_0)$ e $\mathrm{Im}(z_n)$ converge a $\mathrm{Im}(z_0)$.*

Teorema 2. (*Critério de Cauchy*). *A seqüência z_n converge se, e só se, para cada ε positivo, pode-se encontrar um N tal que*

$$|z_m - z_n| < \varepsilon \qquad para \quad n > N \quad e \quad m > N. \qquad (9\text{-}29)$$

Teorema 3. *Se $\lim z_n = z_0$ e $\lim w_n = w_0$, então*

$$\lim (z_n \pm w_n) = z_0 \pm w_0, \qquad \lim (z_n \cdot w_n) = z_0 \cdot w_0,$$

$$\lim \frac{z_n}{w_n} = \frac{z_0}{w_0} \qquad (w_0 \neq 0). \qquad (9\text{-}30)$$

Os Teoremas 1 e 2 são os Teoremas 46 e 47 da Sec. 6-19; o Teorema 3 resulta do Teorema 1 e do Teorema 5 da Sec. 6-4.

Escrevemos

$$\lim_{n \to \infty} z_n = \infty \qquad (9\text{-}31)$$

e lemos "a seqüência z_n diverge a infinito" se, para a seqüência real $|z_n|$,

$$\lim_{n \to \infty} |z_n| = \infty \qquad (9\text{-}32)$$

Logo, para cada número real K, deve ser possível achar N tal que

$$|z_n| > K \qquad para \quad n > N; \qquad (9\text{-}33)$$

isto é, dado qualquer círculo de centro $z = 0$ e raio K, todos os termos z_n da seqüência estão fora do círculo para n suficientemente grande. Observamos que para números complexos não há distinção entre $+\infty$ e $-\infty$; há só um ∞. Esse elemento especial será discutido na Sec. 9-25.

Uma série infinita de números complexos é um símbolo de soma de termos de uma seqüência: escreve-se

$$z_1 + z_2 + \cdots + z_n + \cdots = \sum_{n=1}^{\infty} z_n. \qquad (9\text{-}34)$$

Dizemos que a série *converge* e tem *soma S* se

$$\lim_{n \to \infty} S_n = S, \qquad (9\text{-}35)$$

Cálculo Avançado

onde S_n é a n-ésima soma parcial:

$$S_n = z_1 + \cdots + z_n. \qquad (9\text{-}36)$$

Se a seqüência S_n diverge, dizemos que a série *diverge*. Dizemos que a série (9-34) é *absolutamente convergente* se a série

$$|z_1| + \cdots + |z_n| + \cdots = \sum_{n=1}^{\infty} |z_n|$$

converge.

Teorema 4. $\displaystyle\sum_{n=1}^{\infty} z_n = S$ *se, e só se,*

$$\sum_{n=1}^{\infty} \text{Re}(z_n) = \text{Re}(S) \quad e \quad \sum_{n=1}^{\infty} \text{Im}(z_n) = \text{Im}(S). \qquad (9\text{-}37)$$

Teorema 5. *Se* Σz_n *é absolutamente convergente, então* Σz_n *converge.*

Teorema 6. *Se o n-ésimo termo* z_n *da série* Σz_n *não tem limite 0, a série diverge.*

Teorema 7. (*Critério de comparação para convergência.*) *Se* $|z_n| \leqq a_n$, *onde* Σa_n *converge, então* Σz_n *é absolutamente convergente.*

Teorema 8. (*Critério da razão*). *Se a razão*

$$\left| \frac{z_{n+1}}{z_n} \right|$$

tem limite L, então a série Σz_n *é absolutamente convergente se* $L < 1$, *e divergente se* $L > 1$. *Mais geralmente, a série é absolutamente convergente se a razão mantém-se menor que um número r menor que 1 para n suficientemente grande; a série diverge se a razão é maior ou igual a 1 para n suficientemente grande.*

Teorema 9. (*Critério da raiz*). *Se a seqüência*

$$\sqrt[n]{|z_n|}$$

converge a L, então a série Σz_n *converge absolutamente se* $L < 1$ *e diverge se* $L > 1$. *Mais geralmente, a série converge absolutamente se*

$$\overline{\lim_{n \to \infty}} \sqrt[n]{|z_n|} < 1$$

e diverge se

$$\overline{\lim_{n \to \infty}} \sqrt[n]{|z_n|} > 1.$$

Funções de Uma Variável Complexa

Teorema 10. *Se*

$$\sum_{n=0}^{\infty} z_n = z^* \quad e \quad \sum_{n=0}^{\infty} w_n = w^*,$$

então

$$\sum_{n=0}^{\infty} (z_n \pm w_n) = z^* \pm w^*.$$

Se ambas as séries são absolutamente convergentes, então

$$z_0 w_0 + (z_1 w_1 + z_1 w_0) + \cdots + (z_0 w_n + z_1 w_{n-1} + \cdots + z_n w_0) +$$
$$+ \cdots = z^* \cdot w^*;$$

a série à esquerda é absolutamente convergente e os parênteses podem ser removidos sem afetar a convergência absoluta ou a soma.

Demonstrações no Cap. 6.

9-6. FUNÇÕES DE UMA VARIÁVEL COMPLEXA.

Se a cada $z = x + iy$ de um certo conjunto de números complexos está associado um número complexo $w = u + iv$, então dizemos que w é função de z no conjunto dado:

$$w = f(z).$$

Pode acontecer que todos os valores de f sejam reais ou imaginários puros. As seguintes são funções no domínio indicado:

$$w = z^3 \text{ (todo } z),$$
$$w = \frac{1}{z^2 + 1} \text{ (todo } z, \text{ exceto } \pm i),$$
$$w = |z| \text{ (todo } z),$$
$$w = \theta = \arg z, \text{ onde } 0 \leqq \theta < 2\pi \text{ (todo } z, \text{ exceto } 0),$$
$$w = \bar{z} \text{ (todo } z).$$

Para quase todas as funções consideradas neste capítulo, a variável z percorrerá algum aberto do plano z (ver Sec. 2-2).

Seja D um aberto do plano z e seja $w = f(z)$ definida em D. A cada $z = x + iy$ em D é então associado um valor $w = u + iv$. Assim, $u = \operatorname{Re}(w)$ depende de x e y, como também $v = \operatorname{Im}(w)$. Por exemplo, se $w = z^2$, então

$$u + iv = (x + iy)^2 = x^2 - y^2 + i \cdot 2xy;$$

logo

$$u = x^2 - y^2, \quad v = 2xy.$$

A função complexa $w = f(z)$ equivale a um par de funções reais $u(x, y)$, $v(x, y)$.

Tais pares de funções de duas variáveis foram estudados nas Secs. 2-8, 4-8 e 5-14, onde são interpretados como uma *transformação* do plano xy no

551

plano uv. Assim, se $w = z^2$ e D é escolhido como o disco $|z-1| < 1$, então a cada ponto de D corresponde um ponto do aberto D_1 (interior de uma cardióide) mostrado na Fig. 9-6. Para $z = 1$, $w = z^2 = 1$ e outros pares de pontos correspondentes são dados na tabela da Fig. 9-6. A associação de valores w a pontos z é também indicada por flechas unindo z ao correspondente w. Esse método de representar a função em gráfico é claramente desajeitado; será melhorado na Sec. 9-31.

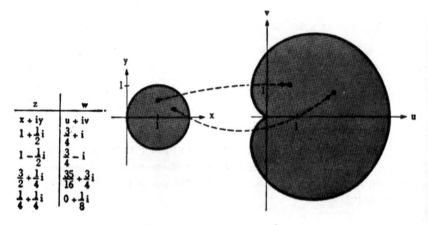

Figura 9-6. A função $w = z^2$

Outra interpretação do par de funções $u(x, y)$, $v(x, y)$ é como campo de vetores no plano (Sec. 3-2). Isso será estudado melhor na Sec. 9-34.

A função $w = f(z)$ pode ser definida, não em termos de operações sobre z, como nos exemplos acima, mas de operações sobre x e y. Assim,

$$w = x^2 y + y^3 + i(x^3 - xy)$$

define w como função de $z = x + iy$, para todo z; pois, dado z, achamos x, y e depois w. As correspondentes funções reais $u(x, y)$, $v(x, y)$ são as seguintes:

$$u = x^2 y + y^3, \quad v = x^3 - xy.$$

É claro que as duas maneiras são equivalentes. Toda função $w = f(z)$ é um par de funções: $u = g(x, y)$, $v = h(x, y)$, e todo par de funções reais em D define uma função $w = f(z)$ em D.

Um número complexo z_0 tal que $f(z_0) = 0$ é chamado de um *zero* da função f. Por exemplo, $z_0 = i$ é um zero de $f(z) = z^2 + 1$.

9-7. LIMITES E CONTINUIDADE. Seja $w = f(z)$ definida no aberto D exceto eventualmente no ponto z_0. Então escrevemos

$$\lim_{z \to z_0} f(z) = c \tag{9-38}$$

se, para cada ε positivo, pode-se escolher um δ tal que $|f(z)-c| < \varepsilon$ para $0 < |z-z_0| < \delta$. Em palavras: $f(z)$ fica tão perto quanto se queira de c, desde que z esteja suficientemente perto de z_0; isso está ilustrado na Fig. 9-7.

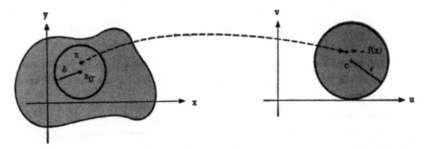

Figura 9-7. Limites de funções complexas

A função $w = f(z)$ é chamada contínua em z_0 se está definida em z_0 e

$$\lim_{z \to z_0} f(z) = f(z_0) \tag{9-39}$$

Teorema 11. *Seja $w = f(z)$ definida no aberto D exceto talvez no ponto $z_0 = x_0 + iy_0$ de D. Sejam*

$$u = g(x, y), \quad v = h(x, y)$$

as correspondentes funções reais de x e y. Então

$$\lim_{z \to z_0} f(z) = c = a + ib \tag{9-40}$$

se, e só se,

$$\lim_{\substack{x \to x_0 \\ y \to y_0}} g(x, y) = a, \quad \lim_{\substack{x \to x_0 \\ y \to y_0}} h(x, y) = b. \tag{9-41}$$

Se $f(z_0)$ está definida, então $f(z)$ é contínua em z_0 se, e só se, $g(x, y)$ e $h(x, y)$ são contínuas em (x_0, y_0).

A prova é a mesma que a da proposição correspondente para seqüências, Teorema 46 da Sec. 6-19.

Exemplo. A função

$$w = \log(x^2 + y^2) + i(x^2 - y^2)$$

é definida e contínua, exceto para $z = 0$, pois isso vale para as funções reais

$$u = \log(x^2 + y^2), \quad v = x^2 - y^2.$$

Cálculo Avançado

Teorema 12. *Se* $\lim\limits_{z \to z_0} f(z) = c$ *e* $\lim\limits_{z \to z_0} g(z) = d$, *então*

$$\lim_{z \to z_0} \big[f(z) + g(z) \big] = c + d, \qquad \lim_{z \to z_0} \big[f(z) \cdot g(z) \big] = c \cdot d,$$

$$\lim_{z \to z_0} \frac{f(z)}{g(z)} = \frac{c}{d} \, (d \neq 0).$$

(9-42)

A soma, produto e quociente (se o denominador não é zero) de funções contínuas são funções contínuas. Uma função composta de funções contínuas é contínua.

Esse teorema resume os análogos para funções complexas dos teoremas familiares de limites e continuidade. Podem ser provados como para variáveis reais (Sec. 2-4) ou como aplicação do Teorema 11. Assim seja $f(z) = u_1 + iv_1$, $g(z) = u_2 + iv_2$. Então

$$f(z) \cdot g(z) = (u_1 + iv_1)(u_2 + iv_2) = u_1 u_2 - v_1 v_2 + i(u_1 u_2 + u_2 v_1).$$

Se f e g são contínuas em $z_0 = x_0 + iy_0$, então u_1, u_2, v_1, v_2, são contínuas em (x_0, y_0), de modo que $u_1 u_2 - v_1 v_2$ e $u_1 v_2 + u_2 v_1$ são contínuas em (x_0, y_0) pelo teorema para variáveis reais. Logo, $f(z) \cdot g(z)$ é contínua em z_0. As outras afirmações são provadas de modo análogo.

Por aplicação repetida do Teorema 12, verifica-se que todo *polinômio*

$$w = a_0 + a_1 z + \cdots + a_n z^n$$

é contínuo para todo z, como toda *função racional*:

$$w = \frac{P(z)}{Q(z)} \qquad (P, Q \text{ polinômios})$$

em todo domínio que não contenha zeros do denominador.

Teorema 13. *Seja* $f(z)$ *definida em* D *e suponhamos* $f(z)$ *contínua no ponto* z_0 *de* D. *Então*

$$\lim_{n \to \infty} f(z_n) = f(z_0)$$

para toda seqüência z_n *que converge a* z_0.

A demonstração é a mesma que a do teorema correspondente para funções reais, Teorema 4 da Sec. 6-4. Vale também uma recíproca: se $f(z_n)$ converge a $f(z_0)$ para toda seqüência z_n que converge a z_0, então $f(z)$ é contínua em z_0.

Seja $f(z)$ definida em D exceto talvez no ponto z_0 de D. Escrevemos

$$\lim_{z \to z_0} f(z) = \infty \tag{9-43}$$

se

$$\lim_{z \to z_0} |f(z)| = \infty; \tag{9-44}$$

554

isto é, se, para todo número real K, existe um δ positivo tal que

$$|f(z)| > K \quad \text{para} \quad 0 < |z - z_0| < \delta. \tag{9-45}$$

Analogamente, se $f(z)$ é definida para $|z| > R$ para algum R, então

$$\lim_{z \to \infty} f(z) = c, \tag{9-46}$$

se, para cada $\varepsilon > 0$, podemos achar R_0 tal que

$$|f(z) - c| < \varepsilon \quad \text{para} \quad |z| > R_0 ; \tag{9-47}$$

de outro lado,

$$\lim_{z \to \infty} f(z) = \infty, \tag{9-48}$$

se, para cada número real K, existe um número R_0 tal que

$$|f(z)| > K \quad \text{para} \quad |z| > R_0. \tag{9-49}$$

Todas essas definições salientam o fato de que só há um ∞ e "aproximar-se do ∞" equivale a afastar-se da origem. Na Sec. 9-25 discute-se isso novamente.

Como na Sec. 2-4, as noções de limite e continuidade aplicam-se a funções definidas num conjunto de pontos arbitrário E do plano z e os resultados acima valem. Para a maior parte das aplicações aqui as funções serão definidas em abertos conexos. Ocasionalmente consideraremos funções definidas no fecho de um aberto, ou sobre uma curva.

9-8. SEQÜÊNCIAS E SÉRIES DE FUNÇÕES. Se $f_1(z), \ldots, f_n(z) \ldots$ são funções todas definidas num mesmo D, elas formam uma seqüência de funções em D. Assim, a cada z_0 em D corresponde uma seqüência de números complexos $f_1(z_0), \ldots, f_n(z_0), \ldots$ Dizemos que a seqüência f_n *converge ao limite* $f(z)$ em D

$$\lim_{n \to \infty} f_n(z) = f(z) \tag{9-50}$$

se

$$\lim_{n \to \infty} f_n(z_0) = f(z_0) \tag{9-51}$$

para cada z_0 fixado em D.

Se temos uma série infinita de funções f_n todas definidas em D temos a série

$$f_1(z) + \cdots + f_n(z) + \cdots = \sum_{n=1}^{\infty} f_n(z) \tag{9-52}$$

de funções em D. Essa série converge em D para a soma $S(z)$ se

$$\lim_{n \to \infty} S_n(z) = S(z), \tag{9-53}$$

555

onde $S_n(z)$ é a n-ésima soma parcial:

$$S_n(z) = f_1(z) + \cdots + f_n(z). \tag{9-54}$$

Dizemos que a série converge uniformemente em D (ou num conjunto de pontos E de D) se, para cada $\varepsilon > 0$, pode-se fazer corresponder um N – o mesmo para todos os z em D (ou E) – tal que, para todo z em D (ou E), tenhamos

$$|S_n(z) - S(z)| < \varepsilon \quad \text{para} \quad n > N. \tag{9-55}$$

O significado dessa condição é o mesmo que para séries reais (Sec. 6-12).

Exemplo 1. A série geométrica complexa

$$1 + z + z^2 + \cdots + z^n + \cdots = \sum_{n=0}^{\infty} z^n$$

é convergente para $|z| < 1$ com soma $1/(1-z)$, pois

$$S_n(z) = 1 + \cdots + z^{n-1} = \frac{1-z^n}{1-z} = \frac{1}{1-z} - z^n \frac{1}{1-z}.$$

Logo

$$\left| S_n(z) - \frac{1}{1-z} \right| = \left| z^n \cdot \frac{1}{1-z} \right| = |z|^n \frac{1}{|1-z|}.$$

Se z é um ponto fixado do disco $|z| < 1$, então $|1-z|$ é um número positivo fixado, como na Fig. 9-8. Quando n cresce, $|z|^n$ converge a 0, pois $|z| < 1$. Logo $S_n(z)$ converge a $1/(1-z)$.

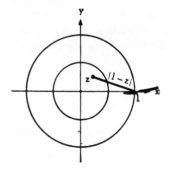

Figura 9-8.

No entanto o "erro absoluto"

$$\frac{|z|^n}{|1-z|}$$

para cada n *fixado* depende da distância $|1-z|$ entre 1 e z. Quando z avizinha-se de 1, esse erro tende a ∞ e, no entanto, se z fica num disco $|z| \leq \frac{1}{2}$, por exemplo, o erro é máximo para $z = \frac{1}{2}$. Logo, a convergência da série é uni-

Funções de Uma Variável Complexa

forme para $|z| \leqq \frac{1}{2}$, pois, se $|z| \leqq \frac{1}{2}$,

$$\left| S_n(z) - \frac{1}{1-z} \right| \leqq \left(\frac{1}{2} \right)^n \cdot 2 = \frac{1}{2^{n-1}} \, ;$$

se n for tomado suficientemente grande, esse erro é menor que um ε prefixado para todo z do disco $|z| \leqq \frac{1}{2}$.

Teorema 14. (*Critério M*). *Seja*

$$M_1 + \cdots + M_n + \cdots = \sum_{n=1} M_n$$

uma série convergente de números reais positivos. Seja $\Sigma f_n(z)$ *uma série de funções complexas todas definidas numa mesma região R. Se*

$$|f_n(z)| \leqq M_n \text{ para todo } z \text{ em } R,$$

então a série $\Sigma f_n(z)$ *é uniformemente convergente em R e é absolutamente convergente para cada z em R.*

Teorema 15. *Suponhamos a série* $\Sigma f_n(z)$ *uniformemente convergente numa região R e suponhamos todas as funções* $f_1, f_2, \ldots$ *contínuas em R. Então a soma* $f(z)$ *é também contínua em R.*

Esses teoremas são provados como para funções reais, ou podem ser reduzidos a teoremas sobre funções reais pelos Teoremas 4 e 11 (Secs. 9-5 e 9-7). A região R pode ser substituída por qualquer conjunto E nos dois teoremas.

Exemplo 2. Consideramos outra vez a série geométrica $\sum_{n=0}^{\infty} z^n$. Podemos provar a convergência uniforme sem conhecer a soma da série. Seja k um número real positivo menor que 1; então

$$|z|^n \leqq M_n = k^n$$

para todo z da região: $|z| \leqq k$. Como $\Sigma M_n = \Sigma k^n$ converge se $k < 1$, concluímos, do Teorema 14, que Σz^n converge uniforme e absolutamente para $|z| \leqq k$. Logo, pelo Teorema 15, a soma da série é contínua em cada região $|z| \leqq k$; logo, a soma é contínua para $|z| < 1$.

PROBLEMAS

1. Verifique se são convergentes e absolutamente convergentes:

(a) $\sum_{n=1}^{\infty} \frac{i^n}{n^2}$ (b) $\sum_{n=2}^{\infty} \frac{i^n}{\log n}$ (c) $\sum_{n=1}^{\infty} \frac{(1+i)^n}{n}$.

2. Para cada uma das funções seguintes de z faça uma tabela de valores para 5 valores diferentes de z e indique graficamente a correspondência entre valores de z e de w:

(a) $w = z^4$ (b) $w = 2z$

557

Cálculo Avançado

(c) $w = z + 3 + 2i$

(e) $w = e^{i(\pi/3)z}$

(d) $w = \dfrac{1}{z}$

(f) $w = \dfrac{2z-1}{z-2}$.

3. Determine, para cada uma das funções (a), (b), (c), (d), (e) do Problema 2 o conjunto de valores de w quando z varia no disco $|z| < 1$.

4. Escreva como par de funções reais de x e y:

(a) $w = z^3$

(d) $w = z + \dfrac{1}{z}$

(b) $w = \dfrac{1}{z}$

(e) $w = e^z$

(c) $w = \dfrac{z}{1+z}$

(f) $w = ze^z$.

5. Determine os valores de z para os quais as seguintes funções são contínuas:

(a) $w = z^2 - z$

(e) $w = \text{Re}(z)$

(b) $w = xy + i(x^3 + y^3)$

(f) $w = \bar{z}$

(c) $w = \dfrac{2 - iz^2}{z^2 + 1}$

(g) $w = |z|$

(d) $w = e^z$

(h) $w = \log|z| + i \arg z$, onde
$-\pi < \arg z \leqq \pi$

6. Mostre que cada uma das séries seguintes é uniforme e absolutamente convergente para $|z| \leqq 1$:

(a) $\displaystyle\sum_{n=1}^{\infty} \dfrac{z^n}{n!}$

(c) $\displaystyle\sum_{n=1}^{\infty} \dfrac{(z-1)^n}{3^n}$

(b) $\displaystyle\sum_{n=1}^{\infty} \dfrac{z^n}{n2^n}$

(d) $\displaystyle\sum_{n=1}^{\infty} \dfrac{\text{sen } nx + i \cos ny}{n^2}$

RESPOSTAS

1. (a) absolutamente convergente, (b) convergente, não absolutamente, (c) divergente.

3. (a) $|w| \leqq 1$, (b) $|w| \leqq 2$, (c) $|w - 3 - 2i| \leqq 1$, (d) $|w| \geqq 1$, (e) $|w| \leqq 1$.

4. (a) $u = x^3 - 3xy^2$, $v = 3x^2 y - y^3$;

(b) $u = \dfrac{x}{x^2 + y^2}$, $v = \dfrac{-y}{x^2 + y^2}$;

(c) $u = \dfrac{x^2 + y^2 + x}{(x+1)^2 + y^2}$, $v = \dfrac{y}{(x+1)^2 + y^2}$;

(d) $u = x + \dfrac{x}{x^2 + y^2}$, $v = y - \dfrac{y}{x^2 + y^2}$;

(e) $u = e^x \cos y$, $v = e^x \text{ sen } y$,

(f) $u = xe^x \cos y - ye^x \text{ sen } y$, $v = xe^x \text{ sen } y + ye^x \cos y$.

5. (a) todo z, (b) todo z, (c) $z \neq \pm i$, (d) todo z, (e) todo z, (f) todo z, (g) todo z, (h) todo z, exceto z real menor ou igual a 0.

9-9. **DERIVADAS E DIFERENCIAIS.** Seja $w = f(z)$ definida em D e z_0 um ponto de D. Então dizemos que w tem derivada em z_0 se

$$\lim_{\Delta z \to 0} \frac{f(z_0 + \Delta z) - f(z_0)}{\Delta z} \qquad (9\text{-}56)$$

existe; o valor do limite é então denotado por $f'(z_0)$. Esta definição tem a mesma forma que para funções de variável real e provaremos que a derivada tem de fato as propriedades usuais. No entanto mostraremos também que, se $w = f(z)$ tem derivada contínua num aberto D, então f tem muitas outras propriedades; em particular, as funções reais correspondentes u e v devem ser *harmônicas*.

A razão para essas conseqüências notáveis do fato de ter uma derivada está em que o acréscimo Δz pode se avizinhar de 0 de qualquer maneira. Se restringirmos Δz de modo que $z_0 + \Delta z$ permaneça sobre uma reta fixada por z_0, então obteremos como que uma "derivada direcional". Mas aqui exigimos que o limite obtido seja o *mesmo em todas as direções*, de modo que a "derivada direcional" tem o mesmo valor em todas as direções. Também $z_0 + \Delta z$ pode avizinhar-se de z_0 de qualquer outra maneira, por exemplo, segundo uma espiral. O limite da razão $\Delta w/\Delta z$ deve ser sempre o mesmo.

Se, como na Fig. 9-9, $z_0 + \Delta z$ avizinha-se de z_0 segundo uma reta $z_0 z_1$, então $w_0 + \Delta w = f(z_0 + \Delta z)$ se aproximará de w_0 segundo uma curva pas-

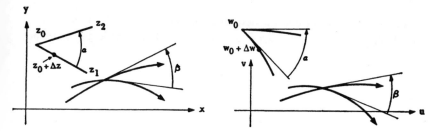

Figura 9-9. Derivada e representação conforme

sando por w_0. A existência da derivada implica que Δw seja aproximadamente uma constante c ($c = a + bi$) vezes Δz:

$$\Delta w \sim c\, \Delta z \qquad [c = f'(z_0)].$$

Logo,

$$|\Delta w| \sim |c| \cdot |\Delta z| \quad \text{e} \quad \arg \Delta w \sim \arg c + \arg \Delta z;$$

isto é, Δw tem (aproximadamente) um módulo $|\Delta w|$ cujo quociente por $|\Delta z|$ é fixo, e um argumento que difere do de Δz por um ângulo fixo. Assim, se a reta $z_0 z_1$ for substituída por uma reta $z_0 z_2$ que forma um ângulo α com a primeira, então a curva correspondente no plano w também irá girar por um ângulo α no mesmo sentido. Se $z_0 + \Delta z$ varia num pequeno círculo centrado em z_0,

Cálculo Avançado

então $w_0 + \Delta w$ varia (aproximadamente) num pequeno círculo centrado em w_0. Se $z_0 + \Delta z$ gira por um ângulo α em torno de z_0, então $w_0 + \Delta w$ faz o mesmo (aproximadamente) em torno de w_0. [Supôs-se aqui que $f'(z_0) = c \neq 0$; o caso $f'(z_0 = 0$ exige discussão especial.]

Uma transformação do plano xy no plano uv é dita *conforme, preservando orientação*, se a cada par de curvas formando um ângulo β no plano xy corresponde um par de curvas formando o mesmo ângulo β, com o mesmo sentido, no plano uv (Fig. 9-9). Resulta da discussão acima que, se $w = f(z)$ tem uma derivada em D, então a correspondente transformação do plano xy no plano uv é conforme, preservando orientação, exceto quando $f'(z) = 0$. Isso será melhor estudado na Sec. 9-30.

Seja agora $w = f(z)$ definida em D e suponhamos que exista $f'(z_0)$, igual a c. Seja

$$\varepsilon = \frac{\Delta w}{\Delta z} - c = \frac{f(z_0 + \Delta z) - f(z_0)}{\Delta z} - c.$$

Então, por (9-56),

$$\lim_{z \to 0} \varepsilon = 0. \tag{9-57}$$

Podemos escrever

$$\Delta w = c\,\Delta z + \varepsilon\,\Delta z. \tag{9-58}$$

Essa equação mostra que Δw deve avizinhar-se de 0 quando Δz avizinha-se de 0; *logo, se $f'(z_0)$ existe, $f(z)$ é contínua em z_0.* De um modo geral, dizemos que uma função $w = f(z)$ tem uma diferencial

$$dw = c\,\Delta z$$

em z_0, se, em z_0,

$$\Delta w = c\,\Delta z + \varepsilon\,\Delta z,$$

onde c é independente de Δz e

$$\lim_{\Delta z \to 0} \varepsilon = 0.$$

Assim, as Eqs. (9-57) e (9-58) dizem que, se w tem uma derivada em z_0, então w tem diferencial em z_0. Reciprocamente, se w tem diferencial em z_0, então

$$\frac{\Delta w}{\Delta z} = c + \varepsilon, \quad \lim_{\Delta z \to 0} \varepsilon = 0,$$

de modo que

$$\lim_{\Delta z \to 0} \frac{\Delta w}{\Delta z} = c$$

e w tem derivada $f'(z_0) = c$.

560

Funções de Uma Variável Complexa

Teorema 16. *Se* $w = f(z)$ *tem uma diferencial*

$$dw = c\,\Delta z$$

em z_0, *então* w *tem derivada* $f'(z_0) = c$. *Reciprocamente, se* w *tem derivada em* z_0, *então* w *tem diferencial em* z_0:

$$dw = f'(z_0)\Delta z.$$

Assim, "diferenciabilidade" e ter derivada são a mesma coisa. Como para funções reais, a diferencial define uma aproximação linear da função dada:

$$w - w_0 = f'(z_0)(z - z_0). \tag{9-59}$$

Pode-se provar agora que as funções

$$w = z^n \quad (n = 1, 2, \ldots) \tag{9-60}$$

têm derivadas:

$$\frac{dw}{dz} = nz^{n-1}. \tag{9-61}$$

Podemos também escrever

$$dw = nz^{n-1}\,dz$$

(com dz substituindo Δz pela mesma razão que no cálculo real).

As regras usuais do cálculo continuam válidas: se w_1 e w_2 são diferenciáveis em D, então

$$d(w_1 + w_2) = dw_1 + dw_2, \quad d(w_1 w_2) = w_1\,dw_2 + w_2\,dw_1,$$
$$d\left(\frac{w_1}{w_2}\right) = \frac{w_2\,dw_1 - w_1\,dw_2}{w_2^2} \quad (w_2 \neq 0). \tag{9-62}$$

Essas regras são provadas como para variáveis reais. Temos também a regra de função-de-função: se w_2 é função diferenciável de w_1 e w_1 é função diferenciável de z, então, onde $w_2[w_1(z)]$ esteja definida,

$$\frac{dw_2}{dz} = \frac{dw_2}{dw_1} \cdot \frac{dw_1}{dz}. \tag{9-63}$$

A prova é como a da regra da cadeia na Sec. 2-7.

PROBLEMAS

1. Seja dada a função $w = 2iz + 1$. Calcule

$$\frac{\Delta w}{\Delta z} = \frac{f(z_0 + \Delta z) - f(z_0)}{\Delta z}$$

para $z_0 = i$ e as seguintes escolhas de Δz:

(a) $\Delta z = 1$,　(b) $\Delta z = i$,　(c) $\Delta z = -1$,　(d) $\Delta z = -i$.

Marque num gráfico os pontos z_0, $z_0 + \Delta z$, w_0, $w_0 + \Delta w$.

561

Cálculo Avançado

2. O mesmo que no Prob. 1, usando $w = f(z) = z^2$. Compare os resultados, observando que $dw = 2i\,dz$ em $z = i$, de modo que $w = 2i(z-i) - 1 = 2iz + 1$ é a melhor aproximação linear de $w = z^2$ em $z = i$.

3. Diferencie as funções

(a) $w = z^5 - 3z^2 - 1$ (c) $w = (1-z)^4(z^2 + 1)^3$

(b) $w = \dfrac{z}{1-z}$ (d) $w = \left(\dfrac{z-1}{z+1}\right)^4$

4. Prove que $dz^n = nz^{n-1}\,dz$ $(n = 1, 2, \ldots)$.

5. Prove as regras (9-62).

6. Prove (9-63). [*Sugestão:* escreva $\Delta w_2 = c_2\,\Delta w_1 + \varepsilon_2\,\Delta w_1$, divida ambos os membros por Δz e faça Δz tender a 0.]

7. Seja dada a curva lisa C pelas equações

$$x = x(t), \quad y = y(t), \quad t_1 \leqq t \leqq t_2.$$

(a) Mostre que o número complexo

$$\frac{dx}{dt} + i\frac{dy}{dt} = \frac{dz}{dt} = \lim_{\Delta t \to 0} \frac{\Delta x + i\,\Delta y}{\Delta t}$$

representa um vetor tangente à curva. Note que se trata aqui de uma derivada de uma função a valores complexos de uma *variável real t* e não da derivada de uma função de variável complexa, como na discussão precedente.

(b) Seja $w = u + iv = f(z)$ uma função diferenciável de z num aberto contendo C. Mostre que

$$\frac{dw}{dt} = f'(z)\frac{dz}{dt}.$$

[*Sugestão:* faça como no Prob. 6.) A equação $w = f[z(t)]$ define uma curva C': $u = u(t)$, $v = v(t)$ no plano w, que é a imagem de C por f; assim, por (a), dw/dt define um vetor tangente à curva-imagem; conforme também o Prob. 14 seguinte à Sec. 9-31.

8. Sejam duas retas formando um ângulo α dadas pelas equações paramétricas:

$$x = x_0 + a_1 t, \quad y = y_0 + b_1 t$$
$$x = x_0 + a_2 t, \quad y = y_0 + b_2 t.$$

(a) Mostre que, a menos que $x_0 = y_0 = 0$, as imagens dessas retas pela transformação $w = z^2$ são duas curvas que se cortam sob um ângulo α. [*Sugestão:* ache os vetores tangentes às curvas como números complexos, tal como no Prob. 7. Observe que $\arg(z_2/z_1)$ define o ângulo entre dois vetores, representados por z_1 e z_2.]

(b) Mostre que, para $x_0 = y_0 = 0$, as curvas-imagem são duas retas que se cortam formando um ângulo 2α.

562

Funções de Uma Variável Complexa

9. Suponha que $w = f(z)$ tem derivada no ponto z_0.

(a) Faça $z_0 + \Delta z$ avizinhar-se de z_0 segundo uma paralela ao eixo x, $\Delta z = \Delta x$, e conclua que

$$f'(z_0) = \frac{\partial u}{\partial x} + i\frac{\partial v}{\partial x}.$$

(b) Faça $z_0 + \Delta z$ avizinhar-se de z_0 segundo uma paralela ao eixo y, $\Delta z = i\Delta y$, e conclua que

$$f'(z_0) = \frac{\partial v}{\partial y} - i\frac{\partial u}{\partial y}.$$

(c) Iguale os resultados de (a) e (b) para deduzir que

$$\frac{\partial u}{\partial x} = \frac{\partial v}{\partial y}, \quad \frac{\partial u}{\partial y} = -\frac{\partial v}{\partial x}.$$

Estas são as *equações de Cauchy-Riemann*.

10. Suponha que $w = f(z)$ tem derivada em z_0.

(a) Faça $z_0 + \Delta z$ avizinhar-se de z_0 segundo uma reta que faz um ângulo α com o eixo x:

$$\Delta z = \Delta s\,(\cos\alpha + i\,\text{sen}\,\alpha) = \Delta s \cdot e^{i\alpha}$$

para concluir que

$$f'(z_0) = e^{-i\alpha}\left(\frac{du}{ds} + i\frac{dv}{ds}\right),$$

onde

$$\frac{du}{ds} = \nabla_\alpha u, \quad \frac{dv}{ds} = \nabla_\alpha v$$

são as derivadas direcionais de u e v na direção escolhida.

(b) Faça $z_0 + \Delta z$ avizinhar-se de z_0 como na parte (a) com α substituído por $\alpha + (\pi/2)$. Mostre que

$$f'(z_0) = e^{-i\alpha}\,(\nabla_{\alpha+(\pi/2)}v - i\,\nabla_{\alpha+(\pi/2)}u).$$

(c) Iguale os resultados de (a) e (b) para concluir que

$$\nabla_\alpha u = \nabla_{\alpha+(\pi/2)}v;$$

isto é, a derivada direcional de u na direção α é igual à de v na direção $\alpha + (\pi/2)$.

(d) Obtenha as equações de Cauchy-Riemann do Prob. 9(c) como casos especiais de (c) $[\alpha = 0$ e $\alpha = (\pi/2)]$.

563

(e) Mostre, partindo de (c) que, se u e v são expressas em coordenadas polares, então

$$\frac{\partial u}{\partial r} = \frac{1}{r}\frac{\partial v}{\partial \theta}, \quad \frac{1}{r}\frac{\partial u}{\partial \theta} = -\frac{\partial v}{\partial r} \quad (r \neq 0).$$

[*Sugestão:* tome $\alpha = \theta$ e $\alpha = \frac{1}{2}\pi + \theta$.]

RESPOSTAS

1. Em todos os casos: $2i$. 2. (a) $1 + 2i$, (b) $3i$, (c) $-1 + 2i$, (d) i.
3. (a) $5z^4 - 6z$, (b) $(1-z)^{-2}$, (c) $(1-z)^3(z^2+1)^2(-4+6z-10z^2)$, (d) $8(z-1)^3(z+1)^{-5}$.

9-10. INTEGRAIS. Seja $w = f(z)$ definida num aberto D e seja C um caminho em D:

$$x = x(t), \quad y = y(t), \quad a \leq t \leq b. \tag{9-64}$$

Suporemos $x(t)$ e $y(t)$ contínuas e lisas por partes de modo que C é uma curva lisa por partes (Sec. 5-2). A integral complexa é definida como uma integral curvilínea:

$$\int_C f(z)\,dz = \lim \sum_{j=1}^n f(z_j^*)\,\Delta_j z. \tag{9-65}$$

Ao caminho C atribui-se um sentido de percurso fixo, em geral o que corresponde a t crescente. O intervalo $a \leq t \leq b$ é subdividido em n partes por $t_0 = a, \ldots, t_n = b$; $z_j = x(t_j) + iy(t_j)$ e $\Delta z_j = z_j - z_{j-1}$; t_j^* é um ponto do j-ésimo subintervalo e $z_j^* = x(t_j^*) + iy(t_j^*)$. Isso está sugerido na Fig. 9-10. O limite é tomado para n tendendo a infinito enquanto que o máximo de $\Delta_1 t, \ldots, \Delta_n t$ tende a 0.

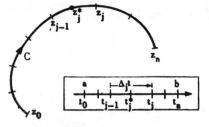

Figura 9-10. Integral curvilínea complexa

Tomando as partes real e imaginária na definição (9-65), vem

$$\int_C f(z)\,dz = \lim \sum (u+iv)(\Delta x + i\,\Delta y)$$

$$= \lim \left\{ \sum (u\,\Delta x - v\,\Delta y) + i\sum (v\,\Delta x + u\,\Delta y) \right\};$$

Funções de Uma Variável Complexa

isto é,

$$\int_C f(z)\,dz = \int_C (u + iv)(dx + i\,dy) = \int_C (u\,dx - v\,dy) + i \int_C (v\,dx + u\,dy). \qquad (9\text{-}66)$$

Assim, a integral curvilínea complexa é simplesmente uma combinação de duas integrais curvilíneas reais. Podemos pois aplicar toda a teoria do Cap. 5. Em particular, podemos afirmar imediatamente:

Teorema 17. *Se $f(z)$ é contínua em D e C é lisa por partes, então a integral (9-65) existe e*

$$\int_C f(z)\,dz = \int_a^b \left(u\frac{dx}{dt} - v\frac{dy}{dt} \right) dt + i \int_a^b \left(v\frac{dx}{dt} + u\frac{dy}{dt} \right) dt. \qquad (9\text{-}67)$$

O caminho C pode ser representado por meio de uma função a valores complexos da variável real t:

$$z = z(t) = x(t) + iy(t), \qquad a \leq t \leq b.$$

Isso, com outra notação, é a representação vetorial de um caminho na Sec. 1-15. Uma tal função tem derivada

$$\frac{dz}{dt} = \lim_{\Delta t \to 0} \frac{\Delta x + i\,\Delta y}{\Delta t} = \frac{dx}{dt} + i\frac{dy}{dt}, \qquad (9\text{-}68)$$

se x e y forem deriváveis. Essa derivada é um caso particular da derivada de uma função vetorial na Sec. 1-15; em geral, dz/dt representa um vetor tangente ao caminho (Prob. 7 da Sec. 9-9).

Podemos também integrar uma função $z(t) = x(t) + iy(t)$:

$$\int_a^b z(t)\,dt = \int_a^b \left[x(t) + iy(t) \right] dt = \int_a^b x(t)\,dt + i \int_a^b y(t)\,dt. \qquad (9\text{-}69)$$

As propriedades usuais das integrais permanecem válidas. Em particular,

$$\int_a^b \frac{dz}{dt}\,dt = z(b) - z(a). \qquad (9\text{-}70)$$

Pode-se agora escrever mais concisamente a fórmula (9-67):

$$\int_C f(z)\,dz = \int_a^b f\left[z(t) \right] \frac{dz}{dt}\,dt. \qquad (9\text{-}67')$$

Exemplo 1. Seja C o caminho: $x = 2t$, $y = 3t$, $1 \leq t \leq 2$. Seja $f(z) = z^2$.

565

Então

$$\int_C z^2\, dz = \int_1^2 (2t + 3it)^2(2 + 3i)\, dt$$

$$= (2 + 3i)^3 \int_1^2 t^2\, dt = \frac{7}{3}(2 + 3i)^3 = -107\tfrac{1}{3} + 21i.$$

Exemplo 2. Seja C o caminho circular: $x = \cos t$, $y = \operatorname{sen} t$, $0 \leq t \leq 2\pi$. Isso pode ser escrito mais concisamente como $z = e^{it}$, $0 \leq t \leq 2\pi$. Também $dz/dt = -\operatorname{sen} t + i \cos t = ie^{it}$. Logo,

$$\int_C \frac{1}{z}\, dz = \int_0^{2\pi} e^{-it}(ie^{it})\, dt = i \int_0^{2\pi} dt = 2\pi i.$$

Outras propriedades das integrais complexas resultam das propriedades das integrais reais:

Teorema 18. *Sejam $f(z)$ e $g(z)$ contínuas num aberto D. Seja C uma curva lisa por partes em D. Então*

$$\int_C \left[f(z) + g(z) \right] dz = \int_C f(z)\, dz + \int_C g(z)\, dz. \qquad (9\text{-}71)$$

Ainda mais,

$$\int_C kf(z)\, dz = k \int_C f(z)\, dz, \quad k = \text{constante}, \qquad (9\text{-}72)$$

$$\int_C f(z)\, dz = \int_{C_1} f(z)\, dz + \int_{C_2} f(z)\, dz, \qquad (9\text{-}73)$$

onde C compõe-se de um caminho C_1 de z_0 a z_1 e um caminho C_2 de z_1 a z_2, e

$$\int_C f(z)\, dz = - \int_{C'} f(z)\, dz, \qquad (9\text{-}74)$$

onde C' é obtida de C invertendo o sentido de percurso.

Majorações para o valor absoluto de uma integral complexa são obtidas pelo teorema seguinte.

Teorema 19. *Seja $f(z)$ contínua sobre C e seja*

$$L = \int_C ds = \int_a^b \sqrt{\left(\frac{dx}{dt}\right)^2 + \left(\frac{dy}{dt}\right)^2}\, dt$$

Funções de Uma Variável Complexa

o comprimento de C. Então

$$\left| \int_C f(z)\,dz \right| \leqq \int_C |f(z)|\,ds \leqq M \cdot L, \qquad (9\text{-}75)$$

onde $|f(z)| \leqq M$ *sobre C.*

Demonstração. A integral curvilínea $\int |f(z)|\,ds$ é definida como um limite:

$$\int_C |f(z)|\,ds = \lim \sum_{j=1}^n |f(z_j^*)|\,\Delta_j s,$$

onde $\Delta_j s$ é o comprimento do j-ésimo arco de C (Sec. 5-3). Mas

$$|f(z_j^*)\,\Delta_j z| = |f(z_j^*)| \cdot |\Delta_j z| \leqq |f(z_j^*)| \cdot \Delta_j s,$$

pois $|\Delta_j z|$ representa a *corda* do arco $\Delta_j s$. Logo,

$$\left| \sum f(z_j^*)\,\Delta_j z \right| \leqq \sum |f(z_j^*)\,\Delta_j z| \leqq \sum |f(z_j^*)|\,\Delta_j s,$$

por aplicação repetida da desigualdade (9-8). Passando ao limite, concluímos:

$$\left| \int_C f(z)\,dz \right| \leqq \int_C |f(z)|\,ds.$$

Isso fornece a primeira desigualdade. A segunda resulta da majoração para integrais reais [Sec. 4-2, desigualdade (4-15)] ou da observação que

$$\sum |f(z_j^*)|\,\Delta_j s \leqq M \sum \Delta_j s = ML.$$

O número M pode ser escolhido como sendo o máximo da função contínua $|f(z)|$ sobre C ou qualquer número maior.

Teorema 20. *Uma série uniformemente convergente de funções contínuas pode ser integrada termo a termo; isto é, se as funções $f_n(z)$ são todas contínuas sobre C e $\sum_{n=1}^\infty f_n(z)$ converge uniformemente a $f(z)$ sobre C, então*

$$\int_C f(z)\,dz = \sum_{n=1}^\infty \int_C f_n(z)\,dz. \qquad (9\text{-}76)$$

A demonstração do Teorema 32 da Sec. 6-14 pode ser repetida sem alteração.

PROBLEMAS

1. Calcule as seguintes integrais:

(a) $\displaystyle\int_1^i (x^2 + iy^3)\,dz$ sobre o segmento de reta indo de 1 a i;

567

Cálculo Avançado

(b) $\displaystyle\int_0^{1+i} (z + 1)\, dz$ sobre a parábola $y = x^2$;

(c) $\displaystyle\oint_C x\, dz$ sobre o círculo $|z| = 1$;

(d) $\displaystyle\oint \frac{z}{z^2 + 1}\, dz$ sobre o círculo $|z| = 2$.

2. Escreva cada uma das integrais $\int f(z)\, dz$ seguintes na forma (9-66), isto é, em termos de duas integrais curvilíneas reais; então mostre que cada uma dessas integrais reais independe do caminho no plano z:

(a) $\int z\, dz = \int (x\, dx - y\, dy) + i\int (y\, dx + x\, dy)$,   (b) $\int iz^2\, dz$,   (c) $\int z^3\, dz$,
(d) $\int (1 + i)(z + i)\, dz$,   (e) $\int z^4\, dz$.

3. Usando (9-66), mostre que $\int f(z)\, dz$ é independente do caminho num aberto simplesmente conexo em que u e v têm derivadas parciais de primeira ordem contínuas se

$$\frac{\partial u}{\partial x} = \frac{\partial v}{\partial y}, \qquad \frac{\partial u}{\partial y} = -\frac{\partial v}{\partial x}.$$

Essas são as equações de Cauchy-Riemann.

4. Mostre que as equações de Cauchy-Riemann do Prob. 3 valem se, e só se, quando u e v são expressas em coordenadas polares r e θ,

$$\frac{\partial u}{\partial r} = \frac{1}{r}\frac{\partial v}{\partial \theta}, \qquad \frac{1}{r}\frac{\partial u}{\partial \theta} = -\frac{\partial v}{\partial r} \qquad (r \neq 0). \tag{a}$$

[*Sugestão:* aplique as regras da cadeia da Sec. 2-7 para mostrar que

$$\frac{\partial u}{\partial r} = \frac{\partial u}{\partial x}\cos\theta + \frac{\partial u}{\partial y}\operatorname{sen}\theta, \qquad \frac{1}{r}\frac{\partial u}{\partial \theta} = \cdots,$$

e analogamente para v. Mostre a partir dessas quatro equações que

$$\left(\frac{\partial u}{\partial r} - \frac{1}{r}\frac{\partial v}{\partial \theta}\right)^2 + \left(\frac{1}{r}\frac{\partial u}{\partial \theta} + \frac{\partial v}{\partial r}\right)^2 = \left(\frac{\partial u}{\partial x} - \frac{\partial v}{\partial y}\right)^2 + \left(\frac{\partial u}{\partial y} + \frac{\partial v}{\partial x}\right)^2.$$

A afirmação resulta imediatamente dessa identidade.]

5. Use os resultados dos Probs. 3 e 4 para mostrar que

$$\int z^n\, dz \qquad (n = 1, 2, \ldots)$$

é independente do caminho no plano z. [*Sugestão:* use a Eq. (9-19) para exprimir z^n em coordenadas polares. Então verifique que (a) vale. A origem deve ser tratada separadamente em coordenadas retangulares.]

Funções de Uma Variável Complexa

6. (a) Mostre que, se valem as equações de Cauchy-Riemann (Prob. 3) e se u e v têm derivadas parciais segundas contínuas, então u e v são funções harmônicas.

   (b) Use a equação de Laplace em coordenadas polares (Sec. 2-13) para verificar que Re (z^n) e Im (z^n) são harmônicas para $n = 1, 2, \ldots$ [Sugestão: use (9-19). Novamente a origem deve ser tratada separadamente em coordenadas retangulares.]

7. (a) Calcule

$$\oint \frac{1}{z} \, dz$$

   sobre o círculo $|z| = R$.

   (b) Mostre que a integral da parte (a) é 0 em todo caminho fechado simples que não envolva a origem ou passe pela origem.

   (c) Mostre que

$$\oint \frac{1}{z^2} \, dz = 0$$

   sobre todo caminho fechado simples que não passe pela origem.

RESPOSTAS

1. (a) $\frac{1}{12}(-7 + i)$,   (b) $1 + 2i$,   (c) πi,   (d) $2\pi i$.

7. (a) $2\pi i$.

9-11. FUNÇÕES ANALÍTICAS. EQUAÇÃO DE CAUCHY-RIEMANN.

Uma função $w = f(z)$, definida num aberto D, é chamada de uma *função analítica* em D se w tem derivada contínua em D. Quase toda a teoria de funções de variável complexa restringe-se ao estudo de tais funções. Ainda mais, quase todas as funções usadas nas aplicações da matemática a problemas físicos são analíticas ou obtidas a partir de tais funções. Como se indicou na Sec. 9-1, o estudo das funções analíticas equivale ao estudo de funções harmônicas de x e y; essa relação será melhor estudada mais adiante.

Será provado que o fato de uma função ter derivada contínua implica em possuir derivada segunda, terceira, ..., e, na verdade, implica na convergência da série de Taylor,

$$f(z_0) + f'(z_0)\frac{(z - z_0)}{1!} + f''(z_0)\frac{(z - z_0)^2}{2!} + \cdots,$$

numa vizinhança de cada z_0 de D. Poderíamos pois definir uma função analítica como sendo uma função representável por séries de Taylor, e essa definição é freqüentemente usada (Sec. 6-17). As duas definições são equivalentes, pois a convergência da série de Taylor numa vizinhança de cada z_0 acarreta a continuidade das derivadas de todas as ordens.

Embora seja possível construir funções contínuas de z que não são analíticas (exemplos serão dados abaixo), é impossível construir uma função $f(z)$

569

que tenha uma derivada não-contínua num aberto D. Em outras palavras, se $f(z)$ tem uma derivada no aberto D, a derivada é necessariamente contínua, de modo que $f(z)$ é analítica. Pode-se pois definir uma função analítica como sendo simplesmente uma função derivável num aberto D e essa definição também é freqüentemente usada. Para a demonstração de que a existência da derivada implica na continuidade, ver Volume I do livro de Knopp citado no fim do capítulo; ver também a Sec. 9-21.

Teorema 21. *Se $w = u + iv = f(z)$ é analítica em D, então u e v têm derivadas parciais primeiras contínuas em D e satisfazem às equações de Cauchy-Riemann,*

$$\frac{\partial u}{\partial x} = \frac{\partial v}{\partial y}, \quad \frac{\partial u}{\partial y} = -\frac{\partial v}{\partial x}, \qquad (9\text{-}77)$$

em D. Ainda mais,

$$\frac{dw}{dz} = \frac{\partial u}{\partial x} + i\frac{\partial v}{\partial x} = \frac{\partial v}{\partial y} + i\frac{\partial v}{\partial x} = \frac{\partial u}{\partial x} - i\frac{\partial u}{\partial y} = \frac{\partial v}{\partial y} - i\frac{\partial u}{\partial y}. \qquad (9\text{-}78)$$

Demonstração. Seja z_0 um ponto de D fixado e ponhamos $\Delta w = f(z_0 + \Delta z) - f(z_0)$. Como f é analítica, temos

$$\Delta w = c\,\Delta z + \varepsilon \cdot \Delta z, \quad c = f'(z_0),$$

pelo Teorema 16 (Sec. 9-9). Se escrevemos (Fig. 9-11)

$$\Delta w = \Delta u + i\Delta v, \quad c = a + ib, \quad \varepsilon = \varepsilon_1 + i\varepsilon_2, \quad \Delta z = \Delta x + i\Delta y,$$

então isso dá

$$\Delta u + i\Delta v = (a + ib)(\Delta x + i\,\Delta y) + (\varepsilon_1 + i\varepsilon_2)(\Delta x + i\,\Delta y).$$

Comparando as partes real e imaginária de ambos os membros, concluímos que

$$\Delta u = a\,\Delta x - b\,\Delta y + \varepsilon_1\,\Delta x - \varepsilon_2\,\Delta y,$$
$$\Delta v = b\,\Delta x + a\,\Delta y + \varepsilon_2\,\Delta x + \varepsilon_1\,\Delta y.$$

Como ε tende a 0 quando Δz tende a 0, temos

$$\lim_{\substack{\Delta x \to 0 \\ \Delta y \to 0}} \varepsilon_1 = 0, \quad \lim_{\substack{\Delta x \to 0 \\ \Delta y \to 0}} \varepsilon_2 = 0.$$

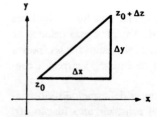

Figura 9-11

Funções de Uma Variável Complexa

Portanto u e v têm, diferenciais (Sec. 2-6):

$$du = a\,dx - b\,dy, \quad dv = b\,dx + a\,dy \quad (9\text{-}79)$$

e

$$\frac{\partial u}{\partial x} = a = \frac{\partial v}{\partial y}, \quad \frac{\partial u}{\partial y} = -b = -\frac{\partial v}{\partial x}. \quad (9\text{-}80)$$

Portanto (9-77) vale. Além disso

$$f'(z_0) = c = a + ib = \frac{\partial u}{\partial x} + i\frac{\partial v}{\partial x} = \frac{\partial v}{\partial y} + i\frac{\partial v}{\partial x} = \cdots$$

por (9-80). Logo, valem as Eqs. (9-78). Como $c = f'(z_0)$ varia continuamente com z_0, concluímos que $a = \partial u/\partial x = \partial v/\partial y$ e $b = -(\partial u/\partial y) = \partial v/\partial x$ são funções contínuas de x e y (Teorema 11 acima).

Teorema 22. (*Recíproco do Teorema 21*). *Se* $w = u + iv = f(z)$ *está definida no aberto* D, *se* u *e* v *têm derivadas parciais primeiras contínuas e valem as equações de Cauchy-Riemann*

$$\frac{\partial u}{\partial x} = \frac{\partial v}{\partial y}, \quad \frac{\partial u}{\partial y} = -\frac{\partial v}{\partial x}$$

em D, *então* $f(z)$ *é analítica em* D.

Demonstração. Seja $z_0 = x_0 + iy_0$ fixado como na demonstração precedente. Então pelo Lema Fundamental da Sec. 2-6, u e v têm diferenciais em (x_0, y_0):

$$\Delta u = \frac{\partial u}{\partial x}\Delta x + \frac{\partial u}{\partial y}\Delta y + \varepsilon_1\,\Delta x + \varepsilon_2\,\Delta y,$$

$$\Delta v = \frac{\partial v}{\partial x}\Delta x + \frac{\partial v}{\partial y}\Delta y + \varepsilon_3\,\Delta x + \varepsilon_4\,\Delta y,$$

onde $\varepsilon_1, \ldots, \varepsilon_4$ tendem a 0 quando $(x, y) \longrightarrow (x_0, y_0)$. Se escrevermos $a = \partial u/\partial x = \partial v/\partial y$, $b = -(\partial u/\partial y) = \partial v/\partial x$ e somarmos essas equações, acharemos

$$\Delta w = \Delta u + i\,\Delta v = (a + ib)(\Delta x + i\,\Delta y) + (\varepsilon_1 + i\varepsilon_3)\,\Delta x + (\varepsilon_2 + i\varepsilon_4)\,\Delta y.$$

Logo

$$\Delta w = (a + ib)\Delta x + i\,\Delta y) + \varepsilon\,\Delta z,$$

onde

$$\varepsilon = (\varepsilon_1 + i\varepsilon_3)\frac{\Delta x}{\Delta z} + (\varepsilon_2 + i\varepsilon_4)\frac{\Delta y}{\Delta z}.$$

Se mostrarmos que $\varepsilon \longrightarrow 0$ quando $\Delta z \longrightarrow 0$, resultará que w é diferenciável em D e, logo, pelo Teorema 16 (Sec. 9-9), que w tem uma derivada:

$$\frac{dw}{dz} = a + ib = \frac{\partial u}{\partial x} + i\frac{\partial v}{\partial x} = \cdots$$

571

Cálculo Avançado

Como $\partial u/\partial x$ e $\partial v/\partial x$ são contínuas, a derivada é contínua, de modo que w é analítica.

Para mostrar que $\varepsilon \longrightarrow 0$, quando $\Delta z \longrightarrow 0$ observamos que

$$|\varepsilon| = \left|(\varepsilon_1 + i\varepsilon_3)\frac{\Delta x}{\Delta z} + (\varepsilon_2 + i\varepsilon_4)\frac{\Delta y}{\Delta z}\right| \leqq |\varepsilon_1 + i\varepsilon_3|\left|\frac{\Delta x}{\Delta z}\right| + |\varepsilon_2 + i\varepsilon_4|\left|\frac{\Delta y}{\Delta z}\right|$$

$$\leqq |\varepsilon_1 + i\varepsilon_3| + |\varepsilon_2 + i\varepsilon_4| \leqq |\varepsilon_1| + |\varepsilon_3| + |\varepsilon_2| + |\varepsilon_4|,$$

pois, como mostra a Fig. 9-11,

$$\left|\frac{\Delta x}{\Delta z}\right| \leqq 1, \qquad \left|\frac{\Delta y}{\Delta z}\right| \leqq 1.$$

Como ε_1, ε_2, ε_3, ε_4 tendem a 0 quando $(x, y) \longrightarrow (x_0, y_0)$ resulta que

$$\lim_{z \to z_0} \varepsilon = 0.$$

Assim, o teorema está provado.

Os dois teoremas fornecem um perfeito critério de analiticidade: se $f(z)$ é analítica, então valem as equações de Cauchy-Riemann; se valem as equações de Cauchy-Riemann (e as derivadas envolvidas são contínuas), então $f(z)$ é analítica.

Observação. As demonstrações dos Teoremas 21 e 22 mostram que esses teoremas podem ser renunciados como segue: $f(z)$ tem derivada em z_0 se e só se u e v têm diferenciais em z_0 e valem as equações de Cauchy-Riemann em z_0; se $f'(z)$ existe em D, então $f'(z)$ é contínua em z_0 se e só se $\partial u/\partial x$, $\partial u/\partial y$, $\partial v/\partial x$, $\partial v/\partial y$ são contínuas em z_0. Outra dedução das equações de Cauchy-Riemann a partir da existência de $f'(z_0)$ é dada no Prob. 9 que segue a Sec. 9-9.

Exemplo 1. $w = z^2 = x^2 - y^2 + i \cdot 2xy$. Aqui

$$u = x^2 - y^2, \qquad v = 2xy.$$

Logo,

$$\frac{\partial u}{\partial x} = 2x = \frac{\partial v}{\partial y}, \qquad \frac{\partial u}{\partial y} = -2y = -\frac{\partial v}{\partial x}$$

e w é analítica para todo z.

Exemplo 2. $w = \dfrac{x}{x^2 + y^2} - \dfrac{iy}{x^2 + y^2}$. Aqui

$$\frac{\partial u}{\partial x} = \frac{y^2 - x^2}{(x^2 + y^2)^2} = \frac{\partial v}{\partial y}, \qquad \frac{\partial u}{\partial y} = \frac{-2xy}{(x^2 + y^2)^2} = -\frac{\partial v}{\partial x}.$$

Logo w é analítica exceto quando $x^2 + y^2 = 0$, isto é, $z = 0$.

Exemplo 3. $w = x - iy = \bar{z}$. Aqui, $u = x$, $v = -y$ e

$$\frac{\partial u}{\partial x} = 1, \qquad \frac{\partial v}{\partial y} = -1, \qquad \frac{\partial u}{\partial y} = 0 = \frac{\partial v}{\partial x}.$$

Logo w não é analítica em nenhum aberto.

Funções de Uma Variável Complexa

Exemplo 4. $w = x^2 y^2 + 2x^2 y^2 i$. Aqui

$$\frac{\partial u}{\partial x} = 2xy^2, \quad \frac{\partial v}{\partial y} = 4x^2 y, \quad \frac{\partial u}{\partial y} = 2x^2 y, \quad \frac{\partial v}{\partial x} = 4xy^2.$$

As equações de Cauchy-Riemann dão

$$2xy^2 = 4x^2 y, \quad 2x^2 y = -4xy^2,$$

Essas equações estão satisfeitas somente ao longo das retas $x = 0$, $y = 0$. Não há nenhum *aberto* em que valem as equações de Cauchy-Riemann e, logo, nenhum aberto em que $f(z)$ seja analítica. Só se fala em funções analíticas em certos pontos se eles formam um aberto.

Os termos "analítica num ponto" ou "analítica ao longo de uma curva" são usados, em aparente contradição com a observação feita acima. No entanto dizemos que $f(z)$ é *analítica no ponto* z_0 somente se existe um aberto contendo z_0 no qual $f(z)$ é analítica. Analogamente, $f(z)$ é *analítica ao longo de uma curva C* somente se $f(z)$ é analítica num aberto contendo C.

Teorema 23. A soma, produto e quociente de funções analíticas são funções analíticas (no caso do quociente, desde que o denominador não seja igual a 0 em nenhum ponto do aberto em questão). Todas as funções-polinômio são analíticas no plano todo. Toda função racional é analítica em qualquer aberto que não contenha zeros do denominador. Uma função analítica de função analítica é analítica.

Isso resulta do Teorema 12 (Sec. 9-7) e das Eqs. (9-62) e (9-63).

Teorema 24. Se $w = u + iv$ é analítica em D, então a derivada direcional de u na direção α é igual à de v na direção $\alpha + \frac{1}{2}\pi$:

$$\nabla_\alpha u = \nabla_{\alpha + (\pi/2)} v, \tag{9-81}$$

Demonstração. A derivada direcional de u na direção α (Fig. 9-12) é dada por

$$\nabla_\alpha u = \frac{\partial u}{\partial x} \cos \alpha + \frac{\partial u}{\partial y} \operatorname{sen} \alpha$$

(Sec. 2-10). Pelas equações de Cauchy-Riemann isso dá

$$\frac{\partial v}{\partial y} \cos \alpha - \frac{\partial v}{\partial x} \operatorname{sen} \alpha = \frac{\partial v}{\partial x} \cos \left(\alpha + \frac{\pi}{2} \right) + \frac{\partial v}{\partial y} \operatorname{sen} \left(\alpha + \frac{\pi}{2} \right)$$

que é a derivada direcional de v na direção $\alpha + \frac{1}{2}\pi$.

Deve-se notar que as próprias equações de Cauchy-Riemann correspondem aos casos particulares $\alpha = 0$ e $\alpha = \pi/2$. Assim, a validade da condição (9-81) para duas escolhas de α que diferem por $\pi/2$ implica na validade para todas as escolhas de α. Disso resulta o Teorema 25.

573

Cálculo Avançado

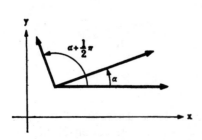

Figura 9-12

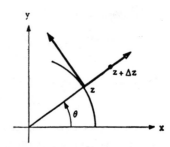

Figura 9-13

Teorema 25. *Se u e v têm derivadas parciais contínuas num aberto D que não contém z = 0, então w = f(z) é analítica em D se, e só se, quando u e v são expressas em coordenadas polares r, θ*

$$\frac{\partial u}{\partial r} = \frac{1}{r}\frac{\partial v}{\partial \theta}, \quad \frac{1}{r}\frac{\partial u}{\partial \theta} = -\frac{\partial v}{\partial r} \quad (9\text{-}82)$$

e, se valem essas equações, então

$$\frac{dw}{dz} = e^{-i\theta}\left(\frac{\partial u}{\partial r} + i\frac{\partial v}{\partial r}\right). \quad (9\text{-}83)$$

Demonstração. As equações (9-82) exprimem a condição (9-81) para $\alpha = \theta$ e $\alpha = \theta + \frac{1}{2}\pi$ (Fig. 9-13); logo, essa condição vale para todas as direções, de modo que w é analítica. Para provar (9-83), fazemos $z + \Delta z$ tender a z segundo a reta $\theta = $ const. por z, como na Fig. 9-13, de modo que

$$\Delta z = \Delta r e^{i\theta}, \quad \frac{\Delta w}{\Delta z} = \frac{\Delta u + i\,\Delta v}{\Delta r e^{i\theta}}.$$

Se fizermos Δr tender a 0, resultará (9-83).

Podem-se estender as condições (9-82) ao ponto $z = 0$, pois aqui (9-81) fica

$$\left.\frac{\partial u}{\partial r}\right|_{\substack{r=0 \\ \theta=\alpha}} = \left.\frac{\partial v}{\partial r}\right|_{\substack{r=0 \\ \theta=\alpha+\pi/2}} \quad (9\text{-}84)$$

Por exemplo, se $w = z + z^2$, então

$$u = x + x^2 - y^2 = r\cos\theta + r^2(\cos^2\theta - \text{sen}^2\theta),$$
$$v = y + 2xy = r\,\text{sen}\,\theta + 2r^2\,\text{sen}\,\theta\cos\theta.$$

Logo,

$$\frac{\partial u}{\partial r} = \cos\theta + 2r(\cos^2\theta - \text{sen}^2\theta),$$

$$\frac{\partial v}{\partial r} = \text{sen}\,\theta + 4r\,\text{sen}\,\theta\cos\theta,$$

Funções de Uma Variável Complexa

e

$$\left.\frac{\partial u}{\partial r}\right|_{\substack{r=0 \\ \theta=\alpha}} = \cos \alpha = \left.\frac{\partial v}{\partial r}\right|_{\substack{r=0 \\ \theta=\alpha+\pi/2}} = \operatorname{sen}\left(\alpha + \frac{\pi}{2}\right).$$

PROBLEMAS

1. Verifique que as seguintes funções de z são analíticas:

(a) $w = x^2 - y^2 - 2xy + i(x^2 - y^2 + 2xy)$, todo z;

(b) $w = \dfrac{x^3 + xy^2 + x + i(x^2 y + y^3 - y)}{x^2 + y^2}$, $z \neq 0$;

(c) $w = e^z = e^x \cos y + ie^x \operatorname{sen} y$, todo z;

(d) $w = \operatorname{sen} x \cosh y + i \cos x \operatorname{senh} y$, todo z (isto é, sen z);

(e) $w = \log r + i\theta$, $r > 0$, $-\pi < \theta < \pi$ (isto é, uma determinação de log z);

(f) $w = \sqrt{z} = \sqrt{r} \cos \frac{\theta}{2} + i \sqrt{r} \operatorname{sen} \frac{\theta}{2}$, $r > 0$, $-\pi < \theta < \pi$.

2. Verifique se são analíticas:

(a) $w = x^2 + y^2 + 2ixy$;

(b) $w = 2x - 3y + i(3x + 2y)$;

(c) $w = \dfrac{x + iy}{x^2 + y^2} = \dfrac{\cos \theta}{r} + i \dfrac{\operatorname{sen} \theta}{r}$;

(d) $w = |x^2 - y^2| + 2i|xy|$.

3. Escolha as constantes reais $a, b, c, \ldots$ de modo que as seguintes funções sejam analíticas:

(a) $w = x + ay + i(bx + cy)$;

(b) $w = x^2 + axy + by^2 + i(cx^2 + dxy + y^2)$;

(c) $w = \cos x \cosh y + a \cos x \operatorname{senh} y + i(b \operatorname{sen} x \operatorname{senh} y + \operatorname{sen} x \cosh y)$.

RESPOSTAS

2. (a) não é analítica em nenhum ponto;   (b) analítica em todo o plano;
   (c) não é analítica em nenhum ponto;   (d) analítica nos 4 abertos conexos em que $(x^2 - y^2) xy > 0$.

3. (a) $c = 1$, $a = -b$;

   (b) $a = 2$, $b = -1$, $c = -1$, $d = 2$;

   (c) $a = -1$, $b = -1$.

9-12. INTEGRAIS DE FUNÇÕES ANALÍTICAS. TEOREMA DA INTEGRAL DE CAUCHY. O teorema seguinte é fundamental na teoria das funções analíticas.

575

Teorema 26. (*Teorema da integral de Cauchy*). *Se $f(z)$ é analítica em um aberto simplesmente conexo D, então*

$$\oint_C f(z)\, dz = 0$$

sobre qualquer caminho fechado simples C em D.

Demonstração. Por (9-66) acima temos

$$\oint f(z)\, dz = \oint_C u\, dx - v\, dy + i \oint_C v\, dx + u\, dy.$$

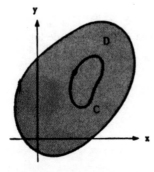

Figura 9-14. Teorema da integral de Cauchy

As duas integrais reais são iguais a 0 (pela Sec. 5-6) desde que u e v tenham derivadas contínuas em D e

$$\frac{\partial u}{\partial y} = -\frac{\partial v}{\partial x} \quad \text{e} \quad \frac{\partial v}{\partial y} = \frac{\partial u}{\partial x}.$$

Essas são exatamente as equações de Cauchy-Riemann. Logo,

$$\oint_C f(z)\, dz = 0 + i \cdot 0 = 0$$

Esse teorema pode ser enunciado em forma equivalente:

Teorema 26(a). *Se $f(z)$ é analítica no aberto simplesmente conexo D, então*

$$\int f(z)\, dz$$

é independente do caminho em D.

Isso porque, pelo Teorema II da Sec. 5-6, a independência do caminho e o fato de ser igual a zero em caminhos fechados são propriedades equivalentes

Funções de Uma Variável Complexa

das integrais curvilíneas. Se C é um caminho de z_1 a z_2 podemos agora escrever

$$\int_C f(z)\,dz = \int_{z_1}^{z_2} f(z)\,dz,$$

já que a integral é a mesma para todos os caminhos C indo de z_1 a z_2.

Há uma recíproca do teorema da integral de Cauchy:

Teorema 27. *Seja $f(z) = u + iv$ contínua em D e suponhamos que u e v têm derivadas parciais contínuas em D. Se*

$$\oint_C f(z)\,dz = 0 \tag{9-85}$$

sobre todo caminho simples fechado C em D, então $f(z)$ é analítica em D.

Demonstração. A condição (9-85) acarreta

$$\oint_C u\,dx - v\,dy = 0, \qquad \oint_C v\,dx + u\,dy = 0$$

sobre todo caminho simples fechado C. Logo, pela Sec. 5-6,

$$u\,dx - v\,dy = dU, \qquad v\,dx + u\,du = dV$$

para convenientes funções $U(x, y)$, $V(x, y)$. Assim

$$\frac{\partial U}{\partial x} = u, \qquad \frac{\partial U}{\partial y} = -v, \qquad \frac{\partial V}{\partial x} = v, \qquad \frac{\partial V}{\partial y} = u$$

e

$$\frac{\partial u}{\partial x} = \frac{\partial^2 V}{\partial x\,\partial y} = \frac{\partial v}{\partial y}, \qquad \frac{\partial u}{\partial y} = \frac{\partial^2 U}{\partial x\,\partial y} = -\frac{\partial v}{\partial x}.$$

Portanto as equações de Cauchy-Riemann estão satisfeitas e $f(z)$ é analítica.

Esse teorema pode ser provado sem a hipótese de que u e v têm derivadas contínuas em D; então é conhecido como *teorema de Morera*. Para uma demonstração, ver o Cap. 5 do Vol. I do livro de Knopp citado no final deste capítulo.

Teorema 28. *Se $f(z)$ é analítica em D, então*

$$\int_{z_1}^{z_2} f'(z)\,dz = f(z)\Big|_{z_1}^{z_2} = f(z_2) - f(z_1) \tag{9-86}$$

para todo caminho em D indo de z_1 a z_2. Em particular,

$$\oint_C f'(z)\,dz = 0$$

sobre toda curva fechada em D.

577

Cálculo Avançado

Demonstração. Por (9-78),

$$\int_{z_1}^{z_2} f'(z)\,dz = \int_{z_1}^{z_2} \left(\frac{\partial u}{\partial x} + i\frac{\partial v}{\partial x} \right)(dx + i\,dy)$$

$$= \int_{z_1}^{z_2} \left(\frac{\partial u}{\partial x}\,dx + \frac{\partial u}{\partial y}\,dy \right) + i\int_{z_1}^{z_2} \left(\frac{\partial v}{\partial x}\,dx + \frac{\partial v}{\partial y}\,dy \right)$$

$$= \int_{z_1}^{z_2} du + i\,dv = (u + iv)\Big|_{z_1}^{z_2} = f(z_2) - f(z_1).$$

A segunda afirmação no teorema é obtida tomando-se $z_1 = z_2$.

Essa regra serve de base para calcular integrais simples, como no cálculo elementar. Assim,

$$\int_i^{1+i} z^2\,dz = \frac{z^3}{3}\Big|_i^{1+i} = \frac{(1+i)^3 - i^3}{3} = -\frac{2}{3} + i,$$

$$\int_i^{-i} \frac{1}{z^2}\,dz = -\frac{1}{z}\Big|_i^{-i} = -i - i = -2i.$$

Na primeira integral, qualquer caminho pode ser usado, na segunda, qualquer caminho que não passe pela origem.

Teorema 29. *Se* $f(z)$ *é analítica em D, e D é simplesmente conexo, então*

$$F(z) = \int_{z_1}^{z} f(z)\,dz \qquad (z_1 \text{ fixado em } D) \tag{9-87}$$

é uma primitiva de $f(z)$*; isto é,* $F'(z) = f(z)$*. Assim,* $F(z)$ *é também analítica.*

Demonstração. Como $f(z)$ é analítica em D, e D é simplesmente conexo,

$$\int_{z_1}^{z} f(z)\,dz$$

é independente do caminho e define uma função F que só depende do ponto final z. Tem-se ainda

$$F = U + iV,$$

onde

$$U = \int_{z_1}^{z} u\,dx - v\,dy, \qquad V = \int_{z_1}^{z} v\,dx + u\,dy,$$

e ambas as integrais são independentes do caminho. Pelo Teorema I da Sec. 5-6,

$$dU = u\,dx - v\,dy, \qquad dV = u\,dx + u\,dy,$$

como na prova do Teorema 27 acima. Logo U e V satisfazem às equações de Cauchy-Riemann, de modo que $F = U + iV$ é analítica e

$$F'(z) = \frac{\partial U}{\partial x} + i\frac{\partial V}{\partial x} = u + iv = f(z).$$

*9-13. MUDANÇA DE VARIÁVEL EM INTEGRAIS COMPLEXAS.

Como a integral complexa é uma integral curvilínea, o problema considerado aqui relaciona-se com o discutido na Sec. 5-14.

Teorema 30. *Seja C_w um caminho de w_1 a w_2 no plano dos w e seja $f(w)$ contínua sobre C_w. Seja $w = g(z)$ analítica num aberto D do plano dos z e seja C_z:*

$$z = z(t), \quad t_1 \leq t \leq t_2$$

um caminho indo de $z_1 = z(t_1)$ a $z_2 = z(t_2)$. Seja $g(z_1) = w_1$, $g(z_2) = w_2$. Suponhamos que, quando z percorre C_z uma vez no sentido indicado, $w = g(z)$ percorre C_w uma vez no sentido indicado. Então,

$$\int_{C_w}^{w_2}_{w_1} f(w)\,dw = \int_{C_z}^{z_2}_{z_1} f[g(z)] \frac{dw}{dz} dz. \tag{9-88}$$

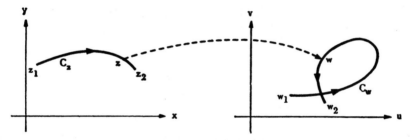

Figura 9-15. Mudança de variável numa integral

Demonstração. As hipóteses estão ilustradas na Fig. 9-15. O parâmetro t pode também ser usado como parâmetro para C_w, de modo que C_w é dado pela equação

$$w = g[z(t)], \quad t_1 \leq t \leq t_2.$$

Logo,

$$\int_{C_w}^{w_2}_{w_1} f(w)\,dw = \int_{t_1}^{t_2} f\{g[z(t)]\} \frac{dw}{dt} dt.$$

Mas, pelo Teorema 16,

$$\frac{dw}{dt} = \lim_{\Delta t \to 0} \frac{\Delta w}{\Delta t} = \lim_{\Delta t \to 0} \left(\frac{dw}{dz} \frac{\Delta z}{\Delta t} + \varepsilon \frac{\Delta z}{\Delta t} \right) = \frac{dw}{dz} \frac{dz}{dt}.$$

Cálculo Avançado

Logo,

$$\int_{C_w} f(w)\,dw = \int_{t_1}^{t_2} f\{g[z(t)]\} \frac{dw}{dz} \cdot \frac{dz}{dt}\,dt = \int_{C_z} f[g(z)] \frac{dw}{dz}\,dz$$

por (9-67').

Exemplo. Para calcular a integral

$$\oint_{|w|=1} \frac{dw}{w}$$

fazemos $w = e^z$ e tomamos C_z como sendo o segmento retilíneo de 0 a $2\pi i$. Sobre esse segmento $w = e^{iy} = \cos y + i \operatorname{sen} y$; quando y varia de 0 a 2π, w percorre o círculo $|w| = 1$ uma vez no sentido positivo. Agora se verifica facilmente que e^z é analítica [Prob. 1(c) em seguida à Sec. 9-11] e

$$\frac{d}{dz} e^z = \frac{\partial}{\partial x}(e^x \cos y) + i\frac{\partial}{\partial x}(e^x \operatorname{sen} y) = e^x(\cos y + i \operatorname{sen} y) = e^z.$$

Logo, por (9-88),

$$\oint_{|w|=1} \frac{dw}{w} = \int_0^{2\pi i} \frac{1}{e^z} e^z\,dz = \int_0^{2\pi i} dz = 2\pi i.$$

PROBLEMAS

1. Calcule estas integrais:

(a) $\oint z^2\,dz$, onde C é o quadrado de vértices $1, i, -1, -i$;

(b) $\oint_1^i \frac{1}{z}\,dz$ sobre o arco circular: $z = \cos t + i \operatorname{sen} t$, $0 \leqq t \leqq \dfrac{\pi}{2}$;

(c) $\oint \frac{1}{z}\,dz$ sobre a elipse: $x^2 + 2y^2 = 1$;

(d) $\int_0^{2+i} (z^2 - iz + 2)\,dz$ sobre o segmento unindo os pontos;

(e) $\oint \frac{1}{z-4}\,dz$ sobre o círculo: $|z| = 1$;

(f) $\int_{(1,\,1)}^{(3,\,2)} (x^2 - y^2)\,dx - 2xy\,dy$ sobre o segmento unindo os pontos.

580

Funções de Uma Variável Complexa

2. Calcule usando as substituições indicadas:

(a) $\oint_{|z|=2} \dfrac{2z\, dz}{z^2 + 1}$, $w = z^2 + 1$ [*Sugestão:* mostre que, quando z percorre

uma vez o círculo em sentido positivo, w percorre o círculo $|w-1| = 4$ *duas vezes* em sentido positivo];

(b) $\oint_{|z|=2} \dfrac{z^3\, dz}{z^4 - 1}$, $w = z^4 - 1$.

3. Calcule as derivadas seguintes, sendo as integrais independentes do caminho:

(a) $\dfrac{d}{dz_1} \displaystyle\int_1^{z_1} z^2\, dz$;

(c) $\dfrac{d}{dz_1} \displaystyle\int_0^{z_1^2} z^3\, dz$ (ver Sec. 4-12);

(b) $\dfrac{d}{dz_1} \displaystyle\int_0^{z_1} (z^3 - z + 1)\, dz$;

(d) $\dfrac{d}{dz_1} \displaystyle\int_{z_1}^{z_1^2} (z^2 + 1)\, dz$.

4. Admitindo que a regra de Leibnitz (Sec. 4-12) pode ser generalizada às funções consideradas, calcule as derivadas seguintes:

(a) $\dfrac{d}{dz_1} \oint_{|z|=1} \dfrac{z^2 + 1}{z - z_1}\, dz$ $(|z_1| \neq 1)$;

(b) $\dfrac{d}{dz_1} \oint_{|z|=1} \dfrac{e^z}{(z - z_1)^2}\, dz$ $(|z_1| \neq 1)$.

5. Prove: se $f'(z) \equiv 0$ no aberto conexo D, então $f(z) = $ const. em D. Logo todas as primitivas de uma $f(z)$ são dadas por $F(z) + C$, se $F(z)$ é uma primitiva.

RESPOSTAS

1. (a) 0, (b) $\frac{1}{2}\pi i$, (c) $2\pi i$, (d) $\frac{1}{6}(40 + 25i)$, (e) 0, (f) $-\frac{7}{3}$.

2. (a) $4\pi i$, (b) $2\pi i$. 3. (a) z_1^2, (b) $z_1^3 - z_1 + 1$, (c) $2z_1^7$, (d) $2z_1^5 - z_1^2 + 2z_1 - 1$.

4. (a) $\oint_{|z|=1} \dfrac{z^2 + 1}{(z - z_1)^2}\, dz$, (b) $\oint_{|z|=1} \dfrac{2e^z}{(z - z_1)^3}\, dz$.

9-14. FUNÇÕES ANALÍTICAS ELEMENTARES. Já se mencionou que os polinômios

$$w = a_0 + a_1 z + \cdots + a_n z^n \qquad (9\text{-}89)$$

são funções analíticas em todo o plano, e que as funções racionais

$$w = \dfrac{a_0 + a_1 z + \cdots + a_n z^n}{b_0 + b_1 z + \cdots + b_m z^m} \qquad (9\text{-}90)$$

581

Cálculo Avançado

são analíticas em todo aberto que não contenha um zero do denominador. A função

$$w = e^z = e^x \cos y + ie^x \operatorname{sen} y \qquad (9\text{-}91)$$

também é analítica em todo o plano, pois

$$\frac{\partial u}{\partial x} = e^x \cos y = \frac{\partial v}{\partial y}, \quad \frac{\partial u}{\partial y} = -e^x \operatorname{sen} y = -\frac{\partial v}{\partial x}.$$

Agora ampliamos a lista das funções analíticas elementares com estas definições:

$$\operatorname{sen} z = \frac{e^{iz} - e^{-iz}}{2i}; \qquad (9\text{-}92)$$

$$\cos z = \frac{e^{iz} + e^{-iz}}{2}; \qquad (9\text{-}93)$$

$$\operatorname{senh} z = \frac{e^z - e^{-z}}{2}; \qquad (9\text{-}94)$$

$$\cosh z = \frac{e^z + e^{-z}}{2}. \qquad (9\text{-}95)$$

As outras funções trigonométricas e hiperbólicas podem ser definidas em termos destas pelas fórmulas conhecidas.

Como e^{iz}, e^{-iz}, e^{-z} são todas analíticas em todo o plano (como funções analíticas de funções analíticas), concluímos que $\operatorname{sen} z$, $\cos z$, $\operatorname{senh} z$, $\cosh z$ são analíticas para todo z.

Se $y = 0$, e^z reduz-se à função conhecida e^x da variável real x. Quando $x = 0$, tem-se

$$e^{iy} = \cos y + i \operatorname{sen} y.$$

Se substituirmos y por $-y$, obtemos

$$e^{-iy} = \cos y - i \operatorname{sen} y.$$

Se somarmos essas equações, obteremos

$$e^{iy} + e^{-iy} = 2 \cos y, \qquad (9\text{-}96)$$

e, se subtrairmos,

$$e^{iy} - e^{-iy} = 2i \operatorname{sen} y. \qquad (9\text{-}97)$$

As Eqs. (9-96) e (9-97) sugerem as definições (9-92) e (9-93) e mostram que elas se reduzem às funções conhecidas quando z é real. As equações (9-94) e (9-95) são exatamente as definições usuais.

Dois teoremas básicos mais avançados são úteis neste ponto. Demonstrações são dadas no Cap. IV do livro de Goursat citado no fim do capítulo. Ver também a Sec. 9-38 e o Prob. 1 que segue a Sec. 9-39.

582

Funções de Uma Variável Complexa

Teorema A. *Dada uma função $f(x)$ da variável real x, $a \leq x \leq b$, e um aberto conexo D do plano que contém esse intervalo do eixo real, existe, no máximo, uma função $F(z)$ analítica em D, cuja restrição ao intervalo é $f(x)$.*

Teorema B. *Se $f(z)$, $g(z), \ldots$ são funções analíticas num aberto conexo D que contém um intervalo do eixo real, e se $f(z)$, $g(z), \ldots$ satisfazem a uma identidade algébrica quando z é real, então vale a mesma identidade para todo z em D.*

O Teorema A implica que as definições dadas acima de e^z, sen $z, \ldots$ são as únicas que fornecem funções analíticas e concordam com as definições para variável real.

Pelo Teorema B, podemos ter certeza de que todas as identidades familiares da trigonometria

$$\text{sen}^2 z + \cos^2 z = 1, \quad \text{sen}\,(\tfrac{1}{2}\pi - z) = \cos z, \ldots \tag{9-98}$$

valem ainda para z complexo. Uma identidade algébrica geral em $f(z)$, $g(z), \ldots$ obtém-se igualando a zero uma soma de termos da forma $c[f(z)]^m[g(z)]^n \ldots$, onde c é uma constante e cada expoente é um inteiro positivo ou 0. Assim, nos exemplos dados, temos

$$[f(z)]^2 + [g(z)]^2 - 1 \equiv 0 \,[f(z) = \text{sen}\,z, g(z) = \cos z],$$
$$f(z) - g(z) \equiv 0 \,[f(z) = \text{sen}\,(\tfrac{1}{2}\pi - z), g(z) = \cos z].$$

Para provar identidades como

$$e^{z_1} \cdot e^{z_2} = e^{z_1 + z_2}, \tag{9-99}$$

pode ser necessário aplicar o Teorema B várias vezes [ver Probs. 2 e 3 abaixo].

Deve-se observar que, embora e^z seja escrita como potência de e, é melhor não imaginá-la como tal. Assim, $e^{1/2}$ tem um só valor, e não dois, como teria uma raiz complexa usual. Para evitar confusão com a função potência geral, a ser definida abaixo, escreve-se freqüentemente

$$e^z = \exp z$$

e chama-se e^z de *função exponencial de z*.

As seguintes identidades resultam de $(9\text{-}92) \ldots (9\text{-}95)$:

$$\text{senh}\,iz = i\,\text{sen}\,z, \quad \cosh iz = \cos z,$$
$$e^{iz} = \cos z + i\,\text{sen}\,z. \tag{9-100}$$

As duas primeiras mostram quanto as funções trigonométricas e hiperbólicas estão relacionadas e explicam a analogia entre as identidades trigonométricas e hiperbólicas. Assim,

$$\cos^2 z + \text{sen}^2 z = 1$$

fica

$$\cosh^2(iz) - \text{senh}^2(iz) = 1$$

583

Cálculo Avançado

ou, substituindo iz por z,

$$\cosh^2 z - \operatorname{senh}^2 z = 1.$$

Para obter as partes real e imaginária de sen z usamos a identidade

$$\operatorname{sen}(z_1 + z_2) = \operatorname{sen} z_1 \cos z_2 + \cos z_1 \operatorname{sen} z_2, \tag{9-101}$$

que vale, pelo raciocínio descrito acima, para quaisquer z_1 e z_2 complexos. Logo,

$$\operatorname{sen}(x + iy) = \operatorname{sen} x \cos iy + \cos x \operatorname{sen} iy.$$

De (9-100), com z substituído por iy, temos

$$\operatorname{senh} y = -i \operatorname{sen} iy, \quad \cosh y = \cos iy. \tag{9-102}$$

Logo,

$$\operatorname{sen} z = \operatorname{sen} x \cosh y + i \cos x \operatorname{senh} y. \tag{9-103}$$

Analogamente prova-se:

$$\cos z = \cos x \cosh y - i \operatorname{sen} x \operatorname{senh} y. \tag{9-104}$$

De (9-100), temos

$$\operatorname{senh} z = i \operatorname{sen}(-iz) = i \operatorname{sen}(y - ix).$$

Portanto

$$\operatorname{senh} z = \operatorname{senh} x \cos y + i \cosh x \operatorname{sen} y, \tag{9-105}$$

e, analogamente,

$$\cosh z = \cosh x \cos y + i \operatorname{senh} x \operatorname{sen} y. \tag{9-106}$$

De (9-91) resulta que

$$e^{z + 2\pi i} = e^z. \tag{9-107}$$

Assim, a função complexa e^z tem período $2\pi i$. Analogamente, a função e^{nz} tem período $2\pi i/n$. Isso sugere o uso da função exponencial complexa como uma base para séries de Fourier, o que está feito na Sec. 7-17, onde se mostra que toda série de Fourier pode ser escrita em termos das funções e^{inx} e e^{-inx}.

Outras propriedades das funções aparecem nos problemas que seguem.

PROBLEMAS

1. Prove as propriedades seguintes diretamente a partir das definições das funções:

(a) $e^{z_1 + z_2} = e^{z_1} \cdot e^{z_2}$;

(b) $(e^z)^n = e^{nz}$ $(n = 1, 2, \cdots)$;

(c) $\operatorname{sen}(z_1 + z_2) = \operatorname{sen} z_1 \cos z_2 + \cos z_1 \operatorname{sen} z_2$

584

Funções de Uma Variável Complexa

(d) $\dfrac{d}{dz} e^z = e^z$;

(e) $\dfrac{d}{dz} \operatorname{sen} z = \cos z, \quad \dfrac{d}{dz} \cos z = -\operatorname{sen} z$;

(f) $\operatorname{sen}(z + \pi) = -\operatorname{sen} z$;

(g) $\operatorname{sen}(-z) = -\operatorname{sen} z, \quad \cos(-z) = \cos z$.

2. Prove a identidade

$$e^{z_1 + z_2} = e^{z_1} \cdot e^{z_2}$$

por aplicação do Teorema B. [*Sugestão:* seja $z_2 = x_2$ um número real fixo, e $z_1 = z$ um número qualquer. Então $e^{z + x_2} = e^z \cdot e^{x_2}$ é uma identidade entre funções analíticas de z que é verdadeira para z real. Logo, é verdadeira para todo z complexo. Agora proceda analogamente com a identidade: $e^{z_1 + z} = e^{z_1} \cdot e^z$.]

3. Prove as seguintes identidades por aplicação do Teorema B (conforme Prob. 2):

(a) $\operatorname{sen}(z_1 + z_2) = \operatorname{sen} z_1 \cos z_2 + \cos z_1 \operatorname{sen} z_2$;

(b) $\cos(z_1 + z_2) = \cos z_1 \cos z_2 - \operatorname{sen} z_1 \operatorname{sen} z_2$;

(c) $e^{iz} = \cos z + i \operatorname{sen} z$;

(d) $e^z = \cosh z + \operatorname{senh} z$;

(e) $(e^z)^n = e^{nz}$ $(n = 1, 2, \cdots)$.

4. Calcule os seguintes números complexos:

(a) $e^{1 + \pi i}$

(b) $e^{2 + 7\pi i}$

(c) $e^{1/2\,(\pi i)}$

(d) $e^{3/2\,(\pi i)}$

(e) $e^{-1/4\,(\pi i)}$

(f) $\operatorname{sen}(1 + i)$

(g) $\cos(-i)$

(h) $\operatorname{senh}(1 - i)$.

5. (a) Prove que e^z não tem zeros complexos;

(b) Mostre que $\operatorname{sen} z$ só tem zeros reais;

(c) Mostre que $\cos z$ só tem zeros reais;

(d) Ache todos os zeros de $\operatorname{senh} z$;

(e) Ache todos os zeros de $\cosh z$.

6. Determine onde são analíticas (cf. Prob. 5) estas funções:

(a) $\operatorname{tg} z = \dfrac{\operatorname{sen} z}{\cos z}$

(b) $\operatorname{cotg} z = \dfrac{\cos z}{\operatorname{sen} z}$

(c) $\sec z = \dfrac{1}{\cos z}$

(d) $\operatorname{cosec} z = \dfrac{1}{\operatorname{sen} z}$

(e) $\operatorname{tgh} z = \dfrac{\operatorname{senh} z}{\cosh z}$

(f) $\dfrac{\operatorname{sen} z}{z}$

(g) $\dfrac{e^z}{z \cos z}$

(h) $\dfrac{e^z}{\operatorname{sen} z + \cos z}$.

585

Cálculo Avançado

RESPOSTAS

4. (a) $-e$, (b) $-e^2$, (c) i, (d) $-i$, (e) $\frac{1}{2}\sqrt{2}(1-i)$,

(f) $\dfrac{1}{2}\left[\left(e+\dfrac{1}{e}\right)\operatorname{sen} 1 + i\left(e-\dfrac{1}{e}\right)\cos 1\right]$,

(g) $\dfrac{1}{e}\left(e+\dfrac{1}{e}\right)$,

(h) $\dfrac{1}{2}\left[\left(e-\dfrac{1}{e}\right)\cos 1 - i\left(e+\dfrac{1}{e}\right)\operatorname{sen} 1\right]$.

5. (d) $n\pi i \, (n = 0, \pm 1, \pm 2, \ldots)$, (e) $\frac{1}{2}\pi i + n\pi i \, (n = 0, \pm 1, \ldots)$.

6. As funções são analíticas, exceto nos seguintes pontos:

(a) $\frac{1}{2}\pi + n\pi$, (b) $n\pi$, (c) $\frac{1}{2}\pi + n\pi$, (d) $n\pi$, (e) $\frac{1}{2}\pi i + n\pi i$, (f) 0, (g) 0, $\frac{1}{2}\pi + n\pi$, (h) $-\frac{1}{4}\pi + n\pi$, onde $n = 0, \pm 1, \pm 2, \ldots$

*9-15. FUNÇÕES INVERSAS. Se $w = f(z)$ está definida numa parte D do plano z, existe em correspondência uma "função inversa" $z = g(w)$ que a cada w associa o valor (ou valores) de z para os quais $f(z) = w$. No entanto, a menos que $f(z)$ assuma cada valor w no máximo uma vez em D, a "função" $g(w)$ é necessariamente multivalente. Por exemplo, a inversa de $w = z^2$ é $z = \sqrt{w}$; para cada w diferente de 0 existem duas raízes quadradas, de modo que w é, em geral, a dois valores.

Embora nos ocupemos de fórmulas que dão todos os valores da "função" inversa, não é possível usar tais funções na forma usual. Assim, continuidade, derivadas, etc. perdem todo o sentido. Portanto é necessário escolher para cada w um dos muitos valores da inversa. Tal escolha leva a um "ramo" da função inversa. Por exemplo, um ramo de $\sqrt{w}$ é definido como segue:

$$z = \sqrt{\rho}\, e^{i(\phi/2)}, \quad 0 < \phi < 2\pi, \quad \rho > 0,$$

onde ρ, ϕ são coordenadas polares no plano w:

$$w = \rho e^{i\phi}.$$

Assim, um ramo é uma função *univalente*, cuja continuidade e analiticidade podem ser investigadas. De um modo geral, será possível representar a função inversa completa por vários ramos (talvez em número infinito), cada um dos quais é uma função contínua e, exceto em pontos excepcionais (os "pontos de ramificação"), analítica num aberto. Dessa forma, a "função inversa" multivalente é substituída por *várias funções univalentes*.

A expressão "$f(z)$ é analítica no aberto D" será usada *somente quando* $f(z)$ *for univalente*. Uma interpretação mais geral do termo "função analítica" está descrita na Sec. 9-38.

Essa questão tem seu correspondente para variáveis reais. Assim, $y = $ arc sen x tem infinitos valores para cada x, como se vê na Fig. 9-16. Ramos se-

586

Funções de Uma Variável Complexa

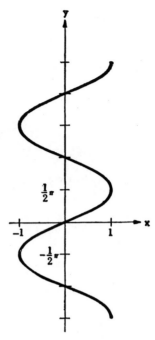

Figura 9-16. arc sen x

parados $y_1(x)$, $y_2(x)$, ... são discriminados de modo natural como segue:

$$y_1 = \text{arc sen } x, \quad -\tfrac{1}{2}\pi \leqq y \leqq \tfrac{1}{2}\pi,$$
$$y_2 = \text{arc sen } x, \quad \tfrac{1}{2}\pi \leqq y \leqq \tfrac{3}{2}\pi,$$
$$y_3 = \text{arc sen } x, \quad -\tfrac{3}{2}\pi \leqq y \leqq -\tfrac{1}{2}\pi,$$
. . . . . .

Estes são mostrados na Fig. 9-16. É claro que uma infinidade de tais ramos fornece uma descrição completa da função inversa. Cada ramo é uma função contínua. Ainda mais, exceto nas extremidades $x = \pm 1$, cada um tem uma derivada contínua. Esses pontos são os pontos de ramificação, em que os diferentes ramos se unem.

Outro exemplo da teoria de funções de variável real que é ainda mais instrutivo para o estudo de variáveis complexas é o da função $\theta = \arg z$ como função de x e y. Esta se encontra representada na Fig. 9-17. A superfície é gerada por uma reta que se move paralelamente ao plano xy; a reta corta o eixo θ e uma hélice em volta do eixo θ. Para cada (x, y) diferente de $(0, 0)$ obtêm-se infinitos valores de θ, dois quaisquer deles diferindo por um múltiplo de 2π. A função pode ser construída a partir dos ramos seguintes:

$\theta_1 = \theta, \quad -\pi < \theta < \pi; \quad \theta_2 = \theta, \quad 0 < \theta < 2\pi; \quad \theta_3 = \theta, \quad -2\pi < \theta < 0; \ldots$

O intervalo em cada caso especifica ao mesmo tempo o valor da função e a parte do plano xy em que está definida. Assim, $\theta_1(x, y)$ está definida no plano menos $y = 0$, $x, \leqq 0$; $\theta_2(x, y)$ não está definida para $y = 0$, $x \geqq 0$. Os ramos

Cálculo Avançado

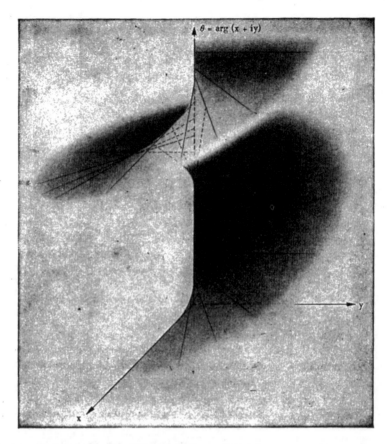

Figura 9-17. $\theta = \arg(x + iy)$

são escolhidos de modo a sobreporem-se ou para $y > 0$ ou para $y < 0$; poderiam ter sido escolhidos de modo a sobreporem-se apenas ao longo de retas. Cada ramo é uma função contínua com derivadas contínuas.

Nesse exemplo não há pontos de ramificação como no precedente. No entanto a origem $(0, 0)$ é um ponto de fronteira comum ao domínio de todos os ramos e seria chamado um "ponto de ramificação logarítmico".

9-16. A FUNÇÃO LOG Z. A função $z = e^w$ é uma função analítica de w. Sua inversa é a função logarítmica de z; isto é,

$$w = \log z, \quad \text{se} \quad z = e^w. \tag{9-108}$$

Logo,

$$re^{i\theta} = e^{u+iv} = e^u e^{iv},$$

de onde concluímos que

$$r = e^u, \quad v = \theta + 2n\pi \quad (n = 0, \pm 1, \pm 2, \ldots). \tag{9-109}$$

Portanto

$$w = u + iv = \log z = \log r + i(\theta + 2n\pi) \qquad (9\text{-}110)$$

ou, mais simplesmente,

$$w = \log|z| + i \arg z, \qquad (9\text{-}111)$$

onde $\log|z|$ é o logaritmo real de $|z|$ e $\arg z$ é, como sempre, definido apenas a menos de múltiplos de 2π.

Portanto o logaritmo complexo é definido para cada z diferente de 0 e tem infinitos valores para cada z. Primeiro escolhemos um ramo dessa função: o *valor principal* de $\log z$, pela seguinte definição:

$$\operatorname{Log} z = \log r + i\theta, \quad -\pi < \theta < \pi, \quad r > 0. \qquad (9\text{-}112)$$

Essa função é definida e contínua no aberto da Fig. 9-18. Além disso, é uma função analítica nesse aberto, pois

$$u = \log r, \quad v = \theta$$

e

$$\frac{\partial u}{\partial r} = \frac{1}{r} = \frac{1}{r}\frac{\partial v}{\partial \theta}, \quad \frac{1}{r}\frac{\partial u}{\partial \theta} = 0 = -\frac{\partial v}{\partial r}.$$

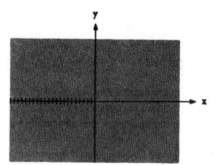

Figura 9-18

Assim, as equações de Cauchy-Riemann em coordenadas polares estão satisfeitas e, pelo Teorema 25, a função é analítica. Ainda mais, por (9-83),

$$\frac{dw}{dz} = e^{-i\theta}\left(\frac{\partial u}{\partial r} + i\frac{\partial v}{\partial r}\right)$$
$$= \frac{1}{re^{i\theta}} = \frac{1}{z}. \qquad (9\text{-}113)$$

Todos os valores de $\log z$ podem ser obtidos de ramos como segue:

$$f_1(z) = \operatorname{Log} z = \log r + i\theta, \quad -\pi < \theta < \pi, \quad r > 0;$$
$$f_2(z) = \log z = \log r + i\theta, \quad 0 < \theta < 2\pi, \quad r > 0;$$
$$f_3(z) = \log z = \log r + i\theta, \quad -2\pi < \theta < 0, \quad r > 0;$$
$$f_4(z) = \log z = \log r + i\theta, \quad \pi < \theta < 3\pi, \quad r > 0;$$

Cálculo Avançado

Cada uma dessas funções é analítica no domínio escolhido e satisfaz à equação

$$\frac{d \log z}{dz} = \frac{1}{z}.$$

Deve-se observar também que

$$f_3(z) = f_2(z) - 2\pi i, \quad f_4(z) = \text{Log } z + 2\pi i, \dots$$

Esses ramos são escolhidos de modo a terem domínios que se sobrepõem e a darem, juntos, todos os valores da função inversa. Seu significado pode ser melhor compreendido olhando a função $\arg z$, que é a fonte de todas as complicações. Essa função teve seu gráfico traçado na Sec. 9-15 e decompôs-se em ramos exatamente da mesma maneira que foi usada aqui para $\log z$.

A escolha de ramos feita aqui é arbitrária e pode ser variada de muitas maneiras. No entanto, deve-se observar que um ramo de $\log z$ só será analítico num aberto se esse aberto não contiver caminhos fechados C rodeando a origem, pois θ não pode ser escolhido de modo a permanecer contínuo ao longo de um tal caminho. De modo geral, se D é qualquer aberto simplesmente conexo que não contém a origem, um ramo analítico de $\log z$ pode ser definido em D, e todos os outros ramos de $\log z$ em D são obtidos a partir deste somando um múltiplo de $2\pi i$.

Podem-se obter todos os valôres de $\log z$ pela fórmula

$$\log z = \int_1^z \frac{dz}{z}, \tag{9-114}$$

onde o caminho de integração é qualquer caminho que não passe pela origem. A integral no segundo membro é independente do caminho em qualquer aberto simplesmente conexo que não contenha a origem. De um modo geral, a integral dá

$$\int_1^z \frac{dz}{z} = \log z \Big|_1^z = \log|z| - \log 1 + i(\arg z - \arg 1)$$

$$= \log|z| + i\theta,$$

onde θ é a variação total de $\arg z$ quando esse argumento varia continuamente sobre o caminho de 1 a z. Assim, uma escolha de $\log 1$ é dada por

$$\oint_{|z|=1} \frac{dz}{z} = 2\pi i,$$

pois $\arg z$ aumenta por 2π ao longo do caminho. A parte imaginária da integral $\int dz/z$ é dada por

$$\text{Im} \int \frac{dx + i\,dy}{x + iy} = \int \frac{-y\,dx + x\,dy}{x^2 + y^2}.$$

590

Funções de Uma Variável Complexa

Esta integral curvilínea real foi discutida na Seção 5-6 (Exemplo 2) e resultados análogos foram obtidos.

9-17. AS FUNÇÕES a^z, z^a, $\operatorname{sen}^{-1} z$, $\cos^{-1} z$. A função exponencial geral a^z será agora definida, para $a \neq 0$, pela equação

$$a^z = e^{z \log a} = \exp(z \log a). \tag{9-115}$$

Assim, para $z = 0$, $a^0 = 1$. À parte isso,

$$\log a = \log |a| + i \arg a$$

e obtemos muitos valores:

$$a^z = \exp\{z[\log |a| + i(\theta + 2k\pi)]\}, \quad (k = 0, \pm 1, \pm 2, \ldots)$$

onde θ denota uma escolha de $\arg a$. Por exemplo,

$$(1 + i)^i = \exp\left[i \left\{ \log \sqrt{2} + i \left(\frac{\pi}{4} + 2k\pi \right) \right\} \right]$$

$$= e^{-(\pi/4) - 2k\pi}(\cos \log \sqrt{2} + i \operatorname{sen} \log \sqrt{2}).$$

Se z é um inteiro positivo n, a^z reduz-se a a^n e tem só um valor; o mesmo para $z = -n$, e tem-se

$$a^{-n} = \frac{1}{a^n}. \tag{9-116}$$

Se z é uma fração p/q (simplificada), verifica-se que a^z tem q valores diferentes, que são as raízes q-ésimas de a^p.

Se fixarmos uma escolha de $\log a$ em (9-115), então a^z é simplesmente e^{cz}, $c = \log a$, e, portanto, é uma função analítica de z para todo z. Cada escolha de $\log a$ determina uma tal função. Se usamos o valor principal $\operatorname{Log} a$, obtêm-se a função analítica $\exp(z \operatorname{Log} a)$, chamada *valor principal* de a^z.

Se trocarmos a e z em (9-115) obteremos a função-potência geral:

$$z^a = e^{a \log z}. \tag{9-117}$$

Se escolhermos um ramo analítico de $\log z$ como acima, então essa função fica analítica no domínio escolhido, como função analítica de função analítica. Em particular, o *valor principal* de z^a é definido como sendo a função analítica

$$z^a = e^{a \operatorname{Log} z},$$

por meio do valor principal de $\log z$.

Por exemplo, se $a = \frac{1}{2}$, temos

$$z^{1/2} = e^{(1/2) \log z} = e^{(1/2)(\log r + i\theta)} = e^{(1/2) \log r} e^{(1/2) i\theta} = \sqrt{r} \left(\cos \frac{\theta}{2} + i \operatorname{sen} \frac{\theta}{2} \right)$$

como na Sec. 9-3. Se usamos $\operatorname{Log} z$, então $\sqrt{z} = f_1(z)$ fica analítica no domínio da Fig. 9-18. Um segundo ramo analítico $f_2(z)$, no mesmo domínio, é obtido

591

Cálculo Avançado

exigindo que $\pi < \theta < 3\pi$. São esses os únicos ramos analíticos que podem ser obtidos nesse domínio. Deve-se observar que eles estão ligados pela equação

$$f_2(z) = -f_1(z),$$

pois f_2 é obtida de f_1 aumentando θ de 2π, o que substitui $e^{1/2\,i\theta}$ por

$$e^{1/2\,i(\theta + 2\pi)} = e^{\pi i}e^{1/2\,i\theta} = -e^{1/2\,i\theta}.$$

Outros ramos de $\sqrt{z}$ podem ser obtidos como segue:

$$f_3(z) = \sqrt{r}\,e^{1/2\,i\theta}, \quad 0 < \theta < 2\pi$$
$$f_4(z) = \sqrt{r}\,e^{1/2\,i\theta}, \quad -2\pi < \theta < 0.$$

Essas relações associam dois valores para cada z, excetuados os pontos do eixo real *positivo*. Observamos que

$$f_4(z) = -f_3(z)$$

e que

$$f_3(z) = \pm f_1(z), \quad f_4(z) = \mp f_1(z),$$

exceto no eixo x.

Os quatro ramos descritos dão juntos, com as superposições indicadas, todos os valores da inversa de $z = w^2$, exceto o valor $\sqrt{0} = 0$. A origem é um ponto de fronteira para os domínios de todos os quatro ramos e é impossível ampliar esses domínios de modo a incluir esse ponto sem perder a analiticidade. No entanto, se definirmos

$$f_1(0) = f_2(0) = f_3(0) = f_4(0) = 0,$$

então os quatro ramos permanecerão *contínuos*, isto é,

$$\lim_{z \to 0} f(z) = 0$$

para $f = f_1, f_2, f_3$ ou f_4, quando z tende a 0 dentro do domínio em que a função está definida, pois cada função tem por valor absoluto $\sqrt{r}$, que tende a 0. A origem é um ponto em que todos os ramos concordam, e é um *ponto de ramificação* da função inversa.

As funções $\operatorname{sen}^{-1}z$ e $\cos^{-1}z$ são definidas como inversas de $\operatorname{sen}z$ e $\cos z$. Obtêm-se

$$\operatorname{sen}^{-1}z = \frac{1}{i}\log\left[iz \pm \sqrt{1-z^2}\right],$$

$$\cos^{-1}z = \frac{1}{i}\log\left[z \pm i\sqrt{1-z^2}\right]. \tag{9-118}$$

As provas são deixadas aos exercícios. Pode-se mostrar que ramos analíticos dessas duas funções podem ser definidos em todo aberto simplesmente conexo que não contenha ± 1, os pontos de ramificação. Para cada z diferente de ± 1,

592

Funções de Uma Variável Complexa

temos duas escolhas de $\sqrt{1-z^2}$ e depois uma seqüência infinita de escolhas do logaritmo, diferindo por múltiplos de $2\pi i$. Isso será estudado na Sec. 9-31.

PROBLEMAS

1. Obtenha todos os valores:

   (a) $\log 2$ (e) $(1 + i)^{2/3}$
   (b) $\log i$ (f) $i^{\sqrt{2}}$
   (c) $\log(1 - i)$ (g) $\operatorname{sen}^{-1} 1$
   (d) i^i (h) $\cos^{-1} 2$

2. Prove as fórmulas (9-118).
3. (a) Calcule $\operatorname{sen}^{-1} 0$, $\cos^{-1} 0$.
   (b) Ache todos os zeros de $\operatorname{sen} z$ e $\cos z$ (cf. parte (a)].
4. Prove as identidades seguintes, no sentido de que, com uma escolha adequada dos valores das funções multivalentes envolvidas, a equação é válida para cada escolha das variáveis admitida:

   (a) $\log(z_1 \cdot z_2) = \log z_1 + \log z_2$ $(z_1 \neq 0, \quad z_2 \neq 0)$
   (b) $e^{\log z} = z$ $(z \neq 0)$
   (c) $\log e^z = z$
   (d) $\log z_1^{z_2} = z_2 \log z_1$ $(z_1 \neq 0)$.

5. Determine todos os ramos analíticos das funções multivalentes nos domínios dados:

   (a) $\log z$, $x < 0$;   (b) $\sqrt[3]{z}$, $x > 0$.

6. Prove que, para a função analítica z^a (valor principal),

$$\frac{d}{dz} z^a = \frac{a}{z} z^a = az^{a-1}.$$

7. Faça os gráficos de $u = \operatorname{Re}(\sqrt{z})$ e $v = \operatorname{Im}(\sqrt{z})$ como funções de x e y e mostre os quatro ramos descritos no texto.

RESPOSTAS

1. (a) $0{,}693 + 2n\pi i$,   (b) $i(\frac{1}{2}\pi + 2n\pi)$,   (c) $0{,}347 + i(\frac{7}{4}\pi + 2n\pi)$,

   (d) $\exp(-\frac{1}{2}\pi - 2n\pi)$,   (e) $\sqrt[3]{2} \exp\left(\frac{1}{6}\pi i + \frac{4n\pi}{3}i\right)$,

   (f) $\exp\left(\frac{\sqrt{2}}{2}\pi i + 2\sqrt{2}n\pi i\right)$,   (g) $\frac{1}{2}\pi + 2n\pi$,

   (h) $2n\pi \pm 1{,}317i$. n toma os valores 0, ± 1, $\pm 2, \dots$ exceto em (e), onde vale 0, 1, 2.

593

3. (a) e (b) $n\pi$ e $\frac{1}{2}\pi + n\pi$, $(n = 0, \pm 1, \pm 2, \ldots)$.
5. (a) $\log r + i\theta$, $\quad \frac{1}{2}\pi + 2n\pi < \theta < \frac{3}{2}\pi + 2n\pi$, $\quad n = 0, \pm 1, \pm 2, \ldots$,
   (b) $\sqrt[3]{r} \exp\left(\dfrac{i\theta}{3}\right)$, $\quad -\dfrac{\pi}{2} + 2n\pi < \theta < \dfrac{\pi}{2} + 2n\pi$, $\quad n = 0, 1, 2$.

9-18. SÉRIES DE POTÊNCIAS COMO FUNÇÕES ANALÍTICAS.

Agora ampliamos a classe das funções analíticas explicitamente conhecidas mostrando que as séries de potências

$$\sum_{n=0}^{\infty} c_n(z - z_0)^n = c_0 + c_1(z - z_0) + \cdots + (c_n(z - z_0)^n + \cdots$$

que convergem para valores de z diferentes de $z = z_0$ representam uma função analítica.

As séries de potências foram estudadas no Cap. 6 com ênfase em variável real. No entanto o teorema fundamental, o Teorema 35 (Sec. 6-15), estende-se a variáveis complexas com apenas uma mudança: o *intervalo* de convergência

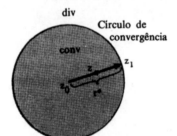

Figura 9-19. Círculo de convergência de uma série de potências

é substituído pelo *disco de convergência*, como se vê na Fig. 9-19. Devido a sua importância, reenunciamos o teorema (com ligeiras mudanças de notação):

Teorema 31. *Toda série de potências*

$$\sum_{n=0}^{\infty} c_n(z - z_0)^n$$

tem um raio de convergência r^* *tal que a série converge absolutamente quando* $|z - z_0| < r^*$, *e diverge quando* $|z - z_0| > r^*$.

O número r^* *pode ser 0 (nesse caso, a série converge só para* $z = z_0$*), um número positivo, ou* ∞ *(nesse caso, a série converge para todo z).*

Se r^* *não é 0 e* r_1 *é tal que* $0 < r_1 < r^*$, *então a série converge uniformemente para* $|z - z_0| \leqq r_1$. *O número* r^* *pode ser calculado como segue:*

$$r^* = \lim_{n \to \infty} \left| \frac{c_n}{c_{n+1}} \right|, \text{ se o limite existe,}$$

$$r^* = \lim_{n \to \infty} \frac{1}{\sqrt[n]{|c_n|}}, \text{ se o limite existe,}$$

(9-119)

Funções de Uma Variável Complexa

e, em qualquer caso, pela fórmula

$$r^* = \frac{1}{\overline{\lim_{n \to \infty}} \sqrt[n]{|c_n|}}. \qquad (9\text{-}120)$$

Como o critério da razão, o critério da raiz e o critério M estendem-se ao caso complexo (Sec. 9-5), a prova dada na Sec. 6-15 pode ser repetida sem alteração.

Como no caso real, nada se pode afirmar sobre a convergência na fronteira do domínio de convergência. Essa fronteira (quando $r^* \neq 0$, $r^* \neq \infty$) é um círculo $|z - z_0| = r^*$, chamado *círculo de convergência*. A série pode convergir em alguns pontos, todos os pontos, ou em nenhum ponto, desse círculo.

Exemplo 1. $\sum_{n=1}^{\infty} \frac{z^n}{n^2}$. A fórmula (9-119) dá

$$r^* = \lim_{n \to \infty} \frac{(n+1)^2}{n^2} = 1.$$

A série converge absolutamente em todo ponto do círculo de convergência, pois, quando $|z| = 1$, a série dos valores absolutos é a série convergente $\Sigma(1/n^2)$.

Exemplo 2. $\sum_{n=0}^{\infty} z^n$. Essa série geométrica complexa converge para $|z| < 1$, como mostra (9-119). Além disso,

$$\sum_{n=0}^{\infty} z^n = \frac{1}{1-z} \quad (|z| < 1),$$

como se mostrou na Sec. 9-8. Sobre o círculo de convergência, a série diverge em todos os pontos, pois o n-ésimo termo não converge a 0.

Exemplo 3. $\sum_{n=1}^{\infty} \frac{z^n}{n}$. Novamente a fórmula (9-119) fornece o raio: $r^* = 1$. Sobre o círculo $|z| = 1$, a série não é absolutamente convergente, pois a série dos valores absolutos é a série divergente $\Sigma(1/n)$. No entanto, nesse círculo, $z = \cos\theta + i\,\text{sen}\,\theta$ e

$$\sum_{n=1}^{\infty} \frac{z^n}{n} = \sum_{n=1}^{\infty} \frac{(\cos\theta + i\,\text{sen}\,\theta)^n}{n} = \sum_{n=1}^{\infty} \frac{\cos n\theta}{n} + i \sum_{n=1}^{\infty} \frac{\text{sen}\,n\theta}{n}.$$

As duas séries reais são séries de Fourier. A parte imaginária é a série de Fourier de $\pi F(\theta)$, onde $F(x)$ é a função de salto estudada na Sec. 7-9. Portanto

$$\sum_{n=1}^{\infty} \frac{\text{sen}\,n\theta}{n} = \begin{cases} -\dfrac{\pi}{2} - \dfrac{\theta}{2}, & -\pi \leqq \theta < 0 \\[2mm] \dfrac{\pi}{2} - \dfrac{\theta}{2}, & 0 < \theta \leqq \pi \end{cases}$$

595

Cálculo Avançado

e, para $\theta = 0$, a série converge a 0. A parte real é a série

$$\sum_{n=1}^{\infty} \frac{\cos n\theta}{n},$$

que diverge claramente quando $\theta = 0$. A série é a série de Fourier da função

$$\frac{1}{2} \log \frac{1}{2 - 2\cos\theta}$$

e pode-se mostrar que converge a essa função, exceto quando $\theta = 0$, onde a função torna-se infinita [ver K. Knopp, *Infinite Series*, pgs. 402 e 420 (Londres: Blackie, 1928)]. Portanto a série $\Sigma(z^n/n)$ converge para $|z| \leq 1$ exceto para $z = 1$. Veremos mais tarde que essa série é a série de Taylor de $\text{Log}[1/(1-z)]$ e que

$$\text{Log}\frac{1}{1-z} = \sum_{n=1}^{\infty} \frac{z^n}{n}, \quad |z| \leq 1, \quad z \neq 1.$$

O terceiro exemplo mostra como pode ser delicada a investigação da série sobre o círculo de convergência. Mostra também a estreita relação entre esse problema e o das séries de Fourier.

Teorema 32. *Uma série de potências com raio de convergência não-nulo representa uma função contínua dentro do círculo de convergência.*

A prova do Teorema 36, Sec. 6-15, pode ser repetida. Se a série converge num ponto $z = z_1$ do círculo $|z - z_0| = r^*$, então a soma $f(z)$ da série é em certo sentido contínua no ponto z_1; tem-se

$$\lim_{r \to r^*} f(z_0 + re^{i\theta_1}) = f(z_0 + r^*e^{i\theta_1}) = f(z_1)$$

como está ilustrado na Fig. 9-19. Assim, $\lim f(z) = f(z_1)$ quando z tende a z_1 ao longo de um raio; inclusive quando z aproxima-se de z_1 ao longo de uma curva lisa C que não é tangente ao círculo em z_1. Esse resultado é o *teorema de Abel*, estendido por Stolz. Para a demonstração, ver a pg. 406 do livro de Knopp citado acima.

Teorema 33. *Uma série de potências pode ser integrada termo a termo dentro do círculo de convergência, isto é, se $r^* \neq 0$ e*

$$f(z) = \sum_{n=0}^{\infty} c_n(z - z_0)^n, \quad |z - z_0| < r^*,$$

então, para todo caminho C dentro do círculo de convergência,

$$\int_{C z_1}^{z_2} f(z)\, dz = \sum_{n=0}^{\infty} c_n \int_{z_1}^{z_2} (z - z_0)^n\, dz = \sum_{n=0}^{\infty} c_n \frac{(z - z_0)^{n+1}}{n+1}\bigg|_{z_1}^{z_2},$$

ou, em termos de primitivas,

$$\int f(z)\, dz = \sum_{n=0}^{\infty} c_n \frac{(z-z_0)^{n+1}}{n+1} + \text{const.}, \quad |z-z_0| < r^*.$$

Demonstração. Como para o Teorema 37 da Sec. 6-15, concluímos que a integração termo a termo ao longo de C é permissível. Mas, como cada termo $c_n(z-z_0)^n$ é analítico, as integrais independem do caminho, donde

$$\int_{z_1}^{z_2} f(z)\, dz$$

é independente do caminho. Logo,

$$\int_{z_0}^{z} f(z)\, dz = F(z)$$

é bem definida para $|z-z_0| < r^*$. Como na prova do Teorema 29 (Sec. 9-12), temos que $F'(z) = f(z)$, de modo que $F(z)$ é uma primitiva de $f(z)$ e é, incidentalmente, analítica. Todas as primitivas de $f(z)$ são dadas por $F(z) + \text{const.}$, [conforme Prob. 5 da Sec. 9-13]. Agora

$$F(z) = \int_{z_0}^{z} f(z)\, dz = \sum_{n=1}^{\infty} c_n \frac{(z-z_0)^{n+1}}{n+1},$$

por integração termo a termo da série. Logo, o teorema está provado.

Teorema 34. *Uma série de potências pode ser derivada termo a termo, isto é, se $r^* \neq 0$ e*

$$f(z) = \sum_{n=0}^{\infty} c_n(z-z_0)^n, \quad |z-z_0| < r^*$$

então

$$f'(z) = \sum_{n=1}^{\infty} nc_n(z-z_0)^{n-1}, \quad |z-z_0| < r^*,$$

$$f''(z) = \sum_{n=2}^{\infty} n(n-1)c_n(z-z_0)^{n-2}, \quad |z-z_0| < r^*$$

. . . .

Logo, toda série de potências com raio de convergência não-nulo define uma função analítica $f(z)$ dentro do círculo de convergência, e a série de potências é a série de Taylor de $f(z)$:

$$c_n = \frac{f^{(n)}(z_0)}{n!}.$$

Cálculo Avançado

Demonstração. Como na demonstração do Teorema 38 da Sec. 6-15, concluímos que a série das derivadas tem o mesmo raio de convergência. Seja $g(z)$ sua soma:

$$g(z) = \sum_{n=1}^{\infty} nc_n(z - z_0)^{n-1}.$$

Então, pelo Teorema 33, uma primitiva de $g(z)$ é exatamente a soma da série de $f(z)$, isto é,

$$f'(z) = g(z) = \sum_{n=1}^{\infty} nc_n(z - z_0)^{n-1}.$$

Agora se pode derivar quantas vezes se queira. De um modo geral,

$$f^{(n)}(z) = n!c_n + (n + 1)n(n-1)\cdots 2c_{n+1}(z - z_0) + $$
$$ + (n + 2)(n + 1)\cdots 3c_{n+2}(z - z_0)^2 + \cdots$$

Fazendo $z = z_0$, achamos: $n!c_n = f^{(n)}(z_0)$, de modo que a série é a série de Taylor:

$$f(z) = \sum_{n=0}^{\infty} f^{(n)}(z_0) \frac{(z - z_0)^n}{n!}.$$

Teorema 35. *Se duas séries de potências*

$$\sum_{n=0}^{\infty} c_n(z - z_0)^n, \qquad \sum_{n=0}^{\infty} C_n(z - z_0)^n$$

têm raios de convergência não-nulos e têm a mesma soma onde ambas convergem, então as séries coincidem, isto é,

$$c_n = C_n, \qquad n = 0, 1, 2, \ldots$$

A demonstração é a mesma que para o Teorema 40 da Sec. 6-16.

PROBLEMAS

1. Determine o raio de convergência de cada uma das séries seguintes:

   (a) $\sum_{n=1}^{\infty} \dfrac{z^n}{n^3}$

   (b) $\sum_{n=1}^{\infty} nz^n$

   (c) $\sum_{n=0}^{\infty} 2^n(z - 1)^n$

   (d) $\sum_{n=}^{\infty} \dfrac{z^n}{n^n}$

2. Mostre que a série do Prob. 1(a) converge absolutamente para todo z sobre o círculo de convergência enquanto que a série do Prob. 1(b) diverge em todo ponto do círculo de convergência.

3. Escreva a parte real e a parte imaginária da série do Prob. 1(a) para $|z| = 1$ como série de Fourier.

4. (a) Resolva a equação diferencial

$$\frac{dw}{dz} - w = 0$$

pondo $w = \sum_{n=0}^{\infty} c_n z^n$ e determinando os coeficientes c_n de modo a satisfazer à equação.

(b) Resolva a equação diferencial

$$(2z^3 - z^2)\frac{d^2w}{dz^2} - (6z^2 - 2z)\frac{dw}{dz} + (6z - 2)w = 0.$$

RESPOSTAS

1. (a) 1, (b) 1, (c) $\frac{1}{2}$, (d) ∞.

3. $\sum_{n=1}^{\infty} \frac{\cos n\theta}{n^3}$, $\sum_{n=1}^{\infty} \frac{\operatorname{sen} n\theta}{n^3}$.

4. (a) $w = c_0(1 + z + \cdots + \frac{z^n}{n!} + \cdots)$, (b) $w = c_1 z + c_2(z^3 - z^2)$.

9-19. TEOREMA DE CAUCHY EM ABERTOS MULTIPLAMENTE CONEXOS. Se $f(z)$ é analítica num aberto conexo D multiplamente conexo, não se pode afirmar que

$$\oint_C f(z)\,dz = 0$$

sobre todo caminho fechado simples C em D. Assim, se D é o aberto da Fig. 9-20, de conexão dupla, e C é a curva C_1, então a integral ao longo de C não é, necessariamente, 0. No entanto, introduzindo-se cortes, podemos raciocinar como na Sec. 5-7 e concluir que

$$\oint_{C_1} f(z)\,dz = \oint_{C_2} f(z)\,dz; \qquad (9\text{-}121)$$

Figura 9-20. Teorema de Cauchy para aberto de conexão dupla

Figura 9-21. Teorema de Cauchy para aberto de conexão tripla

Cálculo Avançado

isto é, a integral tem o mesmo valor ao longo de todos os caminhos que dão uma volta em torno do "buraco" no sentido positivo. Para um aberto de conexão tripla, como na Fig. 9-21, tem-se

$$\oint_{C_1} f(z)\, dz = \oint_{C_2} f(z)\, dz + \oint_{C_3} f(z)\, dz. \tag{9-122}$$

Isso pode ser escrito na forma

$$\oint_{C_1} f(z)\, dz + \oint_{C_2} f(z)\, dz + \oint_{C_3} f(z)\, dz = 0; \tag{9-122'}$$

isso diz que a integral ao longo da fronteira completa de uma certa parte de D vale 0. Mais geralmente, como na Sec. 5-7, tem-se o seguinte teorema:

Teorema 36. (*Teorema de Cauchy para abertos multiplamente conexos*). *Seja $f(z)$ analítica num aberto D e sejam $C_1, \ldots, C_n$ curvas simples fechadas em D que, juntas, constituem a fronteira B de uma região R contida em D. Então*

$$\int_B f(z)\, dz = 0,$$

onde o sentido de integração em B é tal que o ângulo da normal exterior com o vetor tangente para o sentido fixado (nessa ordem) é de $90°$.

9-20. FÓRMULA INTEGRAL DE CAUCHY. Seja agora D um aberto simplesmente conexo e seja z_0 um ponto de D fixado. Se $f(z)$ for analítica em D, a função

$$\frac{f(z)}{z - z_0}$$

deixará de ser analítica em z_0. Logo,

$$\oint_C \frac{f(z)}{z - z_0}\, dz$$

em geral não será 0 num caminho C que rodeie z_0. Para calcular esse valor, raciocinamos que, se C for um círculo muito pequeno, de raio R, centrado em z_0, então, por continuidade, $f(z)$ tem aproximadamente o valor constante $f(z_0)$ sobre o caminho. Isso sugere que

$$\oint_C \frac{f(z)}{z - z_0}\, dz = f(z_0) \oint_{|z - z_0| = R} \frac{dz}{z - z_0} = f(z_0) \cdot 2\pi i,$$

600

pois calcula-se

$$\oint_{|z-z_0|=R} \frac{dz}{z-z_0} = \int_0^{2\pi} \frac{Rie^{i\theta}}{Re^{i\theta}} d\theta = i \int_0^{2\pi} d\theta = 2\pi i,$$

com a substituição $z - z_0 = Re^{i\theta}$. A confirmação de que isso é verdade está no conteúdo do seguinte resultado fundamental:

Teorema 37. (*Fórmula integral de Cauchy*). Seja $f(z)$ analítica num aberto D. Seja C uma curva simples fechada em D dentro da qual $f(z)$ é analítica, e seja z_0 um ponto dentro de C. Então

$$f(z_0) = \frac{1}{2\pi i} \oint_C \frac{f(z)}{z - z_0} dz. \qquad (9\text{-}123)$$

Demonstração. Não se exige que D seja simplesmente conexo, mas como f é analítica dentro de C, o teorema diz respeito apenas a uma parte simples-

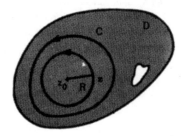

Figura 9-22. Fórmula integral de Cauchy

mente conexa de D, como se vê na Fig. 9-22. Raciocinamos como antes para concluir que

$$\oint_C \frac{f(z)}{z-z_0} dz = \oint_{|z-z_0|=R} \frac{f(z)}{z-z_0} dz.$$

Resta mostrar que a integral à direita vale de fato $f(z_0) \cdot 2\pi i$. Mas, como $f(z_0) = \text{const.}$,

$$\oint \frac{f(z_0)}{z-z_0} dz = f(z_0) \oint \frac{dz}{z-z_0}$$
$$= f(z_0) \cdot 2\pi i,$$

onde integramos no círculo $|z - z_0| = R$. Logo, nesse mesmo caminho,

$$\oint \frac{f(z)}{z-z_0} dz - f(z_0) \cdot 2\pi i = \oint \frac{f(z) - f(z_0)}{z-z_0} dz. \qquad (9\text{-}124)$$

Cálculo Avançado

Como $|z - z_0| = R$ sobre o caminho, e como $f(z)$ é contínua em z_0, $|f(z) - f(z_0)| < \varepsilon$ para $R < \delta$, para cada $\varepsilon > 0$ dado. Logo, pelo Teorema 19,

$$\left| \oint \frac{f(z) - f(z_0)}{z - z_0}\, dz \right| < \frac{\varepsilon}{R} \cdot 2\pi R = 2\pi\varepsilon.$$

Assim, o valor absoluto da integral pode ser tomado tão pequeno quanto se queira escolhendo R suficientemente pequeno. Mas a integral tem o mesmo valor para todas as escolhas de R. Logo, a integral vale 0 para todo R. Portanto o primeiro membro de (9-124) é 0 e conclui-se (9-123).

A fórmula integral (9-123) é notável por exprimir os valores da função $f(z)$ em pontos z_0 dentro da curva C em termos dos valores sobre C apenas. Se tomarmos C como um círculo $z = z_0 + Re^{i\theta}$, então (9-123) reduz-se a

$$f(z_0) = \frac{1}{2\pi} \int_0^{2\pi} f(z_0 + Re^{i\theta})\, d\theta. \tag{9-125}$$

Logo (conforme Sec. 4-2), *o valor de uma função analítica no centro de um círculo é igual à média de seus valores sobre a circunferência.*

Como o teorema da integral de Cauchy, a fórmula integral de Cauchy pode ser estendida a abertos multiplamente conexos. Sob as hipóteses do Teorema 36, tem-se

$$f(z_0) = \frac{1}{2\pi i} \int_B \frac{f(z)}{z - z_0}\, dz = \frac{1}{2\pi i} \oint_{C_1} \frac{f(z)}{z - z_0}\, dz + \oint_{C_2} \frac{f(z)}{z - z_0}\, dz + \cdots, \tag{9-126}$$

onde z_0 é qualquer ponto dentro da região R limitada por C_1 (fronteira exterior), $C_2, \ldots, C_n$. A prova fica como exercício (Prob. 6, em seguida à Sec. 9-21).

9-21. EXPANSÃO EM SÉRIE DE POTÊNCIAS DE UMA FUNÇÃO ANALÍTICA GERAL.

Na Sec. 9-18 mostrou-se que toda série de potências cujo raio de convergência não é zero representa uma função analítica. Agora mostramos que todas as funções analíticas podem ser obtidas dessa maneira. Observe-se que, se a função $f(z)$ é analítica num aberto D que não é um disco, não podemos esperar representar $f(z)$ por uma só série de potências, pois uma série de potências converge num disco. No entanto podemos mostrar que, em todo disco D_0 contido em D, existe uma série de potências que converge em D_0 e cuja soma em cada z em D_0 é $f(z)$. Assim, várias (talvez infinitas) séries de potências serão necessárias para representar $f(z)$ em D todo.

Teorema 38. *Seja $f(z)$ analítica no aberto D. Seja z_0 em D e seja R o raio do maior círculo centrado em z_0 cujo interior esteja contido em D. Então existe uma série de potências*

$$\sum_{n=0}^{\infty} c_n (z - z_0)^n$$

que converge a $f(z)$ para $|z-z_0| < R$. Além disso,

$$c_n = \frac{f^{(n)}(z_0)}{n!} = \frac{1}{2\pi i} \oint_C \frac{f(z)}{(z-z_0)^{n+1}} dz, \qquad (9\text{-}127)$$

onde C é um caminho fechado em D tal que z_0 fica dentro de C e $f(z)$ é analítica dentro de C.

Demonstração. Para simplificar, tomemos $z_0 = 0$. O caso geral é obtido depois, com a substituição $z' = z - z_0$. Seja $|z| \leq R$ o maior disco centrado na origem cujo interior esteja contido em D; o raio R é então positivo ou $+\infty$ (nesse caso, D é o plano todo). Seja z_1 um ponto do disco aberto, de modo que $|z_1| < R$. Escolhamos R_2 de modo que $|z_1| < R_2 < R$; ver Fig. 9-23. Então

Figura 9-23. Série de Taylor de uma função analítica

$f(z)$ é analítica num aberto que contém o círculo $C_2 : |z| = R_2$ mais seu interior. Logo, pela fórmula integral de Cauchy,

$$f(z_1) = \frac{1}{2\pi i} \oint_{C_2} \frac{f(z)}{z - z_1} dz.$$

Agora, o fator $1/(z-z_1)$ pode ser desenvolvido em série geométrica:

$$\frac{1}{z-z_1} = \frac{1}{z\left(1-\frac{z_1}{z}\right)} = \frac{1}{z}\left(1 + \frac{z_1}{z} + \cdots + \frac{z_1^n}{z^n} + \cdots\right).$$

A série pode ser considerada como série de potências em $1/z$, para z_1 fixado; converge para $(z_1/z) < 1$ e converge uniformemente para $|z_1/z| \leq |z_1|/R_2 < 1$. Multiplicando por $f(z)$ vem

$$\frac{f(z)}{z-z_1} = \frac{f(z)}{z} + z_1 \frac{f(z)}{z^2} + \cdots + z_1^n \frac{f(z)}{z^{n+1}} + \cdots;$$

como $f(z)$ é contínua para $|z| = R_2$, a série permanece uniformemente convergente sobre C_2; conforme Teorema 34 da Sec. 6-14. Logo, pode-se integrar

Cálculo Avançado

termo a termo sobre C_2 (Teorema 20, Sec. 9-10):

$$\frac{1}{2\pi i} \oint_{C_2} \frac{f(z)}{z-z_1}\, dz = \frac{1}{2\pi i} \oint_{C_2} \frac{f(z)}{z}\, dz + \frac{z_1}{2\pi i} \oint_{C_2} \frac{f(z)}{z^2}\, dz + \cdots + \frac{z_1^n}{2\pi i} \oint_{C_2} \frac{f(z)}{z^{n+1}}\, dz + \cdots$$

O primeiro membro vale $f(z_1)$, pela fórmula integral. Logo,

$$f(z_1) = \sum_{n=0}^{\infty} c_n z_1^n, \qquad c_n = \frac{1}{2\pi i} \oint_{C_2} \frac{f(z)}{z^{n+1}}\, dz.$$

O caminho C_2 pode ser substituído por qualquer caminho C como descrito no teorema, pois

$$\frac{f(z)}{z^{n+1}}$$

é analítica em D exceto em $z = z_0 = 0$.

Pelo Teorema 34, a série obtida é a série de Taylor de f, de modo que

$$c_n = \frac{f^{(n)}(z_0)}{n!}, \qquad z_0 = 0.$$

O teorema está pois completamente demonstrado.

As conseqüências desse teorema vão longe. Primeiro, ele não só garante que toda função analítica é representável como série de potências, mas garante que a série converge para a função em todo disco contido no aberto em que a função está definida. Assim, *sem mais averiguações*, concluímos imediatamente que

$$e^z = 1 + z + \frac{z^2}{2!} + \cdots + \frac{z^n}{n!} + \cdots,$$

$$\operatorname{sen} z = z - \frac{z^3}{3!} + \frac{z^5}{5!} + \cdots + (-1)^{n+1} \frac{z^{2n+1}}{(2n+1)!} + \cdots,$$

$$\cos z = 1 - \frac{z^2}{2!} + \cdots + (-1)^n \frac{z^{2n}}{(2n)!} + \cdots,$$

para todo z. Muitas outras expansões conhecidas podem ser obtidas assim.

Deve-se lembrar que uma função $f(z)$ é dita analítica em um aberto D se $f(z)$ tem uma derivada $f'(z)$ contínua em D (Sec. 9-11 acima). Pelo Teorema 38, $f(z)$ então deve ter derivadas de todas as ordens em cada ponto de D. Em particular, a derivada de uma função analítica é ela própria analítica:

Teorema 39. *Se $f(z)$ é analítica num aberto D, então $f'(z)$, $f''(z), \ldots,$ $f^{(n)}(z), \ldots$ existem e são analíticas em D. Ainda mais, para cada n,*

$$f^{(n)}(z_0) = \frac{n!}{2\pi i} \oint_C \frac{f(z)}{(z-z_0)^{n+1}}\, dz, \qquad (9\text{-}128)$$

604

onde C é qualquer caminho fechado simples em D rodeando z_0 e, no interior do qual, f é analítica.

Como se indicou na Sec. 9-11, pode-se definir analiticidade apenas exigindo a existência de $f'(z)$ e não a continuidade. O teorema da integral de Cauchy e sua conseqüência, a fórmula integral, podem ser provados sem uso de continuidade, de modo que vale ainda o Teorema 39. Em outras palavras, a simples existência da derivada $f'(z)$ garante a continuidade de $f'(z), f''(z), \ldots$ e a convergência da série de Taylor. Para detalhes, ver Volume I do livro de Knopp mencionado no fim do capítulo.

Se na prova do Teorema 38 expandirmos $1/(z - z_1)$ não em série geométrica infinita, mas na soma finita

$$\frac{1}{z - z_1} = \frac{1}{z}\left[1 + \frac{z_1}{z} + \cdots + \frac{z_1^n}{z^n} + \frac{z_1^{n+1}}{z^n(z - z_1)}\right]$$

e procedermos como antes, concluiremos que

$$f(z_1) = f(0) + z_1 f'(0) + \cdots + z_1^n \frac{f^{(n)}(0)}{n!} + R_n, \qquad (9\text{-}129)$$

onde

$$R_n = \frac{z_1^{n+1}}{2\pi i} \oint_{C_2} \frac{f(z)}{z^{n+1}(z - z_1)} dz. \qquad (9\text{-}130)$$

Essa é a outra forma de Fórmula de Taylor com resto (Sec. 6-17). Se a série está centrada em z_0, tem-se a fórmula geral

$$f(z_1) = f(z_0) + (z_1 - z_0) f'(z_0) + \cdots + (z_1 - z_0)^n \frac{f^{(n)}(z_0)}{n!} + \qquad (9\text{-}131)$$

$$+ \frac{(z_1 - z_0)^{n+1}}{2\pi i} \oint_{C_2} \frac{f(z)}{(z - z_0)^{n+1}(z - z_0)} dz.$$

O caminho C_2 pode ser qualquer caminho fechado simples em D rodeando z_0 e z_1, dentro do qual $f(z)$ seja analítica.

Círculo de convergência da série de Taylor. O Teorema 38 garante a convergência da série de Taylor de $f(z)$ em volta de cada z_0 em D no maior disco

Figura 9-24. Prolongamento analítico

Cálculo Avançado

$|z - z_0| < R$ em D, como se vê na Fig. 9-23. No entanto isso não significa que R seja o raio de convergência r^* da série, pois r^* pode ser maior que R, como se sugere na Fig. 9-24. Quando isso acontece, a função $f(z)$ pode ser prolongada a um aberto maior, conservando a analiticidade. Por exemplo, se $f(z) = \text{Log } z$ $(0 < \theta < \pi)$ é expandida em série de Taylor no ponto $z = -1 + i$, a série tem raio de convergência $\sqrt{2}$, ao passo que $R = 1$ [Prob. 5(e) abaixo].

O processo de prolongar a função sugerido aqui chama-se *prolongamento analítico*. É discutido na Sec. 9-38.

PROBLEMAS

1. Calcule por meio da fórmula integral de Cauchy:

(a) $\dfrac{1}{2\pi i} \displaystyle\oint \dfrac{e^z}{z-2}\, dz$ sobre o círculo: $|z - 2| = 1$;

(b) $\dfrac{1}{2\pi i} \displaystyle\oint \dfrac{z^2 + 4}{z}\, dz$ sobre o círculo: $|z| = 1$;

(c) $\dfrac{1}{2\pi i} \displaystyle\oint \dfrac{\text{sen } z}{z}\, dz$ sobre o círculo: $|z| = 4$;

(d) $\displaystyle\oint \left(\dfrac{1}{z+1} + \dfrac{2}{z-3} \right) dz$ sobre o círculo: $|z| = 4$;

(e) $\displaystyle\oint \dfrac{1}{z^2 - 1}\, dz$ sobre o círculo: $|z| = 2$;

(f) $\displaystyle\oint \dfrac{1}{(z^2 + 1)(z^2 + 4)}\, dz$ sobre o círculo: $|z| = \dfrac{3}{2}$.

2. (a) Compare o valor da função e^z para $z = 0$ com a média de seus valores para $z = 1$, $z = i$, $z = -1$, $z = -i$. Interprete em termos de (9-125).

(b) Mostre que, se $w = f(z) = z^2$, então

$$f(z_0) = \frac{f(z_0 + \Delta z) + f(z_0 + i\,\Delta z) + f(z_0 - \Delta z) + f(z_0 - i\,\Delta z)}{4}$$

para todo z_0 e todo Δz. Interprete em termos de (9-125). A fórmula é correta para $w = z^3$? Para $w = z^4$?

3. Pode-se mostrar que a integral

$$\oint_C \sec z \, dz$$

é igual a $-2\pi i$ se C é um círculo de raio 1, no interior do qual só cai um dos pontos $\frac{1}{2}\pi + 2n\pi \, (n = 0, \pm 1, \ldots)$, e é igual a $2\pi i$ se, no interior de C,

606

Funções de Uma Variável Complexa

cai só um dos pontos $\frac{3}{2}\pi + 2n\pi$. Calcule essa integral para as seguintes escolhas de C:

(a) $|z| = 1$, (b) $|z| = 2$, (c) $|z| = 10$, (d) $|z - 2| = 4$.

Descreva um caminho sobre o qual a integral vale $10\pi i$.

4. Calcule por (9-128):

(a) $\displaystyle\oint \frac{e^z}{z^5}\, dz$ sobre o círculo: $|z| = 1$;

(b) $\displaystyle\oint \frac{\operatorname{sen} z}{(z - \frac{1}{2}\pi)^2}\, dz$ sobre o círculo: $|z| = 2$;

(c) $\displaystyle\oint \frac{1}{z^2}\, dz$ sobre o círculo: $|z| = 1$;

(d) $\displaystyle\oint \frac{1}{z^2(z - 3)}\, dz$ sobre o círculo: $|z| = 2$.

5. Desenvolva em série de Taylor no ponto indicado; determine o raio de convergência r^* e o raio R do maior disco no qual a série converge para a função:

(a) e^z em $z = 1$ (c) $\dfrac{1}{z - 2}$ em $z = 1$

(b) $\dfrac{1}{z}$ em $z = 1$ (d) $\dfrac{1}{z(z - 2)}$ em $z = 1$

(e) $\operatorname{Log} z$ em $z = -1 + i$;

(f) $\sqrt{z} = \sqrt{r}\exp(\frac{1}{2}i\theta)$, $\quad 0 < \theta < 2\pi$, $\quad$ em $z = 1 + i$;

(g) $f(z) = \displaystyle\oint_{|z_1| = 1} \frac{dz_1}{z_1 - z}$, $\quad |z| < 1$, $\quad$ em $z = 0$.

6. Prove (9-126) sob as hipóteses do Teorema 36.

7. Prove as *desigualdades de Cauchy*

$$|f^{(n)}(z_0)| \leqq \frac{Mn!}{R^n} \quad (n = 0, 1, \ldots),$$

se $f(z)$ é analítica num aberto que contenha o disco fechado $|z - z_0| \leqq R$ e M é o máximo de $|f(z)|$ sobre o círculo $|z - z_0| = R$. [*Sugestão:* tome C como sendo o círculo $|z - z_0| = R$ em (9-128) e avalie a integral como na prova da fórmula integral de Cauchy.]

8. Uma função $f(z)$ que é analítica no plano todo chama-se uma *função inteira*. Exemplos são os polinômios, e^z, $\cos z$, $\operatorname{sen} z$. Prove o *Teorema de Liouville*: se $f(z)$ é uma função inteira e $|f(z)| \leqq M$ para todo z, onde M é constante, então $f(z)$ é constante. [*Sugestão:* tome $n = 1$ nas desigualdades de Cauchy do Prob. 7, para mostrar que $f'(z_0) = 0$ para todo z_0.]

607

Cálculo Avançado

RESPOSTAS

1. (a) e^2, (b) 4, (c) 0, (d) $6\pi i$, (e) 0, (f) 0.

2. (a) a média é 1,04.   3. (a) 0, (b) 0, (c) 0, (d) $2\pi i$.

4. (a) $\frac{1}{12}\pi i$, (b) 0, (c) 0, (d) $-\frac{2}{9}\pi i$.

5. (a) $\displaystyle\sum_{n=0}^{\infty} \frac{e(z-1)^n}{n!}$, $R = r^* = \infty$; (b) $\displaystyle\sum_{n=0}^{\infty} (-1)^n(z-1)^n$, $R = r^* = 1$;

(c) $-\displaystyle\sum_{n=0}^{\infty} (z-1)^n$, $R = r^* = 1$; (d) $-\displaystyle\sum_{n=0}^{\infty} (z-1)^{2n}$, $R = r^* = 1$;

(e) $\log\sqrt{2} + \dfrac{3}{4}\pi i - \displaystyle\sum_{n=1}^{\infty} \left(\dfrac{1+i}{2}\right)^n \dfrac{(z+1-i)^n}{n}$, $R = 1$ $r^* = \sqrt{2}$;

(f) $\sqrt[4]{2}\exp\left(\dfrac{1}{8}\pi i\right)\left[1 + \dfrac{1-i}{4}(z-1-i) - \displaystyle\sum_{n=2}^{\infty} \dfrac{(i-1)^n \cdot 1\cdot3\cdot5\cdots(2n-3)}{4^n n!}(z-1-i)^n\right]$,

$R = 1$, $r^* = \sqrt{2}$; (g) $2\pi i$, $R = 1$, $r^* = \infty$.

9-22. PROPRIEDADES DAS PARTES REAL E IMAGINÁRIA DAS FUNÇÕES ANALÍTICAS. FÓRMULA INTEGRAL DE POISSON.

As propriedades das funções analíticas provadas acima levam a propriedades de duas funções de duas variáveis reais:

$$u = u(x, y) = \text{Re}[f(z)], \quad v = v(x, y) = \text{Im}[f(z)]$$

Vimos que a analiticidade de f implica na existência e continuidade das derivadas de todas as ordens para $f(z)$. Como

$$f'(z) = \frac{\partial u}{\partial x} + i\frac{\partial v}{\partial x} = \frac{\partial v}{\partial y} - i\frac{\partial u}{\partial y},$$

$$f''(z) = \frac{\partial^2 u}{\partial x^2} + i\frac{\partial^2 v}{\partial x^2} = \frac{\partial^2 v}{\partial y\,\partial x} - i\frac{\partial^2 u}{\partial y\,\partial x} = \cdots,$$

e assim por diante, concluímos que u e v *têm derivadas parciais contínuas de todas as ordens*.

Agora as equações de Cauchy-Riemann

$$\frac{\partial u}{\partial x} = \frac{\partial v}{\partial y}, \quad \frac{\partial u}{\partial y} = -\frac{\partial v}{\partial x} \tag{9-132}$$

podem ser derivadas, dando

$$\frac{\partial^2 u}{\partial x^2} = \frac{\partial^2 v}{\partial x\,\partial y}, \quad \frac{\partial^2 u}{\partial y^2} = -\frac{\partial^2 v}{\partial y\,\partial x}.$$

Somando estas, obtém-se

$$\frac{\partial^2 u}{\partial x^2} + \frac{\partial^2 u}{\partial y^2} = 0, \tag{9-133}$$

Funções de Uma Variável Complexa

pois

$$\frac{\partial^2 v}{\partial x \, \partial y} = \frac{\partial^2 v}{\partial y \, \partial x}.$$

Analogamente prova-se:

$$\frac{\partial^2 v}{\partial x^2} + \frac{\partial^2 v}{\partial y^2} = 0. \tag{9-134}$$

Teorema 40. *As partes real e imaginária de uma função analítica são funções harmônicas de x e y; isto é, se w = f(z) é analítica no aberto D, então u = Re[f(z)] e v = Im[f(z)] são harmônicas em D.*

Se u e v são funções harmônicas ligadas por (9-132) num aberto, então v é chamada de uma "harmônica conjugada" de u nesse aberto, e o par u, v chama-se um par de funções harmônicas conjugadas. Assim a parte real e a parte imaginária de uma função analítica formam um par de funções harmônicas conjugadas. Reciprocamente, pelo Teorema 22 (Sec. 9-11), se u, v formam um par de funções harmônicas conjugadas, então elas podem ser interpretadas como partes real e imaginária de uma função analítica $u + iv = f(z)$.

Deve-se observar que as equações de Cauchy-Riemann não são simétricas, de modo que, se v é conjugada de u, u é *conjugada de* $-v$.

Se só a função $u = \text{Re}[f(z)]$ é conhecida, pode-se obter v, com base em (9-132), por uma integral curvilínea:

$$v = \int_{z_1}^{z} \left[-\frac{\partial u}{\partial y} \, dx + \frac{\partial u}{\partial x} \, dy \right] + \text{const.}, \tag{9-135}$$

pois, por (9-132), essa integral é simplesmente $\int dv$:

$$dv = \frac{\partial v}{\partial x} \, dx + \frac{\partial v}{\partial y} \, dy = -\frac{\partial u}{\partial y} \, dx + \frac{\partial u}{\partial x} \, dy. \tag{9-136}$$

Dada dv, v está determinada a menos de constante aditiva, de modo que (9-135) dá todas as soluções.

Se u é dada apenas como uma função harmônica num aberto D *simplesmente conexo*, então (9-135) pode ser usada para construir uma harmônica conjugada v tal que $u + iv = f(z)$ seja analítica em D, pois essa integral é independente do caminho por (9-133) e portanto define uma função v. Como (9-136) deve então valer, resultam as equações de Cauchy-Riemann e v é conjugada de u. Se D não é simplesmente conexo, a integral pode depender do caminho, e então resulta uma função multivalente; isso é exemplificado pela função $\log z$, para a qual $u = \frac{1}{2} \log(x^2 + y^2)$ é harmônica exceto na origem. Tais funções multivalentes não são inúteis, pois podem ser construídas a partir de ramos analíticos, como se fez com $\log z$ na Sec. 9-16.

A função u pode ser obtida de v por uma fórmula semelhante

$$u = \int_{z_1}^{z} \frac{\partial v}{\partial y} \, dx - \frac{\partial v}{\partial x} \, dy + \text{const.}$$

609

Cálculo Avançado

A fórmula integral de Cauchy pode ser aplicada para obter relações valiosas para funções harmônicas:

Teorema 41. *Seja* $w = u + iv = f(z)$ *uma função analítica num aberto contendo o círculo* $|z| = R$ *mais seu interior. Então, para* $z_0 = r_0 e^{i\theta_0}$ *no interior do círculo,*

$$u(z_0) = \frac{1}{2\pi} \int_0^{2\pi} \frac{R^2 - r_0^2}{R^2 + r_0^2 - 2Rr_0 \cos(\theta_0 - \theta)} u(Re^{i\theta}) \, d\theta, \qquad (9\text{-}137)$$

e analogamente

$$v(z_0) = \frac{1}{2\pi} \int_0^{2\pi} \frac{R^2 - r_0^2}{R^2 + r_0^2 - 2Rr_0 \cos(\theta_0 - \theta)} v(Re^{i\theta}) \, d\theta. \qquad (9\text{-}138)$$

Ainda mais,

$$v(z_0) = \frac{1}{2\pi} \int_0^{2\pi} \frac{2Rr_0 \, \text{sen}\,(\theta_0 - \theta)}{R^2 + r_0^2 - 2Rr_0 \cos(\theta_0 - \theta)} u(Re^{i\theta}) \, d\theta + v(0), \quad (9\text{-}139)$$

e (9-137) e (9-139) são obtidas tomando partes reais e imaginárias na equação:

$$f(z_0) = \frac{1}{2\pi} \int_0^{2\pi} \frac{z + z_0}{z - z_0} u(z) \, d\theta + iv(0), \qquad z = Re^{i\theta}. \qquad (9\text{-}140)$$

A Eq. (9-137) chama-se *fórmula integral de Poisson* para a função harmônica u. Isso será melhor estudado na Sec. 9-32. Ela exprime os valores de u dentro do círculo em termos dos valores na fronteira, como a fórmula de Cauchy faz com uma função analítica. A Eq. (9-138) apenas reformula (9-137) para v. Mas (9-139) exprime v diretamente em termos dos valores na fronteira da função conjugada.

Demonstração do Teorema 41. A fórmula integral de Cauchy para o círculo $C: |z| = R$ dá

$$f(z_0) = \frac{1}{2\pi i} \oint_C \frac{f(z)}{z - z_0} \, dz. \qquad (9\text{-}141)$$

Agora o ponto $z_1 = R^2/\bar{z}_0$ está *fora* de C, como se vê na Fig. 9-25 e, portanto,

$$\frac{f(z)}{z - z_1}$$

é analítica dentro de C. Portanto

$$0 = \oint_C \frac{f(z)}{z - z_1} \, dz = \oint \frac{f(z)}{z - \dfrac{R_2}{\bar{z}_0}} \, dz. \qquad (9\text{-}142)$$

610

Figura 9-25. Fórmula integral de Poisson

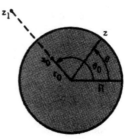

Se fizermos $z = Re^{i\theta}$ em (9-141), de modo que $dz = i\, Re^{i\theta}\, d\theta = iz\, d\theta$, acharemos

$$f(z_0) = \frac{1}{2\pi}\int_0^{2\pi} \frac{z}{z - z_0}(u + iv)\, d\theta. \tag{9-143}$$

Fazendo a mesma substituição em (9-142), vem

$$0 = \frac{1}{2\pi}\int_0^{2\pi} \frac{z}{z - \dfrac{R^2}{\bar{z}_0}}(u + iv)\, d\theta. \tag{9-144}$$

Tomamos agora conjugados em (9-144); usando $z \cdot \bar{z} = R^2$ achamos

$$0 = \frac{1}{2\pi}\int_0^{2\pi} \frac{-z_0}{z - z_0}(u - iv)\, d\theta. \tag{9-145}$$

E subtraindo (9-145) de (9-143), obtemos a equação

$$f(z_0) = \frac{1}{2\pi}\int_0^{2\pi} \frac{z + z_0}{z - z_0} u(z)\, d\theta + \frac{i}{2\pi}\int_0^{2\pi} v(z)\, d\theta. \tag{9-146}$$

Tomando partes reais, vem imediatamente

$$u(z_0) = \frac{1}{2\pi}\int_0^{2\pi} \operatorname{Re}\left(\frac{z + z_0}{z - z_0}\right) u(z)\, d\theta, \quad z = Re^{i\theta}, \quad z_0 = r_0 e^{i\theta_0}.$$

Isso dá a fórmula integral desejada (9-137). Como v é a parte real da função analítica $v - iu$, vale a fórmula análoga (9-138) para v. Se fizermos $z_0 = 0$ em (9-138), vem

$$v(0) = \frac{1}{2\pi}\int_0^{2\pi} v(Re^{i\theta})\, d\theta. \tag{9-147}$$

Logo, (9-146) reduz-se a (9-140); tomando partes imaginárias em (9-140), achamos (9-139). O teorema está, pois, provado.

A Eq. (9-147) tem interesse em si. Ela diz que, tal como para funções analíticas, *o valor de uma função harmônica no centro de um círculo é igual à média dos valores na circunferência;* conforme (9-125).

611

Cálculo Avançado

É muito importante o fato de a fórmula de Poisson (9-137) ser verdadeira ainda para uma função arbitrária u que é contínua para $|z| \leq R$ e harmônica apenas para $|z| < R$ (Prob. 9 abaixo). Na verdade, se $h(\theta)$ é uma função contínua *por partes* de θ para $0 \leq \theta \leq 2\pi$ e $h(0) = h(2\pi)$, a equação

$$u(r_0 e^{i\theta_0}) = \frac{1}{2\pi} \int_0^{2\pi} \frac{R^2 - r_0^2}{R^2 + r_0^2 - 2Rr_0 \cos(\theta_0 - \theta)} h(\theta) \, d\theta \tag{9-148}$$

define uma função harmônica u na região $|z| < R$ tendo na fronteira os valores $h(\theta)$; isto é, se pusermos $u(Re^{i\theta}) = h(\theta)$, então u é harmônica para $|z| < R$ e contínua para $|z| \leq R$, exceto onde h é descontínua. Essa questão será melhor estudada na Sec. 9-33.

Do fato de a função analítica $f(z)$ poder ser desenvolvida em série de Taylor, conclui-se que $u(x, y) = \text{Re}[f(z)]$ e $v(x, y) = \text{Im}[f(z)]$, ou de modo geral, toda função harmônica pode ser expandida em série de Taylor em x e y; a série convergirá num disco, como para $f(z)$. Assim, da expansão

$$e^z = 1 + z + \frac{z^2}{2} + \cdots + \frac{z^n}{n!} + \cdots,$$

conclui-se que

$$u = e^x \cos y = \text{Re}(e^z) = 1 + x + \frac{x^2 - y^2}{2!} + \cdots + \frac{\text{Re}(x + iy)^n}{n!} + \cdots \tag{9-149}$$

Se usarmos coordenadas polares, teremos

$$e^z = 1 + r(\cos\theta + i \operatorname{sen}\theta) + \cdots + \frac{r^n(\cos n\theta + i \operatorname{sen} n\theta)}{n!} + \cdots$$

Logo,

$$u = e^{r\cos\theta} \cos(r \operatorname{sen}\theta) = 1 + r\cos\theta + \cdots + \frac{r^n \cos n\theta}{n!} + \cdots \tag{9-150}$$

Isso representa u como série de Fourier em θ com coeficientes que dependem de r.

As equações de Cauchy-Riemann já apareceram de modo um pouco diferente na teoria dos campos de vetores, isto é, como condição para que um campo de vetores no plano tenha divergência 0 e rotacional $\mathbf{0}$. Assim, seja $V = u\mathbf{i} - v\mathbf{j}$ (onde $\mathbf{i}$, $\mathbf{j}$ e $\mathbf{k}$ são os vetores unitários usuais). Então,

$$\text{div } V = \frac{\partial u}{\partial x} - \frac{\partial v}{\partial y}, \quad \text{rot } V = \left(-\frac{\partial v}{\partial x} - \frac{\partial u}{\partial y}\right)\mathbf{k}.$$

Logo, as condições: div $V = 0$ e rot $V = \mathbf{0}$ reduzem-se a

$$\frac{\partial u}{\partial x} = \frac{\partial v}{\partial y}, \quad \frac{\partial u}{\partial y} = -\frac{\partial v}{\partial x};$$

estas são as equações de Cauchy-Riemann. Essa relação com a teoria dos campos de vetores é básica para aplicações em hidrodinâmica e eletromagnetismo; será considerada de novo adiante.

612

Funções de Uma Variável Complexa

PROBLEMAS

1. Mostre que a inclinação da tangente de uma curva: $u(x, y) = $ const., é dada por

$$y' = -\frac{\partial u/\partial x}{\partial u/\partial y}$$

(conforme Sec. 2-8). Daí, conclua que, se u e v formam um par de funções harmônicas conjugadas, então as curvas $v = $ const. são ortogonais às curvas $u = $ const. Há pontos excepcionais?

2. Esboce as curvas de nível de $u = \text{Re}[f(z)]$ e $v = \text{Im}[f(z)]$ para

(a) $f(z) = z^2$ (d) $f(z) = \log z$ (qualquer ramo)

(b) $f(z) = z^3$ (e) $f(z) = e^z$

(c) $f(z) = 3iz - 1 - i$ (f) $f(z) = \dfrac{1}{z}$

3. (a) Desenvolva em série de potências de x e y:

$$u = \frac{1-x}{(1-x)^2 + y^2} = \text{Re}\left(\frac{1}{1-z}\right), \quad v = \frac{y}{(1-x)^2 + y^2} = \text{Im}\left(\frac{1}{1-z}\right).$$

(b) Escreva as séries (a) em coordenadas polares.

4. (a) Desenvolva $y = e^x \cos x$ numa série de Taylor na variável real x. [Sugestão: use (9-149).]

(b) Desenvolva $y = e^{\cos x} \cos (\text{sen } x)$ em série de Fourier. [Sugestão: use (9-150).]

5. Mostre que as funções seguintes são harmônicas, e obtenha as conjugadas por integração sobre caminhos:

(a) $u = 5x - 3y$ (b) $u = 2xy$ (c) $u = \dfrac{y}{x^2 + y^2}$ (d) $e^x(x \cos y - y \, \text{sen } y)$.

6. Mostre que, se $u(x, y)$ é harmônica no aberto D, então as funções

$$\frac{\partial u}{\partial x}, \quad \frac{\partial u}{\partial y}, \quad \frac{\partial^2 u}{\partial x^2}, \quad \frac{\partial^2 u}{\partial x \, \partial y}, \quad \frac{\partial^2 u}{\partial y^2}, \quad \frac{\partial^3 u}{\partial x^3}, \quad \cdots$$

são todas harmônicas em D. Se v é conjugada de u, que função é conjugada de $\partial^2 u/\partial x^2$?

7. Sejam $u(x, y)$ e $v(x, y)$ um par de funções harmônicas conjugadas num aberto D e seja $u + iv = f(z)$.

(a) Mostre que $J = \dfrac{\partial(u, v)}{\partial(x, y)} = |f'(z)|^2$.

(b) Mostre que, se $f'(z_0) \neq 0$, então as equações

$$u = u(x, y), \quad v = v(x, y)$$

613

Cálculo Avançado

podem ser resolvidas para x e y em termos de u e v numa vizinhança de (x_0, y_0), de modo que as equações definem uma aplicação biunívoca dessa vizinhança no plano uv (conforme Sec. 2-8).

(c) Mostre que a aplicação inversa de (b)

$$x = x(u, v), \quad y = y(u, v)$$

satisfaz às equações de Cauchy-Riemann

$$\frac{\partial x}{\partial u} = \frac{\partial y}{\partial v}, \quad \frac{\partial x}{\partial v} = -\frac{\partial y}{\partial u}$$

de modo que a função inversa $z = z(w)$ é analítica numa vizinhança do ponto fixado.

(d) Mostre que a aplicação inversa $z(w)$ de (b) e (c) satisfaz à condição

$$\frac{dz}{dw} = \frac{1}{dw/dz}.$$

8. Seja $\phi(u, v)$ uma função harmônica no aberto D_w do plano w e seja $w = f(z)$ analítica no aberto D_z do plano z, com valores em D_w.

(a) Mostre que $\phi[u(x, y), v(x, y)]$ satisfaz à equação

$$\frac{\partial^2 \phi}{\partial x^2} + \frac{\partial^2 \phi}{\partial y^2} = |f'(z)|^2 \left(\frac{\partial^2 \phi}{\partial u^2} + \frac{\partial^2 \phi}{\partial v^2} \right).$$

(b) Mostre que $\phi[u(x, y), v(x, y)]$ é uma função harmônica de x e y em D_z.

9. *Integrais que dependem de um parâmetro.* Seja $g(z_1, z_2) = g(x_1 + iy_1, x_2 + iy_2)$ uma função de duas variáveis complexas z_1, z_2. A continuidade para tais funções é definida exatamente como para variáveis reais; pode também ser definida exigindo-se que $u = \text{Re}[g]$ e $v = \text{Im}[g]$ sejam contínuas em x_1, y_1, x_2, y_2. Suponhamos g definida para z_1 sobre uma curva C do plano z_1 e z_2 num aberto D do plano z_2, e suponhamos g contínua nas duas variáveis. Ainda mais, suponhamos g analítica em z_2 para cada z_1, e suponhamos a derivada $\partial g/\partial z_2$ contínua nas duas variáveis. Então as integrais

$$F(z_2) = \int_C g(z_1, z_2) \, dz_1, \quad \int_C \frac{\partial g}{\partial z_2}(z_1, z_2) \, dz_1$$

são bem definidas. Além disso, pode-se aplicar a regra de Leibnitz (Sec. 4-12):

(a) $\dfrac{d}{dz_2} \displaystyle\int_C g(z_1, z_2) \, dz_1 = \int_C \frac{\partial g}{\partial z_2}(z_1, z_2) \, dz_1$,

pois a integral curvilínea pode ser escrita em termos de duas integrais curvilíneas reais e, então, usando um parâmetro t, em termos de duas integrais reais em relação a t. Pela regra de Leibnitz, as equações de Cauchy--Riemann são satisfeitas por $u = \text{Re}[F(z_2)]$ e $v = \text{Im}[F(z_2)]$, de modo que

614

Funções de Uma Variável Complexa

$F(z_2)$ é analítica. Como $F'(z_2) = \partial u/\partial x_2 + i\,\partial v/\partial x_2$, (a) reduz-se a duas identidades em variáveis reais.

(b) Aplique a regra (a) para provar as fórmulas (9-128) a partir de (9-123).

(c) Prove que, se $F(z)$ é contínua no caminho C, então

$$\int_C \frac{F(z)}{z - z_0}\,dz$$

define uma função analítica $f(z_0)$ em todo aberto disjunto de C. As funções f obtidas em abertos conexos diferentes não precisam ser relacionadas, como mostra este exemplo:

$$\oint_{|z|=1} \frac{1}{z - z_0}\,dz = \begin{cases} 2\pi i, & |z_0| < 1 \\ 0, & |z_0| > 1. \end{cases}$$

(d) Seja $h(\theta)$ contínua para $0 \leq \theta \leq 2\pi$ e seja $h(0) = h(2\pi)$. Prove que

$$f(z_0) = \frac{1}{2\pi} \int_0^{2\pi} \frac{z + z_0}{z - z_0}\,h(\theta)\,d\theta, \qquad z = Re^{i\theta},$$

é analítica para $|z_0| < R$ e, portanto, que

$$u(z_0) = \frac{1}{2\pi} \int_0^{2\pi} \frac{R^2 - r_0^2}{R^2 + r_0^2 - 2Rr_0\cos(\theta_0 - \theta)}\,h(\theta)\,d\theta,$$

$$v(z_0) = \frac{1}{2\pi} \int_0^{2\pi} \frac{2Rr_0\,\text{sen}\,(\theta_0 - \theta)}{R^2 + r_0^2 - 2Rr_0\cos(\theta_0 - \theta)}\,h(\theta)\,d\theta$$

são harmônicas para $|z_0| < R$.

(e) Suponha que a função $h(\theta)$ da parte d tem derivada contínua. Mostre, por integração por partes, que

$$v(z_0) = -\frac{1}{\pi} \int_0^{2\pi} \log\frac{1}{|z - z_0|}\,h'(\theta)\,d\theta, \qquad z = Re^{i\theta}.$$

Isso é uma representação da função harmônica v como *potencial logarítmico de uma distribuição de massas no círculo* $|z| = R$.

RESPOSTAS

3. (a) $u = 1 + x + (x^2 - y^2) + (x^3 - 3xy^2) + \cdots +$

$$+ \left[x^n - \frac{n(n-1)}{2!}x^{n-2}y^2 + \frac{n(n-1)(n-2)(n-3)}{4!}x^{n-4}y^4 + \cdots \right] + \cdots,$$

$v = y + 2xy + (3x^2y - y^3) + \cdots +$

$$+ \left[nx^{n-1}y - \frac{n(n-1)(n-2)}{3!}x^{n-3}y^3 + \cdots \right] + \cdots; x^2 + y^2 < 1;$$

615

Cálculo Avançado

(b) $u = 1 + r \cos \theta + \cdots + r^n \cos n\theta + \cdots$, $\quad v = 1 + r \operatorname{sen} \theta + \cdots +$
$+ r^n \operatorname{sen} n\theta + \cdots$.

4. (a) $1 + x + \cdots + \dfrac{(\sqrt{2}x)^n}{n!} \cos\left(\dfrac{1}{4} n\pi\right) + \cdots$, $\quad$ (b) $1 + \cos x + \cdots +$
$+ \dfrac{\cos nx}{n!} + \cdots$. $\quad$ As duas séries convergem para todo x.

5. (a) $v = 3x + 5y + \text{const.}$, $\quad$ (b) $v = y^2 - x^2 + \text{const.}$,

(c) $v = \dfrac{x}{x^2 + y^2} + \text{const.}$, $\quad$ (d) $e^x(x \operatorname{sen} y + y \cos y)$.

9-23. SÉRIES DE POTÊNCIAS COM EXPOENTES POSITIVOS E NEGATIVOS – DESENVOLVIMENTO DE LAURENT.

Já mostramos que toda série de potências $\Sigma a_n(z - z_0)^n$ com raio de convergência não-nulo representa uma função analítica e que toda função analítica pode ser definida por tais séries. Assim não parece necessário procurar outras expressões explícitas para funções analíticas. No entanto as séries de potências representam a função somente em discos e portanto não são comodas para a representação em domínios mais complicados. Portanto é útil considerar outros tipos de representações.

Uma série da forma

$$\sum_{n=0}^{\infty} \frac{b_n}{(z - z_0)^n} = b_0 + \frac{b_1}{z - z_0} + \cdots + \frac{b_n}{(z - z_0)^n} + \cdots \tag{9-151}$$

representará também uma função analítica num aberto em que seja convergente, porque a substituição

$$z_1 = \frac{1}{z - z_0}$$

reduz essa série a uma série comum de potências:

$$\sum_{n=0}^{\infty} b_n z_1^n.$$

Se essa série converge para $|z_1| < r^*$, então sua soma é uma função analítica $f(z_1)$; logo, a série (9-151) converge, pois

$$|z - z_0| > r_1^* = \frac{1}{r^*} \tag{9-152}$$

para a função analítica

$$g(z) = f\left(\frac{1}{z - z_0}\right).$$

O valor $z_1 = 0$ corresponde, como limite, a $z = \infty$ e, portanto, podemos também dizer que $g(z)$ é analítica no ∞ e $g(\infty) = b_0$. Isso será justificado mais completamente na Sec. 9-25.

616

Funções de Uma Variável Complexa

O aberto de convergência da série (9-151) é definido em (9-152), isto é, e o *exterior* de um círculo. Pode acontecer que $r_1^* = 0$; nesse caso, a série converge para todo z, exceto z_0 ; se $r_1^* = \infty$, a série diverge para todo z (exceto $z = \infty$, como acima).

Se juntarmos a uma série (9-151) uma série de potências positivas de $z - z_0$,

$$\sum_{n=0}^{\infty} a_n(z-z_0)^n = a_0 + a_1(z-z_0) + \cdots,$$

convergindo para $|z-z_0| < r_2^*$, obtemos uma soma

$$\sum_{n=0}^{\infty} \frac{b_n}{(z-z_0)^n} + \sum_{n=0}^{\infty} a_n(z-z_0)^n. \qquad (9\text{-}153)$$

Se $r_1^* < r_2^*$ a soma converge e representa uma função analítica $f(z)$ em uma *coroa*:

$$r_1^* < |z-z_0| < r_2^*,$$

como se vê na Fig. 9-26; cada série tem uma soma que é analítica nesse aberto, de modo que a soma das duas é analítica aí. Mudando os índices, podemos escrever essa soma numa forma mais compacta:

$$f(z) = \sum_{n=-\infty}^{\infty} a_n(z-z_0)^n, \qquad (9\text{-}154)$$

embora isso deva ser sempre interpretado como soma de duas séries como em (9-153).

Figura 9-26. Teorema de Laurent

Dessa maneira, construímos uma nova classe de funções analíticas, cada uma definida numa coroa. Toda função analítica num tal aberto pode ser obtida desta maneira:

Teorema 42. (*Teorema de Laurent*). Seja $f(z)$ analítica na coroa $R_1 < |z-z_0| < R_2$. Então

$$f(z) = \sum_{n=-\infty}^{\infty} a_n(z-z_0)^n = [a_0 + a_1(z-z_0) + \cdots] + \left[\frac{a_{-1}}{z-z_0} + \frac{a_{-2}}{(z-z_0)^2} + \cdots\right],$$

617

Cálculo Avançado

onde

$$a_n = \frac{1}{2\pi i} \oint_C \frac{f(z)}{(z-z_0)^{n+1}} \, dz \qquad (9\text{-}155)$$

e C é qualquer curva simples fechada que separe $|z-z_0| = R_1$ de $|z-z_0| = R_2$. A série converge uniformemente para $R_1 < k_1 \leqq |z-z_0| \leqq k_2 < R_2$.

Demonstração. Para simplificar, tomemos $z_0 = 0$. Seja z_1 qualquer ponto da coroa e escolhamos r_1, r_2 de modo que $R_1 < r_1 < |z_1| < r_2 < R_2$, como na Fig. 9-26. Aplicamos então a fórmula integral de Cauchy na forma geral [(9-126) acima] à região limitada por $C_1 : |z| = r_1$ e $C_2 : |z| = r_2$. Portanto

$$f(z_1) = \frac{1}{2\pi i} \oint_{C_2} \frac{f(z)}{z-z_1} \, dz - \frac{1}{2\pi i} \oint_{C_1} \frac{f(z)}{z-z_1} \, dz. \qquad (9\text{-}156)$$

O primeiro têrmo pode ser substituído por uma série de potências

$$\sum_{n=0}^{\infty} a_n z_1^n, \quad a_n = \frac{1}{2\pi i} \oint_{C_2} \frac{f(z)}{z^{n+1}} \, dz,$$

como na prova do Teorema 38 (Sec. 9-21). Para o segundo, a expansão

$$\frac{1}{z-z_1} = -\frac{1}{z_1}\left(\frac{1}{1-\dfrac{z}{z_1}}\right) = -\frac{1}{z_1} - \frac{z}{z_1^2} - \frac{z^2}{z_1^3} \cdots,$$

válida para $|z_1| > |z| = r_1$, leva analogamente à série

$$\sum_{n=1}^{\infty} \frac{b_n}{z_1^n} = \sum_{n=-\infty}^{-1} a_n z_1^n, \quad a_n = \frac{1}{2\pi i} \oint_{C_1} \frac{f(z)}{z^{n+1}} \, dz.$$

Logo,

$$f(z_1) = \sum_{n=-\infty}^{\infty} a_n z_1^n, \quad a_n = \frac{1}{2\pi i} \oint_C \frac{f(z)}{z^{n+1}} \, dz;$$

os caminhos C_2 ou C_1 podem ser substituídos por qualquer C separando $|z| = R_1$ de $|z| = R_2$, pois a função integrada é analítica na coroa. A convergência uniforme é provada como para séries de potências comuns (Teorema 31, Sec. 9-18). O teorema está provado.

O teorema de Laurent é ainda válido quando $R_1 = 0$ ou $R_2 = \infty$ ou ambos. No caso $R_1 = 0$, o desenvolvimento de Laurent representa uma função $f(z)$ analítica numa *vizinhança reduzida* de z_0, isto é, num disco $|z-z_0| < R_2$ menos o centro z_0. Se $R_2 = \infty$ podemos dizer, analogamente, que a série representa $f(z)$ numa *vizinhança reduzida* de $z = \infty$.

618

Observação. O teorema de Laurent não fornece um desenvolvimento de Laurent para $\log z$ numa coroa: $R_1 < |z| < R_2$, pois $\log z$ não pode ser definido como função analítica numa tal coroa.

9-24. SINGULARIDADES ISOLADAS DE UMA FUNÇÃO ANALÍTICA. ZEROS E PÓLOS.

Seja $f(z)$ definida e analítica no aberto D. Dizemos que $f(z)$ tem uma *singularidade isolada* no ponto z_0 se $f(z)$ é analítica numa vizinhança de z_0, exceto no próprio ponto z_0. O ponto z_0 é então um ponto de fronteira de D, que seria um *ponto de fronteira isolado* (ver Fig. 9-27).

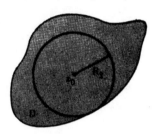

Figura 9-27. Singularidade isolada

Uma vizinhança reduzida $0 < |z - z_0| < R$ é um caso especial do aberto anular em que se aplica o teorema de Laurent. Portanto, nessa vizinhança reduzida, $f(z)$ tem uma representação em série de Laurent:

$$f(z) = \sum_{n=-\infty}^{+\infty} a_n (z - z_0)^n.$$

A forma dessa série leva a uma classificação das singularidades isoladas em três tipos fundamentais:

Caso I. Não aparecem potências negativas de $z - z_0$. Nesse caso, a série é uma série de Taylor e representa uma função analítica numa vizinhança de z_0. Assim a singularidade pode ser removida pondo $f(z_0) = a_0$. Chamamos isso de uma *singularidade removível* de $f(z)$. Como exemplo, temos

$$\frac{\operatorname{sen} z}{z} = 1 - \frac{z^2}{3!} + \frac{z^4}{5!} \cdots$$

em $z = 0$. Na prática, sempre se remove automaticamente a singularidade definindo a função de modo conveniente.

Caso II. Só aparece um número finito de potências negativas de $z - z_0$. Então, tem-se

$$f(z) = \frac{a_{-N}}{(z-z_0)^N} + \cdots + \frac{a_{-1}}{z-z_0} + a_0 + \cdots + a_n(z-z_0)^n + \cdots \quad (9\text{-}157)$$

com $N \geq 1$ e $a_{-N} \neq 0$. Dizemos, nesse caso, que $f(z)$ tem um *pólo de ordem N* em z_0. Podemos escrever

$$f(z) = \frac{1}{(z-z_0)^N} g(z), \quad g(z) = a_{-N} + a_{-N+1}(z-z_0) + \cdots, \quad (9\text{-}158)$$

Cálculo Avançado

de modo que $g(z)$ é analítica para $|z - z_0| < R_2$ e $g(z_0) \neq 0$. Reciprocamente, toda função $f(z)$ representável na forma (9-158) tem um pólo de ordem N em z_0. Exemplos de pólos obtêm-se considerando funções racionais de z como

$$\frac{z - 2}{(z^2 + 1)(z - 1)^3},$$

que tem pólos de ordem 1 em $\pm i$ e de ordem 3 em $z = 1$.

A função racional

$$\frac{a_{-N}}{(z - z_0)^N} + \cdots + \frac{a_{-1}}{z - z_0} = p(z) \qquad (9\text{-}159)$$

chama-se *parte principal* de $f(z)$ no pólo z_0. Assim, $f(z) - p(z)$ é analítica em z_0.

Caso III. *Aparecem infinitas potências negativas de* $z - z_0$. Nesse caso, dizemos que $f(z)$ tem *singularidade essencial* em z_0. Como exemplo, a função

$$f(z) = e^{1/z} = 1 + \frac{1}{z} + \frac{1}{2!}\frac{1}{z^2} + \frac{1}{3!}\frac{1}{z^3} + \cdots,$$

tem singularidade essencial em $z = 0$.

No caso I, $f(z)$ tem um limite finito em z_0 e, portanto, $|f(z)|$ é limitado numa vizinhança de z_0; isto é, existe uma constante M tal que $|f(z)| < M$ para z suficientemente próximo de z_0. No Caso II,

$$\lim_{z \to z_0} f(z) = \infty$$

e é costume atribuir o valor ∞ a $f(z)$ no pólo. Em uma singularidade essencial, $f(z)$ tem uma singularidade muito complicada; na verdade, para cada número complexo c, pode-se achar uma seqüência z_n convergindo a z_0 tal que

$$\lim_{n \to \infty} f(z_n) = c;$$

(ver Prob. 13 abaixo). Como os Casos I, II e III são mutuamente exclusivos, resulta que, se $|f(z)|$ é limitada perto de z_0, então z_0 tem de ser singularidade removível e, se $\lim f(z) = \infty$ em z_0, z_0 tem de ser um pólo.

Seja $f(z)$ analítica num ponto z_0 e seja $f(z_0) = 0$, de modo que z_0 é um zero de $f(z)$. A série de Taylor de f em z_0 tem a forma

$$f(z) = a_N(z - z_0)^N + a_{N+1}(z - z_0)^{N+1} + \cdots,$$

onde $N \geq 1$ e $a_N \neq 0$, ou, então, $f(z) \equiv 0$ numa vizinhança de z_0; veremos que, nesse caso, $f(z) \equiv 0$ em D se D é aberto conexo. Se $f(z)$ não é identicamente 0, então

$$f(z) = (z - z_0)^N h(z), \quad h(z) = a_N + a_{N+1}(z - z_0) + \cdots,$$
$$h(z_0) = \frac{f^{(N)}(z_0)}{N!} = a_N \neq 0.$$

Dizemos que $f(z)$ tem um zero de *ordem* N ou *multiplicidade* N em z_0. Por

Funções de Uma Variável Complexa

exemplo, $1 - \cos z$ tem um zero de ordem 2 em $z = 0$, pois

$$1 - \cos z = \frac{z^2}{2} - \frac{z^4}{4} + \cdots$$

Se $f(z)$ tem um zero de ordem N em z_0, então

$$F(z) = \frac{1}{f(z)}$$

tem um pólo de ordem N em z_0 e reciprocamente. Isso porque, se f tem um zero de ordem N, então

$$f(z) = (z - z_0)^N h(z)$$

como acima, como $h(z_0) \neq 0$. Resulta, pela continuidade, que $h(z) \neq 0$ numa vizinhança de z_0. Logo, $g(z) = 1/h(z)$ é analítica nessa vizinhança e $g(z_0) \neq 0$. Agora, nessa vizinhança menos z_0,

$$F(z) = \frac{1}{f(z)} = \frac{1}{(z - z_0)^N h(z)} = \frac{g(z)}{(z - z_0)^N},$$

de modo que F tem um pólo em z_0. A recíproca é provada do mesmo modo.

Resta considerar o caso em que $f \equiv 0$ numa vizinhança de z_0, o que é feito pelo teorema que segue.

Teorema 43. *Os zeros de uma função analítica num aberto conexo são isolados, a menos que a função seja identicamente nula; isto é, se $f(z)$ é analítica no aberto D e $f(z)$ não é identicamente nula, então, para cada z_0 de $f(z)$, existe uma vizinhança reduzida de z_0 em que $f(z) \neq 0$.*

Demonstração. Denotemos por E_1, o conjunto dos pontos z_1 em D para os quais $f(z) \equiv 0$ numa vizinhança de z_1; denotemos por E_2 o resto de D. Suponhamos que nem E_1 nem E_2 seja igual a D. E_1 é um conjunto aberto pela sua própria definição (Sec. 2-2).

O conjunto E_2 também é aberto. Seja z_2 em E_2. Se $f(z_2) = 0$, então, como acima, $f(z) = (z - z_2)^N h(z)$, onde $h(z)$ é analítica em z_2 e $h(z_2) \neq 0$. Resulta da continuidade de $h(z)$ que $h(z) \neq 0$ em alguma vizinhança de z_2. Logo, $f(z) \neq 0$ nessa vizinhança, exceto em z_2, e todo ponto da vizinhança pertence a E_2. Analogamente, se $f(z_2) \neq 0$ então $f(z) \neq 0$ numa vizinhança de z_2 e todo ponto da vizinhança pertence a E_2. Logo, E_2 é aberto.

Assim, D decompõe-se em dois conjuntos abertos E_1, E_2 sem pontos comuns. Como se viu na Sec. 2-2, isso é impossível. Logo, ou E_1 é D todo, isto é, $f(z) \equiv 0$, ou E é D todo e, então, cada zero de f é isolado.

9-25. O ∞ COMPLEXO. Várias vezes introduzimos, entre os complexos, o ∞ em processos de passagem ao limite. Por exemplo, na discussão de pólos na seção precedente. Em cada caso, o ∞ aparece de modo natural como posição-limite de um ponto que se afasta indefinidamente da origem. Podemos incorporar esse elemento no sistema de números complexos com regras espe-

621

Cálculo Avançado

ciais de cálculo:

$$\frac{z}{\infty} = 0 \ (z \neq \infty), \quad z \pm \infty = \infty \ (z \neq \infty), \quad \frac{z}{0} = \infty \ (z \neq 0),$$

$$z \cdot \infty = \infty \ (z \neq 0), \quad \frac{\infty}{z} = \infty \ (z \neq \infty). \tag{9-160}$$

Expressões como $\infty + \infty$, $\infty - \infty$, ∞/∞ não são definidas.

Dizemos que uma função $f(z)$ é analítica numa vizinhança reduzida do ∞ se $f(z)$ é analítica para $|z| > R_1$ para algum R_1. Nesse caso, vale um desenvolvimento de Laurent com $R_2 = \infty$ e $z_0 = 0$ e tem-se

$$f(z) = \sum_{n=-\infty}^{\infty} a_n z^n, \quad |z| > R_1.$$

Se não aparecem potências *positivas* de z aqui, dizemos que $f(z)$ tem uma *singularidade removível* no ∞ e tornamos f analítica no ∞ definindo $f(\infty) = a_0$:

$$f(z) = a_0 + \frac{a_{-1}}{z} + \cdots + \frac{a_{-n}}{z^n} + \cdots, \quad |z| > R_1 ;$$

$$f(\infty) = a_0. \tag{9-161}$$

Isso claramente equivale à afirmação de que, se fizermos $z_1 = 1/z$, então $f(z)$ torna-se uma função de z_1 com singularidade removível em $z_1 = 0$.

Se aparece um número finito de potências positivas tem-se, para $N \geqq 1$,

$$f(z) = a_N z^N + \cdots + a_1 z + a_0 + \frac{a_{-1}}{z} + \cdots,$$

$$= z^N h(z), \qquad h(z) = a_N + \frac{a_{N-1}}{z} + \cdots, \tag{9-162}$$

onde $h(z)$ é analítica no ∞ e $h(\infty) = a_N \neq 0$. Nesse caso, dizemos que $f(z)$ tem um *pólo de ordem N no* ∞. O mesmo vale para $f(1/z_1)$ em $z_1 = 0$. Além disso,

$$\lim_{z \to \infty} f(z) = \infty \tag{9-163}$$

Se aparecem infinitas potências positivas, dizemos que $f(z)$ tem uma *singularidade essencial* no ∞.

Se $f(z)$ é analítica no ∞ como em (9-161) e $f(\infty) = a_0 = 0$, então dizemos que $f(z)$ tem um *zero no* ∞. Se f não é identicamente zero, então algum $a_{-N} \neq 0$ e

$$f(z) = \frac{a_{-N}}{z^N} + \frac{a_{-N-1}}{z^{N+1}} + \cdots, \quad |z| > R_1$$

$$= \frac{1}{z^N} g(z), \quad g(z) = a_{-N} + \frac{a_{-N-1}}{z} + \cdots \tag{9-164}$$

Assim, $g(z)$ é analítica no ∞ com $g(\infty) = a_{-N} \neq 0$. Dizemos que $f(z)$ tem um zero de ordem (ou multiplicidade) N no ∞. Podemos então mostrar que, se

622

$f(z)$ tem um zero de ordem N no ∞, então $1/f(z)$ tem um pólo de ordem N no ∞ e reciprocamente.

O significado do elemento ∞ pode ser apresentado geometricamente usando a *projeção estereográfica*, isto é, uma projeção do plano numa esfera tangente ao plano $z = 0$, como se vê na Fig. 9-28.

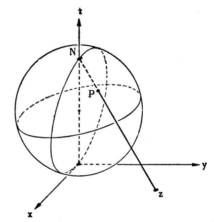

Figura 9-28. Projeção estereográfica

A esfera é dada no espaço xyt pela equação

$$x^2 + y^2 + \left(t - \frac{1}{2}\right)^2 = \frac{1}{4}, \tag{9-165}$$

de modo que o raio é $\frac{1}{2}$. N denota o "pólo norte" da esfera, o ponto $(0, 0, 1)$. Se unirmos N a um ponto arbitrário z do plano xy, o segmento Nz encontrará a esfera em um outro ponto P, que é a projeção de z sobre a esfera. Por exemplo, os pontos do círculo $|z| = 1$ projetam-se no "equador" da esfera, isto é, no círculo máximo: $t = \frac{1}{2}$. Quando z afasta-se indefinidamente da origem, P aproxima-se de N como posição-limite. Assim, N corresponde ao ∞.

Chama-se o plano z mais o ∞ de *plano z estendido*. Quando queremos frisar que o ∞ *não* está incluído, falamos em *plano dos z finitos*.

PROBLEMAS

1. Prove a validade do *desenvolvimento binomial*

$$(1 + z)^m = 1 + \frac{m}{1}z + \frac{m(m-1)}{1 \cdot 2}z^2 + \cdots + \frac{m(m-1)\cdots(m-n+1)}{n!}z^n + \cdots$$

para $|z| < 1$, onde m é um número complexo arbitrário e foi escolhido o valor principal de $(1 + z)^m$.

2. Desenvolva em série de Laurent ou Taylor como indicado:

    (a) $\dfrac{1}{z-2}$ para $|z| < 2$ $\left[\text{Sugestão: } \dfrac{1}{z-2} = \dfrac{-1}{2\left(1 - \dfrac{z}{2}\right)}\right]$

Cálculo Avançado

(b) $\dfrac{1}{z-2}$ para $|z| > 2$ $\left[Sugestão; \; \dfrac{1}{z-2} = \dfrac{1}{z\left(1-\dfrac{2}{z}\right)}. \right];$

(c) $\dfrac{1}{(z-1)(z-2)}$ para $|z| < 1$ [Sugestão: use frações parciais.]

(d) $\dfrac{1}{(z-1)(z-2)}$ para $1 < |z| < 2$;

(e) $\dfrac{1}{(z-1)^2}$ para $|z| < 1$ [Sugestão: use Prob. 1.];

(f) $\dfrac{1}{(z-1)^2}$ para $|z| > 1$. $\left[Sugestão: \; \dfrac{1}{(z-1)^2} = \dfrac{1}{z^2\left(1-\dfrac{1}{z}\right)^2}. \right];$

(g) $\dfrac{1}{(z-a)^m}$ para $|z| < |a|$, $\quad m = 1, 2, \ldots$;

(h) $\dfrac{1}{(z-a)^m}$ para $|z| > |a|$, $\quad m = 1, 2, \ldots$

3. Desenvolva em série de Laurent na singularidade isolada dada e diga qual o tipo de singularidade:

(a) $\dfrac{e^z}{z}$ em $z = 0$;

(b) $\dfrac{1 - \cos z}{z}$ em $z = 0$;

(c) $\dfrac{1}{z(z-1)^2}$ em $z = 1$ [Sugestão: ponha $z_1 = z - 1$ e desenvolva em $z_1 = 0$.];

(d) $\operatorname{cosec} z$ em $z = 0$ $\left[Sugestão: \; \operatorname{cosec} z = \dfrac{1}{\operatorname{sen} z} = \dfrac{1}{z - \dfrac{z^3}{3!} + \cdots}. \right.$

Logo, há um pólo de primeira ordem em $z = 0$. Agora ponha $\operatorname{cosec} z = \dfrac{1}{z - \dfrac{z^3}{3!} + \cdots} = \dfrac{a_{-1}}{z} + a_0 + a_1 z + \cdots$ e determine os coeficientes a_{-1},

$a_0, \ldots$ de modo que

$$1 = \left(z - \dfrac{z^3}{3!} + \cdots \right)\left(\dfrac{a_{-1}}{z} + a_0 + \cdots \right). \Bigg];$$

(e) $\operatorname{cosec} z$ em $z = \pi$; [Sugestão: faça $z_1 = z - \pi$ e continue como em (d).]

(f) $\operatorname{cotg} z$ em $z = 0$.

624

Funções de Uma Variável Complexa

4. Seja $f(z)$ analítica para $|z| < R$ exceto para pólos em $z_1, \ldots, z_k$. Seja $p_1(z)$ a parte principal de $f(z)$ em z_1, $p_2(z)$ a parte principal em z_2, etc.

(a) Mostre que $f(z) - p_1(z) - p_2(z) - \cdots - p_k(z)$ é analítica para $|z| < R$ a menos de singularidades removíveis, e pode ser representada por uma série de Taylor:

$$f(z) - p_1(z) - \cdots - p_k(z) = \sum_{n=0}^{\infty} a_n z^n, \quad |z| < R.$$

(b) Seja R_1 o máximo de $|z_1|, \cdots, |z_k|$, de modo que $f(z)$ é analítica para $R_1 < |z| < R$. Mostre que o desenvolvimento de Laurent de $f(z)$ nessa coroa é dado por

$$f(z) = \sum_{n=-\infty}^{\infty} a_n z^n, \quad R_1 < |z| < R,$$

onde os termos $a_0 + a_1 z + \cdots$ são obtidos como na parte (a) e

$$p_1(z) + \cdots + p_k(z) = \sum_{n=-\infty}^{-1} a_n z^n$$

é a expansão de Laurent de $p_1(z) + \cdots + p_k(z)$ no ∞.

5. Desenvolva $\operatorname{cosec} z$ em série de Laurent para $\pi < |z| < 2\pi$. [*Sugestão:* proceda como no Prob. 3(d) e (e) para achar as partes principais $p_1(z)$, $p_2(z)$, $p_3(z)$ em 0, π, $-\pi$, respectivamente. Faça

$$\frac{1}{\operatorname{sen} z} - p_1(z) - p_2(z) - p_3(z) = \sum_{n=0}^{\infty} a_n z^n$$

como no Prob. 4(a) e determine $a_0, a_1, \ldots$ de modo que isso seja uma identidade; isso exige eliminar os denominadores e substituição de $\operatorname{sen} z$ por $z - (z^3/3!) + \cdots$ Agora proceda como no Prob. 4(b).]

6. Desenvolva em série de Laurent na coroa dada:

(a) $\sec z$, $\quad \frac{1}{2}\pi < |z| < \frac{3}{2}\pi$;

(b) $\dfrac{z}{z^2 - 1}$, $\quad 1 < |z - 2| < 3$ [*Sugestão:* faça $z_1 = z - 2$.];

(c) $\dfrac{e^z}{z - 1}$, $\quad |z| > 1$.

7. Sejam $A(z)$ e $B(z)$ analíticas em $z = z_0$; seja $A(z_0) \neq 0$ e suponha que $B(z)$ tem um zero de ordem N em z_0 de modo que

$$f(z) = \frac{A(z)}{B(z)} = \frac{a_0 + a_1(z - z_0) + \cdots}{b_N(z - z_0)^N + b_{N+1}(z - z_0)^{N+1} + \cdots}$$

625

Cálculo Avançado

tem um pólo de ordem N em z_0. Mostre que a parte principal de $f(z)$ em z_0 é

$$\frac{a_0}{b_N}\frac{1}{(z-z_0)^N} + \frac{a_1 b_N - a_0 b_{N+1}}{b_N^2}\frac{1}{(z-z_0)^{N-1}} + \cdots$$

e obtenha o termo seguinte explicitamente. [*Sugestão:* faça

$$\frac{a_0 + a_1(z-z_0) + \cdots}{b_N(z-z_0)^N + b_{N+1}(z-z_0)^{N+1} + \cdots} = \frac{c_{-N}}{(z-z_0)^N} + \frac{c_{-N+1}}{(z-z_0)^{N-1}} + \cdots,$$

multiplique pelos denominadores e resolva para c_{-N}, $c_{-N+1}, \ldots$]

8. Ache as partes principais nos pontos indicados, usando o resultado do Prob. 7:

(a) $\operatorname{cosec} z$ em $z = 0$ (c) $\operatorname{tg} z$ em $z = \dfrac{\pi}{2}$ (e) $\dfrac{z}{(z^4 - 1)^2}$ em $z = i$

(b) $\operatorname{cosec} z$ em $z = \pi$ (d) $\dfrac{z}{z^2 + 1}$ em $z = i$ (f) $\operatorname{tg}^2 z$ em $z = \dfrac{\pi}{2}$.

9. Seja $f(z)$ uma função racional expressa em forma mais simples por

$$f(z) = \frac{a_0 z^n + a_1 z^{n-1} + \cdots + a_n}{b_0 z^m + b_1 z^{m-1} + \cdots + b_m}.$$

O *grau d* de $f(z)$ é definido como sendo o máximo entre m e n. Assumindo o teorema fundamental da álgebra, mostre que $f(z)$ tem precisamente d zeros e d pólos no plano z estendido, um pólo ou zero de ordem N sendo contado como N pólos ou zeros.

10. Ache todos os zeros e pólos no plano z estendido (conforme Prob. 9):

(a) $\dfrac{z^2 - 1}{z^2 + 1}$ (c) $\dfrac{(z-1)^2(z+2)^3}{z}$

(b) $\dfrac{z - 1}{z^3 + 1}$ (d) $\dfrac{1}{(z-1)^3}$.

11. Suponha que $z_1 = x_1 + iy_1$ projeta-se no ponto (x, y, t) sob a projeção estereográfica descrita acima. Mostre que

(a) $x = \dfrac{x_1}{1 + x_1^2 + y_1^2}$, $y = \dfrac{y_1}{1 + x_1^2 + y_1^2}$, $t = \dfrac{x_1^2 + y_1^2}{1 + x_1^2 + y_1^2}$;

(b) um círculo no plano z_1 projeta-se num círculo;

(c) $\bar{z}_1$ projeta-se em $(x, -y, t)$, $-z_1$ projeta-se em $(-x, -y, t)$, $-1/\bar{z}_1$ projeta-se no ponto diametralmente oposto a (x, y, t).

12. Prove o *teorema de Riemann: se $f(z)$ é limitada numa vizinhança reduzida de uma singularidade isolada z_0, então z_0 é uma singularidade removível de $f(z)$.* [*Sugestão:* proceda como no Prob. 7 seguinte à Sec. 9-21, usando (9-155) para mostrar que $a_n = 0$ para $n < 0$.]

Funções de Uma Variável Complexa

13. Prove o *teorema de Weierstrass e Casorati: se z_0 é uma singularidade essencial de $f(z)$, c é um número complexo arbitrário, e $\varepsilon > 0$, então $|f(z) - c| < \varepsilon$ para algum z em qualquer vizinhança de z_0.* [*Sugestão:* se não for verdadeira a propriedade, então $1/[f(z) - c]$ é analítica e limitada em valor absoluto numa vizinhança reduzida de z_0. Agora aplique o Prob. 12 e conclua que f tem um pólo ou singularidade removível em z_0.]

RESPOSTAS

2. (a) $-\sum\limits_{n=0}^{\infty} \dfrac{z^n}{2^{n+1}}$, (b) $\sum\limits_{n=0}^{\infty} \dfrac{2^n}{z^{n+1}}$, (c) $\sum\limits_{n=0}^{\infty} z^n \left(1 - \dfrac{1}{2^{n+1}}\right)$,

   (d) $-\sum\limits_{n=0}^{\infty} \dfrac{z^n}{2^{n+1}} - \sum\limits_{n=1}^{\infty} \dfrac{1}{z^n}$, (e) $\sum\limits_{n=0}^{\infty} (n+1)z^n$, (f) $\sum\limits_{n=2}^{\infty} \dfrac{n-1}{z^n}$,

   (g) $\dfrac{1}{(-a)^m}\left[1 + \sum\limits_{n=1}^{\infty} \dfrac{m(m+1)\cdots(m+n-1)}{n!} \dfrac{z^n}{a^n}\right]$,

   (h) $\dfrac{1}{z^m} + \sum\limits_{n=1}^{\infty} \dfrac{m(m+1)\cdots(m+n-1)}{n!} \dfrac{a^n}{z^{m+n}}$.

3. (a) $\sum\limits_{n=0}^{\infty} \dfrac{z^{n-1}}{n!}$, pólo de ordem 1;

   (b) $\sum\limits_{n=1}^{\infty} \dfrac{(-1)^{n-1}}{(2n)!} z^{2n-1}$, removível;

   (c) $\sum\limits_{n=0}^{\infty} (-1)^n (z-1)^{n-2}$, pólo de ordem 2;

   (d) $\dfrac{1}{z} + \dfrac{1}{6} z + \dfrac{7}{300} z^3 + \cdots$, pólo de ordem 1;

   (e) $-\dfrac{1}{z-\pi} - \dfrac{1}{6}(z-\pi) - \dfrac{7}{360}(z-\pi)^3 + \cdots$, pólo de ordem 1;

   (f) $\dfrac{1}{z} - \dfrac{1}{3} z - \dfrac{1}{45} z^3 + \cdots$, pólo de ordem 1.

5. $-\dfrac{1}{z} - 2\sum\limits_{n=1}^{\infty} \dfrac{\pi^{2n}}{z^{2n+1}} + \left(\dfrac{1}{6} - \dfrac{2}{\pi^2}\right)z + \left(\dfrac{7}{360} - \dfrac{2}{\pi^4}\right)z^3 + \cdots$.

6. (a) $-\pi\sum\limits_{n=0}^{\infty} \dfrac{\pi^{2n}}{4^n z^{2n+2}} + 1 - \dfrac{4}{\pi} + \left(\dfrac{1}{2} - \dfrac{16}{\pi^3}\right)z^2 + \cdots$,

   (b) $\dfrac{1}{2}\sum\limits_{n=1}^{\infty} \dfrac{(-1)^{n+1}}{(z-2)^n} + \dfrac{1}{6}\sum\limits_{n=0}^{\infty} \dfrac{(-1)^n}{3^n}(z-2)^n$,

   (c) $\sum\limits_{n=0}^{\infty} \left[e - \left(1 + 1 + \dfrac{1}{2!} + \cdots + \dfrac{1}{n!}\right)\right]z^n + e\sum\limits_{n=1}^{\infty} \dfrac{1}{z^n}$.

7. $\dfrac{a_2 b_N^2 - a_1 b_N b_{N+1} - a_0 b_{N+2} b_N + a_0 b_{N+1}^2}{b_N^3 (z-z_0)^{N-2}}$.

627

8. (a) $\dfrac{1}{z}$, (b) $\dfrac{-1}{z-\pi}$, (c) $-\dfrac{1}{z-\frac{1}{2}\pi}$, (d) $\dfrac{1}{2i}\dfrac{1}{z-i}$,

(e) $\dfrac{-i}{16}\dfrac{1}{(z-i)^2}+\dfrac{1}{8}\dfrac{1}{z-i}$, (f) $\dfrac{1}{(z-\frac{1}{2}\pi)^2}$.

10. Zeros: (a) ± 1, (b) $1, \infty, \infty$, (c) $1, 1, -2, -2, -2$, (d) ∞, ∞, ∞; pólos: (a) $\pm i$, (b) $-1, \frac{1}{2} \pm \frac{1}{2}\sqrt{3}i$, (c) $0, \infty, \infty, \infty, \infty$, (d) $1, 1, 1$.

9-26. RESÍDUOS. Seja $f(z)$ analítica num aberto conexo D excetuada uma singularidade isolada num ponto finito z_0 em D. A integral

$$\oint_C f(z)\,dz$$

não será, em geral, 0 num caminho simples fechado em D. No entanto a integral terá o mesmo valor em todas as curvas C que têm z_0 no interior e mais nenhuma outra singularidade de f. Esse valor, dividido por $2\pi i$, chama-se *resíduo* de f em z_0 e é denotado por $\operatorname{Res}[f(z), z_0]$. Assim,

$$\operatorname{Res}[f(z), z_0] = \frac{1}{2\pi i}\oint_C f(z)\,dz \quad (z_0 \text{ finito}), \tag{9-166}$$

onde a integral é estendida a qualquer caminho simples fechado C em D dentro do qual $f(z)$ é analítica exceto em z_0 (Fig. 9-29).

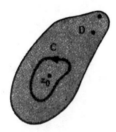

Figura 9-29. Resíduo

Teorema 44. *O resíduo de $f(z)$ num ponto finito z_0 é dado pela equação*

$$\operatorname{Res}[f(z), z_0] = a_{-1}, \tag{9-167}$$

onde

$$f(z) = \cdots + \frac{a_{-N}}{(z-z_0)^N} + \cdots + \frac{a_{-1}}{z-z_0} + a_0 + a_1(z-z_0) + \cdots \tag{9-168}$$

é o desenvolvimento de Laurent de $f(z)$ em z_0.

Demonstração. Para calcular a integral (9-166), escolhemos como C um círculo $|z_0 - z_0| = k$ em D que não contenha outra singularidade além de z_0. A série de Laurent converge uniformemente sobre C, pelo Teorema 42; logo, pode-se integrar (9-168) termo a termo. Mas

$$\oint \frac{1}{(z-z_0)^n} dz = \int_0^{2\pi} \frac{kie^{i\theta}}{k^n e^{ni\theta}} d\theta = \begin{cases} 0, & n \neq 1 \\ 2\pi i, & n = 1 \end{cases},$$

de modo que

$$\oint_C f(z)\, dz = 2\pi i a_{-1}$$

Deve-se observar que essa relação é o caso $n = -1$ de (9-155).

Exemplo 1. $\operatorname{Res}\left[\dfrac{1}{z^2(z-1)}, 0\right] = -1$, pois

$$\frac{1}{z^2(z-1)} = -\frac{1}{z^2} - \frac{1}{z} - 1 - \cdots - z^n - \cdots, \quad 0 < |z| < 1.$$

Exemplo 2. $\operatorname{Res}\left[\dfrac{1}{z^2(z^2-1)}, 0\right] = 0$, pois

$$\frac{1}{z^2(z^2-1)} = -\frac{1}{z^2} - 1 - z^2 - \cdots - z^{2n} - \cdots, \quad 0 < |z| < 1.$$

Assim o resíduo pode ser 0, ainda que $f(z)$ tenha singularidade não-removível em z_0.

Se C é um caminho simples fechado em D, no interior do qual $f(z)$ é analítica exceto por singularidade isoladas em $z_1, \ldots, z_k$, então, pelo Teorema 36,

$$\oint_C f(z)\, dz = \oint_{C_1} f(z)\, dz + \cdots + \oint_{C_k} f(z)\, dz,$$

onde C_1 só rodeia a singularidade z_1, C_2 só $z_2, \ldots$ como na Fig. 9-30. Tem-se então o seguinte teorema básico:

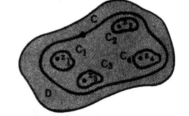

Figura 9-30. Teorema dos resíduos de Cauchy

Teorema 45. (*Teorema dos resíduos de Cauchy*). *Se $f(z)$ é analítica em D, e C é um caminho simples fechado em D no interior do qual $f(z)$ é analítica, exceto por singularidades isoladas em $z_1, \ldots, z_k$, então*

$$\oint_C f(z)\, dz = 2\pi i \{\operatorname{Res}[f(z), z_1] + \cdots + \operatorname{Res}[f(z), z_k]\}. \qquad (9\text{-}169)$$

Cálculo Avançado

Esse teorema permite o cálculo rápido de integrais em caminhos fechados sempre que seja possível calcular o coeficiente a_{-1} do desenvolvimento de Laurent em cada singularidade dentro do caminho. Várias técnicas para obter o desenvolvimento de Laurent foram exemplificadas nos problemas que precedem esta seção. No entanto, se queremos só o termo em $(z - z_0)^{-1}$ do desenvolvimento, várias simplificações são possíveis. Damos algumas regras aqui:

Regra I. *Num pólo simples z_0* (isto é, pólo de primeira ordem),
$$\text{Res}\left[f(z), z_0 \right] = \lim_{z \to z_0} (z - z_0) f(z).$$

Regra II. *Num pólo z_0 de ordem N, $(N = 2, 3, \ldots)$*
$$\text{Res}\left[f(z), z_0 \right] = \lim_{z \to z_0} \frac{g^{(N-1)}(z)}{(N-1)!},$$
onde $g(z) = (z - z_0)^N f(z)$.

Regra III. *Se $A(z)$ e $B(z)$ são analíticas numa vizinhança de z_0, $A(z_0) \neq 0$ e $B(z)$ tem um zero em z_0 de ordem 1, então*
$$f(z) = \frac{A(z)}{B(z)}$$
tem um pólo de primeira ordem em z_0 e
$$\text{Res}\left[f(z), z_0 \right] = \frac{A(z_0)}{B'(z_0)}.$$

Regra IV. *Se $A(z)$ e $B(z)$ são como na Regra III mas tendo $B(z)$ um zero de segunda ordem em z_0, de modo que $f(z)$ tem um pólo de segunda ordem em z_0, então*
$$\text{Res}\left[f(z), z_0 \right] = \frac{6A'B'' - 2AB'''}{3B''^2}, \tag{9-170}$$
onde A e as derivadas A', B'', B''' são calculadas em z_0.

Demonstração das regras. Suponhamos que f tem um pólo de ordem N:
$$f(z) = \frac{1}{(z - z_0)^N} \left[a_{-N} + a_{-N+1}(z - z_0) + \cdots \right] = \frac{1}{(z - z_0)^N} g(z),$$
onde
$$g(z) = (z - z_0)^N f(z), \quad g(z_0) = a_{-N},$$
e g é analítica em z_0. O coeficiente de $(z - z_0)^{-1}$ na série de Laurent de $f(z)$ é o coeficiente de $(z - z_0)^{N-1}$ na série de Taylor de $g(z)$. Esse coeficiente, que é o resíduo procurado, é
$$\frac{g^{(N-1)}(z_0)}{(N-1)!} = \lim_{z \to z_0} \frac{g^{(N-1)}(z)}{(N-1)!}.$$

630

Para $N = 1$, isso dá a Regra I; para $N = 2$, ou maior, a Regra II.

As Regras III e IV resultam da identidade

$$\frac{A(z)}{B(z)} = \frac{a_0 + a_1(z - z_0) + \cdots}{b_N(z - z_0)^N + b_{N+1}(z - z_0)^{N+1} + \cdots}$$

$$= \frac{a_0}{b_N} \frac{1}{(z - z_0)^N} + \frac{a_1 b_N - a_0 b_{N+1}}{b_N^2} \frac{1}{(z - z_0)^{N-1}} + \cdots$$

obtida no Prob. 7 acima. Para um pólo de primeira ordem, $N = 1$ e o resíduo é

$$\frac{a_0}{b_1} = \frac{A(z_0)}{B'(z_0)}.$$

Para um pólo de segunda ordem, $N = 2$ e o resíduo é

$$\frac{a_1 b_2 - a_0 b_3}{b_2^2}.$$

Como

$$a_0 = A(z_0), \quad a_1 = A'(z_0), \quad b_2 = \frac{B''(z_0)}{2!}, \quad b_3 = \frac{B'''(z_0)}{3!},$$

isso se reduz à expressão (9-170). Como foi indicado no Prob. 7, é fácil generalizar o método para tratar de um pólo de ordem três ou maior; também é fácil modificá-lo para cobrir o caso em que $A(z)$ tem um zero de ordem M em z_0, ao passo que $B(z)$ tem um zero de ordem N, e $N > M$ (ver Prob. 9 abaixo).

Exemplo 3.

$$\oint_{|z| = 2} \frac{z e^z}{z^2 - 1} dz = 2\pi i \{ \text{Res} \, [\, f(z), 1\,] + \text{Res} \, [\, f(z), -1\,] \}.$$

Como $f(z)$ tem pólos de primeira ordem em ± 1, resulta da Regra I

$$\text{Res} \, [\, f(z), 1\,] = \lim_{z \to 1} (z - 1) \cdot \frac{z e^z}{z^2 - 1} = \lim_{z \to 1} \frac{z e^z}{z + 1} = \frac{e}{2},$$

$$\text{Res} \, [\, f(z), -1\,] = \lim_{z \to -1} (z + 1) \cdot \frac{z e^z}{z^2 - 1} = \lim_{z \to -1} \frac{z e^z}{z - 1} = \frac{-e^{-1}}{-2}.$$

Portanto

$$\oint_{|z| = 2} \frac{z e^z}{z^2 - 1} dz = 2\pi i \left(\frac{e}{2} + \frac{e^{-1}}{2} \right) = 2\pi i \cosh 1.$$

Também poderíamos usar a Regra III:

$$\text{Res} \, [\, f(z), 1\,] = \frac{z e^z}{2z} \bigg|_{z = 1} = \frac{e}{2},$$

$$\text{Res} \, [\, f(z), -1\,] = \frac{z e^z}{2z} \bigg|_{= -1} = \frac{-e^{-1}}{-2}.$$

Cálculo Avançado

Isso é mais simples que a Regra I, pois, uma vez calculada a expressão

$$\frac{A(z)}{B'(z)},$$

ela serve para todos os pólos do tipo prescrito.

Exemplo 4.

$$\oint_{|z|=2} \frac{z}{z^4 - 1}\, dz = 2\pi i\{\text{Res}\,[\,f(z), 1\,] + \text{Res}\,[\,f(z), -1\,] + \text{Res}\,[\,f(z), i\,] + \text{Res}\,[\,f(z), -i\,]\}.$$

Todos os pólos são de primeira ordem. A Regra III dá

$$\frac{A(z)}{B'(z)} = \frac{z}{4z^3} = \frac{1}{4z^2}$$

como expressão para o resíduo em cada um dos quatro pontos. Além disso, $z^4 = 1$ em cada pólo, de modo que

$$\frac{1}{4z^2} = \frac{z^2}{4z^4} = \frac{z^2}{4}.$$

Portanto

$$\oint_{|z|=2} \frac{z}{z^4 - 1}\, dz = \frac{2\pi i}{4}[1 + 1 - 1 - 1] = 0.$$

Exemplo 5.

$$\oint_{|z|=2} \frac{e^z}{z(z-1)^2}\, dz = 2\pi i\{\text{Res}\,[\,f(z), 0\,] + \text{Res}\,[\,f(z), 1\,]\}.$$

No pólo de primeira ordem $z = 0$, por aplicação da Regra I, obtemos o resíduo 1. No pólo de segunda ordem $z = 1$, a Regra II dá

$$\text{Res}\,[\,f(z), 1\,] = \frac{d}{dz}\left(\frac{e^z}{z}\right)\bigg|_{z=1} = \frac{e^z(z-1)}{z^2}\bigg|_{z=1} = 0.$$

A Regra IV também poderia ser usada, com $A = e^z$, $B = z^3 - 2z^2 + z$:

$$\text{Res}\,[\,f(z), 1\,] = \frac{6e^z(6z-4) - 2e^z \cdot 6}{3(6z-4)^2}\bigg|_{z=1} = 0.$$

Logo,

$$\oint_{|z|=2} \frac{e^z}{z(z-1)^2}\, dz = 2\pi i(1 + 0) = 2\pi i.$$

Exemplo 6.

$$\oint_{|z|=2} \frac{\text{tg } z}{z} dz = 2\pi i \{ \text{Res} \left[f(z), \tfrac{1}{2}\pi \right] + \text{Res} \left[f(z), -\tfrac{1}{2}\pi \right] \},$$

pois a singularidade em $z = 0$ é removível e as únicas outras singularidades no interior do caminho são $\pm\tfrac{1}{2}\pi$. Nesses pontos cos z tem um zero de primeira ordem (pois sua derivada, $-$sen z, não é zero em nenhum deles), de modo que tg z tem um pólo de primeira ordem. A Regra I dá

$$\text{Res} \left[f(z), \tfrac{1}{2}\pi \right] = \lim_{z \to (1/2)\pi} \frac{(z - \tfrac{1}{2}\pi) \text{ tg } z}{z}.$$

Aqui nenhum cancelamento é possível, a menos que se usem séries:

$$\frac{(z - \tfrac{1}{2}\pi) \text{ tg } z}{z} = \frac{(z - \tfrac{1}{2}\pi) \text{ sen } z}{z \cos z} = \frac{(z - \tfrac{1}{2}\pi) \text{ sen } z}{z\left[-(z - \tfrac{1}{2}\pi) + \tfrac{1}{6}(z - \tfrac{1}{2}\pi)^3 + \cdots \right]} =$$

$$= \frac{\text{sen } z}{z\left[-1 + \tfrac{1}{6}(z - \tfrac{1}{2}\pi)^2 + \cdots \right]}.$$

Agora podemos tomar o limite e achamos

$$\text{Res} \left[f(z), \tfrac{1}{2}\pi \right] = \frac{1}{-\tfrac{1}{2}\pi}.$$

A Regra III daria, com $A = $ sen z, $B = z \cos z$,

$$\text{Res} \left[f(z), \tfrac{1}{2}\pi \right] = \left. \frac{\text{sen } z}{\cos z - z \text{ sen } z} \right|_{z = (1/2)\pi} = \frac{1}{-\tfrac{1}{2}\pi}.$$

Os dois métodos são essencialmente a mesma coisa aqui. No entanto, temos imediatamente

$$\text{Res} \left[f(z), -\tfrac{1}{2}\pi \right] = \left. \frac{\text{sen } z}{\cos z - z \text{ sen } z} \right|_{z = -(1/2)\pi} = \frac{-1}{-\tfrac{1}{2}\pi}.$$

Logo,

$$\oint_{|z|=2} \frac{\text{tg } z}{z} dz = 2\pi i \left(-\frac{2}{\pi} + \frac{2}{\pi} \right) = 0.$$

Esse exemplo mostra que a eficiência da Regra I e mais ainda a da Regra III diminuem muito se não é possível cancelamento. Vale a pena observar que, quando essa dificuldade aparece, pode-se obter o limite pelo procedimento familiar para "formas indeterminadas", como se vê no Prob. 11 abaixo.

633

9-27. **RESÍDUO NO INFINITO.** Seja $f(z)$ analítica para $|z| > R$. Define-se o *resíduo de* $f(z)$ *no* ∞ como segue:

$$\text{Res}\,[f(z), \infty] = \frac{1}{2\pi i} \oint_C f(z)\,dz,$$

onde a integral é tomada sobre um caminho simples fechado C, no domínio de analiticidade de f, *fora* do qual $f(z)$ não tem singularidade exceto no ∞, sendo C *percorrido em sentido negativo*. Isso está sugerido na Fig. 9-31. O Teorema 44 tem extensão imediata a esse caso:

Teorema 44(a). *O resíduo de* $f(z)$ *no* ∞ *é dado pela equação*

$$\text{Res}\,[f(z), \infty] = -a_{-1}, \qquad (9\text{-}171)$$

onde a_{-1} *é o coeficiente de* z^{-1} *no desenvolvimento de Laurent de* $f(z)$ *no* ∞:

$$f(z) = \cdots + \frac{a_{-n}}{z^n} + \cdots + \frac{a_{-1}}{z} + a_0 + a_1 z + \cdots. \qquad (9\text{-}172)$$

A demonstração é a mesma que a do Teorema 44, pois só o termo em z^{-1} contribui para a integral. Deve-se salientar que a presença de um resíduo no ∞ não tem relação com a presença de um pólo ou singularidade essencial no ∞; isto é, $f(z)$ pode ter um resíduo não-nulo, quer tenha quer não tenha pólo ou singularidade essencial. O pólo ou singularidade essencial no ∞ se deve a *potências positivas* de z, e não a potências negativas (Sec. 9-25). Assim, a função

$$e^{1/z} = 1 + \frac{1}{z} + \frac{1}{2!\,z^2} + \cdots$$

é analítica no ∞, mas tem resíduo -1 aí.

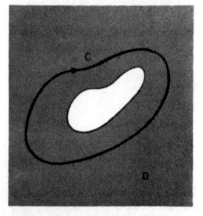

Figura 9-31. Resíduo no infinito

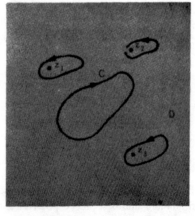

Figura 9-32. Teorema dos resíduos para o exterior

Funções de Uma Variável Complexa

O teorema dos resíduos de Cauchy também tem uma extensão para incluir o ∞:

Teorema 45(a). *Seja $f(z)$ analítica num aberto D que contém uma vizinhança reduzida do ∞. Seja C um caminho simples fechado em D fora do qual $f(z)$ é analítica exceto em singularidades isoladas $z_1, \ldots, z_k$. Então,*

$$\oint_C f(z)\, dz = 2\pi i \{\mathrm{Res}\,[f(z), z_1] + \cdots + \mathrm{Res}\,[f(z), z_k] + $$
$$+ \mathrm{Res}\,[f(z), \infty]\}. \qquad (9\text{-}173)$$

A prova, que é análoga à do Teorema 45, é deixada como exercício (Prob. 6 abaixo). Deve-se salientar que a integral sobre C é tomada com sentido de percurso *negativo* (ver Fig. 9-32) e que, no segundo membro, *deve ser incluído o resíduo no ∞.*

Para uma integral

$$\oint_C f(z)\, dz$$

sobre um caminho simples fechado C temos agora duas maneiras de calcular: a integral vale $2\pi i$ vezes a soma dos resíduos dentro do caminho (se houver apenas um número finito de singularidades aí), e também vale *menos* $2\pi i$ vezes a soma dos resíduos fora do caminho mais o resíduo no ∞ (desde que haja só um número finito de singularidades no exterior). Pode-se calcular a integral dos dois modos para verificar resultados. O princípio envolvido vai enunciado a seguir:

Teorema 46. *Se $f(z)$ é analítica no plano z estendido, excetuado um número finito de singularidades, então a soma de todos os resíduos de $f(z)$ (inclusive no ∞) é zero.*

Para calcular resíduos no ∞, pode-se formular um conjunto de regras como as que precedem. No entanto as duas regras seguintes bastam na maior parte das situações:

Regra V. *Se $f(z)$ tem um zero de primeira ordem no ∞, então*

$$\mathrm{Res}\,[f(z), \infty] = -\lim_{z \to \infty} zf(z).$$

Se $f(z)$ tem um zero de ordem maior ou igual a dois no ∞, o resíduo no ∞ é 0.

Regra VI. $\mathrm{Res}\,[f(z), \infty] = -\mathrm{Res}\left[\dfrac{1}{z^2} f\left(\dfrac{1}{z}\right), 0\right]$

A prova da Regra V fica como exercício (Prob. 10 abaixo). Para provar a VI, escrevemos

$$f(z) = \cdots + a_n z^n + \cdots + a_1 z + a_0 + \frac{a_{-1}}{z} + \frac{a_{-2}}{z^2} + \cdots, \quad |z| > R.$$

635

Cálculo Avançado

Então,

$$f\left(\frac{1}{z}\right) = \cdots + \frac{a_n}{z^n} + \cdots + \frac{a_1}{z} + a_0 + a_{-1}z + a_{-2}z^2 + \cdots, \quad 0 < |z| < \frac{1}{R},$$

$$\frac{1}{z^2}f\left(\frac{1}{z}\right) = \cdots + \frac{a_0}{z^2} + \frac{a_{-1}}{z} + a_{-2} + \cdots$$

Logo,

$$\text{Res}\left[\frac{1}{z^2}f\left(\frac{1}{z}\right), 0\right] = a_{-1},$$

e segue a regra. Esse resultado reduz o problema ao cálculo de um resíduo no 0, ao qual se aplicam as Regras I a IV.

Exemplo 1. Consideramos a integral

$$\oint_{|z|=2} \frac{z}{z^4 - 1}\, dz$$

do Ex. 4 da seção precedente. Não há singularidade fora do caminho a não ser no ∞, e no ∞ a função tem um zero de ordem 3; logo a integral vale 0.

Exemplo 2. $\displaystyle\oint_{|z|=2} \frac{1}{(z+1)^4(z^2-9)(z-4)}\, dz$. Aqui há um zero de ordem 4

dentro do caminho, no qual o cálculo do resíduo é desagradável. Fora, há pólos de primeira ordem em ± 3 e 4 e um zero de ordem 7 no ∞. Logo, pela Regra I.

$$\oint_{|z|=2} \frac{1}{(z+1)^4(z^2-9)(z-4)}\, dz = -2\pi i\left(\frac{1}{4^4 6(-1)} + \frac{1}{(-2)^4(-6)(-7)} + \frac{1}{5^4 \cdot 7}\right).$$

*9-28. RESÍDUOS LOGARÍTMICOS – O PRINCÍPIO DO ARGUMENTO.** Seja $f(z)$ analítica num aberto D. Então

$$\frac{f'(z)}{f(z)} \tag{9-174}$$

é analítica em D exceto nos zeros de $f(z)$. Se escolhermos um ramo analítico de $\log f(z)$ em uma parte de D [que necessariamente exclui os zeros de $f(z)$], então

$$\frac{d}{dz}\log f(z) = \frac{f'(z)}{f(z)}.$$

Por isso, a expressão (9-174) chama-se *derivada logarítmica* de $f(z)$ conforme Prob. 27 após a Sec. 0-9). Sua utilidade é demonstrada pelo seguinte teorema.

Funções de Uma Variável Complexa

Teorema 47. *Seja $f(z)$ analítica no aberto conexo D. Seja C um caminho simples fechado em D dentro do qual $f(z)$ é analítica, exceto por um número finito de pólos e seja $f(z) \neq 0$ sobre C. Então,*

$$\frac{1}{2\pi i} \oint_C \frac{f'(z)}{f(z)} \, dz = N_0 - N_p,$$

onde N_0 é o número total de zeros de f dentro de C e N_p é o número total de pólos de f dentro de C, zeros e pólos contados segundo suas multiplicidades.

Demonstração. A derivada logarítmica f'/f tem singularidades isoladas exatamente nos zeros e pólos de f. Num zero z_0,

$$f(z) = (z - z_0)^N g(z), \quad g(z_0) \neq 0$$
$$f'(z) = (z - z_0)^N g'(z) + N(z - z_0)^{N-1} g(z)$$
$$\frac{f'(z)}{f(z)} = \frac{(z - z_0)^N g'(z) + N(z - z_0)^{N-1} g(z)}{(z - z_0)^N g(z)} = \frac{g'(z)}{g(z)} + \frac{N}{z - z_0}.$$

Logo, a derivada logarítmica tem um pólo de primeira ordem, com resíduo N igual à multiplicidade do zero. Um cálculo análogo pode ser feito para os pólos de f, com N substituído por $-N$. O teorema segue então do teorema dos resíduos de Cauchy (Teorema 45), desde que provemos que só há um número finito de singularidades. Os pólos de f são, por hipótese, em número finito. Se houvesse uma infinidade de zeros de f dentro de C, poderíamos escolher uma seqüência $z_n = x_n + iy_n$ de zeros distintos de f dentro de C. Tal seqüência teria pelo menos um ponto de acumulação z_0 dentro ou sobre C, isto é, um ponto z_0 tal que toda vizinhança conteria infinitos termos da seqüência (ver P. Franklin, *A treatise on Advanced Calculus*, pg. 18 (New York: Wiley, 1940]. Se $f(z_0) = 0$, então $f(z) \neq 0$ numa vizinhança reduzida de z_0 pelo Teorema 43; se $f(z_0) \neq 0$, então $f(z) \neq 0$ numa vizinhança de z_0 por continuidade; se z_0 é um pólo, então f tende a ∞ quando z aproxima-se de z_0 de modo que $f(z) \neq 0$ numa vizinhança reduzida de z_0. Assim, z_0 não pode ser em caso nenhum um ponto de acumulação de zeros, e só pode existir um número finito de zeros ao todo, dentro de C. O teorema está provado.

Quando z percorre o caminho C, o ponto $w = f(z)$ percorre um caminho C_w no plano w. Podemos mudar a variável como na Sec. 9-13 acima e escrever

$$\frac{1}{2\pi i} \oint_C \frac{f'(z)}{f(z)} \, dz = \frac{1}{2\pi i} \int_{C_w} \frac{dw}{w}.$$

O caminho C_w será um caminho fechado, podendo, entretanto, interceptar-se várias vezes. Por hipótese, $f(z) \neq 0$ sobre C, de modo que C_w não passa pela origem do plano w. Como se observou na Sec. 9-16, a integral

$$\int_{C_w}_{w_1}^{w_2} \frac{dw}{w} = \log w_2 - \log w_1$$

637

mede a variação total de $\log w$ quando $\log w$ varia continuamente sobre o caminho. Se $w_1 = w_2$, então

$$\log w_2 - \log w_1 = \log |w_2| + i \arg w_2 - (\log |w_1| + i \arg w_1)$$
$$= i(\arg w_2 - \arg w_1).$$

Logo, num caminho fechado C_w, a integral

$$\int_{C_w} \frac{dw}{w}$$

é um imaginário puro e vale i vezes a variação total de $\arg w$ quando $\arg w$ varia continuamente sobre o caminho. Esta variação total de $\arg w$ tem de ser um múltiplo de 2π, pois $w_1 = w_2$, e pode ser considerada como medindo o número de voltas que o caminho C_w dá em torno da origem no plano w (Fig. 9-33). Também,

$$\int_{C_w} \frac{dw}{w} = i \int_{C_w} \frac{-v\, du + u\, dv}{u^2 + v^2}.$$

A integral no segundo membro é a integral de Kronecker, já vista várias vezes em outras situações (Secs. 5-6 e 5-14).

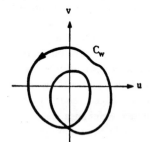

Figura 9-33. Princípio do argumento

Resumimos essas interpretações diversas do Teorema:

$$\frac{1}{2\pi i} \oint_{C_z} \frac{f'(z)}{f(z)} dz = \frac{1}{2\pi} [\text{variação de } \arg f(z) \text{ sobre o caminho}] =$$

$$= N_0 - N_p = \frac{1}{2\pi i} \int_{C_w} \frac{dw}{w} = \frac{1}{2\pi} \int_{C_w} \frac{-v\, du + u\, dv}{u^2 + v^2}. \quad (9\text{-}175)$$

A afirmação

$$\frac{1}{2\pi} [\text{variação de } \arg f(z) \text{ sobre o caminho}] = N_0 - N_p \quad (9\text{-}176)$$

é conhecida como *princípio do argumento*. É muito útil para encontrar zeros de funções analíticas.

Teorema 48. *Seja $f(z)$ analítica no aberto D. Seja C_z um caminho simples fechado em D dentro do qual $f(z)$ é analítica. Se a função $f(z)$ aplica na curva C_z biunivocamente sobre um caminho simples fechado C_w do plano w e $f'(z) \neq 0$ dentro de C_z, então $f(z)$ aplica o interior de C_z biunivocamente sobre o interior de C_w.*

Demonstração. Primeiro observamos que o Jacobiano da transformação do plano xy ao plano uv é

$$J = \frac{\partial(u,v)}{\partial(x,y)} = \begin{vmatrix} \frac{\partial u}{\partial x} & \frac{\partial u}{\partial y} \\ \frac{\partial v}{\partial x} & \frac{\partial v}{\partial y} \end{vmatrix} = \left(\frac{\partial u}{\partial x}\right)^2 + \left(\frac{\partial v}{\partial x}\right)^2 = |f'(z)|^2. \qquad (9\text{-}177)$$

Logo $J > 0$. Segue-se então como na Sec. 5-14 (observações antes do Teorema III) que, quando z percorre C_z no sentido positivo, $w = f(z)$ percorre C_w no sentido positivo. Logo, se w_0 é um ponto interior a C_w (Fig. 9-34), $\arg(w - w_0) = \arg[f(z) - w_0]$ aumenta exatamente de 2π. Aplicamos o princípio do argumento à função $f(z) - w_0$ e, como essa função não tem pólos dentro de C_z, concluímos que

$$N_0 = \frac{1}{2\pi} \cdot 2\pi = 1;$$

isto é, $f(z) - w_0$ tem exatamente um zero z_0 dentro de C_z. Portanto uma transformação inversa $z = z(w)$ está definida dentro de C_w e invertendo os papéis de z e w (conforme o Prob. 7 que segue a Sec. 9-22), concluímos que a correspondência entre interiores é biunívoca.

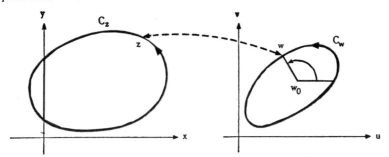

Figura 9-34. Aplicação biunívoca

Corolário. *Seja $f(z)$ analítica em D_z e suponhamos que aplique D_z biunivocamente sobre o plano w. Então $f'(z) \neq 0$ em D_z.*

Demonstração. Se $f'(z_0) = 0$, escolhamos um círculo C_z centrado em z_0, contido em D_z com seu disco interior. A função $f(z)$ aplica C_z sobre C_w como no teorema acima e, como na demonstração acima, $N_0 = 1$ para a função $f(z) - w_0$. No entanto, como $f'(z_0) = 0$, $f(z) - w_0$ tem uma raiz dupla em z_0, de modo que $N_0 \geq 2$. Isso é uma contradição; logo $f'(z) \neq 0$ em D_z.

Cálculo Avançado

Observação. Por causa de (9-177), a condição $f'(z) \neq 0$ é equivalente à condição $J \neq 0$. Essa condição foi dada na Sec. 2-8 como sendo suficiente para garantir ser a transformação biunívoca numa *vizinhança suficientemente pequena de um ponto dado*. A condição $f'(z) \neq 0$ em D_z não é suficiente para garantir que a transformação é biunívoca em D_z. Por exemplo, $w = z^2$ satisfaz a essa condição para $z \neq 0$, mas a transformação não é biunívoca, pois a inversa é a função a dois valores $z = \sqrt{w}$. Condições suficientes para uma transformação ser biunívoca, suplementando o Teorema 48, são dadas na Sec. 9-30.

Os Teoremas 47 e 48 podem ser estendidos a abertos multiplamente conexos (Prob. 7 abaixo). O princípio do argumento e o Teorema 48 podem também ser estendidos, por um processo de limite, ao caso em que $f(z)$ é analítica somente dentro de C_z e contínua em C_z mais o interior; a exigência de analiticidade de $f(z) = u + iv$ no Teorema 48 pode até ser substituída pela condição de ser $J = \partial(u, v)/\partial(x, y)$ sempre positivo (ou sempre negativo) dentro de C_z.

PROBLEMAS

1. Calcule as integrais seguintes, nos caminhos dados:

(a) $\oint \dfrac{z}{z+1}\, dz, \quad |z| = 2$

(f) $\oint \dfrac{1}{z^2(z+1)}\, dz, \quad |z| = 2$

(b) $\oint \dfrac{z}{z^3+1}\, dz, \quad |z| = 2$

(g) $\oint \dfrac{\operatorname{sen} z}{(z-1)^2(z^2+9)}\, dz, \quad |z| = 2$

(c) $\oint \dfrac{e^z}{z^2-1}\, dz, \quad |z| = 2$

(h) $\oint \operatorname{tg}^2 z\, dz, \quad |z| = 10$

(d) $\oint \dfrac{1}{z^4+1}\, dz, \quad |z-1| = 2$

(i) $\oint \dfrac{z^7}{(z^4+1)^2}\, dz, \quad |z| = 2$

(e) $\oint \dfrac{1}{2z^2+3z-2}\, dz, \quad |z| = 1$

(j) $\oint \dfrac{4z^3+2z}{z^4+z^2+1}\, dz, \quad |z| = 2$

(k) $\oint \dfrac{e^z}{z^3}\, dz, \quad |z| = 1$

(l) $\oint_{|z|=2} \dfrac{1}{(z-1)^3(z-7)}\, dz.$

2. Determine qual das transformações seguintes do plano z ao plano w é biunívoca no aberto dado:

(a) $w = z^2, \quad |z| < 1;$
(b) $w = z^2, \quad 0 < x < 1, \quad 0 < y < 1;$
(c) $w = e^z, \quad 0 < x < 1, \quad 0 < y < \pi;$
(d) $w = \operatorname{sen} z, \quad -\tfrac{1}{2}\pi < x < \tfrac{1}{2}\pi, \quad 0 < y < k.$

640

Funções de Uma Variável Complexa

3. Se uma função racional própria só tem pólos de primeira ordem,

$$f(z) = \frac{b_0 z^n + \cdots + b_{n-1} z + b_n}{(z - z_1)(z - z_2) \ldots (z - z_k)} \quad (n < k, z_1, \ldots, z_k \text{ distintos}),$$

então a expansão de $f(z)$ em frações parciais

$$f(z) = \frac{c_1}{z - z_1} + \cdots + \frac{c_k}{z - z_k}$$

exige só a determinação dos números $c_1, \ldots, c_k$, que são os resíduos de $f(z)$ nos pólos. Aplique isso para obter as decomposições das funções seguintes:

(a) $\dfrac{1}{z^2 - 4}$
(c) $\dfrac{z^2}{z^5 + 1}$

(b) $\dfrac{z + 1}{(z - 1)(z - 2)(z - 3)}$
(d) $\dfrac{1}{z^n - 1}$.

4. Prove: toda função racional própria $f(z)$ tem uma decomposição em frações parciais. [*Sugestão:* sejam $p_1(z), \ldots, p_n(z)$ as partes principais de $f(z)$ em seus pólos. Então $g(z) = f(z) - p_1(z) - p_2(z) - \cdots - p_n(z)$ é racional e não tem pólos. Mostre que $g(z)$ tem de ser identicamente 0.]

5. Prove o teorema fundamental da álgebra: *todo polinômio de grau maior ou igual a 1 tem um zero.* [*Sugestão:* mostre que $\operatorname{Res}[f'(z)/f(z), \infty]$ não é 0, na verdade é $-n$, onde n é o grau do polinômio $f(z)$. Então use o Teorema 47 para mostrar que f tem n zeros.]

6. Prove o Teorema 45(a).

7. Formule e prove o Teorema 47 para integração sobre a fronteira B de uma região R em D limitada por curvas simples fechadas $C_1, \ldots, C_k$.

8. Estenda a Regra IV da Sec. 9-26 ao caso em que $B(z)$ tem um zero de terceira ordem. [*Sugestão:* use o Prob. 7 que segue a Sec. 9-25.]

9. Estenda a Regra IV da Sec. 9-26 ao caso em que $A(z)$ tem um zero de primeira ordem em z_0 e $B(z)$ tem um zero de segunda ordem.

10. Prove a Regra V da Sec. 9-27.

11. Prove a *regra de l'Hôpital* para funções analíticas: se $A(z)$ e $B(z)$ têm zeros em z_0, então

$$\lim_{z \to z_0} \frac{A(z)}{B(z)} = \lim_{z \to z_0} \frac{A'(z)}{B'(z)},$$

desde que o limite exista. [*Sugestão:* suponha que $A(z)$ tem um zero de multiplicidade N, e $B(z)$ um de multiplicidade M em z_0. Mostre que o limite de ambos os membros é 0 se $N > M$, é $A^{(N)}(z_0)/B^{(N)}(z_0)$ se $N = M$, e que é ∞ se $N < M$.]

12. Calcule a integral que segue, aplicando a Regra II e a regra de l'Hôpital (Prob. 11):

$$\oint \operatorname{cosec}^3 z \, dz \quad \text{sobre} \quad |z| = 1.$$

641

Cálculo Avançado

RESPOSTAS

1. (a) $-2\pi i$,   (b) 0,   (c) $2\pi i$ senh 1,   (d) 0,   (e) $\dfrac{2\pi i}{5}$,   (f) 0,

   (g) $2\pi i(0,1 \cos 1 - 0,02 \operatorname{sen} 1)$,   (h) 0,   (i) $2\pi i$,   (j) $8\pi i$,   (k) πi,   (l) $-\dfrac{\pi i}{108}$.

2. Todas exceto (a) são biunívocas.

3. (a) $\dfrac{1}{4}\dfrac{1}{z-2} - \dfrac{1}{4}\dfrac{1}{z+2}$;   (b) $\dfrac{1}{z-1} - \dfrac{3}{z-2} + \dfrac{2}{z-3}$;

   (c) $-\dfrac{1}{5}\left[\dfrac{z_2}{z-z_1} + \dfrac{z_5}{z-z_2} + \dfrac{z_3}{z-z_3} + \dfrac{z_1}{z-z_4} + \dfrac{z_4}{z-z_5}\right]$,

     $z_k = \exp\left(\dfrac{k\pi i}{5}\right)$, $k = 1, 3, 5, 7, 9$;

   (d) $\dfrac{1}{n}\left[\dfrac{z_1}{z-z_1} + \cdots + \dfrac{z_n}{z-z_n}\right]$, $z_k = \exp\left(\dfrac{2k\pi i}{n}\right)$, $k = 1, \ldots, n$.

8. $\dfrac{120A''B'''^2 - 60A'B'''B^{iv} - 12AB'''B^v + 15AB^{iv2}}{40B'''^3}$

9. $\dfrac{2A'}{B''}$.   12. πi.

9-29. APLICAÇÃO DOS RESÍDUOS AO CÁLCULO DE INTEGRAIS REAIS.

Muitas integrais definidas reais entre extremos particulares podem ser calculadas com a ajuda de resíduos.

Por exemplo, uma integral

$$\int_0^{2\pi} R(\operatorname{sen} \theta, \cos \theta)\, d\theta,$$

onde R é uma função racional de sen θ e cos θ, transforma-se numa integral curvilínea complexa pela substituição:

$$z = e^{i\theta}, \quad dz = ie^{i\theta}d\theta = iz\, d\theta,$$

$$\cos \theta = \frac{e^{i\theta} + e^{-i\theta}}{2} = \frac{1}{2}\left(z + \frac{1}{z}\right),$$

$$\operatorname{sen} z = \frac{e^{i\theta} - e^{-i\theta}}{2i} = \frac{1}{2i}\left(z - \frac{1}{z}\right);$$

o caminho de integração é o círculo: $|z| = 1$.

Exemplo 1. $\displaystyle\int_0^{2\pi} \frac{1}{\cos \theta + 2}\, d\theta$. A substituição reduz isso a

$$\oint_{|z|=1} \frac{-2i}{z^2 + 4z + 1}\, dz = 4\pi \operatorname{Res}[z^2 + 4z + 1, -2 + \sqrt{3}],$$

642

Funções de Uma Variável Complexa

pois $-2 + \sqrt{3}$ é a única raiz do denominador dentro do círculo. Portanto

$$\int_0^{2\pi} \frac{1}{\cos\theta + 2} d\theta = \frac{2\pi}{\sqrt{3}}$$

A substituição pode ser resumida na regra:

$$\int_0^{2\pi} R(\text{sen }\theta,\ \cos\theta)\,d\theta = \oint_{|z|=1} R\left(\frac{z^2-1}{2iz},\ \frac{z^2+1}{2z}\right)\frac{dz}{iz}. \quad (9\text{-}178)$$

A integral complexa pode ser calculada por meio de resíduos, desde que R não tenha pólos no círculo $|z| = 1$.

Um segundo exemplo é fornecido por integrais do tipo

$$\int_{-\infty}^{\infty} f(x)\,dx.$$

Ilustramos o processo com um exemplo e formulamos um princípio geral em seguida.

Exemplo 2. $\int_{-\infty}^{\infty} \frac{dx}{x^4 + 1}$. Essa integral pode ser olhada como uma integral curvilínea de $f(z) = 1/(z^4 + 1)$ ao longo do eixo real. O caminho não é fechado (a não ser que incluamos o ∞), mas mostraremos que funciona como um caminho fechado "cercando" o semi-plano superior, de modo que a integral ao longo do caminho é igual à soma dos resíduos no semi-plano superior.

Para provar isto, consideramos a integral de $f(z)$ ao longo do caminho semicircular C_R mostrado na Fig. 9-35. Quando R é suficientemente grande, o caminho envolve os dois pólos: $z_1 = \exp(\frac{1}{4}i\pi)$, $z_2 = \exp(\frac{3}{4}i\pi)$ de $f(z)$. Logo,

$$\oint_{C_R} f(z)\,dz = 2\pi i\{\text{Res}[f(z), z_1] + \text{Res}[f(z), z_2]\}.$$

Quando R cresce, a integral sobre C_R não pode mudar, pois sempre é igual à soma dos resíduos vezes $2\pi i$. Logo,

$$\oint_{C_R} f(z)\,dz = \lim_{R\to\infty} \oint_{C_R} f(z)\,dz = \lim_{R\to\infty}\int_{-R}^{R}\frac{dx}{x^4+1} + \lim_{R\to\infty}\int_{D_R}\frac{1}{z^4+1}\,dz,$$

Figura 9-35. Cálculo de $\int_{-\infty}^{\infty} f(x)\,dx$ por resíduos

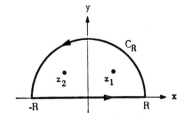

643

Cálculo Avançado

onde D_R é o semicírculo: $z = Re^{i\theta}$, $0 \leq \theta \leq \pi$. O limite do primeiro termo é a integral desejada (pois os limites em $+\infty$ e $-\infty$ existem separadamente, como se exige; conforme Sec. 4-4). O limite do segundo termo é 0, pois sobre D_R

$$\left| \frac{1}{z^4 + 1} \right| \leq \frac{1}{|z|^4 - 1} = \frac{1}{R^4 - 1},$$

por (9-8), e

$$\left| \int_{D_R} \frac{1}{z^4 + 1} \, dz \right| \leq \frac{\pi R}{R^4 - 1}.$$

Portanto

$$\int_{C_R} f(z) \, dz = \int_{-\infty}^{\infty} \frac{dx}{x^4 + 1} = 2\pi i \{ \mathrm{Res}[\, f(z), z_1] + \mathrm{Res}[\, f(z), z_2] \}.$$

Pela Regra III acima, a soma dos resíduos é

$$\frac{1}{4z_1^3} + \frac{1}{4z_2^3} = -\frac{1}{4}(z_1 + z_2) = -\frac{\sqrt{2}}{4} i;$$

logo,

$$\int_{-\infty}^{\infty} \frac{dx}{x^4 + 1} = \frac{\pi \sqrt{2}}{2}.$$

Agora formulamos o princípio geral:

Teorema 49. *Seja $f(z)$ analítica num aberto D que contém o eixo real e todo o semiplano $y > 0$, exceto para um número finito de pontos. Se*

$$\lim_{R \to \infty} \int_0^\pi f(Re^{i\theta}) R e^{i\theta} \, d\theta = 0 \tag{9-179}$$

e

$$\int_{-\infty}^{\infty} f(x) \, dx \tag{9-180}$$

existe, então

$$\int_{-\infty}^{\infty} f(x) \, dx = 2\pi i \, [\text{soma dos resíduos de } f(z) \text{ no semiplano superior}] \tag{9-181}$$

A demonstração é uma repetição do raciocínio usado no exemplo acima. Vale a pena observar que, mesmo que a integral (9-180) não exista como integral imprópria, a condição (9-178) implica na existência do

$$\lim_{R \to \infty} \int_{-R}^{R} f(x) \, dx. \tag{9-182}$$

644

Assim, mesmo que a integral de 0 a $+\infty$ e a integral de $-\infty$ a 0 não existam, pode existir o limite simétrico (9-182). Isso é ilustrado por

$$\int_{-\infty}^{\infty} \frac{x^5}{x^4+1}\, dx$$

[à qual se pode demonstrar que (9-179) se aplica]. Quando (9-182) existe, chama-se o *valor principal de Cauchy* da integral e é denotado por

$$(P) \int_{-\infty}^{\infty} f(x)\, dx.$$

A fim de aplicar o Teorema 49, é necessário ter critérios simples que garantam que (9-179) vale. Damos aqui dois desses critérios:

I. *Se $f(z)$ é racional e tem um zero de ordem maior que 1 no ∞, então* (9-179) *vale.*

Isso porque, quando $|z|$ é suficientemente grande

$$f(z) = \frac{a_{-N}}{z^N} + \frac{a_{-N+1}}{z^{N-1}} + \cdots, \qquad N > 1,$$

de modo que $zf(z)$ tem um zero no infinito. Agora, por (9-75),

$$\left| \int_0^\pi f(Re^{i\theta})Re^{i\theta}\, d\theta \right| \le \int_0^\pi |zf(z)|\, d\theta,$$

de modo que a integral tem limite 0 quando $R \longrightarrow \infty$.

II. *Se $g(z)$ é racional e tem um zero de ordem 1 ou maior no ∞, então* (9-179) *vale para* $f(z) = e^{miz}g(z)$, $m > 0$.

Para uma prova e outros critérios, ver a pg. 115 do tratado de Whittaker e Watson citado no fim do capítulo. A regra II torna possível calcular a integral

$$\int_{-\infty}^{\infty} g(x)e^{mix}\, dx = \int_{-\infty}^{\infty} g(x)\cos mx\, dx + i\int_{-\infty}^{\infty} g(x)\,\text{sen}\, mx\, dx,$$

desde que ambas as integrais reais existam.

Exemplo 3. As integrais

$$\int_{-\infty}^{\infty} \frac{x\cos x}{x^2+1}\, dx \qquad \text{e} \qquad \int_{-\infty}^{\infty} \frac{x\,\text{sen}\, x}{x^2+1}\, dx$$

existem ambas pelo Corolário do Teorema 51 da Sec. 6-22. Logo,

$$\int_{-\infty}^{\infty} \frac{xe^{ix}}{x^2+1}\, dx = 2\pi i \,\text{Res}\left[\frac{ze^{iz}}{z^2+1}, i \right] = \frac{\pi i}{e}\,.$$

Cálculo Avançado

Tomando parte real e parte imaginária, obtemos

$$\int_{-\infty}^{\infty} \frac{x \cos x}{x^2 + 1} dx = 0, \qquad \int_{-\infty}^{\infty} \frac{x \operatorname{sen} x}{x^2 + 1} dx = \frac{\pi}{e} \cdot$$

Como a primeira integral é a integral de uma função *ímpar*, o valor 0 podia ser previsto.

PROBLEMAS

1. Calcule as seguintes integrais:

(a) $\displaystyle\int_{0}^{2\pi} \frac{1}{5 + 3 \operatorname{sen} \theta} d\theta$

(c) $\displaystyle\int_{0}^{2\pi} \frac{1}{(\cos \theta + 2)^2} d\theta$

(b) $\displaystyle\int_{0}^{2\pi} \frac{1}{5 - 4 \cos \theta} d\theta$

(d) $\displaystyle\int_{0}^{2\pi} \frac{1}{(3 + \cos^2 \theta)^2} d\theta.$

2. Calcule as seguintes integrais:

(a) $\displaystyle\int_{-\infty}^{\infty} \frac{1}{x^2 + x + 1} dx$

(c) $\displaystyle\int_{-\infty}^{\infty} \frac{1}{x^6 + 1} dx$

(b) $\displaystyle\int_{-\infty}^{\infty} \frac{1}{(x^2 + 1)(x^2 + 4)} dx$

(d) $\displaystyle\int_{0}^{\infty} \frac{1}{(x^2 + 1)^2} dx.$

3. Calcule as seguintes integrais:

(a) $\displaystyle\int_{-\infty}^{\infty} \frac{\cos x}{x^2 + 4} dx$

(c) $\displaystyle\int_{0}^{\infty} \frac{x^3 \operatorname{sen} x}{x^4 + 1} dx$

(b) $\displaystyle\int_{-\infty}^{\infty} \frac{\operatorname{sen} 2x}{x^2 + x + 1} dx$

(d) $\displaystyle\int_{0}^{\infty} \frac{x^2 \cos 3x}{(x^2 + 1)^2} dx.$

4. Prove que $\displaystyle\int_{0}^{\infty} \frac{\operatorname{sen} x}{x} dx = \frac{1}{2}\pi.$

[*Sugestão*: seja C o caminho formado pelos caminhos semicirculares $D_r : |z| = r$ e $D_R : |z| = R$, onde $0 \leqq \theta \leqq \pi$ e $0 < r < R$, mais os intervalos $-R \leqq x \leqq -r, r \leqq x \leqq R$ sobre o eixo real. Mostre que

$$\lim_{\substack{r \to 0 \\ D_r}} \int_{-r}^{r} \frac{e^{iz} - 1}{z} dz = 0.$$

646

Use esse resultado e II acima para concluir que

$$\lim_{r\to 0} \int_{-r}^{r} \frac{e^{iz}}{z} dz = -\pi i, \quad \lim_{R\to\infty} \int_{R}^{-R} \frac{e^{iz}}{z} dz = 0.$$
$$\quad D_r \qquad\qquad\qquad D_R$$

Portanto

$$\lim_{R\to\infty}\left\{\lim_{r\to 0}\oint_C \frac{e^{iz}}{z}dz\right\} = \lim_{R\to\infty}\left\{\lim_{r\to 0}\left[\int_{-R}^{-r}\frac{e^{ix}}{x}dx + \int_{r}^{R}\frac{e^{ix}}{x}dx\right]\right\} - \pi i.$$

O primeiro membro é zero, pelo teorema da integral de Cauchy. Mostre que a parte imaginária do segundo membro vale $2\int_{0}^{\infty} \frac{\operatorname{sen} x}{x} dx - \pi$.]

RESPOSTAS

1. (a) $\dfrac{\pi}{2}$, (b) $\tfrac{2}{3}\pi$, (c) $\dfrac{4\pi}{3\sqrt{3}}$, (d) $\dfrac{7\pi\sqrt{3}}{72}$.

2. (a) $\dfrac{2\pi\sqrt{3}}{3}$, (b) $\dfrac{\pi}{6}$, (c) $\dfrac{2\pi}{3}$, (d) $\dfrac{\pi}{4}$.

3. (a) $\tfrac{1}{2}\pi e^{-2}$, (b) $-2\dfrac{\sqrt{3}}{3}\pi e^{-\sqrt{3}}\operatorname{sen} 1$, (c) $\tfrac{1}{2}\pi e^{-\frac{1}{2}\sqrt{2}}\cos(\tfrac{1}{2}\sqrt{2})$,
   (d) $-\tfrac{1}{2}\pi e^{-3}$.

9-30. REPRESENTAÇÃO CONFORME. Como se indicou na Sec. 9-6, uma função $w = f(z)$ é uma *transformação* ou *representação* do plano z no plano w. O termo "representação" pode ser usado quando a correspondência entre os valores de z e os de w é biunívoca, isto é, a cada z de um aberto D_z do plano z corresponde um $w = f(z)$ de um aberto D_w do plano w, e reciprocamente. O aberto D_w é então um "retrato" distorcido do aberto D_z; círculos em D_z correspondem a curvas fechadas em D_w, etc., como ilustrado na Fig. 9-36.

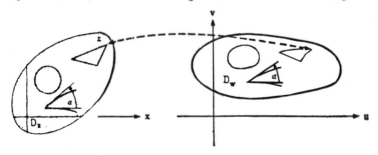

Figura 9-36. Representação conforme

Cálculo Avançado

Se $f(z)$ é analítica, tal representação tem uma propriedade adicional: a de ser *conforme*. Uma aplicação biunívoca de D_z em D_w é chamada *conforme* se associa a um par qualquer de curvas em D_z que se interceptam com um ângulo α, um par de curvas em D_w que se interceptam com um ângulo α. Diz-se que a representação é *conforme e preserva a orientação* se os ângulos são iguais e de mesma orientação, como indicado na Fig. 9-36.

Teorema 50. *Suponhamos $w = f(z)$ analítica no aberto D_z, e que aplique D_z biunivocamente sobre um aberto D_w. Se $f'(z) \neq 0$ em D_z, então $f(z)$ é conforme e preserva a orientação.*

Demonstração. Seja $z(t) = x(t) + iy(t)$ a equação de uma curva lisa passando por z_0 em D_z. Com uma escolha adequada do parâmetro (por exemplo, usando comprimento de arco) podemos fazer que o vetor tangente

$$\frac{dz}{dt} = \frac{dx}{dt} + i \frac{dy}{dt}$$

não seja 0 em z_0. A curva dada corresponde a uma curva $w = w(t)$ no plano w, com vetor tangente

$$\frac{dw}{dt} = \frac{dw}{dz} \frac{dz}{dt},$$

como na Sec. 9-13 acima. Logo,

$$\arg \frac{dw}{dt} = \arg \frac{dw}{dz} + \arg \frac{dz}{dt}.$$

Essa equação diz que, em $w_0 = f(z_0)$, o argumento do vetor tangente difere do de dz/dt pelo ângulo $\arg f'(z_0)$, que é *independente da particular curva por z_0*. Portanto, variando a direção da curva por z_0, a da curva correspondente por w_0 tem de variar pelo mesmo ângulo (inclusive em sentido). Logo, o teorema está provado.

Inversamente, pode-se provar que toda aplicação $w = f(z)$ conforme e que preserva a orientação é dada por função analítica; mais explicitamente, se u e v têm derivadas parciais primeiras contínuas em D_z e $J = \partial(u,v)/\partial(x,y) \neq 0$ em D_z, então o fato de a aplicação $w = u + iv = f(z)$ ser conforme e preservar a orientação implica que $u_x = v_y$, $u_y = -v_x$, de modo que w é analítica [ver P. Franklin, *A Treatise on Advanced Calculus*, págs. 425-428 (New York: Wiley, 1940)]. Dessa caracterização geométrica, resulta que a inversa de uma aplicação injetora conforme, que preserva a orientação, tem a mesma propriedade e *é, pois, também analítica*.

Se $f'(z_0) = 0$ num ponto z_0 de D_z, então $\arg f'(z_0)$ não tem sentido e o argumento falha. Na verdade, pode-se mostrar que a aplicação não é conforme em z_0 e, ainda mais, a transformação não é biunívoca em nenhuma vizinhança de z_0, pelo Corolário do Teorema 48; ver também o Prob. 14 abaixo.

648

Funções de Uma Variável Complexa

Na prática, o termo "conforme" é usado para significar "conforme e que preserva a orientação", o que será feito aqui. Deve-se notar que uma reflexão, como a aplicação $w = \bar{z}$, é conforme, mas inverte a orientação.

Critérios de biunivocidade. Para as aplicações da representação conforme, é essencial que a aplicação seja biunívoca no aberto escolhido. Na maior parte dos casos, a função também será definida e contínua na fronteira do aberto; ser biunívoca aí é menos importante.

Pelo Corolário do Teorema 48, se $f'(z) = 0$ em algum ponto do aberto, então a aplicação não pode ser biunívoca. Portanto, como primeiro passo deve-se verificar se $f'(z) \neq 0$ no aberto. Porém, mesmo que isso ocorra, a aplicação não é necessariamente biunívoca e devem-se aplicar outros critérios. São úteis na prática os seguintes:

I. *Fórmula explícita para a função inversa.* Se temos uma fórmula explícita para a função inversa $z = z(w)$, de modo que, para cada w temos no máximo um z em D_z, a aplicação é biunívoca. Por exemplo, $w = z^2$ é biunívoca no *primeiro quadrante* do plano z, pois existe para cada w, no máximo, uma raiz quadrada $\sqrt{w}$ no quadrante. Quando z varia em D_z, w varia em D_w: o semiplano superior $v > 0$, como veremos depois.

II. *Análise das curvas de nível de u e v.* Podemos verificar a biunivocidade e, ao mesmo tempo, obter uma imagem clara da aplicação traçando as curvas de nível: $u(x, y) = c_1$, $v(x, y) = c_2$. Como se indicou na Sec. 4-8, se, dados c_1, c_2, as curvas $u = c_1$, $v = c_2$ interceptam-se no máximo uma vez em D_z, então a aplicação de D_z no plano uv é biunívoca.

III. *Biunivocidade na fronteira.* É esse o critério formulado no Teorema 48: se $f(z)$ é analítica na curva simples fechada C mais o aberto interior D_z e biunívoca sobre C, então $f(z)$ é biunívoca em D_z. Como se observou, é suficiente que f seja contínua em C mais aberto interior, e analítica no interior; em vários exemplos importantes é isto o que ocorre: a analiticidade falhando em um ou mais pontos da fronteira. Pode-se raciocinar também desta forma: se pudermos mostrar que, para toda curva simples fechada C' contida em D_z, f é biunívoca sobre C', então f é biunívoca em D_z, pois, se não fosse, haveria z_1, z_2 em D_z tais que $f(z_1) = f(z_2)$. Uma curva C' próxima bastante de C deixaria os dois no seu interior e revelaria a não-biunivocidade. Outras extensões naturais do princípio contido no Teorema 48 serão indicadas nos exemplos a seguir.

IV. *Máximos e mínimos na fronteira da parte real e imaginária.* Seja $f(z)$ analítica no aberto D_z limitado pela curva simples fechada C. Seja $u = \text{Re} [f(z)]$ contínua em D_z mais C. *Se u tem exatamente um máximo relativo e um mínimo relativo sobre C, então $w = f(z)$ é biunívoca em D_z.* Um critério semelhante vale para $v = \text{Im} [f(z)]$. Ainda mais, a mesma conclusão vale para aplicações $u = u(x, y)$, $v = v(x, y)$, por funções *não-analíticas*, desde que o Jacobiano $J = \partial(u, v)/\partial(x, y)$ seja sempre positivo (ou sempre negativo) em D_z. Que o autor saiba, a demonstração (relativamente simples) desse fato não foi ainda publicada; é sua intenção publicar uma dentro em breve.

649

V. Seja $f(z) = u + iv$ analítica em D_z e suponhamos D_z convexo, isto é, tal que, para cada par de pontos z_1, z_2 de D_z, o segmento de z_1 a z_2 está contido em D_z. Se existem constantes a, b tais que

$$a \frac{\partial u}{\partial x} + b \frac{\partial u}{\partial y} > 0 \text{ em } D_z,$$

então f é biunívoca em D_z (ver Prob. 15 abaixo, após a Secção 9-31).

VI. Seja $f(z) = u + iv$ analítica em D_z e seja D_z o semiplano: $y > 0$. Se existem uma constante complexa c e um número real a, tais que

$$\text{Re}\,[c(z-a)f'(z)] > 0$$

em D_z, então f é biunívoca em D_z (ver Prob. 16 abaixo, após a Sec. 9-31).

9-31. EXEMPLOS DE REPRESENTAÇÃO CONFORME.

Exemplo 1. Translações. A forma geral é

$$w = z + a + bi \,(a, b \text{ constantes reais}). \tag{9-183}$$

Cada ponto z é deslocado pelo vetor $a + bi$, como se vê na Fig. 9-37.

Exemplo 2. Rotações-homotetia. A forma geral é

$$w = Ae^{i\alpha}z \quad (A \text{ e } \alpha \text{ constantes reais, } A > 0). \tag{9-184}$$

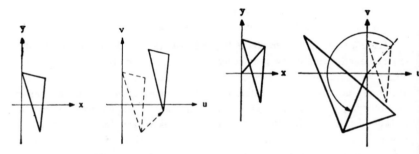

Figura 9-37. Translação   Figura 9-38. Rotação-homotetia

Se escrevermos $z = re^{i\theta}$, $w = \rho e^{i\varphi}$, de modo que ρ e ϕ sejam coordenadas polares no plano w, teremos

$$\rho = Ar, \quad \phi = \theta + \alpha. \tag{9-185}$$

Assim, as distâncias à origem são dilatadas na razão de A para 1, enquanto tudo gira em torno da origem por um ângulo α (Fig. 9-38).

Exemplo 3. A transformação linear inteira geral:

$$w = az + b \quad (a, b \text{ constantes complexas}). \tag{9-186}$$

É equivalente a uma rotação-homotetia, como no Ex. 2, com $a = Ae^{i\alpha}$, seguida de uma translação pelo vetor b.

Exemplo 4. A transformação recíproca:

$$w = \frac{1}{z}. \quad (9\text{-}187)$$

Em coordenadas polares, tem-se

$$\rho = \frac{1}{r}, \quad \phi = -\theta. \quad (9\text{-}188)$$

Assim, essa transformação envolve uma reflexão sobre o eixo real mais uma "inversão" no círculo de raio 1 com centro na origem (Fig. 9-39). Assim. as

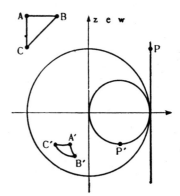

Figura 9-39. A transformação $w = \frac{1}{z}$

figuras fora do círculo correspondem a figuras menores dentro. Pode-se mostrar que círculos (incluindo retas, "círculos pelo ∞") correspondem a círculos (Prob. 5 abaixo). Assim, a reta $x = 1$ transforma-se no círculo

$$\left(u - \frac{1}{2}\right)^2 + v^2 = \frac{1}{4}.$$

Exemplo 5. A transformação linear fracionária geral:

$$w = \frac{az + b}{cz + d} (a, b, c, d \text{ constantes complexas}),$$

$$\begin{vmatrix} a & b \\ c & d \end{vmatrix} \neq 0. \quad (9\text{-}189)$$

Se $ad - bc$ fosse igual a 0, w se reduziria a uma constante; portanto isso é excluído. Os exemplos 1, 2, 3 e 4 são casos particulares de (9-189). Ainda mais, a transformação geral (9-189) equivale a uma composição de transformações:

$$z_1 = cz + d, \quad z_2 = \frac{1}{z_1}, \quad w = \frac{a}{c} + \frac{bc - ad}{c} z_2 \quad (9\text{-}190)$$

dos tipos dos Exs. 3 e 4; se $c = 0$, (9-189) é já do tipo (9-186).

Cálculo Avançado

A transformação (9-189) é analítica, exceto para $z = -d/c$. É biunívoca, pois a Eq. (9-189) pode ser resolvida para z, dando a inversa:

$$z = \frac{-dw + b}{cw - a}, \tag{9-191}$$

que é univalente; w tem um pólo para $z = -d/c$ e z tem um pólo para $w = a/c$; em outras palavras, $z = -d/c$ corresponde a $w = \infty$, e $z = \infty$ corresponde a $w = a/c$. Se incluirmos esses valores, então a transformação (9-189) será uma *transformação biunívoca do plano estendido sobre si mesmo*. Quando $c = 0$, $z = \infty$ corresponde a $w = \infty$.

Como todas as transformações (9-190) têm a propriedade de aplicar círculos (inclusive retas) sobre círculos, a transformação geral (9-189) também tem essa propriedade. Considerando abertos particulares limitados por círculos e retas, obtém-se uma variedade de aplicações biunívocas interessantes. Os três casos seguintes são importantes:

Exemplo 6. Disco unitário sobre disco unitário. Todas as transformações

$$w = e^{i\alpha} \frac{z - z_0}{1 - \bar{z}_0 z} \, (\alpha \text{ real}, |z_0| < 1) \tag{9-192}$$

aplicam $|z| \leq 1$ sobre $|w| \leq 1$ e toda transformação linear fracionária (ou mesmo transformação conforme biunívoca) de $|z| \leq 1$ sobre $|w| \leq 1$ tem essa forma (ver Prob. 11 abaixo).

Exemplo 7. Semiplano sobre semiplano. As transformações

$$w = \frac{az + b}{cz + d} \, (a, b, c, d \text{ reais e } ad - bc > 0) \tag{9-193}$$

todas aplicam em $\text{Im}(z) \geq 0$ sobre $\text{Im}(w) \geq 0$ e toda transformação linear fracionária de $\text{Im}(z) \geq 0$ sobre $\text{Im}(w) \geq 0$ tem essa forma (ver Prob. 12 abaixo).

Exemplo 8. Semiplano sobre disco unitário. Todas as transformações

$$w = e^{i\alpha} \frac{z - z_0}{z - \bar{z}_0} \left[\alpha \text{ real}, \text{Im}(z_0) > 0 \right] \tag{9-194}$$

aplicam $\text{Im}(z) \geq 0$ sobre $|w| \leq 1$ e toda transformação linear fracionária de $\text{Im}(z) \geq 0$ sobre $|w| \leq 1$ tem essa forma (ver Prob. 13 abaixo).

Exemplo 9. A transformação

$$w = z^2. \tag{9-195}$$

Aqui a transformação não é biunívoca no plano z todo, pois a inversa é $z = \sqrt{w}$ que tem dois valores para cada w. Em coordenadas polares tem-se

$$\rho = r^2, \quad \phi = 2\theta. \tag{9-196}$$

652

Assim cada setor do plano z com vértice na origem e ângulo α é aplicado num setor do plano w com vértice em $w = 0$ e ângulo 2α. Em particular, o semiplano $D_z : \text{Im}(z) > 0$ é aplicado no plano w menos o semi-eixo real positivo, como se vê na Fig. 9-40. Como cada uma das duas raízes quadradas de w é igual à outra com o sinal −, cada w tem no máximo uma raiz quadrada em D_z, de modo que a aplicação é biunívoca. A estrutura das curvas de nível:

$$u = x^2 - y^2 = \text{const.}, \quad v = 2xy = \text{const.},$$

mostrada na Fig. 9-40, também revela a biunivocidade, segundo o critério II da Sec. 9-30. O critério V dá a desigualdade: $ax - by > 0$. Tal desigualdade é satisfeita em cada semiplano limitado por uma reta pela origem; logo $w = z^2$ é biunívoca em cada tal semiplano.

Deve-se observar que $dw/dz = 0$ para $z = 0$ e a aplicação não é conforme nesse ponto; os ângulos entre curvas são *duplicados*.

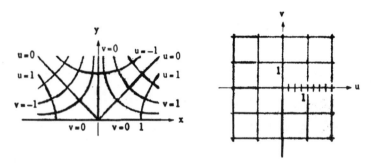

Figura 9-40. A transformação $w = z^2$

Exemplo 10. *As transformações*

$$w = z^n \, (n = 2, 3, 4, \ldots). \tag{9-197}$$

Aqui, a inversa $z = w^{1/n}$ tem n valores. Em coordenadas polares,

$$\rho = r^n, \quad \phi = n\theta, \tag{9-198}$$

de modo que cada setor tem o ângulo do vértice multiplicado por n. Obtém-se uma aplicação biunívoca tomando a restrição a um setor: $0 < \arg z < 2\pi/n$, como se vê na Fig. 9-41. A biunivocidade resulta da fórmula explícita:

$$r = \sqrt[n]{\rho}, \quad \theta = \frac{\phi}{n}, \quad 0 < \phi < 2\pi \tag{9-199}$$

para a função inversa, ou por qualquer um dos outros critérios. Na verdade, n não precisa ser um inteiro; para n número real positivo qualquer valem os mesmos resultados.

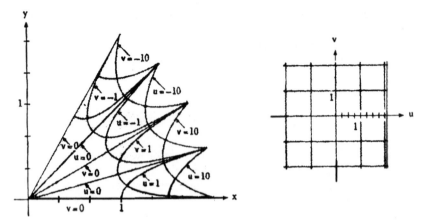

Figura 9-41. A transformação $w = z^n$

Exemplo 11. *A transformação exponencial*

$$w = e^z. \tag{9-200}$$

Aqui, a inversa $z = \log w$ tem infinitos valores. Em coordenadas polares:

$$\rho = e^x, \quad \phi = y + 2n\pi \quad (n = 0, \pm 1, \pm 2, \ldots). \tag{9-201}$$

Isso mostra que as retas $x = $ const., no plano z, transformam-se em círculos no plano w, ao passo que as retas $y = $ const. transformam-se em raios $\phi = $ = const. Obtém-se uma aplicação biunívoca restringindo z a uma faixa $-\pi < y < \pi$, que é então aplicada sobre o plano w menos o semi-eixo real negativo, como se vê na Fig. 9-42.

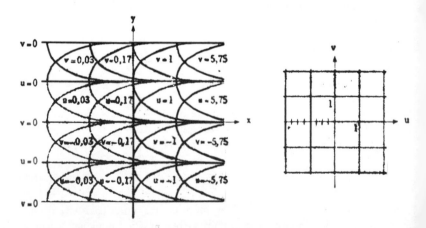

Figura 9-42. A transformação $w = e^z$

Exemplo 12. *A transformação*

$$w = \operatorname{sen} z \qquad (9\text{-}202)$$

Aqui, a inversa

$$z = \operatorname{sen}^{-1} w = \tfrac{1}{i} \log(iw + \sqrt{1 - w^2})$$

tem infinitos valores. Obtém-se uma aplicação biunívoca restringindo z à faixa $-\tfrac{1}{2}\pi < x < \tfrac{1}{2}\pi$, como mostra a estrutura das curvas de nível da Fig. 9-43. Pode-se também verificar que $v = \cos x \operatorname{senh} y$ tem exatamente um máximo e um mínimo em cada retângulo com vértices $(\pm \tfrac{1}{2}\pi, \pm k)$; logo, pelo critério IV, concluímos que a aplicação é biunívoca no interior de cada um desses retângulos e, portanto, em toda a faixa. Também se pode aplicar o critério V, com $a = 1$ e $b = 0$.

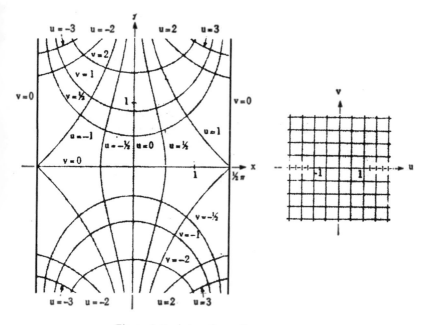

Figura 9-43. A transformação $w = \operatorname{sen} z$

Exemplo 13. *A transformação*

$$w = z + \tfrac{1}{z}.$$

A inversa é formada com duas soluções da equação quadrática

$$z^2 - zw + 1 = 0.$$

A aplicação é biunívoca no aberto: $|z| > 1$, como mostra a Fig. 9-44 (ver também o Prob. 3 em seguida à Sec. 9-36).

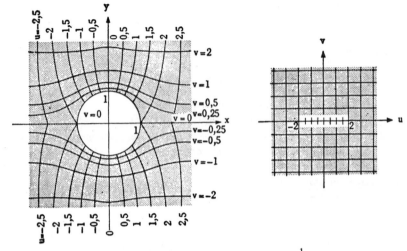

Figura 9-44. A transformação $w = z + \dfrac{1}{z}$

Muitos outros exemplos de representação podem ser obtidos por composição destes, uma vez que uma função analítica de função analítica é uma função analítica. Também a inversa de cada uma dessas aplicações é analítica e biunívoca num aberto conveniente do plano w. Uma discussão de classes gerais de aplicações é dada na Sec. 9-37.

PROBLEMAS

1. Determine as imagens do círculo $|z-1| = 1$ e da reta $y = 1$ sob as transformações seguintes:

    (a) $w = 2z$ (c) $w = 2iz$ (e) $w = \dfrac{z+i}{z-i}$

    (b) $w = z + 3i - 1$ (d) $w = \dfrac{1}{z}$ (f) $w = z^2$.

2. Para cada uma das transformações que seguem, verifique que a transformação é biunívoca no aberto dado, determine o aberto correspondente no plano w, e esboce as curvas de nível de u e v:

    (a) $w = \sqrt{z} = \sqrt{r}e^{1/2 i\theta}$, $-\pi < \theta < \pi$;   (c) $w = \dfrac{1}{z}$, $1 < x < 2$;

    (b) $w = \dfrac{z-i}{z+i}$, $|z| < 1$;   (d) $w = \operatorname{Log} z$, $\operatorname{Im}(z) > 0$;

    (e) $w = \operatorname{Log} \dfrac{z-1}{z+1}$, $\operatorname{Im}(z) > 0$; [*Sugestão*: use o critério VI, com $c = i$ e $a = 0$.]

Funções de Uma Variável Complexa

(f) $w = z + \dfrac{1}{z}$, $\text{Im}(z) > 0$; [Sugestão: use o critério VI com $c = -i$ e $a = 0$.]

(g) $w = z - \dfrac{1}{z}$, $|z| > 1$;

(h) $w = \text{Log}\,\dfrac{z}{z+1} - 2\,\text{Log}\,z$, $\text{Im}(z) > 0$; [Sugestão: use o critério V, com $a = 0$ e $b = -1$.]

(i) $w = e^z + z$, $-\pi < y < \pi$.

3. Verifique a representação sobre o aberto dado e as curvas de nível de u e v para as transformações da

   (a) Fig. 9-40,   (b) Fig. 9-41,   (c) Fig. 9-42,   (d) Fig. 9-43,   (e) Fig. 9-44.

4. Combinando transformações particulares dentre as dadas acima determine uma representação conforme biunívoca de

   (a) o quadrante $x > 0$, $y > 0$ sobre o aberto $|w| < 1$;
   (b) o setor $0 < \theta < \frac{1}{3}\pi$ sobre o quadrante $u > 0$, $v > 0$;
   (c) o semiplano $y > 0$ sobre a faixa $0 < v < \pi$;
   (d) a meiafaixa $-\frac{1}{2}\pi < x < \frac{1}{2}\pi$, $y > 0$, sobre o quadrante $u > 0$, $v > 0$;
   (e) o aberto $r > 1$, $0 < \theta < \pi$ sobre a faixa $0 < v < \pi$;
   (f) a faixa $1 < x + y < 2$ sobre o semiplano $v > 0$;
   (g) o semiplano $x + y + 1 > 0$ sobre o quadrante $u > 0$, $v > 0$.

5. (a) Mostre que a equação de um círculo ou reta arbitrários pode ser escrita na forma

$$az\bar{z} + bz + \bar{b}\bar{z} + c = 0 \quad (a \text{ e } c \text{ reais}).$$

   (b) Usando (a), mostre que círculos ou retas transformam-se em círculos ou retas sob a transformação $w = 1/z$.

6. Se $w = f(z)$ é uma função linear fracionária (9-189), mostre que $f'(z) \neq 0$.

7. Um ponto em que $f'(z) = 0$ chama-se um *ponto crítico* da função analítica $f(z)$. Ache os pontos críticos das funções seguintes e mostre que nenhum se acha no aberto da aplicação correspondente nos Exs. 11, 12, 13:

   (a) $w = e^z$,   (b) $w = \text{sen}\,z$,   (c) $w = z + \frac{1}{z}$.

8. (a) Mostre que o determinante dos coeficientes da inversa (9-191) da transformação (9-189) não é zero. Assim, a *inversa de uma transformação linear fracionária é linear fracionária*.

   (b) Mostre que, se

$$w_1 = \frac{az + b}{cz + d}, \qquad w_2 = \frac{a_1 w_1 + b_1}{c_1 w_1 + d_1}$$

   são transformações lineares fracionárias, $w_1 = f(z)$, $w_2 = g(w_1)$, então $w_2 = g[f(z)]$ também é. Assim, *a composta de transformações lineares fracionárias é uma transformação linear fracionária*.

657

Cálculo Avançado

9. A *razão dupla* de quatro números complexos z_1, z_2, z_3, z_4, denotada por $[z_1, z_2, z_3, z_4]$, é definida como segue:

$$[z_1, z_2, z_3, z_4] = \frac{z_1 - z_3}{z_1 - z_4} \div \frac{z_2 - z_3}{z_2 - z_4}.$$

Isso tem sentido, desde que pelo menos três dos quatro números sejam distintos; se $z_1 = z_4$ ou $z_2 = z_3$, o valor é ∞; a expressão tem ainda sentido se um, mas só um, dos z é ∞.

(a) Prove que, se z_1, z_2, z_3 são distintos, então

$$w = [z, z_1, z_2, z_3]$$

define uma função linear fracionária de z.

(b) Prove que, se $w = f(z)$ é uma função linear fracionária e $w_1 = f(z_1)$, $w_2 = f(z_2)$, $w_3 = f(z_3)$, $w_4 = f(z_4)$, então

$$[z_1, z_2, z_3, z_4] = [w_1, w_2, w_3, w_4]$$

desde que pelo menos três dos z_1, z_2, z_3, z_4 sejam distintos. Assim, a razão dupla é invariante por transformações lineares fracionárias.

(c) Sejam z_1, z_2, z_3 distintos e sejam w_1, w_2, w_3 distintos. Prove que há uma e uma só transformação linear fracionária $w = f(z)$ tal que $f(z_1) = w_1$, $f(z_2) = w_2$, $f(z_3) = w_3$, que é a transformação definida pela equação

$$[z, z_1, z_2, z_3] = [w, w_1, w_2, w_3].$$

(d) Usando o resultado de (c), ache transformações lineares fracionárias que levem cada uma das seguintes triplas de valores de z nos w correspondentes:

(i) $z = 1, i, 0;$ $w = 0, i, 1;$

(ii) $z = 0, \infty, 1;$ $w = \infty, 0, i.$

10. Seja C um círculo de raio a e centro Q. Dizemos que os pontos P, P' são inversos um do outro em relação a C se P está sobre o segmento OP' ou P' sobre QP e $\overline{QP} \cdot \overline{QP'} = a^2 \cdot Q$ e ∞ também são considerados como um par de pontos inversos. Se C é uma reta, pontos P, P' simétricos em relação a C são ditos inversos um do outro.

(a) Prove: P, P' são inversos em relação a C se, e só se, todo círculo passando por P e P' corta C em ângulos retos.

(b) Prove: se P, P' são inversos em relação a C e é aplicada uma transformação linear fracionária, levando P em P_1, P' em P_1', C em C_1 então P_1, P_1' são inversos em relação a C_1. [*Sugestão:* use (a), observando que, sob uma transformação linear fracionária círculos vão em círculos e ângulos retos em ângulos retos.]

658

Funções de Uma Variável Complexa

11. (a) Seja $w = f(z)$ uma transformação linear fracionária que leva $|z| \leqq 1$ sobre $|w| \leqq 1$. Prove que $f(z)$ tem a forma (9-192). [*Sugestão:* seja z_0 levado em $w = 0$. Pelo Prob. 10(b), $1/\bar{z}_0$ deve ir em $w = \infty$. O ponto $z = 1$ deve ir num ponto $w = e^{i\beta}$. Tome $z_1 = 1$, $z_2 = z_0$, $z_3 = 1/\bar{z}_0$ em 9(c).]

(b) Prove que toda transformação (9-192) leva $|z| \leqq 1$ sobre $|w| \leqq 1$.

12. Prove que toda transformação linear fracionária de $\text{Im}(z) \geqq 0$ sobre $\text{Im}(w) \geqq 0$ tem a forma (9-193) e que toda transformação (9-193) leva $\text{Im}(z) \geqq 0$ sobre $\text{Im}(w) \geqq 0$.

13. Prove que toda transformação linear fracionária de $\text{Im}(z) \geqq 0$ sobre $|w| \leqq 1$ tem a forma (9-194) e que toda transformação (9-194) leva $\text{Im}(z) \geqq 0$ sobre $|w| \leqq 1$.

14. Seja $w = f(z)$ analítica em z_0 e $f'(z_0) = 0, \ldots, f^{(n)}(z_0) = 0$, $f^{(n+1)}(z_0) \neq 0$. Prove que os ângulos entre curvas que se cortam em z_0 são multiplicados por $n + 1$ sob a transformação $w = f(z)$. [*Sugestão:* pelo Prob. 11 que segue a Sec. 1-17, o vetor tangente à curva $w = f[z(t)]$ pode ser calculado como derivada $(n + 1)$-ésima de w em relação a t. Assim

$$\frac{dw}{dt} = \frac{dw}{dz}\frac{dz}{dt}, \qquad \frac{d^2w}{dt^2} = \frac{dw}{dz}\frac{d^2z}{dt^2} + \frac{d^2w}{dz^2}\left(\frac{dz}{dt}\right)^2, \cdots$$

Se $n = 1$, a tangente em $w_0 = f[z(t_0)]$ é dada por

$$\frac{d^2w}{dt^2} = \frac{d^2w}{dz^2}\left(\frac{dz}{dt}\right)^2, \qquad \arg\frac{d^2w}{dt^2} = \arg\frac{d^2w}{dz^2} + 2\arg\frac{dz}{dt},$$

de modo que os ângulos são duplicados.]

15. Prove a validade do critério V. [*Sugestão:* seja $c = a + ib$. Sejam z_1 e $z_2 = z_1 + re^{i\alpha}$ pontos distintos de D. Então

$$c[f(z_2) - f(z_1)] = c\int_{z_1}^{z_2} f'(z)\,dz = e^{i\alpha}\int_0^r cf'(z)\,dt,$$

onde $z = z_1 + te^{i\alpha}$ sobre o caminho de integração retilíneo. Mostre que a parte real dessa última integral é positiva, de modo que $f(z_2) \neq f(z_1)$. Conforme um artigo de F. Herzog e G. Piranian em *Proceedings of the American Mathematical Society*, Vol. 2 (1951), pág. 625-633.]

16. Prove a validade do critério VI. [*Sugestão:* faça $z_1 = \text{Log}(z - a)$ e mostre que a função $w_1 = f[z(z_1)] = g(z_1)$ é analítica e satisfaz à desigualdade: $\text{Re}[cg'(z_1)] > 0$ no aberto $0 < \text{Im}(z_1) < \pi$. Agora aplique o critério V.]

RESPOSTAS

7. (a) nenhum, (b) $\frac{1}{2}\pi + n\pi$ ($n = 0, \pm 1, \ldots$), (c) ± 1

9. (d) (i) $w = \dfrac{z-1}{(1-2i)z-1}$, (ii) $w = \dfrac{i}{z}$.

9-32. APLICAÇÕES DA REPRESENTAÇÃO CONFORME. O PROBLEMA DE DIRICHLET.

O problema seguinte, conhecido como *problema de Dirichlet*, surge, numa variedade de situações, em dinâmica dos fluidos, teoria dos campos elétricos, condução do calor e elasticidade: *dado um aberto conexo D, achar uma função u(x, y) harmônica em D e tendo valores dados na fronteira de D.*

O enunciado é um tanto vago no que se refere aos valores de fronteira. Veremos imediatamente como pode ser tornado mais preciso.

Seja D um aberto simplesmente conexo cuja fronteira é uma curva simples fechada C, como na Fig. 9-45. Então os valores na fronteira são fixados dando uma função $h(z)$ para z sobre C e exigindo que $u = h$ sobre C. Se h é contínua, a formulação natural do problema é exigir que $u(x, y)$ seja harmônica em D, contínua em D mais C, e igual a h sobre C. Se h é contínua por partes, é natural exigir que u seja harmônica em D, contínua em D mais C, exceto onde h é descontínua, e igual a h, exceto nos pontos de descontinuidade.

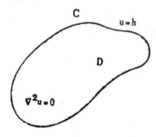

Figura 9-45. O problema de Dirichlet

Se C é um círculo, $|z| = R$, o problema é resolvido pela fórmula integral de Poisson da Sec. 9-22. Por exemplo, se $R = 1$, h pode ser escrita como $h(\theta)$ e

$$u(r_0, \theta_0) = \frac{1}{2\pi} \int_0^{2\pi} \frac{(1 - r^2)h(\theta)}{1 + r^2 - 2r \cos(\theta_0 - \theta)} d\theta \qquad (9\text{-}203)$$

define uma função harmônica em $|z| < 1$. Se $h(\theta)$ é contínua e definimos $u(1, \theta)$ como sendo $h(\theta)$, então se pode mostrar que u é contínua para $|z| \leq 1$ e portanto satisfaz a todas as condições. Se $h(\theta)$ é contínua por partes, o mesmo processo funciona e (9-203) novamente fornece uma solução.

Devemos também perguntar: a solução fornecida pela fórmula (9-203) é a única solução? A resposta é *sim*, quando h é contínua para $|z| = 1$; a resposta é *não* se h tem descontinuidades. Nesse último caso, (9-203) fornece uma solução $u(x, y)$ que é limitada para $|z| < 1$, e pode-se mostrar que é a *única solução limitada*. Com a exigência suplementar de que a solução seja limitada, (9-203) fornece a única solução.

Agora, seja D um aberto limitado por C como na Fig. 9-45 e suponhamos que se achou uma representação conforme biunívoca: $z_1 = f(z)$ de D sobre o disco $|z_1| < 1$ e que essa aplicação é também contínua e biunívoca em D mais C, levando C em $|z_1| = 1$. Fazendo corresponder a cada ponto z_1 sobre

$|z_1| = 1$ o valor de h no ponto correspondente sobre C, obtemos valores de fronteira $h_1(z_1)$ sobre $|z_1| = 1$. Suponhamos que $u(z_1)$ seja solução ao problema de Dirichlet para $|z_1| < 1$ com esses valores de fronteira. Então $u[f(z)]$ é *harmônica em D e resolve o problema de Dirichlet dado em D*, pois $u(z_1)$ pode ser escrita como $\text{Re}[F(z_1)]$ onde F é analítica e $u[f(z)] = \text{Re}\{F[f(z)]\}$; isto é, $u[f(z)]$ é a parte real de uma função analítica em D. Logo, u é harmônica em D. Como funções compostas de funções contínuas são contínuas, $u[f(z)]$ terá o comportamento conveniente na fronteira C e, portanto, resolve o problema.

A representação conforme é, portanto, um instrumento poderoso na resolução do problema de Dirichlet. Para todo aberto que possa ser representado conforme e biunivocamente sobre o disco $|z| < 1$, o problema é resolvido explicitamente por (9-203). Pode-se mostrar que *todo aberto D simplesmente conexo pode ser aplicado biunívoca e conformemente sobre o disco: $|z| < 1$, desde que D não seja o plano todo. Ainda mais, se D é limitado por uma curva simples fechada C, a aplicação pode ser sempre definida sobre C de modo a permanecer contínua e biunívoca*. Para provas desses teoremas e das propriedades mencionadas da fórmula integral de Poisson (9-203), ver o livro de Kellog citado no final do capítulo.

Resta a questão de como aplicar um particular aberto simplesmente conexo D sobre um disco. Mais informações sobre isso são dadas na Sec. 9-37 abaixo. Não consideraremos a extensão da teoria a abertos multiplamente conexos.

9-33. PROBLEMA DE DIRICHLET PARA O SEMIPLANO. Como a transformação

$$iz = \frac{z_1 - i}{z_1 + i} \qquad (9\text{-}204)$$

aplica o disco $|z_1| < 1$ sobre o semiplano $\text{Im}(z) > 0$, o problema de Dirichlet para o semiplano pode ser reduzido ao problema para o disco como acima. No entanto é mais simples tratar o semiplano por si. Desenvolveremos o equivalente de (9-203) para o semiplano. Assim, se um aberto D puder ser representado sobre o semiplano, o problema de Dirichlet para D estará automaticamente resolvido.

Consideremos primeiro vários exemplos:

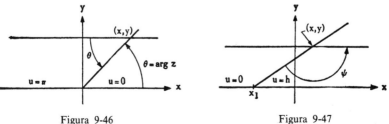

Figura 9-46   Figura 9-47

Exemplo 1. $u(x, y)$ harmônica para $y > 0$; $u = \pi$ para $y = 0$, $x < 0$; $u = 0$ para $y = 0$, $x > 0$, como se vê na Fig. 9-46. A função

$$u = \arg z = \theta, \quad 0 \leq \theta \leq \pi$$

evidentemente satisfaz a todas as condições. É harmônica no semiplano superior, pois

$$\arg z = \theta = \text{Im}(\text{Log } z)$$

é contínua na fronteira $y = 0$, exceto para $x = 0$, e tem os valores certos na fronteira. Além disso, $0 < u < \pi$ no semiplano superior de modo que a solução é limitada.

Exemplo 2. $u(x, y)$ harmônica para $y > 0$; $u = h = $ const., para $y = 0$, $x > 0$; $u = 0$ para $y = 0$, $x < 0$. A solução é obtida como no Ex. 1:

$$u = h\left(1 - \frac{\arg z}{\pi}\right), \quad 0 \leq \arg z \leq \pi.$$

Novamente essa função é harmônica e tem os valores certos na fronteira.

Exemplo 3. $u(x, y)$ harmônica para $y > 0$, $u = h = $ const., para $y = 0$, $x > x_1$; $u = 0$ para $y = 0$, $x < x_1$; ver Fig. 9-47. Uma translação reduz isso ao Ex. 2:

$$u = h\left(1 - \frac{\arg(z - z_1)}{\pi}\right),$$

$$0 \leq \arg(z - z_1) \leq \pi; \quad z_1 = x_1 + 0i.$$

Exemplo 4. $u(x, y)$ harmônica para $y > 0$; $u = h = $ const., para $y = 0$, $x_1 < x < x_2$; $u = 0$ para $y = 0$, $x < x_1$ e $x > x_2$; ver Fig. 9-48. A solução é obtida como diferença de duas soluções do tipo do Ex. 3.

$$u = h\left(1 - \frac{\arg(z - z_1)}{\pi}\right) - h\left(1 - \frac{\arg(z - z_2)}{\pi}\right)$$

$$= \frac{h}{\pi}\left[\arg(z - z_2) - \arg(z - z_1)\right] = \frac{h}{\pi} \arg \frac{z - z_2}{z - z_1}. \quad (9\text{-}205)$$

O resultado tem uma interpretação geométrica interessante, pois

$$\arg \frac{z - z_2}{z - z_1} = \psi, \quad 0 < \psi < \pi,$$

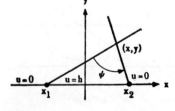

Figura 9-48

onde ψ é o ângulo indicado na Fig. 9-48. Assim

$$u = \frac{h\psi}{\pi}.$$

Podem-se verificar os valores de fronteira diretamente sobre a figura.

Observação. Os Exs. 1, 2, e 3 podem ser considerados como casos-limite do Ex. 4. No Ex. 1, $x_1 = -\infty$, $x_2 = 0$, e $h = \pi$, de modo que ψ torna-se o ângulo θ mostrado na Fig. 9-46, e $u = \psi = \theta$. No Ex. 3, $x_2 = +\infty$; o ângulo ψ é visto na Fig. 9-47.

Exemplo 5. $u(x, y)$ harmônica para $y > 0$; $u = h_0 = $ const., para $y = 0$, $x < x_0$; $u = h_1$ para $y = 0$, $x_0 < x < x_1$; $u = h_2$ para $y = 0$, $x_1 < x < x_2$; ...; $u = h_n$ para $g = 0$, $x_{n-1} < x < x_n$; $u = h_{n+1}$ para $y = 0$, $x > x_n$, como

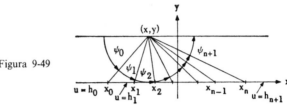

Figura 9-49

na Fig. 9-49. A solução é obtida por adição de soluções de problemas como os dos exemplos anteriores:

$$u = \frac{1}{\pi}\left[h_0 \arg(z - z_0) + h_1 \arg\frac{z - z_1}{z - z_0} + \cdots + h_n \arg\frac{z - z_n}{z - z_{n-1}}\right.$$
$$\left. + h_{n+1}\{\pi - \arg(z - z_n)\}\right]; \quad (9\text{-}206)$$

$$u = \frac{1}{\pi}[h_0\psi_0 + h_1\psi_1 + \cdots + h_{n+1}\psi_{n+1}], \quad 0 \leq \psi_0 \leq \pi, \quad 0 \leq \psi_1 \leq \pi, \ldots$$
$$(9\text{-}207)$$

Os ângulos $\psi_0, \ldots, \psi_n$ são mostrados na Fig. 9-49. A soma desses ângulos é π; logo, u é a média ponderada dos números $h_0, h_1, \ldots, h_{n+1}$ e

$$h' \leq u \leq h'', \quad (9\text{-}208)$$

onde h' é o menor desses números e h'' o maior.

Seja agora $h_0 = 0$, $h_{n+1} = 0$. Seja z fixado no semiplano superior e seja $t + 0i$ um ponto variável no eixo x; façamos

$$g(t) = \arg[z - (t + 0i)],$$

onde o ângulo é sempre tomado entre 0 e π. Então, (9-206) pode ser escrita como:

$$u = \frac{1}{\pi}\{h_1[g(t_1) - g(t_0)] + h_2[g(t_2) - g(t_1)] + \cdots + h_n[g(t_n) - g(t_{n-1})]\}.$$

Essa fórmula sugere passagem ao limite: $n \to \infty$; a expressão sugere uma integral. Na verdade, a expressão pode ser interpretada (usando o teorema da média) como uma soma

$$u = \frac{1}{\pi}\left[h(t_1)g'(t_1^*)\Delta_1 t + \cdots + h(t_n)g'(t_n^*)\Delta_n t\right]$$

que (com hipóteses convenientes) converge, quando $n \to \infty$, a uma integral:

$$u = \frac{1}{\pi}\int_\alpha^\beta h(t)g'(t)\,dt.$$

Agora,

$$g(t) = \arg[z - (t + 0i)] = \operatorname{arc\,tg}\frac{y}{x-t},$$

de modo que

$$g'(t) = \frac{y}{(x-t)^2 + y^2}.$$

Somos assim levados à fórmula:

$$u(x, y) = \frac{1}{\pi}\int_\alpha^\beta \frac{h(t)y}{(x-t)^2 + y^2}\,dt \qquad (9\text{-}209)$$

como a expressão para uma função harmônica no semiplano superior com valores de fronteira $h(t)$ para $z = t + i0$, $\alpha < t < \beta$, e $u = 0$ no resto da fronteira. Obtemos generalidade completa fazendo $\alpha = -\infty$, $\beta = +\infty$:

$$u(x, y) = \frac{1}{\pi}\int_{-\infty}^\infty \frac{h(t)y}{(x-t)^2 + y^2}\,dt. \qquad (9\text{-}210)$$

Vê-se facilmente que essa integral converge, desde que h seja contínua por partes e limitada. *A fórmula (9-210) é exatamente a fórmula integral de Poisson para o semiplano.* Na verdade, uma mudança de variáveis (Prob. 6 abaixo) transforma (9-203) em (9-210).

Exemplo 6. $u(x, y)$ harmônica na meia faixa da Fig. 9-50, com os valores de fronteira indicados. Procura-se a aplicação dessa meia faixa sobre um se-

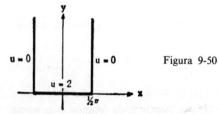

Figura 9-50

miplano e verifica-se que é dada por

$$z_1 = \operatorname{sen} z$$

como no Ex. 12 da Sec. 9-31. Sob essa aplicação, $z = -\frac{1}{2}\pi$ vai em $z_1 = -1$, $z = \frac{1}{2}\pi$ em $z_1 = 1$ e a fronteira toda sobre o eixo real do plano z_1. O novo problema no plano z_1 pede uma função u harmônica no semiplano superior, com valores de fronteira: $u = 2$ para $-1 < x_1 < 1$, $u = 0$ para $x_1 > 1$ e para $x_1 < 0$. Esse problema se resolve como no Ex. 4. acima, por (9-205). Logo,

$$u = \frac{2}{\pi} \arg \frac{z_1 - 1}{z_1 + 1}$$

e, no plano z,

$$u = \frac{2}{\pi} \arg \frac{\operatorname{sen} z - 1}{\operatorname{sen} z + 1}.$$

Para aplicar essa fórmula, o mais simples é usar o diagrama da Fig. 9-43 que mostra a aplicação do plano z no plano z_1. Para cada z, tomamos o correspondente $z_1 = \operatorname{sen} z$, medimos o ângulo

$$\psi = \arg \frac{z_1 - 1}{z_1 + 1}$$

como na Fig. 9-48, e dividimos por $\frac{1}{2}\pi$. A resposta pode também ser escrita explicitamente em forma real:

$$u = \frac{2}{\pi} \operatorname{arc tg} \frac{\operatorname{Im}\left\{\dfrac{\operatorname{sen} z - 1}{\operatorname{sen} z + 1}\right\}}{\operatorname{Re}\left\{\dfrac{\operatorname{sen} z - 1}{\operatorname{sen} z + 1}\right\}}$$

$$= \frac{2}{\pi} \operatorname{arc tg} \frac{-2 \cos x \operatorname{senh} y}{\operatorname{sen}^2 x \cosh^2 y + \cos^2 x \operatorname{senh}^2 y - 1}.$$

Exemplo 7. $u(x, y)$ harmônica para $|z| < 1$, $u = 1$ para $r = 1$, $\alpha < \theta < \beta$ como na Fig. 9-51; $u = 0$ no resto da fronteira.

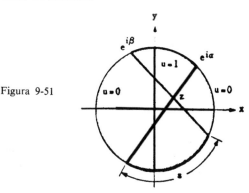

Figura 9-51

Cálculo Avançado

A função

$$z_1 = e^{1/2(\alpha-\beta)i} \frac{z - e^{i\beta}}{z - e^{i\alpha}}$$

aplica $|z| < 1$ sobre o semi-plano $\text{Im}(z_1) > 0$. O ponto $e^{i\alpha}$ tem como imagem $z_1 = \infty$; o ponto $e^{i\beta}$ tem como imagem $z_1 = 0$; o arco $\alpha < \theta < \beta$ corresponde ao semi-eixo real negativo no plano z_1. Assim, a solução é dada por

$$u = \frac{1}{\pi} \arg z_1 = \frac{1}{\pi} \arg \left[e^{1/2(\alpha-\beta)i} \frac{z - e^{i\beta}}{z - e^{i\alpha}} \right]. \tag{9-211}$$

Essa fórmula um tanto incômoda é a fórmula para o disco que corresponde a (9-205) para o semiplano. Usando geometria, isso pode ser escrito nesta forma muito mais simples:

$$u = \frac{s}{2\pi}, \tag{9-212}$$

onde s é o comprimento do arco sobre $|z| = 1$ determinado pelas cordas passando por $e^{i\alpha}$ e z e por $e^{i\beta}$ e z; ver Fig. 9-51.

Esse problema também poderia ter sido resolvido diretamente pela fórmula de Poisson (9-203):

$$u(r_0, \theta_0) = \frac{1}{2\pi} \int_\alpha^\beta \frac{1 - r^2}{1 + r^2 - 2r \cos(\theta_0 - \theta)} d\theta. \tag{9-213}$$

A integração, embora complicada, pode ser feita [Prob. 31(t) após a Sec. 0-9].

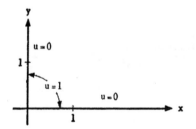

Figura 9-52

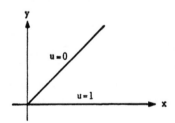

Figura 9-53

PROBLEMAS

1. Resolva os seguintes problemas de valor de fronteira:
   (a) u harmônica e limitada no primeiro quadrante,
   $$\lim_{y \to 0+} u(x, y) = 1 \text{ para } 0 < x < 1, \quad \lim_{y \to 0+} u(x, y) = 0 \text{ para } x > 1,$$
   $$\lim_{x \to 0+} u(x, y) = 1 \text{ para } 0 < y < 1, \quad \lim_{x \to 0+} u(x, y) = 0 \text{ para } y > 1.$$
   Ver Fig. 9-52.

Funções de Uma Variável Complexa

(b) u harmônica e limitada no setor: $0 < \theta < \frac{1}{4}\pi$, com valores de fronteira 1 no eixo x e 0 na reta $y = x$, como na Fig. 9-53.

(c) u harmônica e limitada para $0 < \theta < 2\pi$, com valor-limite 1 quando z avizinha-se do semi-eixo real positivo pelo semiplano superior e -1 quando z avizinha-se do semi-eixo real positivo pelo semiplano inferior.

(d) u harmônica e limitada na faixa: $0 < y < 1$ com valores de fronteira 0 para $y = 0$, $\alpha < 0$ e para $y = 1$, $x < 0$ e valores de fronteira 2 para $y = 0$, $x > 0$ e para $y = 1$, $x > 0$.

(e) u harmônica e limitada no aberto; $0 < \theta < \pi$, $r > 1$ com valores de fronteira 1 no eixo real e -1 sobre o círculo.

2. (a) Verifique que a transformação

$$w = 2 \operatorname{Log} z - z^2$$

aplica o semiplano $\operatorname{Im}(z) > 0$ de modo biunívoco e conforme sobre o plano w menos as semi-retas $v = 2\pi$, $u < -1$, e $v = 0$, $u < -1$.

(b) Ache o potencial eletrostático U entre duas placas de condensador idealizados como dois semiplanos perpendiculares ao plano uv ao longo das semi-retas $v = a$, $u < 0$, e $v = 0$, $u < 0$, se a diferença de potencial entre as placas é U_0; isto é, resolva o problema de valor de fronteira: $U(u, a) = U_0$ para $u < 0$ e $U(u, 0) = 0$ para $u < 0$, $U(u, v)$ harmônica na parte restante do plano uv.

3. (a) Mostre que a transformação $w = z^2$ aplica o aberto: $\operatorname{Im}(z) > 1$ de modo biunívoco e conforme sobre o domínio parabólico

$$u < \frac{v^2}{4} - 1.$$

(b) Seja um sólido idealizado como um cilindro infinito perpendicular ao plano uv, cuja seção no plano uv é dada por $u \leq v^2$. Suponhamos esse sólido em equilíbrio de temperatura, com temperaturas T_1 mantida na parte da superfície de fronteira em que $v > 0$ e T_2 onde $v < 0$. Ache a distribuição de temperatura dentro do sólido, isto é, resolva o problema de valor de fronteira: $T(u, v)$ harmônica para $u < v^2$ com valores de fronteira $T(u, v) = T_1$ para $u = v^2$, $v > 0$, e $T(u, v) = T_2$ para $u = v^2$, $v < 0$.

4. (a) Verifique que as funções (em coordenadas polares)

$$r^n \cos n\theta, \quad r^n \operatorname{sen} n\theta \quad (n = 0, 1, 2, \ldots)$$

são harmônicas para $r < 1$ e têm como valores de fronteira $\cos n\theta$, $\operatorname{sen} n\theta$ para $r = 1$.

667

Cálculo Avançado

(b) Seja $h(\theta)$ contínua e com período 2π e suponhamos que sua série de Fourier convirja a $h(\theta)$ para todo θ:

$$h(\theta) = \tfrac{1}{2}a_0 + \sum_{n=1}^{\infty} (a_n \cos n\theta + b_n \operatorname{sen} n\theta),$$

$$a_n = \frac{1}{\pi} \int_{-\pi}^{\pi} h(\theta) \cos n\theta \, d\theta, \; b_n = \frac{1}{\pi} \int_{-\pi}^{\pi} h(\theta) \operatorname{sen} n\theta \, d\theta.$$

Resolva o problema de valor de fronteira: $u(r, \theta)$ harmônica para $r < 1$, $\lim u(r, \theta) = h(\theta)$ quando $r \longrightarrow 1$. [*Sugestão:* use o resultado de (a) para construir a função

$$u = \tfrac{1}{2}a_0 + \sum_{n=1}^{\infty} (a_n r^n \cos n\theta + b_n r^n \operatorname{sen} n\theta).$$

Verifique a convergência a $h(\theta)$ usando a observação que segue o Teorema 36 da Sec. 6-15.]

5. (a) Verifique que a função (9-206) tem o limite $\tfrac{1}{2}(h_j + h_{j+1})$ se o ponto (x, y) aproxima-se do ponto $(x_j, 0)$ segundo a semi-reta $x = x_j$, $y > 0$.
   (b) Qual o limite se (x, y) aproxima-se de $(x_j, 0)$ segundo uma semi-reta fazendo um ângulo $\alpha > 0$ com o semi-eixo x positivo?
   (c) Discuta os limites da função (9-210) quando $(x, y) \longrightarrow (t_1, 0)$ num ponto de descontinuidade t_1 de $h(t)$.

   Observação. O Prob. 5 tem um análogo em termos da fórmula integral de Poisson para o disco. Como sugere o Prob. 4, o tópico está relacionado de perto com séries de Fourier. Na verdade, as propriedades da integral de Poisson enunciadas na Sec. 9-32 acima implicam que, se $h(\theta)$ é contínua por partes, então para a série obtida no Prob. 4(b) vale

   $$\lim_{\substack{r \to 1 \\ \theta \to \theta_0}} u(r, \theta) = h(\theta_0)$$

   em todo ponto de continuidade de $h(\theta)$ e

   $$\lim_{r \to 1} u(r, \theta_0) = \frac{h(\theta_0 +) + h(\theta_0 -)}{2}$$

   em cada ponto de descontinuidade de $h(\theta)$. A série de Fourier de $h(\theta)$ pode não convergir a $h(\theta)$ para todo θ sob essas hipóteses, mas pode-se reencontrar a função $h(\theta)$ a partir da série multiplicando os termos por r^n e fazendo $r \longrightarrow 1$. Esse processo chama-se soma de Poisson (ou de Abel) da série.

6. Mostre que a fórmula integral de Poisson (9-203) transforma-se na fórmula (9-210) para o semiplano, se o disco $|z| < 1$ é aplicado sobre o semi-

Funções de Uma Variável Complexa

plano $\text{Im}(z') > 0$ pela equação

$$z' = i\,\frac{1+z}{1-z}.$$

[*Sugestão:* escreva (9-203) na forma

$$u = \text{Re}[f(z_0)], \quad f(z_0) = \frac{1}{2\pi}\int_0^{2\pi}\frac{z_0+z}{z_0-z}\,h(z)\,d\theta,$$

onde $z = e^{i\theta}$. A mudança de variável deve ser feita tanto em z_0 quanto em z:

$$z_0' = i\,\frac{1+z_0}{1-z_0}, \quad z' = i\,\frac{1+z}{1-z} = t + 0i.$$

Mostre que $f(z_0)$ fica

$$\frac{1}{\pi i}\int_{-\infty}^{\infty}\left\{\frac{1}{t-z_0'} - \frac{t}{1+t^2}\right\}h_1(t)\,dt$$

onde $h_1(t) = h\big|z(t)\big|.]$

RESPOSTAS

1. (a) $\dfrac{1}{\pi}\arg\dfrac{z^2-1}{z^2+1}$, (b) $\dfrac{1}{\pi}(\pi - \arg z^4)$, (c) $1 - \dfrac{\theta}{\pi}\,(0 < \theta < 2\pi)$,

   (d) $2 - \dfrac{2}{\pi}\arg\dfrac{e^{\pi z}-1}{e^{\pi z}+1}$, (e) $1 - \dfrac{2}{\pi}\arg\left(\dfrac{z-1}{z+1}\right)^2$.

As funções-argumento são todas tomadas entre 0 e π.

2. (b) $U = \dfrac{U_0}{\pi}\arg z$, onde z é a inversa da função

$$w = \frac{a}{2\pi}(2\,\text{Log}\,z - z^2 + 1), \quad \text{Im}(z) > 0.$$

3. $T_1 + \dfrac{T_2 - T_1}{\pi}\arg(\sqrt{4w-1} - i)$; a raiz quadrada é escolhida com parte imaginária > 1 e o arg é escolhido entre 0 e π.

5. (b) $[\alpha h_j + (\pi - \alpha)h_{j+1}]/\pi$.

9-34. **APLICAÇÃO CONFORME EM HIDRODINÂMICA.** Como se observou na Sec. 9-22, as condições

$$\text{div}\,V = 0, \quad \text{rot}\,V = 0$$

para um campo de vetores $V = ui - vj$ no plano equivalem às equações de Cauchy-Riemann para u e v, de modo que a função complexa $u + iv = f(z)$ é

669

analítica. Pela Sec. 5-15, essas equações descrevem portanto um movimento de fluido incompressível, irrotacional, a duas dimensões.

Se restringirmos nossa atenção a um aberto simplesmente conexo, $f(z)$ tem uma primitiva $F(z)$ (determinada a menos de constante). Se escrevermos

$$F = \phi(x, y) + i\psi(x, y),$$

então

$$F'(z) = \frac{\partial \phi}{\partial x} - i\frac{\partial \phi}{\partial y} = u + iv.$$

Logo,

$$\frac{\partial \phi}{\partial x} = u, \quad \frac{\partial \phi}{\partial y} = -v$$

ou

$$\text{grad } \phi = u\mathbf{i} - v\mathbf{j} = \mathbf{V}.$$

A função ϕ chama-se potencial de velocidade, e $F(z)$ o potencial de velocidade complexo. Podemos escrever

$$\overline{F'(z)} = \frac{\partial \phi}{\partial x} + i\frac{\partial \phi}{\partial y} = u - iv.$$

Logo, *o conjugado da derivada do potencial de velocidade complexo é o vetor--velocidade.*

As curvas $\phi(x, y) = $ const. chamam-se *curvas eqüipotenciais*; são ortogonais em cada ponto ao vetor-velocidade grad ϕ. As curvas $\psi(x, y) = $ const. chamam-se *linhas de corrente;* o vetor-velocidade em cada ponto é tangente a uma dessas curvas, de modo que elas podem ser consideradas como trajetórias de partículas de fluido.

A representação conforme pode ser aplicada a problemas de hidrodinâmica de várias maneiras. Primeiro, problemas particulares podem ser formulados como problemas de valor de fronteira e resolvidos com ajuda de representação conforme como na seção precedente. Segundo, partindo de uma configuração de fluxo conhecida, pode-se obter uma variedade de outras configurações de modo empírico, simplesmente aplicando diferentes representações conformes.

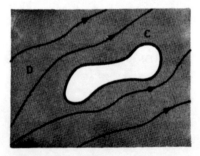

Figura 9-54. Fluxo ao redor de um obstáculo

Consideramos aqui brevemente um exemplo do primeiro tipo de aplicação. Consideremos o problema do fluxo em torno de um obstáculo, como é sugerido na Fig. 9-54. O domínio D do fluxo é o exterior de uma curva fechada simples (lisa por partes) C. Como D não é simplesmente conexo, não podemos ter certeza de que exista um potencial complexo (univalente) $F(z)$. Veremos que, com uma hipótese adequada sobre o fluxo "no ∞", existe $F(z)$. A hipótese natural é que o fluxo aproxime-se de um fluxo uniforme a velocidade constante no ∞. Então $f(z) = F'(z)$ é analítica no ∞:

$$f(z) = a_0 + \frac{a_{-1}}{z} + \frac{a_{-2}}{z^2} + \cdots, \quad |z| > R,$$

$$F(z) = \text{const.} + a_0 z + a_{-1} \log z - \frac{a_{-2}}{z} + \cdots, \quad |z| > R.$$

Se $F(z)$ deve ser univalente, não deve existir o termo em $\log z$; portanto supomos que o fluxo seja tal que $a_{-1} = 0$, de modo que

$$f(z) = a_0 + \frac{a_{-2}}{z^2} + \cdots,$$
$$F(z) = \text{const.} + a_0 z - a_{-2} z^{-1} + \cdots \quad (9\text{-}214)$$

A constante a_0 é exatamente o valor de f no ∞, de modo que $\bar{a}_0$ é a velocidade do fluxo uniforme limite.

A função-corrente $\psi = \text{Im}[F(z)]$ é constante ao longo de C, pois (na ausência de viscosidade) o vetor-velocidade deve ser tangente a C. Seria natural formular um problema de valor de fronteira para ψ, porém é mais fácil observar que a hipótese (9-214) sobre o comportamento de $F(z)$ no ∞ e a condição: $\text{Im}[F(z)] = \text{const.}$ sobre C implicam em que $z_1 = F(z)$ aplica D de modo biunívoco e conforme sobre um aberto D_1 do plano z_1. Isso se prova pelo princípio do argumento (Prob. 3 abaixo). Como $\text{Im}(z_1) = y_1$ é constante sobre C, a imagem de C deve ser um segmento $y_1 = \text{const.}$ no plano $x_1 y_1$; assim, D_1 consiste no plano $x_1 y_1$ todo menos um talho, como na Fig. 9-55. Inversamente, se $F(z)$ é analítica em D e aplica D de modo biunívoco e conforme sobre um tal domínio com talho D_1, então F deve ter um pólo de primeira ordem no ∞ e $\psi = \text{Im}[F(z)]$ deve ser constante sobre C; assim, toda aplicação de D sobre um

Figura 9-55. Domínio com talho

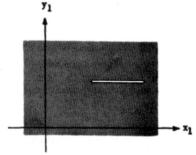

Cálculo Avançado

domínio D_1 com talho fornece um potencial de velocidade complexo $F(z)$ adequado.

Exemplo. Seja C o círculo: $|z| = 1$. Então

$$z_1 = a_0\left(z + \frac{1}{z}\right) = F(z) \quad (a_0 \text{ real})$$

aplica D sobre um domínio com talho D_1, estando o talho situado sobre o eixo real (conforme Ex. 13 da Sec. 9-31). Logo, esse é um potencial adequado para o fluxo em torno do círculo. A função corrente é

$$\psi = a_0 y - a_0 \frac{y}{x^2 + y^2};$$

as linhas de corrente são mostradas na Fig. 9-44 (Sec. 9-31).

Pode-se mostrar que, dada C e a velocidade $\bar{a}_0$ no ∞, a representação $F(z)$ que tem a expansão (9-214) no ∞ existe e é univocamente determinada a menos de uma constante aditiva [que não tem efeito sobre o vetor-velocidade $\overline{F'(z)}$]. Um teorema semelhante vale para o fluxo em torno de vários obstáculos limitados por curvas $C_1, \ldots, C_n$; o potencial de velocidade complexo aplica o domínio do fluxo sobre o plano z_1 menos n talhos. Para as demonstrações, ver o livro de Courant citado nas referências.

9-35. APLICAÇÕES DA REPRESENTAÇÃO CONFORME NA TEORIA DA ELASTICIDADE. Problemas a duas dimensões na teoria da elasticidade podem ser reduzidos à resolução da equação biarmônica

$$\nabla^4 U = 0 \tag{9-215}$$

(Sec. 2-11). A função U é a *função de "stress" de Airy;* suas derivadas segundas

$$\frac{\partial^2 U}{\partial x^2}, \quad \frac{\partial^2 U}{\partial x\,\partial y}, \quad \frac{\partial^2 U}{\partial y^2}$$

dão as componentes do *tensor de "stress"*, que descreve as forças que agem sobre uma seção plana arbitrária do sólido em estudo.

A resolução de (9-215) num aberto D equivale à resolução de duas equações:

$$\nabla^2 U = P, \quad \nabla^2 P = 0.$$

As soluções P da segunda equação são funções harmônicas. Além disso, se U_1, U_2 satisfazem à primeira equação para P dada, então

$$\nabla^2(U_1 - U_2) = P - P = 0;$$

logo as soluções da primeira equação são da forma

$$U_1 + W,$$

onde U_1 é uma solução particular e W é harmônica. Agora se possível, esco-

672

Funções de Uma Variável Complexa

lhamos funções harmônicas u e v tais que

$$\frac{\partial u}{\partial x} = P = \frac{\partial v}{\partial y}.$$

Então

$$\mathbf{V}^2(xu + yv) = x\mathbf{V}^2 u + 2\frac{\partial u}{\partial x} + y\mathbf{V}^2 v + 2\frac{\partial v}{\partial y} = 4P.$$

Logo,

$$U_1 = \tfrac{1}{4}(xu + yv)$$

é a solução particular requerida, desde que u e v possam ser achadas. Se D é simplesmente conexo, podemos escolher Q tal que $P + iQ = F(z)$ seja analítica em D; então

$$u + iv = f(z) = \int F(z)\, dz$$

define (a menos de constantes aditivas) funções harmônicas u e v tais que

$$\frac{\partial u}{\partial x} = \frac{\partial v}{\partial y} = P$$

e U_1 pode ser escrita como segue:

$$U_1 = \tfrac{1}{4}(xu + yv) = \tfrac{1}{4}\mathrm{Re}[\overline{z}f(z)].$$

Finalmente, as soluções U de (9-215) podem ser escritas na forma:

$$U = U_1 + W = \mathrm{Re}\left[\frac{\overline{z}f(z)}{4} + g(z)\right].$$

O fator $\tfrac{1}{4}$ pode ser absorvido em $f(z)$ e temos a conclusão: *se $f(z)$ e $g(z)$ são analíticas no aberto D, então*

$$U = \mathrm{Re}\left[\overline{z}f(z) + g(z)\right] \qquad (9\text{-}216)$$

é biarmônica em D; se D é simplesmente conexo, então todas as funções biarmônicas em D podem ser representadas nessa forma.

Os problemas de valor de fronteira para a função U podem ser formulados em termos das funções analíticas f e g. Se D é aplicado conformemente sobre um segundo aberto D_1, o problema é transformado num problema de valor de fronteira em D_1. Representando sobre um aberto simples D_1, tal como o semiplano ou o disco unitário, reduzimos o problema a outro mais simples. Portanto, assim como para o problema de Dirichlet, a representação conforme é uma ajuda poderosa. A importância de (9-216) é que exprime U em termos de funções analíticas, que *permanecem analíticas* se for feita uma mudança de variável conforme. Uma função biarmônica, em geral, não permanece biarmônica sob uma tal transformação.

673

Cálculo Avançado

Para mais detalhes sobre as aplicações à elasticidade, ver o Cap. V do *Mathematical Theory of Elasticity*, de I. S. Sokolnikoff (curso mimeografado na Brown University, 1941); ver também um artigo de V. Morkovin, págs. 350-352 do Vol. 2, *Quarterly of Applied Mathematics* (1944).

9-36. OUTRAS APLICAÇÕES DA REPRESENTAÇÃO CONFORME.

De um modo geral, a representação conforme pode ajudar na resolução de todos os problemas de valor de fronteira associados com a equação de Laplace ou com a *equação de Poisson* mais geral

$$\frac{\partial^2 u}{\partial x^2} + \frac{\partial^2 u}{\partial y^2} = g(x, y) \tag{9-217}$$

no plano. O fato crucial é que funções harmônicas permanecem harmônicas sob representação conforme. Embora os valores de fronteira possam ser transformados de modo complicado, essa desvantagem usualmente é compensada pela possibilidade de simplificar o domínio por meio de uma representação conveniente.

Mencionamos aqui um exemplo das possibilidades e, para mais informações, referimo-nos aos livros de Kellog e Frank e von Mises citados no final do capítulo. Suponhamos que se queira encontrar uma função $u(x, y)$ harmônica num dado aberto D, limitado por uma curva simples fechada lisa C e satisfazendo às condições de fronteira: u tem valores dados $h(x, y)$ sobre um arco de C; $\partial u/\partial n = 0$ no resto de C, onde n é o vetor normal a C. A condição $\partial u/\partial n = 0$ equivale à condição de a função conjugada v ser constante sobre C: logo, essa condição é invariante sob representação conforme. Para resolver o problema, aplicamos D, se possível, no *quadrante*: $x_1 > 0$, $y_1 > 0$, de modo que o arco sobre o qual $\partial u/\partial n = 0$ se transforme no eixo y_1. A função $h(x, y)$ fica uma função $h_1(x_1)$, dando os valores de u para $y_1 = 0$. Agora resolvemos o problema: $u(x_1, y_1)$ harmônica no semiplano superior; $u(x_1, 0) = h(x_1)$ para $x_1 > 0$ e $u(x_1, 0) = h(-x_1)$ para $x_1 < 0$. Em outras palavras, *refletimos* os valores de fronteira na reta $x_1 = 0$. A função u obtida é harmônica no quadrante e tem os valores de fronteira certos para $x_1 > 0$. Além disso, (9-210) mostra que $u(x_1, y_1) = u(-x_1, y_1)$, isto é, u tem a mesma simetria que os valores de fronteira. Isso implica $\partial u/\partial x_1 = 0$ para $x_1 = 0$, isto é, $\partial u/\partial n = 0$ sobre o resto da fronteira do quadrante. Logo, u satisfaz a todas as condições. Se voltamos ao plano xy, u fica uma função de x e y que satisfaz ao problema de valor de fronteira dado. Pode-se mostrar que essa é a única solução limitada, se h é contínua por partes.

PROBLEMAS

1. Prove que

$$F(z) = a_0 \left(z e^{i\alpha} + \frac{1}{z e^{i\alpha}} \right) + \text{const.} \quad (\alpha \text{ real})$$

aplica $D: |z| > 1$ de modo biunívoco e conforme sobre um aberto com

Funções de Uma Variável Complexa

talho D_1 (essa é a aplicação mais geral desse tipo). Interprete F como um potencial de velocidade complexo.

2. Mostre que o vetor

$$\mathbf{V} = \left(1 + \frac{y}{x^2 + y^2} - \frac{x^2 - y^2}{(x^2 + y^2)^2}\right)\mathbf{i} + \left(\frac{-x}{x^2 + y^2} - \frac{2xy}{(x^2 + y^2)^2}\right)\mathbf{j}$$

pode ser interpretado como velocidade de um fluxo irrotacional, incompressível, em volta do obstáculo limitado pelo círculo $x^2 + y^2 = 1$. Ache o potencial de velocidade complexo e a função corrente, e esboce algumas linhas de corrente.

3. Seja $w = F(z)$ analítica em D, aberto exterior à curva simples fechada C, e com pólo de primeira ordem no ∞. Seja $F(z)$ contínua em D mais C e seja $\text{Im}[F(z)] = \text{const.}$ sobre C. Mostre que $F(z)$ aplica D biunivocamente sobre um domínio com talho. [*Sugestão:* mostre que o princípio do argumento da Sec. 9-28 toma aqui esta forma: a variação de $\arg F(z)$ quando z percorre C em sentido *negativo* é 2π vezes $(N_0 - N_\infty)$, onde N_0 e N_∞ são os números de zeros e pólos de $F(z)$ em D mais o ponto $z = \infty$. Mostre que a variação de $\arg[F(z) - w_0]$ é 0 se w_0 não está na imagem de C. Logo, $N_0 - N_\infty = 0$; mas $N_\infty = 1$, de modo que $N_0 = 1$.]

4. Seja $U(x, y)$ biarmônica para $x^2 + y^2 < 1$. Mostre que U pode ser desenvolvida em série de Taylor nesse disco, de modo que U é *analítica* em x e y.

5. Ache a distribuição de temperatura de equilíbrio T na meia faixa: $0 < x < 1$, $y > 0$ se o lado $x = 0$ é mantido à temperatura T_0, o lado $x = 1$ à temperatura T_1, enquanto que $y = 0$ está isolado ($\partial T/\partial n = 0$).

RESPOSTAS

2. $F(z) = z + \frac{1}{z} + i \log z$ (não-univalente).   3. $T_0 + x(T_1 - T_0)$.

9-37. FÓRMULAS GERAIS PARA APLICAÇÕES BIUNÍVOCAS. TRANSFORMAÇÃO DE SCHWARZ-CHRISTOFFEL. Os exemplos encontrados acima indicaram a importância da representação conforme para as aplicações. Resta o problema de exibir uma classe de representações explícitas suficientemente ampla para as aplicações. Damos aqui várias fórmulas que ajudam nessa questão.

Aplicação sobre uma faixa não-limitada com talhos. Sejam h_1, h_2, ..., h_n, h_{n+1}, constantes reais tais que, para algum m,

$$h_1 < h_2 < \cdots < h_m; \quad h_m > h_{m+1} > \cdots > h_{n+1}. \tag{9-218}$$

Como casos extremos, pode-se escolher $m = 1$ ou $m = n + 1$. Sejam escolhidos pontos $x_1, \ldots, x_n$ no eixo real tais que $x_1 < x_2 < \cdots < x_n$. Uma função harmônica limitada v no semiplano $y > 0$, com os seguintes valores de fronteira para $y = 0$:

$$v = h_1 \text{ para } x < x_1, \quad v = h_2 \text{ para } x_1 < x < x_2, \ldots$$
$$v = h_n \text{ para } x_{n-1} < x < x_n, \quad v = h_{n+1} \text{ para } x > x_n,$$

675

é fornecida por (9-206):

$$v = \frac{1}{\pi}[h_1 \arg(z-z_1) + h_2 \arg\frac{z-z_2}{z-z_1} + \cdots + h_n \arg\frac{z-z_n}{z-z_{n-1}} \\ + h_{n+1}\{\pi - \arg(z-z_n)\}];$$

aqui, $z_1 = x_1 + 0i$, $z_2 = x_2 + 0i, \ldots$ Uma correspondente $f(z) = u + iv = w$ analítica no semiplano superior é

$$f(z) = \frac{1}{\pi}[h_1 \operatorname{Log}(z-z_1) + h_2 \operatorname{Log}\frac{z-z_2}{z-z_1} + \cdots + h_n \operatorname{Log}\frac{z-z_n}{z-z_{n-1}} \\ + h_{n+1}(i\pi - \operatorname{Log}(z-z_n))] + a, \qquad (9\text{-}219)$$

onde a é uma constante real. *Quando as constantes $h_1, \ldots, h_{n+1}$ satisfazem a (9-218), essa função fornece uma representação biunívoca conforme sobre o semiplano;* para a demonstração, ver o Prob. 5 abaixo. O aberto imagem D_1 é limitado por retas $v = $ const.

Exemplo.

$$f(z) = \frac{1}{\pi}\left[\operatorname{Log}(z+1) + 3\operatorname{Log}\frac{z}{z+1} + 2(i\pi - \operatorname{Log} z)\right]$$
$$= \frac{1}{\pi}[2\pi i + \operatorname{Log} z - 2\operatorname{Log}(z+1)]$$

aplica o semiplano superior sobre o aberto D_1 que se vê na Fig. 9-56.

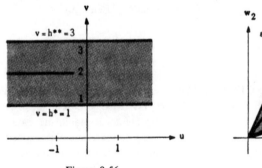
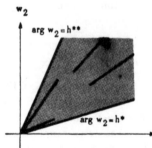

Figura 9-56   Figura 9-57

De um modo geral, o aberto-imagem D_1 jaz entre as retas $v = h^*$, $v = h^{**}$, onde h^* e h^{**} são o menor e o maior dos $h_1, h_2, \ldots, h_{n+1}$; a fronteira de D_1 consiste dessas retas mais raios $v = $ const. correspondendo aos demais h. Cada tal aberto-imagem D_1 pode ser obtido com uma conveniente escolha dos números $x_1, \ldots, x_n$, a, pois o teorema geral da aplicação conforme (Sec. 9-32) garante a existência da aplicação; como v é limitada e tem valores de fronteira dados, a função v deve ter a forma acima, de modo que f tem a forma (9-219).

Aplicação sobre um setor com talhos radiais. Se $h^{**} - h^* \leqq 2\pi$, de modo que a largura de D_1 é, no máximo, 2π, então a função e^w toma cada valor no

Funções de Uma Variável Complexa

máximo uma vez em D_1. Logo, $F(z) = \exp[f(z)]$ fornece também uma aplicação biunívoca, se (9-218) vale. A função $F(z)$ pode ser escrita:

$$w_2 = F(z) = \exp[f(z)] = \frac{\exp(a + ih_{n+1})}{(z-z_1)^{k_1}(z-z_2)^{k_2}\ldots(z-z_n)^{k_n}},$$

$$k_1 = \frac{h_2 - h_1}{\pi},\cdots, \qquad k_n = \frac{h_{n+1} - h_n}{\pi}; \qquad (9\text{-}220)$$

as potências de $(z-z_1),\ldots$ sendo os *valores principais:* $(z-z_1)^{k_1} = \exp[k_1\,\mathrm{Log}\,(z-z_1)]$. A função e^w aplica D_1 sobre um aberto D_2 contido no setor: $h^* << \arg w_2 < h^{**}$ e limitado pelos lados do setor e outras retas e raios, como sugere a Fig. 9-57; logo, $w_2 = F(z)$ aplica o semiplano superior sobre D_2. Quando $h^{**} - h^* = 2\pi$, o setor tem ângulo 2π e as semi-retas de fronteira coincidem.

Aplicações de Schwarz-Christoffel. Outra importante classe de aplicações pode ser obtida de $f(z)$: a das aplicações

$$w = G(z) = \int_{z_0}^z F(z)\,dz + \text{const.} = \int_{z_0}^z e^{f(z)}\,dz + \text{const.}, \quad \mathrm{Im}(z_0) > 0,$$

ou, mais explicitamente,

$$w = G(z) = A\int_{z_0}^z \frac{dz}{(z-z_1)^{k_1}(z-z_2)^{k_2}\ldots(z-z_n)^{k_n}} + B, \qquad (9\text{-}221)$$

onde A e B são constantes complexas. A função $w = G(z)$ define a *transformação de Schwartz-Christoffel.* Com hipóteses adequadas sobre as constantes k_j, $w = G(z)$ aplica o semiplano superior biunivocamente sobre um aberto limitado por meio de retas ou segmentos, e pode-se mostrar que toda aplicação biunívoca do semiplano sobre um tal aberto pode ser representada na forma (9-221). Isso inclui, em particular, toda aplicação sobre o interior de um polígono.

A função $G(z)$ satisfaz às condições de fronteira:

$$\arg G'(z) = h_1 \text{ para } y = 0,\ x < x_1,$$
$$\arg G'(z) = h_2 \text{ para } y = 0,\ x_1 < x < x_2,\ldots,$$

pois

$$G'(z) = e^{f(z)} = e^{u+iv}$$
$$\arg G'(z) = v = \mathrm{Im}[f(z)].$$

A função $G'(z)$ mede quanto as direções giram indo do plano z ao plano w (Secs. 9-9 e 9-30). Logo, ao longo da fronteira o ângulo de rotação é constante por partes; portanto cada intervalo $x < x_1$, $x_1 < x < x_2,\ldots$ deve ser aplicado numa *reta* por $w = G(z)$. Os números h_1, $h_2,\ldots$ dão os ângulos da direção do eixo real positivo com essas retas, como está sugerido na Fig. 9-58 para o caso de um polígono convexo; os números

$$k_1\pi = h_2 - h_1,\ k_2\pi = h_3 - h_2,\ldots, h_n\pi = h_{n+1} - h_n$$

677

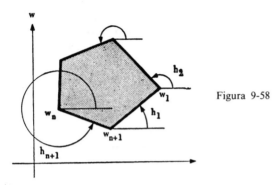

Figura 9-58

são *ângulos exteriores* sucessivos do polígono; o $(n+1)$-ésimo ângulo exterior é $h_1 + 2\pi - h_{n+1}$. Pode acontecer que $h_{n+1} = h_1 + 2\pi$ e, nesse caso, o polígono tem só n vértices; de outra forma, para um polígono convexo próprio, $h_{n+1} < < h_1 + 2\pi$. Como

$$k_1\pi + \cdots + k_n\pi = (h_2 - h_1) + \cdots + (h_{n+1} - h_n) = h_{n+1} - h_1,$$

os dois casos são os seguintes:

$$k_1 + \cdots + k_n = 2 \quad (n \text{ vértices})$$
$$k_1 + \cdots + k_n < 2 \quad (n+1 \text{ vértices}).$$

Os vértices $w_1, \ldots, w_n$ do polígono são as imagens de $z_1, \ldots, z_n$. O $(n+1)$-ésimo vértice, se existe, é a imagem de $z = \infty$. Observamos que, para um polígono convexo, $0 < k_1\pi < \pi$, $0 < k_2\pi < \pi, \ldots$ de modo que os k estão entre 0 e 1. Dado qualquer conjunto finito de k_i tais que

$$k_1 + k_2 + \cdots + k_n \leqq 2,$$
$$0 < k_1 < 1, \ldots, 0 < k_n < 1,$$

a correspondente função $w = G(z)$ define uma aplicação biunívoca do semiplano superior sobre o interior de um polígono convexo com ângulos exteriores $k_1\pi, k_2\pi, \ldots$ Reciprocamente, dado um polígono de vértices $w_1, \ldots, w_{n+1}$, existe uma aplicação biunívoca $w = G(z)$ do semiplano superior sobre o interior do polígono. A determinação dos pontos $z_1, \ldots, z_n$ e das constantes A e B é, em geral, um problema difícil de equações implícitas; em casos especiais, como nos problemas abaixo, as constantes podem ser todas determinadas.

Como se mencionou acima, a imagem pode ter também retas na fronteira. Um tal caso é sugerido na Fig. 9-59, na qual o valor dos h é mostrado. A fronteira pode ser considerada como um polígono, com alguns vértices no ∞. No exemplo apresentado, há 10 vértices ao todo. Como o exemplo mostra, alguns dos lados podem sobrepor-se, de modo que o arg $G'(z)$ tem valores diferindo por $\pm \pi$ em "bordas" opostas do lado.

Observação. Seja dado um aberto simplesmente conexo D do plano w e suponhamos que se queira aplicar o semiplano $y > 0$ do plano z biunívoca e

Funções de Uma Variável Complexa

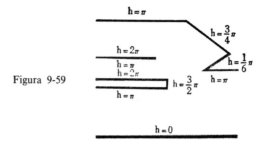

Figura 9-59

conformemente sobre D. Resulta do teorema geral da aplicação da Sec. 9-32 que tal aplicação existe, desde que D não seja todo o plano w. Na verdade, uma infinidade de tais aplicações existe. Seja $w = f(z)$ uma delas e seja $z = g(z_1)$ uma transformação linear fracionária [conforme (9-193)] do semiplano Im(z_1) > > 0 sobre o semiplano Im(z) > 0. Então $w = f[g(z_1)] = h(z_1)$ aplica Im(z_1) > 0 sobre D, isto é, $w = h(z)$ aplica Im(z) > 0 sobre D. Para cada escolha da aplicação g de semiplano sobre semiplano, obtemos uma nova aplicação h do semiplano sobre D. Pode-se mostrar que todas as aplicações do semiplano no aberto D dado podem ser obtidas a partir de uma só f, compondo dessa forma com uma transformação linear fracionária g de semiplano sobre semiplano.

Podemos distinguir uma particular aplicação f impondo condições adicionais. Por exemplo, podemos impor que três pontos dados z_1, z_2, z_3 do eixo real correspondam a três pontos dados w_1, w_2, w_3 da fronteira de D, desde que a ordem cíclica das triplas ajuste-se às direções positivas correspondentes sobre as fronteiras. A explicação dessa regra é que se pode aplicar o semiplano sobre si mesmo levando três pontos dados do eixo real em três pontos dados do eixo real, desde que as ordens cíclicas combinem (conforme Prob. 9 após a Sec. 9-31).

Os pontos $z_1, \ldots, z_n, \infty$ desempenham papéis especiais nas transformações (9-219), (9-220) e (9-221). Ao procurar uma transformação de um desses tipos sobre um aberto dado, podem-se supor três dos pontos em posições convenientes, desde que a ordem cíclica escolhida obedeça à propriedade de preservar a orientação da transformação. Verifica-se que sempre é conveniente tomar o ∞ como ponto especial, de modo que $h_{n+1} \neq h_1$ e, para (9-221), $h_{n+1} \neq h_1 + 2\pi$. Os outros dois pontos especiais podem ser escolhidos, por exemplo, como 0 e 1.

Aplicações sobre círculos com dentes. Como exemplo final de uma classe de aplicações biunívocas conformes explícitas, mencionamos as funções $w = H(z)$ da seguinte forma:

$$H(z) = z + \sum_{s=1}^{n} k_s z_s \left[1 - \left(1 - \frac{z}{z_s}\right)^{\alpha_s} \right]. \qquad (9\text{-}222)$$

Aqui, os números k_s e α_s são reais e $k_s > 0$, $0 < \alpha_s < 1$, para $s = 1, \ldots, n$; os números $z_1, \ldots, z_n$ representam pontos distintos do círculo $|z| = 1$; usa-se o valor principal da potência α_s. A função $H(z)$ é então analítica para $|z| < 1$

Cálculo Avançado

e, além disso, é biunívoca nesse disco (Prob. 6 abaixo). O aberto-imagem é aproximadamente o disco $|w| < 1$ mais n "dentes" agudos que se projetam dele; as pontas dos dentes são as imagens dos pontos $z_1, \ldots, z_n$. Quanto menor cada α_s, mais aguçado será o dente correspondente. Mais propriedades dessas funções e de outras classes de aplicações são descritas em um artigo de P. Erdös, F. Herzog, e C. Piranian no *Pacific Coast Journal of Mathematics*, Vol. 1 (1951), págs. 75-82.

PROBLEMAS

1. Verifique que as funções seguintes definem aplicações biunívocas conformes do semiplano superior e determine as imagens:

   (a) $w = 2 \operatorname{Log}(z + 1) - \operatorname{Log} z$

   (b) $w = \operatorname{Log} \dfrac{z-1}{z} + 2 \operatorname{Log} \dfrac{z-2}{z-1} + 3 \operatorname{Log} \dfrac{z-3}{z-2} - 2 \operatorname{Log}(z-3)$

   (c) $w = \sqrt{\dfrac{(z-2)(z-3)}{z(z-1)}}$ (parte principal).

2. Determine uma transformação biunívoca conforme do semiplano $\operatorname{Im}(z) > 0$ sobre cada um dos abertos seguintes:

   (a) o aberto limitado pelas retas $v = 0$, $v = 2$ e o raio $v = 1$, $0 \leqq u < \infty$; [*Sugestão:* procure uma transformação da forma (9-219), com $z_1 = 0$, $z_2 = 1$, $h_1 = 0$, $h_2 = 1$, $h_3 = 2$.]

   (b) o aberto limitado pelas retas $v = 0$, $v = 2$ e os raios $v = 1$, $-\infty < u \leqq$ $\leqq -1$; $v = 1$, $1 \leqq u < \infty$; [*Sugestão:* use (9-219) com $z_1 = -1$, $z_2 = 0$, $z_3 = p > 0$, $h_1 = 0$, $h_2 = 1$, $h_3 = 2$, $h_4 = 1$ e determine p de modo que a aplicação seja como se quer.]

   (c) o primeiro quadrante do plano w menos o segmento de $w = 0$ a $w = \exp(i\frac{\pi}{4})$. [*Sugestão:* primeiro aplique a transformação $w_1 = \operatorname{Log} w$ e então aplique o semiplano no aberto obtido no plano w_1.]

3. Mostre que cada uma das seguintes transformações do semiplano superior pode ser considerada como caso particular da transformação de Schwarz-Christoffel:

   (a) $w = \sqrt{z}$;

   (b) $w = \operatorname{sen}^{-1} z$, $-\frac{1}{2}\pi < \operatorname{Re}(w) < \frac{1}{2}\pi$;

   (c) as transformações da forma (9-219);

   (d) as transformações da forma (9-220);

4. Usando a transformação de Schwarz-Christoffel, determine uma transformação biunívoca conforme do semiplano $\operatorname{Im}(z) > 0$ sobre o plano w menos as retas $v = 2\pi$, $u < -1$ e $v = 0$, $u < -1$ [conforme Prob. 2(a) após a Sec. 9-33].

680

Funções de Uma Variável Complexa

5. Prove que, se (9-218) vale, então (9-219) define uma transformação biunívoca conforme do semiplano Im(z) > 0. [*Sugestão:* prove que cada termo não-constante g de $f = -\Sigma\, k_j \operatorname{Log}(z - z_j) + \text{const.}$ satisfaz à desigualdade: $\operatorname{Re}[i(z - z_m)g'(z)] > 0$ no semiplano. Então aplique o critério VI da Sec. 9-30.]

6. Seja $w = u + iv = H(z)$ definido por (9-222), sob as condições descritas acima. Mostre que $H(z)$ é analítica e biunívoca para $|z| < 1$. [*Sugestão:* mostre que cada termo h de $H(z)$ satisfaz à condição: $\operatorname{Re}[h'(z)] > 0$ para $|z| < 1$. Agora aplique o critério V da Sec. 9-30.]

RESPOSTAS

1. (a) O aberto limitado pelas retas $v = \pm\pi$ e o raio $v = 0$, $\log 4 \leqq u < \infty$;
   (b) O aberto limitado pelas retas $v = \pi$, $v = -2\pi$ e os raios $v = -\pi$, $1{,}89 \leqq \leqq u < \infty$; $v = 0$, $1{,}28 \leqq u < \infty$; $v = 0$, $-\infty < u \leqq -3{,}17$;
   (c) O semiplano superior do plano w menos as partes do eixo imaginário entre 0 e $0{,}27i$ e entre $3{,}7i$ e ∞.

2. (a) $\dfrac{1}{\pi}\left[\operatorname{Log}\dfrac{z-1}{z} + 2\pi i - 2\operatorname{Log}(z-1) - \log 4\right]$;
   (b) $\dfrac{1}{\pi}\left[\operatorname{Log}\dfrac{z}{z+1} + 2\operatorname{Log}\dfrac{z-5{,}1}{z} + \pi i - \operatorname{Log}(z-5{,}1) - 0{,}03\right]$;
   (c) $(1 + i)z^{-1/2}(z-1)^{1/4}$.

9-38. PROLONGAMENTO ANALÍTICO. As funções multivalentes tais como $\log z$ e $\operatorname{sen}^{-1} z$ são incômodas para lidar, pois não são funções no sentido usual. Fomos obrigados a escolher "ramos" de modo arbitrário para usá-los como funções analíticas. Há um ponto de vista mais natural, que descreveremos aqui, segundo o qual $\log z$, $\operatorname{sen}^{-1} z$, as outras funções inversas, e suas combinações umas com as outras e com funções elementares ficam sendo "funções analíticas", no sentido próprio.

Seja $f_1(z)$ definida e analítica num aberto conexo D_1; seja $f_2(z)$ analítica em D_2 aberto conexo e suponhamos que D_1 e D_2 se interceptam, como na Fig. 9-60. Se $f_2(z) \equiv f_1(z)$ na interseção de D_1 e D_2, então dizemos que $f_2(z)$ é um *prolongamento analítico direto* de $f_1(z)$. Dizemos também que $f_1(z)$ foi prolongada analiticamente de D_1 a D_2.

Dada $f_1(z)$ em D_1 e dado D_2 aberto conexo com interseção não-vazia com D_1, pode ou não ser possível prolongar $f_1(z)$ a D_2; no entanto, se o *prolongamento é possível, é único*, pois, se $f_2(z)$ e $f_2^*(z)$ são analíticas em D_2 e coincidem com $f_1(z)$ na interseção de D_2 com D_1, então $f_2(z) - f_2^*(z) \equiv 0$ na interseção; logo, pelo Teorema 43 da Sec. 9-24, $f_2(z) \equiv f_2^*(z)$ em D_2.

Figura 9-60. Prolongamento analítico direto

Tendo prolongado $f_1(z)$ de D_1 a D_2, podemos agora tentar prolongar $f_2(z)$ a um novo aberto conexo D_3, etc. Repetindo isso um número finito de vezes, chegamos a uma função analítica $f_n(z)$ em D_n, como sugerido na Fig. 9-61. Chamamos $f_n(z)$ de um *prolongamento analítico indireto de* $f_1(z)$ e dizemos que $f_1(z)$ foi prolongada analiticamente a D_n, via os abertos $D_2, D_3, \ldots, D_{n-1}$. Não podemos mais dizer que $f_n(z)$ é univocamente determinada por $f_1(z)$; pois pode ser possível prolongar f_1 a D_n via uma segunda cadeia de abertos e os resultados em D_n não precisam coincidir. Isso é exemplificado por prolongamentos de $\text{Log } z$ em volta da origem em sentidos diferentes. Em particular, pode acontecer que D_n e D_1 tenham interseção e, no entanto, f_n seja diferente de f_1 na parte comum. No entanto, se f_1 pode ser prolongada a D_n via $D_2, D_3, \ldots, D_{n-1}$, o prolongamento *via essa cadeia* é único, pois o resultado em D_2 é único, logo em D_3 é único, etc.

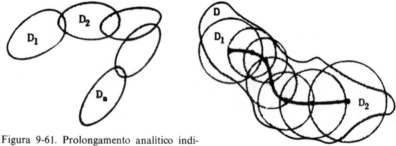

Figura 9-61. Prolongamento analítico indireto

Figura 9-62

Um método fundamental para prolongamento analítico é o das séries de potências. Seja $f_1(z)$ definida por uma série de potências, de modo que D_1 é um disco cujo raio supomos finito, pois, de outra forma, não há nada de interessante a fazer. Seja z_1 o centro de D_1 e seja z_2 outro ponto de D_1. Pelo Teorema 38 (Sec. 9-21), $f_1(z)$ pode ser desenvolvida em série de Taylor centrada em z_2; essa série define uma função analítica $f_2(z)$ num disco D_2. D_2 pode chegar só até a fronteira de D_1 ou pode ultrapassá-la; nesse caso, $f_2(z)$ é um prolongamento analítico direto de $f_1(z)$. Repetindo o processo em D_2, podemos obter novo prolongamento f_3, etc.

Em particular, seja $f(z)$ analítica num aberto conexo D e seja $f_1(z)$ a soma da série de Taylor de $f(z)$ em torno de um ponto z_1 de D. Se $f_2(z)$ é outra tal soma, relativa a outro ponto z_2 de D, então $f_1(z)$ pode ser prolongada a $f_2(z)$ por desenvolvimento em série de $f(z)$; isto é, pode-se achar uma cadeia de discos em D, ligando D_1 a D_2, como sugere a Fig. 9-62. Os desenvolvimentos de Taylor de $f(z)$ nos centros desses discos fornecem o prolongamento desejado. Assim, $f(z)$ pode ser olhada como resultando do prolongamento de uma série de potências segundo cadeias de disco em D. Isso sugere pensar em $f(z)$ como *uma coleção de séries de potências ligadas por prolongamento analítico.*

Funções de Uma Variável Complexa

Esse ponto de vista pode ser generalizado, e é a pista para compreender uma função multivalente. Seja $f_1(z)$ definida por uma série de potências num disco D_1. Agora consideramos *todas* as séries de potências $f(z)$ que podem ser obtidas de $f_1(z)$ por prolongamento analítico, direto e indireto. Essa coleção, em geral vasta, de séries de potências é o que entendemos por *função analítica* em sentido amplo.

Por exemplo, $\log z$ é olhado como sendo todas as séries de potências

$$\log|z_0| + i \arg z_0 + \sum_{n=1}^{\infty} (-1)^{n-1} \frac{(z-z_0)^n}{nz_0^n}, \quad z_0 \neq 0.$$

Para um dado z_0, há infinitas séries, mas duas quaisquer são prolongamentos analíticos uma da outra.

Outra razão para considerar todas as séries de potências ligadas por prolongamento analítico como parte da mesma função analítica é que toda propriedade funcional de uma será propriedade das outras. Assim, se $f_1(z)$ satisfaz à relação algébrica

$$[f_1(z)]^2 + 2f_1(z) + 3 = 0,$$

então todo prolongamento analítico de $f_1(z)$ satisfaz à mesma relação: seja

$$g_1(z) = [f_1(z)]^2 + 2f_1(z) + 3.$$

Então $g_1(z)$ é uma função analítica de z em D_1 e pode ser prolongada onde $f_1(z)$ possa; em particular, o prolongamento de $g_1(z)$ a D_n sobre uma cadeia particular é

$$g_n(z) = [f_n(z)]^2 + 2f_n(z) + 3,$$

onde $f_n(z)$ é o prolongamento de $f_1(z)$ segundo essa cadeia. Mas $g_1(z) \equiv 0$ em D_1; logo, pela propriedade de unicidade, todos os prolongamentos de $g_1(z)$ são identicamente nulos; isto é,

$$[f_n(z)]^2 + 2f_n(z) + 3 = 0.$$

Esse raciocínio estende-se a uma grande variedade de identidades, e a equações diferenciais. Assim, como uma série de $\log z$ satisfaz a

$$\frac{dw}{dz} - \frac{1}{z} = 0,$$

essa equação é satisfeita por todas.

A identificação de uma "função analítica" com uma coleção de séries de potências tem seus defeitos. Assim, se um ramo de uma função tem um pólo em z_0, gostaríamos de incluir esse fato na descrição da função; isso pode ser feito acrescentando a série de Laurent em z_0. Analogamente, podemos acrescentar séries em $z_0 = \infty$, se um ramo da função tem um pólo ou é analítico

683

Cálculo Avançado

no ∞. Uma dificuldade maior surge com uma função como $w = \sqrt{z}$. Nenhum desenvolvimento em série cobre o ponto $z = 0$, no qual desejamos atribuir a w o valor 0. Se admitirmos séries da forma

$$\sum_{n=-N}^{\infty} a_n(z-z_0)^{np/q}, \qquad (9\text{-}223)$$

onde p e q são inteiros primos entre si, esse defeito pode ser remediado. Dizemos que a função tem um ponto de ramificação algébrico de ordem $q-1$ em z_0; quando $N = 0$, a série dá à função o valor a_0.

Para uma definição mais completa de pontos de ramificação e mais informação sobre prolongamento analítico, o leitor pode consultar o livro de Knopp citado nas referências.

9-39. SUPERFÍCIES DE RIEMANN. Embora a definição geral de função analítica dada acima simplifique a descrição de funções multivalentes como $\log z$, o fato de ser multivalente permanece. Para cada z_0 pode haver muitas séries diferentes de potências de $z - z_0$ que são todas parte de uma mesma função.

Para tornar a função univalente, introduzimos a *superfície de Riemann* associada à função. Esta pode ser imaginada como construída da seguinte forma: a cada série de potências que forma parte da função, associamos o disco cujo raio é o raio de convergência. O disco não precisa mais ser considerado parte do plano z, mas pode ser considerado êle próprio como um espaço. Se duas séries são prolongamento analítico direto uma da outra, identificamos os discos na parte em que as somas coincidem. Pode-se fazer uma imagem concreta imaginando os discos como pedaços de papel, e a identificação é feita colando-os. Feito isso para todas as séries que formam uma função, obtém-se um objeto em geral bastante complicado. Para $\log z$ é a superfície da Fig. 9-17. Agora, usam-se os valores de partida em cada disco; em outras palavras, achatamos a superfície sobre o plano z de modo que os discos retomem suas posições originais. Muitos discos podem ter o mesmo centro z_0, mas devem ser considerados distintos a menos que as séries correspondentes sejam idênticas. Esse objeto é a superfície de Riemann da função. Cada ponto dele pertence a um disco e o valor da função nesse ponto é a soma da série associada com o disco nesse ponto; esse valor é o mesmo para dois discos quaisquer contendo o mesmo ponto. Portanto a função é *univalente sobre a superfície*.

Para $w = \sqrt{z}$, há duas séries para cada z diferente da origem, logo, a superfície tem duas "folhas" sobre o plano z. Na origem há só uma série, da forma (9-223); assim a origem corresponde a um só ponto da superfície. Uma situação análoga vale no ∞. Se consideramos um caminho simples fechado C em volta da origem no plano z, há um correspondente caminho na superfície; basta-nos escolher uma cadeia de séries de potências cujos centros estejam sobre C e que formem uma sucessão de prolongamentos analíticos. Dessa forma, a cada ponto de C associa-se um ponto da superfície. No entanto, per-

Funções de Uma Variável Complexa

correndo C uma vez de z_1 a z_1, o prolongamento analítico correspondente não voltará ao valor inicial, mas a êsse valor com sinal $-$. O *caminho correspondente na superfície de Riemann não é fechado*. Para obter um caminho fechado, é necessário dar duas voltas em torno da origem. Isso é típico de um ponto de ramificação de ordem 1.

As superfícies de Riemann são de valor incalculável, especialmente no estudo de funções algébricas. Há uma grande literatura sobre o assunto, e mencionamos os livros de Knopp e Hurwitz e Courant para maiores informações e detalhes.

PROBLEMAS

1. (a) Prove o Teorema A da Sec. 9-14.
   (b) Prove o Teorema B da Sec. 9-14.

2. Represente as seguintes funções analíticas (em sentido amplo) como coleções de séries de potências:

   (a) $w = \dfrac{1}{z}$, (b) $w = \dfrac{1}{z(z-1)}$, (c) $w = z^{1/2}$, (d) $w = \log z + e^z$.

3. Quais dos seguintes pares de funções formam prolongamentos analíticos?

   (a) $f_1(z) = \displaystyle\sum_{n=0}^{\infty} z^n$, $|z| < 1$ e $f_2(z) = \dfrac{1}{1-z}$ para $\operatorname{Re}(z) > \frac{1}{2}$;

   (b) $f_1(z) = \operatorname{Log} z$, $f_2(z) = \log|z| + i \arg z$, $0 < \arg z < 2\pi$;

   (c) $f_1(z) = \displaystyle\sum_{n=0}^{\infty} (-1)^n (z-1)^n$, $|z-1| < 1$ e $f_2(z) = \displaystyle\sum_{n=0}^{\infty} (-1)^n \dfrac{(z-2)^n}{2^n}, |z-2| < 2$

4. Analise as superfícies de Riemann das seguintes funções:

   (a) $w = \sqrt[3]{z}$, (b) $w = \log \dfrac{z-1}{z+1}$.

   Será útil esboçar, para (a), $\operatorname{Re}[f(z)]$ e, para (b), $\arg[f(z)]$ como função de x e y; conforme Sec. 9-15 acima. Pode-se obter daí a superfície de Riemann achatando sobre o plano z, conservando a distinção entre as folhas.

RESPOSTAS

2. (a) $\displaystyle\sum_{n=0}^{\infty} (-1)^n \dfrac{(z-z_0)^n}{z_0^{n+1}}$ mais séries: $w = \dfrac{1}{z}$ em 0 e ∞;

   (b) $\displaystyle\sum_{n=0}^{\infty} (-1)^n \left[\dfrac{1}{(z_0-1)^{n+1}} - \dfrac{1}{z_0^{n+1}} \right] (z-z_0)^n$, $-\dfrac{1}{z} - \displaystyle\sum_{n=0}^{\infty} z^n$ em 0,

   $\dfrac{1}{z-1} - \displaystyle\sum_{n=0}^{\infty} (-1)^n (z-1)^n$ em 1, $\displaystyle\sum_{n=2}^{\infty} \dfrac{1}{z^n}$ no ∞;

685

Cálculo Avançado

(c) $z_0^{1/2} \left[1 + \dfrac{1}{2} \dfrac{z - z_0}{z_0} - \dfrac{1}{2^2 2!} \dfrac{(z - z_0)^2}{z_0^2} + \dfrac{1 \cdot 3}{2^3 3!} \dfrac{(z - z_0)^3}{z_0^3} + \cdots \right],$

onde $z_0^{1/2} = |z_0|^{1/2} \exp(\tfrac{1}{2} i \arg z_0)$, mais séries: $w = z^{1/2}$ em 0 e ∞;

(d) $\displaystyle\sum_{n=0}^{\infty} \dfrac{e^{z_0}}{n!} (z - z_0)^n + \log|z_0| + i \arg z_0 + \sum_{n=1}^{\infty} (-1)^{n+1} \dfrac{(z - z_0)^n}{n z_0^n},$

nenhuma série em 0 ou ∞.

3. (a) e (b) são prolongamentos analíticos.

REFERÊNCIAS

Betz Albert, *Konforme Abbildung*. Berlim: Springer, 1948.

Bieberbach, Ludwig, *Lehrbuch der Funktionentheorie* (2 vols.), 4.ª edição. Leipzig: B. G. Teubner, 1934.

Churchill, Ruel V., *Introduction to Complex Variables and Applications*. New York: McGraw-Hill, 1948.

Courant, R., *Dirichlet's Principle, Conformal Mapping and Minimal Surfaces*. New York: Interscience, 1950.

Frank, P., e v. Mises, R., *Die Differentialgleichungen und Integralgleichungen der Mechanik und Physik*. Vol. 1, 2.ª edição, Braunschweig: Vieweg, 1930; Vol. 2, 2.ª edição, Braunschweig: Vieweg, 1935.

Goursat, Édouard, *A Course in Mathematical Analysis*, Vol. II, Part 1 (traduzido para o inglês por E. R. Hedrick e O. Dunkel). New York: Ginn and Co., 1916.

Hurwits, A. e Courant, R., *Funktionentheorie*, 3.ª edição. Berlim: Springer, 1929.

Kellogg, O. D., *Foundations of Potencial Theory*. New York: Springer, Berlim, 1929.

Knopp, Konrad, *Theory of Functions* (2 vols.), traduzido para o inglês por F. Bagemihl. New York: Dover, 1945.

Osgood, W. F., *Lehrbuch der Funktionentheorie* (2 vols.), 3.ª edição. Leipzig: B. G. Teubner, 1920.

Pidard, Emile, *Traité d'Analyse*, 3.ª edição, Vol. II. Paris: Gauthier-Villars, 1922.

Titchmarsh, E. C., *The Theory of Functions*, 2.ª edição. Oxford: Oxford University Press, 1939.

Whittaker, E. T., e Watson, G. N., *A Course of Modern Analysis*, 4.ª edição. Cambridge: Cambridge University Press, 1940.

capítulo 10
EQUAÇÕES DIFERENCIAIS PARCIAIS

10-1. INTRODUÇÃO. Uma equação diferencial parcial é uma equação que exprime uma relação entre uma função incógnita de várias variáveis e suas derivadas com relação a essas variáveis. Por exemplo,

$$\frac{\partial u}{\partial t} - \frac{\partial^2 u}{\partial x^2} = 0, \tag{10-1}$$

$$\frac{\partial^2 u}{\partial x^2} + \frac{\partial^2 u}{\partial y^2} = 0 \tag{10-2}$$

são equações diferenciais parciais.

Por *solução* de uma equação diferencial parcial entende-se uma certa função que satisfaz à equação identicamente em seu domínio. Por exemplo,

$$u = e^{-t}\operatorname{sen} x, \qquad u = x^2 - y^2$$

são soluções de (10-1) e (10-2), respectivamente.

Embora não tenhamos estudado equações diferenciais parciais como tais nos capítulos anteriores, elas apareceram em várias relações importantes. Por exemplo, as soluções de (10-2) são precisamente as funções harmônicas de x e y; tais funções foram longamente estudadas no capítulo precedente. As equações de Cauchy-Riemann: $u_x = v_y$, $u_y = -v_x$ formam um sistema de equações diferenciais parciais; também elas foram estudadas no Cap. 9. Outros sistemas encontrados antes neste livro são os seguintes:

$$F_x = P(x, y), \qquad F_y = Q(x, y);$$
$$F_x = X(x, y, z), \qquad F_y = Y(x, y, z), \qquad F_z = Z(x, y, z);$$
$$Z_y - Y_z = L(x, y, z), \qquad X_z - Z_x = M(x, y, z), \qquad Y_x - X_y = N(x, y, z).$$

O primeiro e o segundo surgiram quando se tratou de integrais curvilíneas no plano e no espaço (Sec. 5-6 e 5-13); o terceiro apareceu no estudo de campos de vetores solenoidais (Sec. 5-13). Os resultados da Sec. 2-17 também dizem respeito a equações diferenciais parciais, formadas com Jacobianos.

Neste capítulo, não tentaremos considerar métodos gerais para determinar as soluções de equações diferenciais parciais, mas restringir-nos-emos principalmente a uma classe de equações diferenciais parciais *lineares*: as equações da forma

$$\rho\frac{\partial^2 u}{\partial t^2} + H\frac{\partial u}{\partial t} - K^2\nabla^2 u = F(t, x, \ldots), \tag{10-3}$$

onde u é uma função de t mais uma, duas ou três variáveis coordenadas $x, \ldots,$ ρ, H e K^2 dependem das coordenadas, e F depende de t e das coordenadas.

687

Cálculo Avançado

Essa equação é a generalização natural a meios contínuos da equação

$$m\frac{d^2x}{dt^2} + h\frac{dx}{dt} + k^2x = F(t) \qquad (10\text{-}4)$$

para vibrações forçadas de uma mola. Veremos que o paralelo entre (10-3) e (10-4) vai longe.

Para tornar clara a relação entre (10-3) e (10-4), primeiro estudaremos o caso do movimento de *duas* partículas presas a molas. Os resultados obtidos serão então generalizados ao caso de N partículas. Veremos que as equações que governam o movimento formam um sistema da forma

$$m_\sigma\frac{d^2u}{dt^2} + h_\sigma\frac{du_\sigma}{dt} + [\ldots] = F_\sigma(t, u_1, \ldots, u_n), \qquad (\sigma = 1, \ldots, n); \qquad (10\text{-}5)$$

$u_1, \ldots, u_n$ são coordenadas que medem os deslocamentos das várias partículas a partir de suas posições de *equilíbrio*. A expressão entre colchetes $[\ldots]$ depende das u_σ e, em particular, de suas *diferenças*: $u_2 - u_1, u_3 - u_2, \ldots$ Mostraremos que esses sistemas gerais podem ter "movimento harmônico", vibrações amortecidas, decréscimo exponencial, movimento forçado, tal como uma única massa governada por (10-4). Se fazemos N tender a infinito, então n torna-se infinito em (10-5) e obtemos como "caso-limite" a equação diferencial parcial (10-3). As *diferenças* na expressão $[\ldots]$ transformam-se em *derivadas* parciais de que ∇^2u compõe-se. Finalmente, veremos que a equação diferencial obtida como limite continua a exibir todas as propriedades observadas para os sistemas de 1, 2, $\ldots$, N partículas: movimento harmônico, decréscimo exponencial, etc.

A única diferença básica entre os vários casos é que, enquanto para uma partícula há *uma* só freqüência de oscilação, para duas partículas movendo-se sobre uma reta há *duas* freqüências, para N partículas há N freqüências, para uma infinidade de partículas há *infinitas* freqüências.

10-2. REVISÃO DA EQUAÇÃO PARA VIBRAÇÕES FORÇADAS DE UMA MOLA. Lembramos brevemente alguns fatos (conforme Sec. 8-7, 8-13) relativos à Eq. (10-4). Supomos sempre $m \geqq 0$, $h \geqq 0$, $k > 0$.

(a) *Movimento harmônico simples.* Aqui, $h = 0$ e $F(t) \equiv 0, m > 0$. A equação fica

$$m\frac{d^2x}{dt^2} + k^2x = 0. \qquad (10\text{-}6)$$

As soluções são oscilações sinusoidais:

$$x = A\,\text{sen}\,(\lambda t + \varepsilon), \qquad \lambda = \frac{k}{\sqrt{m}}. \qquad (10\text{-}7)$$

(b) *Vibrações amortecidas.* Aqui, $m > 0$, $F(t) \equiv 0$, e $h > 0$, mas h é pequeno: $h^2 < 4\,mk^2$. A equação fica

$$m\frac{d^2x}{dt^2} + h\frac{dx}{dt} + k^2x = 0. \qquad (10\text{-}8)$$

Equações Diferenciais Parciais

As soluções são oscilações com amplitude decrescente:

$$x = Ae^{-at} \operatorname{sen}(\beta t + \varepsilon), \tag{10-9}$$

onde $a = h/2m$ e $\beta = (4mk^2 - h^2)^{1/2}/2m$.

(c) *Decréscimo exponencial.* Aqui $m = 0$, $h > 0$, $F(t) \equiv 0$. A equação fica

$$h\frac{dx}{dt} + k^2 x = 0. \tag{10-10}$$

As soluções são funções exponenciais decrescentes:

$$x = ce^{-at}, \quad a = \frac{k^2}{h}. \tag{10-11}$$

Um resultado semelhante vale se considerarmos uma Eq. (10-8) na qual h é grande comparado com m: $h^2 > 4mk^2$; na verdade, (10-10) pode ser considerada como caso-limite: $m \to 0$ de (10-8).

(d) *Equilíbrio.* Supomos $F(t) = F_0$ constante. A equação fica

$$m\frac{d^2x}{dt^2} + h\frac{dx}{dt} + k^2 x = F_0. \tag{10-12}$$

O valor de equilíbrio de x é aquele para o qual x fica constante; logo, $dx/dt = 0$, $d^2x/dt^2 = 0$. Portanto, em equilíbrio,

$$x = x^* = \frac{F_0}{k^2}. \tag{10-13}$$

(e) *Aproximação ao equilíbrio.* Para estudar essa aproximação, fazemos

$$u = x - x^*, \tag{10-14}$$

de modo que u mede a diferença entre x e o valor de equilíbrio. Achamos

$$m\frac{d^2u}{dt^2} + h\frac{du}{dt} + k^2 u = 0, \tag{10-15}$$

de modo que u tem a forma (10-7), (10-9), ou (10-11). Por exemplo, se $m = 0$ e $h > 0$ [caso (c)],

$$u = ce^{-at}, \quad a = \frac{k^2}{h}, \tag{10-16}$$

$$x = u + x^* = ce^{-at} + x^*; \tag{10-17}$$

x aproxima-se do valor de equilíbrio exponencialmente.

(f) *Movimento forçado.* F pode ser qualquer função de t. Se, por exemplo, $m = 0$, $h > 0$, então

$$h\frac{dx}{dt} + k^2 x = F(t). \tag{10-18}$$

689

Cálculo Avançado

Cada solução consiste de uma solução transitória mais

$$x = ce^{-at} + x^*(t), \quad (10\text{-}19)$$

$$x^*(t) = e^{-at} \int e^{at} F(t)\, dt. \quad (10\text{-}20)$$

As soluções procuram acompanhar a "entrada" $F(t)/k^2$, o que é dificultado pelo atrito.

Observação. As equações para as quais $m = 0$ podem ser realizadas por outros modelos físicos: por exemplo, o resfriamento de uma massa quente, um circuito elétrico contendo resistência e capacitância.

10-3. CASO DE DUAS PARTÍCULAS. Consideramos o modelo ilustrado na Fig. 10-1. Duas partículas de massas m_1, m_2 são presas uma à outra

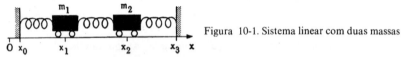

Figura 10-1. Sistema linear com duas massas

e a "paredes" por molas. As partículas movem-se sobre um eixo x e têm coordenadas x_1, x_2; as paredes estão em x_0, x_3. Por simplicidade, supomos que todas as molas têm o mesmo comprimento natural l e a mesma constante de mola k^2. Supomos que as partículas estão sujeitas a resistências $-h_1(dx_1/dt)$, $-h_2(dx_2/dt)$ e a forças exteriores $F_1(t)$, $F_2(t)$. As equações diferenciais têm a forma

$$m_1 \frac{d^2 x_1}{dt^2} = -k^2(x_1 - x_0 - l) + k^2(x_2 - x_1 - l) - h_1 \frac{dx_1}{dt} + F_1(t),$$

$$m_2 \frac{d^2 x_2}{dt^2} = -k^2(x_2 - x_1 - l) + k^2(x_3 - x_2 - l) - h_2 \frac{dx_2}{dt} + F_2(t).$$

Simplificando, obtém-se

$$m_1 \frac{d^2 x_1}{dt^2} + h_1 \frac{dx_1}{dt} - k^2(x_2 - 2x_1 + x_0) = F_1(t),$$

$$m_2 \frac{d^2 x}{dt^2} + h_2 \frac{dx_2}{dt} - k^2(x_3 - 2x_2 + x_1) = F_2(t). \quad (10\text{-}21)$$

Não afirmamos explicitamente que as paredes estão fixas em x_0, x_3 e as equações diferenciais são ainda corretas mesmo que as paredes se movam de modo controlado de fora do sistema. No entanto, se x_0 e x_3 são constantes, x_0^*, x_3^* e $F_1(t)$, $F_2(t)$ são 0, o sistema tem exatamente um estado de equilíbrio, que é a solução das equações

$$x_2 - 2x_1 + x_0^* = 0, \quad x_3^* - 2x_2 + x_1 = 0. \quad (10\text{-}22)$$

Verifica-se imediatamente que a solução é

$$x_1 = x_1^* = x_0^* + \tfrac{1}{3}(x_3^* - x_0^*), \quad x_2 = x_2^* = x_0^* + \tfrac{2}{3}(x_3^* - x_0^*); \quad (10\text{-}23)$$

em equilíbrio, as partículas estão igualmente espaçadas entre as paredes.

Equações Diferenciais Parciais

Agora, referimo-nos a cada partícula em relação à sua posição de equilíbrio introduzindo novas variáveis:

$$u_0 = x_0 - x_0^*, \quad u_1 = x_1 - x_1^*, \quad u_2 = x_2 - x_2^*, \quad u_3 = x_3 - x_3^*, \quad (10\text{-}24)$$

como está sugerido na Fig. 10-2. As equações diferenciais (10-21) então têm a forma

$$m_1 \frac{d^2 u_1}{dt^2} + h_1 \frac{du_1}{dt} - k^2(u_2 - 2u_2 + u_0) = F_1(t),$$

$$m_2 \frac{d^2 u_2}{dt^2} + h_2 \frac{du_2}{dt} - k^2(u_3 - 2u_2 + u_1) = F_2(t). \quad (10\text{-}25)$$

Se as paredes são fixas: $x_0 = x_0^*$, $x_3 = x_3^*$, u_0 e u_3 são 0; no entanto (10-25) admite um movimento qualquer das paredes e, em particular, valores constantes e não-nulos de u_0 e u_3, que significam um deslocamento das paredes em relação à posição de equilíbrio.

Figura 10-2

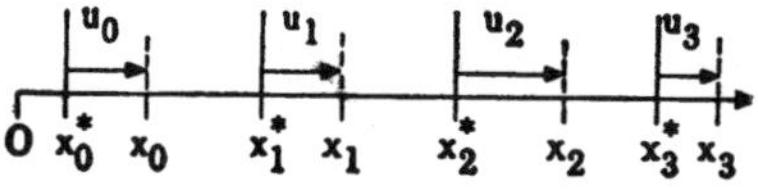

Agora consideramos vários casos particulares de (10-25), análogos aos casos (a), (c), (d), (e) e (f) da sec. precedente. A discussão do análogo de (b) é deixada ao Prob. 10 abaixo.

(a) *Movimento harmônico.* Supomos $m_1 > 0$, $m_2 > 0$, $h_1 = h_2 = 0$, $u_0 = u_3 = 0$ e $F_1(t) = F_2(t) = 0$, de modo que as equações diferenciais (10-25) ficam

$$m_1 \frac{d^2 u_1}{dt^2} - k^2(u_2 - 2u_1) = 0, \quad m_2 \frac{d^2 u_2}{dt^2} - k^2(-2u_2 + u_1) = 0. \quad (10\text{-}26)$$

Estas equivalem a quatro equações de primeira ordem:

$$\frac{du_1}{dt} = w_1, \quad \frac{dw_1}{dt} = \frac{k^2}{m_1}(u_2 - 2u_1),$$

$$\frac{du_2}{dt} = w_2, \quad \frac{dw_2}{dt} = \frac{k^2}{m_2}(-2u_2 + u_1), \quad (10\text{-}27)$$

e, portanto, podem ser resolvidas pelo método da Sec. 8-12. Podemos abreviar o processo fazendo a substituição usual

$$u_1 = A_1 e^{\lambda t}, \quad u_2 = A_2 e^{\lambda t} \quad (10\text{-}28)$$

diretamente em (10-26). Obtemos as equações

$$(m_1 \lambda^2 + 2k^2)A_1 - k^2 A_2 = 0, \quad -k^2 A_1 + (m_2 \lambda^2 + 2k^2)A_2 = 0. \quad (10\text{-}29)$$

A equação característica é

$$\begin{vmatrix} m_1 \lambda^2 + 2k^2 & -k^2 \\ -k^2 & m_2 \lambda^2 + 2k^2 \end{vmatrix} = 0. \quad (10\text{-}30)$$

691

Cálculo Avançado

As raízes são os quatro números complexos distintos $\pm \alpha i$, $\pm \beta i$, onde

$$\alpha = k \sqrt{p_1 + p_2 + \sqrt{p_1^2 - p_1 p_2 + p_2^2}},$$
$$\beta = k \sqrt{p_1 + p_2 - \sqrt{p_1^2 - p_1 p_2 + p_2^2}} \tag{10-31}$$

e $p_1 = 1/m_1$, $p_2 = 1/m_2$ (ver Prob. 1 abaixo). Quando $\lambda = \pm \alpha i$, as Eqs. (10-29) são satisfeitas se $A_1 = k^2$, $A_2 = 2k^2 - m_1 \alpha^2$; quando $\lambda = \pm \beta i$, são satisfeitas para $A_1 = k^2$, $A_2 = 2k^2 - m_1 \beta^2$ Portanto a solução geral é

$$u_1 = c_1 k^2 e^{\alpha it} + c_2 k^2 e^{-\alpha it} + c_3 k^2 e^{\beta it} + c_4 k^2 e^{-\beta it},$$
$$u_2 = c_1(2k^2 - m_1 \alpha^2)e^{\alpha it} + c_2(2k^2 - m_1 \alpha^2)e^{-\alpha it}$$
$$+ c_3(2k^2 - m_1 \beta^2)e^{\beta it} + c_4(2k^2 - m_1 \beta^2)e^{-\beta it}.$$

Escrevendo $e^{\pm ai} = \cos a \pm i \operatorname{sen} a$ e introduzindo novas constantes C_1, C_2, ε_1, ε_2, isso pode ser escrito em forma real:

$$u_1 = C_1 k^2 \operatorname{sen}(\alpha t + \varepsilon_1) + C_2 k^2 \operatorname{sen}(\beta t + \varepsilon_2),$$
$$u_2 = C_1(2k^2 - m_1 \alpha^2) \operatorname{sen}(\alpha t + \varepsilon_1) + C_2(2k^2 - m_1 \beta^2) \operatorname{sen}(\beta t + \varepsilon_2). \tag{10-32}$$

Quando $C_2 = 0$, a solução é

$$u_1 = C_1 k^2 \operatorname{sen}(\alpha t + \varepsilon_1), \quad u_2 = C_1(2k^2 - m_1 \alpha^2) \operatorname{sen}(\alpha t + \varepsilon_1);$$

as duas partículas oscilam sincronizadas com freqüência α. Chamamos isso de um *modo normal* de movimento. Quando $C_1 = 0$, obtemos um segundo modo normal com freqüência β. *O movimento geral é uma combinação linear dos dois modos normais.* As freqüências α, β são chamadas de *freqüências de ressonância.*

(c) *Decréscimo exponencial.* Supomos $m_1 = m_2 = 0$, $F_1 \equiv 0$, $F_2 \equiv 0$, $u_0 = u_3 = 0$, $h_1 > 0$, $h_2 > 0$. As Eqs. (10-25) ficam

$$h_1 \frac{du_1}{dt} - k^2(u_2 - 2u_1) = 0, \quad h_2 \frac{du_2}{dt} - k^2(-2u_2 + u_1) = 0. \tag{10-33}$$

Procuramos soluções

$$u_1 = A_1 e^{\lambda t}, \quad u_2 = A_2 e^{\lambda t} \tag{10-34}$$

e procedemos como no caso (a). A equação característica é de segundo grau e tem raízes reais *distintas* $-a$, $-b$, as quais são negativas (Prob. 5 abaixo):

$$a = k^2(q_1 + q_2 + \sqrt{q_1^2 - q_1 q_2 + q_2^2}),$$
$$b = k^2(q_1 + q_2 - \sqrt{q_1^2 - q_1 q_2 + q_2^2}), \tag{10-35}$$

onde $q_1 = 1/h_1$, $q_2 = 1/h_2$. Verifica-se (Prob. 5 abaixo) que a solução geral é

$$u_1 = C_1 k^2 e^{-at} + C_2 k^2 e^{-bt},$$
$$u_2 = C_1(2k^2 - h_1 a)e^{-at} + C_2(2k^2 - h_1 b)e^{-bt}. \tag{10-36}$$

Podemos dizer: *o movimento geral do sistema é uma aproximação exponencial ao estado de equilíbrio:* $u_1 = u_2 = 0$. Ambos os "modos normais" são transi-

Equações Diferenciais Parciais

tórios nesse caso, mas podemos considerar o movimento geral como combinação linear de dois modos normais.

O modelo físico da Fig. 8-2 não é muito adequado aqui, pois estamos considerando o caso-limite $m_1 = 0$, $m_2 = 0$. Um modelo melhor é o sugerido na Fig. 10-3. Aqui, consideramos uma barra feita de quatro partes, cada uma

Figura 10-3

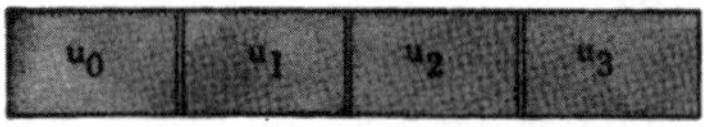

sendo um condutor de calor perfeito, de modo que a temperatura u é constante em cada uma. As partes nas extremidades são mantidas a temperaturas u_0 e u_3. Supõe-se que o calor possa fluir pelas faces de partes adjacentes segundo a lei de Newton, de modo que a taxa de fluxo é proporcional à diferença de temperatura. Se h_1 e h_2 denotam calores específicos totais para as partes do meio, obtemos as equações diferenciais

$$h_1 \frac{du_1}{dt} = -k_1^2(u_1 - u_0) - k_2^2(u_1 - u_2),$$
$$h_2 \frac{du_2}{dt} = -k_2^2(u_2 - u_1) - k_3^2(u_2 - u_3). \tag{10-37}$$

Se $k_1 = k_2 = k_3$ e $u_3 = u_0 = 0$, obtemos (10-33). Fisicamente, é óbvio que, quando as temperaturas nas extremidades são mantidas a 0, as temperaturas nas partes do meio aproximam-se também gradualmente de 0.

(d) *Equilíbrio*. Supomos que u_0 e u_3 têm valores constantes u_0^* e u_3^* e que forças constantes F_1 e F_2 são aplicadas. As Eqs. (10-25) têm então uma solução de equilíbrio, obtida fazendo-se todas as derivadas em relação a t iguais a 0:

$$-k^2(u_2 - 2u_1 + u_0^*) = F_1, \quad -k^2(u_3^* - 2u_2 + u_1) = F_2. \tag{10-38}$$

Assim, os valores de equilíbrio de u_1 e u_2 são

$$u_1^* = \frac{1}{3}\left(2u_0^* + u_3^* + \frac{2F_1}{k^2} + \frac{F_2}{k^2}\right), \quad u_2^* = \frac{1}{3}\left(u_0^* + 2u_3^* + \frac{F_1}{k^2} + \frac{2F_2}{k^2}\right). \tag{10-39}$$

(e) *Aproximação ao equilíbrio*. Seja $w_1 = u_1 - u_1^*$, $w_2 = u_2 - u_2^*$ onde u_1^* e u_2^* são dados por (10-39). Substituindo em (10-25) com $u_0 = u_0^*$, $u_3 = u_3^*$, $F_1 = $ const., $F_2 = $ const. vem as equações

$$m_1 \frac{d^2 w_1}{dt^2} + h_1 \frac{dw_1}{dt} - k^2(w_2 - 2w_1) = 0,$$
$$m_2 \frac{d^2 w_2}{dt^2} + h_2 \frac{dw_2}{dt} - k^2(-2w_2 + w_1) = 0. \tag{10-40}$$

Se, por exemplo, $m_1 = m_2 = 0$, então essas são as mesmas (10-33), de modo que

$$w_1 = c_1 k^2 e^{-at} + c_2 k^2 e^{-bt},$$
$$w_2 = c_1(2k^2 - h_1 a)e^{-at} + c_2(2k^2 - h_1 b)e^{-bt}. \tag{10-41}$$

693

Cálculo Avançado

Assim,

$$u_1 = w_1 + u_1^* = c_1 k^2 e^{-at} + c_2 k^2 e^{-bt} + u_1^*,$$
$$u_2 = w_2 + u_2^* = c_1(2k^2 - h_1 a)e^{-at} + c_2(2k^2 - h_1 b)e^{-bt} + u_2^*. \qquad (10\text{-}42)$$

Como para uma partícula, a solução é uma aproximação exponencial ao equilíbrio.

(f) *Movimento forçado.* Forças externas podem ser aplicadas tanto variando as posições u_0, u_3 das paredes quanto pelas forças F_1, F_2. Admitimos ambos os casos, mas desprezamos as massas, considerando as equações

$$h_1 \frac{du_1}{dt} - k^2[u_2 - 2u_1 + u_0(t)] = F_1(t),$$
$$h_2 \frac{du_2}{dt} - k^2[u_3(t) - 2u_2 + u_1] = F_2(t). \qquad (10\text{-}43)$$

Agora usamos o método da variação de parâmetros (Sec. 8-12); substituímos as constantes C_1 e C_2 nas soluções (10-36) das equações homogêneas por funções $v_1(t)$, $v_2(t)$:

$$u_1 = v_1 k^2 e^{-at} + v_2 k^2 e^{-bt},$$
$$u_2 = v_1(2k^2 - h_1 a)e^{-at} + v_2(2k^2 - h_1 b)e^{-bt}. \qquad (10\text{-}44)$$

Se substituirmos em (10-43) e usarmos o fato de que (10-44) satisfaz a (10-33) quando v_1 e v_2 são constantes, obtemos as equações

$$h_1(v_1' k^2 e^{-at} + v_2' k^2 e^{-bt}) = F_1 + k^2 u_0,$$
$$h_2[v_1'(2k^2 - h_1 a)e^{-at} + v_2'(2k^2 - h_1 b)e^{-bt}] = F_2 + k^2 u_3,$$

para v_1', v_2'. As soluções são

$$v_1 = \int e^{at}[(2k^2 - h_1 b)G_1 - G_2]\, dt, \qquad v_2 = -\int e^{bt}[(2k^2 - h_1 a)G_1 - G_2]\, dt;$$

$$G_1 = \frac{F_1(t) + k^2 u_0(t)}{(a-b)h_1^2 k^2}, \qquad G_2 = \frac{F_2(t) + k^2 u_3(t)}{h_1 h_2(a-b)}. \qquad (10\text{-}45)$$

Substituindo em (10-44) obtemos uma solução $u_1^*(t)$, $u_2^*(t)$. A solução geral é então

$$u_1 = c_1 k^2 e^{-at} + c_2 k^2 e^{-bt} + u_1^*(t),$$
$$u_2 = c_1(2k^2 - h_1 a)e^{-at} + c_2(2k^2 - h_1 b)e^{-bt} + u_2^*(t). \qquad (10\text{-}46)$$

Os termos em e^{-at}, e^{-bt} podem ser considerados transitórios. As soluções podem ser interpretadas como acompanhando uma *entrada*, definida por (10-39) com u_0^*, u_3^*, F_1, F_2 substituídos pelas funções dadas de t; a rapidez do acompanhamento depende do tamanho de h_1, h_2.

694

Equações Diferenciais Parciais

PROBLEMAS

1. Mostre que as raízes de (10-30) são dadas por $\pm \alpha i$, $\pm \beta i$ onde α e β são definidos por (10-31). Mostre que α e β são reais e que $\alpha > \beta > 0$.

2. Resolva (10-27) como na Sec. 8-12 pondo $u_1 = A_1 e^{\lambda t}$, $u_2 = A_2 e^{\lambda t}$, $w_1 = B_1 e^{\lambda t}$, $w_2 = B_2 e^{\lambda t}$. Mostre que se obtém novamente (10-32).

3. Seja $m_1 = m_2 = 1$ e $k^2 = 1$, em unidades adequadas, em (10-26).

   (a) Escreva a solução geral.

   (b) Obtenha a solução particular para a qual $u_1 = u_2 = 0$ para $t = 0$ e $du_1/dt = 1$, $du_2/dt = 0$ para $t = 0$. Esboce os gráficos de u_1 e u_2 como funções de t. Também esboce a curva $u_1 = u_1(t)$, $u_2 = u_2(t)$ no plano $u_1 u_2$; é uma "figura de Lissajous".

4. Prove que a expressão

$$E = \frac{1}{2} m_1 \left(\frac{du_1}{dt}\right)^2 + \frac{1}{2} m_2 \left(\frac{du_2}{dt}\right)^2 + k^2(u_1^2 - u_1 u_2 + u_2^2)$$

é constante para cada solução de (10-26). [*Sugestão*: derive E em relação a t e use (10-26).] Os dois primeiros termos dão a energia cinética total, o terceiro termo é a energia potencial. E é a energia total e permanece constante (Sec. 5-15).

5. Obtenha a solução geral (10-36) de (10-33) e verifique que $0 < b < a$.

6. Seja $h_1 = h_2 = 1$, $k^2 = 1$, em unidades adequadas, em (10-33).

   (a) Obtenha a solução geral.

   (b) Obtenha a solução particular para a qual $u_1 = 1$, $u_2 = 3$ quando $t = 0$. Esboce o gráfico de u_1 e u_2 como funções de t. Esboce também a curva $u_1 = u_1(t)$, $u_2 = u_2(t)$ no plano $u_1 u_2$.

7. Seja $m_1 = m_2 = 0$, $h_1 = h_2 = 1$, $k^2 = 1$, $F_1 = 2$, $F_2 = 3$, $u_0 = 1$, $u_3 = 4$, em unidades adequadas, em (10-25).

   (a) Ache o estado de equilíbrio.

   (b) Resolva as equações diferenciais (10-25) por *integração passo a passo* (conforme Prob. 5 após a Sec. 8-8) partindo de $u_1 = 1$, $u_2 = 2$ e usando $\Delta t = 0,1$. Esboce o gráfico da solução obtida no plano $u_1 u_2$.

8. Seja $h_1 = h_2 = 1$, $k^2 = 1$, $F_1(t) \equiv 0$, $F_2(t) \equiv 0$, em unidades adequadas em (10-43). Seja ainda $u_0(t) = \operatorname{sen} t$ e $u_3(t) \equiv 0$. Obtenha a solução particular para a qual $u_1 = u_2 = 0$ para $t = 0$. Esboce u_1 e u_2 como funções de t e também a curva $u_1 = u_1(t)$, $u_2 = u_2(t)$ no plano $u_1 u_2$.

9. Seja $m_1 = m_2 = 1$, $h_1 = h_2 = 0$, $k^2 = 1$, $u_0(t) = u_3(t) = 0$, $F_1(t) = 4 \operatorname{sen} t$, $F_2(t) = 4a \operatorname{sen} t$ em (10-25). Ache uma solução particular. Ocorre ressonância? [*Sugestão*: use (10-27) e variação dos parâmetros.]

10. (a) Seja $m_1 = m_2 = 4$, $h_1 = h_2 = 1$, $k^2 = 1$, $u_0 = u_3 = 0$, $F_1(t) \equiv F_2(t) \equiv 0$ em (10-25). Mostre que as soluções representam vibrações amortecidas.

    (b) Podem-se modificar os valores de h_1, h_2 de modo que um modo normal apresenta amortecimento subcrítico e o outro amortecimento supracrítico?

695

RESPOSTAS

3. (a) $u_1 = c_1 \operatorname{sen}(\sqrt{3}t + \varepsilon_1) + c_2 \operatorname{sen}(t + \varepsilon_2)$,
$u_2 = -c_1 \operatorname{sen}(\sqrt{3}t + \varepsilon_1) + c_2 \operatorname{sen}(t + \varepsilon_2)$,
(b) $u_1 = \frac{1}{6}\sqrt{3} \operatorname{sen} \sqrt{3}t + \frac{1}{2}\operatorname{sen} t, u_2 = -\frac{1}{6}\sqrt{3}\operatorname{sen}\sqrt{3}t + \frac{1}{2}\operatorname{sen} t$.

6. (a) $u_1 = c_1 e^{-t} + c_2 e^{-3t}, u_2 = c_1 e^{-t} - c_2 e^{-3t}$,
(b) $u_1 = 2e^{-t} - e^{-3t}, u_2 = 2e^{-t} + e^{-3t}$.

7. (a) $u_1 = \frac{13}{3}, \quad u_2 = \frac{17}{3}$.

8. $u_1 = 0{,}25e^{-t} + 0{,}05e^{-3t} - 0{,}1(3\cos t - 4\operatorname{sen} t)$,
$u_2 = 0{,}25e^{-t} - 0{,}05e^{-3t} - 0{,}1(2\cos t - \operatorname{sen} t)$.

9. $u_1 = (1+a)(-t\cos t), \quad u_2 = (1+a)(-t\cos t) + (2a-2)\operatorname{sen} t$. Ocorre ressonância, exceto quando $a = -1$.

10. (a) $u_1 = e^{-at}(c_1 \cos \beta t + c_2 \operatorname{sen} \beta t + c_3 \cos \gamma t + c_4 \operatorname{sen} \gamma t)$,
$u_2 = e^{-at}(c_1 \cos \beta t + c_2 \operatorname{sen} \beta t - c_3 \cos \gamma t - c_4 \operatorname{sen} \gamma t)$,
$a = \frac{1}{8}, \quad \beta = \sqrt{15}/8, \quad \gamma = \sqrt{47}/8$.

10-4. CASO DE N PARTÍCULAS. Agora consideramos o caso geral de N partículas $P_1, \ldots, P_N$ de massas $m_1, \ldots, m_N$ movendo-se sobre o eixo x como na Fig. 10-4. A partícula P_σ é ligada às partículas $P_{\sigma-1}$ e $P_{\sigma+1}$ por molas; a partí-

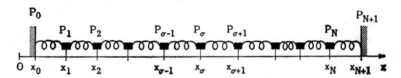

Figura 10-4. Sistema linear com N partículas

cula P_1 é ligada a uma parede em P_0 e a P_2; a partícula P_N é ligada a P_{N-1} e a uma parede em P_{N+1}. De modo geral x_σ denota a abscissa de P_σ. Por simplicidade, supomos que todas as molas têm o mesmo comprimento natural l e mesma constante k^2. Supomos que P_σ está sujeito a uma resistência $-h_\sigma \dfrac{dx_\sigma}{dt}$ e a uma força exterior $F_\sigma(t)$. As equações diferenciais correspondentes a (10-21) são as seguintes:

$$m_\sigma \frac{d^2 x_\sigma}{dt^2} + h_\sigma \frac{dx_\sigma}{dt} - k^2(x_{\sigma+1} - 2x_\sigma + x_{\sigma-1}) = F_\sigma(t). \quad (10\text{-}47)$$

Se as paredes são fixas, $x_0 = x_0^*$, $x_{N+1} = x_{N+1}^*$ e $F_\sigma(t) \equiv 0$ para $\sigma = 1, \ldots, N$, então há um estado de equilíbrio, determinado pelas N equações:

$$x_{\sigma+1} - 2x_\sigma + x_{\sigma-1} = 0, \quad \sigma = 1, \ldots, N. \quad (10\text{-}48)$$

As Eqs. (10-48) podem ser escritas como:

$$x_\sigma = \tfrac{1}{2}(x_{\sigma+1} + x_{\sigma-1}).$$

Elas dizem que P_σ está a meio caminho entre $P_{\sigma-1}$ e $P_{\sigma+1}$. Logo em equilíbrio todas as partículas estão igualmente espaçadas entre x_0 e x_{N+1}:

$$x_1 = x_1^* = x_0^* + \frac{1}{N+1}(x_{N+1}^* - x_0^*), \ldots,$$
$$x_N = x_N^* = x_0^* + \frac{N}{N+1}(x_{N+1}^* - x_0^*). \tag{10-49}$$

Agora, referimos o movimento das partículas às posições de equilíbrio (10-49) introduzindo novas coordenadas:

$$u_\sigma = x_\sigma - x_\sigma^* \quad (\sigma = 0, \ldots, N+1). \tag{10-50}$$

As equações diferenciais (10-47) são então substituídas por:

$$m_\sigma \frac{d^2 u_\sigma}{dt^2} + h_\sigma \frac{du_\sigma}{dt} - k^2(u_{\sigma+1} - 2u_\sigma + u_{\sigma-1}) = F_\sigma(t). \tag{10-51}$$

Um segundo modelo físico que leva às Eqs. (10-51) é sugerido na Fig. 10-5. Aqui, as partículas $P_1, \ldots, P_N$ são forçadas a mover-se sobre retas

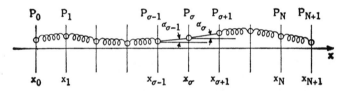

Figura 10-5. Modelo com N partículas de corda vibrante

$x = x_1, \ldots, x = x_N$ no plano xu. Novamente, P_σ está ligado a $P_{\sigma+1}$ e $P_{\sigma-1}$ por molas; P_0 e P_{N+1} são pontos nas "paredes"; $x = x_0, x = x_{N+1}$. Supomos que as retas $x = x_\sigma$ são igualmente espaçadas, à distância Δx, e que todas as molas têm mesma constante k_0^2 e comprimento natural l, onde $l < \Delta x$. Se P_σ tem coordenadas (x_σ, u_σ) e está sujeito a uma resistência $-h_\sigma(du_\sigma/dt)$ e uma força exterior $F_\sigma(t)$, então as equações diferenciais que governam o movimento são:

$$m_\sigma \frac{d^2 u_\sigma}{dt^2} + h_\sigma \frac{du_\sigma}{dt} = k_0^2(u_{\sigma+1} - 2u_\sigma + u_{\sigma-1}) - k_0^2 l\,(\text{sen}\,\alpha_\sigma - \text{sen}\,\alpha_{\sigma-1}) + F_\sigma(t), \tag{10-52}$$

onde $\sigma = 1, \ldots, N$ e α_σ é o ângulo do semi-eixo x positivo com $\overrightarrow{P_\sigma P_{\sigma+1}}$. Se os ângulos α_σ permanecem suficientemente pequenos para que se justifique a aproximação sen $\alpha \sim \text{tg}\,\alpha$, as equações ficam

$$m_\sigma \frac{d^2 u_\sigma}{dt^2} + h_\sigma \frac{du_\sigma}{dt} - k^2(u_{\sigma+1} - 2u_\sigma + u_{\sigma-1}) = F_\sigma(t), \tag{10-53}$$

onde $k^2 = k_0^2[1 - (l/\Delta x)]$. A dedução de (10-52) e (10-53) fica para o Prob. 1 abaixo. As Eqs. (10-53) são idênticas a (10-51).

Cálculo Avançado

Quando $m_\sigma = 0$ para $\sigma = 1, \ldots, N$, um modelo natural pode ser imaginado generalizando o modelo de condução de calor da Fig. 10-3. Outros modelos podem ser construídos, por exemplo, usando circuitos elétricos.

As Eqs. (10-51) podem ser escritas numa forma que sugere novas generalizações. Escrevemos

$$V(u_1, \ldots, u_N) = k^2(u_1^2 + \cdots + u_N^2 - u_1 u_2 - \cdots - u_{N-1} u_N). \qquad (10\text{-}54)$$

V é a *energia potencial* associada ao sistema. As Eqs. (10-51) ficam então

$$m_\sigma \frac{d^2 u_\sigma}{dt^2} + h_\sigma \frac{du_\sigma}{dt} + \frac{\partial V}{\partial u_\sigma} = F_\sigma(t), \qquad (10\text{-}55)$$

exceto para $\sigma = 1$ e $\sigma = N$; os casos excepcionais podem ser incluídos se modificarmos as definições de $F_1(t)$ e $F_N(t)$ de modo a incluir $k^2 u_0(t)$ e $k^2 u_{N+1}(t)$, respectivamente.

Se tomarmos para V uma função geral de $u_1, \ldots, u_N$ em vez da função particular (10-54), então, em (10-55), fica incluída uma classe muito ampla de problemas físicos. De grande importância é o caso em que V é uma expressão quadrática geral:

$$V = \sum_{i=1}^{N} \sum_{j=1}^{N} a_{ij} u_i u_j. \qquad (10\text{-}56)$$

Esse caso surge na consideração de problemas de "pequenas vibrações", isto é, problemas relativos às vibrações de um sistema de partículas que permanece próximo às posições de equilíbrio. Os problemas das Figs. 10-4 e 10-5 são assim. A aproximação sen $\alpha \sim$ tg α baseia-se em ser pequeno o afastamento para o equilíbrio.

Agora, enunciamos brevemente os resultados correspondentes a (a), ..., (f) para (10-51). Na verdade, muitos enunciados aplicam-se igualmente às Eqs. (10-55), onde V é definida por (10-56). Para demonstração e uma discussão mais completa ver os livros de Goldstein (Cap. 10) e von Kármán e Biot (Cap. V) mencionados no final deste capítulo. Vários casos particulares são considerados nos problemas abaixo.

(a) *Movimento harmônico.* Aqui, $h_\sigma = 0$, $u_0 = u_{N+1} = 0$, $F_\sigma(t) \equiv 0$. Verificamos que há N modos normais de vibração, com freqüências de ressonância $\lambda_1, \ldots, \lambda_N$, e que o movimento geral é uma combinação linear destes:

$$u_\sigma = \sum_{n=1}^{N} c_n A_{n,\sigma} \operatorname{sen}(\lambda_n t + \varepsilon_n); \qquad (10\text{-}57)$$

as $A_{n,\sigma}$ são constantes determinadas, e $c_1, \ldots, c_N$, $\varepsilon_1, \ldots, \varepsilon_N$ são constantes arbitrárias.

(b) *Vibrações amortecidas.* Nesse caso, $m_\sigma > 0$, $h_\sigma > 0$, $u_0 = u_{N+1} = 0$, $F_\sigma(t) \equiv 0$. As oscilações de (a) são substituídas por oscilações amortecidas, da forma $e^{-at} \operatorname{sen}(\lambda t + \varepsilon)$, ou termos de decréscimo exponencial: e^{-at}, te^{-at}.

698

Equações Diferenciais Parciais

(c) *Decréscimo exponencial*. Aqui, $m_\sigma = 0$, $F_\sigma \equiv 0$, $u_0 = u_{N+1} = 0$, $h_\sigma > 0$. Verificamos que há N "modos normais de decréscimo" e que o movimento geral é uma combinação linear dos modos normais:

$$u_\sigma = \sum_{n=1}^{N} c_n A_{n,\sigma} e^{-a_n t}. \tag{10-58}$$

(d) *Equilíbrio*. Se $u_0 = u_0^*$, $u_{N+1} = u_{N+1}^*$, $F_\sigma = F_\sigma^*$, onde as letras com asterisco são constantes, então os valores de equilíbrio: $u_\sigma = u_\sigma^*$ são igualmente espaçados entre $u_0^* + (F_1^*/k^2)$ e $u_{N+1}^* + (F_N^*/k^2)$.

(e) *Aproximação ao equilíbrio*. Sob as hipóteses do caso (d), o movimento geral $u_\sigma(t)$ é uma solução das equações homogêneas correspondentes a (10-51) mais a solução de equilíbrio u_σ^*. Quando as equações homogêneas são do tipo (c), tem-se, pois, aproximação exponencial ao equilíbrio:

$$u_\sigma = \sum_{n=1}^{N} c_n A_{n,\sigma} e^{-a_n t} + u_\sigma^* \qquad (\sigma = 1, \ldots, N). \tag{10-59}$$

(f) *Movimento forçado*. Aqui, u_0, u_{N+1}, e todas as F_σ podem depender de t. O movimento geral $u_\sigma(t)$ é uma solução das equações homogêneas correspondentes a (10-51) mais uma solução particular $u_\sigma^*(t)$. A solução particular pode sempre ser achada por variação de parâmetros; sempre pode ser interpretada como acompanhando uma entrada. O efeito total de todas as $F_\sigma(t)$ sobre a solução pode ser considerado como uma superposição dos efeitos das $F_\sigma(t)$ separadamente. Somando um termo sinusoidal de freqüência λ a uma F_σ soma-se um termo sinusoidal de freqüência λ a todas as $u_\sigma^*(t)$, a menos que todas as h_σ sejam 0, e λ seja freqüência de ressonância, pois, então, pode ocorrer ressonância (conforme Prob. 9 após a Sec. 10-3).

PROBLEMAS

1. (a) Obtenha as Eqs. (10-52) para o modelo da Fig. 10-5.
   (b) Mostre que, quando os ângulos α_σ permanecem pequenos, as Eqs. (10-53) são aproximações justificadas de (10-52).
2. Mostre que, quando $h_\sigma = 0$ e $F_\sigma(t) \equiv 0$ para $\sigma = 1, \ldots, N$, toda solução de (10-55) tem a propriedade que a *energia total*

$$E = \sum_{\sigma=1}^{N} \left[\frac{1}{2} m_\sigma \left(\frac{du_\sigma}{dt} \right)^2 \right] + V(u_1, \ldots, u_N)$$

é constante. [*Sugestão*: ver Prob. 4 após a Sec. 10-3.]
3. Seja $N = 3$ em (10-51) e $m_1 = m_2 = m_3 = 1$, $k^2 = 1$, $h_1 = h_2 = h_3 = 0$, $u_0 = u_4 = 0$, $F_1 = F_2 = F_3 = 0$, de modo que temos o caso (a). Procure soluções $u_1 = A_1 e^{\lambda t}$, $u_2 = A_2 e^{\lambda t}$, $u_3 = A_3 e^{\lambda t}$ e obtenha a solução geral na forma (10-57).

699

Cálculo Avançado

4. Seja $N = 3$ em (10-51) e $m_1 = m_2 = m_3 = 0$, $k^2 = 1$, $h_1 = h_2 = h_3 = 1$, $u_0 = u_4 = 0$, $F_1 = F_2 = F_3 = 0$ de modo que temos o caso (c). Procure soluções: $u_1 = A_1 e^{\lambda t}$, $u_2 = A_2 e^{\lambda t}$, $u_3 = A_3 e^{\lambda t}$ e obtenha a solução geral na forma (10-58).

5. *Equações de diferenças.* Consideramos funções $f(\sigma)$ de uma variável σ: $\sigma = 0$, ± 1, $\pm 2, \ldots$ Seja $f(\sigma)$ definida para $\sigma = m$, $\sigma = m + 1, \ldots, \sigma = n$. Então a *primeira diferença* $\Delta_+ f(\sigma)$ é a função $f(\sigma + 1) - f(\sigma)$ $(m \leqq \sigma < n)$; a *primeira diferença* $\Delta_- f(\sigma)$ é a função $f(\sigma) - f(\sigma - 1)$ $(m < \sigma \leqq n)$. A *segunda diferença* é a primeira diferença da primeira diferença; isso poderia significar $\Delta_+ \Delta_- f$, $\Delta_- \Delta_+ f$, $\Delta_+ \Delta_+ f$, $\Delta_- \Delta_- f$; usaremos só

$$\Delta^2 f = \Delta_+ \Delta_- f = \Delta_- \Delta_+ f = f(\sigma + 1) - 2f(\sigma) + f(\sigma - 1);$$

conforme a Sec. 2-18. Diferenças de ordem maior podem ser definidas de modo análogo. Uma *equação de diferenças* é uma identidade a ser satisfeita por $f(\sigma)$ e suas diferenças de várias ordens. De um modo geral, a "equação de diferença linear" tem uma teoria análoga à das equações diferenciais lineares e as funções $e^{r\sigma}$ desempenham um papel semelhante. Consideramos só dois casos:

(a) $\Delta^2 f(\sigma) = 0$. Mostre que a solução geral é dada por $f(\sigma) = c_1 \sigma + c_2$, onde c_1, c_2 são constantes. Obtenha a solução que satisfaz às *condições de fronteira*: $f(0) = u_0$, $f(N + 1) = u_{N+1}$, onde u_0, u_{N+1} são constantes dadas.

(b) $\Delta^2 f(\sigma) + p^2 f(\sigma) = 0$. Mostre que as funções $c_1 \cos q\sigma + c_2 \operatorname{sen} q\sigma$ são soluções, se $\cos q = 1 - \frac{1}{2}p^2$ e $0 < p^2 < 4$. Mostre que se $p^2 > 4$, pode-se achar números distintos a_1 e a_2 de modo que as funções $c_1 a_1^\sigma + c_2 a_2^\sigma$ sejam soluções e que se $p^2 = 4$, as funções $c_1(-1)^\sigma + c_2 \sigma(-1)^\sigma$ são soluções.

(c) Mostre que, se $f(0)$ e $f(1)$ são dadas, então a equação de diferenças da parte (b) determina sucessivamente $f(2)$, $f(3), \ldots$ Portanto, para tais "condições iniciais", há uma e uma só solução. Determine as constantes c_1, c_2 para cada um dos casos da parte (b), ajustando-as às condições iniciais dadas. O fato de isto ser possível garante que cada expressão dá a solução geral para o valor correspondente de p.

(d) Mostre que as únicas soluções da equação de diferenças da parte (b) que satisfazem às condições de fronteira, $f(0) = 0$, $f(N + 1) = 0$, são múltiplos constantes das N funções

$$\phi_n(\sigma) = \operatorname{sen}\left(\frac{n\pi}{N + 1}\sigma\right) \quad (n = 1, \ldots, N),$$

e que $\phi_n(\sigma)$ é uma solução somente quando

$$p^2 = 2\left(1 - \cos\frac{n\pi}{N + 1}\right).$$

700

Equações Diferenciais Parciais

6. Mostre que a solução de (10-48), onde $x_0 = x_0^*$, $x_{N+1} = x_{N+1}^*$, é equivalente à solução da equação de diferenças $\Delta^2 f(\sigma) = 0$ do Prob. 5 (a), sujeita a condições de fronteira, e compare a solução do Prob. 5 (a).

7. Seja $m_1 = m_2 = \cdots = m_N = m$, $h_\sigma = 0$ e $F_\sigma(t) \equiv 0$ para $\sigma = 1, \ldots, N$ e $u_0 = u_{N+1} = 0$ em (10-51), de modo que se tem o caso (a), com *massas iguais*. Mostre que a substituição $u_\sigma = A(\sigma) \operatorname{sen}(\lambda t + \varepsilon)$ leva à equação de diferenças com condições de fronteira:

$$\Delta^2 A(\sigma) + p^2 A(\sigma) = 0, \quad p^2 = m\lambda^2/k^2$$
$$A(0) = 0, \quad A(N + 1) = 0.$$

Use o resultado do Prob. 5 (d) para obter os N *modos normais*

$$u_\sigma(t) = \operatorname{sen}\left(\frac{n\pi}{N + 1}\,\sigma\right) \operatorname{sen}(\lambda_n t + \varepsilon_n),$$

$$\lambda_n = \frac{2k}{\sqrt{m}} \operatorname{sen}\frac{n\pi}{2(N + 1)}, \quad n = 1, \ldots, N.$$

Mostre que $0 < \lambda_1 < \lambda_2 < \cdots < \lambda_N$.

8. Para duas funções $f(\sigma)$, $g(\sigma)$ definidas para $\sigma = 0, 1, 2, \ldots, N + 1$, definimos um produto interior (f, g) pela equação (conforme Sec. 7-10)

$$(f, g) = f(0)g(0) + f(1)g(1) + \cdots + f(N)g(N) + f(N + 1)g(N + 1);$$

a norma $\|f\|$ é então definida como $(f, f)^{1/2}$. No que segue, consideramos *somente funções que valem 0 para $\sigma = 0$ e $\sigma = N + 1$*. Em particular, usamos as funções $\phi_n(\sigma)$ do Prob. 5 (d):

$$\phi_n(\sigma) = \operatorname{sen}(n\alpha\sigma), \quad \alpha = \pi/(N + 1).$$

(a) Faça o gráfico das funções $\phi_n(\sigma)$ no caso $N = 5$.

(b) Mostre que $(\phi_m, \phi_n) = 0$ se $m \neq n$ e que $\|\phi_n\|^2 = \frac{1}{2}(N + 1)$. [*Sugestão:* escreva

$$\phi_n(\sigma) = \frac{r^\sigma - s^\sigma}{2i}, \quad r = e^{\alpha n i}, \quad s = e^{-\alpha n i}$$

e calcule o produto interior e a norma por meio da fórmula para soma de progressão geométrica, Eq. (0-29).]

(c) Mostre que, se associamos a cada função $f(\sigma)$ o vetor $v = [v_1, v_2, \ldots, v_N]$, onde $v_1 = f(1)$, $v_2 = f(2), \ldots v_N = f(N)$, então as operações $f + g$, cf, (f, g) correspondem às operações sobre vetores $u + v$, cu, $u \cdot v$ da Sec. 3-9. Logo, o espaço de funções considerado forma um *espaço vetorial Euclidiano de dimensão N*. Os vetores correspondentes às funções $\phi_n(\sigma)/\|\phi_n(\sigma)\|$ formam um *sistema de vetores de base*.

(d) Mostre que, se $f(\sigma)$ é definida para $\sigma = 0, \ldots, N + 1$ e $f(0) = f(N + 1) = 0$, então $f(\sigma)$ pode ser representada de uma e uma só maneira como combinação linear das funções $\phi_n(\sigma)$, ou seja, como:

$$f(\sigma) = \sum_{n=1}^{N} b_n \phi_n(\sigma), \quad b_n = \frac{2}{N + 1} \sum_{\sigma=0}^{N+1} f(\sigma)\phi_n(\sigma).$$

Compare com a série de Fourier de senos, Sec. 7-5.

701

Cálculo Avançado

9. Escreva a solução geral do Prob. 7 na forma

$$u_\sigma(t) = \sum_{n=1}^{N} \phi_n(\sigma)\,(\alpha_n \operatorname{sen} \lambda_n t + \beta_n \cos \lambda_n t),$$

onde α_n e β_n são constantes arbitrárias. Use o resultado do Prob. 8(d) para mostrar que as constantes α_n e β_n podem ser escolhidas de um e um só modo, para que $u_\sigma(t)$ satisfaça a condições iniciais dadas:

$$u_\sigma(0) = f(\sigma), \quad \frac{du_\sigma}{dt}(0) = g(\sigma).$$

Isso mostra que, de fato, obtiveram-se *todas* as soluções.

10. Seja $h_1 = h_2 = \cdots = h_N = h$, $m_\sigma = 0$ e $F_\sigma(t) \equiv 0$ para $\sigma = 1, \ldots, N$, $u_0 = u_{N+1} = 0$ em (10-51), de modo que temos o caso (c), com *coeficientes de atrito iguais*. Mostre que a substituição $u_\sigma = A(\sigma)e^{\lambda t}$ conduz à equação de diferenças com condições de fronteira:

$$\Delta^2 A(\sigma) + p^2 A(\sigma) = 0, \quad p^2 = h\lambda/k^2,$$
$$A(0) = 0, \quad A(N+1) = 0.$$

Use o resultado do Prob. 5 (d) para obter os "modos de decréscimo":

$$u_\sigma(t) = \operatorname{sen}\left(\frac{n\pi}{N+1}\,\sigma\right)e^{-a_n t},$$
$$a_n = \frac{2k^2}{h}\left(1 - \cos\frac{n\pi}{N+1}\right).$$

Mostre que $0 < a_1 < a_2 < \cdots 2_N$.

11. Prove que podem ser escolhidas de um e um só modo constantes c_n tais que

$$u_\sigma(t) = \sum_{n=1}^{N} c_n \phi_n(\sigma)e^{-a_n t}$$

é uma solução do problema do decréscimo exponencial (Prob. 10) e satisfaz a condições iniciais dadas: $u_\sigma(0) = f(\sigma)$ (conforme Prob. 9).

12. Em (10-51) seja $h_1 = h_2 = \cdots = h$, $m_\sigma = 0$, para $\sigma = 1, \ldots, N$ como no Prob. 10, mas seja permitido que $F_\sigma(t)$ dependa de t. Supomos $u_0 = 0$, $u_{N+1} = 0$, pois toda variação nas "paredes" pode ser absorvida em $F_0(t)$ e $F_{N+1}(t)$. Use o método da variação dos parâmetros para obter uma solução particular. [*Sugestão*: a "função complementar" é dada no Prob. 11. Se substituímos c_n por $v_n(t)$ para $n = 1, \ldots, N$ e substituímos em (10-51), obtemos equações

$$h \sum_{n=1}^{N} \frac{dv_n}{dt}\phi_n(\sigma)e^{-a_n t} = F_\sigma(t).$$

Agora use o resultado do Prob. 8 (d) para concluir que

$$h\frac{dv_n}{dt}e^{-a_n t} = \frac{2}{N+1}\sum_{\sigma=1}^{N} F_\sigma(t)\phi_n(\sigma).]$$

702

Equações Diferenciais Parciais

RESPOSTAS

3. $u_1 = c_1 \operatorname{sen}(\alpha t + \varepsilon_1) + c_2 \operatorname{sen}(\beta t + \varepsilon_2) + c_3 \operatorname{sen}(\gamma t + \varepsilon_3)$,

$u_2 = \sqrt{2} c_1 \operatorname{sen}(\alpha t + \varepsilon_1) - \sqrt{2} c_3 \operatorname{sen}(\gamma t + \varepsilon_3)$,

$u_3 = c_1 \operatorname{sen}(\alpha t + \varepsilon_1) - c_2 \operatorname{sen}(\beta t + \varepsilon_2) + c_3 \operatorname{sen}(\gamma t + \varepsilon_3)$,

onde $\alpha = (2 - \sqrt{2})^{1/2}$, $\beta = \sqrt{2}$, $\gamma = (2 + \sqrt{2})^{1/2}$.

4. $u_1 = c_1 e^{-at} + c_2 e^{-bt} + c_3 e^{-ct}$, $\quad u_2 = \sqrt{2} c_1 e^{-at} - \sqrt{2} c_3 e^{-ct}$,

$u_3 = c_1 e^{-at} - c_2 e^{-bt} + c_3 e^{-ct}$, $\quad$ onde $a = 2 - \sqrt{2}$, $b = 2$, $c = 2 + \sqrt{2}$.

5. (a) $u_0 + (u_{N+1} - u_0)\sigma/(N + 1)$.

10-5. MEIO CONTÍNUO. EQUAÇÃO DIFERENCIAL PARCIAL FUNDAMENTAL.

Consideramos agora o caso-limite $N \longrightarrow \infty$. Em vez de tentar uma passagem precisa ao limite, deixamo-nos guiar pela intuição física. O caso-limite natural para um sistema de N partículas que se movem sobre uma reta (Figura 10-4) é o de uma haste que pode vibrar longitudinalmente, como sugere a Fig. 10-6. As partículas separadas são substituídas pelas seções

Figura 10-6. Vibrações longitudinais de uma haste

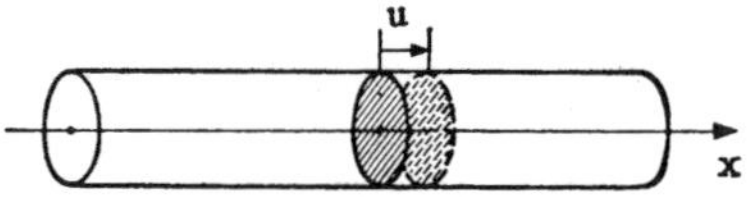

da haste, que podem ser imaginadas como uma fina camada de moléculas que se movem juntas paralelamente ao eixo da haste. Se não estão aplicadas forças externas, essa camada tem uma posição de equilíbrio x. Como para as partículas, podemos medir o deslocamento u da camada a partir de sua posição de equilíbrio x; u é então uma função de x e t.

Se passamos ao limite no modelo da Fig. 10-5, obtemos a *corda vibrante*: por exemplo, uma corda de violino. Como primeira aproximação cada "molécula" da corda executa vibrações perpendiculares à reta fornecida pela posição de equilíbrio da corda. O deslocamento da molécula na posição x relativamente à sua posição de equilíbrio é medida por u, que é função de x e t. Supomos que as vibrações têm lugar num plano xu; poderíamos considerar o caso mais geral em que as vibrações não estão restritas a um plano.

A fim de obter uma equação diferencial para $u(x, t)$, voltamos às equações básicas (10-51), escrevendo-as como segue:

$$\frac{m_\sigma}{\Delta x} \frac{d^2 u_\sigma}{dt^2} + \frac{h_\sigma}{\Delta x} \frac{du_\sigma}{dt} - k^2 \Delta x \frac{u_{\sigma+1} - 2u_\sigma + u_{\sigma-1}}{(\Delta x)^2} = \frac{F_\sigma(t)}{\Delta x}. \qquad (10\text{-}60)$$

Supomos x_0 e x_{N+1} fixos e fazemos $L = x_{N+1} - x_0$, $\Delta x = L/(N + 1)$. Fazemos então N crescer. O quociente $m_\sigma/\Delta x$ representa uma "densidade média" na posição x; é razoável postular que tende a um limite que é uma função $\rho(x)$ representando a densidade (massa por unidade de comprimento) no ponto x. A lei de atrito mais simples faria h_σ proporcional a m_σ, de modo que $h_\sigma/\Delta x$ teria como limite uma função $H(x)$ cuja dimensão é força por unidade de comprimento por unidade de velocidade. Para o modelo da Fig. 10-4 o produto

703

Cálculo Avançado

$k^2 \Delta x$ representa a tensão em uma mola quando é estirada de Δx. Mas a mesma tensão exatamente deve existir em cada metade da mola, que só é estirada de $\frac{1}{2}\Delta x$. Logo, se usamos sempre molas de mesma rigidez, $k^2 \Delta x$ deve tender a um limite que é uma força constante K^2. Para o modelo da Fig. 10-5 tem-se de fato $k^2 \Delta x = k_0^2 (\Delta x - l)$, onde k_0^2 é a constante de mola para cada mola; portanto $k^2 \Delta x$ representa a tensão em cada mola quanto todos os deslocamentos u_σ são 0; o valor-limite K^2 é exatamente a tensão na corda.

Podemos escrever

$$\frac{u_{\sigma-1} - 2u_\sigma + u_{\sigma-1}}{(\Delta x)^2} = \frac{u(x_\sigma + \Delta x, t) - 2u(x_\sigma, t) + u(x_\sigma - \Delta x, t)}{(\Delta x)^2},$$

onde x_σ é a posição de equilíbrio de P_σ. No limite x_σ fica sendo uma variável num intervalo e, como na Sec. 2-18, o quociente da segunda diferença por $(\Delta x)^2$ tem como "limite" a derivada

$$\frac{\partial^2 u}{\partial x^2}(x, t).$$

Supomos que os segundos membros tenham como limite uma função $F(x, t)$ representando a força aplicada por unidade de comprimento em x. Chegamos assim à equação diferencial parcial

$$\rho(x)\frac{\partial^2 u}{\partial t^2} + H(x)\frac{\partial u}{\partial t} - K^2 \frac{\partial^2 u}{\partial x^2} = F(x, t). \tag{10-61}$$

Essa é a equação diferencial parcial a ser estudada. Certas generalizações serão introduzidas nas seções seguintes, notadamente a substituição de $\partial^2 u/\partial x^2$ pelo Laplaciano $\nabla^2 u$:

$$\rho \frac{\partial^2 u}{dt^2} + H \frac{\partial u}{\partial t} - K^2 \nabla^2 u = F(x, y, z, t). \tag{10-62}$$

Isso corresponde a uma generalização a movimento num espaço a duas ou três dimensões. Pode-se facilmente construir um modelo a N partículas para isso. Da equação geral (10-55) obtém-se uma classe mais ampla de equações em que o termo $-K^2 \nabla^2 u$ é substituído por uma expressão mais complicada, possivelmente não-linear, em u e suas derivadas. Problemas em duas e três dimensões podem levar a *sistemas de equações diferenciais parciais*.

Embora as generalizações de fato introduzam complicações, os principais problemas e métodos se revelam na Eq. (10-61) e, na verdade, já na aproximação por N partículas na seção precedente; como se observou na seção introdutória, mesmo a partícula única apresenta as propriedades que são cruciais.

O processo-limite pelo qual chegamos a (10-61) baseou-se na intuição física e o teste básico da validez do resultado é a precisão com que explica o comportamento de meios contínuos. Esse é um problema de física, nada simples, que não nos vai preocupar. No entanto podemos pôr a questão puramente

Equações Diferenciais Parciais

matemática: as soluções das equações de diferenças convergem às soluções das correspondentes equações diferenciais, quando o intervalo básico (por exemplo, Δx) tende a 0? Essa questão foi feita precisa e respondida de modo em geral afirmativo, em pesquisa recente. Para uma discussão do problema e mais referências à literatura, citamos as págs. 160-196 do livro de Tamarkin e Feller mencionado no final do capítulo.

10-6. CLASSIFICAÇÃO DAS EQUAÇÕES DIFERENCIAIS PARCIAIS. PROBLEMAS BÁSICOS.

As Eqs. (10-61) e (10-62) são lineares em u e suas derivadas e são portanto *equações diferenciais parciais lineares*. Envolvem derivadas de u até segunda ordem e, portanto, são equações diferenciais parciais de *segunda ordem*. A equação diferencial parcial linear de segunda ordem em duas variáveis independentes tem a forma

$$A\frac{\partial^2 u}{\partial x^2} + 2B\frac{\partial^2 u}{\partial x\,\partial y} + C\frac{\partial^2 u}{\partial y^2} + D\frac{\partial u}{\partial x} + E\frac{\partial u}{\partial y} + Fu + G = 0, \qquad (10\text{-}63)$$

onde $A, \ldots, G$ são funções de x e y. As Eqs. (10-63) classificam-se em três tipos:

elípticas: $B^2 - AC < 0$, $A\xi^2 + 2B\xi\eta + C\eta^2 = 1$ é uma elipse;

parabólicas: $B^2 - AC = 0$, $A\xi^2 + 2B\xi\eta + C\eta^2 + D\xi + E\eta = 0$ é uma parábola

hiperbólicas: $B^2 - AC > 0$, $A\xi^2 + 2B\xi\eta + C\eta^2 = 1$ é uma hipérbole.

Uma equação pode ser de um tipo numa parte do plano xy e de outro tipo em outra parte. Uma classificação análoga é feita para equações em três ou mais variáveis independentes. Os três tipos são ilustrados respectivamente pelas equações

$$\frac{\partial^2 u}{\partial x^2} + \frac{\partial^2 u}{\partial y^2} = 0, \qquad \frac{\partial u}{\partial x} - \frac{\partial^2 u}{\partial y^2} = 0, \qquad \frac{\partial^2 u}{\partial x^2} - \frac{\partial^2 u}{\partial y^2} = 0.$$

A primeira destas é a equação $\nabla^2 u = 0$ e aparece naturalmente no problema do equilíbrio em *duas* dimensões. A segunda corresponde a *decréscimo exponencial* e a terceira a *movimento harmônico*.

A equação diferencial (10-61) foi dada como sendo a equação natural para as oscilações longitudinais de uma haste, como na Fig. 10-6, ou para as vibrações transversas de uma corda. Há outros problemas a uma dimensão em que a equação é aplicável: ondas de som planares e ondas eletromagnéticas, difusão do calor, e outros processos de difusão ($\rho = 0$). A equação também pode ser aplicada a intervalos *infinitos* do eixo x; embora a vibração de uma corda de comprimento infinito pareça uma noção artificial, um tal caso ideal é útil para aplicações. A Eq. (10-62) tem aplicações análogas em duas ou três dimensões, inclusive as equações hiperbólica, parabólica e elíptica básicas.

$$\text{equação de onda:} \qquad \rho\frac{\partial^2 u}{\partial t^2} - K^2\nabla^2 u = 0,$$

$$\text{equação do calor:} \qquad H\frac{\partial u}{\partial t} - K^2\nabla^2 u = 0,$$

$$\text{equação de Laplace:} \qquad \nabla^2 u = 0;$$

705

Cálculo Avançado

aqui, ρ, H e K^2 usualmente são tomados como constantes. Como se indicou nas Secs. 5-15 e 9-34, a equação de Laplace é satisfeita pelo potencial de velocidade de um movimento fluido irrotacional, incompressível. As equações completas da hidrodinâmica são sistemas *não-lineares* (ver Lamb, *Hydrodynamics*, Cambridge University Press, 1932).

Os problemas básicos associados com (10-61) são simplesmente os análogos para um meio contínuo dos problemas estudados nas seções precedentes. Por exemplo, o problema (a) diz respeito ao caso em que $\rho(x) > 0$, $H(x) = 0$, $F(x, t) = 0$, e as "paredes" são fixas: $u(0, t) = 0$, $u(L, t) = 0$; esperamos mostrar que há uma só solução para o problema com valor inicial: $u = f(x)$, $\partial u/\partial t = g(x)$ para $t = 0$. Uma tal solução $u(x, t)$ seria definida e contínua para $0 \leq x \leq L$ e para $t \geq 0$, e exigir-se-ia que tivesse derivadas parciais até segunda ordem para $0 < x < L$ e $t > 0$ e satisfizesse à equação diferencial no *aberto* descrito. Como para o problema de Dirichlet (Sec. 9-32), pode-se considerar a possibilidade de descontinuidades na fronteira; isso exige cuidado, mas podem-se obter resultados significativos. A palavra "solução" significará funções $u(x, t)$ contínuas para $0 \leq x \leq L$, $t \geq 0$, a não ser que se diga o contrário. Os problemas (b) e (c) (vibrações amortecidas e decréscimo exponencial) são formulados de modo análogo.

O problema de equilíbrio (d) agora dá uma equação diferencial *ordinária*

$$-K^2 \frac{d^2u}{dx^2} = F(x),$$

com condições de fronteira: $u = u_0$ para $x = 0$, $u = u_1$ para $x = L$. Em duas dimensões a equação análoga é a *equação de Poisson*

$$-K^2\mathbf{\nabla}^2 u = F(x, y)$$

onde u tem valores dados na fronteira de uma região a duas dimensões; quando $F \equiv 0$, este é o problema de Dirichlet. Em qualquer caso, queremos mostrar que há um único estado de equilíbrio $u^*(x)$ [em duas dimensões, $u^*(x, y)$]. Como para o problema com N partículas, a aproximação ao equilíbrio, problema (e), é descrita por uma função $u^*(x) + u(x, t)$, onde $u(x, t)$ é uma solução de um problema *homogêneo* (a), (b) ou (c).

O problema (f) do movimento forçado inclui os outros cinco como casos especiais. São dadas condições de fronteira: $u(0, t) = u_0(t)$, $u(L, t) = u_1(t)$ e valores iniciais de u; queremos mostrar que existe uma e uma só solução correspondente.

Os *métodos* usados são uma extensão natural dos usados para o problema com N partículas. Os problemas homogêneos são tratados por meio de uma substituição: $u(x, t) = A(x) e^{\lambda t}$, que dá os modos normais; a "solução geral" é novamente obtida como combinação linear de modos normais. O problema não-homogêneo do movimento forçado é resolvido por variação dos parâmetros; a solução geral é a soma de uma solução particular $u^*(x, t)$ com a solução geral do problema homogêneo.

706

Equações Diferenciais Parciais

Consideramos apenas os casos de paredes fixas ou de paredes que se movem de modo pré-estabelecido. Há outras condições de fronteira naturais; por exemplo, poderíamos exigir que $\partial u/\partial x$ seja 0 para $x = 0$. Para o caso de N partículas, isso corresponderia a exigir que a parede P_0 se movesse de tal maneira que $u_0 = u_1$; então a distância entre P_0 e P_1 é fixa e *nenhuma energia pode ser transmitida*. Para o problema de condução do calor, isso corresponde a uma fronteira *isolada* em $x = 0$.

10-7. A EQUAÇÃO DE ONDAS EM UMA DIMENSÃO. MOVIMENTO HARMÔNICO. Na equação básica (10-61) supusemos $H(x) \equiv 0$ e $F(x, t) \equiv 0$ e ρ constante, independente de x. A equação diferencial fica

$$\rho \frac{\partial^2 u}{\partial t^2} - K^2 \frac{\partial^2 u}{\partial x^2} = 0, \quad 0 < x < L, t > 0 \qquad (10\text{-}64)$$

A equação deve ser aplicada a uma haste ou corda ocupando a parte do eixo x entre $x = 0$ e $x = L$. Supomos que as extremidades são fixas:

$$u(0, t) = 0, \quad u(L, t) = 0.$$

Com uma mudança de escala, $x' = \pi x/L$, podemos reduzir o problema ao caso em que $L = \pi$. A equação fica

$$\rho L^2 \frac{\partial^2 u}{\partial t^2} - \pi^2 K^2 \frac{\partial^2 u}{\partial x'^2} = 0.$$

Por simplicidade, colocamos x em vez de x' no que segue. Introduzimos a abreviação:

$$a = \frac{\pi K}{L\sqrt{\rho}} \cdot \qquad (10\text{-}65)$$

A equação e condições de fronteira agora ficam

$$\frac{\partial^2 u}{\partial t^2} - a^2 \frac{\partial^2 u}{\partial x^2} = 0, \quad 0 < x < \pi, \quad t > 0, \qquad (10\text{-}66)$$

$$u(0, t) = 0, \quad u(\pi, t) = 0. \qquad (10\text{-}67)$$

Para determinar os modos normais podemos agora colocar

$$u(x) = A(x)\, e^{\lambda t} \qquad (10\text{-}68)$$

em (10-66), (10-67). No entanto vemos que, como no caso de N partículas, λ deve ser imaginário puro (Prob. 5 abaixo) e simplificamos o processo fazendo em lugar de (10-68) a substituição

$$u(x) = A(x)\, \text{sen}\,(\lambda t + \varepsilon). \qquad (10\text{-}68')$$

As Eqs. (10-66), (10-67) ficam

$$-A(x)\lambda^2 - a^2 A''(x) = 0, \qquad (10\text{-}69)$$

$$A(0) = A(\pi) = 0. \qquad (10\text{-}70)$$

707

Cálculo Avançado

O sistema de equações lineares do problema com N partículas é pois substituído por uma equação diferencial com condições de fronteira. Isso é previsto nos Probs. 5-12 após a Sec. 10-4, nos quais se mostra que esse sistema de equações pode ser tratado como uma equação *de diferenças* com condições de fronteira. As soluções ali obtidas estão relacionadas muito de perto com as obtidas para (10-69), (10-70).

A solução geral de (10-69) é

$$A(x) = c_1 \operatorname{sen}\left(\frac{\lambda x}{a}\right) + c_2 \cos\left(\frac{\lambda x}{a}\right). \tag{10-71}$$

As Eqs. (10-70) só são satisfeitas se

$$c_2 = 0, \quad \operatorname{sen}\left(\frac{\lambda \pi}{a}\right) = 0.$$

Obtêm-se os *valores característicos* (freqüências de ressonância ou *valores próprios*)

$$\lambda_n = an \quad (n = 1, 2, \ldots), \tag{10-72}$$

e as *funções características* associadas

$$A_n(x) = \operatorname{sen} nx \quad (n = 1, 2, \ldots). \tag{10-73}$$

Nós nos restringiremos a λ positivo, pois uma mudança de sinal pode ser absorvida na constante de fase ε. Os modos normais são

$$\operatorname{sen} nx \ \operatorname{sen}(ant + \varepsilon_n) \tag{10-74}$$

e múltiplos constantes destes; há *uma infinidade de modos normais*. O conjunto das freqüências λ_n chama-se o *espectro*.

Tentamos agora construir a solução geral $u(x, t)$ como uma combinação linerar de modos normais

$$u(x, t) = \sum_{n=1}^{\infty} c_n \operatorname{sen} nx \operatorname{sen}(ant + \varepsilon_n). \tag{10-75}$$

No entanto enfrentamos uma dificuldade nova: *a série infinita* (10-75) *pode não convergir*. Mesmo que seja convergente, pode não satisfazer à Eq. (10-66), pois isso exige a existência de derivadas segundas. Ora, a série (10-75) pode ser considerada como uma série de Fourier de senos em x, com coeficientes dependendo de t. Da teoria das séries de Fourier (Cap. 7) obtemos facilmente condições sobre as constantes c_n, tal que a série seja convergente para todo x e possa ser derivada duas vezes em relação a x e a t.

A escolha das constantes em (10-75) depende das condições iniciais, pois podemos escrever (10-75) na forma:

$$u(x, t) = \sum_{n=1}^{\infty} \operatorname{sen} nx[\alpha_n \operatorname{sen}(ant) + \beta_n \cos(ant)], \tag{10-75'}$$

$$\alpha_n = c_n \cos \varepsilon_n, \quad \beta_n = c_n \operatorname{sen} \varepsilon_n.$$

708

Equações Diferenciais Parciais

Então, se supusermos que as séries envolvidas são uniformemente convergentes,

$$u(x, 0) = \sum_{n=1}^{\infty} \beta_n \operatorname{sen} nx, \quad \frac{\partial u}{\partial t}(x, 0) = \sum_{n=1}^{\infty} na\alpha_n \operatorname{sen} nx. \tag{10-76}$$

Assim, β_n e $na\alpha_n$ são os coeficientes de Fourier de seno do deslocamento e da velocidade iniciais respectivamente.

Teorema. *Se as constantes c_n são tais que $c_n n^4$ é limitado:*

$$|c_n| < \frac{M}{n^4} \quad (n = 1, 2, \ldots), \tag{10-77}$$

então a série (10-75) converge uniformemente para todo x e t e define uma solução da equação de onda (10-66) para todo x e t. Sejam $f(x)$ e $g(x)$ definidas para $0 \le x \le \pi$; suponhamos que $f(x)$ tenha derivadas contínuas até quarta ordem e que $f(0) = f(\pi) = f''(0) = f''(\pi) = 0$; suponhamos que $g(x)$ tenha derivadas contínuas até terceira ordem e que $g(0) = g(\pi) = g''(0) = = g''(\pi) = 0$. Então existe uma solução $u(x, t)$ da equação de onda (10-66) com condições de fronteira (10-67), tal que

$$u(x, 0) = f(x), \quad \frac{\partial u}{\partial t}(x, 0) = g(x); \tag{10-78}$$

é a série (10-75'), onde

$$\beta_n = \frac{2}{\pi} \int_0^{\pi} f(x) \operatorname{sen} nx \, dx, \quad \alpha_n = \frac{2}{na\pi} \int_0^{\pi} g(x) \operatorname{sen} nx \, dx. \tag{10-79}$$

A solução é única; isto é, se $u(x, t)$ satisfaz a (10-66) e (10-67), e as derivadas parciais u_{xx}, u_{tt} são contínuas para $0 \le x \le \pi$, $t \ge 0$, então $u(x, t)$ é necessariamente representada pela série (10-75'), com coeficientes dados por (10-79).

Demonstração. Se vale (10-77), então o critério M de Weierstrass (Sec. 6-13) mostra que a série (10-75) converge uniformemente para todo x e t. Analogamente, as séries

$$-\sum n^2 c_n \operatorname{sen} nx \operatorname{sen}(ant + \varepsilon_n), \quad -\sum n^2 a^2 c_n \operatorname{sen} nx \operatorname{sen}(ant + \varepsilon_n),$$

obtidas derivando-se (10-75) duas vezes em relação a x e t, convergem uniformemente para todo x e t; pois, por (10-77), $|n^2 c_n| < Mn^{-2}$. Logo, essas séries representam u_{xx} e u_{tt} respectivamente. Substituindo em (10-66), verificamos que a equação de onda está satisfeita.

Se $f(x)$ e $g(x)$ satisfazem às condições mencionadas, então (Prob. 4 abaixo) $n^4\alpha_n$ e $n^4\beta_n$ são limitados de modo que

$$n^4 c_n = \sqrt{(n^4\alpha_n)^2 + (n^4\beta_n)^2}$$

é limitado. Portanto (10-77) vale, de modo que (10-75) ou (10-75') representa uma solução $u(x, t)$ que é contínua para todo x e todo t. Quando $t = 0$, as séries

709

Cálculo Avançado

para u e u_t se reduzem às séries de Fourier de senos de $f(x)$ e $g(x)$; estas séries convergem para $f(x)$ e $g(x)$ (Prob. 1 após a Sec. 7-13).
A prova da unicidade fica para o Prob. 6 abaixo.

10-8. PROPRIEDADES DAS SOLUÇÕES DA EQUAÇÃO DE ONDA.
Consideramos as soluções na forma

$$u(x,t) = \sum_{n=1}^{\infty} \operatorname{sen} nx[\alpha_n \operatorname{sen}(nat) + \beta_n \cos(nat)]. \tag{10-80}$$

Para cada x fixado, a série é uma série de Fourier em t, com período $2\pi/a$ (Sec. 7-5). Portanto *cada ponto da haste ou corda considerada tem um movimento periódico*, com período $2\pi/a$.

O modo normal com $n = 1$ chama-se o *modo fundamental*. Aqui,

$$u(x,t) = \operatorname{sen} x[\alpha_1 \operatorname{sen}(at) + \beta_1 \cos(at)].$$

Isso é fácil de visualizar no caso de uma corda vibrante, para a qual o deslocamento tem sempre a forma de uma sinusóide, em cada instante (Fig. 10-7). A corda, portanto, vibra nessa forma com freqüência $a/2\pi$ (ciclos por unidade de tempo). Os modos correspondentes a $n = 2, 3, \ldots$ chamam-se *primeiro harmônico*, *segundo harmônico*, etc.; musicalmente, dão a oitava, oitava mais quinta, etc. Estes estão sugeridos na Fig. 10-7. São facilmente observáveis

Figura 10-7. Modos normais para corda vibrante

num instrumento musical, especialmente nas notas graves, como, por exemplo, no grave de um violoncelo. Observamos que as formas dos modos normais são exatamente as funções características $A_n(x) = \operatorname{sen} nx$ e que essas funções formam um *sistema ortogonal completo* para o intervalo $0 \leq x \leq \pi$.

A relação entre a solução e as condições iniciais pode ser destacada de modo claro com a seguinte observação: primeiro supomos que $g(x) \equiv 0$, de modo que a haste (ou corda vibrante) está inicialmente em repouso, mas tem um deslocamento inicial $f(x)$. Por (10-79), $\alpha_n = 0$ para todo n. Agora, podemos escrever

$$u(x,t) = \sum_{n=1}^{\infty} \beta_n \operatorname{sen} nx \cos nat = \tfrac{1}{2} \sum_{n=1}^{\infty} [\beta_n \operatorname{sen} n(x+at) + \operatorname{sen} n(x-at)].$$

Como

$$f(x) = \sum_{n=1}^{\infty} \beta_n \operatorname{sen} nx, \tag{10-81}$$

podemos escrever

$$u(x,t) = \tfrac{1}{2}[f(x+at) + f(x-at)]. \tag{10-82}$$

Essa representação é, em princípio, válida só para
$$0 \leq x + at \leq \pi, \quad 0 \leq x - at \leq \pi.$$
No entanto, se estendermos a definição de $f(x)$ a todo x por (10-81), então (10-82) tem sentido para todo x e t e, sob as hipóteses do teorema acima, representa uma solução da equação de onda para todo x e t.

O termo $f(x + at)$ representa o deslocamento inicial transladado at unidades para a esquerda; o segundo termo representa esse deslocamento transladado at unidades para a direita; isso está sugerido na Fig. 10-8.

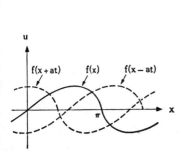

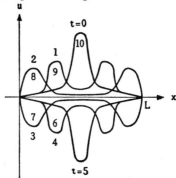

Figura 10-8. $f(x)$ versus $f(x + at), f(x - at)$

Figura 10-9. Soluções $u(x, t)$ da equação de onda. As curvas mostram as formas das ondas para $t = 0, 1, \ldots, 10$. As unidades são escolhidas de modo que a velocidade de onda a seja $0,2 L$ por unidade de tempo

Na Fig. 10-9, $f(x)$ é escolhido como um deslocamento restrito quase inteiramente a um intervalo $\frac{1}{2}\pi - \delta < x < \frac{1}{2}\pi + \delta$, onde δ é pequeno; a solução pode então ser traçada como função de x e t. A perturbação é, como se vê, dividida em duas que se deslocam em sentidos opostos até alcançarem as paredes, onde são refletidas, com mudança de sinal, e voltam juntas para trás. Isso pode ser provado experimentalmente de várias maneiras: deslocando e soltando uma corda de violino ou por ecos de som.

Se o deslocamento inicial $f(x)$ tem uma descontinuidade de salto, por exemplo, em x_0, mas é muito liso por partes, então (10-82) continua a definir uma solução da equação de onda, exceto para $x \pm at = x_0 + k\pi$. Esses são os caminhos de "propagação de descontinuidades"; chamam-se *características*.

A constante a aparece como a velocidade com que a perturbação ou descontinuidade propaga-se à esquerda e à direita; chama-se *velocidade de onda*. Se escolhemos u como sendo um modo único de vibração:
$$u(x, t) = \tfrac{1}{2}\beta_n \left[\operatorname{sen} n(x + at) + \operatorname{sen} n(x - at)\right]$$
então a perturbação inicial é simplesmente $\beta_n \operatorname{sen} nx$, uma onda que se repete a intervalos de $2\pi/n$, o *comprimento de onda*. As oscilações em cada x têm uma freqüência de $na/2\pi$ (ciclos por unidade de tempo). Logo,

Cálculo Avançado

$$(comprimento\ de\ onda) \cdot (freqüência) = \frac{2\pi}{n} \cdot \frac{na}{2\pi} = a = velocidade\ de\ onda.$$

Essa é uma das leis fundamentais da física.

Consideramos agora o caso em que $f(x) = 0$, mas a velocidade inicial $g(x)$ é diferente de zero. Agora, como acima,

$$g(x) = \sum_{n=1}^{\infty} na\alpha_n\ \text{sen}\ nx. \qquad (10\text{-}83)$$

Logo, podemos integrar (Sec. 7-13):

$$\int g(x)\,dx = \sum_{n=1}^{\infty} (-a\alpha_n \cos nx) + \text{const.} \qquad (10\text{-}84)$$

A solução $u(x, t)$ é, pois,

$$u(x, t) = \sum_{n=1}^{\infty} \alpha_n\ \text{sen}\ nx\ \text{sen}\ nat = \tfrac{1}{2} \sum_{n=1}^{\infty} \alpha_n\{\cos n(x - at) - \cos n(x + at)\}$$

$$= \frac{1}{2a} \int_{x-at}^{x+at} g(s)\,ds, \qquad (10\text{-}85)$$

onde s é uma variável de integração. A representação (10-85) será válida para todo x e t, se usarmos (10-83) para estender a definição de $g(x)$ a todo x. A Eq. (10-85) pode ser interpretada como a *diferença* de duas perturbações que se movem para a esquerda e para a direita com velocidade a.

Se admitirmos tanto deslocamento inicial quanto velocidade inicial, o mesmo raciocínio acima leva à fórmula geral

$$u(x, t) = \tfrac{1}{2}[f(x + at) + f(x - at)] + \frac{1}{2a} \int_{x-at}^{x+at} g(s)\,ds. \qquad (10\text{-}86)$$

PROBLEMAS

1. Seja $f(x)$ uma função periódica ímpar de período 2π e seja $f(x) = 0$ para $0 < x < \pi/3$ e para $2\pi/3 < x < \pi$, $f(x) = 1$ para $\pi/3 < x < 2\pi/3$. Mostre que (10-82) define uma solução da equação de onda para uma parte do plano xt; analise a solução graficamente como nas Figs. 10-8, 10-9. A solução em série de Fourier é válida com essa $f(x)$ como deslocamento inicial?

2. Seja $g(x)$ uma função periódica ímpar de período 2π e seja $g(x) = 0$ para $0 < x < \pi/3$ e para $2\pi/3 < x < \pi$, $g(x) = 1$ para $\pi/3 < x < 2\pi/3$. Mostre que (10-85) define uma solução da equação de onda para uma parte do plano xt; analise a solução graficamente. A solução em série de Fourier é válida para essa $g(x)$ como velocidade inicial?

3. Mostre que a mudança de variáveis $r = x + at$, $s = x - at$, converte a equação de onda (10-66) na equação

$$\frac{\partial^2 u}{\partial r \partial s} = 0. \qquad (a)$$

712

Equações Diferenciais Parciais

Interprete geometricamente a mudança de variáveis. Mostre que a "solução geral" de (a) tem a forma

$$u = F(r) + G(s).$$

Discuta a relação entre essa representação e (10-86).

4. (a) Prove que, se $f(x)$ satisfaz às condições enunciadas no teorema da Sec. 10-7, então $\beta_n n^4$ é limitado. [*Sugestão*: use integração por partes como na Sec. 7-8.]

(b) Prove que, se $g(x)$ satisfaz às condições enunciadas no teorema da Sec. 10-7, então $\alpha_n n^4$ é limitado.

5. Mostre que a substituição (10-68) em (10-66), (10-67) leva a equações que só são satisfeitas se $\lambda_n = ani$ e $A = A_n(x) = c(e^{inx} - e^{-inx})$. Dessas expressões, obtenha os modos normais (10-74).

6. Prove que, nas condições enunciadas no teorema da Sec. 10-7, a solução $u(x, t)$ que satisfaz às condições iniciais (10-78) tem de ter a forma (10-75') e, portanto, é univocamente determinada. [*Sugestão*: nas hipóteses feitas, $u(x, t)$ tem uma representação como série de Fourier de senos em x:

$$u = \sum_{n=1}^{\infty} \phi_n(t) \operatorname{sen} nx, \qquad \phi_n(t) = \frac{2}{\pi} \int_0^{\pi} u(x, t) \operatorname{sen} nx \, dx.$$

Derive a segunda equação duas vezes em relação a t, usando a regra de Leibnitz (Sec. 4-12) e integração por partes para mostrar que $\phi_n''(t) + a^2 n^2 \phi_n(t) = 0$. Logo, $\phi_n(t) = \alpha_n \operatorname{sen} (nat) + \beta_n \cos (nat)$.]

7. Para subir a nota de uma corda de violino, pode-se (a) aumentar a tensão, (b) diminuir a densidade, (c) encurtar a corda. Mostre como essas conclusões resultam de (10-72) e (10-65).

8. Ache as soluções gerais das seguintes equações diferenciais parciais para $0 < x < \pi$, $t > 0$, com condições de fronteira: $u(0, t) = u(\pi, t) = 0$:

(a) $\dfrac{\partial^2 u}{\partial t^2} - \dfrac{\partial^2 u}{\partial x^2} - u = 0;$ \qquad (b) $\dfrac{\partial^2 u}{\partial t^2} - \dfrac{\partial^2 u}{\partial x^2} - 2 \dfrac{\partial u}{\partial x} = 0.$

9. Ache a solução geral da equação de onda

$$\frac{\partial^2 u}{\partial t^2} - a^2 \frac{\partial^2 u}{\partial x^2} = 0, \qquad 0 < x < 2\pi, \quad t > 0,$$

tal que $u(0, t) = u(2\pi, t)$, $u_x(0, t) = u_x(2\pi, t)$.

10. Ache a solução geral da equação de onda

$$\frac{\partial^2 u}{\partial t^2} - a^2 \frac{\partial^2 u}{\partial x^2} = 0, \qquad 0 < x < \pi, \quad t > 0,$$

tal que $u(0, t) = 0$, $u_x(\pi, t) = 0$.

713

Cálculo Avançado

RESPOSTAS

8. (a) $\displaystyle\sum_{n=1}^{\infty} c_n \operatorname{sen} nx \operatorname{sen} (\sqrt{n^2 - 1}\,t + \varepsilon_n),$

   (b) $\displaystyle\sum_{n=1}^{\infty} c_n e^{-x} \operatorname{sen} nx \operatorname{sen} (\sqrt{n^2 + 1}\,t + \varepsilon_n).$

9. $\displaystyle\sum_{n=1}^{\infty} (a_n \cos nx + b_n \operatorname{sen} nx) \operatorname{sen} (nat + \varepsilon_n).$

10. $\displaystyle\sum_{n=1}^{\infty} c_n \operatorname{sen} (n + \tfrac{1}{2})x \operatorname{sen} [(n + \tfrac{1}{2})at + \varepsilon_n].$

10-9. A EQUAÇÃO DO CALOR EM DIMENSÃO UM. DECRÉSCIMO EXPONENCIAL.

Voltamos à equação básica da Sec. 10-5:

$$\rho \frac{\partial^2 u}{\partial t^2} + H \frac{\partial u}{\partial t} - K^2 \frac{\partial^2 u}{\partial x^2} = F(x, t).$$

Desprezamos massas, isto é, tomamos $\rho = 0$. Supomos que H é uma constante, que não há força exterior F, e que as "paredes" são fixas. A equação diferencial e as condições de fronteira ficam

$$H \frac{\partial u}{\partial t} - K^2 \frac{\partial^2 u}{\partial x^2} = 0, \quad 0 < x < L, \quad t > 0; \tag{10-87}$$

$$u(0, t) = 0, \quad u(L, t) = 0. \tag{10-88}$$

A Eq. (10-87) é a *equação do calor em dimensão um*. A equação do calor em três dimensões

$$\frac{\partial T}{\partial t} - c^2 \nabla^2 T = 0 \tag{10-89}$$

foi obtida na Sec. 5-15 [Eq. (5-131)]; a Eq. (10-87) pode ser considerada como caso especial de condução do calor numa placa infinita limitada pelos planos $x = 0$ e $x = L$ no espaço, sendo as condições de fronteira tais que a temperatura depende só de x. Pode-se também interpretar a equação como descrevendo a condução de calor numa haste fina isolada, exceto nas extremidades.

A passagem de um sistema de massas ligadas por molas ao problema de condução de calor pode parecer a princípio artificial. No entanto, as soluções de (10-87) apresentam as propriedades de um caso-limite do sistema de massas quando o atrito aumenta e a massa total avizinha-se de 0. Como as massas são desprezadas, as perturbações podem propagar-se *instantaneamente*; a velocidade de onda é *infinita*.

Como nas seções precedentes, introduziremos uma nova variável, $x' = \pi x/L$, e faremos a substituição:

$$c = \left(\frac{\pi^2 K^2}{L^2 H} \right)^{\frac{1}{2}}. \tag{10-90}$$

714

Equações Diferenciais Parciais

Escrevendo x em vez de x', a equação e condições de fronteira ficam

$$\frac{\partial u}{\partial t} - c^2 \frac{\partial^2 u}{\partial x^2} = 0, \quad t > 0, \quad 0 < x < \pi, \tag{10-91}$$

$$u(0, t) = 0, \quad u(\pi, t) = 0. \tag{10-92}$$

A substituição

$$u = A(x)e^{\lambda t} \tag{10-93}$$

leva ao problema de valores característicos:

$$A''(x) - \frac{\lambda}{c^2} A = 0, \tag{10-94}$$

$$A(0) = A(\pi) = 0. \tag{10-95}$$

Se λ é positivo ou zero, a única solução de (10-94), (10-95) é a solução trivial: $A(x) \equiv 0$ (Prob. 9 abaixo). Se λ é negativo, as soluções são *as funções características*

$$A_n(x) = \operatorname{sen} nx \quad (n = 1, 2, \ldots), \tag{10-96}$$

com *valores característicos* associados

$$\lambda_n = -n^2 c^2. \tag{10-97}$$

Portanto os "modos normais" são as funções

$$\operatorname{sen} nx \, e^{-c^2 n^2 t} \tag{10-98}$$

e os múltiplos constantes delas. Esperamos que a solução geral seja dada pelas combinações lineares

$$u(x, t) = \sum_{n=1}^{\infty} b_n \operatorname{sen} nx \, e^{-c^2 n^2 t}, \tag{10-99}$$

onde as b_n são constantes arbitrárias.

Novamente devemos ter cuidado com a convergência. O problema é mais simples que para a equação de onda, pois, se os coeficientes b_n são limitados: $|b_n| < M$ para $n = 1, 2, \ldots$ então a série (10-99) converge uniformemente em x e t em cada semiplano: $t \geq t_1, -\infty < x < \infty$, desde que $t_1 > 0$. Isso resulta do critério de Weierstrass (Sec. 6-13), pois

$$\left| b_n \operatorname{sen} nx \, e^{-c^2 n^2 t} \right| < M e^{-c^2 n^2 t_1} = M_n;$$

a série M_n é uma série numérica cuja convergência resulta do critério da razão. Da mesma maneira, verificaremos que a série (10-99) permanece uniformemente convergente no domínio mencionado, se a derivarmos quantas vezes quisermos em relação a x e t (Prob. 5 abaixo). Em particular,

$$\frac{\partial u}{\partial t} = \sum_{n=1}^{\infty} b_n(-c^2 n^2) \operatorname{sen} nx \, e^{-c^2 n^2 t} = c^2 \frac{\partial^2 u}{\partial x^2},$$

de modo que (10-99) é uma solução da equação do calor no aberto: $t > 0$, $-\infty < x < \infty$. As condições de fronteira (10-92) são satisfeitas, pois cada

715

Cálculo Avançado

termo da série vale 0 se $x = 0$ ou $x = \pi$. Toda solução suficientemente lisa da equação de calor e condições de fronteira no aberto descrito deve ter a forma (10-99) (Prob. 7 abaixo).

Para $t = 0$, a série (10-99), se convergir, reduzir-se-á a

$$u(x, 0) = \sum_{n=1}^{\infty} b_n \operatorname{sen} nx. \qquad (10\text{-}100)$$

Logo, como para a equação de onda, os valores iniciais de u: $u(x, 0) = f(x)$, são representados por uma série de Fourier de senos. Se, por exemplo, $f(0) = = f(\pi) = 0$ e $f(x)$ tiver uma derivada segunda contínua para $0 \leqq x \leqq \pi$, então sua série de senos convergirá uniformemente a $f(x)$ e a série (10-99) convergirá uniformemente para $0 \leqq x \leqq \pi$ e $t \geqq 0$. Portanto, sob as hipóteses enunciadas, a série (10-99) define uma função $u(x, t)$ que é contínua para $t \geqq 0, 0 \leqq x \leqq \pi$ e que satisfaz à equação de calor (10-91), às condições de fronteira (10-92) e à condição inicial $u(x, 0) = f(x)$. Além disso, a solução é única (Prob. 7 abaixo). Esses resultados mostram que, com pequenas modificações, o teorema da Sec. 10-7 vale para a equação do calor.

Se $f(x)$ é apenas contínua por partes, as constantes

$$b_n = \frac{2}{\pi} \int_0^{\pi} f(x) \operatorname{sen} nx \, dx \qquad (10\text{-}101)$$

são limitadas, pois a seqüência b_n tende a 0 [Eq. (7-14), Sec. 7-4]. Portanto a série (10-99) define uma solução da equação do calor para $t > 0$. A série converge a $f(x)$ *em média* (Sec. 7-11) para $t = 0$; na verdade, pode-se mostrar que

$$\lim_{t \to 0+} u(x, t) = f(x), \qquad 0 < x < \pi$$

em cada x em que $f(x)$ é contínua.

10-10. PROPRIEDADES DAS SOLUÇÕES DA EQUAÇÃO DO CALOR. Para x fixado, cada termo da série (10-99) descreve uma aproximação exponencial a 0. Uma asserção análoga pode ser feita quanto à soma da série; isto é,

$$\lim_{t \to \infty} u(x, t) = 0$$

(Prob. 6 abaixo). A taxa de decréscimo varia com n; os termos de alta freqüência em (10-99) têm coeficientes exponenciais menores que os de freqüência baixa e, portanto, amortecem mais rapidamente. Isto corresponde ao fato observável de que variações abruptas de temperatura num objeto desaparecem rapidamente, ao passo que diferenças de temperatura em grandes distâncias desaparecem lentamente.

Se escrevemos

$$\operatorname{sen} nx = nx - \frac{(nx)^3}{3!} + \frac{(nx)^5}{5!} - \dots$$

716

Equações Diferenciais Parciais

em (10-99) e reunimos os termos segundo potências de x, obtemos uma série:

$$\sum_{k=1}^{\infty} \phi_k(t) x^{2k-1}, \qquad \phi_k(t) = \sum_{n=1}^{\infty} b_n \frac{(-1)^{k-1}(n)^{2k-1}}{(2k-1)!} e^{-c^2 n^2 t}. \qquad (10\text{-}102)$$

Essa operação pode ser justificada por teoremas sobre séries ou, mais simplesmente, por variáveis complexas, como no Prob. 4 abaixo. Assim, para cada $t > 0$ fixado a solução $u(x, t)$ pode ser representada por uma série de potências em x; a série de potências tem raio de convergência infinito, de modo que a *série converge para todo* x. As soluções $u(x, t)$ são *analíticas em* x.

Desse resultado, deduzimos outra propriedade das soluções: a rapidez infinita da propagação de perturbações. Por exemplo, seja a função inicial $f(x)$ igual a 0 para $0 \leqq x \leqq x_1$ e maior que 0 para $x_1 < x < x_2$ onde $0 < x_1 < x_2 < \pi$. No caso da equação de onda, a solução $u(x, t)$ permaneceria identicamente 0 perto de $x = 0$ até que a "onda" começando em $x = x_1$ pudesse chegar lá. Para a equação de calor, a solução $u(x, t)$ toma valores não-nulos em todo intervalo de variação de x para $t > 0$. Para verificar isso, consideramos um t positivo fixo. Então $u(x, t)$ pode ser considerada como função analítica de uma variável complexa x. Pelo Teorema 43 da Sec. 9-24, se $u(x, t) = 0$ quando x descreve um intervalo da reta real, então $u \equiv 0$ para esse valor de t. Logo, necessariamente, $b_n = 0$ para $n = 1, 2, \ldots$, de modo que $f(x) \equiv 0$ contra a hipótese. Logo, para cada t positivo, $u(x, t)$ toma valores não-nulos em todo intervalo de valores de x. A perturbação propaga-se *instantaneamente*.

10-11. EQUILÍBRIO E APROXIMAÇÃO AO EQUILÍBRIO. Por analogia com o caso (d) das Sec. 10-2 e 10-3, admitimos forças aplicadas $F(x)$ e "deslocamentos das paredes" u_0 e u_1 que não variam com o tempo. A equação diferencial e as condições de fronteira são então:

$$\rho(x) \frac{\partial^2 u}{\partial t^2} + H(x) \frac{\partial u}{\partial t} - K^2 \frac{\partial^2 u}{\partial x^2} = F(x), \qquad (10\text{-}103)$$

$$u(0) = u_0, \qquad u(L) = u_1. \qquad (10\text{-}104)$$

Procuramos uma solução $u^*(x)$ independente do tempo; $u^*(x)$ então descreve o estado de equilíbrio do sistema. Assim, substituímos por 0 as derivadas com relação a t em (10-103) e chegamos ao problema

$$-K^2 \frac{d^2 u}{dx^2} = F(x), \qquad 0 < x < L, \qquad (10\text{-}105)$$

$$u(0) = u_0, \qquad u(L) = u_1. \qquad (10\text{-}106)$$

A Eq. (10-105) é uma equação diferencial *ordinária* cuja solução geral é obtida integrando duas vezes:

$$u = \int \left\{ \int \frac{-F(x)}{K^2} dx \right\} dx.$$

717

Cálculo Avançado

Se escolhermos uma particular primitiva $G(x)$, de modo que $G''(x) = -F(x)/K^2$, então a solução geral é

$$u = Ax + B + G(x). \tag{10-107}$$

As condições de fronteira dão as equações

$$B + G(0) = u_0, \quad AL + B + G(L) = u_1.$$

Estas são facilmente resolvidas para A e B. O estado de equilíbrio é, pois,

$$u^*(x) = \left[u_1 - u_0 + G(0) - G(L)\right] \frac{x}{L} + u_0 - G(0) + G(x). \tag{10-108}$$

Supusemos $F(x)$ contínua para $0 \leqq x \leqq L$, de modo que as integrais acima têm sentido.

Para descrever a *aproximação ao equilíbrio*, tomamos uma solução arbitrária $u(x, t)$ de (10-103), (10-104) para $t > 0, 0 < x < L$ Então

$$y(x, t) = u(x, t) - u^*(x)$$

satisfaz ao *problema homogêneo*:

$$\rho(x) \frac{\partial^2 y}{\partial t^2} + H(x) \frac{\partial y}{\partial t} - K^2 \frac{\partial^2 y}{\partial x^2} = 0, \tag{10-109}$$

$$y(0) = 0, \quad y(L) = 0. \tag{10-110}$$

Isso se verifica por substituição nessas equações, usando o fato de que $u(x, t)$ satisfaz a (10-103), a (10-104), ao passo que $u^*(x)$ é a solução do problema do equilíbrio (10-105), (10-106). Portanto

$$u(x, t) = y(x, t) + u^*(x);$$

a solução geral é formada da "função complementar" e de uma solução particular, como de costume.

Se, em particular, $H(x) = 0$ e $\rho(x)$ é uma constante positiva ρ, então a função complementar $y(x, t)$ é uma solução da equação de onda; as soluções $u(x, t)$ consistem em oscilações em torno da posição de equilíbrio. Se H é também uma constante positiva, as oscilações são amortecidas (conforme o Prob. 8 abaixo). Se H é tão grande que ρ pode ser desprezado, a função $y(x, t)$ é uma solução da equação do calor: a aproximação ao equilíbrio é exponencial.

PROBLEMAS

1. Determine a solução para $t \geqq 0, 0 \leqq x \leqq \pi$ da equação do calor (10-91), com $c = 1$, tal que $u(0, t) = 0, u(\pi, t) = 0, u(x, 0) = $ sen $x + 5$ sen $3x$. Faça o gráfico da solução como função de x e t e compare as taxas de decréscimo dos termos em sen x e sen $3x$.

2. Determine a solução para $t > 0$, e $0 < x < \pi$ da equação do calor (10-91), que é contínua para $t \geqq 0, 0 \leqq x \leqq \pi$ e tem uma derivada contínua $\partial u/\partial x$

718

Equações Diferenciais Parciais

nessa faixa, e que, além disso, satisfaz às condições: $\partial u/\partial x = 0$ para $x = 0$ e $x = \pi$, $u(x, 0) = f(x)$, onde $f(x)$ tem derivadas primeira e segunda contínuas para $0 \leq x \leq \pi$. Isso pode ser interpretado como um problema de condução de calor numa placa cujas faces são isoladas.

3. Determine a solução, para $t > 0$, $0 < x < \pi$, da equação

$$\frac{\partial u}{\partial t} - \frac{\partial^2 u}{\partial x^2} + 4u = 5\,\text{sen}\,x + 4x,$$

tal que $u(0, t) = 0$, $u(\pi, t) = \pi$, $u(x, 0) = x + 2\,\text{sen}\,x$.

4. Prove que, se as constantes b_n são limitadas, então a série (10-99) pode ser escrita, para cada $t > 0$, como uma série de potências em x, que converge para todo x. [*Sugestão*: seja $t > 0$ fixado e seja

$$v(x, y) = \sum_{n=1}^{\infty} b_n\,\text{sen}\,nx \cosh ny\, e^{-n^2 c^2 t}.$$

Mostre que a série para v converge uniformemente para $-\infty < x < \infty$, $-y_1 \leq y \leq y_1$, aplicando o critério M com

$$M_n = M e^{-1/2 n^2 c^2 t}$$

para n suficientemente grande. Mostre que a série permanece uniformemente convergente após derivação qualquer número de vezes em relação a x e a y. Cada termo da série é *harmônico* em x e y; logo, conclua que $v(x, y)$ é harmônica para todo x e y. Pela Sec. 9-22, $v(x, y)$ admite desenvolvimento em série em x e y; faça $y = 0$ para obter a série desejada para $u(x, t)$.]

5. Prove que, se as constantes b_n são limitadas, então a série (10-99) permanece uniformemente convergente para $t \geq t_1 > 0$, $-\infty < x < \infty$, após derivação qualquer número de vezes com relação a x e t.

6. Prove que, se as constantes b_n são limitadas, $|b_n| < M$, então a função $u(x, t)$ definida por (10-99) converge *uniformemente* a 0 quando $t \to \infty$; isto é, dado $\varepsilon > 0$, pode-se achar t_0 tal que $|u(x, t)| < \varepsilon$ para $t > t_0$ e $-\infty < x < \infty$. [*Sugestão*: mostre que $|u(x, t)|$ é menor que a soma da série geométrica $M \sum_{k=1}^{\infty} (e^{-c^2 t})^n$.]

7. Seja $u(x, t)$ com derivadas contínuas até segunda ordem em x e t para $t \geq 0$ e $0 \leq x \leq \pi$ e seja $u(0, t) = u(\pi, t) = 0$. Prove que, se $u(x, t)$ satisfaz à equação do calor (10-91) para $t > 0$, $0 < x < \pi$, então $u(x, t)$ tem a forma (10-99). [*Sugestão*: ver Prob. 6 após a Sec. 10-8.]

8. Discuta a natureza das soluções para $0 < x < \pi$, $t > 0$, da equação

$$\rho\,\frac{\partial u^2}{\partial t^2} + H\,\frac{\partial u}{\partial t} - K^2\,\frac{\partial^2 u}{\partial x^2} = 0,$$

com condições de fronteira: $u(0, t) = u(\pi, t) = 0$, se ρ, H e K são constantes positivas.

9. Prove que, se $\lambda \geq 0$, as Eqs. (10-94), (10-95) não têm solução além da solução trivial: $A(x) \equiv 0$.

719

Cálculo Avançado

RESPOSTAS

1. $e^{-t} \operatorname{sen} x + 5e^{-9t} \operatorname{sen} 3x$.

2. $u = \sum\limits_{n=1}^{\infty} a_n e^{-n^2 c^2 t} \cos nx$, $\quad a_n = \dfrac{2}{\pi} \int_0^\pi f(x) \cos nx \, dx$. 3. $x + \operatorname{sen} x + e^{-5t} \operatorname{sen} x$.

8. As soluções têm a forma $e^{-at} \sum\limits_{n=1}^{\infty} \operatorname{sen} nx \, (\alpha_n e^{\gamma_n t} + \beta_n e^{-\gamma_n t})$, onde $a = \dfrac{1}{2} H/\rho$, $b = K^2/\rho$, $\gamma_n = (a^2 - bn^2)^{1/2}$. Se $\gamma_n = 0$ para $n = m$, e^{-mt} é substituído por t.

10-12. MOVIMENTO FORÇADO. Consideremos agora o problema geral do tipo (f):

$$\rho(x)\frac{\partial^2 u}{\partial t^2} + H(x)\frac{\partial u}{\partial t} - K^2 \frac{\partial^2 u}{\partial x^2} = F(x, t), \quad 0 < x < L, \quad t > 0, \qquad (10\text{-}111)$$

$$u(0, t) = a(t), \qquad u(L, t) = b(t). \qquad (10\text{-}112)$$

Esse é o problema da resposta do sistema a dimensão um a forças exteriores variando com posição e tempo. O fato de as condições de fronteira (10-112) serem variáveis mostra que o movimento também é forçado nas extremidades $x = 0$, $x = L$.

Como no caso do problema do equilíbrio da Sec. 10-11, raciocinamos que, se $u^*(x, t)$ é uma solução particular de (10-111), (10-112) para $0 < x < L$, $t > 0$, então a solução geral $u(x, t)$ neste aberto é

$$u(x, t) = y(x, t) + u^*(x, t) \qquad (10\text{-}113)$$

onde $y(x, t)$ é uma solução do problema homogêneo (10-109), (10-110).

Portanto o problema é o de determinar uma solução particular. Podemos ainda concentrar a atenção no caso de "paredes" fixas, isto é, $a(t) = b(t) = 0$. Pois seja

$$g(x, t) = a(t)\left(1 - \frac{x}{L}\right) + \frac{x}{L} b(t);$$

$g(x, t)$ é simplesmente a função linear de x que interpola entre os valores $a(t)$ em $x = 0$, $b(t)$ em $x = L$. Agora [se supusermos que $a(t)$ e $b(t)$ têm as derivadas necessárias]

$$\rho(x)\frac{\partial^2 g}{\partial t^2} + H(x)\frac{\partial g}{\partial t} - K^2 \frac{\partial^2 g}{\partial x^2} = G(x, t),$$

$$G(x, t) = \left(1 - \frac{x}{L}\right)\left[\rho a''(t) + H a'(t)\right] + \frac{x}{L}\left[\rho b''(t) + H b'(t)\right].$$

Portanto, se $u^*(x, t)$ satisfaz a (10-111) e a (10-112), então $w(x, t) = u^*(x, t) - g(x, t)$ satisfaz a

$$\rho(x)\frac{\partial^2 w}{\partial t^2} + H(x)\frac{\partial w}{\partial t} - K^2 \frac{\partial^2 w}{\partial x^2} = F(x, t) - G(x, t) \cdot = F_1(x, t), \qquad (10\text{-}114)$$

$$w(0, t) = a(t) - a(t) = 0, \qquad w(L, t) = 0. \qquad (10\text{-}115)$$

720

Equações Diferenciais Parciais

Inversamente, se $w(x, t)$ satisfaz a (10-114) e a (10-115), então verificamos que $w(x, t) + g(x, t) = u^*(x, t)$ satisfaz a (10-111) e a (10-112). Logo, reduzimos o problema ao de paredes fixas.

A determinação de uma função $w(x, t)$ é feita agora por *variação de parâmetros*. A aplicabilidade desse método não depende de serem os coeficientes ρ e H constantes. No entanto restringiremos aqui a atenção ao caso de coeficientes constantes; o procedimento no caso geral difere pouco deste.

Suponhamos primeiro que $\rho \equiv 0$ e $H = \text{const.} > 0$. Então a "função complementar" é a solução geral da equação do calor. Mudamos a escala e introduzimos as abreviações da Sec. 10-9, de modo que a solução é

$$\sum_{n=1}^{\infty} b_n \operatorname{sen} nx \, e^{-c^2 n^2 t} .$$

Agora substituímos as constantes b_n por funções $v_n(t)$ e procuramos uma solução

$$w(x, t) = \sum_{n=1}^{\infty} v_n(t) \operatorname{sen} nx \, e^{-c^2 n^2 t} . \tag{10-116}$$

Procedemos formalmente e depois determinamos condições sob as quais a solução obtida é válida. Substituindo (10-116) em (10-114) (com $\rho = 0$) temos a equação

$$H \sum_{n=1}^{\infty} \{v_n'(t) e^{-n^2 c^2 t} \operatorname{sen} nx\} = F_1(x, t);$$

os outros termos cancelam-se. Essa equação é simplesmente uma série de Fourier de senos em x para $F_1(x, t)$. Logo,

$$H \frac{dv_n}{dt} e^{-n^2 c^2 t} = \frac{2}{\pi} \int_0^{\pi} F_1(x, t) \operatorname{sen} nx \, dx,$$

$$v_n(t) = \frac{2}{\pi H} \int e^{n^2 c^2} \left\{ \int_0^{\pi} F_1(x, t) \operatorname{sen} nx \, dx \right\} dt. \tag{10-117}$$

Como só queremos uma solução particular, podemos escolher a primitiva aqui, de modo que $v_n(0) = 0$; isto é, escolhemos

$$v_n(t) = \frac{2}{\pi H} \int_0^{t} e^{n^2 c^2 s} \left\{ \int_0^{\pi} F_1(x, s) \operatorname{sen} nx \, dx \right\} ds,$$

onde s é uma variável de integração. Portanto

$$v_n(t) = \frac{2}{\pi H} \int_0^{t} \int_0^{\pi} F_1(x, s) e^{n^2 c^2 s} \operatorname{sen} nx \, dx \, ds, \tag{10-118}$$

é a solução particular procurada é

$$w(x, t) = \frac{2}{\pi H} \sum_{n=1}^{\infty} \left\{ \operatorname{sen} nx \, e^{-n^2 c^2 t} \int_0^{t} \int_0^{\pi} F_1(r, s) e^{n^2 c^2 s} \operatorname{sen} nx \, dx \, ds \right\}. \tag{10-119}$$

721

Cálculo Avançado

Agora estudamos a validez do resultado. Se $F_1(x, t)$ é definida para $t \geq 0$ e $0 \leq x \leq \pi$ e é aí contínua nas duas variáveis, então $v_n(t)$ é bem definida por (10-118). Além disso, suponhamos $\partial^2 F_1/\partial x^2$ contínua em x e t, de modo que $\partial^2 F_1/\partial x^2$ tem um máximo $M(t_1)$ em cada retângulo: $0 \leq x \leq \pi, 0 \leq t \leq t_1$; seja ainda $F_1(0, t) = F_1(\pi, t) = 0$. Então, como na Sec. 7-8, concluímos que, para $0 \leq t \leq t_1$

$$\left| \frac{2}{\pi} \int_0^\pi F_1(x, t) \operatorname{sen} nx \, dx \right| \leq \frac{2M(t_1)}{n^2}.$$

Logo, por (10-118), neste retângulo,

$$|v_n(t)| \leq \frac{2M(t_1)}{Hn^2} \int_0^t e^{n^2 c^2 s} \, ds = \frac{2M(t_1)}{Hn^4 c^2} (e^{n^2 c^2 t} - 1)$$

e cada têrmo da série (10-119) é limitado por $2M(t_1)/c^2 n^4 H$. A série, portanto, converge uniformemente, e isso ainda é verdade, após derivação, uma vez em relação a t, ou duas vezes em relação a x. Portanto achamos

$$H \frac{\partial w}{\partial t} - K^2 \frac{\partial^2 w}{\partial x^2} = \frac{2}{\pi} \sum_{n=1}^{\infty} \operatorname{sen} nx \int_0^\pi F_1(r, t) \operatorname{sen} nr dr.$$

O segundo membro é a série de Fourier de senos de $F_1(x, t)$ e, nas hipóteses feitas, converge para $F_1(x, t)$. Logo, (10-114) está satisfeita, como também (10-115).

Portanto (10-119) é a solução particular procurada. A função

$$u^*(x, t) = w(x, t) + g(x, t)$$

é então uma solução particular de (10-111) e (10-112), e

$$u(x, t) = y(x, t) + u^*(x, t) = y(x, t) + w(x, t) + g(x, t)$$

é a solução geral, onde

$$y(x, t) = \sum_{n=1}^{\infty} b_n \operatorname{sen} nx \, e^{-n^2 c^2 t},$$

as b_n sendo constantes arbitrárias. Para determinar uma solução que satisfaça à condição inicial $u(x, 0) = f(x)$, devemos determinar as constantes b_n de modo que

$$f(x) = y(x, 0) + w(x, 0) + g(x, 0)$$
$$= \sum_{n=1}^{\infty} b_n \operatorname{sen} nx + a(0)\left(1 - \frac{x}{L}\right) + \frac{x}{L} b(0);$$

isto é, a série $\Sigma b_n \operatorname{sen} nx$ deve ser a série de Fourier de senos de

$$f(x) - a(0)\left(1 - \frac{x}{L}\right) - \frac{x}{L} b(0).$$

Equações Diferenciais Parciais

Supusemos sempre $\rho = 0$ e $H = $ const. Se ρ é uma constante positiva e $H = 0$, então a função complementar é a solução geral da equação de onda:

$$\sum_{n=1}^{\infty} \operatorname{sen} nx(\alpha_n \operatorname{sen} nat + \beta_n \cos nat).$$

A função experimentada (10-116) é substituída pela função

$$w(x, t) = \sum_{n=1}^{\infty} \operatorname{sen} nx[p_n(t) \operatorname{sen} nat + q_n(t) \cos nat]. \qquad (10\text{-}116')$$

Substituindo em (10-114) não se obtêm condições em número suficiente para determinar $p_n(t)$ e $q_n(t)$, pois a equação é agora de *segunda ordem* em t. Escolhemos mais um conjunto de condições (conforme Sec. 8-11):

$$p_n'(t) \operatorname{sen} nat + q_n'(t) \cos nat = 0, \quad (n = 1, 2, \ldots). \qquad (10\text{-}120)$$

Essas condições podem também ser obtidas substituindo (10-114) por um sistema de equações:

$$\frac{\partial w}{\partial t} = z, \quad \rho \frac{\partial z}{\partial t} - K^2 \frac{\partial^2 w}{\partial x^2} = F_1(x, t) \qquad (10\text{-}121)$$

(Prob. 5 abaixo). Procedendo como acima, achamos

$$p_n(t) = \frac{2}{na\pi\rho} \int_0^t \int_0^\pi F_1(x, s) \cos nas \operatorname{sen} nx \, dx \, ds,$$

$$q_n(t) = \frac{-2}{na\pi\rho} \int_0^t \int_0^\pi F_1(x, s) \operatorname{sen} nas \operatorname{sen} nx \, dx \, ds. \qquad (10\text{-}122)$$

Um procedimento análogo vale quando ρ e H são ambos constantes positivas.

PROBLEMAS

1. Ache a solução da equação diferencial parcial

$$\frac{\partial u}{\partial t} - \frac{\partial^2 u}{\partial x^2} = x^2 \cos t - 2 \operatorname{sen} t, \quad 0 < x < \pi, \quad t > 0,$$

que satisfaz às condições de fronteira $u(0, t) = 0$, $u(\pi, t) = \pi^2 \operatorname{sen} t$, e às condições iniciais $u(x, 0) = \pi x - x^2$.

2. Seja $u(x, t)$ uma solução da equação diferencial parcial

$$\frac{\partial^2 u}{\partial t^2} - \frac{\partial^2 u}{\partial x^2} = \operatorname{sen} x \operatorname{sen} \omega t, \quad 0 < x < \pi, \quad t > 0,$$

e das condições de fronteira: $u(0, t) = 0$, $u(\pi, t) = 0$, $u(x, 0) = 0$, $\partial u/\partial t(x, 0) = 0$. Mostre que ocorre ressonância somente quando $\omega = \pm 1$ e determine a forma da solução nos dois casos: $\omega = \pm 1$, $\omega \neq \pm 1$. [As outras freqüências

723

Cálculo Avançado

de ressonância $2, 3, \ldots$ não são excitadas porque a força $F(x, t)$ é ortogonal aos correspondentes "vetores de base" sen $2x$, sen $3x, \ldots$; conforme Prob. 9 após a Sec. 10-3.]

3. Seja a força exterior $F(x, t)$ dada por uma série de Fourier de senos:

$$F(x, t) = \sum_{n=1}^{\infty} F_n(t) \operatorname{sen} nx, \quad t \geqq 0, \quad 0 \leqq x \leqq \pi.$$

Ache uma solução particular da equação diferencial parcial

$$H\frac{\partial u}{\partial t} - K^2\frac{\partial^2 u}{\partial x^2} = F(x, t)$$

com condições de fronteira: $u(0, t) = 0$, $u(\pi, t) = 0$, fazendo

$$u(x, t) = \sum_{n=1}^{\infty} \phi_n(t) \operatorname{sen} nx, \quad \phi_n(t) = 0,$$

substituindo na equação diferencial, e comparando os coeficientes de sen nx (Corolário do Teorema 1, Sec. 7-2). Mostre que o resultado obtido concorda com (10-119).

4. Mostre que a substituição de (10-116′) em (10-114), com $\rho > 0$, $H = 0$, aplicando (10-120), leva às equações (10-122) para $p_n(t)$, $q_n(t)$.

5. Mostre que a solução do problema homogêneo ($F = 0$) correspondendo a (10-121), com as condições de fronteira $w(0, t) = 0$, $w(\pi, t) = 0$, é dada por

$$w = \sum_{n=1}^{\infty} \operatorname{sen} nx [\alpha_n \operatorname{sen} nat + \beta_n \cos nat],$$

$$z = \sum_{n=1}^{\infty} \operatorname{sen} nx [na\alpha_n \cos nat - na\beta_n \operatorname{sen} nat].$$

Mostre que, substituindo α_n por $p_n(t)$, β_n por $q_n(t)$ e, levando em (10-121), obtêm-se as equações

$$p_n' \operatorname{sen} nat + q_n' \cos nat = 0,$$

$$nap_n' \cos nat - naq_n' \operatorname{sen} nat = \frac{2}{\pi\rho} \int_0^{\pi} F_1 \operatorname{sen} nx \, dx,$$

e daí obtenha (10-122).

6. Sejam $u_1(x, t)$, $u_2(x, t)$, $u_3(x, t)$ soluções dos problemas (para $0 < x < \pi$, $t > 0$), respectivamente:

$$u_t - u_{xx} = F(x, t), \quad u(0, t) = 0, \quad u(\pi, t) = 0;$$
$$u_t - u_{xx} = 0, \quad u(0, t) = a(t), \quad u(\pi, t) = 0;$$
$$u_t - u_{xx} = 0, \quad u(0, t) = 0, \quad u(\pi, t) = b(t).$$

Mostre que $u_1(x, t) + u_2(x, t) + u_3(x, t)$ é uma solução do problema

$$u_t - u_{xx} = F(x, t), \quad u(0, t) = a(t), \quad u(\pi, t) = b(t).$$

Isso mostra que os efeitos dos diferentes modos de forçar o sistema combinam-se por *superposição*.

724

Equações Diferenciais Parciais

RESPOSTAS

1. $x^2 \operatorname{sen} t + \dfrac{4}{\pi} \displaystyle\sum_{n=1}^{\infty} \dfrac{1 - (-1)^n}{n^3} \operatorname{sen} nx \, e^{-n^2 t}$.

2. Para $\omega = \pm 1$, $\quad u = \pm \frac{1}{2} \operatorname{sen} x(\operatorname{sen} t - t \cos t)$.

Para $\omega \neq \pm 1$, $\quad u = \operatorname{sen} x(\operatorname{sen} \omega t - \omega \operatorname{sen} t)/(1 - \omega^2)$.

10-13. EQUAÇÕES COM COEFICIENTES VARIÁVEIS. PROBLEMAS DE VALOR DE FRONTEIRA DE STURM-LIOUVILLE. Para determinar os modos normais no problema

$$\rho(x)\frac{\partial^2 u}{\partial t^2} - K^2 \frac{\partial^2 u}{\partial x^2} = 0,$$

$$u(0, t) = 0, \quad u(L, t) = 0, \tag{10-123}$$

fazemos a substituição:

$$u = A(x)\operatorname{sen}(\lambda t + \varepsilon)$$

e somos levados às equações:

$$K^2 A''(x) + \rho(x)\lambda^2 A(x) = 0,$$
$$A(0) = A(L) = 0. \tag{10-124}$$

Quando $\rho(x)$ é constante, sabemos que as únicas soluções de (10-124) são as funções $A_n(x) = c \operatorname{sen}(n\pi x/L)$; as freqüências associadas λ_n são da forma an. Qual é a natureza das soluções quando ρ é variável?

Uma questão semelhante surge se consideramos o problema para a equação do calor com coeficiente variável $H(x)$:

$$H(x)\frac{\partial u}{\partial t} - K^2 \frac{\partial^2 u}{\partial x^2} = 0,$$

$$u(0, t) = 0, \quad u(L, t) = 0. \tag{10-125}$$

A substituição

$$u = A(x)\, e^{\lambda t}$$

leva às equações

$$K^2 A''(x) - \lambda H(x)A(x) = 0,$$
$$A(0) = 0, \quad A(L) = 0. \tag{10-126}$$

Excetuada uma mudança de notação, essas equações são iguais às (10-124).

Os problemas (10-124) e (10-126) são casos particulares da classe dos *problemas de valor de fronteira de Sturm-Liouville*. O caso geral é o seguinte:

$$\frac{d}{dx}\left[r(x)\frac{dy}{dx}\right] + [\lambda p(x) + q(x)]y = 0,$$
$$\alpha y(a) + \beta y'(a) = 0, \quad |\alpha| + |\beta| > 0,$$
$$\gamma y(b) + \delta y'(b) = 0, \quad |\gamma| + |\delta| > 0. \tag{10-127}$$

725

Cálculo Avançado

Aqui, a função $y(x)$ deve ser uma solução da equação diferencial para $a \leqq x \leqq b$ e deve satisfazer às condições de fronteira dadas em a e b. Supomos ainda que $r(x)$, $p(x)$, $q(x)$ têm derivadas contínuas no intervalo e que $r(x) > 0$, $p(x) > 0$. Um valor de λ para o qual (10-127) tem alguma solução diferente de $y(x) \equiv 0$ chama-se um *valor característico*. Poderíamos admitir valores característicos complexos, mas é possível mostrar que, com as hipóteses feitas, estes não ocorrem; portanto vamos nos restringir a valores característicos reais. Para cada valor característico λ, existe uma solução associada $y(x)$ chamada uma *função característica*; as funções $cy(x)$, onde c é uma constante, são também funções características. Pode-se verificar que, com as hipóteses feitas, não há outras funções além das $cy(x)$ com o mesmo λ:

Teorema. *Os valores característicos do problema de Sturm-Liouville* (10-127) *podem ser enumerados em seqüência crescente*: $\lambda_1 < \lambda_2 < \cdots < \lambda_n < \cdots$. *As funções características correspondentes podem ser enumeradas*: $y_n(x)$; *cada* $y_n(x)$ *é determinada a menos de constante multiplicativa. As funções* $y_n(x)$ *são ortogonais com relação à função-peso* $p(x)$:

$$\int_a^b y_m(x)y_n(x)p(x)\,dx = \begin{cases} 0, & m \neq n, \\ B_n > 0, & m = n. \end{cases}$$

A série de Fourier de uma função $F(x)$ *com relação ao sistema ortogonal* $\{\sqrt{p(x)}\,y_n(x)\}$ *converge uniformemente a* $F(x)$ *para toda função* $F(x)$ *que tem derivada contínua para* $a \leqq x \leqq b$ *e satisfaz* $F(a) = 0$, $F(b) = 0$.

Para a demonstração desse teorema, ver os livros de Titchmarsh e Kamke mencionados no final deste capítulo.

Devido ao teorema, podemos ter certeza de que, a menos de pequenas modificações na forma, as afirmações sobre a equação de onda e equação do calor nas Secs. 10-7 e 10-9 ainda valem quando os coeficientes $\rho(x)$, $H(x)$ são variáveis $[\rho(x) > 0,\ H(x) > 0]$. Por exemplo, as funções características $A_n(x)$ de (10-124) fornecem modos normais

$$A_n(x)\,\text{sen}\,(\lambda_n t + \varepsilon)$$

e múltiplos constantes destes. A "solução geral" de (10-123) é novamente uma série

$$\sum_{n=1}^{\infty} c_n A_n(x)\,\text{sen}\,(\lambda_n t + \varepsilon_n) = \sum_{n=1}^{\infty} A_n(x)\left[\alpha_n\,\text{sen}\,\lambda_n t + \beta_n\cos\lambda_n t\right].$$

Para satisfazer a condições iniciais

$$u(x, 0) = f(x),\quad \frac{\partial u}{\partial t}(x, 0) = g(x),$$

basta escolher as constantes α_n, β_n de modo tal que

$$f(x) = \sum_{n=1}^{\infty} \beta_n A_n(x),\quad g(x) = \sum_{n=1}^{\infty} \lambda_n \alpha_n A_n(x);$$

726

Equações Diferenciais Parciais

isso exige que se desenvolva as funções $\sqrt{p(x)}\, f(x)$, $\sqrt{p(x)}\, g(x)$ em série de Fourier:

$$\sqrt{p(x)}\, f(x) = \sum_{n=1}^{\infty} \beta_n \sqrt{p(x)}\, A_n(x), \qquad \sqrt{p(x)}\, g(x) = \sum_{n=1}^{\infty} \lambda_n \alpha_n \sqrt{p(x)}\, A_n(x).$$

Pelo teorema acima, essas expansões têm as mesmas propriedades que as séries de senos usadas acima, de modo que os resultados não mudam. A teoria dos estados de equilíbrio, aproximação ao equilíbrio, e movimento forçado pode também ser repetida.

A única dificuldade está em determinar efetivamente os valores característicos e funções. Para várias equações especiais, séries infinitas funcionam bem (Sec. 8-14). Para outras, é necessário usar métodos numéricos. Estes são discutidos nas Secs. 10-16 e 10-17.

O teorema acima sobre o problema de Sturm-Liouville pode ser estendido sob hipóteses adequadas ao "caso singular" em que a função $r(x)$ é 0 em a ou b ou ambos, permanecendo positiva para $a < x < b$. Esse caso inclui, em particular, o importante problema:

$$\frac{d}{dx}\left[(1 - x^2) \frac{dy}{dx} \right] + \lambda y = 0, \quad -1 \leqq x \leqq 1, \tag{10-128}$$

cujas soluções são os polinômios de Legendre $P_n(x)$, com $\lambda_n = n(n + 1)$ (Secs. 7-14 e 8-14). Nenhuma condição de fronteira é imposta em $x = \pm 1$, mas exige-se que a solução permaneça contínua nesses pontos. A teoria pode também ser estendida de modo a incluir o problema:

$$(xy')' + \left(\lambda x - \frac{m^2}{x} \right) y = 0, \quad 0 \leqq x \leqq 1,$$
$$y(1) = 0, \quad (m \geqq 0). \tag{10-129}$$

Exige-se que a solução seja contínua em $x = 0$. As soluções de (10-129) são as funções $J_m(s_{mn}x)$, onde s_{mn} percorre as raízes positivas da função de Bessel $J_m(x)$; o correspondente $\lambda_{mn} = s_{mn}^2$. As extensões a esses casos são tratadas no livro de Titchmarsh citado no fim do capítulo.

10-14. EQUAÇÕES EM DUAS E TRÊS DIMENSÕES. SEPARAÇÃO DE VARIÁVEIS. A generalização de nosso problema básico a duas e três dimensões não traz modificação essencial aos resultados, embora a determinação dos modos normais seja, em geral, mais complicada.

Como exemplo, consideramos a equação de onda para um retângulo:

$$\frac{\partial^2 u}{\partial t^2} - a^2 \left(\frac{\partial^2 u}{\partial x^2} + \frac{\partial^2 u}{\partial y^2} \right) = 0, \quad 0 < x < \pi, \quad 0 < y < \pi,$$
$$u(x, y, t) = 0 \text{ para } x = 0, \quad x = \pi, \quad y = 0, \quad y = \pi. \tag{10-130}$$

A substituição

$$u(x, y, t) = A(x, y)\, \text{sen}\, (\lambda t + \varepsilon)$$

727

Cálculo Avançado

leva ao problema de valores característicos

$$a^2 \left(\frac{\partial^2 A}{\partial x^2} + \frac{\partial^2 A}{\partial y^2} \right) + \lambda^2 A = 0,$$

$$A(x, y) = 0 \text{ para } x = 0, \quad x = \pi, \quad y = 0, \quad y = \pi. \tag{10-131}$$

Para determinar as funções características $A(x, y)$, procuramos funções características particulares tendo a forma de um produto de uma função de x por uma função de y:

$$A(x, y) = X(x) \quad Y(y).$$

Assim,

$$a^2 [X''(x)Y + XY''(y)] + \lambda^2 X(x)Y''(y) =\!\!\!\!\!\!\!\!\!\!\rangle$$

$$\frac{X''}{X} + \frac{Y''}{Y} + \frac{\lambda^2}{a^2} = 0. \tag{10-132}$$

Agora, se variamos x, o segundo e o terceiro termos da última equação não podem variar; logo, o primeiro termo é uma constante. Analogamente, o segundo termo é uma constante:

$$X'' = -\mu X, \quad Y'' = \left(\mu - \frac{\lambda^2}{a^2} \right) Y,$$

$$X'' + \mu X = 0, \quad Y'' + \left(\frac{\lambda^2}{a^2} - \mu \right) Y = 0.$$

Por causa das condições de fronteira em (10-131), somos levados a dois novos problemas de valor de fronteira:

$$X'' + \mu X = 0, \quad X(0) = X(\pi) = 0;$$

$$Y'' + \left(\frac{\lambda^2}{a^2} - \mu \right) Y = 0, \quad Y(0) = Y(\pi) = 0. \tag{10-133}$$

A primeira é satisfeita por $X_n(x) = \text{sen } nx$, para $\mu = n^2$; para esse valor de μ, a segunda é satisfeita pelas funções $Y_m(y) = \text{sen } my$, desde que $(\lambda^2/a^2) - \mu = m^2$. Assim,

$$A_{mn}(x, y) = \text{sen } nx \text{ sen } my$$

é uma solução de (10-131), para $\lambda^2 = a^2(m^2 + n^2)$, onde m e n são inteiros. Para um valor característico dado λ pode haver várias funções características; na verdade, se $A_{mn}(x, y)$ é uma função, então $A_{nm}(x, y)$ é uma segunda, a menos que $m = n$. Isso não causa dificuldades porque colocamos todas as combinações lineares na "solução geral"

$$u(x, y, t) = \sum_{m, n} c_{mn} \text{ sen } nx \text{ sen } my \text{ sen } (\lambda_{mn} t + \varepsilon_n),$$

$$\lambda_{mn} = a \sqrt{m^2 + n^2}. \tag{10-134}$$

728

Equações Diferenciais Parciais

A série é uma "série dupla", a ser somada sobre todas as combinações de valores inteiros positivos de m e n; a série é uma série de Fourier em duas variáveis x, y e, como se observou na Sec. 7-16, pode ser reordenada para formar uma única série ou somada como série "iterada":

$$\sum_{m=1}^{\infty} \left\{ \sum_{n=1}^{\infty} c_{mn} \operatorname{sen} nx \operatorname{sen} my \operatorname{sen} (\lambda_{mn} t + \varepsilon_n) \right\}.$$

Como só aparecem funções-seno, a série é, na verdade, uma *série de Fourier de senos em duas variáveis*. Como na Sec. 7-16, as funções sen nx sen my formam um *sistema ortogonal completo* para o quadrado: $0 \leqq x \leqq \pi$, $0 \leqq y \leqq \pi$. Portanto os resultados obtidos em uma dimensão podem ser todos generalizados a duas dimensões. Devido serem mais complicados os valores característicos, as soluções são mais difíceis de analisar; em particular, as soluções, em geral, não são periódicas em t.

O passo crucial no que precedeu foi a substituição de $A(x, y)$ pelo produto $X(x) Y(y)$. Isso levou a uma "separação de variáveis" em (10-133) e à determinação de particulares funções características $A(x, y)$ que, juntas, formam um sistema ortogonal completo. O fato de esse procedimento poder dar resultados já havia sido indicado em nosso método para determinar modos normais para os problemas em uma dimensão; a substituição $u = A(x) e^{\lambda t}$ pode ser recolocada por uma substituição $u = A(x)T(t)$ e uma separação das variáveis levaria então aos mesmos resultados.

O método da separação das variáveis aparece assim como um método geral para atacar equações diferenciais parciais lineares homogêneas. O método em certos casos pode fornecer apenas soluções particulares; em muitos casos, mostrou-se que essas soluções particulares fornecem um conjunto completo de funções ortogonais. Esses casos incluem a equação de Laplace em coordenadas cilíndricas e esféricas (Secs. 2-13, 3-8); ver Prob. 4 após a Sec. 9-33 e os Probs. 4 e 7 abaixo.

O *problema do equilíbrio*: $\nabla^2 u = -F(x, y)$, com valores de u prescritos na fronteira de uma região R do plano xy, pode ser atacado de várias maneiras. Pode-se mostrar que, com hipóteses apropriadas sobre $F(x, y)$ a função (potencial logarítmico)

$$u_0(x, y) = -\frac{1}{4\pi} \iint_R F(r, s) \log \left[(x-r)^2 + (y-s)^2 \right] dr\, ds \qquad (10\text{-}135)$$

satisfaz à equação de Poisson: $\nabla^2 u_0 = -F$ no interior de R e é contínua em R mais fronteira. A função $v = u - u_0$ satisfará então à condição $\nabla^2 v = -F + F = 0$ em R e terá certos valores diferentes na fronteira de R. A determinação de v é então um problema de *Dirichlet*, que pode ser atacado como na Sec. 9-32. Embora não exista, para problemas a três dimensões, um instrumento como a representação conforme, métodos baseados na *teoria do potencial* podem ser usados; ver especialmente o livro de Kellog mencionado no final do capítulo.

729

Cálculo Avançado

Em geral, pode-se reduzir o problema do equilíbrio $\nabla^2 u = -F$ ao caso de valores de fronteira iguais a zero da seguinte maneira (conforme Sec. 10-12): suponhamos que se imponha a $u(x, y)$ ter valores $h(x, y)$ na fronteira C de R. Se $h(x, y)$ é suficientemente lisa, pode-se então achar uma função $h_1(x, y)$ que tenha derivadas primeira e segunda contínuas no interior de R, seja contínua em R mais C, e igual a $h(x, y)$ sobre C. A função: $v = u - h_1$ é então zero sobre C, e $\nabla^2 v = -F - \nabla^2 h_1 = -F_1(x, y)$. A determinação de v pode ser feita com auxílio da *função de Green*, como indicado na Sec. 10-18.

10-15. REGIÕES NÃO-LIMITADAS. ESPECTRO CONTÍNUO. Em muitos problemas físicos é natural considerar um meio contínuo como não-limitado. Por exemplo, em uma dimensão, pode-se considerar a equação de onda

$$\frac{\partial^2 u}{\partial t^2} - a^2 \frac{\partial^2 u}{\partial x^2} = 0 \tag{10-136}$$

para o intervalo infinito $x > 0$. Se procuramos modos normais, somos levados ao problema de valores característicos

$$a^2 A''(x) + \lambda^2 A(x) = 0, \quad x > 0; \quad A(0) = 0. \tag{10-137}$$

Esse problema tem soluções para todo valor de λ, que são as funções sen αx, para $a^2 \alpha^2 = \lambda^2$. Assim, as freqüências de ressonância formam um "contínuo" e tem-se um "espectro contínuo". [Há também "modos normais" *não-limitados*: $u = $ senh $\alpha x \, e^{a\alpha t}$. Êstes são de menor interesse na física.]

Podem-se construir combinações lineares dos modos normais para obter uma "solução geral" do problema homogêneo. Como há um contínuo de valores λ, o que deve aparecer é *integração* em vez de somação. Para $\alpha \geqq 0$ devemos integrar expressões da forma

$$\text{sen } x[p(\alpha)\cos{(a\alpha t)} + q(\alpha) \text{ sen } (a\alpha t)],$$

onde $p(\alpha)$ e $q(\alpha)$ são funções "arbitrárias" de α. Obtemos a integral

$$\int_0^\infty \text{sen } \alpha x[p(\alpha) \cos{(a\alpha t)} + q(\alpha) \text{ sen } (a\alpha t)] \, d\alpha.$$

Para cada t fixo, isso pode ser considerado como uma *integral de Fourier* (a integral de Fourier de senos, Sec. 7-17). Em particular, para $t = 0$ obtemos uma representação como integral de Fourier do deslocamento inicial $u(x, 0)$:

$$\int_0^\infty p(\alpha) \text{ sen } \alpha x \, d\alpha.$$

Como a teoria da integral de Fourier foi bastante desenvolvida, pode-se estender ao caso infinito a maior parte dos resultados para intervalos finitos. Afirmações semelhantes podem ser feitas com respeito a problemas em duas ou três dimensões em regiões não-limitadas. Para mais informações, ver os livros

730

Equações Diferenciais Parciais

dos autores que seguem, mencionados no fim do capítulo: Sneddon, Titchmarsh, Wiener, Courant e Hilbert, Frank e von Mises, e Tamarkin e Feller. A transformação de Laplace (Sec. 6-24) também pode ser usada para representar soluções em intervalos infinitos. Isso é discutido nos textos mencionados e no segundo livro de Churchill.

PROBLEMAS

1. (a) Seja uma corda vibrante estendida entre $x = 0$ e $x = 1$; seja a tensão K^2 igual a $(x + 1)^2$ e a densidade ρ seja 1, em unidades adequadas. Mostre que os modos normais são dados pelas funções

$$A_n(x) = \sqrt{x + 1}\ \text{sen}\left[n\pi\ \frac{\log(x + 1)}{\log 2}\right]\text{sen}\,(\lambda_n t + \varepsilon_n), \quad \lambda_n = \left(\frac{n^2\pi^2}{\log^2 2} + \frac{1}{4}\right)^{\frac{1}{2}}.$$

[*Sugestão*: faça a substituição $x + 1 = e^u$ no problema de valor de fronteira para $A_n(x)$.]

(b) Mostre diretamente que toda função $f(x)$ com primeira e segunda derivadas contínuas para $0 \leq x \leq 1$ e tal que $f(0) = f(1) = 0$ pode ser expandida numa série uniformemente convergente nas funções características $A_n(x)$ da parte (a). [*Sugestão*: seja $x + 1 = e^u$ como na parte (a). Expandir $F(u) = f(e^u - 1)\,e^{(-1/2)u}$ numa série de Fourier de senos no intervalo $0 \leq u \leq \log 2$.]

2. Mostre que a equação linear geral de segunda ordem

$$p_0(x)\,y'' + p_1(x)\,y' + [\lambda p_2(x) + p_3(x)]y = 0,$$

onde $p_0(x) \neq 0$ toma a forma de uma equação de Sturm-Liouville (10-127) se a equação é multiplicada por $r(x)/p_0(x)$, onde $r(x)$ é escolhido de modo que $r'/r = p_1/p_0$ (conforme Sec. 8-6). Em geral, uma equação da forma: $(ry')' + h(x)y = 0$ chama-se *auto-adjunta*.

3. Obtenha a solução geral, para $t > 0$, $0 < x < \pi$, $0 < y < \pi$, da equação do calor com condições de fronteira:

$$\frac{\partial u}{\partial t} - c^2\left(\frac{\partial^2 u}{\partial x^2} + \frac{\partial^2 u}{\partial y^2}\right) = 0,$$

$$u(x, y, t) = 0 \text{ para } x = 0, \quad x = \pi, \quad y = 0, \quad y = \pi.$$

4. Mostre que a separação de variáveis: $u(r, \theta) = R(r)\,\Theta(\theta)$ no problema em coordenadas polares para o disco $r < 1$:

$$\nabla^2 u + \lambda u \equiv \frac{1}{r^2}\left[r\,\frac{\partial}{\partial r}\left(r\,\frac{\partial u}{\partial r}\right) + \frac{\partial^2 u}{\partial \theta^2}\right] + \lambda u = 0, \quad u(1, \theta) = 0$$

leva aos problemas:

$$(rR')' + \left(\lambda r - \frac{\mu}{r}\right)R = 0, \quad R(1) = 0,$$

$$\Theta'' + \mu\Theta = 0.$$

731

Cálculo Avançado

Se exigirmos que $u(r, \theta)$ seja contínua no disco $r \leqq 1$, então $\Theta(\theta)$ deve ser periódica em θ, com período 2π. Mostre que isso implica em $\mu = m^2 \cdot (m = 0, 1, 2, 3, \ldots)$ e que $R(r) = J_m(\sqrt{\lambda_{mn}}\, r)$, para $\lambda = \lambda_{mn}$; conforme (10-129) acima. Logo, obtêm-se as funções características

$$J_m(\sqrt{\lambda_{mn}}\, r)\cos m\theta, \qquad J_m(\sqrt{\lambda_{mn}}\, r)\,\text{sen}\, m\theta$$

e combinações lineares delas. Pode-se mostrar que essas funções características formam um sistema ortogonal completo para o disco $r \leqq 1$.

5. Usando os resultados do Prob. 4, determine os modos normais para as vibrações de uma membrana circular, isto é, ache modos normais para a equação

$$\frac{\partial^2 u}{\partial t^2} - a^2 \mathbf{V}^2 u = 0, \, x^2 + y^2 < 1,$$

$$u(x, y, t) = 0 \text{ para } x^2 + y^2 = 1.$$

6. Usando os resultados do Prob. 4, determine a solução geral do problema da condução do calor:

$$\frac{\partial u}{\partial t} - c^2 \mathbf{V}^2 u = 0, \quad x^2 + y^2 < 1,$$

$$u(x, y, t) = 0 \text{ para } x^2 + y^2 = 1.$$

7. Mostre que a substituição: $u = R(\rho)\Phi(\phi)\,\Theta(\theta)$ no problema em coordenadas esféricas para o domínio $\rho < 1$:

$$\mathbf{V}^2 u + \lambda u \equiv \frac{1}{\rho^2 \,\text{sen}^2\, \phi}\left[\,\text{sen}^2\, \phi\, \frac{\partial}{\partial \rho}\left(\rho^2 \frac{\partial u}{\partial \rho}\right) + \right.$$

$$\left. + \,\text{sen}\, \phi\, \frac{\partial}{\partial \phi}\left(\,\text{sen}\, \phi\, \frac{\partial u}{\partial \phi}\right) + \frac{\partial^2 u}{\partial \theta^2}\right] + \lambda u = 0,$$

$$u(\rho, \phi, \theta) = 0 \quad \text{para} \quad \rho = 1,$$

leva aos diferentes problemas de Sturm-Liouville:

$$(\rho^2 R')' + (\lambda \rho^2 - \alpha)R = 0, \quad R = 0 \text{ para } \rho = 1;$$
$$(\text{sen}\, \phi \Phi')' + (\alpha \,\text{sen}\, \phi - \beta \,\text{cosec}\, \phi)\Phi = 0, \quad \Theta'' + \beta \Theta = 0.$$

Aqui, α, β e λ são valores característicos a serem determinados. A condição de u ser contínua sobre a esfera e interior exige que Θ tenha período 2π, de modo que $\beta = k^2$ ($k = 0, 1, 2, \ldots$) e $\Theta_k(\theta)$ é combinação linear de $\cos k\theta$ e sen $k\theta$. Quando $\beta = k^2$, pode-se mostrar que é possível obter soluções contínuas do segundo problema para $0 \leqq \phi \leqq \pi$ somente para $\alpha = n(n + 1)$, $k = 0, 1, \ldots, n$, e Φ uma constante vezes $P_{n,\,k}(\cos \phi)$, onde

$$P_{n,\,k}(x) = (1 - x^2)^{1/2n} \frac{d^k}{dx^k} P_n(x)$$

e $P_n(x)$ é o n-ésimo polinômio de Legendre. Quando $\alpha = n(n + 1)$ ($n = 0, 1, 2, \ldots$) o primeiro problema tem uma solução contínua para $\rho = 0$ somente se

732

Equações Diferenciais Parciais

λ é uma das raízes $\lambda_{n+1/2, 1}, \lambda_{n+1/2, 2}, \ldots$ da função $J_{n+1/2}(\sqrt{x})$, onde $J_{n+1/2}(x)$ é a função de Bessel de ordem $n + \frac{1}{2}$; para cada tal λ, a solução é uma constante vezes $\rho^{-1/2} J_{n+1/2}(\sqrt{\lambda}\rho)$. Assim, obtêm-se as funções características

$$\rho^{-1/2} J_{n+1/2}(\sqrt{\lambda}\rho) P_{n,\,k}(\cos\phi) \quad \cos k\theta, \quad \rho^{-1/2} J_{n+1/2}(\sqrt{\lambda}\rho) P_{n,\,k}(\cos\phi) \quad \text{sen } k\theta;$$

onde $n = 0, 1, 2, \ldots, k = 0, 1, \ldots, n$, e λ é escolhido como acima para cada n. Pode-se mostrar que essas funções formam um sistema ortogonal completo para a região $\rho \leqq 1$.

8. Mostre que a equação de onda (10-136) no intervalo infinito $-\infty < x < \infty$ tem um espectro contínuo e ache as funções características para os modos normais limitados.

RESPOSTAS

3. $\displaystyle\sum_{m=1}^{\infty}\left\{\sum_{n=1}^{\infty} c_{mn} \text{ sen } nx \text{ sen } my e^{-c^2(m^2+n^2)t}\right\}.$

5. $J_m(\sqrt{\lambda_{mn}}r) \text{ sen } (a\sqrt{\lambda_{mn}}t + \varepsilon)(c_1 \cos m\theta + c_2 \text{ sen } m\theta)$, onde c_1 e c_2 são constantes.

6. $\displaystyle\sum_{n=1}^{\infty}\left\{\sum_{m=0}^{\infty} J_m(\sqrt{\lambda_{mn}}r)e^{-c^2\lambda_{mn}t}(\alpha_{mn}\cos m\theta + \beta_{mn} \text{ sen } m\theta)\right\}.$

8. $c_1 \cos\alpha x + c_2 \text{ sen }\alpha x, \quad 0 \leqq \alpha < \infty, \quad \lambda = a\alpha.$

10-16. MÉTODOS NUMÉRICOS. Para problemas com coeficientes numéricos ou problemas em duas ou três dimensões referentes a regiões de forma inadequada, os métodos descritos acima, em geral, não produzirão soluções numa forma conveniente para aplicações numéricas. Observações semelhantes aplicam-se a classes de equações diferenciais mais gerais que as consideradas aqui, em particular, equações não-lineares. Ao passo que os aspectos teóricos do assunto estão altamente desenvolvidos, e pode-se, muitas vezes, provar a existência de soluções, isso nem sempre é o bastante para as necessidades da física.

Por isso, uma variedade de métodos numéricos foi desenvolvida para a determinação explícita de soluções satisfazendo a condições de fronteira e condições iniciais dadas. Consideramos brevemente alguns desses métodos.

O primeiro método consiste simplesmente em uma *inversão do processo de limite da Sec.* 10-5. Substituímos a derivada $\partial^2 u/\partial x^2$ pela expressão em diferenças

$$\frac{u_{\sigma+1} - 2u_{\sigma} + u_{\sigma-1}}{(\Delta x)^2},$$

onde $u_{\sigma} = u(x_{\sigma})$. Da equação diferencial

$$\rho(x)\frac{\partial^2 u}{\partial t^2} + H(x)\frac{\partial u}{\partial t} - K^2\frac{\partial^2 u}{\partial x^2} = F(x, t), \tag{10-138}$$

733

Cálculo Avançado

somos assim levados ao sistema de equações

$$m_\sigma \frac{d^2 u_\sigma}{dt^2} + h_\sigma \frac{du_\sigma}{dt} - k^2(u_{\sigma+1} - 2u_\sigma + u_{\sigma-1}) = F_\sigma(t), \qquad (10\text{-}139)$$

onde $\sigma = 1, \ldots, N$ e

$$m_\sigma = \rho(x_\sigma)\,\Delta x, \quad h_\sigma = H(x_\sigma)\,\Delta x, \quad k^2 = \frac{K^2}{\Delta x}, \quad F_\sigma(t) = F(x_\sigma, t)\,\Delta x. \qquad (10\text{-}140)$$

As Eqs. (10-139) podem ser completamente discutidas pelos métodos da Sec. 8-12. Os instrumentos exigidos são basicamente algébricos. Para que (10-139) seja uma boa aproximação de (10-138), é necessário que N seja grande; isso torna os problemas algébricos nada triviais.

Problemas com valores iniciais. Se procuramos uma solução particular de (10-138) satisfazendo a condições iniciais e condições de fronteira dadas (valores de u_0 e u_{N+1}), podem-se escrever as equações de aproximação (10-139) e aplicar o método de integração passo a passo descrito na Sec. 8-8. Este pode ser aperfeiçoado por outros processos semelhantes, descritos nos livros citados no fim daquela seção. Pode-se também usar analisadores diferenciais para obter soluções particulares. Todos esses métodos são ainda mais convenientes quando se trata de problema não-linear, por exemplo, se $\partial^2 u/\partial x^2$ é substituída por seu quadrado; em tal caso, o processo algébrico em geral, é, inútil.

Problemas de valores característicos. A determinação dos modos normais para uma equação de onda ou equação de calor obtida de (10-138) leva, em geral, a um problema de Sturm-Liouville (10-127). Este pode ser atacado considerando o problema aproximado (10-139), para o qual a determinação dos modos normais é um problema algébrico; podem-se também usar *equações de diferenças*, como nos Probs. 5 a 10 após a Seção 10-4. Um método *variacional* também pode servir; isso está descrito na Sec. 10-17.

Pode-se tratar o problema como um problema de valor inicial, da seguinte maneira: para resolver as equações

$$A''(x) + \lambda\rho(x)A(x) = 0, \quad A(0) = A(1) = 0,$$

construímos soluções particulares do problema com valor inicial: $A(0) = 0$, $A'(0) = 1$ para diferentes valores de λ. Aumentando λ gradualmente, as soluções variam de maneira simples e, por tentativas, podem-se determinar soluções para as quais a condição $A(1) = 0$ está satisfeita. Essas são exatamente as funções características procuradas.

Problemas de equilíbrio. O problema de equilíbrio para (10-138) foi resolvido em toda generalidade na Sec. 10-11; o único passo difícil é uma integração, que, se necessário poderá ser efetuada numericamente, como na Sec. 4-3. Outra maneira de escrever a solução com a ajuda de uma função de Green é explicada na Sec. 10-18.

Problemas em duas dimensões. Se $\partial^2 u/\partial x^2$ é substituído por um Laplaciano $\nabla^2 u$ a duas dimensões em (10-138), de modo que se tenha um problema para $u(x, y, t)$ numa região R do plano xy, um sistema aproximado semelhante

734

Equações Diferenciais Parciais

a (10-139) pode ser obtido. Se R é um retângulo $a \leq x \leq b$, $c \leq y \leq d$, pode-se dividir R em quadrados (se os lados de R têm razão racional) de lado h. Então consideramos os valores de u somente nos vértices dos quadrados. Em cada vértice, o Laplaciano é calculado aproximadamente (Sec. 2-18) como a expressão

$$\frac{u(x + h, y) + u(x, y + h) + u(x - h, y) + u(x, y - h) - 4u(x, y)}{h^2}.$$

Um sistema de equações análogo a (10-138) é obtido. Se R não é um retângulo, pode-se aproximar R por uma figura formada de retângulos e proceder de modo semelhante.

As afirmações referentes ao *problema com valor inicial* feitas acima podem agora ser repetidas sem alteração. O *problema de valor característico* pode também ser substituído do mesmo modo por um problema algébrico que o aproxima; o método variacional da Sec. 10-17 abaixo é também útil.

O *problema de equilíbrio* pode ser atacado numericamente considerando o sistema aproximado de equações nas variáveis u_σ como acima. Temos então N equações lineares simultâneas; se N é grande, estas podem ser bastante difíceis de tratar. Pode-se também considerar o problema de equilíbrio como um caso especial de uma equação de *calor*; $u_t - K^2 \mathbf{V}^2 u = F(x, y)$, com u dada na fronteira de R, pois todas as soluções da equação do calor tendem exponencialmente à solução de equilíbrio. Podem-se dar valores *iniciais* arbitrários e obter uma solução particular; para t grande, esta aproximará a solução de equilíbrio procurada. Os métodos variacionais da Sec. 10-17 também são úteis para o problema de equilíbrio.

A maior parte das observações feitas pode ser generalizada a problemas em *três dimensões*.

A precisão dos métodos de aproximação descritos foi investigada e, em geral, os processos podem ser aplicados para fornecer soluções com a precisão desejada. Alguns detalhes disso são dados no Cap. V do livro de Tamarkin e Feller citado no fim do capítulo. Vale a pena observar que o passo crucial de substituir (10-138) por (10-139) pode ser considerado como uma *substituição de um modelo físico por outro*. Segundo o que pensam os físicos, ambos os modelos são simplificações grandes do que se observa na natureza. Se um modelo qualquer serve para descrever os fenômenos em estudo com precisão suficiente, então é um modelo útil.

10-17. MÉTODOS VARIACIONAIS. A solução de equilíbrio para os sistemas (10-139) e as análogas em duas e três dimensões podem ser consideradas como problemas de minimizar uma função $\phi(u_1, \ldots, u_N)$. Pois, como se observou na Sec. 10-4, as Eqs. (10-139) podem ser escritas na forma

$$m_\sigma \frac{d^2 u_\sigma}{dt^2} + h_\sigma \frac{du_\sigma}{dt} + \frac{\partial V}{\partial u_\sigma} = F_\sigma(t) \, (\sigma = 1, \ldots, N). \tag{10-141}$$

O problema do equilíbrio é então o problema

$$\frac{\partial V}{\partial u_\sigma} = F_\sigma, \tag{10-142}$$

735

Cálculo Avançado

onde as F_σ são constantes. Os valores nas extremidades u_0 e u_{N+1} também são dados como constantes; podemos tomá-los iguais a 0, modificando a definição de F_1 e F_N. Agora, se fazemos

$$\phi(u_1, \dots, u_N) = V(u_1, \dots, u_N) - (F_1 u_1 + \dots + F_N u_N), \qquad (10\text{-}143)$$

então (10-142) é simplesmente a condição

$$\frac{\partial \phi}{\partial u_\sigma} = 0 \qquad (\sigma = 1, \dots, N). \qquad (10\text{-}144)$$

Para (10-139) temos

$$\phi = k^2[u_1^2 + \dots + u_N^2 - u_1 u_2 - u_2 u_3 - \dots - u_{N-1} u_N] - F_1 u_1 - \dots - F_N u_N, \qquad (10\text{-}145)$$

e podemos verificar que (10-144) tem exatamente uma solução $u_1^*, \dots, u_N^*$; que esse ponto crítico é um ponto de mínimo também é fácil verificar (Prob. 6 abaixo). Uma asserção análoga vale para os problemas semelhantes em duas ou três dimensões. De fato, o modelo físico que leva a equações da forma (10-141) é quase sempre o de um sistema de partículas capaz de ter um estado de equilíbrio, no qual a energia potencial tem seu valor mínimo; as Eqs. (10-141) descrevem então as oscilações forçadas em torno desse estado de equilíbrio. Quando as forças aplicadas são *constantes*, a energia potencial V é substituída por uma ϕ modificada; as Eqs. (10-141) ficam então

$$m_\sigma \frac{d^2 u_\sigma}{dt^2} + h_\sigma \frac{du_\sigma}{dt} + \frac{\partial \phi}{\partial u_\sigma} = 0; \qquad (10\text{-}146)$$

o novo estado de equilíbrio dá agora o mínimo de ϕ.

Por uma adequada passagem ao limite, pode-se mostrar que o problema de equilíbrio para (10-138) equivalente a minimizar a expressão

$$\Phi_u = \int_0^L \left[\tfrac{1}{2} K^2 \{ u'(x) \}^2 - F(x)u \right] dx. \qquad (10\text{-}147)$$

A expressão Φ_u é um *funcional*, isto é, seu valor depende da *função* $u(x)$ escolhida. Pode-se mostrar que a função $u^*(x)$ que satisfaz às condições de equilíbrio

$$-K^2 u''(x) = F(x), \qquad u(0) = 0, \qquad u(L) = 0, \qquad (10\text{-}148)$$

dá a Φ_u o valor mínimo que pode atingir para todas as funções lisas $u(x)$ que satisfazem às condições de fronteira (Prob. 7 abaixo).

O problema geral de minimizar funcionais como Φ_u e o que trata o *cálculo de variações*. Assim, os métodos baseados em achar mínimos (ou máximos) de funcionais convenientes chamam-se *métodos variacionais*.

Pode-se atacar o problema de minimizar o funcional Φ_u de (10-147) pelo processo seguinte (devido a Rayleigh e Ritz): escolhe-se uma função particular $u(x)$ dependendo linearmente de várias constantes arbitrárias:

$$u = c_1 u_1(x) + \dots + c_n u_n(x). \qquad (10\text{-}149)$$

736

Equações Diferenciais Parciais

As funções $u_1(x), \ldots, u_n(x)$ são escolhidas satisfazendo às condições de fronteira, isto é, são 0 em $x = 0$ e $x = L$; fora isso, são escolhidas como se queira, embora a eficácia do método dependa muito da habilidade com que são escolhidas. Substituindo a expressão (10-149) em (10-147) obtém-se uma função P cujo valor depende só das constantes $c_1, \ldots, c_n$. Por causa da forma de Φ_u, $P(c_1, \ldots, c_n)$ é também uma expressão quadrática, e seu mínimo é a solução única das equações

$$\frac{\partial P}{\partial c_1} = 0, \ldots, \frac{\partial P}{\partial c_n} = 0. \qquad (10\text{-}150)$$

Esse é um sistema de equações lineares. Resolvendo para $c_1, c_2 \ldots, c_n$ obtém-se uma função (10-149) que dá a Φ_u um valor menor que o correspondente a certas funções concorrentes. Se a classe de funções que concorrem é suficientemente grande, pode-se esperar que a função $u(x)$ encontrada seja vizinha do verdadeiro mínimo de Φ_u.

Para o problema do equilíbrio em uma dimensão, o método descrito é desnecessário, pois é possível resolver (10-144) explicitamente como na Sec. 10-11 acima. No entanto, para problemas em duas e três dimensões, a resolução explícita é em geral difícil (conforme Sec. 10-14) e o método de Rayleigh-Ritz pode ser muito útil. Pode-se mostrar que a resolução do problema do equilíbrio $-K^2 \nabla^2 u = F$ em duas e três dimensões equivale ao de minimizar os funcionais

$$\iint\limits_{R} \left[\tfrac{1}{2} K^2 \{u_x^2 + u_y^2\} - F(x, y)u\right] dx\, dy,$$

$$\iiint\limits_{R} \left[\tfrac{1}{2} K^2 \{u_x^2 + u_y^2 + u_z^2\} - F(x, y, z)u\right] dx\, dy\, dz, \qquad (10\text{-}151)$$

respectivamente.

Métodos variacionais também podem ser aplicados à determinação de valores característicos e funções características. Por exemplo, o problema dos valores característicos para os modos normais de (10-139), com $h = 0$ e $F_\sigma = 0$, é o problema

$$\lambda^2 m_\sigma A_\sigma + k^2(A_{\sigma+1} - 2A_\sigma + A_{\sigma-1}) = 0 \quad (\sigma = 1, \ldots, N), \qquad (10\text{-}152)$$

onde $A_0 = A_{N+1} = 0$. Essas são as equações para minimizar a função

$$V(A_1, \ldots, A_N) = k^2(A_1^2 + \cdots + A_N^2 - A_1 A_2 - \cdots - A_{N-1} A_N) \qquad (10\text{-}153)$$

sujeita à condição

$$g(A_1, \ldots, A_N) \equiv \tfrac{1}{2}(m_1 A_1^2 + \cdots + m_N A_N^2 - 1) = 0. \qquad (10\text{-}154)$$

De fato, o método dos multiplicadores de Lagrange para esse problema (Sec. 2-16) fornece as equações

$$\frac{\partial V}{\partial A_\sigma} - \lambda^2 \frac{\partial g}{\partial A_\sigma} = 0,$$

737

Cálculo Avançado

que são iguais à (10-152). A condição (10-154) fixa a constante de proporcionalidade dos A (exceto com um sinal $\pm$). Os valores característicos $\lambda_1, \ldots, \lambda_N$ correspondem a pontos críticos para V sobre o "elipsóide" definido por (10-154). De um modo geral, dois dos λ correspondem ao máximo e mínimo absoluto de V, quando (10-154) está satisfeita.

Novamente uma passagem ao limite leva a uma formulação variacional do problema dos valores característicos para um meio contínuo. Para a equação

$$\rho(x, y)\frac{\partial^2 u}{\partial t^2} - K^2 \mathbf{V}^2 A = 0,$$

o problema dos valores característicos diz respeito aos "pontos críticos" do funcional

$$Q_A = \iint_R \tfrac{1}{2}K^2(A_x^2 + A_y^2)\,dx\,dy,$$

sujeito à condição

$$\iint_R \rho[A(x, y)]^2\,dx\,dy = 1.$$

O método de Rayleigh-Ritz aplica-se aqui do mesmo modo que acima.

Para mais informações ver o artigo e livros de Courant citados no fim do Capítulo.

10-18. EQUAÇÕES DIFERENCIAIS PARCIAIS E EQUAÇÕES INTEGRAIS. Dado o problema de equilíbrio

$$-k^2(u_{\sigma+1} - 2u_\sigma + u_{\sigma-1}) = F_\sigma \quad (\sigma = 1, \ldots, N), \quad u_0 = u_{N+1} = 0, \quad (10\text{-}155)$$

pode-se obter a solução pelo método seguinte. Pode-se resolver primeiro o problema com $F_1 = 1$ e $F_2 = F_3 = F_4 = \cdots = 0$; seja a solução $u_\sigma = g_{\sigma, 1}$. Pode-se então resolver com $F_2 = 1$ e as demais $F_\sigma = 0$, obtendo $g_{\sigma, 2}$; de um modo geral $u_\sigma = g_{\sigma, \mu}$ é a solução para $F = 1$ e $F_\sigma = 0$ para $\sigma \neq \mu$. A combinação linear

$$u_\sigma = F_1 g_{\sigma, 1} + F_2 g_{\sigma, 2} + \cdots + F_N g_{\sigma, N} \quad (10\text{-}156)$$

é então a solução desejada de (10-155), pois, substituindo u_σ no primeiro membro da primeira Eq. (10-155) obtém-se F_1, pois $g_{\sigma, 1}$ dá 1 e as demais 0; um raciocínio análogo vale para as outras equações. Assim, o efeito de todas as F_σ pode ser construído por *superposição* de forças unitárias.

Por uma passagem ao limite, obtém-se um resultado análogo para o problema:

$$u''(x) = -F(x), \quad u(0) = u(L) = 0. \quad (10\text{-}157)$$

Acha-se

$$u(x) = \int_0^L g(x, s)F(s)\,ds, \quad (10\text{-}158)$$

738

Equações Diferenciais Parciais

onde as $g(x, s)$ são as soluções para uma força F "concentrada num ponto s". A função $g(x, s)$ chama-se a *função de Green* para (10-157); vale 0 quando $x = 0$ e $x = L$, vale $s(L-s)/L$ quando $x = s$, e é linear em x entre esses valores. Portanto $g(x, s)$ tem um "canto" em $x = s$, devido à força concentrada nesse ponto, ao passo que $\partial^2 g/\partial x^2 = 0$ nos demais pontos.

Resultados análogos valem para equações lineares não-homogêneas bastante gerais. Em particular, pode-se achar uma função de Green $g(x, y; r, s)$ para o problema (equação de Poisson)

$$\nabla^2 u = -F(x, y) \text{ no interior de } R,$$
$$u(x, y) = 0 \text{ na fronteira de } R, \tag{10-159}$$

para uma região geral de R do plano. As soluções de (10-159) são então dadas pela fórmula

$$u(x, y) = \iint\limits_R g(x, y; r, s)F(r, s) \, dr \, ds. \tag{10-160}$$

Para cada (r, s) a função g satisfaz a $\nabla^2 g = 0$, exceto para $x = r$, $y = s$, onde há uma singularidade devida a uma "carga puntiforme". Também vale $g(x, y; r, s) = 0$ quando (x, y) está na fronteira de R; logo, u é dada como "combinação linear" de funções todas nulas da fronteira de R, sendo portanto, nula também na fronteira de R.

Para resolver o problema de valores característicos

$$\nabla^2 u + \lambda u = 0 \text{ em } R,$$
$$u = 0 \text{ na fronteira de } R, \tag{10-161}$$

pode-se reescrever o problema na forma (10-159): $\nabla^2 u = -\lambda u$; logo,

$$u(x, y) = \lambda \iint\limits_R g(x, y; r, s)u(r, s) \, dr \, ds. \tag{10-162}$$

Isso dá uma equação implícita em u, na qual a operação crucial é uma integração. A equação chama-se uma *equação integral*.

Muitos outros problemas de equações diferenciais parciais podem ser reenunciados como equações integrais. Muitos métodos existem para achar soluções de equações integrais e elas devem ser consideradas como uma das maneiras mais fortes de atacar equações diferenciais parciais. De grande importância são os seguintes aspectos: a teoria das equações integrais é muito mais *unificada* que a de equações diferenciais, problemas em uma, duas ou três dimensões, sendo tratados do mesmo modo; o tratamento de *valores de fronteira* é mais simples: por exemplo em (10-162) a condição de fronteira sobre u é automaticamente preenchida, pois $g = 0$ na fronteira; os métodos de resolução são muito mais adaptáveis a problemas *não-lineares*.

Para uma discussão das equações integrais e suas aplicações, citamos os livros de Tamarkin e Feller, Frank e von Mises, e Courant e Kellog da lista de referências.

739

Cálculo Avançado

PROBLEMAS

1. Seja dado o problema do equilíbrio: $\nabla^2 u(x, y) = 0$ para o quadrado: $0 \leqq x \leqq 3$; $0 \leqq y \leqq 3$, com estes valores de fronteira: $u = x^2$ para $y = 0$, $u = x^2 - 9$ para $y = 3$, $u = -y^2$ para $x = 0$, $u = 9 - y^2$ para $x = 3$. Ache a solução, considerando a equação de calor $u_t - \nabla^2 u = 0$. Use só valores inteiros de x, y de modo que só quatro pontos: $(1, 1), (2, 1), (1, 2), (2, 2)$ no interior do retângulo, estão envolvidos. Sejam u_1, u_2, u_3, u_4 os valores de u nesses quatro pontos, respectivamente. Usando os valores de fronteira, mostre que as equações de aproximação são

$$u_1'(t) - (u_2 + u_3 - 4u_1) = 0, \qquad u_2'(t) = (12 + u_4 + u_1 - 4u_2),$$
$$u_3'(t) - (u_4 - 12 + u_1 - 4u_3) = 0, \qquad u_4'(t) - (u_3 + u_2 - 4u_4) = 0.$$

Substitua por equações de diferenças em t: $\Delta u_1 = (u_2 + u_3 - 4u_1)\Delta t, \ldots$ e resolva por integração passo a passo. Use $\Delta t = 0,1$ e os valores iniciais: $u_1 = u_2 = u_3 = u_4 = 1$. Mostre que, para $t = 1$, os valores estão próximos dos valores de equilíbrio: $u_1 = 0$, $u_2 = 3$, $u_3 = -3$, $u_4 = 0$.

2. O método de *relaxamento* ou de *Liebmann*, aplicado ao Prob. 1, consiste em escolher valores iniciais de u_1, u_2, u_3, u_4 e depois corrigir cada um por sua vez substituindo-o pela média dos *quatro valores vizinhos*. Assim, em $(1, 1)$, o valor u_1 seria substituído pela média de $u_2, u_3, -1$, e 1. O valor u_2 em $(2, 1)$ seria então substituído pela média de 8, u_4, u_1 (novo valor) e u_3. Aplique esse processo repetidamente, começando com $u_1 = u_2 = u_3 = u_4 = 1$ e mostre que os valores corrigidos aproximam-se gradualmente do equilíbrio procurado. Essa técnica é discutida nos dois livros de Southwell citados na lista de referências.

3. Seja dado o problema da equação de onda: $u_{tt} - \nabla^2 u = 0$, $u(x, y, t) = 0$ sobre a fronteira, para o quadrado do Prob. 1. Determine as freqüências de ressonância usando expressões em diferenças para $\nabla^2 u$, como no Prob. 1, de modo que se tem as equações

$$u_1''(t) - (u_2 + u_3 - 4u_1) = 0, \ldots$$

As freqüências exatas são determinadas como na Sec. 10-14, $\frac{1}{3}\pi(m^2 + n^2)^{1/2}$ ($m = 1, 2, \ldots, n = 1, 2, \ldots$). Mostre que as quatro freqüências mais baixas são aproximadas bastante bem.

4. Seja (10-138) a equação de onda: $u_{tt} - a^2 u_{xx} = 0$ para o intervalo $0 < x < \pi$ como na Sec. 10-7. O correspondente sistema de aproximação (10-139) foi considerado no Prob. 7 após a Sec. 10-4. Na notação usada aqui, os valores e funções características encontradas eram

$$\lambda_n = \frac{2a(N + 1)}{\pi} \operatorname{sen} \frac{n\pi}{2(N + 1)}, \qquad A_n(x_\sigma) = \operatorname{sen}(nx_\sigma),$$

onde $\sigma = 0, 1, \ldots, N + 1$, $n = 1, \ldots, N$; compare com as soluções exatas da equação de onda. Mostre que, para cada n fixado, $\lambda_n \longrightarrow an$ quando $N \longrightarrow \infty$.

740

Equações Diferenciais Parciais

5. Estude o comportamento das soluções do problema com *valor inicial*:

$$u''(x) + \lambda u(x) = 0, \quad u(0) = 0, \quad u'(0) = 1,$$

quando λ cresce de 0 a ∞; observe, em particular, o aparecimento de valores de λ para os quais a condição $u(1) = 0$ está satisfeita. Pode-se mostrar que a mesma configuração qualitativa vale para o problema de Sturm-Liouville geral da Sec. 10-13.

6. Mostre que a função ϕ definida por (10-145) tem exatamente um ponto crítico em que ϕ toma seu valor mínimo absoluto. [*Sugestão*: mostre que, com uma escolha adequada das constantes $\alpha_1, \ldots, \alpha_N$, a substituição

$$w_1 = u_1 - u_2 + \alpha_1, \quad w_2 = u_2 - u_3 + \alpha_2, \ldots,$$
$$w_{N-1} = u_{N-1} - u_N + \alpha_{N-1}, \quad w_N = u_N + \alpha_N$$

transforma ϕ numa expressão

$$\tfrac{1}{2} k^2 \left[w_1^2 + \ldots + w_N^2 + (w_1 + \ldots + w_N - \alpha_1 - \ldots - \alpha_N)^2 \right] + \text{const}.$$

Isso mostra que $\phi \longrightarrow \infty$ quando $w_1^2 + \ldots + w_N^2 \longrightarrow \infty$, de modo que ϕ tem ao menos um ponto crítico que dá a ϕ seu mínimo absoluto. As equações em $u_1, \ldots, u_N$ para o ponto crítico são equações lineares simultâneas. Se nem todas as F_σ são zero, essas equações são não homogêneas e têm, no máximo, uma solução. Se todas as F_σ são nulas, então $u_1 = u_2 = \ldots = u_N = 0$ é um ponto crítico; se $u_1^*, \ldots, u_N^*$ fosse outro, então $\partial \phi / \partial u_\sigma$ seria 0 para todo σ quando $u_1 = u_1^* t, \ldots, u_N = u_N^* t$ e $-\infty < t < \infty$. Isso contradiz o fato de $\phi \longrightarrow \infty$ quando $w_1^2 + \ldots + w_N^2 \longrightarrow \infty$. A unicidade do ponto crítico pode também ser provada usando equações de diferenças, como no Prob. 5 após a Sec. 10-4.]

7. Prove que o funcional Φ_u definido por (10-147) atinge seu mínimo valor, entre funções lisas $u(x)$ que satisfazem às condições de fronteira $u(0) = u(L) = 0$, quando u é a solução da equação $-K^2 u''(x) = F(x)$. [*Sugestão*: tome $L = \pi$ para simplificar. Então exprima a integral em termos de coeficientes de Fourier de senos para $u(x)$, $u'(x)$ e $F(x)$, usando o Teorema 14 da Sec. 7-13. Isso dá para cada n um problema de mínimo, que é resolvido exatamente para $-K^2 u'' = F(x)$.]

8. (a) Determine a função $u(x)$ que minimiza

$$\int_0^1 \left\{ [u'(x)]^2 + 6xu \right\} dx,$$

se $u(0) = u(1) = 0$.

(b) Use o método de Rayleigh-Ritz para resolver o problema da parte (a), usando como funções para tentativas as funções

$$u = c_1(x - x^2) + c_2 \operatorname{sen} 2\pi x.$$

9. Verifique que a função de Green para (10-157), descrita no texto, é a função

741

Cálculo Avançado

que segue, quando $L = 1$:

$$g(x, s) = x(1 - s), \quad 0 \leqq x \leqq s \leqq 1; \quad g(x, s) = s(1 - x), \quad 0 \leqq s \leqq x \leqq 1.$$

Verifique que a função

$$u(x) = \int_0^1 g(x, s)s \, ds$$

resolve o problema: $u''(x) = -x$, $u(0) = u(1) = 0$.

REFERÊNCIAS

Bateman, H., *Partial Differential Equations of Mathematical Physics*. New York: Dover, 1944.

Churchill, R. V., *Fourier Series and Boundary Value Problems*. New York: McGraw--Hill, 1941.

Churchill, R. V., *Modern Operational Mathematics in Engineering*. New York: McGraw-Hill, 1944.

Courant, R., *Advanced Methods in Applied Mathematics*. Nota de aulas na New York University, 1941.

Courant, R., "Variational methods for the solution of problems of equilibrium and vibrations", *Bulletin of the American Mathematical Society*, Vol. 49, págs. 1-23. New York: American Mathematical Society, 1943.

Courant, R., e Hilbert, D., *Methoden der Mathematischen Physik*. Vol. 1, 2.ª edição, Berlim: Springer, 1931. Vol. 2, Berlim: Springer, 1937.

Frank, P., e Mises, R., *Die Differentialgleichungen und Integralgleichungen der Mechanik und Physik*. Vol 1, 2.ª edição, Braunschweig: Vieweg 1930. Vol. 2, 2.ª edição, Braunschweig: Vieweg, 1935.

Goldstein, Herbert, *Classical Mechanics*. Cambridge: Addison-Wesley Press, 1950.

Kamke, E., *Differentialgleichungen reeller Funktionen*. Leipzig: Akademische Verlagsgesellschaft, 1933.

Kármán, T. V., e Biot, M. A., *Mathematical Methods in Engineering*. New York: McGraw-Hill, 1940.

Kellogg, O. D., *Foundations of Potential Theory*. New York: Springer, Berlim, 1929.

Lord Rayleigh, *The Theory of Sound*, (2 vols.) 2.ª edição. New York: Dover Publications, 1945.

Sneddon, I. N., *Fourier Transforms*. New York: McGraw-Hill, 1951.

Sommerfeld, A., *Partial Differential Equations in Physics* (traduzido para o inglês por Straus). New York: Academic Press, 1949.

Southwell, R. V., *Relaxation Methods in Engineering Science*. Oxford: Oxford University Press, 1946.

Southwell, R. V., *Relaxation Methods in Theoretical Physics*. Oxford: Oxford University Press, 1946.

Tamarkin, J. D., e Feller, W., *Partial Differential Equations*. Notas (mimeografadas) de aulas da Brown University, 1941.

Titchmarsh, E. C., *Eigenfunction Expansions Associated with Second-order Differential Equations*. Oxford: Oxford University Press, 1946.

Titchmarsh, E. C., *Theory of Fourier Integrals*. Oxford: Oxford University Press, 1937.

Wiener, N., *The Fourier Integral*. Cambridge: Cambridge University Press, 1933.

ÍNDICE ALFABÉTICO

Abel, fórmula de, 433 (Prob. 10)
 teorema de, 596
Abscissa, 8
Aceleração de Coriolis, 80
Adição, de número complexos, 544
 de vetores, 39, 182
Amortecimento crítico, 530, 695
 (Prob. 10)
Amplitude, 3, 445, 506, 532, 543
Analisador diferencial, 532
Ângulo, 11, 183, 543
 de fase, 445
 sólido, 326 (Prob. 5)
Ângulos diretores, 11
Aplicação (ver Transformação)
Aproximação, ao equilíbrio, 504, 689,
 694, 699, 717
 de Stirling do fatorial, 430
Área, do paralelogramo, 55
 plana, 25, 219, 263, 272, 319 (Prob. 3)
 de superfície, 232-236, 291
 de superfície de revolução, 237 (Prob. 5)
Argumento de um número complexo, 3,
 543, 587
Auto-adjunto, 731 (Prob. 2)

Base, vetores de, 48, 182, 469
Bessel, equação diferencial de, 536-537,
 727, 731 (Prob. 4), 732 (Prob. 7)
 funções de, 481, 483, 536-537, 727,
 728, 731 (Prob. 4), 732 (Prob. 7)
Binário, 79 (Prob. 8)
Binormal, 71

Cálculo, numérico de integrais, 189, 198,
 209, 237, 244, 264 (Prob. 6)
 de variações, 736
Calor específico, 333, 693
Campos, escalares, 160
 de vetores, 159, 189, 552, 612
Características, 711
Caso singular, 727
Centro de massa, 77, 79 (Prob. 5), 219,
 223, 300 (Prob. 3)
Circulação, 313, 329
Círculo, 9
 de convergência, 413, 594, 605
Coeficientes, constantes, 512, 513, 522

a determinar, 521 (Prob. 6), 534
 variáveis, 518, 533, 725
Colinear, 43, 55
Complexo conjugado, 3, 5, 542
Componente, 46, 181
 normal de aceleração, 69
Componentes direcionais, 10
Comprimento, de arco, 27, 172, 179
 (Probs. 6, 7), 180 (Prob. 9), 232, 236,
 261-263, 567
 de uma curva (ver Comprimento de
 arco)
 de onda, 711
 de vetor, 42
Condição suplementar, 144, 737
Condicionalmente convergente, 354
Condições, de fronteira, 700
 iniciais, 491, 708, 716
Condução de calor, 331, 332, 693, 705,
 707, 714
Conjunto, aberto, 83
 aberto conexo, 83
 fechado, 83
 limitado, 83, 216
 de pontos, 83
Conservação, de energia, 78 (Prob. 1),
 329, 695 (Prob. 4), 699 (Prob. 2)
 de massa, 307
Constante de Euler-Mascheroni, 430
Constantes arbitrárias, 490
Convergência, absoluta, 210, 352, 412,
 424, 550
 de integrais, 207-213, 419-425, 644
 na média, 470
 de seqüências, 343, 380, 409, 549, 555
 de séries, 342, 350, 379, 411, 549, 555
 uniforme, 381-393, 425, 458-461, 556,
 567, 594
Coordenadas, cilíndricas, 13, 179 (Prob. 6)
 curvilíneas, 109, 170, 180 (Prob. 8),
 227, 235
 curvilíneas ortogonais, 170-180
 (Prob. 9)
 esféricas, 13, 132, 177-178
 polares, 3, 10
Coriolis, aceleração de, 80
Coroa, 617
Corpo em queda livre, 78 (Prob. 1)

743

Cossenos diretores, 12, 50
Critério, de Cauchy, 348, 352, 411, 422, 549
  da integral, 356
  da raiz, 359, 431 (Prob. 5), 550
  da raiz generalizado, 365
  da razão, 357, 431 (Prob. 3), 550
  da razão generalizado, 365
  para séries alternadas, 358
  do termo geral, 353, 550
Critério M, para integrais, 425
  para séries, 386, 557
  de Weierstrass, 386, 425, 557
Critérios de comparação, para integrais, 209, 210, 424
  para séries, 354, 550
Curva, no espaço, 62, 115
  fechada, 255
  fechada simples, 255
  lisa, 255
Curvas, equipotenciais, 670
  de nível, 84, 148, 493, 649
Curvatura, 70, 71

Decréscimo exponencial, 504
Del, 117, 161 (ver também Nabla)
Densidade, 221
  de carga, 164, 331
Dependência funcional, 148-153
Derivação, de integrais, 246-251, 426
  de séries, 392, 398, 476, 597
Derivada, 19-24, 63-68
  direcional, 121, 123, 140, 160, 563, 573
  direcional segunda, 140
  logarítmica, 32 (Prob. 27), 636
  segunda, 20, 68, 127, 129, 133
Derivadas, de ordem superior, 20, 68, 127, 129, 133
  parciais, 91, 127
  de Stokes, 102 (Prob. 10), 167 (Prob. 2), 250 (Prob. 6), 330
Derivável, 23
Descontinuidades, de salto, 205
  oscilatórias, 205
Desigualdade, 2, 4, 42, 183, 184, 468, 544
  de Bessel, 445, 470
  de Minkowski, 468
  de Schwarz, 183, 468
  triangular, 42, 183, 544
Desigualdades de Cauchy, 187 (Prob. 2), 607
Deslocamentos, 40

Determinante, jacobiano, 106, 110
  148-153, 226, 337 (Prob. 6), 687
  wronskiano, 519
Determinantes, 6, 106
Diferença, 153, 700 (Prob. 5)
Diferencial, 20, 416, 560
  lema fundamental da, 93
  total, 93
Dinâmica, 73-81, 329, 529-533, 688-703
Dirichlet, problema de, 660, 661, 706, 729
Disco de convergência, 594
Discriminante, 5
Distância, 8, 9, 181, 544 (ver também Comprimento de arco)
Divergência, de um campo vetorial, 158, 163-164, 166-181, 186, 286, 303-309, 337-338 (Probs. 6, 7), 612
  para o infinito, 345, 549
  de seqüências, de séries, de integrais (ver Convergência)
  teorema da, 271, 302, 303
Domínio, 82, 551
  com talho, 671
Duplamente conexo, 278

Elasticidade, 129, 672
Elemento de área de superfície, 255, 298 301 (Prob. 8)
Eletromagnetismo, 165, 331
Elipse, 9
Elipsóide, 13
  de inércia, 224 (Prob. 4)
Energia, 78 (Prob. 1), 329, 531, 695 (Prob. 4), 699 (Prob. 2)
  cinética, 78 (Prob. 1), 267, 329, 699 (Prob. 2)
  interna, 333
  livre, 336 (Prob. 5)
  potencial, 329, 698, 736
Entrada, 505, 531, 690, 694
Entropia, 335
Equação, algébrica, 4, 5, 514, 516, 641 (Prob. 5)
  biarmônica (ver Equações e funções biarmônicas)
  característica, 514, 523, 692
  de Cauchy-Riemann, 336 (Prob. 2), 563, 568, 569, 575, 612, 687
  de continuidade, 164, 307, 330, 339 (Prob. 8)
  de diferenças, 157, 700 (Probs. 5, 6), 708, 734
  do estado, 332

Índice Alfabético

funcional da Função Gama, 429
funcional, permanência da, 583, 683
hiperbólica, 705
hipergeométrica, 537
de onda, 705, 707, 727
parabólica, 705
de Parseval, 464 (Prob. 2), 470, 475
de Poisson, 309 (Prob. 3), 331, 674, 706, 739
quadrática, 5
do segundo grau, 9, 12
Equação diferencial, 134, 478, 489-540 (Cap. 8), 599 (Prob. 4), 687-742 (Cap. 10)
de Bessel, 536-537, 727, 731 (Prob. 4), 732 (Prob. 7)
elíptica, 705
exata, 493, 496
de Legendre, 478, 537 (Prob. 9), 727
ordinária, 489
Equações, e funções biarmônicas, 128, 134 (Probs. 4, 5), 134 (Prob. 9), 157 (Prob. 16), 672, 675 (Prob. 4)
homogêneas, 6
lineares, 5, 9, 12
simétricas, 11
simultâneas, 5, 103
Equações diferenciais, homogêneas, 495, 512-518, 523
lineares, 499, 511-533, 687-742 (Cap. 10)
lineares a coeficientes constantes, 513
não-homogêneas, 512
não-lineares, 527, 739
ordinárias: existência de soluções, 491
parciais, 239, 489, 687-742 (Cap. 10)
simultâneas, 510 (Prob. 5), 522-528
Equilíbrio, 76, 332, 667 (Prob. 3), 689, 693, 698, 705, 717, 729, 734
estático, 76
Erro, estimativa de, 194, 220, 368-374, 405
Escalar, 42
Espaço, euclidiano n-dimensional, 181
vetorial, 181-187, 467, 701 (Prob. 8)
vetorial euclidiano, 186, 701 (Prob. 8)
Espectro, 708, 730
contínuo, 730
Euler, identidade de, 413, 547
Euler-Mascheroni, constante de, 430
Existência de soluções para equações diferenciais ordinárias, 491

Família triplamente ortogonal de superfícies, 172

Fator, de amplificação, 506, 532
peso, 482
Fatores integrantes, 498
Fatorial, 8, 429
Fluxo, 302, 306
estacionário, 158 (ver também Hidrodinâmica)
incompressível, 158, 164, 167 (Prob. 2), 186, 307, 330
ao redor de um obstáculo, 670
Força, 73, 266
elétrica, 160, 164, 331
Forças internas e externas, 75
Forma, normalizada, 9, 13
polar de um número complexo, 544
quadrática, 144
Fórmula, de Abel, 433 (Prob. 10)
integral de Cauchy, 602
integral de Poisson, 251 (Prob. 7), 611, 660, 664, 668 (Prob. 6)
de recorrência, 478, 535
do retângulo, 191
de Rodrigues, 477
de Taylor com resto, 402, 417, 605
Fórmulas de Frenet, 71 (Prob. 9)
Freqüência, 711 (ver também Freqüências de ressonância)
Freqüências de ressonância, 513, 523, 532, 692, 698, 708, 715, 725, 726, 730, 733, 738, 739
Função, 14, 62, 82, 102, 109, 551, 586, 648
Beta, 430
complementar, 518, 526, 718
composta, 15, 88
contínua, 14, 63, 87, 137, 142, 347, 560
contínua à esquerda ou à direita, 15
de corrente, 336 (Prob. 2), 671
elíptica, 204
de erro, 205 (Prob. 8), 244 (Prob. 1)
exponencial, 16, 547, 582, 583, 591
Gama, 429
harmônica, 128, 154, 167, 168 (Prob. 8), 289 (Prob. 10), 308 (Prob. 3), 330-332, 336 (Prob. 2), 456, 541, 559, 569 (Prob. 6), 609, 611, 660, 687
ímpar, 449
inteira ou integral, 607 (Prob. 8)
limitada, 86, 137, 142, 205, 241, 607 (Probs. 7 e 8)
lisa, 439
logarítmica, 17, 588
par, 448

745

Cálculo Avançado

-potência, 4, 546, 591
de *stress* de Airy, 672
de várias variáveis, 82, 85
zeta de Riemann, 357
Função analítica, 402, 415, 542, 569, 586, 604, 648, 717
ao longo de uma curva, 573
em sentido amplo, 683
no infinito, 621
num ponto, 573
Funcional, 736
Funções biarmônicas (*ver* Equações e funções biarmônicas)
Funções, de Bessel, 481, 483, 536-537, 727, 731 (Prob. 4), 732 (Prob. 7)
características, 708, 715, 726, 728, 734, 737, 739
harmônicas conjugadas, 609
hiperbólicas, 31 (Prob. 23), 582
homogêneas, 102 (Prob. 9), 318
implícitas, 14, 102, 106
inversas, 109, 110, 407, 586, 13 (Prob. 7), 649
ortogonais, 466, 484, 710, 726
periódicas, 435
racionais, 16, 89, 554, 581, 626 (Prob. 9), 641 (Probs. 3, 4)
transcendentes elementares, 16-18
trigonométricas, 17, 582
trigonométricas inversas, 18, 592
vetoriais, 62

Gauss, teorema de, 271, 302, 303
Gradiente, 117, 161, 165-169, 279, 314
Grau, 4, 9, 13, 102 (Prob. 9), 318, 415
de uma equação diferencial, 489
de uma função racional, 626 (Prob. 9)
da transformação, 320, 325-327 (Probs. 2, 3, 6)
Gravidade, 79 (Prob. 1), 159, 162 (Prob. 4), 272 (Prob. 4)
Green, função de, 739, 741 (Prob. 9)
identidades de, 289 (Prob. 10), 308 (Prob. 3)
teorema de, 268, 282
Grupamento de séries, 374

Harmônica, conjugada, 609
Harmônico, 436, 710
Hermite, polinômios de, 484
Hidrodinâmica, 102 (Prob. 10), 158, 159, 163, 164, 168 (Prob. 2), 250 (Prob. 6),

302, 307, 313, 330, 337-339 (Probs. 6-8), 669, 670, 706
Hipérbole, 9
Hiperbolóides, 13
Hiperplano, 118
Hipersuperfície, 86
Hodógrafo, 81 (Prob. 11)

Identidade de Euler, 413, 547
Identidades, de Green, 288 (Prob. 10), 308 (Prob. 3)
vetoriais, 60, 166
Igualdade, 2
Imaginários puros, 2, 543
Inclinação, 9
Independência do caminho, 273, 314, 576
Indução, 8
Infinito complexo, 555, 621, 634
Integração, passo a passo da equação diferencial, 509, 734
de séries, 390, 474, 567
Integral, complexa, 564
curvilínea, 252-291, 309-316, 564
definida, 24, 189-215, 246-251, 257, 291, 419-434, 642
dependente de parâmetro, 246, 614 (Prob. 9)
elíptica completa, 246
de Fourier, 487, 730
iterada, 217
de Kronecker, 327 (Prob. 6)
de linha (*ver* Integral curvilínea)
Integrais, duplas, 215, 209, 326 (Prob. 4)
elípticas, 202, 246
impróprias, 205, 209, 241, 286, 419-427
múltiplas, 221
de superfície, 294
triplas, 221, 229
Intervalo, 84
aberto, 84
de convergência, 394
fechado, 84
Irrotacional, 165, 316, 330, 336
Isóclinas, 508

Jacobi, polinômios de, 484
Jacobiano, determinante, 106, 110, 148-153, 226, 337 (Prob. 6), 687

Kronecker, integral de, 327 (Prob. 6)

Laguerre, polinômios de, 484
Laplace, equação de (*ver* Funções harmônicas)

Índice Alfabético

transformação de, 427, 731
Laplaciano, 128, 131, 132, 167, 175, 704,
 734 (*ver também* Funções
 harmônicas)
Laurent, séries de, 617, 618, 628
Legendre, equação diferencial de, 478,
 537 (Prob. 9), 727
Legendre, polinômios de, 477-481, 537
 (Prob. 9), 727, 732 (Prob. 7)
Lei, de Coulomb, 294
 distributiva, 1, 47, 54, 182, 302, 468,
 543
 do paralelogramo, 3
 dos senos, 61
l'Hôpital, regra de, 30, 641 (Prob. 11)
Liebmann, método de, 740 (Prob. 2)
Limite, 14, 86, 552
 inferior de seqüências, 345
 em média, 471
 superior de seqüências, 345
Linearização, 103
Linearmente, dependentes, 43, 182, 468
 independentes, 468, 512
Linha de ação, 39, 76
Linhas, de contorno (*ver* Curvas de
 nível)
 de corrente, 670
Liouville, teorema de, 607 (Prob. 8)
Lisa por partes, 257, 293, 564

Maclaurin, série de, 400
Massa, 219, 223, 300, (Prob. 3)
Matrizes, 526
Máximo absoluto, 137, 142
Máximos e mínimos, 136-149, 418,
 735-738
Maxwell, equações de, 331
Mecânica estatística, 187 (Prob. 7)
Média aritmética, 192, 220, 602
Método, operacional, 428, 520 (Prob. 5)
 de Rayleigh-Ritz, 736
 variacional, 735-738
Métodos numéricos para equações
 diferenciais, 508, 733
Mínimo absoluto, 137, 142
Mínimos quadráticos, 148, 443, 470
Minkowski, desigualdade de, 468
Modo fundamental, 710
Modos normais, 692, 698, 701 (Prob. 7),
 706, 707, 708, 715, 730
Módulo, 2, 543
Momento, de força, 74, 79 (Probs. 3, 7, 8)

de inércia, 78, 219, 223, 300 (Prob. 3)
de inércia polar, 219
Morera, teorema de, 577
Movimento, dos fluidos (*ver*
 Hidrodinâmica)
 forçado, 503-508, 529-533, 694, 699,
 720
 harmônico, 688, 698, 701 (Prob. 7),
 707
 harmônico simples, 436, 529, 688
 planar de um corpo rígido, 79 (Prob. 9)
 relativo, 80 (Prob. 10)
 rígido, 76, 151
Mudança de variáveis em integrais, 27,
 224, 239, 320, 579
Multiplamente conexo, 278
Multiplicação, 1, 3, 543, 546
 de séries, 376, 550
 de vetor por escalar, 42, 181
 de vetores, 46, 54, 182
Multiplicadores de Lagrenge, 145, 737
Multiplicidade de zero, 620

Nabla, 117, 161
Newton, segunda lei de, 37, 74, 267
 terceira lei de, 75
Norma, 182, 467, 701 (Prob. 8)
Normal, a curvas, 117, 119
 principal, 71
 a superfícies, 117, 119
Notação funcional, 14, 84
Números, diretores, 10, 50
 irracionais, 1
 racionais, 1

Ondas, eletromagnéticas, 705
 de som planares, 705
Operadores lineares, 166, 512
Ordem, de equação diferencial, 499, 705
 de pólo, 619
Ordenada, 8
Orientação no espaço, 53
Ortonormal, 467, 469

Parábola, 9
Parabolóide, elíptico, 13
 hiperbólico, 13
Paralelo, 9, 11, 12, 55
Parseval, equação de, 464 (Prob. 2), 470,
 475
Parte, imaginária, 3, 543
 principal, 620
 real, 2, 543

747

Cálculo Avançado

Pequenas vibrações, 698
Permanência de equação funcional, 582, 683
Perpendiculares, 9, 12, 48, 184
Planímetro, 190
Plano, 12
 finito, 623
 tangente, 116
 z estendido, 623
Poisson, equação de, 309 (Prob. 3), 331 674, 706, 739
Polinômio, 4, 16, 89, 541, 554, 581
Polinômios, de Hermite, 484
 homogêneos, 415
 de Jacobi, 483
 de Laguerre, 484
 de Legendre, 142, 537 (Prob. 9), 727
Pólo, 619, 622, 630
Ponto, de aplicação, 39
 de fronteira, 84, 619
 de fronteira isolado, 619
 de inflexão, 136
 de ramificação, 587, 592, 684
 de ramificação algébrica, 684
 de ramificação logarítmico, 588
Pontos, críticos, 136, 138, 657, 738
 inversos, 658 (Prob. 10)
Potencial, eletrostático, 168 (Prob. 8), 331, 336 (Prob. 3), 667 (Prob. 2)
 logarítmico, 245 (Prob. 2), 615, 729
 newtoniano, 245 (Prob. 3)
 de velocidade, 330, 336 (Prob. 2), 670
Preservação da orientação, 648
Primeira diferença, 154, 700 (Prob. 5)
Primeira lei da termodinâmica, 333
Princípio do argumento, 638
Problema, de Dirichlet, 660, 661, 706, 729
 homogêneo, 706, 718
 do valor de fronteira, 491, 492
 do valor inicial, 491, 734, 741 (Prob. 5)
Problemas de valor de fronteira de Sturm-Liouville, 725
Processo de ortogonalização de Gram-Schmidt, 185, 480
Produto, de Cauchy para séries, 377
 escalar, 46, 182
 interior (ou escalar) 182, 467, 701 (Prob. 8)
 triplo escalar, 57
 de um vetor por um escalar, 42, 181
 vetorial, 54
Produtos, de inércia, 224 (Prob. 4)
 triplos vetoriais, 60

Progressão, aritmética, 8
 estereográfica, 623
 geométrica, 8
Prolongamento analítico, 583, 605, 681
Propriamente divergente, 350
Propriedade da unicidade, 456, 471, 479

Quantidade, de movimento, 74
 de movimento angular, 74, 78

Radianos, 3
Raio, de convergência, 394, 413, 594, 606
 de curvatura, 69, 71
Raízes, 4, 5, 546, 552, 591, 641
Ramo, 586, 592, 681
Rearranjo de séries, 375
Região, aberta, 84, 551
 fechada, 84
Regiões não-limitadas, 244, 730
Regra, de Cramer, 6
 de Leibnitz para derivadas, 21
 de Leibnitz para integrais, 246, 250 (Prob. 5), 338 (Prob. 7), 580 (Prob. 4), 614 (Prob. 9)
 de l'Hôpital, 30, 641 (Prob. 11)
 de Simpson, 193, 238, 239
 do trapézio, 192
Regras de cadeia, 98
Representação conforme, 647, 659 (Prob. 14)
Resíduo logarítmico, 636
Resíduos, 190, 628, 634, 642
Ressonância, 531, 695 (Prob. 9)
Resultante, 75
Reta, 9, 11, 65, 67, 181
 normal, 12
 tangente, 64, 115, 118
Riemann, função zeta de, 357
 superfícies de, 684
 teorema de, 626 (Prob. 12)
Rodrigues, fórmula de, 477
Rolle, teorema de, 23
Rotacional de um campo vetorial, 158, 164, 166, 167, 271, 279, 310, 313, 330, 331, 336 (Prob. 2), 612

Saída (ver Entrada)
Schwarz-Christoffel, transformações de, 677
Seções cônicas, 10
Segunda diferença, 154, 700 (Prob. 5), 704
Segunda lei, de Newton, 27, 74, 267
 da termodinâmica, 335

748

Índice Alfabético

Sentido, negativo, 260
  positivo, 260
Seqüência limitada, 344
  monótona, 344
Seqüências infinitas, 342-349, 380, 389,
  409, 414, 548, 555
Série, harmônica, 357
  harmônica de ordem p, 356
  hipergeométrica, 539
  de Taylor, 399, 415, 533, 569, 591, 604
  trigonométrica, 435 (*ver também*
    Séries de Fourier)
Séries (*ver* Séries infinitas)
Séries, duplas de Fourier, 485, 729
  de Fourier, 435-488 (Cap. 7)
  de Fourier-Bessel, 482
  de Fourier de cossenos, 449
  de Fourier-Legendre, 479
  de Fourier de senos, 449, 701 (Prob. 8),
    708
  geométricas, 357, 556, 557, 595
  infinitas, 240, 341-434 (Cap. 6), 533
    549-551 (*ver também* Séries de
    Fourier, de potências)
  de Laurent, 617, 618, 628
  de potências, 393-409, 412, 541,
    594-599, 602-608, 616-619
Servomecanismos, 532
Símbolo ∇ (del ou nabla), 117, 161
Simplesmente conexo, 278, 315, 600, 609
Singularidade, essencial, 620, 622
  isolada, 619
  removível, 619, 622, 626 (Prob. 12)
Sistema, de coordenadas retangulares, 8,
    11
  dos números complexos, 2, 542
  dos números reais, 1
  ortogonal completo, 469, 471, 476
    (Probs. 1, 2), 480, 482, 483, 485,
    710, 726, 729
  ortogonal normalizado (ortonormal),
    467, 469
Sistemas, destros, 53
  mecânicos de N partículas, 690, 696
  recíprocos de vetores, 61 (Prob. 8), 171
Solenoidal, 317, 320 (Prob. 6), 330, 687
Solução geral, 490
  particular, 489, 523
Som, 436, 705
Soma, de números, 1, 3, 543
  de vetores, 39, 182
Somas parciais de séries, 350, 549, 554
Somatória de Abel para séries, 668

Stokes, teorema de, 271, 311
Sturm-Liouville, problemas de valor de
  fronteira de, 725
Substituição em equações diferenciais,
  134, 501 (Prob. 11) (*ver também*
    Mudança de variáveis em integrais)
Subtração, de números, 1, 3, 544
  de vetores, 39, 181
Superfície, 13, 117, 291
  lisa, 292
  não-orientável, 293
Superfícies, de nível, 86
  quádricas, 13
  de Riemann, 684
Superposiç o, 463, 724 (Prob. 6), 738
Supremo, 383

Tabela de integrais, 27
Taylor, série de, 399, 415, 533, 569, 591,
  604
Temperatura, 331 (*ver também* Condução
  de calor, Termodinâmica)
Tensão, 704
Tensor de *stress*, 672
Tensores, 175, 182, 672
Termodinâmica, 113 (Prob. 14), 332-337
Teorema, de Abel, 596
  binomial, 8, 399, 404
  do eixo paralelo, 224 (Prob. 3)
  de Euler para funções homogêneas,
    102 (Prob. 9)
  fundamental da álgebra, 4, 641
    (Prob. 5)
  fundamental do cálculo, 26, 199
  de Gauss, 271, 302, 303
  de Green, 268, 282
  da integral de Cauchy, 575, 599, 605
  da média, 23, 25, 220, 223, 417
  de Moivre, 5, 546
  de Morera, 577
  dos resíduos de Cauchy, 629
  de Riemann, 626 (Prob. 12)
  de Rolle, 23
  de Weierstrass e Casorati, 627 (Prob.
    13)
Teoria, dos gases, 113 (Prob. 14), 332
  do potencial, 729
Terceira lei de Newton, 75
Trabalho, 47, 254, 266, 291, 329, 334, 531
Transformação, bijetora (biunívoca), 110,
  226, 228, 324, 648, 676
  de coordenadas, 109, 176, 226, 228,
    324, 639, 647, 675

749

exponencial, 654
de Laplace, 427, 731
linear fracion ria, 651
linear inteira, 650
recíproca, 651
de Schwarz-Christoffel, 677
Transitório, 505, 531, 692
Translações, 650
Triplamente conexo, 278
Tripla, negativa, 53
positiva, 53

Unidade imaginária, 2

Valor, absoluto, 1, 2
absoluto de um número complexo, 2, 409, 543
absoluto de um vetor, 182
médio, 192, 220, 602
principal de função, 18, 589, 591
principal de integral, 645
Valores característicos, 513, 523, 531, 692, 698, 708, 715, 725, 726, 729, 734, 737, 739
Variação de parâmetros, 518, 526, 527, 721
Variáveis, dependentes, 85, 103
independentes, 14, 85
separáveis, 494, 729
Velocidade de onda, 711
Vetor, diferencial de área, 255, 298
ligado. 39. 159

livre, 39
nulo, 38, 181
tangente, 72 (Prob. 11), 562 (Prob. 7)
Vetor-aceleração, 68, 73, 77
Vetor-elemento de área, 255, 298, 301 (Prob. 8)
Vetor-posição, 73
Vetor-velocidade, 37, 63, 68, 73
Vetor-velocidade angular, 65, 76
Vetores, 37-81 (Cap. 1), 158-188 (Cap. 3), 252-339 (Cap. 5)
de base, 48, 182, 469
coplanares, 43, 57
deslizantes, 39, 76
ortogonais, 47, 184, 701 (Prob. 8)
unitários, 50, 51, 182, 469
Vibração, de corda, 455 (Prob. 2), 703
de mola, 529-533, 688-702
Vibrações, amortecidas, 529, 688, 696 (Prob. 10), 698
de membrana circular, 732
Vizinhança, 83, 618
reduzida, 618
Volume, 57, 217, 218, 223

Weierstrass, critério M de, 386, 425, 557
Weierstrass e Casorati, teorema de, 627 (Prob. 13)

Zeros da função, 552, 585 (Prob. 5), 621, 622

GRÁFICA PAYM
Tel. [11] 4392-3344
paym@graficapaym.com.br